1分钟秘笈

CorelDRAW平面设计实战秘技250招

凌 敏 周泽辉 主 编

清华大学出版社
北 京

内 容 简 介

本书通过250个实战秘技，介绍CorelDRAW X8在平面设计应用中的实战技巧，打破了传统的按部就班讲解知识的模式，大量的实战秘技全面涵盖了在图像处理中所能遇到的问题及其解决方案。

全书共10章，分别介绍了CorelDRAW X8的基本操作和工作环境，简单图形的绘制技法，图形的修饰技法，图像对象的操作技巧，图形的填充与智能操作，轮廓线、度量标示与连接工具，图像效果操作技巧，文本操作的技法，位图操作的方法和表格的操作技巧等内容。

全书内容丰富、图文并茂，适合作为初、中级读者的入门级参考书，尤其适合零基础读者。请注意，本书所有内容均采用中文版CorelDRAW X8进行编写。

图书在版编目(CIP)数据

CorelDRAW平面设计实战秘技250招/ 凌敏，周泽辉主编. —北京：清华大学出版社，2018
(1分钟秘笈)
ISBN 978-7-302-48919-1

Ⅰ. ①C… Ⅱ. ①凌…②周… Ⅲ. ①图形软件 Ⅳ. ①TP391.41

中国版本图书馆CIP数据核字(2017)第287707号

责任编辑：韩宜波
装帧设计：杨玉兰
责任校对：周剑云
责任印制：李红英

出版发行：清华大学出版社
网　　址：http://www.tup.com.cn，http://www.wqbook.com
地　　址：北京清华大学学研大厦A座　　**邮　　编**：100084
社 总 机：010-62770175　　**邮　　购**：010-62786544
投稿与读者服务：010-62776969，c-service@tup.tsinghua.edu.cn
质量反馈：010-62772015，zhiliang@tup.tsinghua.edu.cn
印 刷 者：北京富博印刷有限公司
装 订 者：北京市密云县京文制本装订厂
经　　销：全国新华书店
开　　本：185mm × 260mm　　**印　　张**：21　　**字　　数**：511千字
版　　次：2018年4月第1版　　**印　　次**：2018年4月第1次印刷
印　　数：1~3000
定　　价：49.80元

产品编号：074514-01

CorelDRAW 自推出之日起就深受平面设计人员和图形图像爱好者喜爱，是当今最流行的矢量图形设计软件之一。CorelDRAW 在矢量绘图、文本编排、Logo 设计、字体设计及工业产品设计等方面都能制作出高品质的对象，这也使其在平面设计、商业插画、VI 设计和工业设计等领域中占据非常重要的地位，成为全球最受欢迎的矢量绘图软件之一。

本书特色包含以下 4 点。 

- 快速索引，简单便捷：本书考虑到读者实际遇到问题时的查找习惯，标题即点明要点，从而快速检索出自己需要的技巧。
- 传授秘技，招招实用：本书总结了 250 个使用 CorelDRAW 进行平面设计常见的难题，并对图像处理的每一步操作都进行详细讲解，从而使读者轻松掌握操作秘技。
- 知识拓展，学以致用：本书中的每个技巧下都包含有知识拓展内容，是对每个技巧的知识点进行延伸，让读者能够学以致用，对日常的工作、学习有所帮助。
- 图文并茂，视频教学：本书采用一步一图形的方式，形象讲解技巧。另外，本书配备了所有技巧的教学视频，使读者可以更加直观地学习。

本书共 10 章，具体内容介绍如下。 

- 第 1 章 启动 CorelDRAW 奇幻之旅：介绍新建与导入文档、裁剪 / 重新取样文档、隐藏工具箱、导航器查看图像细节、设置辅助线、窗口显示模式、标尺的设置与移位等内容。
- 第 2 章 简单图形的绘制技法：介绍绘制直线线段、绘制曲线、创建与对象垂直或相切的直线、巧妙修饰贝塞尔曲线、创造控制点绘制平滑曲线、指定弧形和方向绘制曲线、快速绘制椭圆、复杂星形的绘制等内容。
- 第 3 章 图形的修饰技法：介绍形状工具编辑控制点、自由变换工具变换对象、涂抹工具修改边缘、移动面产生旋转形状、修剪多余对象、重叠区域创建独立对象、简化对象、指定范围裁剪图像、擦除多余编辑图像、虚拟段删除工具编辑图像等内容。
- 第 4 章 图像对象的操作技巧：介绍选择单个 / 多个独立对象、旋转复制图形对象、等比例缩放图像、对象的复制操作、对象的锁定与解锁、对象的群组与解组、对象的合并与拆分、图形对象的步长与重复等操作图像的内容。
- 第 5 章 图形的填充与智能操作：介绍图形填充的基本方法、智能绘图工具的绘制、调色板填充图形颜色、渐变填充图形颜色、图样填充图形颜色、复制颜色样式 / 属性填充图形等填充内容。

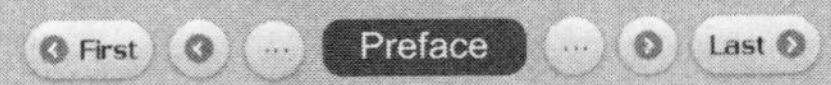

- 第 6 章 轮廓线、度量标示与连接工具：介绍设置轮廓线属性、变更对象轮廓线、设置轮廓线的颜色 / 样式、度量工具的使用方法、连接工具的使用方法等内容。
- 第 7 章 图像效果操作技巧：介绍创建直线 / 曲线调和、创建复合调和、更改顺序创建调和、创建中心 / 内部 / 外部轮廓图、调整轮廓的步长、创建图形阴影、拆分阴影、创建渐变 / 均匀 / 图像 / 底纹透明度、在图形中置入对象等内容。
- 第 8 章 文本操作的技法：介绍美术字的创建、选择文本、导入 / 粘贴文本、设置段落、添加项目符号表示重点、根据路径分布文本、将文本转换为曲线等内容。
- 第 9 章 位图操作的方法：介绍矢量图转换为位图、快速描摹 / 中心线描摹转换为矢量图、位图的模式转换、吸取样色调整位图颜色值、颜色平衡调整颜色偏向、替换位图所选颜色调整位图、反显图像颜色、改变不同通道色彩调整位图等内容。
- 第 10 章 表格的操作技巧：介绍表格的创建方法、将文本转换为表格、选择单元格、插入表格、移动表格位置、填充单元格、调整单元格轮廓等内容。

本书作者

本书由凌敏、周泽辉主编，其他参与编写的人员还有李杏林、张小雪、罗超、李雨旦、孙志丹、何辉、彭蔓、梅文、毛琼健、胡丹、何荣、张静玲、舒琳博等。

由于作者水平有限，书中错误、疏漏之处在所难免。在感谢您选择本书的同时，也希望您能够把对本书的意见和建议告诉我们。

读者服务邮箱为 luyubook@foxmail.com。另外，本书配备资源可以通过扫二维码进行下载。

编　者

第 1 章 启动 CorelDRAW 奇幻之旅 1

第 2 章 简单图形的绘制技法 25

第 3 章 图形的修饰技法 62

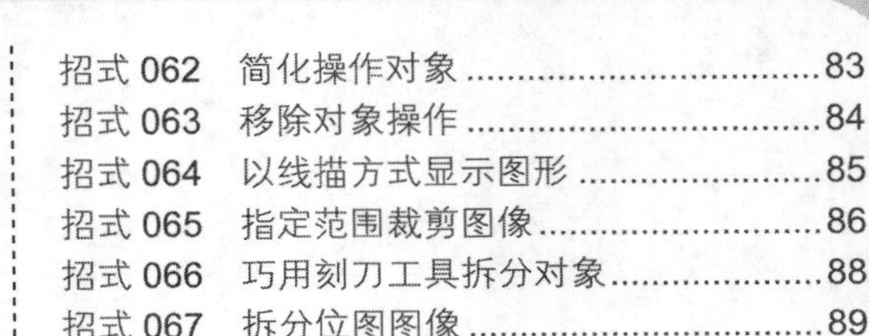
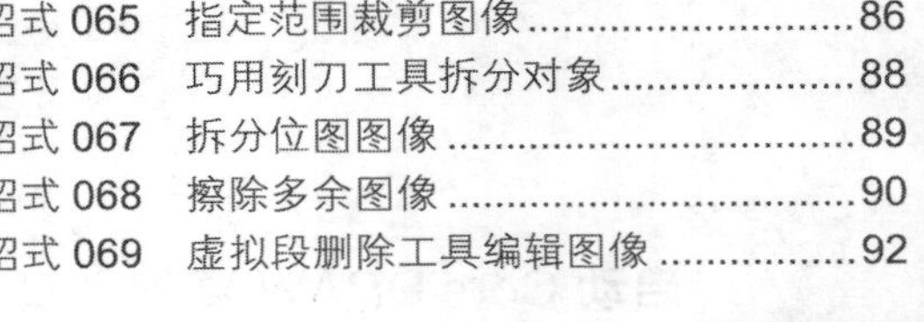

第 6 章 轮廓线、度量标示与连接工具 160

第 7 章 图像效果操作技巧 180

第 8 章 文本操作的技法 233

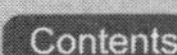

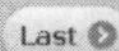

第 9 章 位图操作的方法 263

第 10 章 表格的操作技巧 305

第 1 章 启动 CorelDRAW 奇幻之旅

CorelDRAW 是一款顶级的矢量图形软件，在掌握该软件强大的功能之前，需要了解 CorelDRAW 的基础操作技巧，包括文档裁剪 / 重新取样、设置线稿、查看图像细节、版面设置、显示模式等内容。只有熟练应用这些技巧，才能为快速制作矢量图形奠定牢固的基础。

招式 001 新建与导入文档

Q 在 CorelDRAW 中新建或导入文档的方法是固定不变的吗?

A 单击工具栏中的“新建”或“导入”按钮可以新建或导入文件，也可以单击“文件”菜单中的“新建”或“导入”命令。

1. 新建文档

❶ 启动 CorelDRAW X8 后，在“欢迎屏幕”对话框中选择“新建文档”或“从模板新建”选项，可以新建文档。❷ 单击常用工具栏中的“新建”按钮也可新建文档。❸ 单击“文件” | “新建”命令或按 Ctrl+N 快捷键创建新文档。

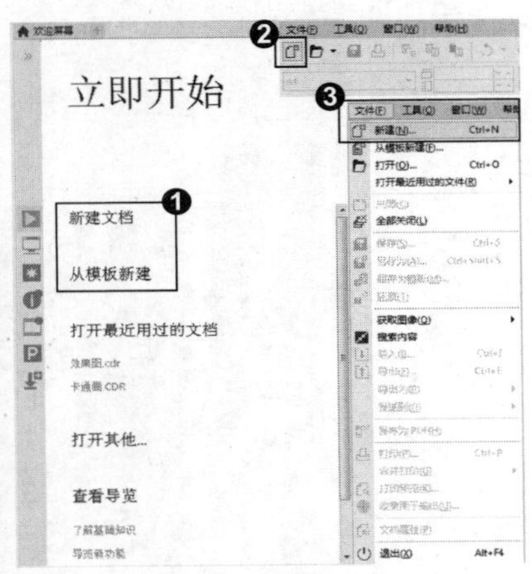

2. 菜单命令导入文档

❶ 单击“文件” | “导入”命令，在弹出的“导入”对话框中选择需要的文件，单击“导入”按钮。❷ 当鼠标指针变为直角形状时，单击进行导入。

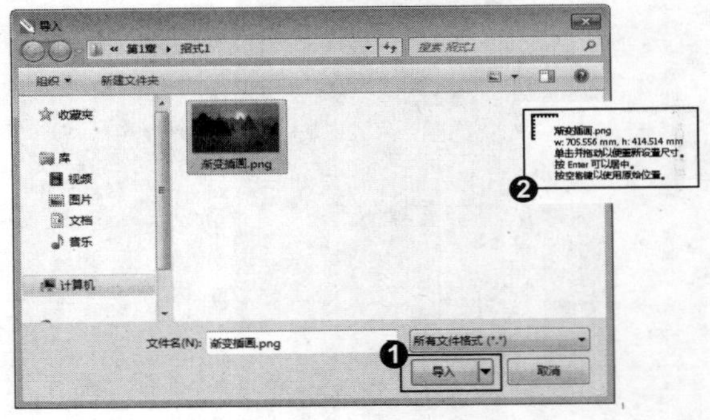

3. 其他方法导入文档

❶ 在常用工具栏上单击“导入”按钮，可以打开“导入”对话框导入文档。❷ 在空白文档处右击，在弹出的快捷键菜单中选择“导入”选项，打开“导入”对话框导入文档。❸ 在文件夹中找到要导入的文件，将其拖曳至编辑的文档中，也可以将文档导入。

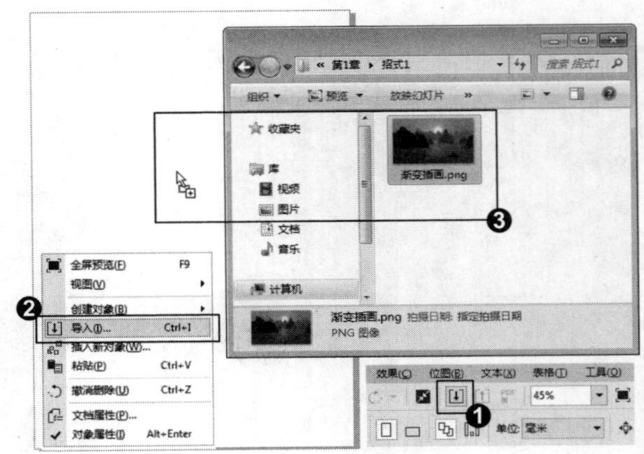

专家提示

将要导入的文件直接拖曳至编辑的文档中，此时导入的文件会按原比例大小显示。

知识拓展

在确定导入文件后，可以选用三种方式确定导入文件的大小和位置。

- 移动到适当的位置单击进行导入，导入的文件为原始大小，导入位置为鼠标单击处。
- 移动到适当的位置使用鼠标左键拖曳出一个范围，然后单击，导入的文件将以定义的大小进行导入，这种方法常用于页面排版。
- 直接按 Enter 键，可以将文件以原始大小导入文档中，同时导入的文件会以居中的方式放在页面中。

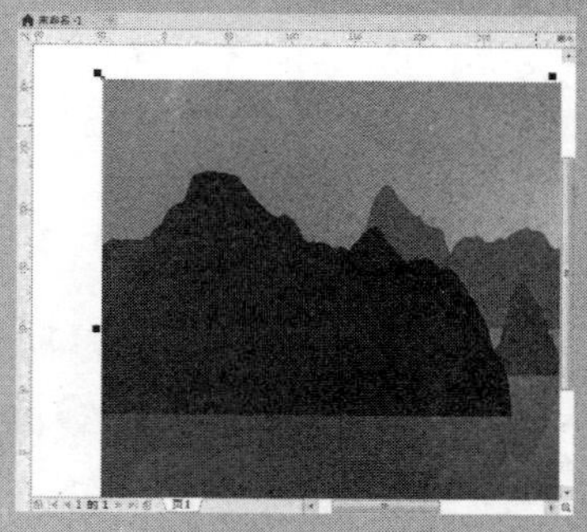
单击导入文档

确认范围导入文档

原始尺寸导入文档

招式 002 裁剪 / 重新取样

Q 在导入的图像中，如果只想要图像中的某一部分，该怎么去处理呢?

A 在导入前，将文件裁剪成为需要的文件就可以导入编辑的文档中了。

1. 调出“导入”对话框

❶ 单击工具栏中的“导入”按钮，打开“导入”对话框，选择需要导入的图片。❷ 单击“导入”按钮旁边的下拉按钮，打开下拉菜单，选择“裁剪并装入”选项。

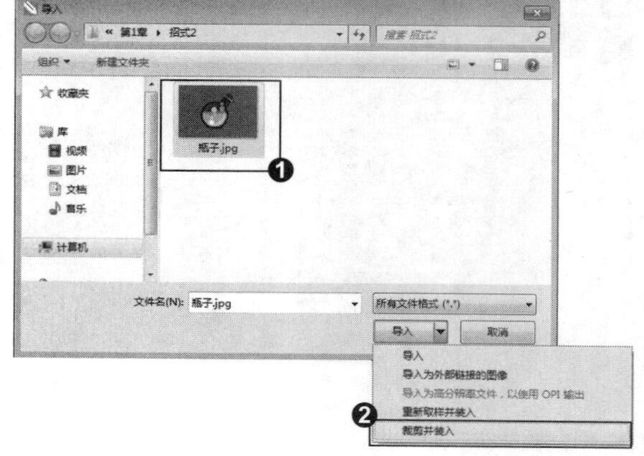

2. 裁剪图像

❶ 在弹出的“裁剪图像”对话框中精确设置要裁剪的区域，❷ 也可以直接拖动裁剪框确定裁剪区域，❸ 单击“确定”按钮，准备导入。

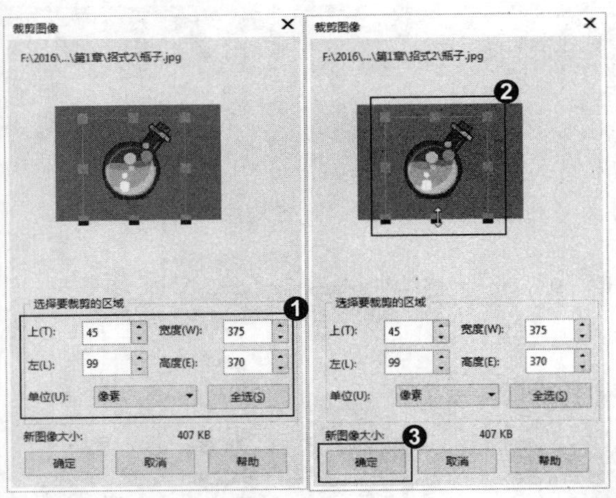

3. 导入图像

光标变为直角形状时单击，导入裁剪后的图像。

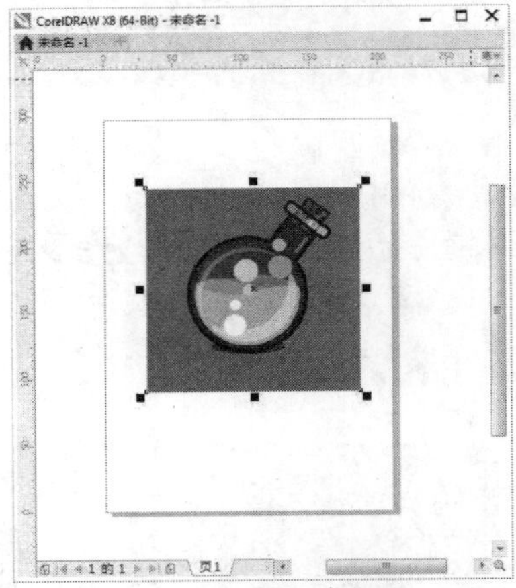

专家提示

导入前裁剪需要导入的文件时，只能对位图进行裁剪，无法裁剪矢量图形。

知识拓展

如果导入图像的尺寸和分辨率不符合当前文档的需要，可重新取样后导入。❶ 在“导入”下拉菜单中选择“重新取样并装入”选项，❷ 在打开的对话框中可重新设置导入图像的宽度、高度及分辨率。

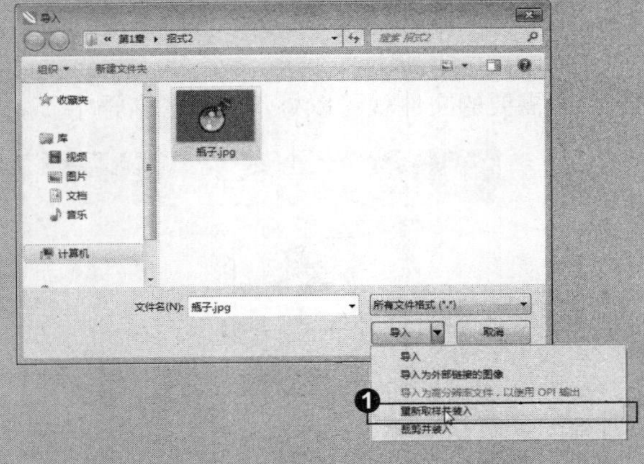

招式 003 菜单命令设置线稿

Q 利用 CorelDRAW 制作实例图时，会执行某些命令，这些命令该去哪里找？又该如何操作？

A 制作实例时，在菜单栏中单击某个命令即可执行该命令，菜单栏位于 CorelDRAW 工作界面的最顶端。

1. 设置矢量图线稿

❶ 启动 CorelDRAW X8 后，单击左上角的“打开”按钮或按 Ctrl+O 快捷键，❷ 打开“卡通画.CDR”文件。❸ 单击菜单栏中的“视图”|“简单线框”命令，可令编辑界面中的对象显示为轮廓线框。

2. 导入线稿

❶ 在这种视图模式下，矢量图形将隐藏所有效果，只显示轮廓线，❷ 单击菜单栏中的“文件”|“导入”命令，或按 Ctrl+I 快捷键。

3. 设置位图线稿

打开“猫咪”素材。❶ 单击菜单栏中的“视图”|“简单线框”命令，❷ 在这种视图模式下，位图将颜色统一显示为灰度。

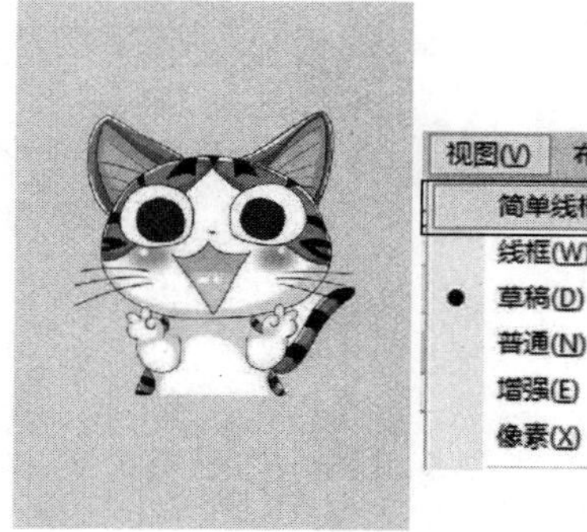

专家提示

在 CorelDRAW 中，编辑的对象分为位图和矢量图形两种，同时输出对象也分为这两种。当将文档中的位图和矢量图形输出为位图格式（如 jpg 和 png 格式）时，其中的矢量图形就会转换为位图，这个转换过程就称为“光栅化”。光栅化后的图像在输出位图的单位是“渲染分辨率”。这个数值设置得越大，位图效果越清晰，反之就越模糊。

知识拓展

菜单栏包含 CorelDRAW X8 中常用的各种菜单命令，即“文件”“编辑”“视图”“布局”“对象”“效果”“位图”“文本”“表格”“工具”“窗口”和“帮助”12 组菜单。

文件(F) 编辑(E) 视图(V) 布局(L) 对象(C) 效果(C) 位图(B) 文本(X) 表格(T) 工具(O) 窗口(W) 帮助(H)

招式 004 属性栏制作固定大小矩形

Q 如果想绘制一个固定大小的矩形，那么在 CorelDRAW 中该如何操作呢？

A 在 CorelDRAW 中可以选择工具箱中的“矩形”工具，在矩形属性栏设置大小比例，就可以生成一个固定大小的矩形。

1. 绘制矩形

❶ 启动 CorelDRAW X8 后，单击左上角的“新建”按钮或按 Ctrl+N 快捷键，新建 342.2mm × 187.3mm 的文档，导入“粉色背景”素材。❷ 选择工具箱中的（矩形工具），在页面处按住鼠标并拖动，绘制矩形。

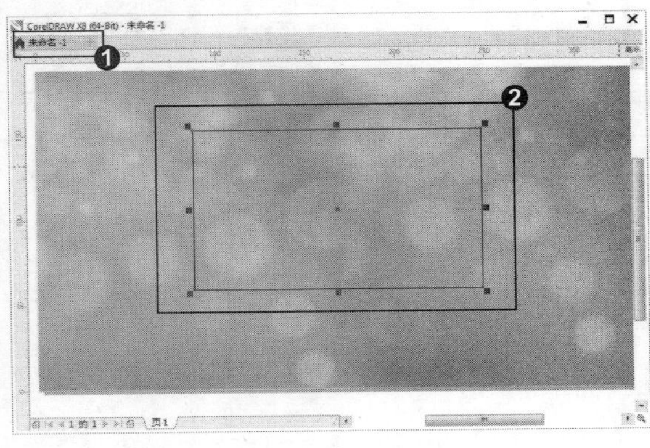

2. 设置属性栏

❶ 在属性工具栏中设置“对象大小”为 140mm × 140mm，“旋转角度”为 45 度、“轮廓宽度”为无，❷ 此时矩形图形会根据属性的设置情况而变化。

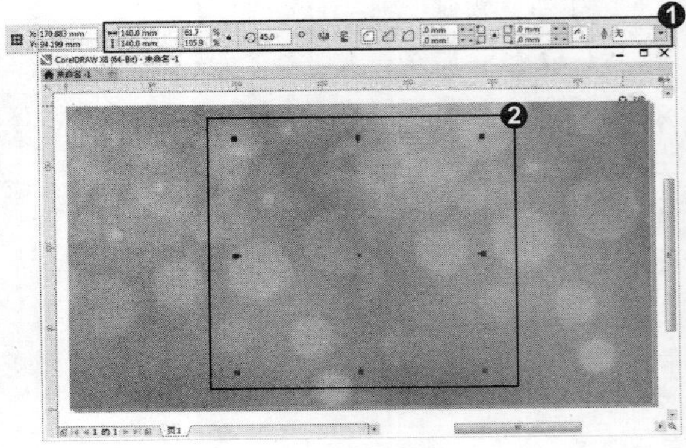

3. 导入素材

在右侧调色板中单击白色，填充矩形形状。同上述导入文档的操作方法，导入其他的素材图片，完成图像制作。

知识拓展

单击工具箱中的工具时，属性栏上就会显示该工具的属性设置。❶ 属性栏在默认情况下为页面属性设置，❷ 如果单击矩形工具则切换为矩形属性设置。

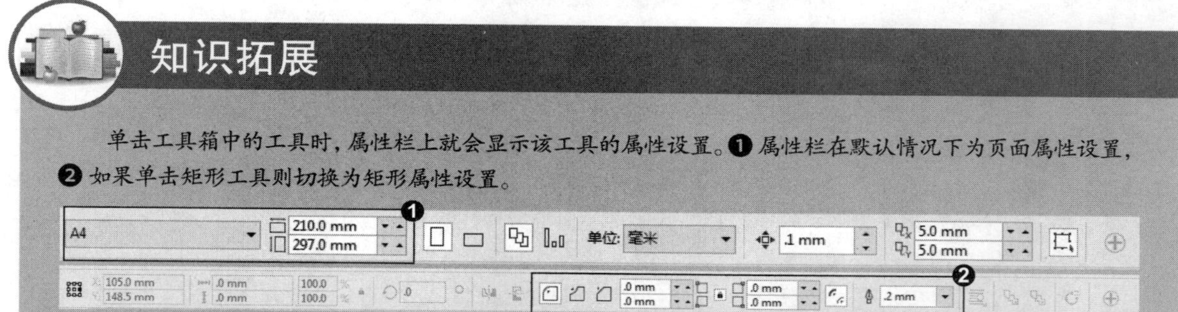

招式 005 工具栏打开常用工具

Q 如果在执行命令操作时不想到菜单栏里寻找该命令，在 CorelDRAW 中有没有更快捷的方式?

A 在 CorelDRAW 中可以单击工具栏中的按钮进行更快捷的操作。

1. 剪切对象

❶ 启动 CorelDRAW X8 后，单击左上角的“新建”按钮或按 Ctrl+N 快捷键，新建一个文档，单击工具栏中的 “导入”按钮，导入一张素材图片，❷ 选中图片，❸ 单击“剪切”工具，将矩形剪出画面。

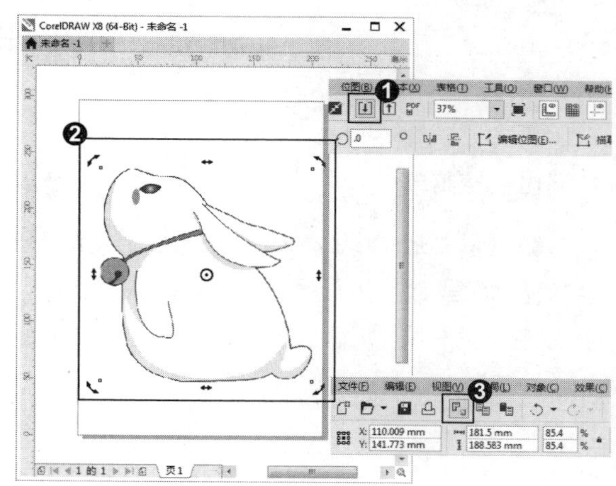

2. 粘贴对象

❶ 此时画布变为空白。❷ 再次新建一个空白文档，单击工具栏中的“粘贴”按钮，将图片重新粘贴到另一文档中。

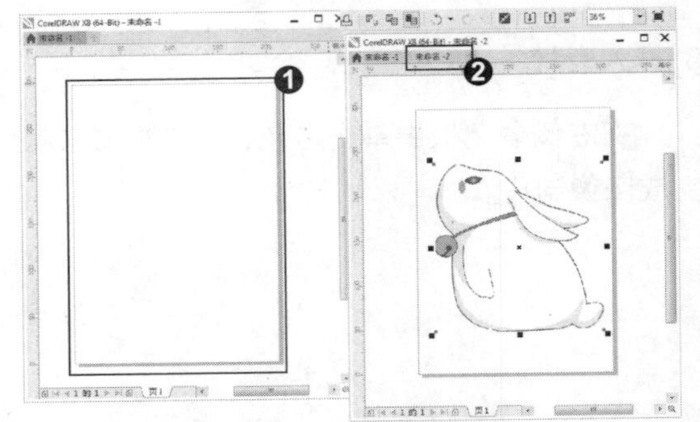

知识拓展

常用工具栏包括 CorelDRAW X8 软件的常用基本工具图标，方便直接单击使用。单击“新建”按钮可以创建一个新文档；单击“打开”按钮可以打开已有的 cdr 文档；单击“保存”按钮可保存编辑的内容；单击“打印”按钮可将当前文档打印输出；单击“剪切”按钮可剪切选中的对象；单击“复制”按钮可复制选中的对象；单击“粘贴”按钮可从剪切板中粘贴对象；单击“撤销”按钮可取消前面的操作（在下拉面板中可选择撤销的详细步骤）；单击“重做”按钮可重新执行撤销的步骤（在下拉面板中可以选择重做的详细步骤）；单击“搜索内容”按钮可使用 Corel Connect X8 泊坞窗搜索字体、图片等；单击“发布为 PDF”按钮可将文档导出为 PDF 格式；单击“全屏预览”按钮或按 F9 键可显示文档的全屏预览；单击“显示标尺”按钮可显示或隐藏标尺；单击“显示网格”按钮可显示或隐藏文档网格；单击“显示辅助线”按钮可显示或隐藏辅助线；单击“贴齐”按钮 贴齐(T)，可选择在页面上对齐对象的方法；单击“选项”按钮可设置工作区的首选项；单击“应用程序启动器”按钮可快速启动 Corel 的其他应用程序。

45%　贴齐(T)

招式 006 隐藏工具箱简化工作界面

Q 如果觉得工作界面太杂乱，想要更整洁简单的工作界面时怎么办呢？

A 在 CorelDRAW 中可以在任意工具栏中右击，在弹出的快捷菜单中取消勾选“工具箱”选项。

1. 调出快捷菜单

❶ 启动 CorelDRAW X8 后，单击左上角的“新建”按钮或按 Ctrl+N 快捷键，新建一个文档，❷ 在右上角任意位置右击，此时可以看到弹出一个快捷菜单。

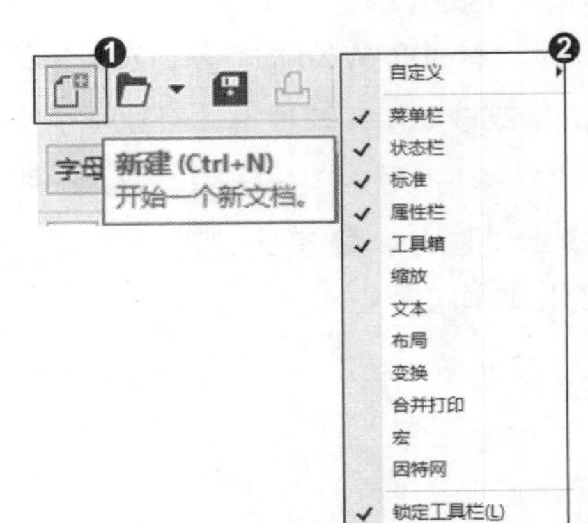

2. 隐藏工具箱

❶ 在快捷菜单中取消勾选“工具箱”，❷ 此时工作界面中的工具箱面板被隐藏。

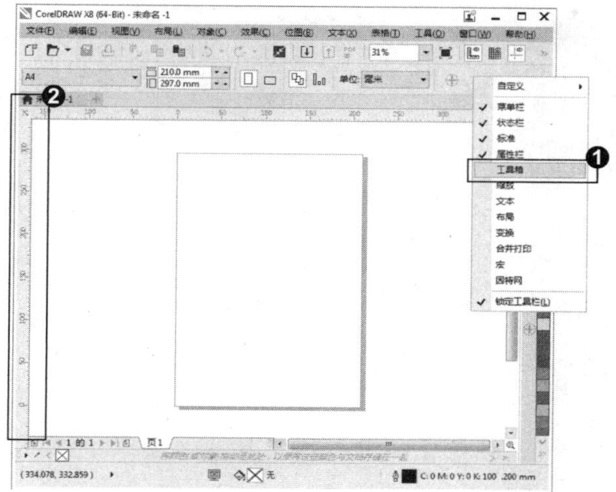

知识拓展

❶ 若关掉菜单栏后无法调出“窗口”菜单以重新显示菜单栏，可以在标题栏下方任意工具栏上右击，在弹出的快捷菜单中勾选恢复误删的菜单栏。❷ 如果工作界面所有工作栏都关闭，无法通过右击恢复时，可以按 Ctrl+J 快捷键打开“选项”对话框，然后选择“工作区”选项，选择“默认”选项。最后单击“确定”按钮复原默认工作区。

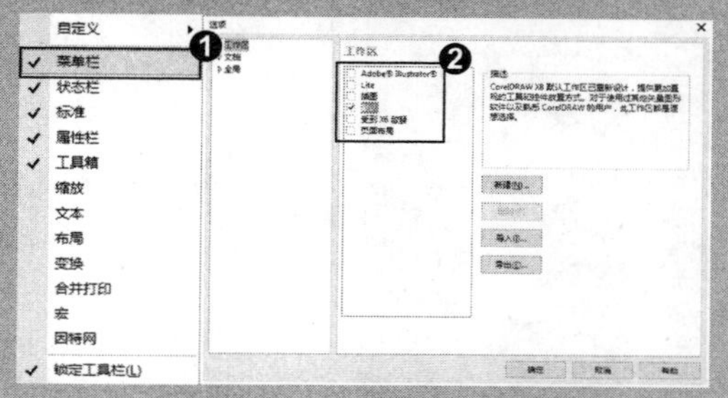

招式 007 泊坞窗面板制作随意涂鸦效果

Q CorelDRAW 界面位置有限，不能将面板全部展示出来，那该怎么去选择面板，然后用面板来制图呢？

A 在 CorelDRAW 中单击菜单栏中的“窗口”|“泊坞窗”命令，在其下拉子菜单中对应各种面板，需要使用哪种面板来制图时就可以选择该面板，并在右侧显示其参数。

1. 选择艺术笔

启动 CorelDRAW X8 后，单击左上角的“新建”按钮或按 Ctrl+N 快捷键，新建一个文档，单击菜单栏中的“窗口”|“泊坞窗”|“效果”|“艺术笔”命令。

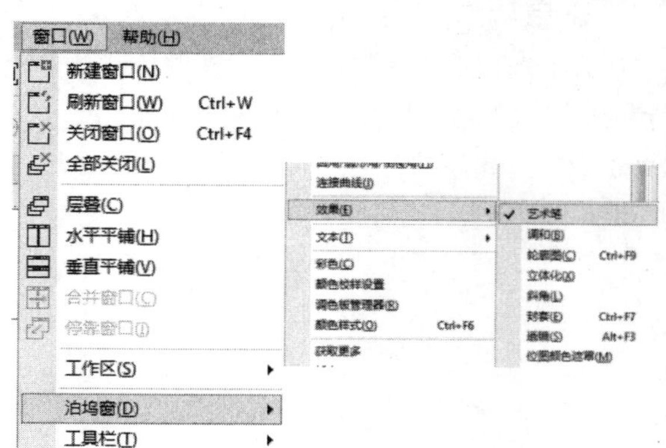

2. 制作涂鸦效果

❶ 此时工作界面右边弹出一个“艺术笔”泊坞窗，可以在其中任意选择画笔，❷ 画笔选择好后，便可在画布中随意涂鸦，绘制自己喜欢的图案。

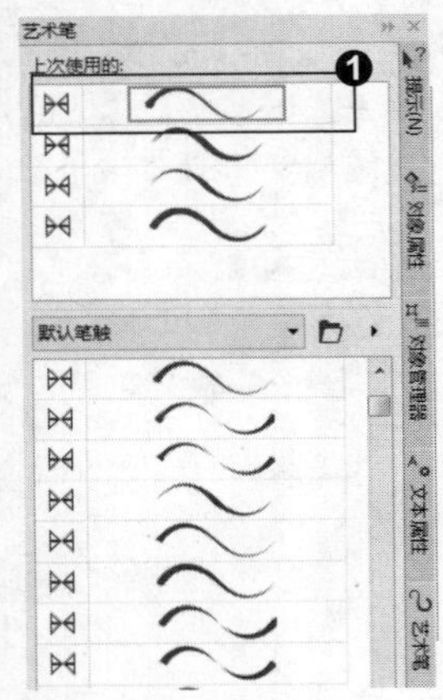

知识拓展

泊坞窗主要是用来放置管理器和选项面板的，单击图标激活展开相应选项面板，❶ 打开“对齐与分布”面板，❷ 打开“颜色校样设置”面板，可对颜色校样进行设置。

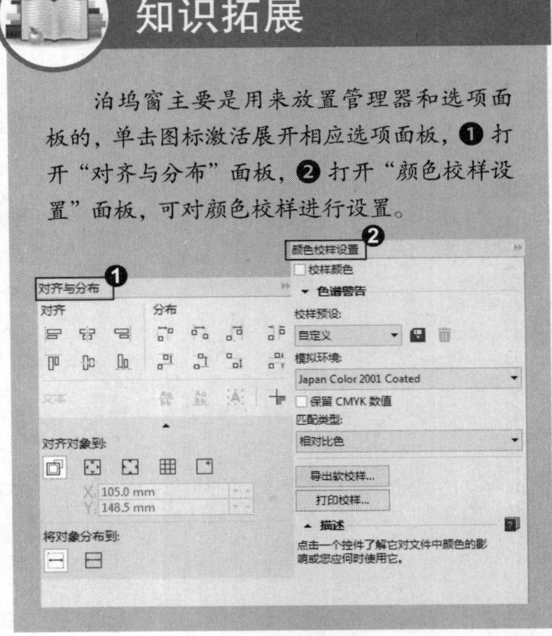

招式 008 调色板面板为简笔画上色

Q 在 CorelDRAW 中绘制简笔画时，如何又快又便捷地为其上色呢？

A 在 CorelDRAW 工作界面中有一个调色板，单击便可为其对象上色。

1. 选择对象

❶ 启动 CorelDRAW X8 后，单击左上角的“打开”按钮或按 Ctrl+O 快捷键，打开“线稿 .cdr”，❷ 选择工具箱中的（选择工具），单击扇叶对象将其选中。

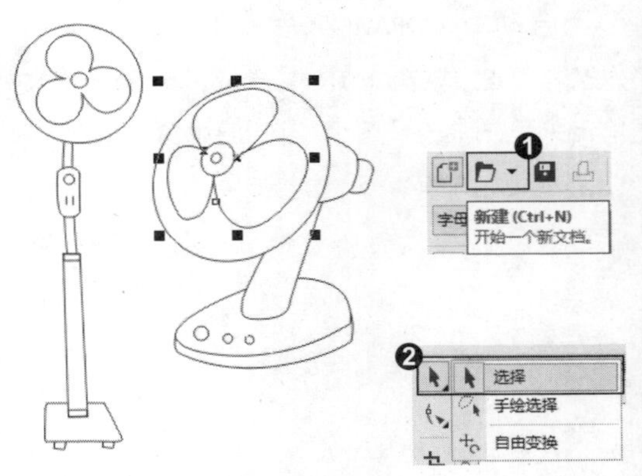

2. 为扇叶上色

❶ 在右侧调色板中单击青色（C:100，M、Y、K 均为 0），扇叶填充青色，❷ 选择橘红色，右击，可填充对象扇叶轮廓色。

3. 为电扇其他部位上色

同方法，为电扇其他部位进行上色，完成填色。

知识拓展

文档调色板位于导航器下方，显示文档编辑过程中使用过的颜色，方便用户进行文档用色预览和重复填充对象。

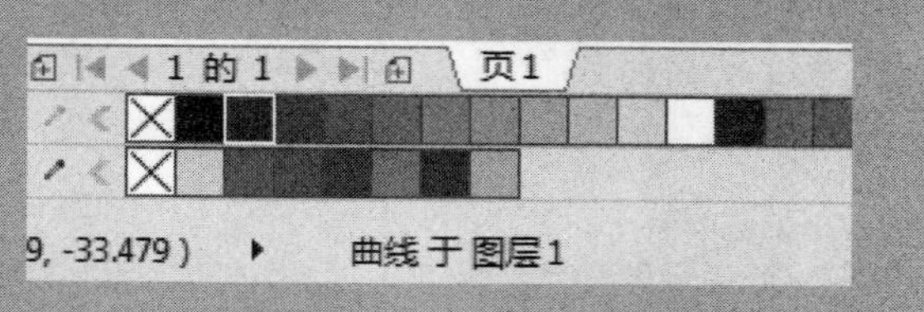

招式 009 导航器查看图像细节

Q 如果有些图像太小看不清细节怎么办？在 CorelDRAW 如何查看其细节呢？

A 在 CorelDRAW 中，只要移动导航器的滚动条就可以查看图像的细节。

1. 导入图片

❶ 启动 CorelDRAW X8 后，单击左上角的“新建”按钮或按 Ctrl+N 快捷键，新建一个文档，❷ 单击工具栏中的“导入”按钮，导入一张素材图片。

2. 查看图像细节

❶滚动鼠标中间的滚轮，可放大或缩小图像，❷此时可移动导航器的滚动条查看图像细节。

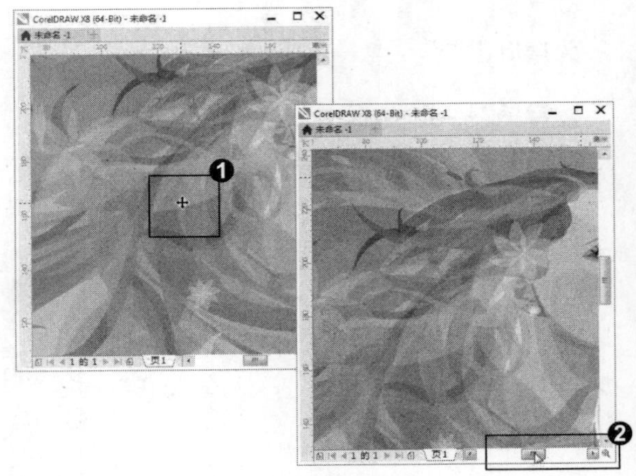

专家提示

按 Ctrl+“+”快捷键可以放大图像，按 Ctrl+“−”快捷键可以缩小图像。

知识拓展

导航器可以进行视图和页面的定位引导，可以执行跳页和视图移动定位等操作，单击前面的“添加页”按钮，可以在当前页的前面添加一个或多个页面；单击后面的“添加页”按钮则可以在当前页的后面添加一个或多个页面。这种方法适用于在当前页的前后快速添加多个连续的页面。

招式 010 状态栏显示文档参数

Q 如果想查看当前操作的参数值，在 CorelDRAW 中该如何查看？

A 在 CorelDRAW 中，可以在任意工具栏中右击，在弹出的快捷菜单中勾选“状态栏”，可以在工作界面底部查看文档的状态参数。

1. 勾选“状态栏”

❶启动 CorelDRAW X8 后，单击左上角的“新建”按钮或按 Ctrl+N 快捷键，新建一个文档，❷在任意工具栏中右击，在弹出的快捷菜单中勾选“状态栏”。

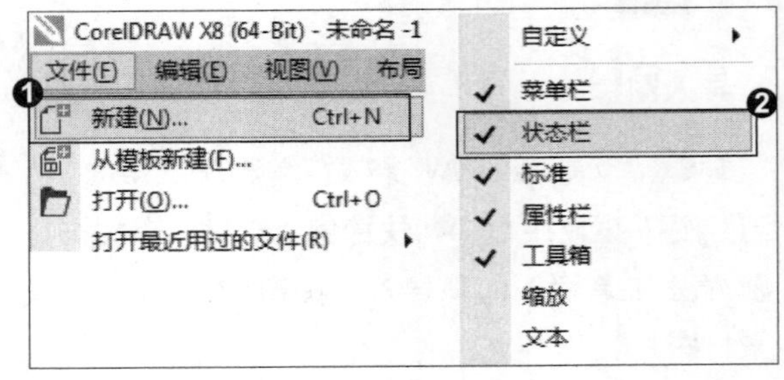

2. 查看参数

❶ 选择工具箱中的⬡（多边形工具），❷ 拖动鼠标指针不放，在文档中绘制多边形，此时文档窗口底部会显示多边形的大小参数。

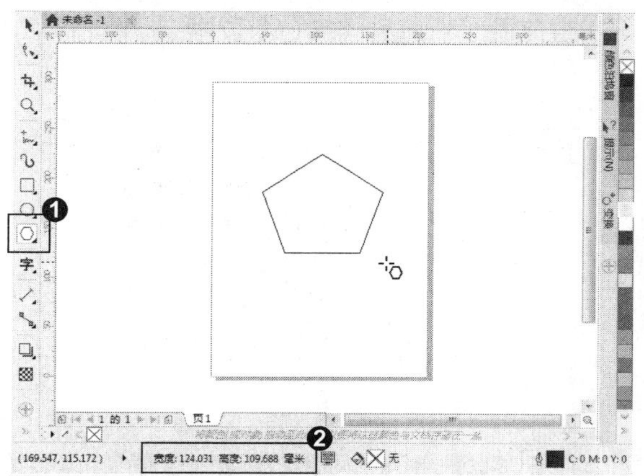

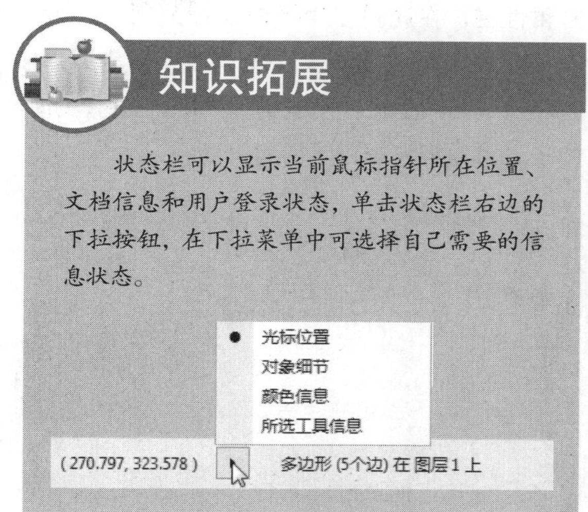

状态栏可以显示当前鼠标指针所在位置、文档信息和用户登录状态，单击状态栏右边的下拉按钮，在下拉菜单中可选择自己需要的信息状态。

招式 011 页面大小、方向与版面设置

Q 新建文档后，想更改文档的大小、方向，又不想重新新建文档，该如何去操作呢？

A 可以在“页面尺寸”选项组中更改文档的大小和方向，也可以添加/切换多个页面。

1. 对话框设置页面大小、方向

❶ 启动 CorelDRAW X8 后，单击左上角的“新建”按钮或按 Ctrl+N 快捷键，新建一个文档。单击“布局”|“页面设置”命令，在弹出的“选项”对话框中单击“文档”边上的下拉按钮，打开下拉菜单。❷ 在下拉菜单中选择“页面尺寸”选项，可以在右侧参数栏中重新设置参数和文档方向。

2. 属性栏更改页面大小、方向

❶ 单击页面或其他空白处，可切换到页面的属性栏，在属性栏中可对页面的大小、方向以及应用方式进行调整。❷ 单击“当前页”按钮可以将设置应用于当前页；单击“所有页面”按钮可以将设置用于所有页面。

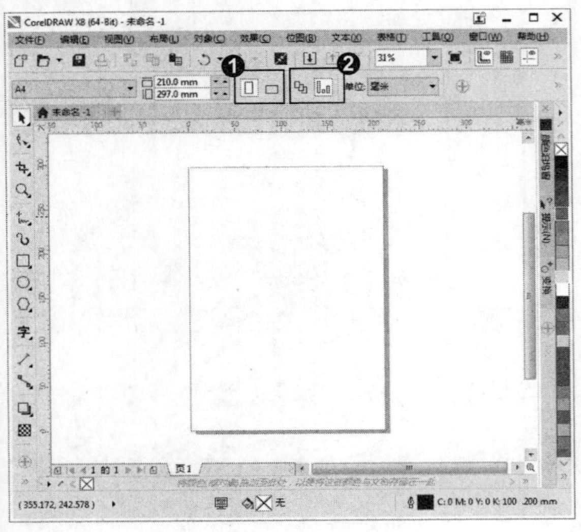

3. 右击标签添加页面

选择要插入页的页面标签，右击，在弹出的快捷菜单中选择“在后面插入页面”命令或“在前面插入页面”命令（注意：这种方法只适用于在当前页面的前后添加一个页面），添加页面。

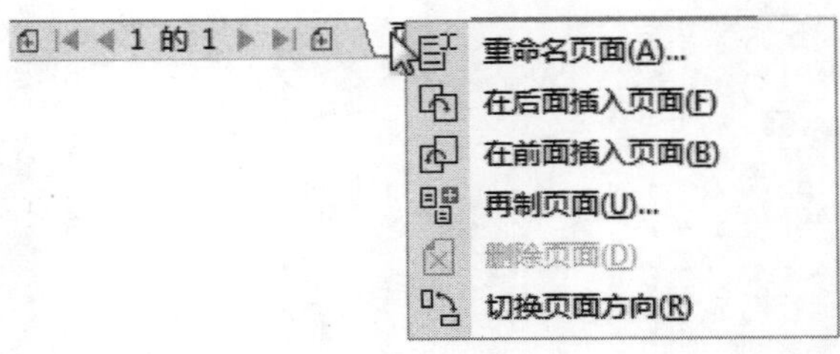

专家提示

在“页面尺寸”选项参数中勾选“只将大小应用到当前页面”复选框，那么修改的尺寸只针对当前页面，而不会影响到其他页面。

4. 对话框添加页面

在弹出的对话框中可以插入页面，并设置插入页面的前后顺序。选中“仅复制图层”单选按钮，插入的页面将保持与当前页面相同的设置；选中“复制图层及其内容”单选按钮，不仅可以复制当前的页面设置，还会将当前页面上的内容复制到插入的页面上。

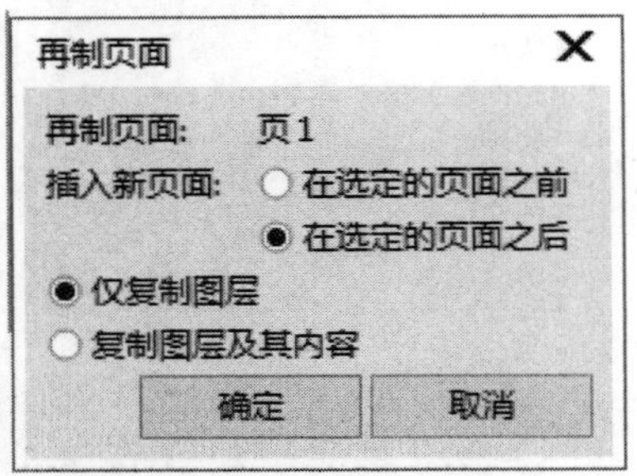

5. 菜单添加页面

在“布局”菜单下单击相关命令也可添加页面。

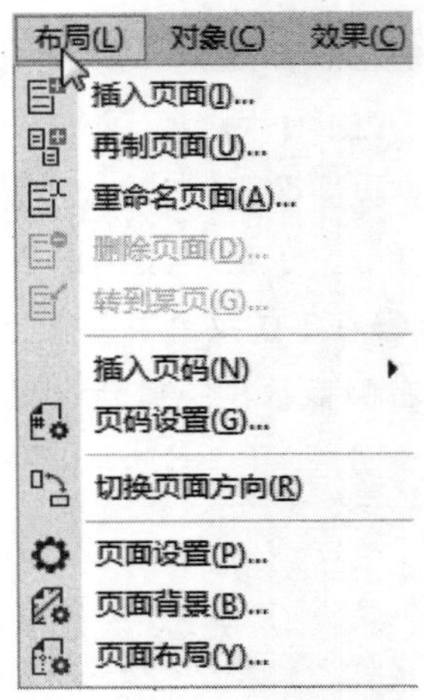

6. 切换页面

单击页面导航器上的页面标签可以快速切换页面，或单击◀和▶按钮进行跳页操作。如果要切换到起始页和结束页，可以单击|◀和▶|按钮。

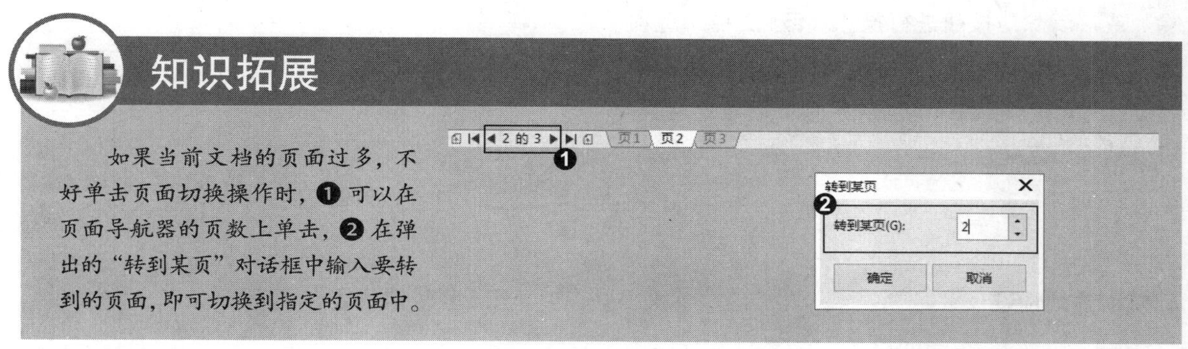

招式 012 设置辅助线的方法

Q 如果想要更精准地测量位置或者绘制图形，在 CorelDRAW 中该如何操作呢?

A 在 CorelDRAW 中可以在标尺栏直接拖曳，设置辅助线，也可在“选项”对话框中设置辅助线。

1. 用标尺设置辅助线

❶启动 CorelDRAW X8 后，单击左上角的“新建”按钮或按 Ctrl+N 快捷键，新建一个文档。将光标移动到水平或垂直标尺上，然后按住鼠标左键直接拖曳设置辅助线，❷ 选中垂直或水平的辅助线，在属性栏中设置旋转角度即可旋转辅助线。

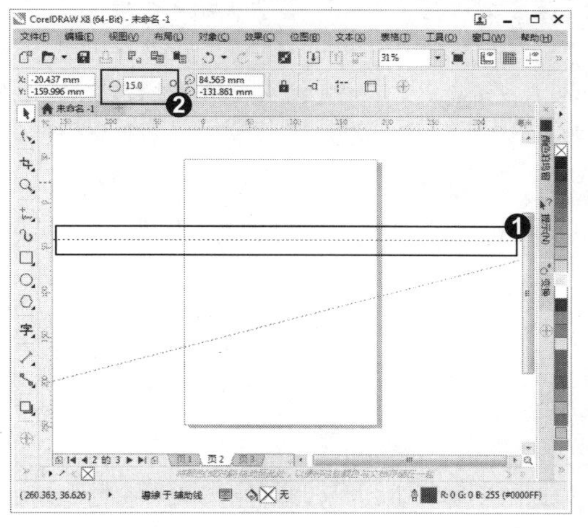

2. 在“选项”对话框中设置辅助线

单击常用工具栏中的“选项”按钮或按 Ctrl+J 快捷键，打开“选项”对话框，❶ 选择“辅助线”下面的“垂直”或“水平”选项，❷ 设置好参数值单击“添加”“移动”“删除”或“清除”按钮进行操作。

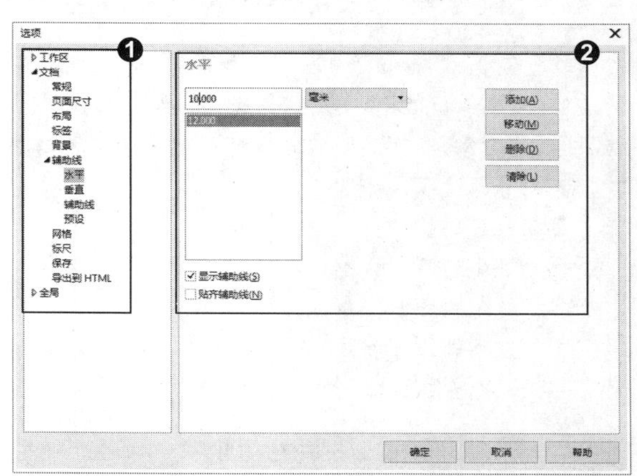

3. 倾斜辅助线的设置

❶ 在“选项”对话框中单击“辅助线”选项，❷ 设置旋转角度后单击“添加”“移动”“删除”或“清除”按钮进行操作。❸“2 点”选项表示 x、y 轴上的 2 点，可以分别输入数值精确定位；“角度和 1 点”选项表示某一点与某角度，可以精确设定角度。

4. 辅助线的预设

❶ 单击“预设”选项，在“Corel 预设”中可根据需要勾选其中的选项进行预设，❷ 在“用户定义预设”中可以自定义设置。

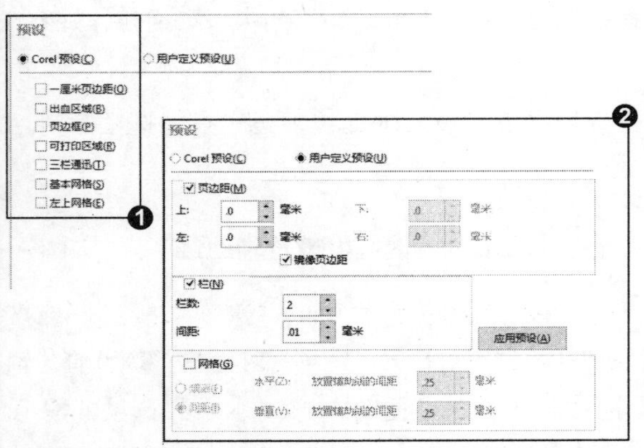

5. 显示 / 隐藏辅助线

❶ 在“选项”对话框中选择“辅助线”选项，❷ 选中“显示辅助线”复选框可以显示辅助线，反之隐藏辅助线。❸ 为了分辨辅助线，可以设置显示辅助线的颜色。

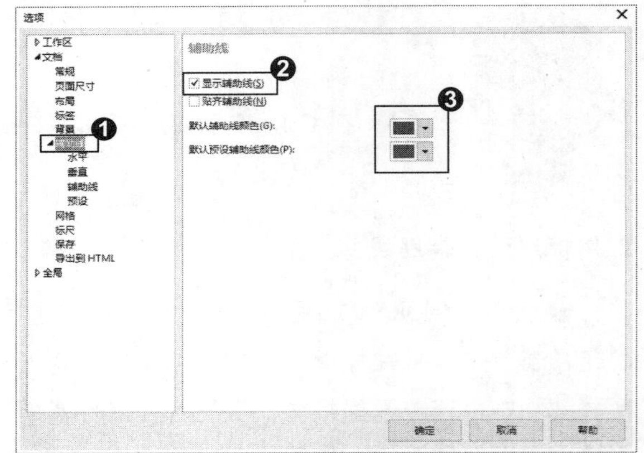

知识拓展

❶ 单击“编辑”|“全选”|“辅助线”命令，可以将绘图区内所有未锁定的辅助线选中，方便用户进行整体删除、移动、变色和锁定等操作。❷ 选中需要锁定的辅助线，单击“对象”|“锁定”|“锁定对象”命令可以将辅助线锁定，单击“对象”|“锁定”|“解锁对象”命令可以对辅助线解锁，也可右击，在其快捷菜单中选择“锁定对象”和“解锁对象”选项，对辅助线进行操作；❸ 单击“视图”|“贴齐辅助线”命令后，可以让编辑的对象精确地贴靠在辅助线上。

专家提示

单击辅助线，辅助线显示为红色时，表示该辅助线为选中状态，可以对其进行编辑。

招式 013 设置页面背景

Q 如果想把页面的背景换掉，在 CorelDRAW 中怎么操作?

A 在 CorelDRAW 中单击“布局”｜“页面背景”命令，就可以在弹出的对话框中设置页面背景了。

1. 新建图像文档

❶ 启动 CorelDRAW X8 后，单击左上角的“新建”按钮或按 Ctrl+N 快捷键，新建一个文档，❷ 在菜单栏中单击“布局”｜“页面背景”命令。

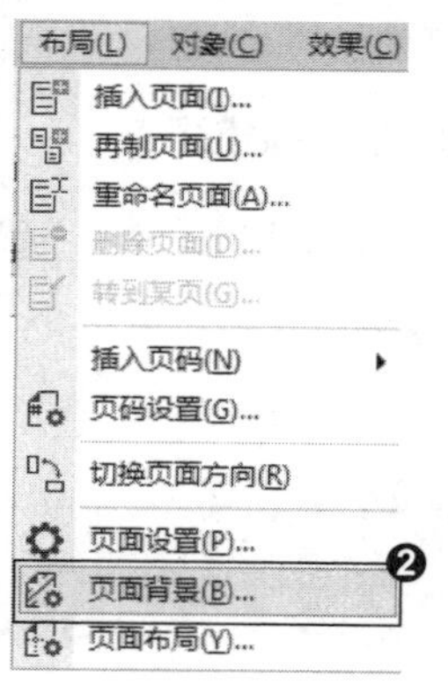

2. 设置纯色界面

❶ 在弹出的对话框中选择“背景”选项，❷ 选中“纯色”单选按钮，在下拉调色板中选择喜欢的颜色进行填充，❸ 此时页面变成了纯色页面。

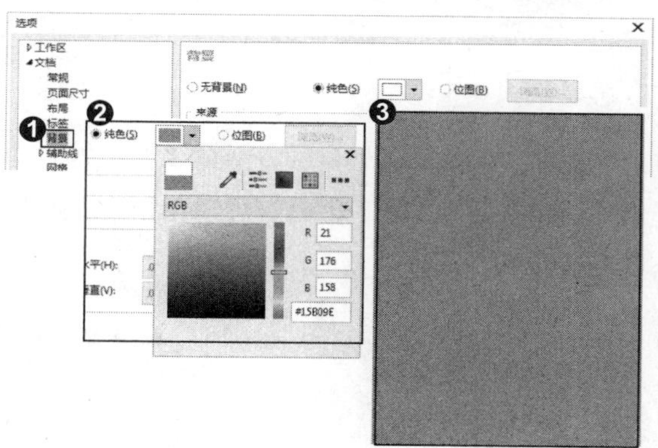

3. 设置位图界面

❶ 回到“背景”面板，选中“位图”单选按钮，单击“浏览”按钮，选择一张喜欢的图片，❷ 单击“确定”按钮，此时页面变成了位图界面。

知识拓展

在“背景”面板中，选择“打印和导出背景”选项，可以在输出时显示填充的背景。

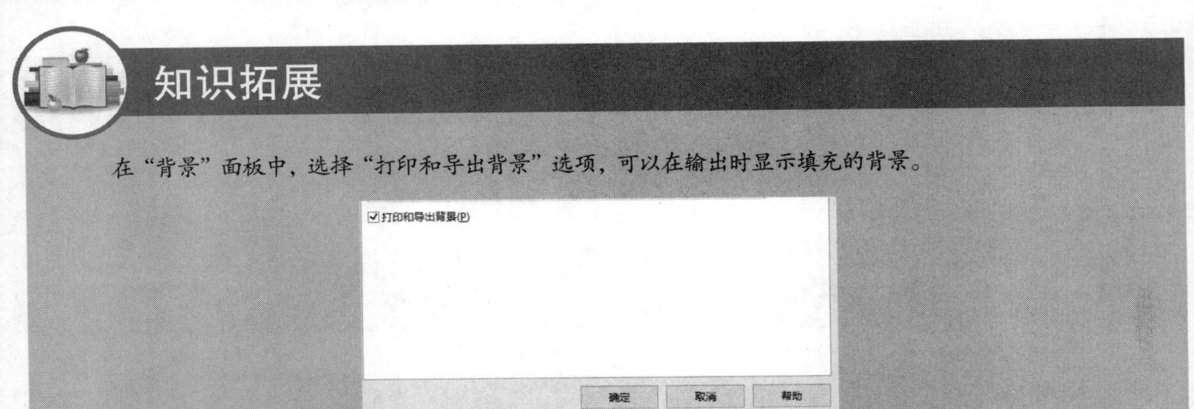

招式 014 窗口选择显示模式

Q 如果想让窗口显示不同的模式，在 CorelDRAW 中该如何操作?

A 可以在“窗口”菜单下选择不同的显示模式，调整窗口文档视图和切换编辑窗口。

1. 层叠模式

启动 CorelDRAW X8 后，新建 3 个文档，单击“窗口”|“层叠”命令，可以将所有文档窗口进行叠加预览。

2. 水平平铺模式

在菜单栏中单击“窗口”|“水平平铺”命令，此时所有文档窗口以水平方式平铺预览。

3. 垂直平铺模式

在菜单栏中单击“窗口”|“垂直平铺”命令，此时所有文档窗口以垂直方式平铺预览。

知识拓展

当想把窗口恢复到默认模式时，在菜单栏中单击“窗口”|“合并窗口”命令，窗口显示模式即恢复为默认模式。

招式 015 打开指定文件图形

Q 计算机中有 CorelDRAW 保存的文件，可以采用哪几种方法打开？

A 可以用 4 种方法打开 CorelDRAW 保存的文件。

1. 菜单命令打开图形

❶ 单击“文件”|“打开”命令，在弹出的“打开绘图”对话框中找到要打开的 CorelDRAW 文件（标准格式为 .cdr），❷ 在“视图列表”中选择“大图标”可以查看文件的缩略图效果，单击“打开”按钮可以打开图形。

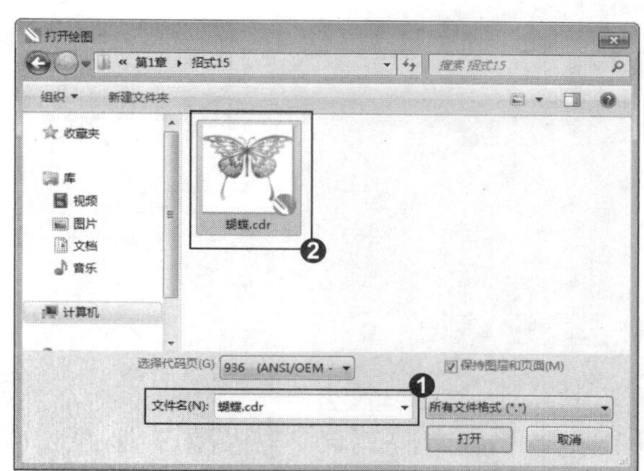

2. 工具栏打开图形

❶ 单击左上角的“打开”按钮，或按Ctrl+O快捷键，打开“打开绘图”对话框，❷ 在弹出的对话框中选择指定文件打开图形。

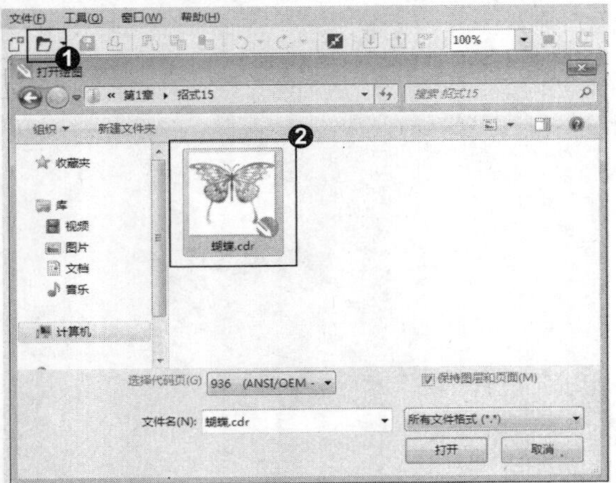

知识拓展

单击“工具”|“选项”命令或按Ctrl+J快捷键，打开“选项”对话框，在“工作区”下拉菜单中选择“外观”选项，右侧参数面板中会显示外观的主题颜色、亮度等设置选项，可以根据自己的喜好设置界面的颜色。

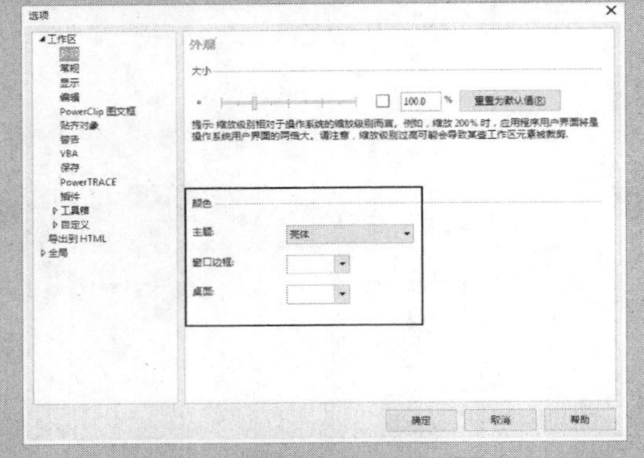

3. 欢迎屏幕或双击图形打开图形

❶ 在“欢迎屏幕”对话框中单击最近使用过的文档（最近使用过的文档会以列表的形式排列在“打开最近用过的文档”下）。❷ 在文件夹中找到要打开的CorelDRAW文件，双击可以将其打开。

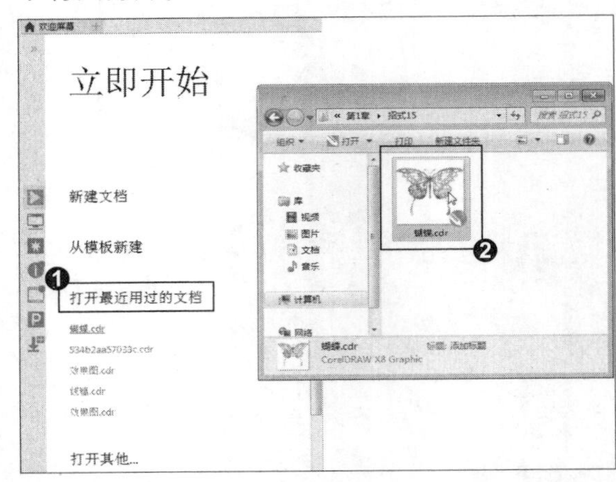

4. 拖曳文件打开图形

在文件夹里找到打开的CorelDRAW文件。按住鼠标左键将其拖曳到CorelDRAW的操作界面的白色界面，即可将文件打开。

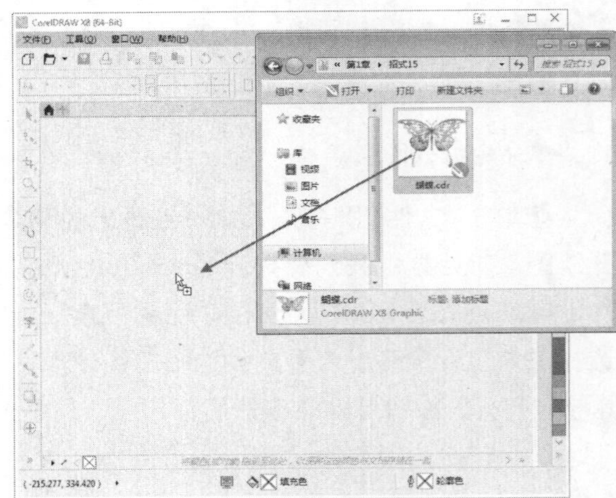

专家提示

使用拖曳方法打开文件时，如果将文件拖曳到非白色区域，如拖曳到计算机的任务栏上，系统会弹出一个错误对话框，提醒用户采用这种方式无法打开文件。

招式 016 缩放视图查看更多细节

Q 编辑文件时，如果想查看图像的更多细节，在 CorelDRAW 中该如何操作?

A 在 CorelDRAW 中导入图像，在工具箱中单击缩放工具，可缩放图像，或者滚动鼠标中键（滑轮）进行放大缩小操作。

1. 导入图像素材

❶ 启动 CorelDRAW X8 后，单击左上角的“新建”按钮或按 Ctrl+N 快捷键，新建一个文档，❷ 单击工具栏中的“导入”按钮，导入一张素材图片。

2. 缩放视图

❶ 选择工具箱中的（缩放工具），❷ 指针变为放大形状时，在图像上单击可放大图像的显示比例，❸ 右击，或按住 Shift 键，当指针变为缩小形状时单击，缩小图像。

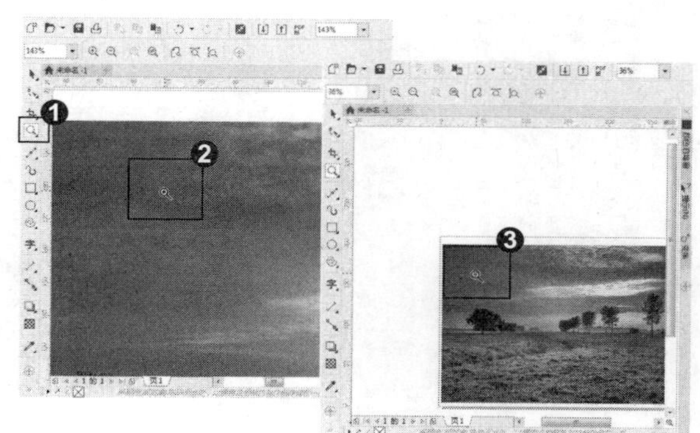

知识拓展

❶ 在缩放工具的属性栏上单击“放大”或“缩小”按钮也可缩放图像。❷ 滚动鼠标中键（滚轮）进行放大缩小操作；按住 Shift 键滚动，可以微调显示比例。

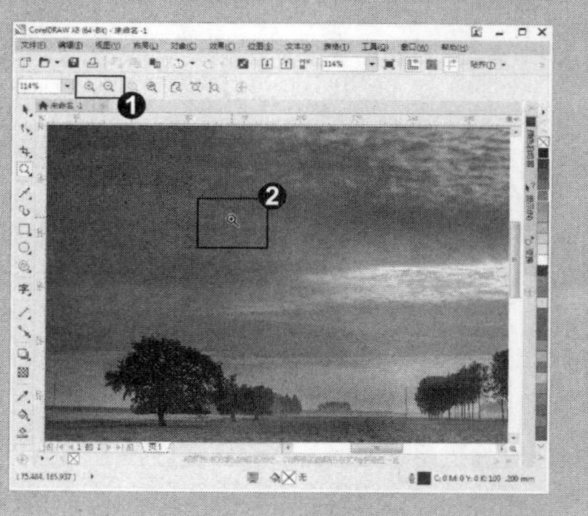

招式 017 移动视图编辑指定区域

Q 如果想在编辑过程中移动视图位置，在 CorelDRAW 中该如何操作?

A 在 CorelDRAW 中可使用工具箱中的平移工具进行移动，或者用鼠标左键在导航器上拖曳滚动条进行视图平移。

1. 导入图像素材

❶ 启动 CorelDRAW X8 后，单击左上角的"新建"按钮或按 Ctrl+N 快捷键，新建一个文档，❷ 单击工具栏中的 "导入"按钮，导入一张素材图片，放大图形。

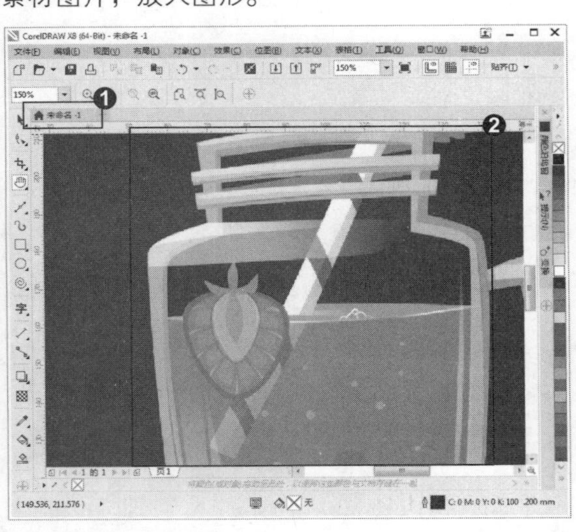

2. 选择平移工具

❶ 选择工具箱中的（平移工具），❷ 按住鼠标左键可平移视图位置，❸ 使用鼠标左键在导航器上拖曳滚动条进行视图平移。

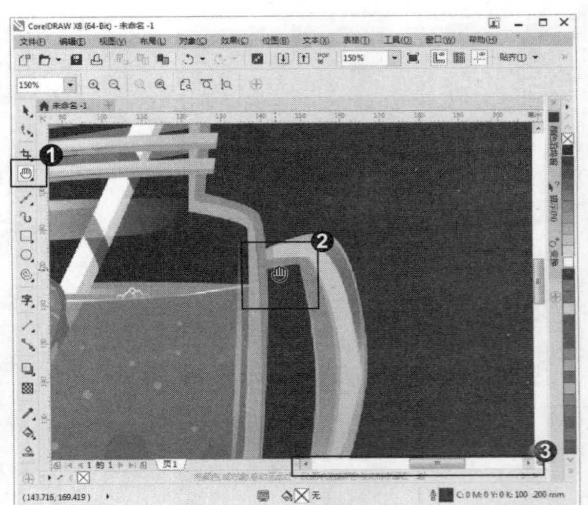

知识拓展

在使用滚动鼠标滚轮缩放或平移视图时，若滚动频率不太合适，单击"工具"|"选项"命令，打开"选项"对话框，在"工作区"下拉列表中选择"显示"选项，调出"显示"面板，设置"渐变步长预览"的数值即可设置合适的滚动频率。

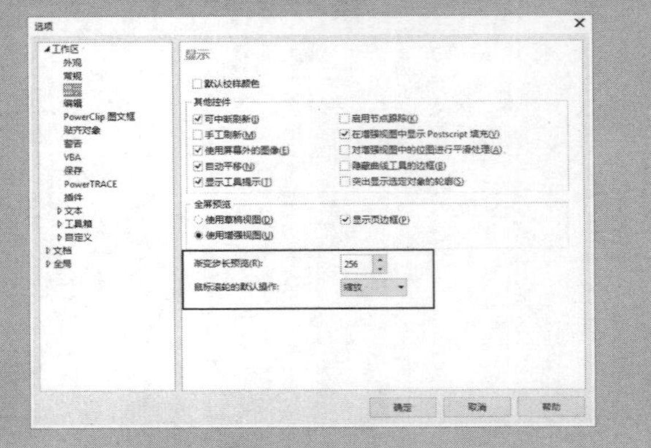

专家提示

按住 Ctrl 键拖动鼠标中键（滑轮）可以左右平移视图，按住 Alt 键拖动鼠标中键（滑轮）可以上下平移视图。

招式 018 标尺的设置与移位

Q 绘制图形时，标尺能起到很大的辅助作用，在 CorelDRAW 中标尺又是如何设置与移位的？

A 在 CorelDRAW 中可以在“选项”对话框中进行标尺的相关设置，按快捷键移动标尺。

1. 整体移动标尺位置

将鼠标指针移动到标尺交叉原点上，按住 Shift 键的同时按住鼠标左键移动标尺交叉点便可整体移动标尺位置。

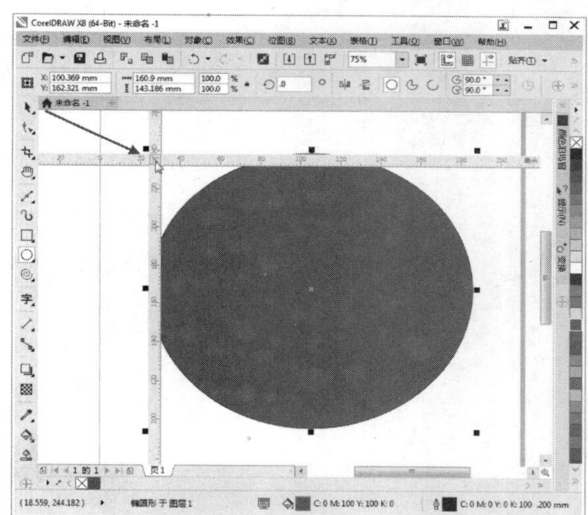

2. 水平或垂直移动标尺

将鼠标指针移动到水平或垂直标尺上，按住 Shift 键的同时按住鼠标左键移动位置，可水平或垂直移动标尺位置。

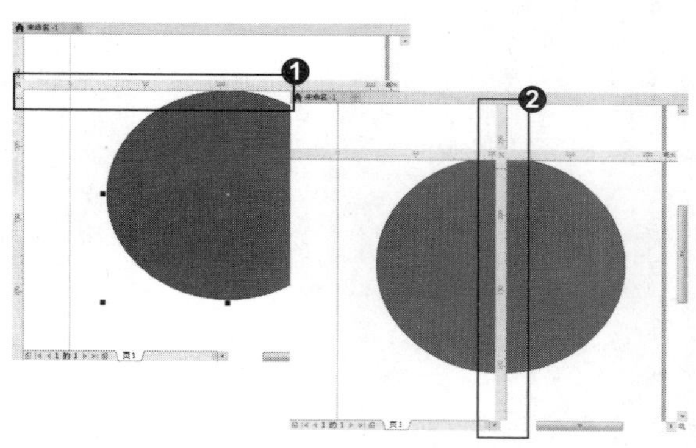

知识拓展

在“选项”对话框中选择“标尺”选项，可以对标尺进行设置。❶“单位”选项可以设置标尺的单位；❷“原始”选项可在“水平”“垂直”文本框内输入数值确定原点的位置；❸在“记号划分”选项中输入数值，可以设置标尺的刻度记号，范围最大为20、最小为-20；❹单击“编辑缩放比例”按钮，弹出“绘图比例”对话框，在“典型比例”下拉列表中可选择不同的比例。

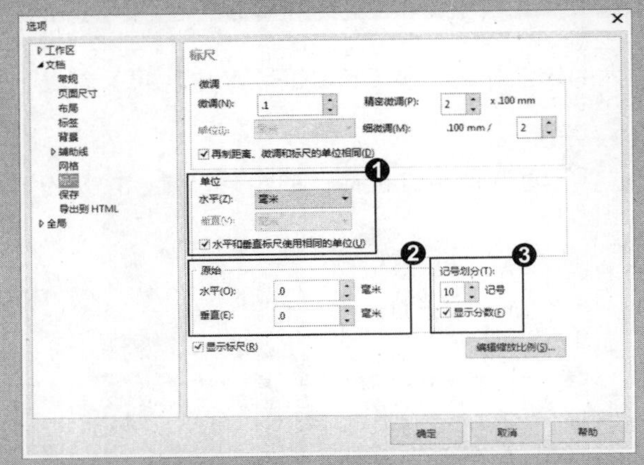

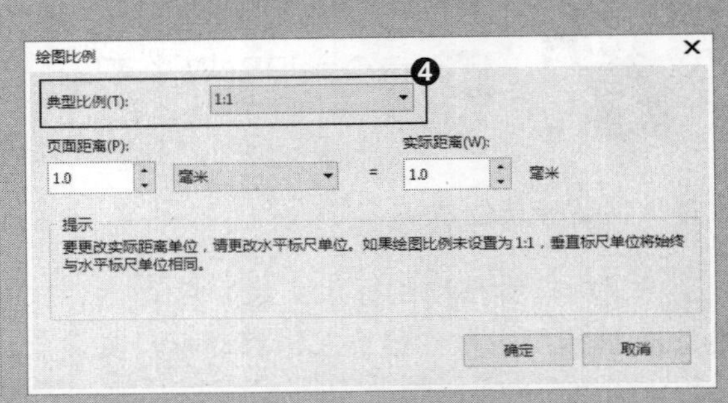

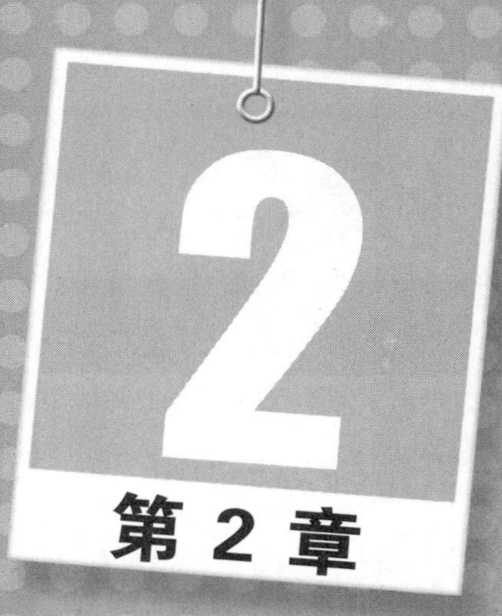

简单图形的绘制技法

在 CorelDRAW 中，绘制的作品主要是由矢量图形对象构成的，首先我们要学习怎样去绘制图形。本章主要讲解使用矩形工具、椭圆形工具、多边形工具、手绘工具、贝塞尔工具和基本形状工具组等绘图工具绘图的操作技巧。通过本章的学习，可以了解绘图工具的使用方法及功能，熟练使用各种绘图工具制作出精美的图形。

招式 019 直线线段的绘制

Q 线条是两个点之间的路径，线条由多条曲线或直线线段组成，那如何绘制垂直、水平的直线段呢?

A 利用手绘工具，在要开始绘制线条的位置单击，然后按住 Shift 键在要结束线条的位置处单击，这样可以绘制出水平或是垂直的直线。

1. 绘制一条线段

❶ 启动 CorelDRAW X8 后，单击左上角的“新建”按钮或按 Ctrl+N 快捷键，新建一个文档。选择工具箱中的（手绘工具），或按 F5 键，❷ 在页面空白处单击，移动鼠标确定另外一点的位置。单击左键即可绘制一条线段。

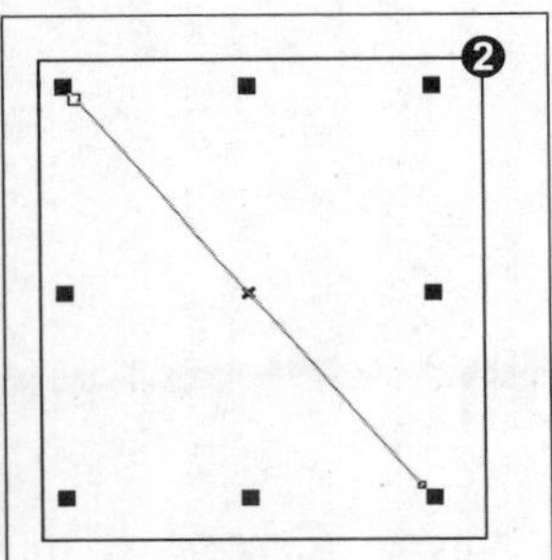

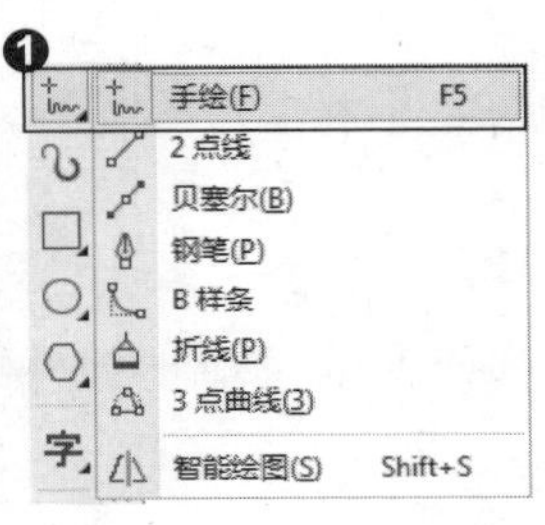

2. 绘制水平或垂直线段

继续使用“手绘”工具，在页面单击确定起点，按住 Shift 键移动指针至另一个点的位置，单击即可绘制一条水平或是垂直的直线线段。

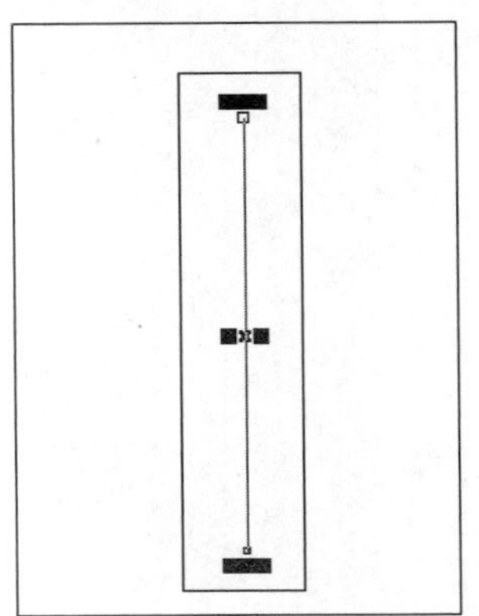

知识拓展

利用手绘工具绘制直线线段时，按住 Shift 键或是 Ctrl 键，可以以 15° 角为增量绘制线段。

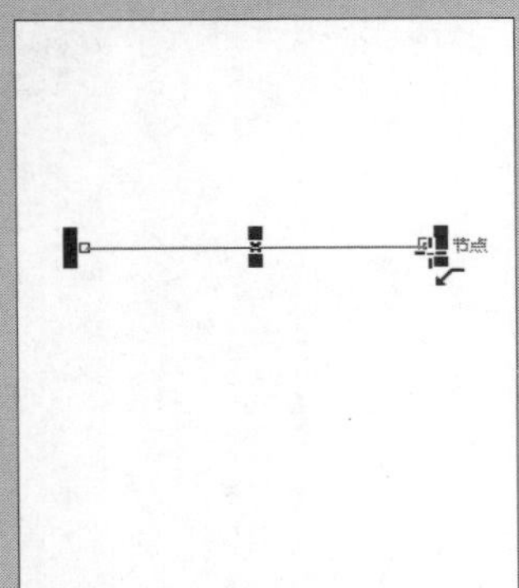

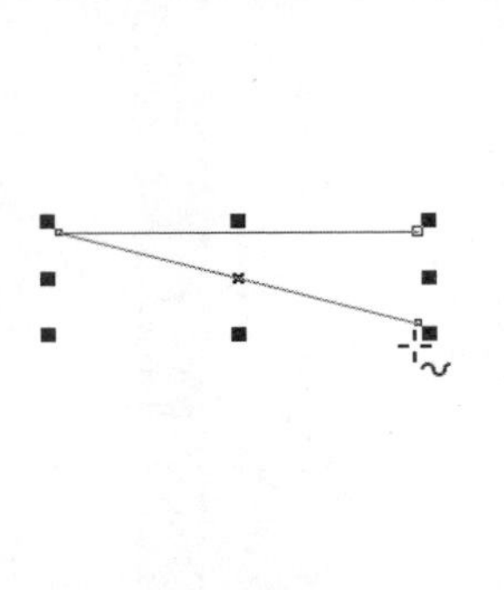

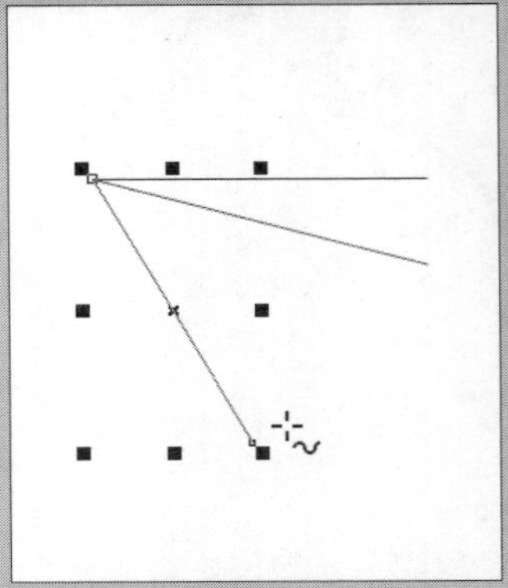

招式 020 连续绘制线段

Q CorelDRAW 中可以利用手绘工具绘制连续的线段，那绘制连续线段可以填充颜色吗?

A 在绘制连续线段时，将起点和终点重合在一起，形成一个面，就可以进行颜色填充和效果添加等操作了。

1. 绘制直线线段

❶ 启动 CorelDRAW X8 后，单击左上角的“新建”按钮或按 Ctrl+N 快捷键，新建一个文档。❷ 选择工具箱中的（手绘工具），或按 F5 键，❸ 在页面空白处单击，移动鼠标确定另外一点的位置绘制直线段。

2. 绘制连续线段

❶ 将指针移动到线段尾端的节点上，当指针变为时单击，移动指针到空白位置单击创建折线，❷ 单击确定其他节点，在闭合的终点上单击，完成直线式闭合图形的绘制。❸ 单击颜色泊坞窗，填充一个绿色。右击颜色泊坞窗，填充轮廓为绿色。

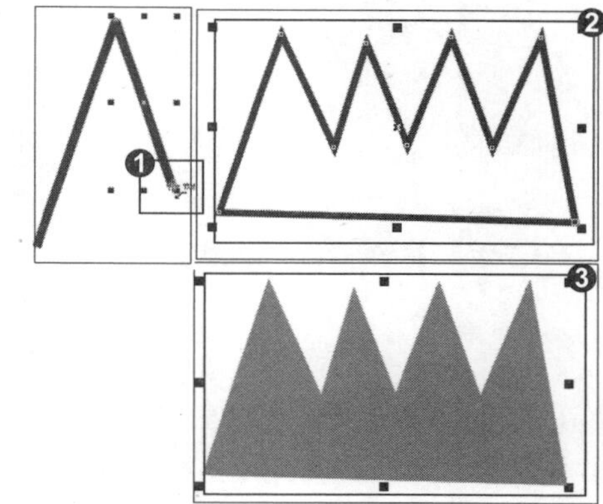

知识拓展

❶ 使用手绘工具在页面空白处单击，确定直线段的起点位置，移动指针至另外一点位置，双击即可创建连续的直线段；❷ 也可以将指针移动到线段尾端的节点上，当指针变为时单击，移动指针到空白位置单击创建连续的直线线段；❸ 在进行绘制时，起始点和结束点重合在一起时，会形成一个面，可以进行颜色填充和效果添加等操作，用这种方式可以绘制出各种抽象图形。

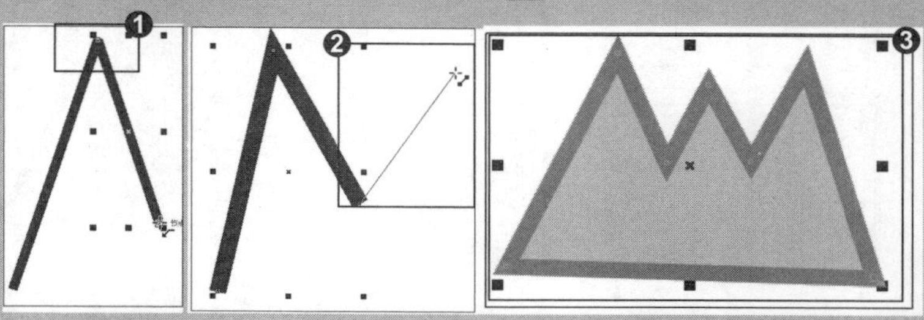

招式 021 绘制曲线

Q 在制作图形时，想快速、随意地绘制曲线，有没有便捷的操作方法呢？

A 可以使用手绘工具随意在页面上绘制，松开鼠标后就会根据绘制路径形成曲线。

1. 新建文档

❶ 启动CorelDRAW X8后，单击左上角的“新建”按钮或按Ctrl+N快捷键，新建一个文档。❷ 选择工具箱中的（手绘工具），或按F5键。

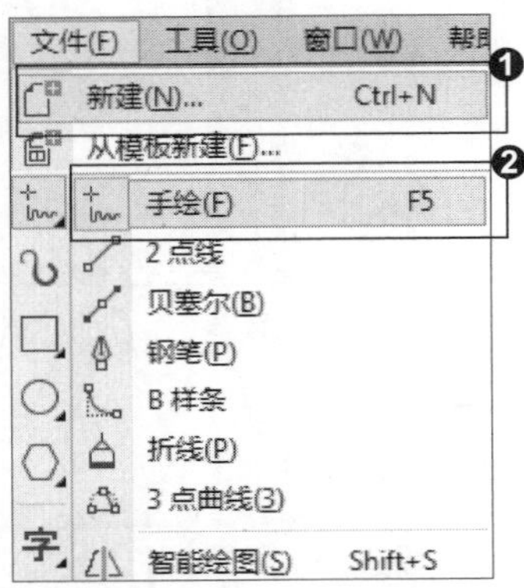

2. 绘制曲线

❶ 在页面空白处按住鼠标左键进行拖曳绘制，松开鼠标形成闭合曲线。❷ 单击颜色泊坞窗，填充一个蓝色。右击颜色泊坞窗，给边缘填充一个蓝色。

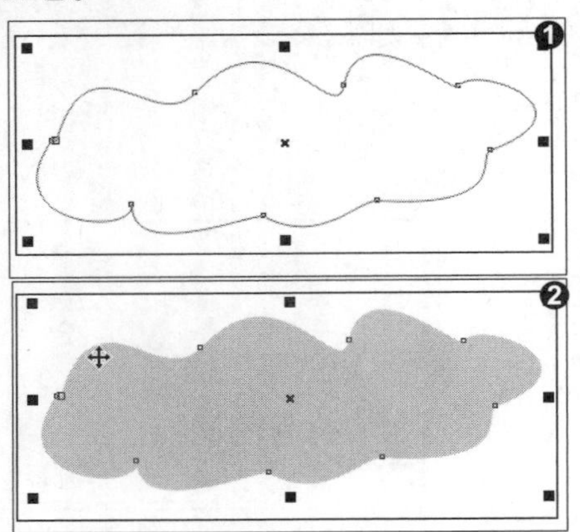

专家提示

进行绘制时，每次松开鼠标左键都会形成独立的曲线，以一个图层显示，所以可以像画素描一样，一层层盖出想要的效果。

知识拓展

在绘制曲线的过程中，线条会呈现有毛边或手抖的效果，可以在属性栏上调节“手动平滑”数值，数值越小，线条越粗糙；数值越大，线条越平滑。

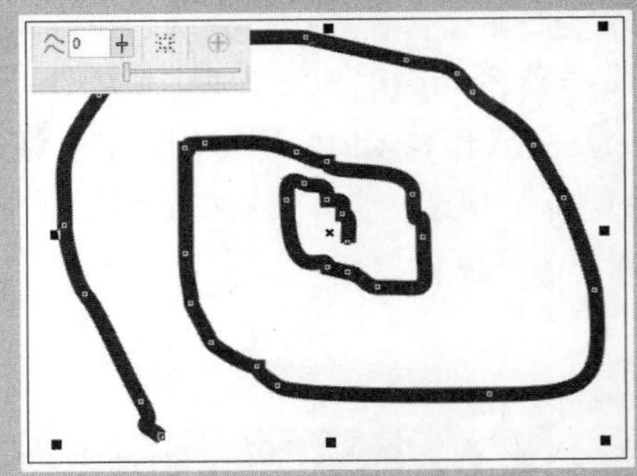

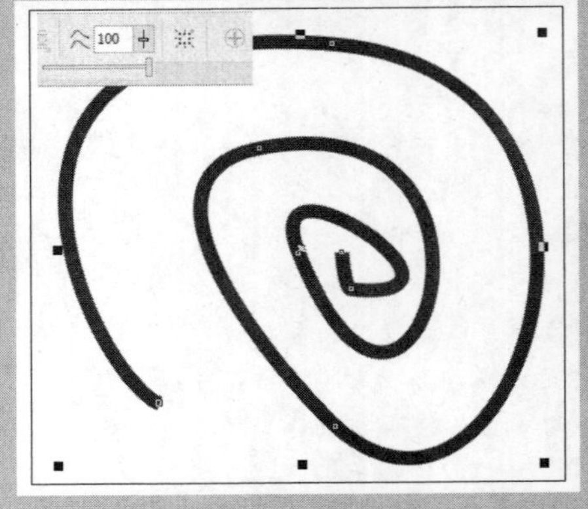

招式 022 在线段上绘制曲线

Q 使用手绘工具绘制直线段时，突然要绘制曲线，该如何操作呢?

A 确定直线段后，将指针移动到线段末端的节点上，当指针有变化后按住鼠标左键拖曳即可绘制曲线。

1. 新建文档

❶ 启动 CorelDRAW X8 后，单击左上角的“新建”按钮或按 Ctrl+N 快捷键，新建一个文档。❷ 选择工具箱中的（手绘工具），或按 F5 键。

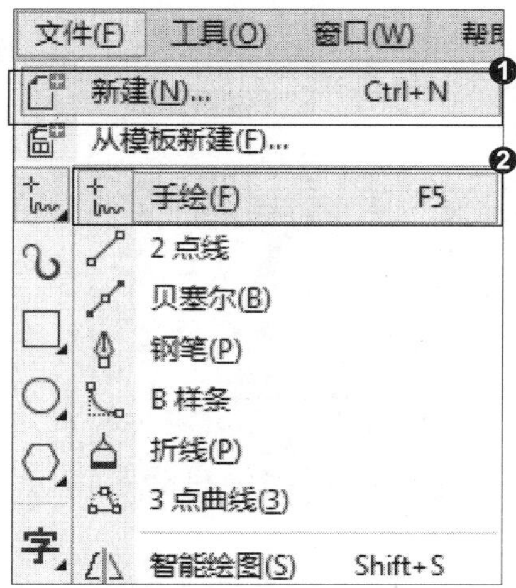

2. 绘制线段与曲线

❶ 在页面空白处单击，移动鼠标指针确定另外一点的位置，单击即可绘制一条线段，❷ 将指针拖曳到线段末尾的节点上，当指针变为时按住鼠标左键拖曳绘制出曲线。

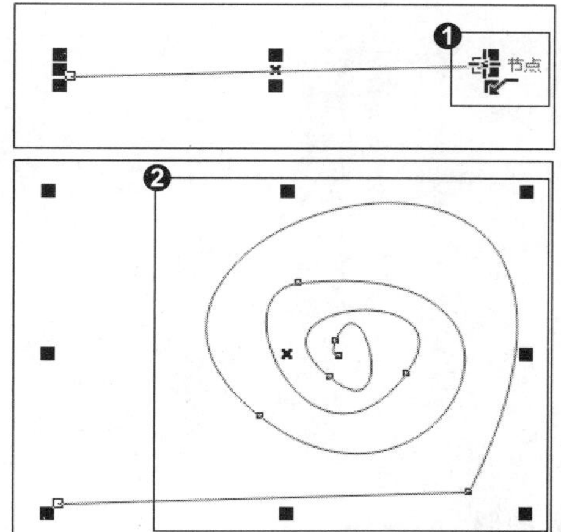

专家提示

在综合使用时，可以在直线线段上接连绘制曲线，也可以在曲线上绘制曲线，穿插使用，灵活性很强。

知识拓展

在使用手绘工具时，按住鼠标左键进行拖曳绘制对象，如果出错，可以在没松开鼠标左键前按住 Shift 键往回拖动鼠标指针，当绘制的线条变为红色时，松开鼠标即可擦除。

招式 023 用手绘制作涂鸦

Q 有时候在网上看到涂鸦图像特别的搞笑，可以在 CorelDRAW 中制作出这种效果吗?

A 当然可以，在 CorelDRAW 中可以灵活利用手绘工具绘制线段、曲线、或是连续的直线段，制作涂鸦效果。

1. 导入文件

❶ 启动 CorelDRAW X8 后，单击左上角的“新建”按钮或按 Ctrl+N 快捷键，新建一个文档。❷ 导入本书配备的“第 2 章\素材\招式 23\素材 .jpg”项目文件，拖曳到页面进行缩放。

2. 绘制矩形

❶ 选择工具箱中的（矩形工具），或按 F6 键，❷ 创建与页面等大小的矩形，填充颜色为（C:0，M:100，Y:100，K:0），在属性栏上设置“圆角”为 5mm。

3. 导入图形

❶ 导入本书配备的“第 2 章\素材\招式 23\图形 .cdr”项目文件，❷ 选中图形并执行“编辑”|“步长和重复”命令，在“步长和重复”面板中设置相应的参数，❸ 选中这 8 个图形，右击，组合对象，按 Ctrl+C 快捷键复制，按 Ctrl+V 快捷键粘贴，将图形拖曳到页面顶端。

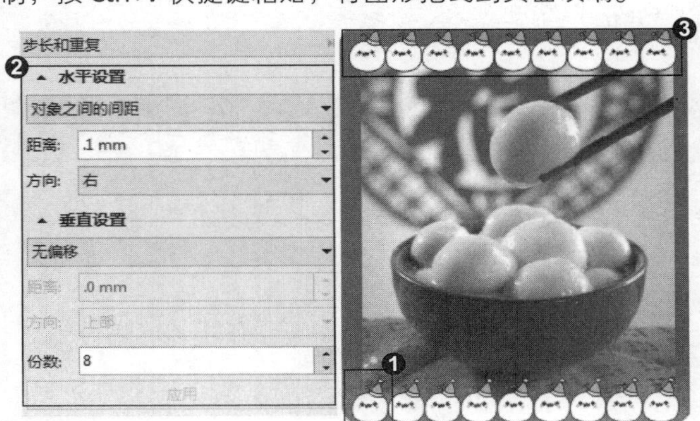

4. 绘制表情

选择工具箱中的 (手绘工具)，或按 F5 键，绘制汤圆的表情，并将嘴巴颜色填充为浅粉色，再填充轮廓颜色为深褐色，设置眼睛与嘴巴的轮廓线“宽度”为 0.2mm。按 F5 键绘制脸部红晕状态，填充颜色为粉色，再填充轮廓线为粉色。绘制一个爱心，轮廓线为粉色。

知识拓展

在手绘工具属性栏中，❶“起始箭头”选项用于设置线条起始箭头符号，可以在下拉列表中进行选择，起始箭头并不代表设置指向左边的箭头，而是起始端点的箭头。❷“线条样式”选项可以设置绘制线条的样式，在下拉列表中可以选择合适的线条样式。❸“闭合曲线”选项可以将未闭合的线段，以起始节点和终止节点进行闭合，形成面。❹在“轮廓宽度”选项中输入数值可以设置线条的粗细。❺“手绘平滑”选项可以设置手绘时自动平滑的程度，最大为 100，最小为 0，默认为 50。❻单击“边框”按钮可以激活该按钮，隐藏边框。

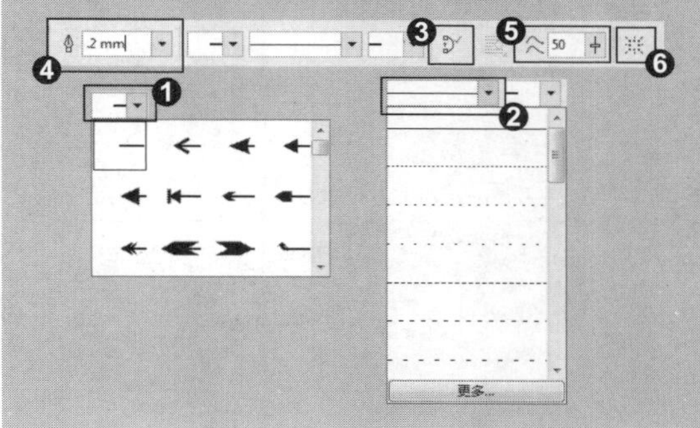

招式 024 用线条设置手绘藏宝图

Q 想用学习到的手绘工具技巧绘制一幅藏宝图，该如何来操作呢？操作过程中该注意哪些问题？

A 可以利用学习到的绘制线段、曲线或是线段转曲的一些技巧来绘制图形，在绘制的过程中要注意线条的样式、颜色的变化。

1. 导入文件

❶启动 CorelDRAW X8 后，单击左上角的“新建”按钮 或按 Ctrl+N 快捷键，新建一个文档。❷导入本书配备的“第 2 章 \ 素材 \ 招式 24\ 素材 .jpg”项目文件，拖曳到页面进行缩放。

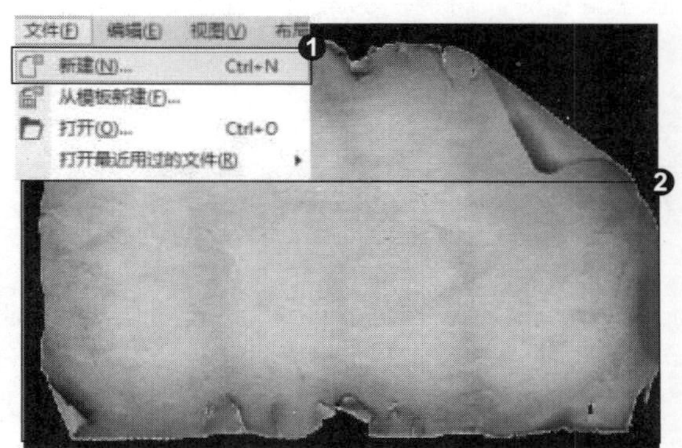

2. 绘制山峦

❶ 选择工具箱中的（手绘工具），按住鼠标左键绘制一个外轮廓，设置“轮廓宽度”为1.5mm，填充颜色为（C:66，M:84，Y:93，K:50），❷ 接着绘制一个山峦，设置轮廓“宽度”为0.2mm，填充颜色为（C:66，M:84，Y:93，K:50），选中绘制的对象进行群组。

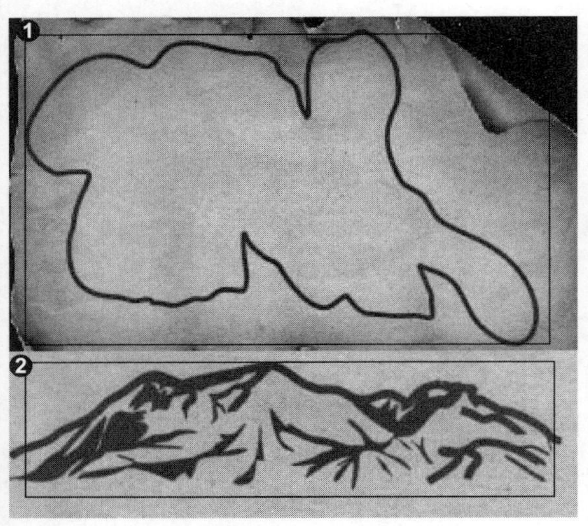

3. 绘制区分线

❶ 选择工具箱中的（矩形工具），按住鼠标左键绘制地图上板块区分线，设置“线条样式”为虚线，设置“轮廓宽度”为0.8mm，填充颜色为（C:0，M:100，Y:100，K:0），再绘制一个地点标志，填充颜色为（C:37，M:100，Y:100，K:5），❷ 接着绘制河流，设置轮廓“宽度”为0.8mm，填充颜色为（C:51，M:76，Y:83，K:5），选中绘制的对象进行群组。

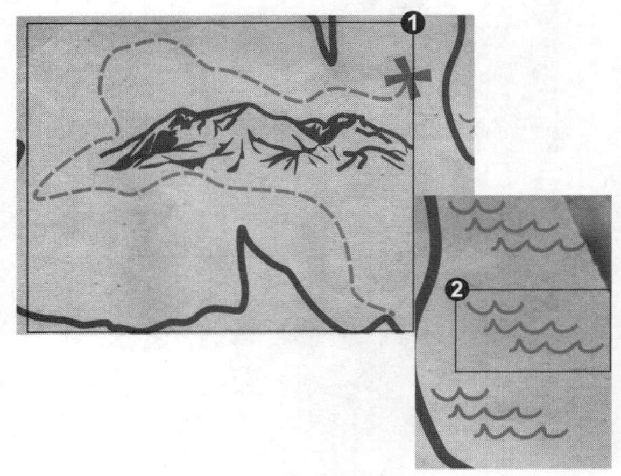

4. 导入素材

导入本书配备的“第2章\素材\招式24\素材.png、素材1.png、素材2.png、素材3.png、素材4.png、素材5.png”项目文件，拖曳到页面进行缩放。将素材放在页面合适的位置上，按Ctrl+C快捷键复制“素材3.png”，按Ctrl+V快捷键粘贴，将复制的素材放在合适位置。

专家提示

如果在绘制曲线的时候曲线断了，就在结束的节点上点击继续绘制，直至完成。

知识拓展

在添加线条样式时，如果没有想要的样式，❶ 可以单击“更多”按钮，打开“编辑线条样式”对话框进行自定义编辑。❷ 拖曳滑轨上的点设置虚线点的间距，可在下方预览间距效果；❸ 单击相应白色方格将其切换为黑色，可以设定虚线点的长短样式，编辑完毕后，单击“添加”按钮即可进行添加。

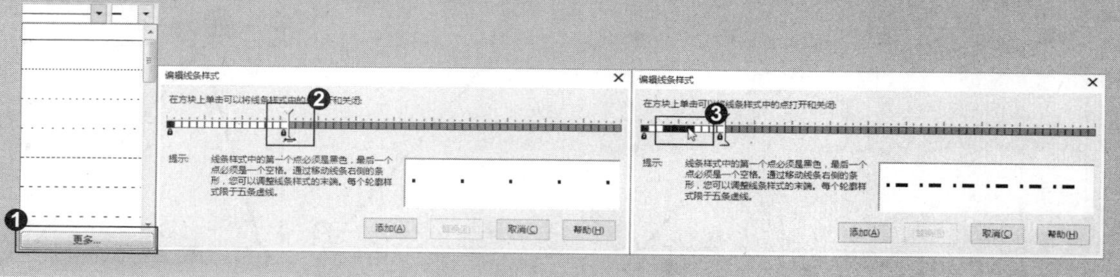

招式 025 创建与对象垂直或相切的直线

Q 想创建与对象垂直或相切的直线，在 CorelDRAW 中该使用哪个工具呢？

A 使用专门绘制直线线段的 2 点线工具，就可以创建与对象垂直或相切的直线。

1. 绘制垂直 2 点线

❶ 启动 CorelDRAW X8 后，单击左上角的“打开”按钮或按 Ctrl+O 快捷键，打开“图像 1.cdr”文件。❷ 选择工具箱中的（2 点线工具），在属性栏中单击“垂直 2 点线”按钮。❸ 将指针移动至图像上，按住鼠标左键不放拖曳，可以绘制一条与现有对象或线段垂直的 2 点线条。

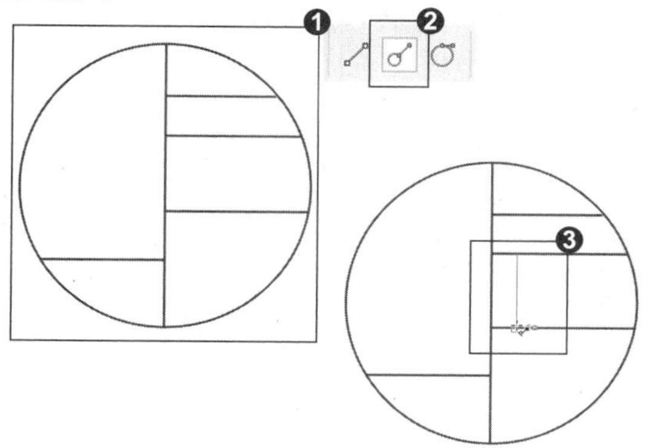

2. 绘制相切 2 点线

❶ 启动 CorelDRAW X8 后，单击左上角的“打开”按钮或按 Ctrl+O 快捷键，打开“图像 2.cdr”文件。❷ 选择工具箱中的（2 点线工具），在属性栏中单击“相切的 2 点线”按钮。❸ 将指针移动至图像上，按住鼠标左键不放拖曳，可以绘制一条与现有对象或线段相切的 2 点线。

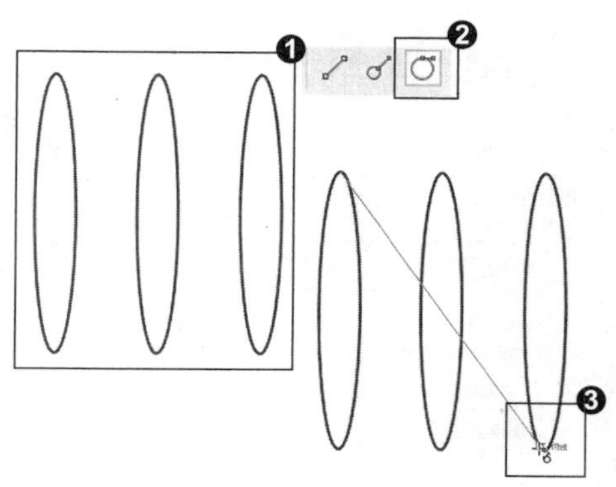

知识拓展

❶ 选择工具箱中的 (2点线工具)，将指针移动到页面空白处，按住鼠标左键不放拖曳一段距离，松开鼠标左键可以绘制一条线段；❷ 在绘制一条直线后不离开指针，当指针变为 形状时，❸ 按住鼠标左键继续拖曳。❹ 连续绘制到首尾节点合并，可以形成面。

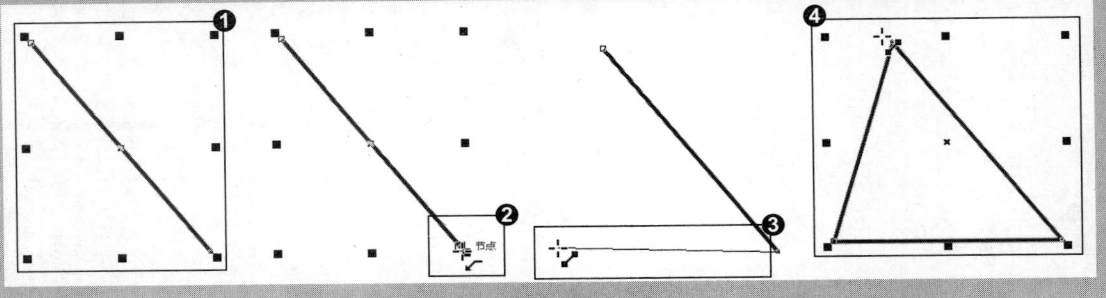

招式026 贝塞尔工具绘制直线

Q 贝塞尔工具是绘制曲线的绘图工具，它可以绘制直线吗?

A 使用贝塞尔工具可以绘制精确的直线，按住Shift键可以绘制水平或垂直的直线。

1. 绘制直线线段

❶ 启动CorelDRAW X8后，单击左上角的“新建”按钮 或按Ctrl+N快捷键，新建一个文档。❷ 选择工具箱中的 (贝塞尔工具)，❸ 将指针移动到页面内的空白处，单击确定起始节点，然后移动指针单击确定下一个点，此时两点间将出现一条直线。

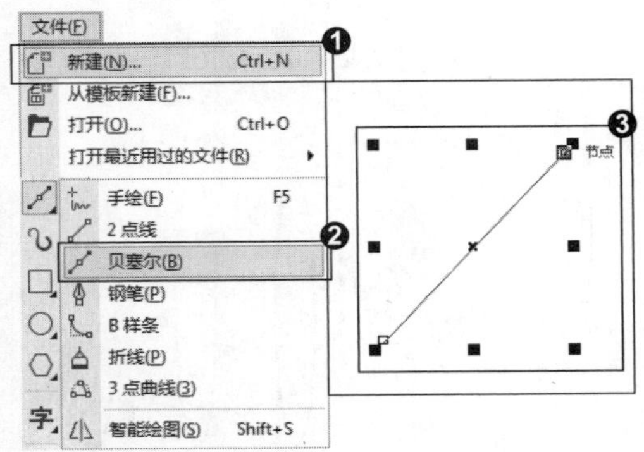

2. 绘制连续线段

❶ 继续移动指针，单击添加节点可以连续绘制直线，按空格键或者单击“选择”工具完成编辑。❷ 首尾的两个节点可以形成一个面，可以进行填充与编辑。

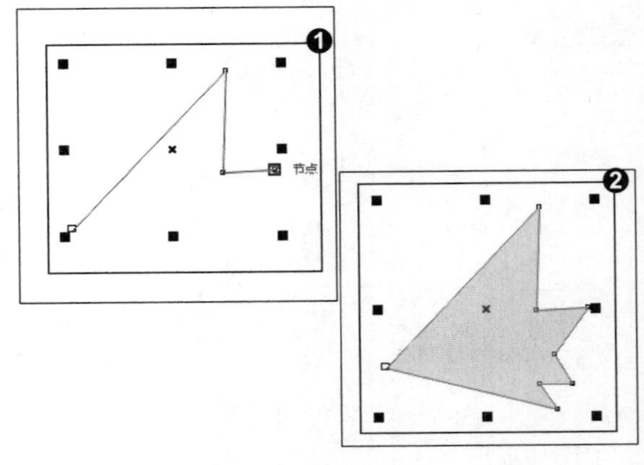

知识拓展

利用贝塞尔工具绘制直线后，按 F10 键，转换为“形状”工具，❶ 将指针移动到折线的节点上，❷ 双击折线上的节点，这个节点将被删除，折线的另外两个点将会被连接起来。

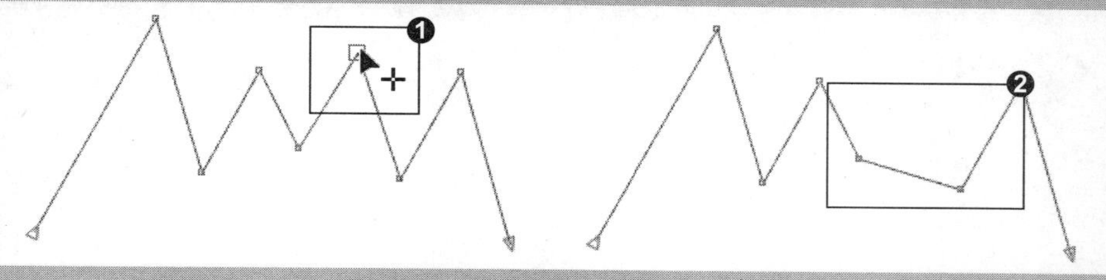

招式 027 贝塞尔工具绘制曲线

Q 使用贝塞尔工具绘制曲线时，节点位置定错了，但是控制线已经拉动了，该怎么办？

A 按住 Alt 键不放，将节点移动到需要的位置即可，这个方法适用于编辑过程中的节点位移，也可以在编辑完成后按空格结束，配合形状工具进行位移节点修正。

1. 绘制曲线线段

❶ 启动 CorelDRAW X8 后，单击左上角的“新建”按钮或按 Ctrl+N 快捷键，新建一个文档。❷ 选择工具箱中的（贝塞尔工具），将指针移至页面空白处，按住鼠标左键并拖曳，确定第一个起始点，此时节点两端出现蓝色控制线。

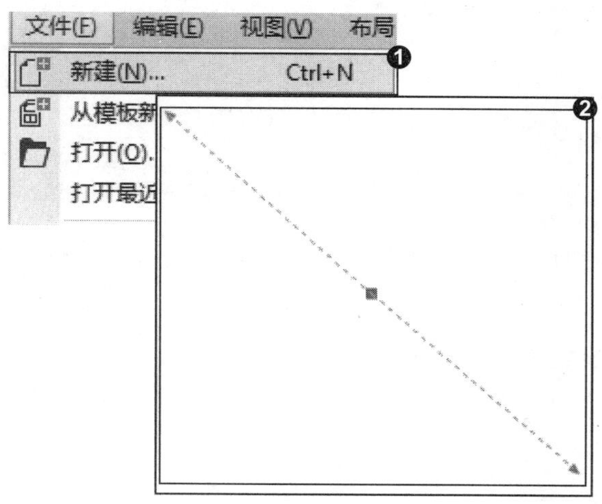

2. 调整节点绘制心形

❶ 调整第一个节点后松开鼠标，然后移动指针到下一个位置上，按住鼠标左键拖曳控制线调整节点间曲线的形状，❷ 按住 Alt 键不放，调整节点的位置，❸ 在空白处继续拖曳控制线调整曲线可以进行连续绘制，绘制出一个爱心并填充颜色。

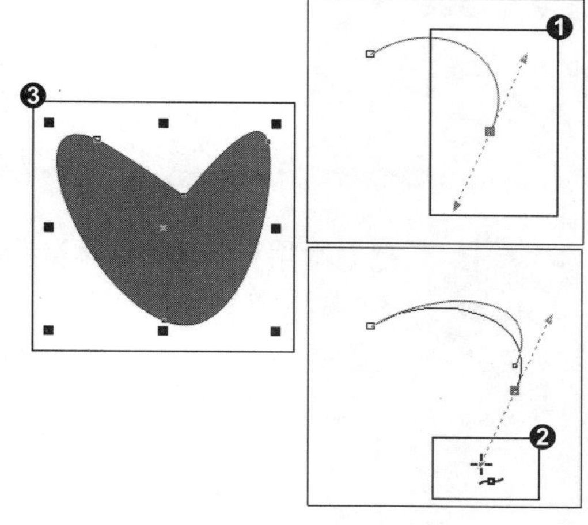

知识拓展

贝塞尔曲线是由可编辑节点连接而成的直线或曲线，每个节点都有两个控制点，允许修改线条的形状。❶ 在曲线线段上，每选中一个节点，都会显示其相邻节点一条或两条方向线，❷ 方向线以方向点结束，方向线与方向点的长短和位置决定曲线线段的大小和弧度形状，移动方向线则改变曲线形状。方向线也叫“控制线”，方向点也叫“控制点”。

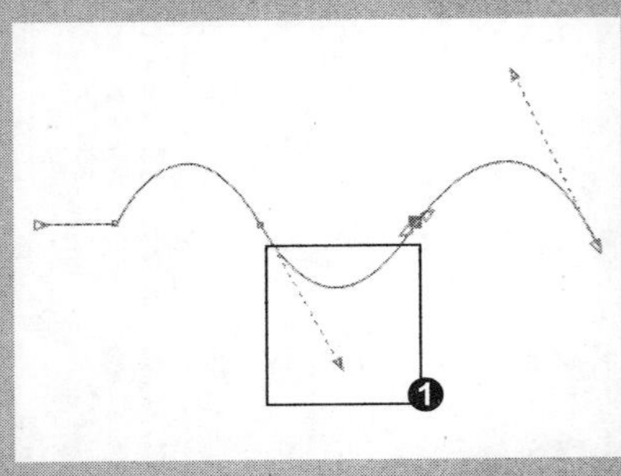

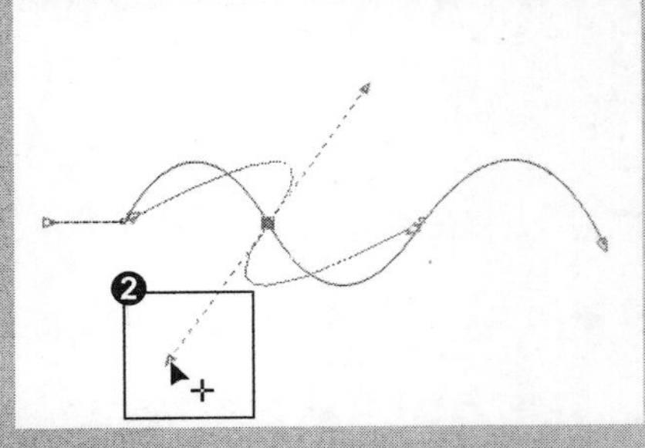

贝塞尔曲线分为“对称曲线”和“尖突曲线”两种。❸ 在使用对称曲线时，调节“控制线”可以使当前节点两端的曲线端等比例进行调整；❹ 在使用尖突曲线时，调节“控制线”只会调节节点一段的曲线。

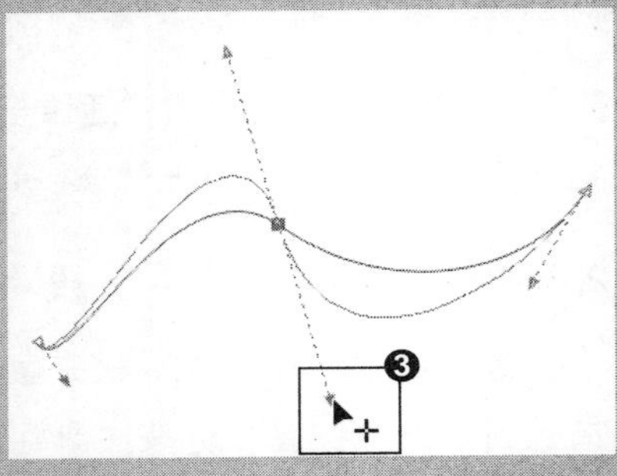

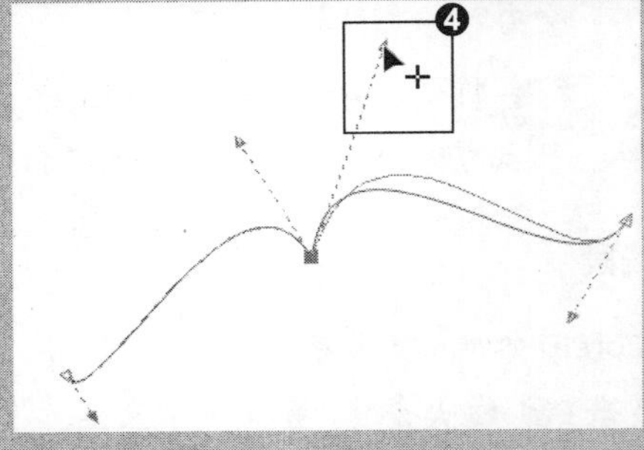

专家提示

在调整节点时，按住 Ctrl 键再拖动鼠标，可以设置增量为 15°，调整曲线弧度大小。

招式 028 巧妙修饰贝塞尔曲线

Q 在使用贝塞尔曲线工具绘制曲线时，不能一次性得到所需的图案，这个时候该如何进行修饰呢？

A 在进行线条修饰时，贝塞尔曲线工具经常会和形状工具及属性栏配合使用，以得到满意的图案。

1. 曲线转直线

❶启动 CorelDRAW X8 后，单击左上角的“新建”按钮或按 Ctrl+N 快捷键，新建一个文档。选择工具箱中的（贝塞尔工具），绘制出一个不规则的闭合形状，❷选择工具箱中的（形状工具），选中对象，在要变为直线的那条线上单击，在属性栏上单击“转换为线条”按钮，❸该线条变为直线。

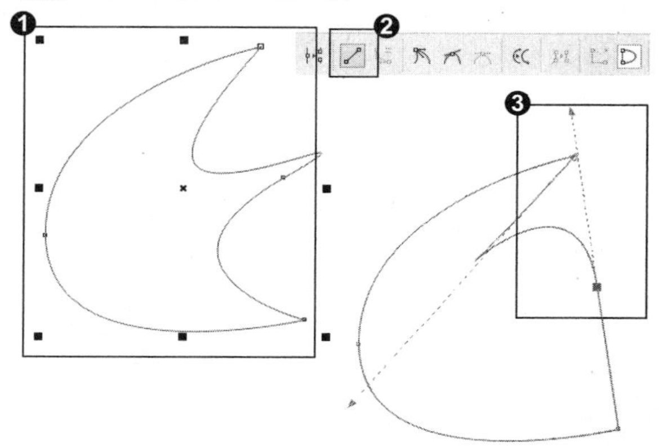

2. 直线转曲线

❶选择工具箱中的（贝塞尔工具），绘制出一个不规则的闭合形状，❷选中要变为曲线的直线，在属性栏上单击“转换为曲线”按钮转换为曲线。❸将指针移动到转换后的曲线上，当指针变为时按住鼠标左键拖曳调节曲线，最后双击增加节点，调节控制点，使曲线变得更有节奏。

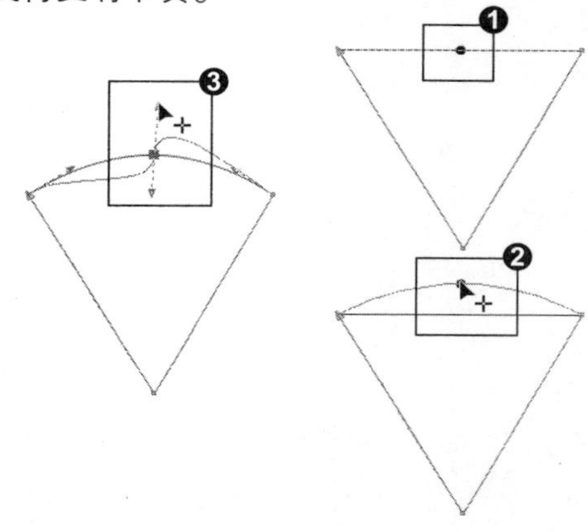

3. 闭合曲线

❶选择工具箱中的（贝塞尔工具），绘制一条开放的曲线，❷选择工具箱中的（形状工具），选中结束节点，按住鼠标左键拖曳到起始节点，可以自动吸附闭合为封闭式路径。

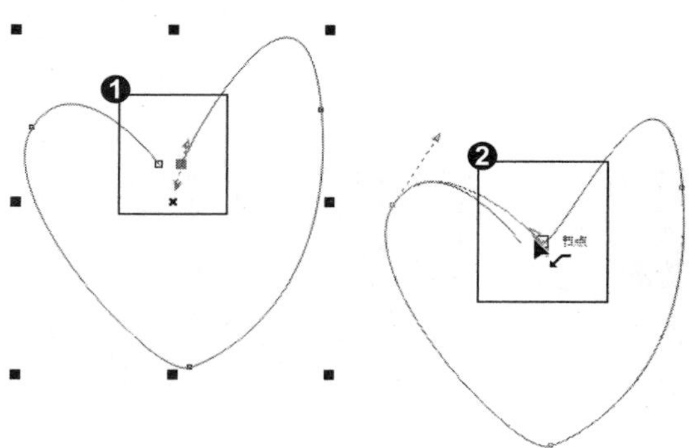

4. 断开节点

❶选择工具箱中的（贝塞尔工具），绘制一条封闭的曲线，❷选择工具箱中的（形状工具），选择要断开的节点，在属性栏上单击“断开曲线”按钮，断开当前节点的连接。

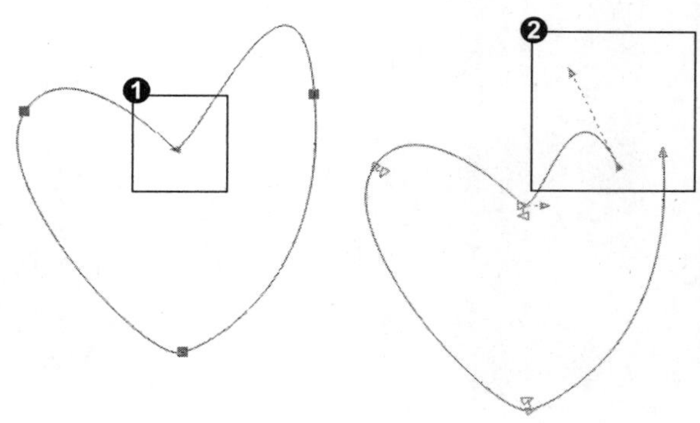

5. 对称节点转尖突节点

❶ 选择形状工具，在节点上单击将其选中，❷ 单击属性栏上“尖突节点”按钮转换为尖突节点，拖曳其中一个控制点，将同侧的曲线进行调节，对应一侧的曲线和控制线并没有变化。❸ 最后调整另一边的控制点。

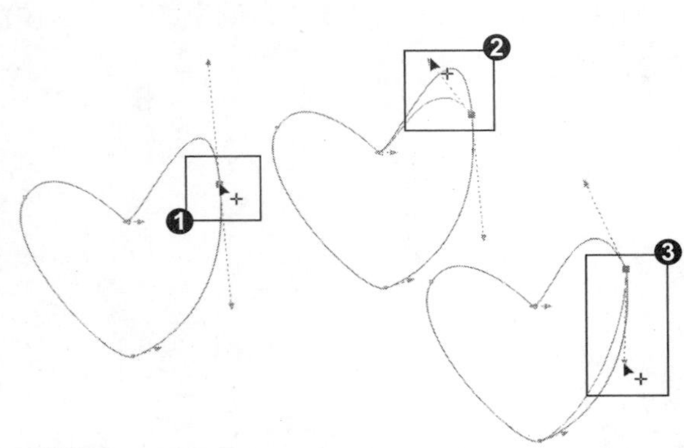

6. 尖突节点转对称节点

❶ 选择形状工具，在节点上单击将其选中，❷ 单击属性栏中的“对称节点”按钮将该点变为对称节点，拖曳控制点，同时调整两端的曲线。

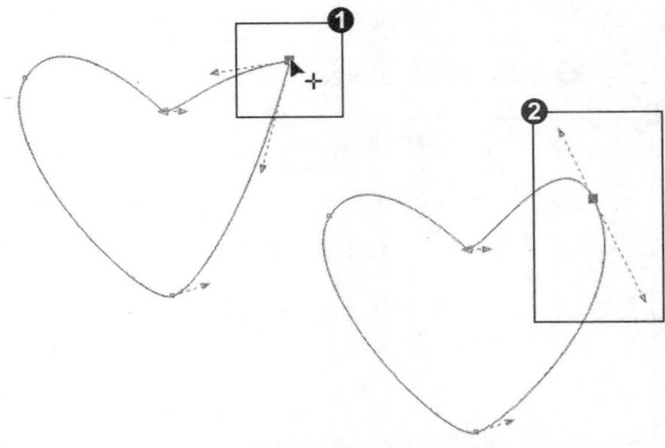

知识拓展

除了上述讲解的闭合曲线的操作方法外，还有其他闭合曲线的操作方法。

- 使用贝塞尔工具选中未闭合线条，❶ 将指针移动到结束节点上，当指针变为时单击，接着将指针移动到开始节点，❷ 当指针变为形状时单击完成封闭路径。

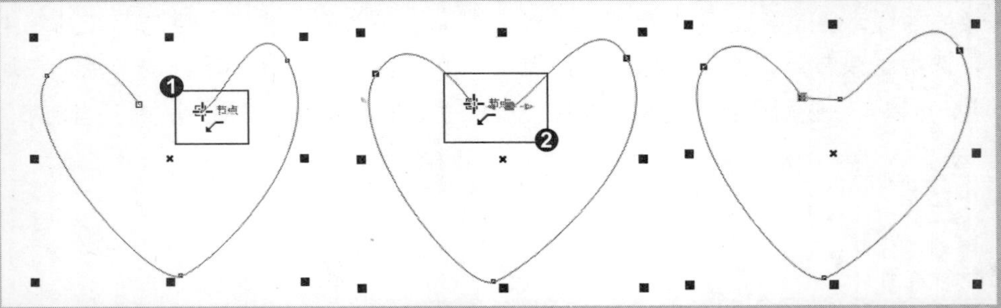

- 使用形状工具选中未闭合线条，单击属性栏上的“闭合曲线”按钮完成闭合。
- 使用形状工具选中未闭合线条，右击，在弹出的快捷菜单中选择“闭合曲线”命令完成闭合。
- 使用形状工具选中未闭合线条，单击属性栏上的“延长曲线使之闭合”按钮，添加一条曲线完成闭合。
- 使用形状工具选中未闭合的起始和结束节点，单击属性栏上的“连接两个节点”按钮，将两个节点连接，重新闭合。

专家提示

当节点断开时，无法形成封闭路径，那么原图形的填充就无法显示，将路径重新闭合后会重新显示填充。

招式 029 使用贝塞尔工具绘制卡通插画

Q 使用贝塞尔工具绘制卡通插画时，该注意哪些问题呢？

A 使用贝塞尔工具时，注意节点的添加与删除、对称角点与尖突角点的转换等问题。

1. 新建文档

❶ 启动 CorelDRAW X8 后，单击左上角的“新建”按钮或按 Ctrl+N 快捷键，新建一个文档。❷ 选择工具箱中的（矩形工具），绘制一个矩形然后填充一个颜色，❸ 选择工具箱中的（贝塞尔工具），绘制出草地的轮廓，然后填充绿色，去除轮廓。

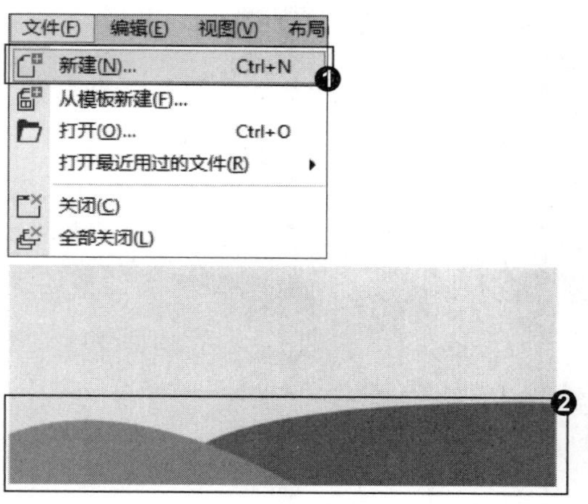

2. 绘制山脉与河流

❶ 选择工具箱中的（贝塞尔工具），绘制出河流的轮廓，填充颜色为（C:75，M:9，Y:63，K:0），去除轮廓，❷ 选择工具箱中的（贝塞尔工具），绘制出山脉，填充颜色为绿色，去除轮廓。

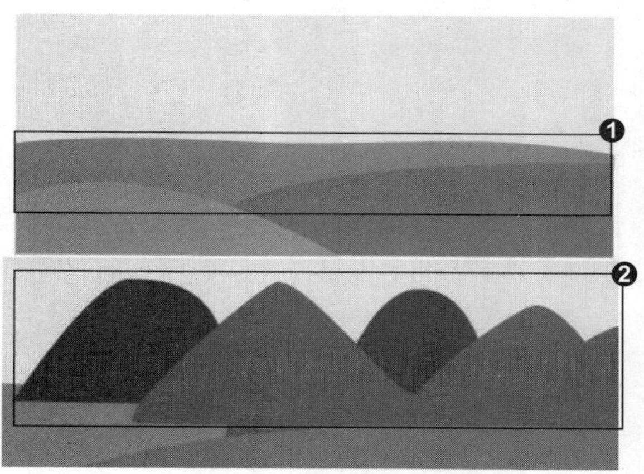

3. 绘制飞鸟和小草

❶ 选择工具箱中的（贝塞尔工具），绘制出飞鸟的轮廓，填充颜色为（C:53，M:64，Y:89，K:11），去除轮廓，❷ 选择工具箱中的（贝塞尔工具），绘制出小草的根部，颜色为绿色，选择工具箱中的（椭圆工具），绘制两个椭圆形，填充颜色为黄色与橘色，将对象按顺序排列起来。

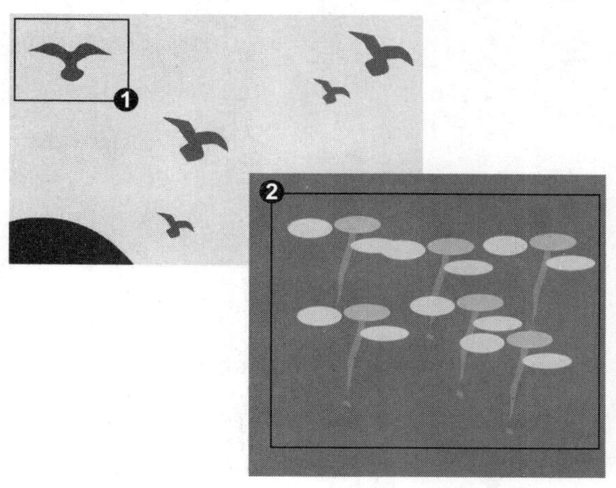

4. 绘制树

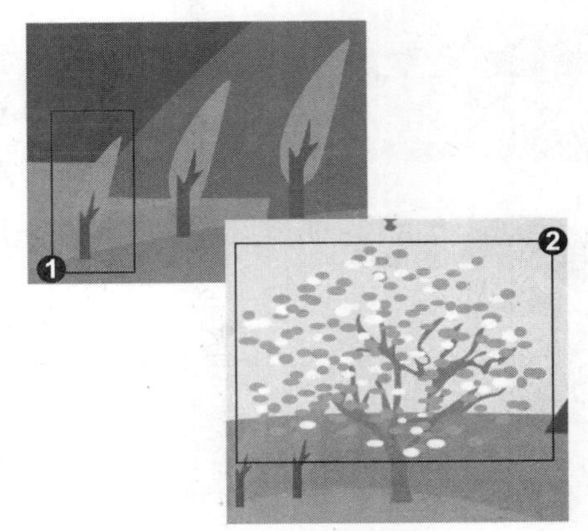

❶ 选择工具箱中的（贝塞尔工具），绘制出树的根部与叶子部分，填充颜色分别是褐色与绿色，❷ 选择工具箱中的（贝塞尔工具），绘制出大树的根部，填充颜色为（C:53，M:64，Y:89，K:11），选择工具箱中的（椭圆工具），绘制出大小不等椭圆形，填充颜色为白色与粉色。

5. 导入图片

导入本书配备的“第 2 章 \ 素材 \ 招式 29\ 素材 .cdr”文件，拖曳到页面中进行缩放。

知识拓展

在使用贝塞尔工具进行编辑时，为了使编辑的轮廓更加细致，会在调整时进行增加与删除节点，添加与删除节点的方法有以下 4 种。

- 第 1 种：选中线条上要加入节点位置，在属性栏中单击“添加节点”按钮进行添加，单击“删除节点”按钮进行删除。
- 第 2 种：选中线条上要加入节点位置，右击，在快捷菜单中单击“添加”命令添加节点；单击“删除”命令删除节点。
- 第 3 种：在需要增加节点的地方，双击添加节点，双击已有节点进行删除。
- 第 4 种：选中线条上要加入节点的位置，按“+”键可以添加节点；按“–”键可以删除节点。

招式 030 巧用艺术画笔为卡通画增色

Q Photoshop 中可以利用画笔工具绘制各种卡通画，那么 CorelDRAW 中有没有这类工具呢?

A 在 CorelDRAW 中可以使用艺术笔工具直接绘制许多不同笔触的效果，通过这些不同笔触可以绘制不同的绘画效果。

1. 导入图片

❶ 启动 CorelDRAW X8 后，单击左上角的“打开”按钮或按 Ctrl+O 快捷键，打开“线稿 .cdr”文件。❷ 选择工具箱中的（艺术笔工具），在属性栏中单击“压力”按钮，。

2. 对线稿上色 1

❶ 沿着卡通人物的面部、脚部、耳朵上进行涂抹，双击状态栏上的“填充”按钮，设置颜色为（C:56，M:51，Y:58，K:1），❷ 相同方法在卡通人物的肚子、脚底涂抹颜色，颜色为（C:45，M:41，Y:45，K:0）。

3. 对线稿上色 2

❶ 继续使用艺术笔工具，在卡通人物的眼睛、鼻子上涂抹颜色，颜色为黑色，❷ 在卡通人物的尾巴、眼睛与耳朵上涂抹颜色，颜色为（C:18，M:16，Y:18，K:0）。

4. 对线稿上色 3

❶ 选择工具箱中的（交互式填充工具），在叶子的根部填充颜色，颜色为（C:42，M:85，Y:100，K:9），❷ 在卡通人物的树叶部分填充颜色，颜色为（C:51，M:95，Y:100，K:29）。

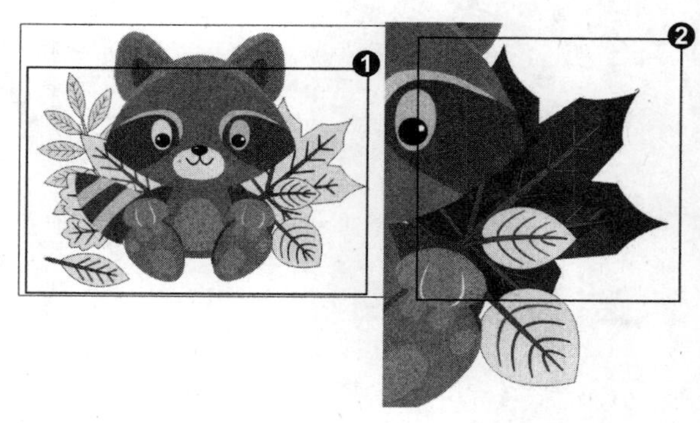

5. 对线稿上色 4

❶ 选择工具箱中的 （交互式填充工具），在树叶上填充颜色，颜色为（C:53，M:42，Y:100，K:0），❷ 在卡通人物的树叶部分填充颜色，颜色分别为（C:14，M:71，Y:100，K:0）、（C:9，M:9，Y:91，K:0）。

6. 填充背景

❶ 选中全部物体，去除外轮廓，❷ 选择工具箱中的 （矩形工具），绘制出一个矩形，填充颜色为（C:0，M:20，Y:40，K:0）。

知识拓展

在艺术笔工具属性栏上单击"预设"按钮，属性栏将变为预设属性栏。在属性栏中，❶ 单击"笔刷"按钮，可以切换为笔刷属性，并能用笔刷绘制与笔刷笔触相似的曲线；❷ 单击"喷涂"按钮，可以切换为喷涂属性，并能喷涂一组预设图案进行绘制；❸ 单击"书法"按钮，可以切换为书法属性，并能通过笔锋角度的变化绘制书法笔触相似的效果；❹ 单击"压力"按钮，可以切换为压力属性，并能模拟压感画笔的效果进行涂抹。

招式 031 创建控制点绘制平滑曲线

Q 在 CorelDRAW 中可以利用贝塞尔工具绘制平滑曲线，还有没有其他绘制曲线的方法呢？

A 在 CorelDRAW 中还可以利用钢笔工具绘制平滑的曲线，其使用方法与贝塞尔工具相似。

1. 绘制曲线线段

❶ 启动 CorelDRAW X8 后，单击左上角的“新建”按钮或按 Ctrl+N 快捷键，新建一个文档。❷ 选择工具箱中的（钢笔工具），单击创建起始点，移动指针到下一位置按住鼠标左键不放并拖动控制线。

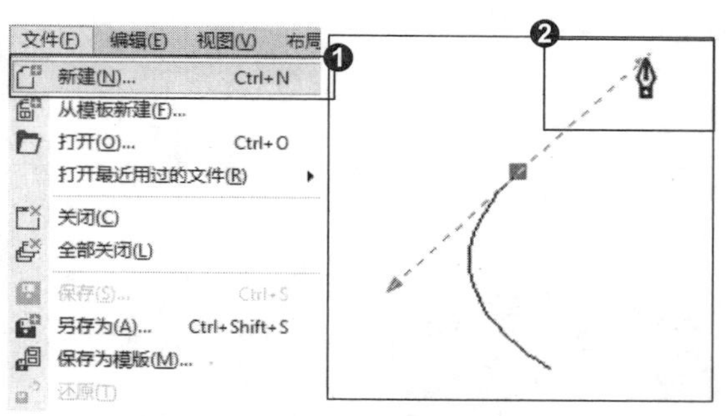

2. 绘制花朵

❶ 松开鼠标左键移动指针会有蓝色弧线进行预览，然后绘制出连续的闭合曲线，❷ 选择工具箱中的（交互式填充工具），填充颜色为橘色，然后在路径的上方绘制一个圆形，填充颜色为黄色。

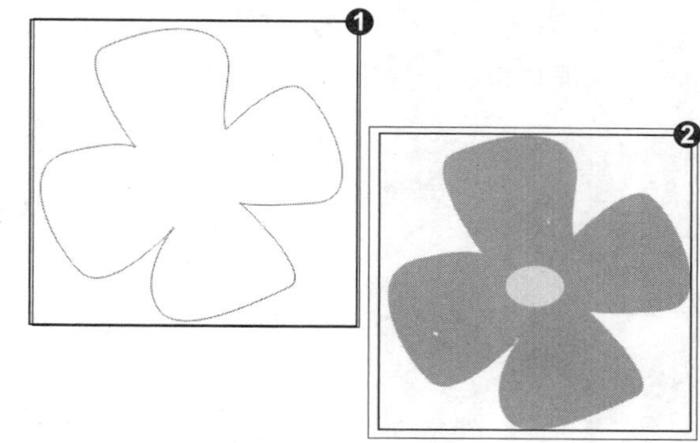

知识拓展

钢笔工具除了绘制曲线外，还可以绘制折线和直线。选择钢笔工具后，❶ 将指针移动到页面内空白处，单击定下起始节点，移动指针出现蓝色预览线条进行查看；❷ 选择好节点的位置后，单击线条变为实线，可以绘制直线。❸ 绘制连续折线时，将指针移动在结束节点上，当指针变为形状时单击，继续移动指针单击确定节点，❹ 当起始节点和结束节点重合时形成闭合路径，可以进行填充。

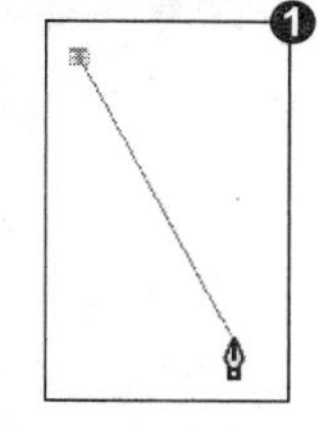
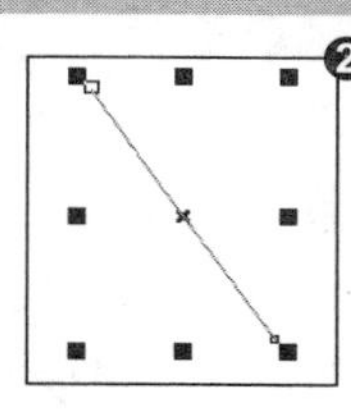
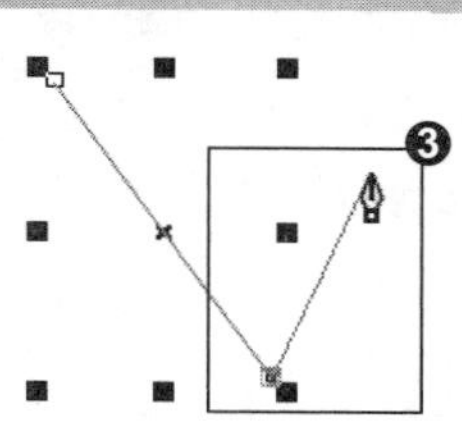
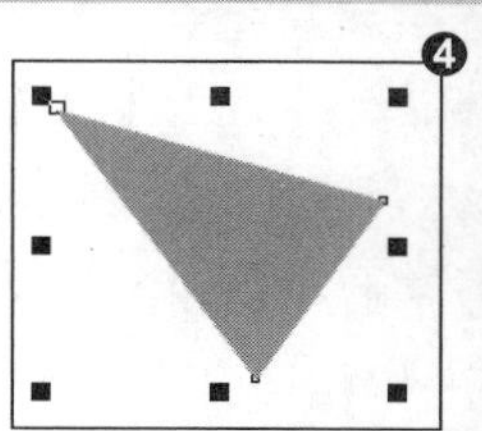

招式 032 使用钢笔工具绘制万圣节南瓜

Q 钢笔工具和贝塞尔工具都可以绘制曲线，这两种工具有何不同？

A 使用钢笔工具绘制曲线时，可以在确定下一个节点之前预览曲线的当前状态，贝塞尔工具则不能。

1. 绘制南瓜头

❶启动CorelDRAW X8后，单击左上角的“新建”按钮或按Ctrl+N快捷键，新建一个文档。❷选择工具箱中的（钢笔工具），绘制出南瓜的外轮廓，❸选择工具箱中的（交互式填充工具），在工具选项栏中选择“均匀填充”，填充颜色为（C:56，M:83，Y:100，K:39），单击“确定”按钮完成填充，最后去掉轮廓线。

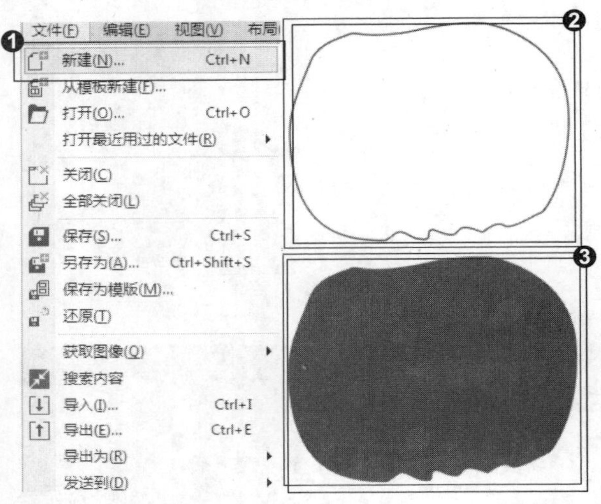

2. 绘制南瓜的分瓣

❶选择工具箱中的（钢笔工具），绘制出南瓜的分瓣，然后填充颜色，第一种颜色为（C:31，M:80，Y:100，K:0），第二种颜色为（C:41，M:73，Y:100，K:4），第三种颜色为（C:44，M:69，Y:100，K:6），最后去除轮廓线。❷绘制出南瓜底部阴影，然后填充颜色为（C:56，M:83，Y:100，K:39），去除轮廓线。

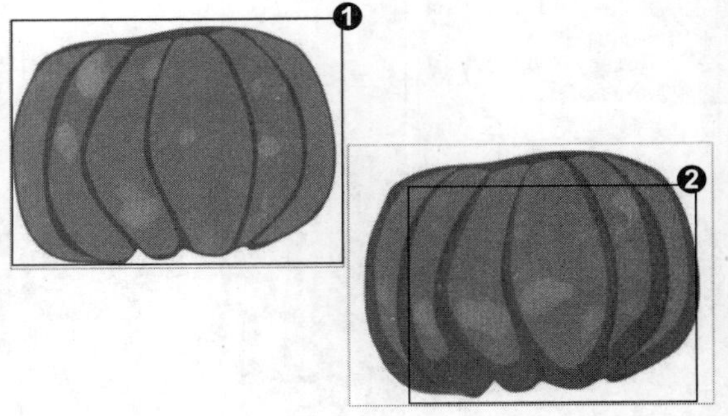

3. 绘制南瓜的高光

❶选择工具箱中（钢笔工具），绘制出南瓜阴影过渡，填充颜色为（C:56，M:83，Y:100，K:39），去除轮廓线，❷选择工具箱中（钢笔工具），绘制出南瓜的高光，填充颜色为（C:56，M:83，Y:100，K:39），最后去除轮廓线。

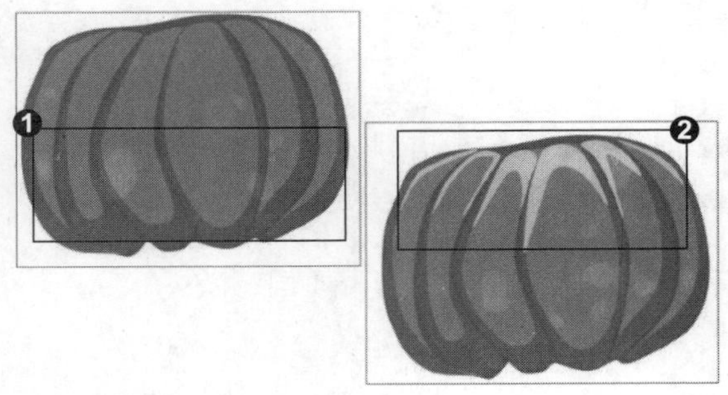

4. 绘制南瓜叶子

❶选择工具箱中（钢笔工具），绘制出南瓜的叶子，❷选择工具箱中（交互式填充工具），在工具选项栏中选择“均匀填充”，填充颜色为（C:56，M:83，Y:100，K:39），单击“确定”按钮完成填充，最后去除轮廓线。

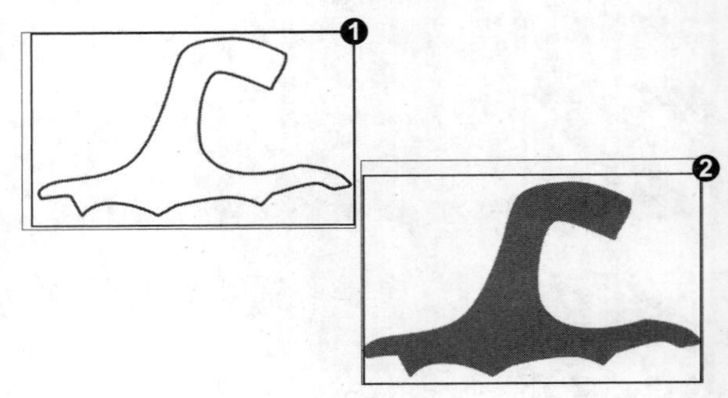

5. 复制叶子

❶ 按 Ctrl+C 快捷键复制，按 Ctrl+V 快捷键进行粘贴，填充第二层颜色为(C:56，M:83，Y:100，K:39)，填充第三层颜色为(C:56，M:83，Y:100，K:39)❷ 将对象按顺序排列起来。

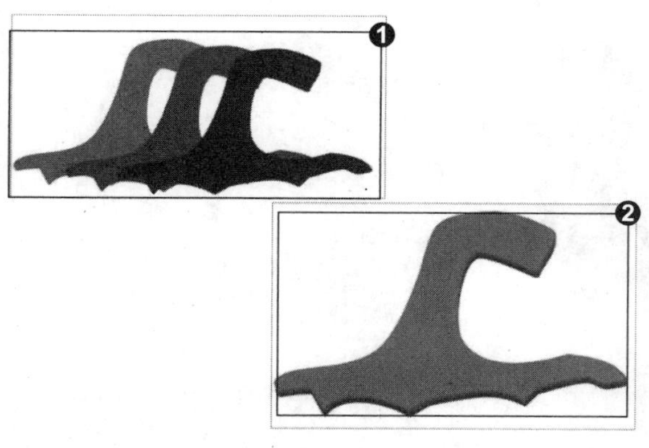

6. 绘制叶柄阴影

❶ 选择工具箱中的 (钢笔工具)，绘制出叶柄阴影，填充颜色为(C:56，M:83，Y:100，K:39)，❷ 绘制出叶柄的过渡面，填充颜色为(C:56，M:83，Y:100，K:39)，❸ 绘制出南瓜藤的高光，填充颜色为(C:56，M:83，Y:100，K:39)，去除轮廓线。

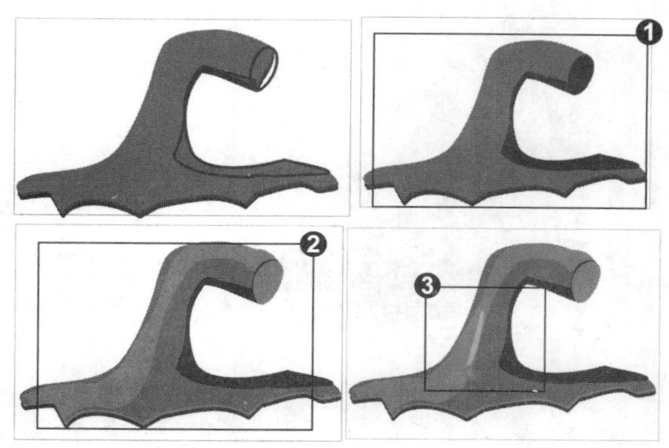

7. 绘制南瓜鼻子

选择工具箱中的 (钢笔工具)，绘制出南瓜的鼻子轮廓，填充颜色为(C:56，M:83，Y:100，K:39)。将对象复制两份，填充第二层颜色为(C:56，M:83，Y:100，K:39)，填充第三层颜色为(C:56，M:83，Y:100，K:39)，然后将对象排列起来，最后去除轮廓线。

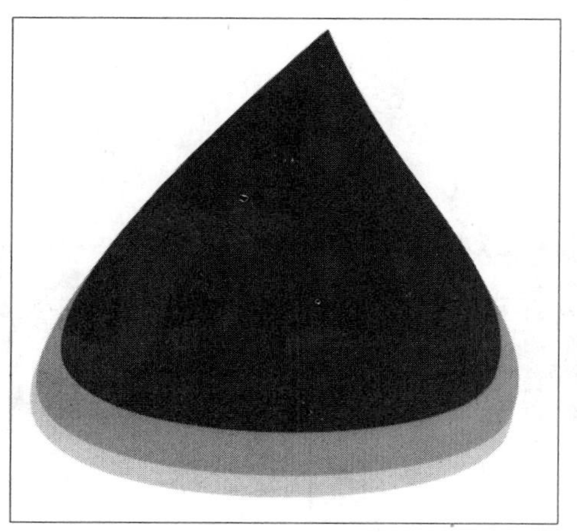

8. 绘制南瓜嘴巴

❶ 选择工具箱中的 (钢笔工具)，绘制出南瓜的嘴巴轮廓，填充颜色为(C:56，M:83，Y:100，K:39)，❷ 绘制嘴巴外围高光区域，填充颜色为(C:56，M:83，Y:100，K:39)，❸ 绘制出嘴巴的厚度，然后填充颜色为(C:56，M:83，Y:100，K:39)，最后去掉轮廓线。

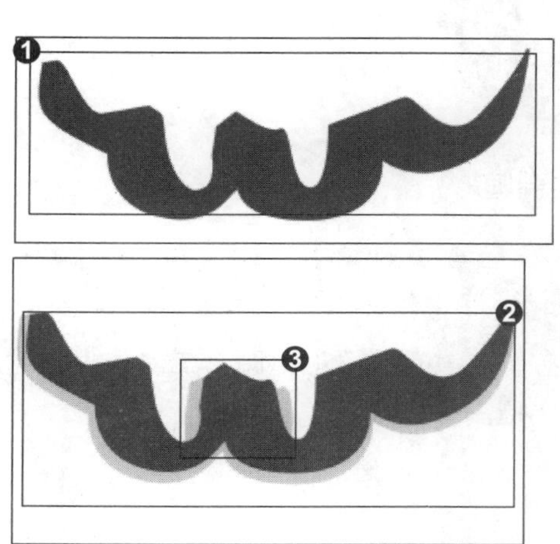

9. 绘制南瓜眼睛

❶ 选择工具箱中的 (钢笔工具)，绘制出南瓜眼睛轮廓，填充颜色为(C:56，M:83，Y:100，K:39)，然后将对象复制两份，填充第二层颜色为(C:56，M:83，Y:100，K:39)，填充第三层颜色为(C:56，M:83，Y:100，K:39)，然后将对象排列起来，去除轮廓线。最后将排列后的眼睛组合复制1份，在属性栏上单击“水平镜像”按钮水平翻转。❷ 全选对象然后进行群组。

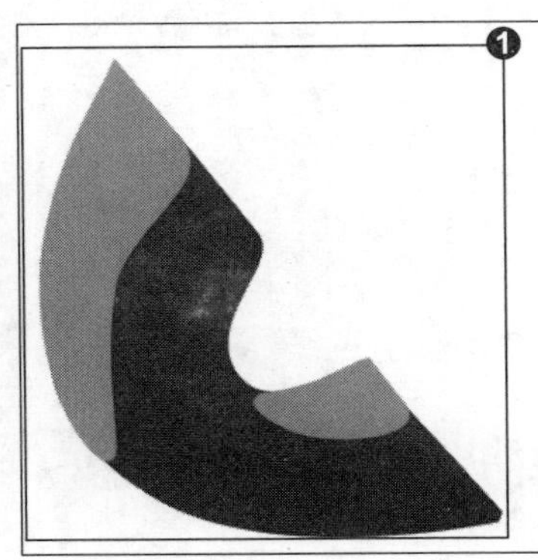

知识拓展

调色板上的黑色K:100，直接单击进行填充即可，如果需要更黑的效果，可以在“均匀填充”模式下调整颜色为(C:100，M:100，Y:100，K:100)，调整后会比默认的黑K：100更黑。

招式033 使用B样条制作篮球

Q B样线条工具也可以绘制曲线，那该工具绘制的是什么样的曲线呢?

A 使用该工具可以通过创建控制点来绘制连续平滑的曲线。

1. 绘制圆形

❶ 启动CorelDRAW X8后，单击左上角的“新建”按钮或按Ctrl+N快捷键，新建一个文档。❷ 选择工具箱中 (椭圆形工具)，按住Ctrl键绘制出一个正圆形。

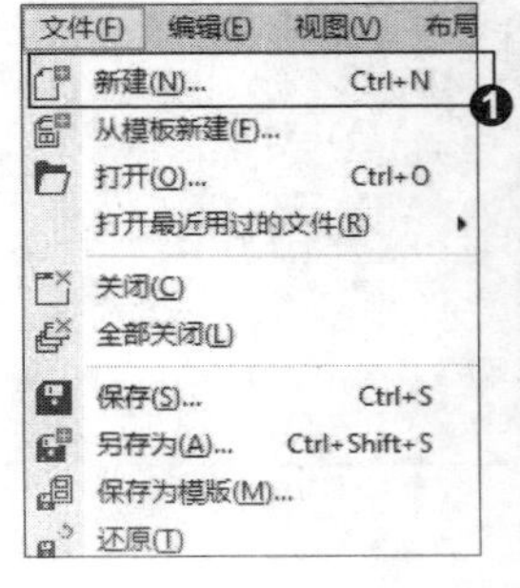

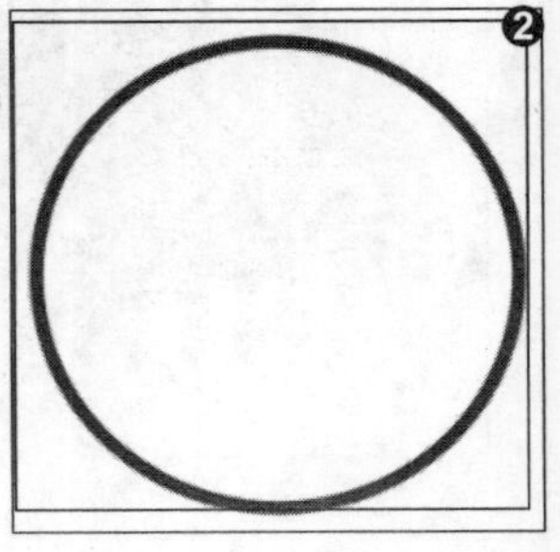

2. 绘制球线

❶ 选择工具箱中的（B 样条工具），在图形上绘制篮球的球线，然后单击轮廓笔工具将轮廓宽度设置为 1.5mm，❷ 选择工具箱中的（形状工具），对篮球线进行调整，使球线的弧度更平滑。

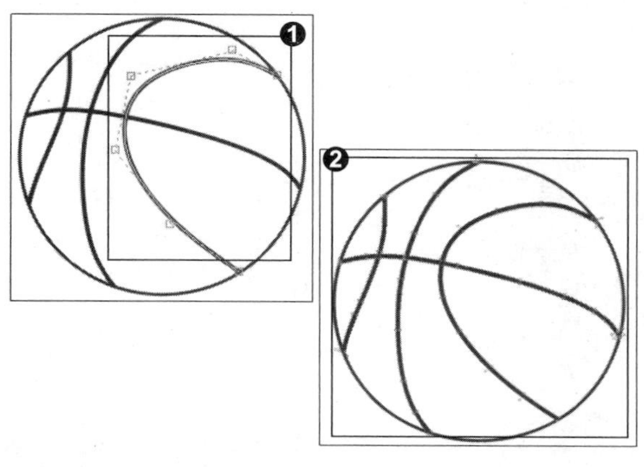

3. 复制球线

❶ 全选绘制的球线，单击“对象”|“将轮廓转换为对象”命令，然后合并球线，双击球线可显示可编辑节点，❷ 将球线复制一份，然后在状态栏里修改颜色，设置颜色为（C:0，M:60，Y:100，K:0），最后全选群组。

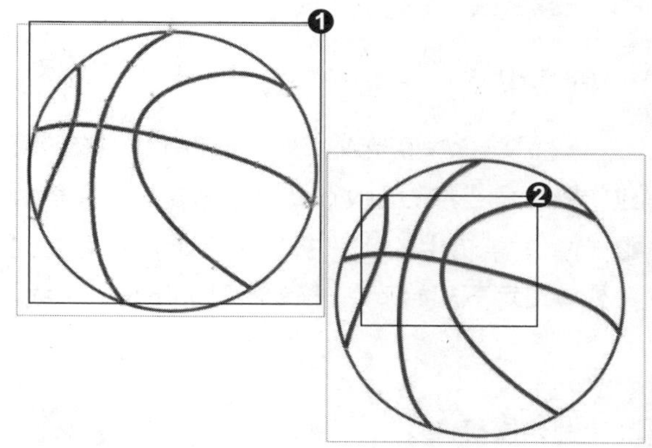

4. 填充颜色

❶ 选择工具箱中的（交互式填充工具），在工具选项栏中选择“均匀填充”，填充颜色为（C:46，M:100，Y:100，K:100），单击“确定”按钮完成填充。❷ 执行“对象”|PowerClip 命令，将球线置于球身内。

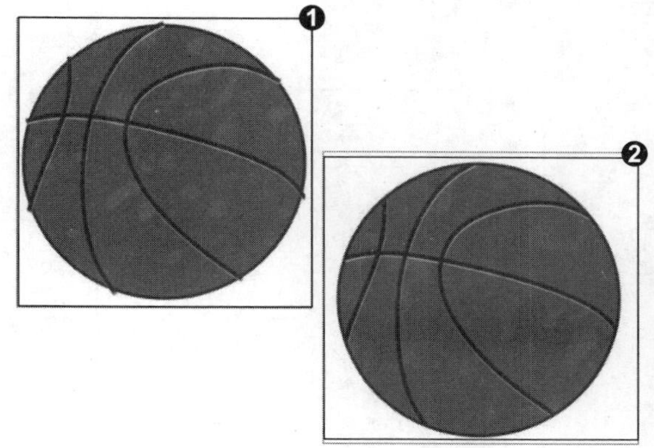

知识拓展

在将轮廓转换为对象后，我们就无法修改轮廓宽度。所以，在本案例中，为了更加方便，我们要在转换前将轮廓线调整为合适的宽度。另外，转换为对象后再进行缩放时，线条显示的是对象而不是轮廓，可以相对放大，没有转换的则不会变化。

招式 034 创建复杂的几何形和折线

Q 折线工具和贝塞尔工具绘制折线的方法相同，都能很方便地绘制出折线，那折线工具和贝塞尔工具有何区别?

A 折线工具和贝塞尔工具不同的是折线工具还有手绘曲线的功能。

1. 绘制折线

❶ 启动 CorelDRAW X8 后，单击左上角的“新建”按钮或按 Ctrl+N 快捷键，新建一个文档。❷ 选择工具箱中的（折线工具），然后在空白处单击定下起始节点，移动指针会出现一条线。

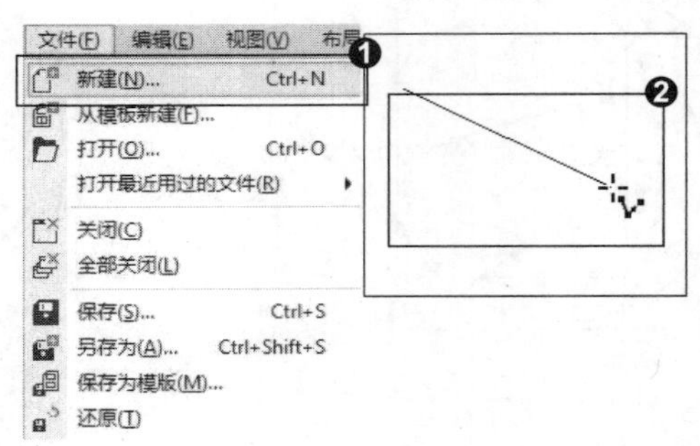

2. 绘制连续折线

单击定下第二个节点的位置，继续绘制形成复制折线，最后双击可以结束编辑。

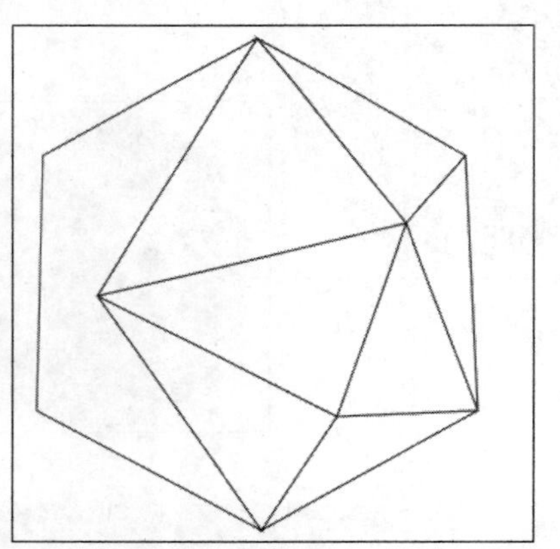

知识拓展

折线工具除了绘制折线外还可以绘制曲线，单击折线工具，然后在页面空白处按住鼠标左键拖曳绘制，松开鼠标后可以自动平滑曲线，双击结束编辑。

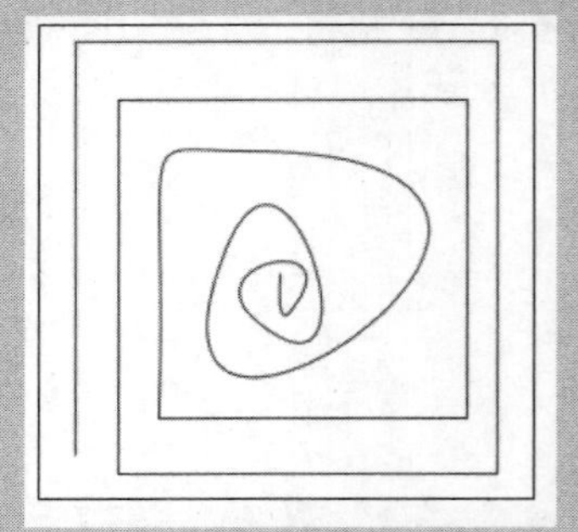

招式 035 指定弧形和方向绘制曲线

Q 在 CorelDRAW 中，有没有工具可以指定弧形和方向绘制曲线呢?

A 可以使用 3 点曲线工具绘制出各种样式的弧线或者近似圆弧的曲线，它用一个中心点为支撑点，绘制出以该点为中心的圆形。

1. 绘制曲线线段

❶ 启动 CorelDRAW X8 后，单击左上角的"新建"按钮或按 Ctrl+N 快捷键，新建一个文档。❷ 选择工具箱中的（3 点曲线工具），然后将指针移动到页面内按住鼠标左键拖曳，出现一条线进行预览。

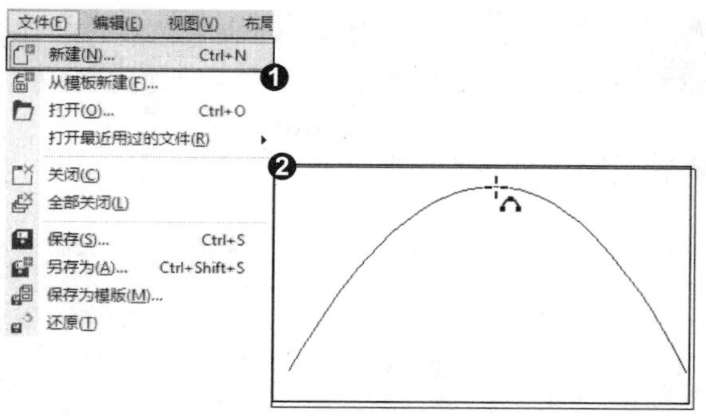

2. 绘制曲线

❶ 拖曳到合适位置后松开鼠标左键，移动光标并调整曲线弧度，接着单击完成编辑，❷ 运用 3 点曲线工具可以快速制作流线造型的花纹，重复排列可以制作花边。

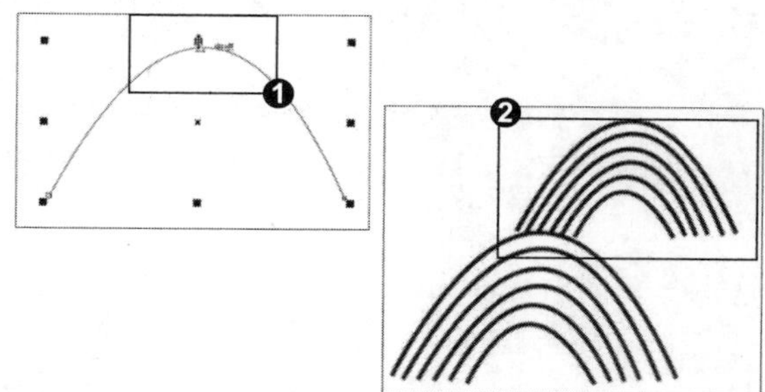

知识拓展

绘制椭圆形时按住 Ctrl 键可以绘制一个圆形，也可以在属性栏上输入宽和高将原有的椭圆变为圆形，按住 Shift 键可以定起始点为中心开始绘制一个椭圆形，同时按住 Shift 键和 Ctrl 键则是以起始点为中心绘制圆形。

招式 036 斜角拖曳快速绘制矩形

Q 在 CorelDRAW 中该如何使用鼠标创建矩形呢？

A 使用矩形工具，按住鼠标左键向对角的方向拉伸，即可绘制出矩形形状。

1. 新建文档

❶ 启动 CorelDRAW X8 后，单击左上角的"新建"按钮或按 Ctrl+N 快捷键，新建一个文档。❷ 选择工具箱中的（矩形工具），或按 F6 键。

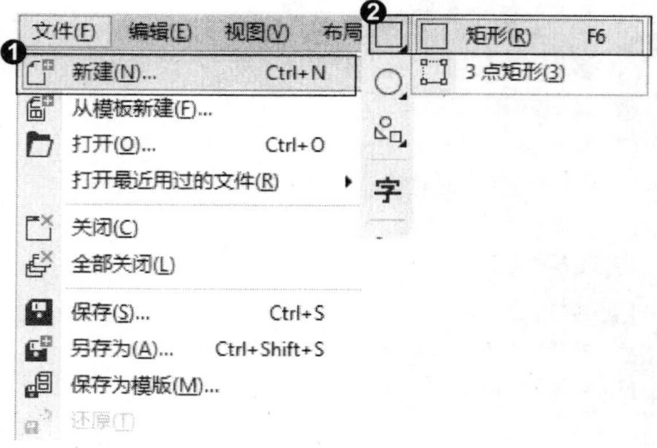

2. 绘制矩形

❶ 将指针移动到页面空白处，按住鼠标左键向对角的方向拉伸，❷ 形成实线方形可以预览大小，在确定大小后松开鼠标左键完成编辑。

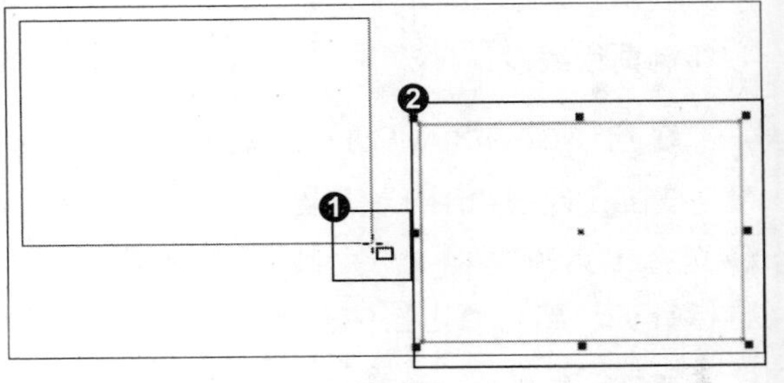

知识拓展

在绘制矩形时按住 Ctrl 键可以绘制一个正方形；按住 Shift 键可以定起始点为中心开始绘制一个矩形；同时按住 Shift+Ctrl 键则是以起始点为中心绘制正方形。

招式 037 设置属性栏绘制矩形

Q 可以利用矩形工具随意拖曳绘制矩形形状，如果想绘制一个长、宽都固定的矩形该如何操作呢？

A 在矩形工具的属性栏设置长、宽的数值，再使用鼠标拖曳即可绘制长、宽都固定的矩形形状。

1. 新建文档

❶ 启动 CorelDRAW X8 后，单击左上角的“新建”按钮或按 Ctrl+N 快捷键，新建一个文档。❷ 选择工具箱中的（矩形工具），或按 F6 键。

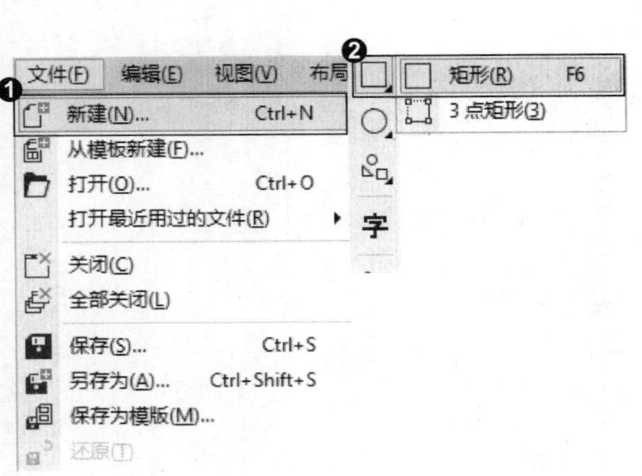

2. 绘制矩形

❶ 在属性栏上设置相应的宽和高，❷ 然后将指针移动到页面空白处，按住鼠标左键向对角的方向拉伸，形成实线方形可以预览大小，在确定大小后松开鼠标左键完成编辑。

X: 813.947 mm
Y: -81.088 mm
500.0 mm
600.0 mm
356.6 %
550.4 %

知识拓展

在矩形工具属性栏中，❶ 单击“圆角”按钮，在后边文本框中输入数值可以将角变为弯曲的圆弧形；❷ 单击“扇形角”按钮可以将角变为扇形相切的角，形成曲线角；❸ 单击“倒棱角”按钮可以将直角变为直棱角。

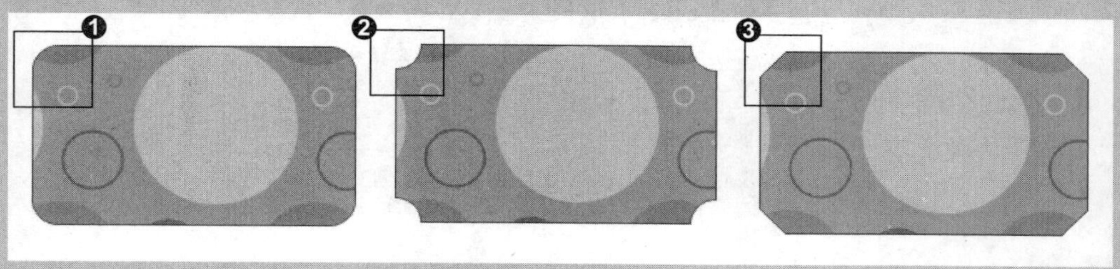

招式 038 确定三个点绘制矩形

Q 除了利用矩形工具和设置属性栏中的参数绘制矩形外，还有没有其他的创建方法呢？

A 可以使用 3 点矩形工具，通过确定三个点来绘制矩形。

1. 新建文档

❶ 启动 CorelDRAW X8 后，单击左上角的“新建”按钮或按 Ctrl+N 快捷键，新建一个文档。❷ 选择工具箱中的（3 点矩形工具）。

2. 绘制矩形

❶ 在页面空白处定下第一个点，按住鼠标拖曳，此时会出现一条实线进行预览，❷ 确定位置后松开鼠标左键定下第二点，接着移动指针进行定位，确定后单击完成编辑，通过三个点确定一个矩形。

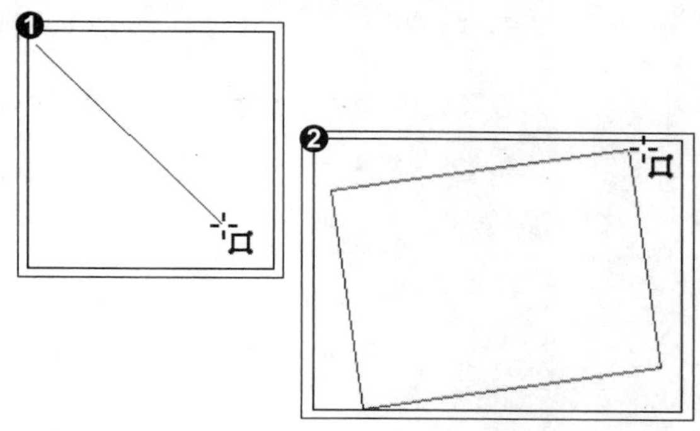

知识拓展

矩形工具选项介绍如下。

- 圆角半径：在文本框中输入数值可以分别设置边角样式、平滑度大小。
- 同时编辑所有角：单击激活后在任意一个“圆角半径”文本框中输入数值，其他3个的数值将会统一进行变化；单击取消选中后可以分别修改“圆角半径”的数值。
- 相对的角缩放：单击激活后，边角在缩放时圆角半径也会相对地进行缩放；单击取消选中后，缩放的同时圆角半径将不会缩放。
- 轮廓宽度：可以设置矩形边框的宽度。
- 转换为曲线：在没有转曲时只能进行角上的变化，单击转曲后可以进行自由变换和添加节点等操作。

招式039 快速绘制椭圆

Q 在CorelDRAW中该如何使用鼠标创建椭圆形？

A 使用椭圆形工具，直接用鼠标在空白页面上拖曳，即可绘制椭圆。

1. 新建文档

❶ 启动CorelDRAW X8后，单击左上角的“新建”按钮或按Ctrl+N快捷键，新建一个文档。❷ 选择工具箱中的（椭圆形工具），或按F7键。

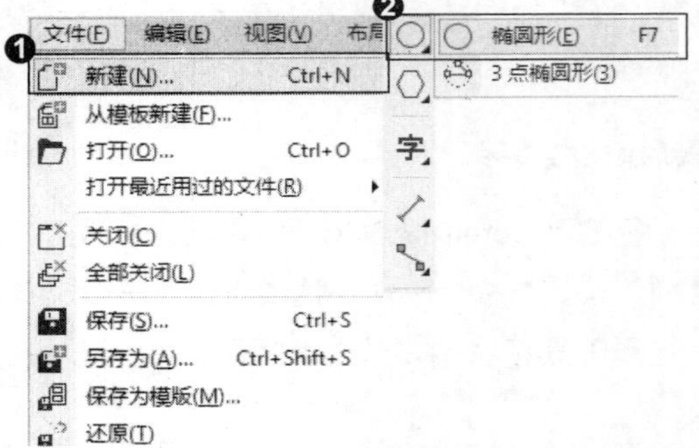

知识拓展

绘制椭圆后，单击属性栏上的“饼图”按钮，可以在页面中创建饼形图形；单击“弧”按钮，可以绘制弧形。

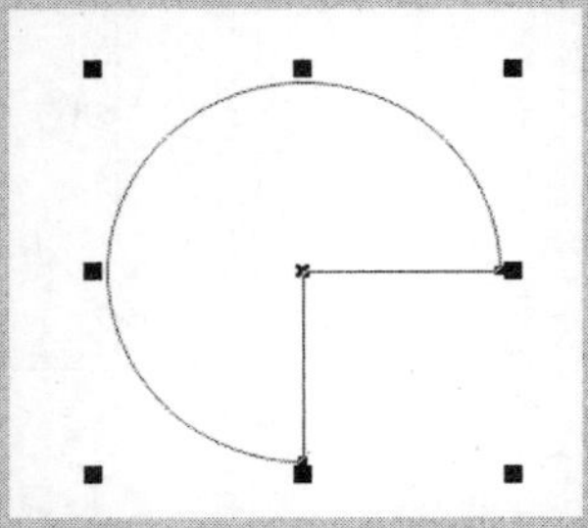

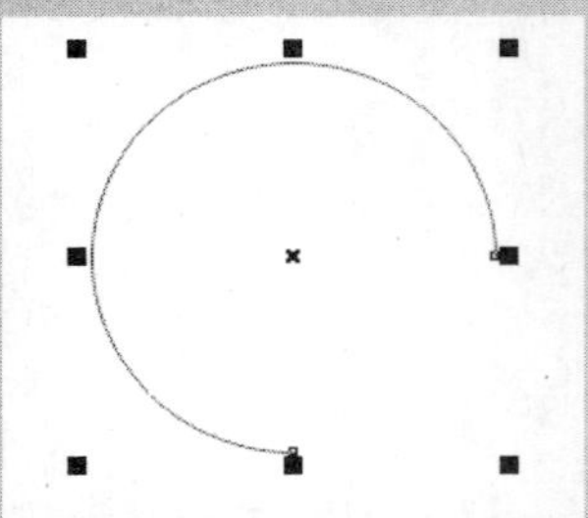

2. 绘制椭圆

❶ 将指针移动到页面空白处，按住鼠标左键向对角的方向拉伸，可以预览圆弧大小，❷ 在确定大小后松开鼠标左键完成编辑。

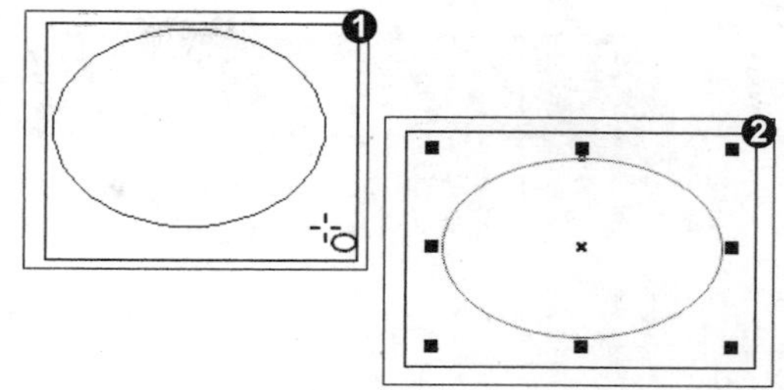

招式 040 确定三个点绘制椭圆

Q CorelDRAW 中除了利用椭圆工具绘制椭圆外，还有没有其他的绘制方法？

A 可以利用 3 点椭圆形工具，通过确定三个点来绘制椭圆形。

1. 新建文档

❶ 启动 CorelDRAW X8 后，单击左上角的“新建”按钮或按 Ctrl+N 快捷键，新建一个文档。❷ 选择工具箱中的（3 点椭圆形工具）。

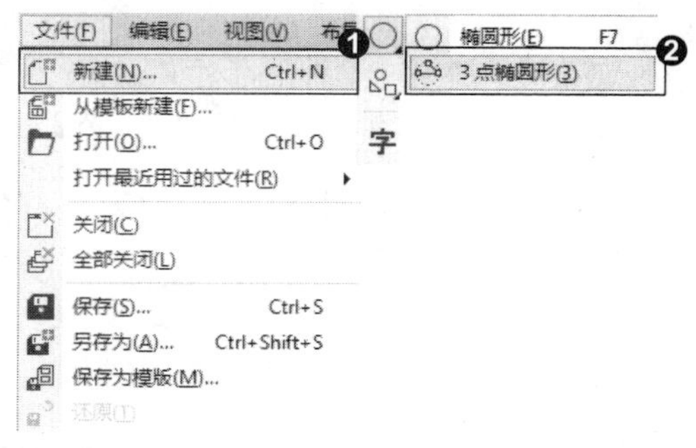

2. 绘制椭圆

❶ 在页面空白处定下第一个点，按住鼠标左键拖曳一条实线进行预览确定位置后松开鼠标定下第二点，接着移动指针进行定位，❷ 在确定大小后松开鼠标左键完成编辑。

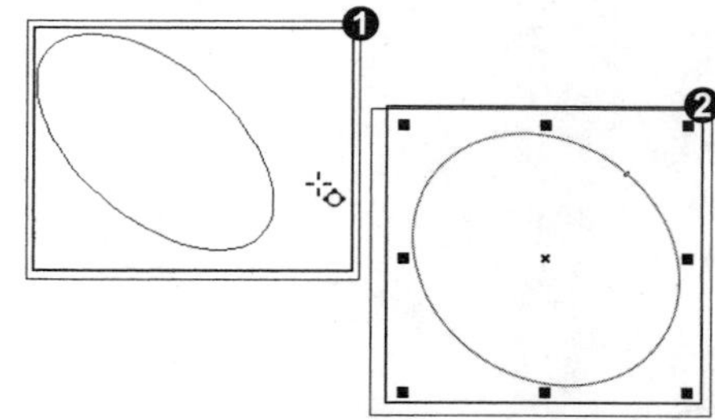

知识拓展

椭圆形工具选项介绍如下。

- 椭圆形：在单击椭圆形工具后默认该图标是激活的，绘制椭圆形，选择饼图和弧后该图标为未选中状态。
- 饼图：单击激活后可以绘制圆饼，或者将已有的椭圆变为圆饼，选择其他两项则恢复未选中状态。
- 弧：单击激活后可以绘制以椭圆为基础的弧线，或者将已有的椭圆或圆饼变为弧，变为弧后填充只显示轮廓线，选择其他两项则恢复未选中状态。
- 起始和结束角度：设置饼图和弧的断开位置的起始角度与终止角度，范围是最大 360°，最小 0°。
- 更改方向：用于变更起始和终止的角度方向，也就是顺时针和逆时针的调换。
- 转曲：没有转曲进行形状编辑时，是以饼图或弧编辑的，转曲后可以进行曲线编辑，可以增减节点。

专家提示

在用 3 点椭圆形工具绘制时按 Ctrl 键进行拖曳可以绘制一个圆形。

招式 041 多边形的绘制

Q 在 CorelDRAW 中该如何使用鼠标创建多边形呢?

A 使用多边形工具，直接用鼠标在空白页面上拖曳，即可绘制多边形。

1. 新建文档

❶ 启动 CorelDRAW X8 后，单击左上角的“新建”按钮或按 Ctrl+N 快捷键，新建一个文档。❷ 选择工具箱中的（多边形工具），或按 Y 键。

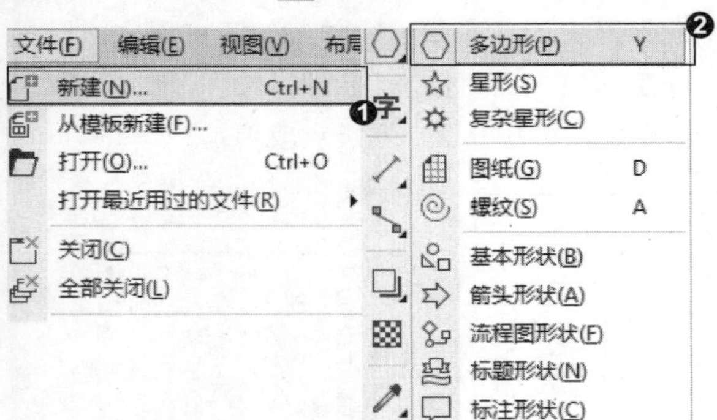

2. 绘制多边形

❶ 将指针移动到页面空白处，按住鼠标左键向对角的方向拉伸，可以预览多边形大小，❷ 确定后松开鼠标左键完成编辑。

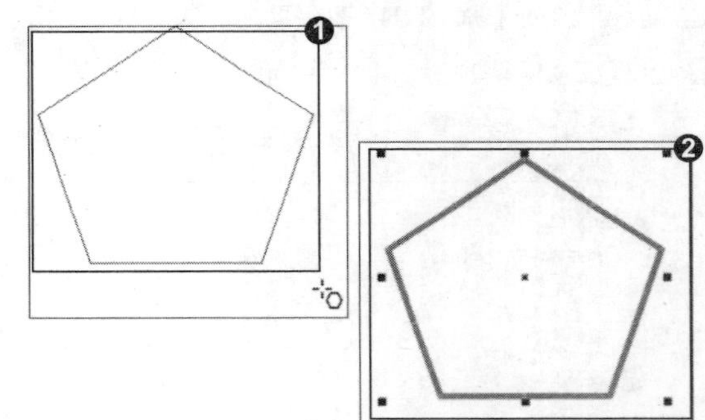

知识拓展

在多边形工具属性栏中的“点数或边数”文本框中输入数值，可以设置多边形的边数，最少边数为 3，边数越多越偏向圆。

招式 042 多边形转换为复杂星形

Q 将绘制的多边形转换成星形，有没有快速的操作方法?

A 绘制多边形后，使用形状工具，拖曳线段上的节点，即可绘制出星形。

1. 绘制多边形

❶ 启动 CorelDRAW X8 后，单击左上角的“新建”按钮或按 Ctrl+N 快捷键，新建一个文档。❷ 选择工具箱中的（多边形工具），绘制一个 9 边多边形。

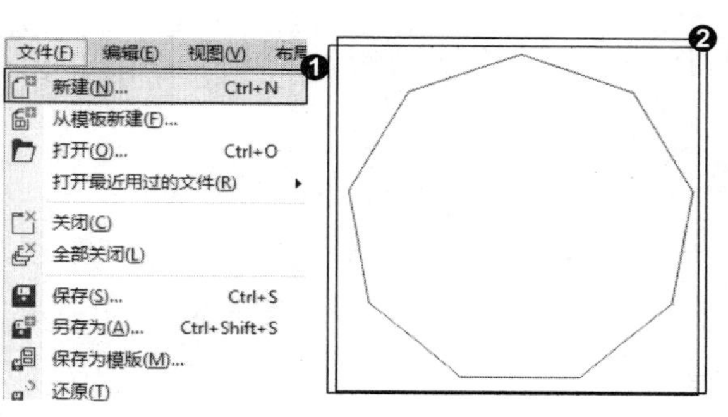

2. 多边形转换为星形

❶ 选择工具箱中的（形状工具），选择线段上的一个节点，进行拖曳至重叠，❷ 松开鼠标左键就得到一个复杂的重叠的星形。

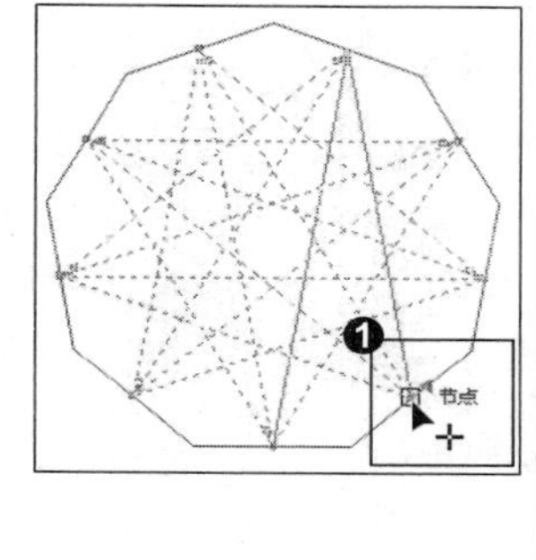

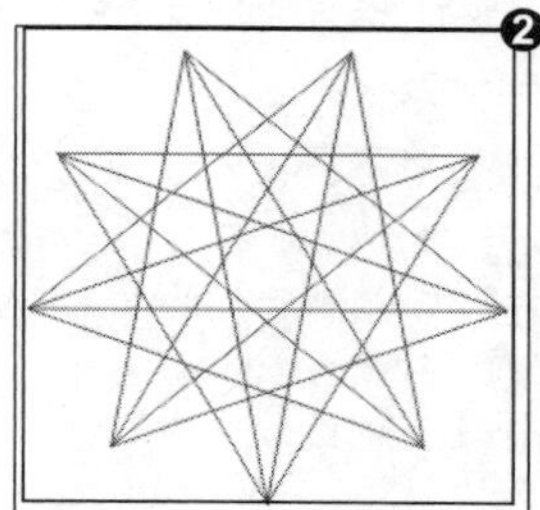

知识拓展

在默认的 5 条边的情况下，绘制一个正多边形，在工具箱中选择（形状工具），选择线段上的一个节点，按住 Ctrl 键单击鼠标左键拖曳，松开鼠标得到一个五角星形。如果边缘相对较多，可以做一个惊爆价效果的星形。

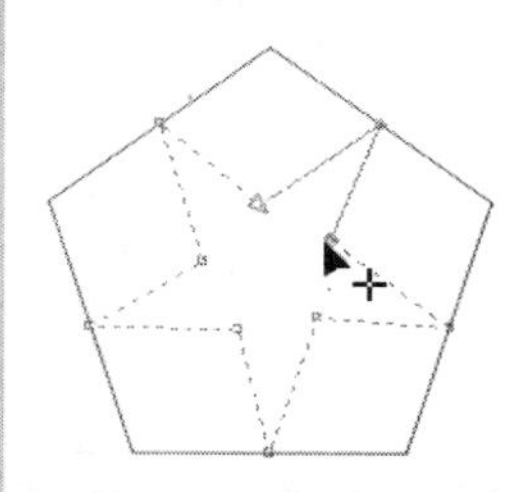

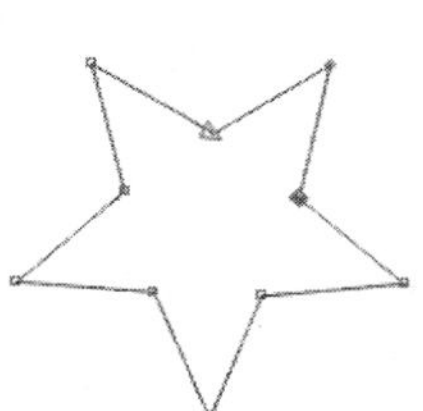

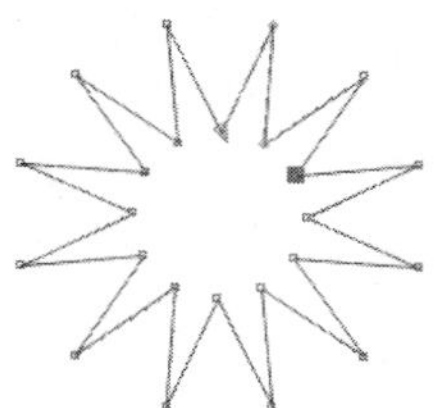

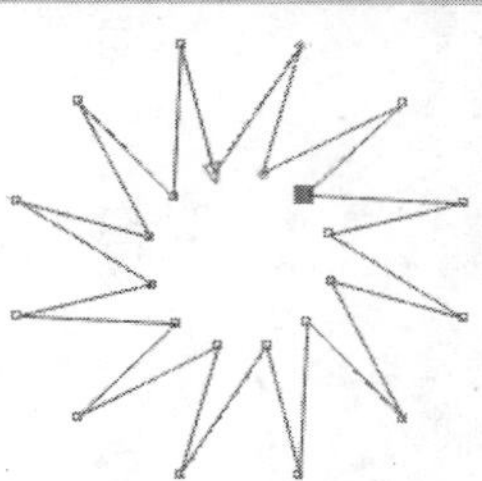

招式043 星形的绘制

Q 在 CorelDRAW 中该如何使用鼠标创建多边形呢?

A 使用多边形工具，直接用鼠标在空白页面上拖曳，即可绘制多边形。

1. 新建文档

❶ 启动 CorelDRAW X8 后，单击左上角的“新建”按钮或按 Ctrl+N 快捷键，新建一个文档。❷ 选择工具箱中的☆（星形工具）。

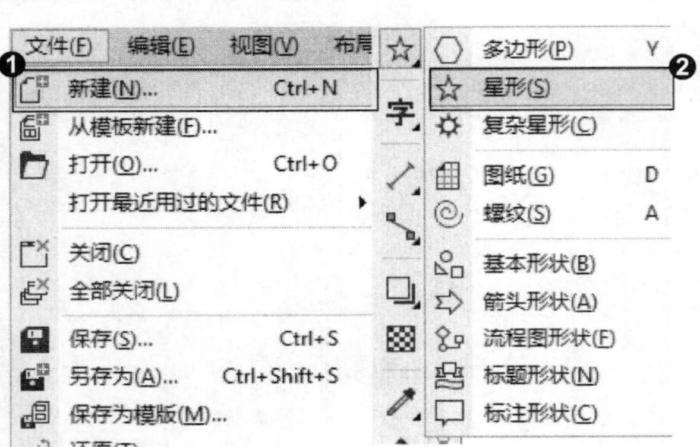

2. 绘制星形

❶ 在页面空白处，按住鼠标左键向对角的方向拖曳，❷ 松开鼠标左键完成编辑。

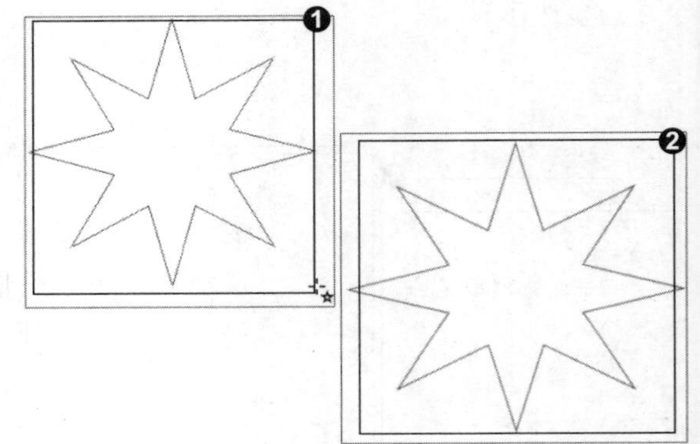

知识拓展

在星形工具属性栏中，“锐度”选项可以调整角的锐度，可以在文本框内输入数值，数值越大角越尖，数值越小角越钝。

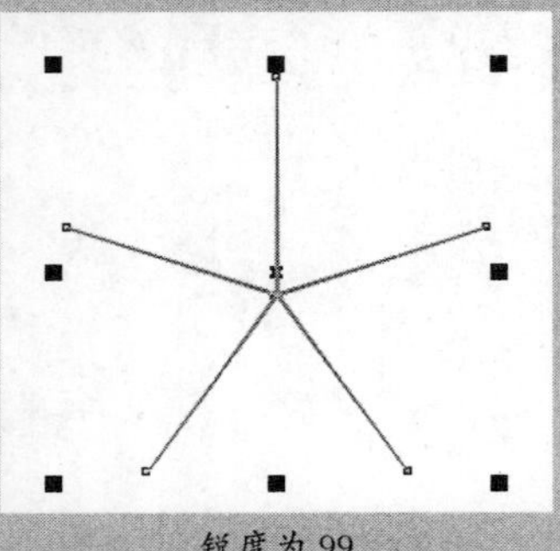

锐度为 99

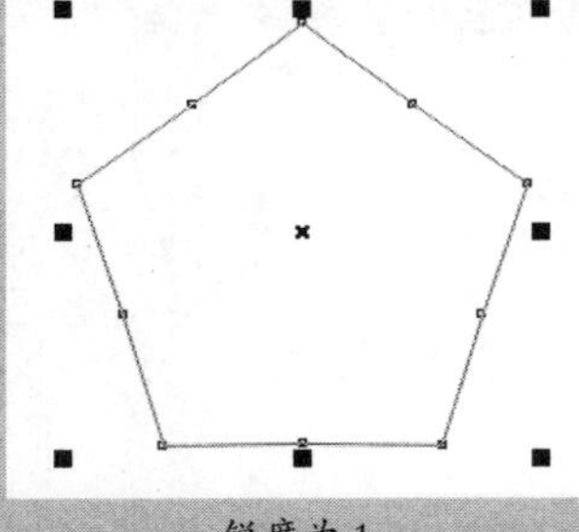

锐度为 1

锐度为 50

招式 044 绘制复杂星形

Q 有时候在作图时，发现简单的星形不能满足设计的需求，有什么方法将简单的星形变得复杂呢？

A 这个时候可以使用复杂星形工具，绘制想要的星形形状。

1. 新建文档

❶ 启动 CorelDRAW X8 后，单击左上角的“新建”按钮或按 Ctrl+N 快捷键，新建一个文档。❷ 选择工具箱中的（复杂星形工具）。

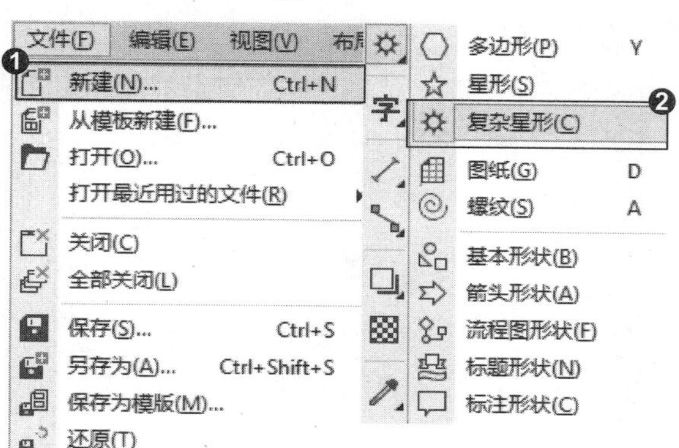

2. 绘制复杂星形

❶ 在页面空白处，按住鼠标左键向对角的方向拖曳，❷ 松开鼠标左键完成编辑。

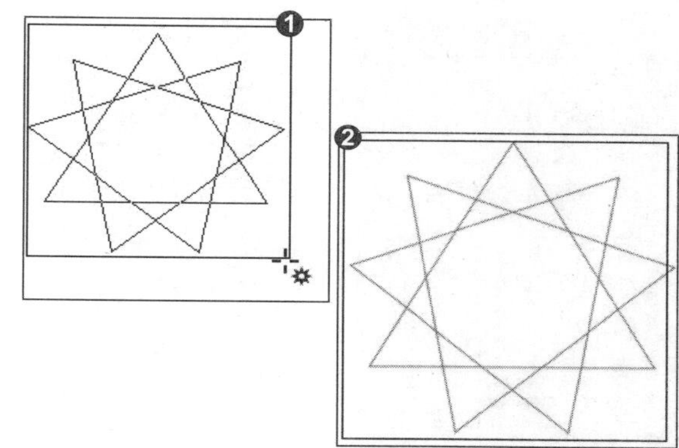

知识拓展

复杂星形工具选项介绍如下。

- 点数或边数：最大数值为500（数值没有变化），则变为圆；最小数值为5（其他数值为3），为交叠五角星。

- 锐度：最小数值为1（数值没有变化），边数越大越偏向为圆。最大数值随着边数递增。

招式 045 巧用快捷键绘制图纸

Q 使用图纸工具可以绘制出不同行数和列数的图纸，那么绘制图纸的快捷键是什么？

A 按键盘中的 D 键，可以切换至图纸工具，拖曳鼠标指针可以绘制图纸；当取消群组后，可以单独选取其中的一个矩形或正方形。

1. 新建文档

❶ 启动 CorelDRAW X8 后，单击左上角的“新建”按钮或按 Ctrl+N 快捷键，新建一个文档。❷ 选择工具箱中的（图纸工具），或按 D 键。

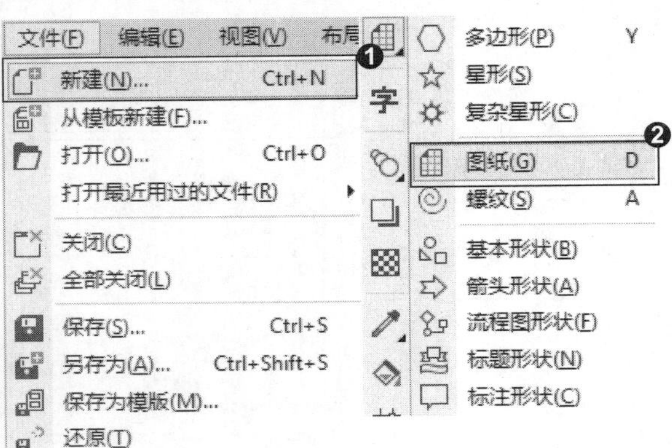

2. 绘制图纸

❶ 设置好网格的行数与列数，在页面空白处按住鼠标左键向对角拖曳预览，❷ 松开鼠标左键完成编辑。

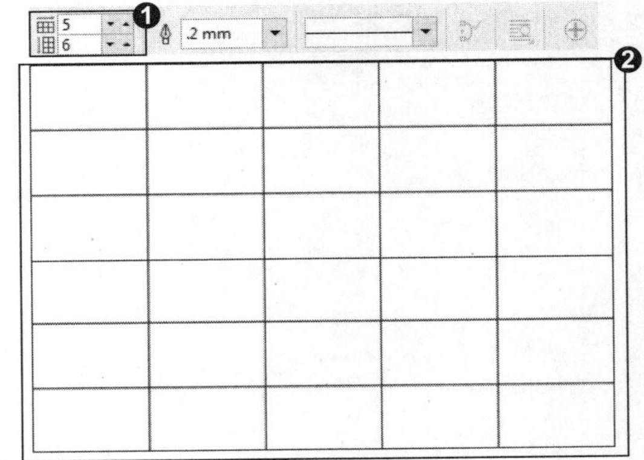

知识拓展

在绘制图纸之前需要设置网格的行数和列数，以便于在绘制时更加精确。设置行数和列数的方法有以下两种。

❶ 双击工具箱中的图纸工具，打开“选项”面板，在“图纸工具”选项下“宽度方向单元格数”和“高度方向单元格数”文本框中输入数值设置行数和列数。

❷ 选中工具箱中的图纸工具，在属性栏的“行数”和“列数”文本框中输入数值，可以设置网格的单元格。

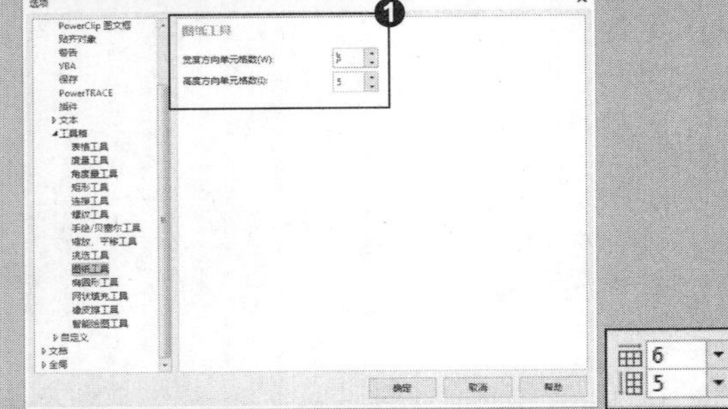

招式 046 绘制特殊的螺旋纹图形

Q 绘制的螺旋纹图形有对称式螺纹和对数螺纹，这两种螺纹有何区别呢？

A “对称式螺纹”绘制的螺纹均匀扩展，每个回圈之间的距离相等；“对数螺纹”绘制的螺纹回圈之间的间距，由中心往外不断扩大。

1. 新建文档

❶ 启动 CorelDRAW X8 后，单击左上角的“新建”按钮或按 Ctrl+N 快捷键，新建一个文档。❷ 选择工具箱中的（螺纹工具）。

2. 绘制螺纹

❶ 在页面空白处按住鼠标左键向对角拖曳预览，❷ 松开鼠标左键完成编辑。

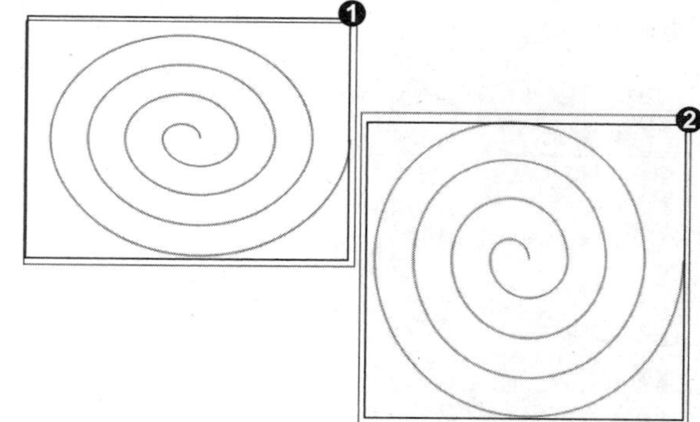

知识拓展

螺纹工具选项介绍如下。

- 螺纹回圈：设置螺纹中完整圆形回圈的圈数，范围最小为 1；最大为 100，数值越大圈数越密。

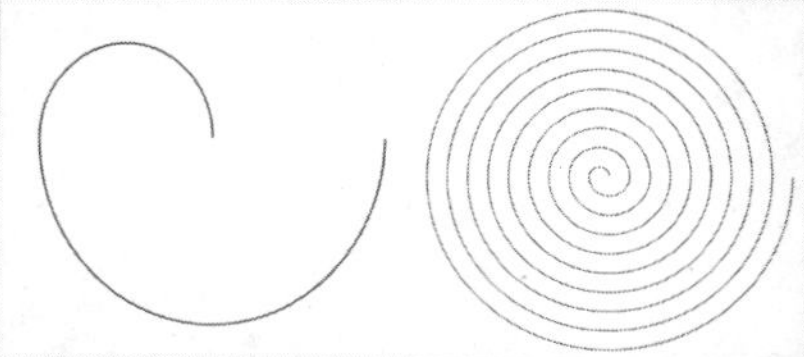

- 对称式螺纹：激活后，螺纹的回圈间距是均匀的。
- 对数螺纹：激活后，螺纹的回圈间距是由内向外不断增大的。

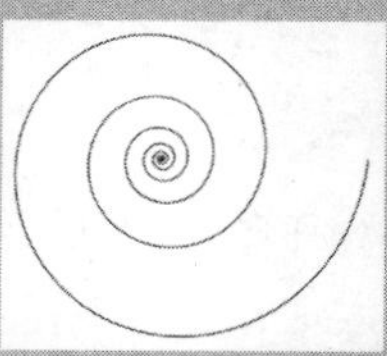

- 螺纹扩展参数：设置对数螺纹激活时向外扩展的速率，最小为 1 时内圈间距为均匀显示；最大为 100 时，间距内圈最小，越往外越大。

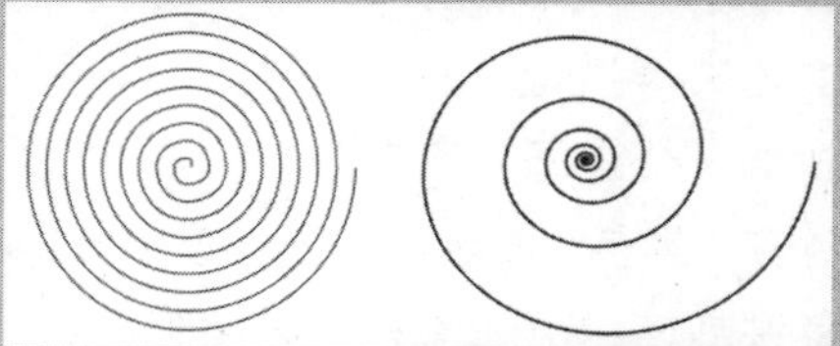

招式 047 巧妙利用形状工具绘制梦幻壁纸

Q 绘制曲线后，发现该曲线不是想要的样子，想调整至满意状态，该用什么工具呢？

A 可以使用曲线编辑工具对图形进行调整，其中形状工具就是最常用的曲线编辑工具。

1. 新建文档

❶ 启动 CorelDRAW X8 后，单击左上角的“新建”按钮或按 Ctrl+N 快捷键，新建一个文档。❷ 选择工具箱中的（交互式填充工具），或按 G 键。

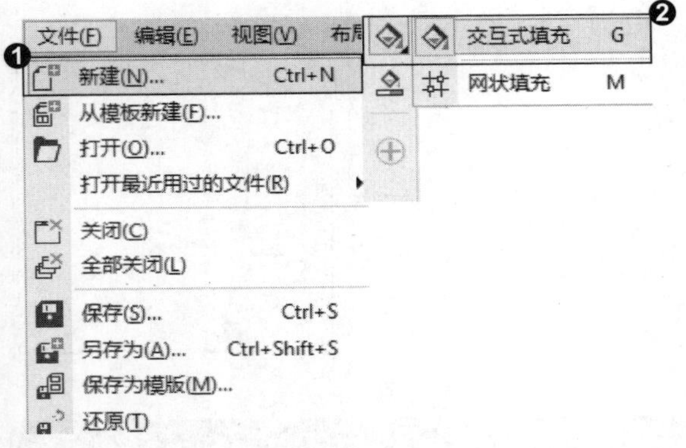

2. 导入图片

❶ 在工具选项栏中选择“渐变填充”，渐变颜色为(C:0，M:0，Y: 0，K:10)、(C:17，M:25，Y: 11，K:0)、(C:11，M:58，Y: 10，K:0)、单击“确定”按钮完成渐变填充，最后去掉轮廓线。❷ 导入本书配备的“第 2 章\素材\招式 47\Love.cdr”文件，拖曳到页面进行缩放。

3. 绘制发光爱心

❶ 选择工具箱中的（基本形状工具），在属性栏上选择爱心，填充颜色为白色，将对象复制四份，修改其透明度为 80，将对象按顺序排列起来，将对象组合，然后复制对象，❷ 选择工具箱中的（矩形工具），绘制出一个长方形，填充颜色为白色，透明度为 15。选择工具箱中的（椭圆形工具），按住 Ctrl 键绘制出一个正圆，填充颜色为白色，将对象复制两份，颜色为粉色，不透明度为 85 与 60，将对象按顺序排列起来，将对象组合，然后复制对象。

4. 绘制发光圆圈

选择工具箱中的○（椭圆形工具），按住 Ctrl 键绘制出一个正圆，选择工具箱中的◈（交互式填充工具），填充颜色为白色，去掉轮廓线，选择工具箱中的▩（透明度工具），在属性栏上选择“椭圆形渐变透明度”，单击“确定”按钮完成填充。

知识拓展

❶ 基本形状工具可以快速绘制梯形、心形、圆柱体和水滴等基本型，绘制的方法和多边形绘制方法一样，❷ 个别形状在绘制时会出现红色轮廓沟槽，❸ 通过过渡轮廓沟槽修改造型的形状。

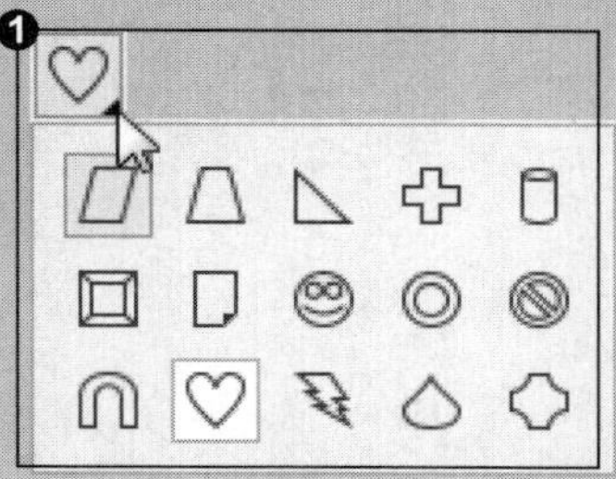

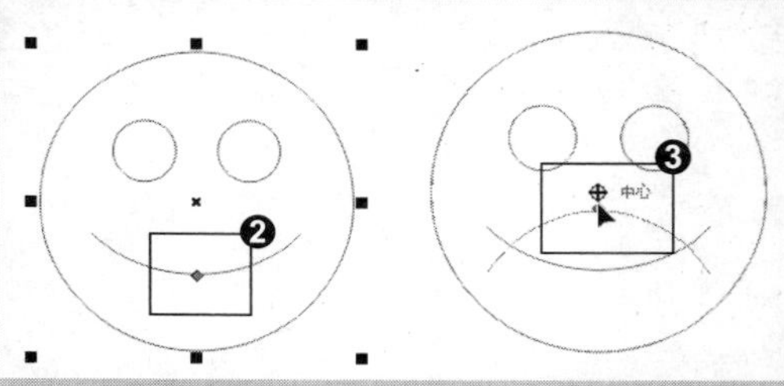

图形的修饰技法

在 CorelDRAW 软件中有很多优化图形的修饰技巧，可以对不同的图形进行编辑，从而达到修饰图形的目的。本章主要讲解 CorelDRAW 中形状编辑的方法及技巧，包括编辑节点、刻刀工具、橡皮擦工具、虚拟段删除等内容。通过本章学习，应能够熟练掌握形状编辑时所要接触到的方法及工具。

招式 048 形状工具编辑控制点

Q 在 CorelDRAW 中的对象都是由路径和填充颜色构成的，而节点（也称为控制点）则是改变形状的关键，那么如果要对控制点进行调整，该如何操作呢？

A 在 CorelDRAW 中可以将图形转曲，再单击选择工具箱中的形状工具，对控制点进行编辑，从而改变图形的形状，就可以绘制出多种多样的图形了。

1. 绘制椭圆

❶ 启动 CorelDRAW X8 后，单击左上角的“新建”按钮或按 Ctrl+N 快捷键，新建一个文档，❷ 选择工具箱中的（椭圆形工具），或按 F7 键，❸ 在页面空白处按住鼠标左键并拖动，绘制椭圆。

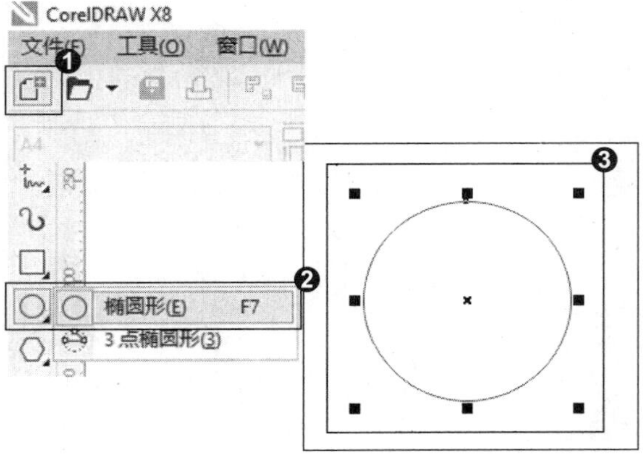

2. 转曲

❶ 在图形上右击，选择“转换为曲线”命令或按 Ctrl+Q 快捷键执行“转换为曲线”命令，❷ 选择节点并拖动，图形可以简单地变形。

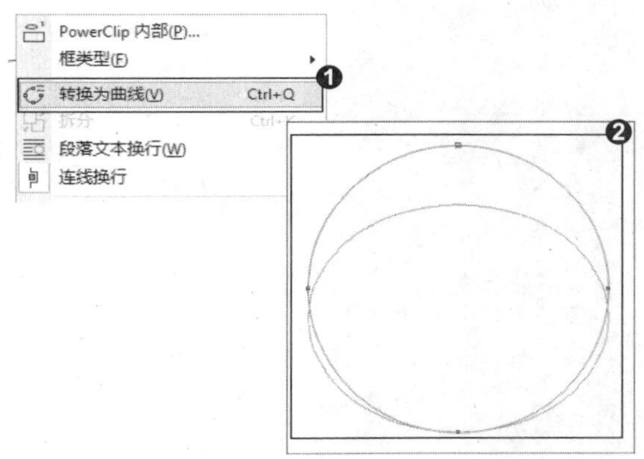

3. 选择形状工具

❶ 选择工具箱中的（形状工具），或按 F10 键，❷ 将指针移动到节点上，指针变成加号键，单击节点，节点两端出现控制手柄，拖动控制手柄，可以进行任意变形，❸ 指针移动到没有节点的边缘，指针变成 S 形，单击可添加节点，在节点上双击则删除节点。

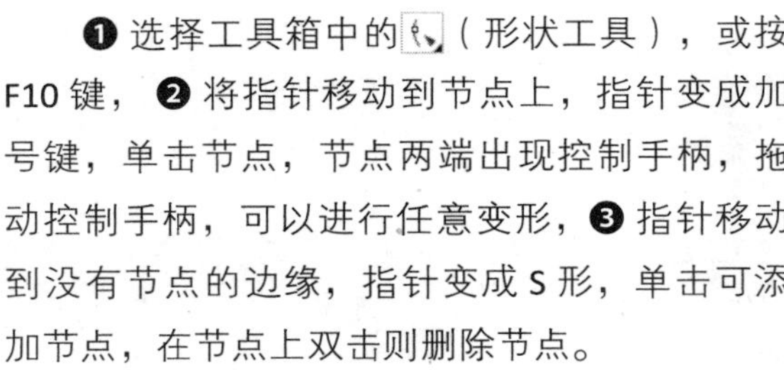

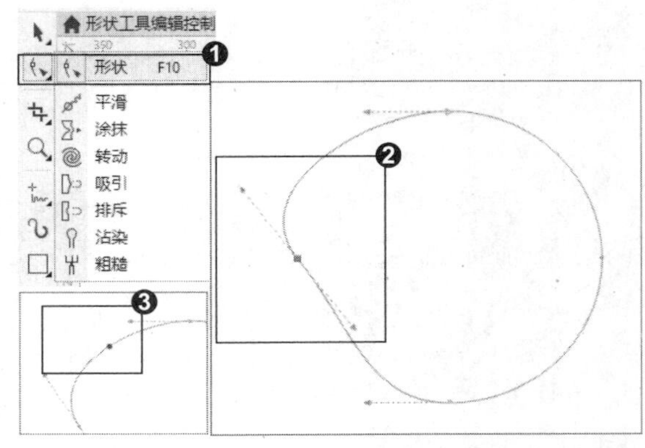

4. 编辑控制点

❶ 根据想要制作的形状编辑节点，这里制作的是一个苹果的形状，❷ 选择工具箱中的手绘工具添加叶梗装饰，❸ 完成苹果形状的制作。

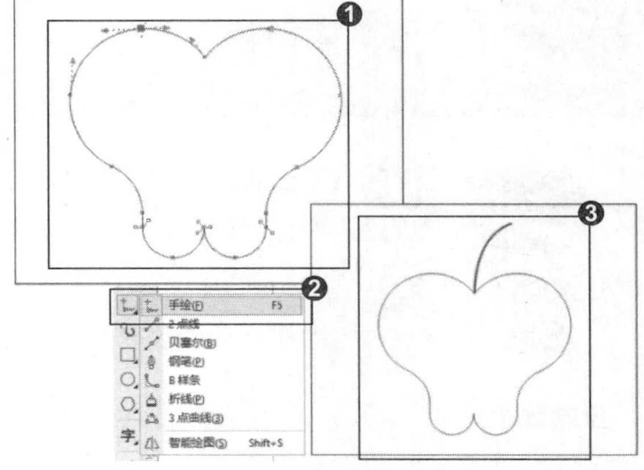

知识拓展

在形状工具属性栏中，“选区范围模式”可以切换选择节点的模式，包括“手绘”和“矩形”两种；单击“添加节点”按钮可增加节点，以增加可编辑线段的数量；单击“删除节点”按钮可删除节点，改变曲线形状，使之更加平滑，或重新修改；单击“连接两个节点”按钮可连接开放路径的起始和结束节点使之创建闭合路径；单击“断开曲线”按钮可断开闭合或开放对象的路径；单击“转换为线条”按钮可以使曲线转换为直线；单击“转换为曲线”按钮可将直线线段转换为曲线，并调整曲线的形状；单击“尖突节点”按钮可将节点转换为尖突，制作一个锐角；单击“平滑节点”按钮可将节点转换为平滑点来提高曲线的平滑度；单击“对称节点”按钮可将节点调整应用到两侧的曲线；单击“反转方向”按钮可反转起始与结束节点的方向；单击“延长曲线使之闭合”按钮可以直线连接起始与结束点来闭合曲线；单击“提取子路径”按钮可在对象中提取出子路径，创建两个独立的对象；单击“闭合曲线”按钮可连接曲线的结束点，闭合路径；单击“延展与缩放节点”按钮可放大或缩小选中节点相应的线段；单击“旋转与倾斜节点”按钮可旋转或倾斜选中节点相应的线段；单击“对齐节点”按钮可水平、垂直或以控制柄来对齐节点；单击“水平反射节点”按钮可激活编辑对象水平镜像的相应节点；单击“垂直反射节点”按钮可激活编辑对象垂直镜像的相应节点；单击“弹性模式”按钮可为曲线创建另一种具有弹性的形状；单击“选择所有节点”按钮可选中对象所有的节点；单击“减少节点”按钮可自动删减选定对象的节点来提高曲线平滑度。

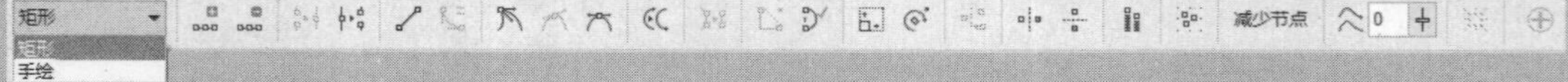

专家提示

形状工具无法对群组的对象进行修改，只能逐个针对单个对象进行编辑。

形状工具可直接编辑由手绘、贝塞尔和钢笔等曲线工具绘制的对象，对于椭圆形、多边形和文本等工具绘制的对象不能进行直接编辑，需要转曲后才能进行相关操作，并通过增加与减少节点、移动控制节点来改变曲线。

招式 049 沾染工具修饰图形

Q CorelDRAW 中的沾染工具，觉得特别的陌生，它经常使用吗?

A 沾染工具另外一个名称为涂抹笔刷工具，可以在矢量对象外轮廓上进行拖曳使其变形，在 CorelDRAW 中经常用来修饰图形。

1. 绘制图形

❶ 启动 CorelDRAW X8 后，单击左上角的“新建”按钮或按 Ctrl+N 快捷键，新建一个文档，❷ 选择工具箱中的（椭圆形工具），或按 F7 键，❸ 在页面空白处按住鼠标左键并拖动，绘制椭圆形。

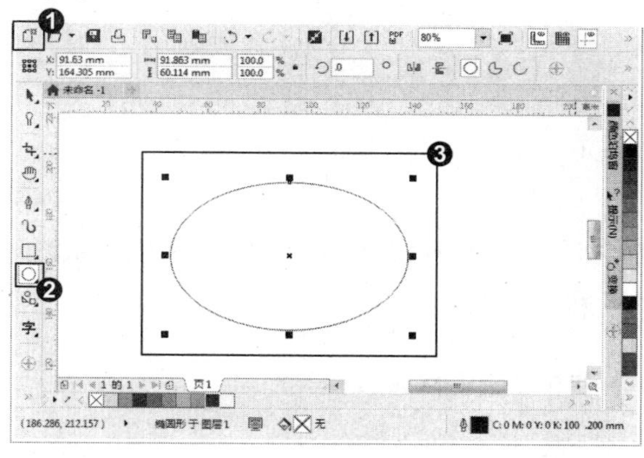

2. 沾染工具修饰图形

❶ 单击工具箱中的（形状工具），或按 F10 键，在下拉菜单中选择工具箱中的（沾染工具），❷ 在属性栏设定沾染工具的属性，❸ 将光标放在对象轮廓位置，笔尖向外拖曳，添加节点修饰图形。

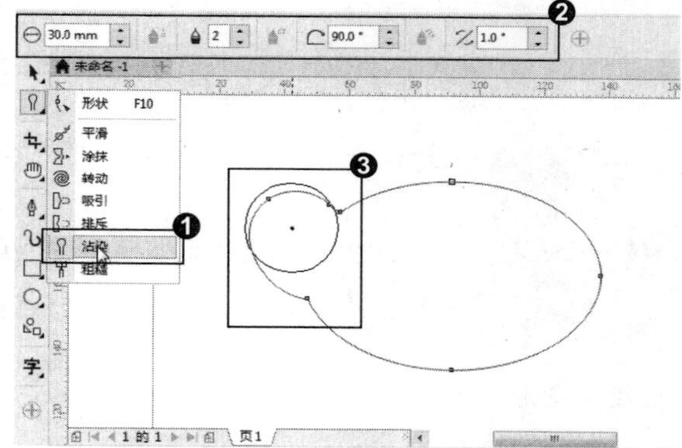

3. 修饰图形

❶ 在属性栏设置沾染工具的属性，调节笔尖半径，❷ 继续涂抹图形，修饰成想要的形状，❸ 填充青色（C:100，M:0，Y: 0，K: 0），完成云朵制作。

知识拓展

将对象解散后可以用沾染工具对线和面进行涂抹。❶ 选中要涂抹修改的线条，单击“沾染”工具，在线条上按住鼠标左键进行拖曳，笔刷拖曳的方向决定了挤出的方向和长短，注意在涂抹时重叠的位置会被修剪掉。❷ 选中需要修改的闭合路径，使用“沾染”工具在对象轮廓位置按住鼠标左键拖曳，笔尖向外拖曳为添加，其方向和距离决定了挤出的方向和长短；❸ 笔尖向内拖曳为修剪，其方向和距离决定修剪的方向和长短。

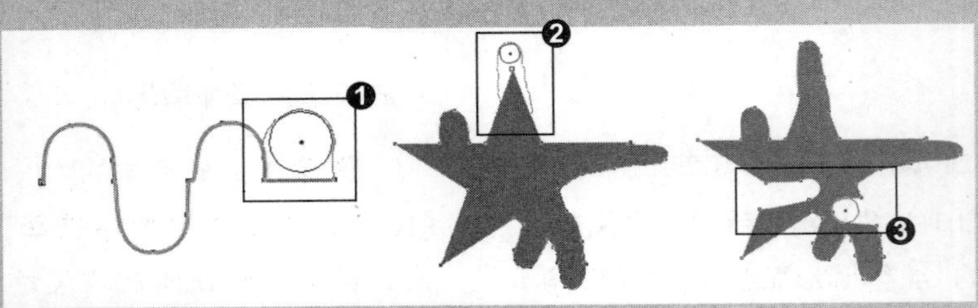

招式 050 粗糙笔刷改变轮廓形状

Q 如果想要改变图形的轮廓形状，在 CorelDRAW 中该如何操作呢？

A 在 CorelDRAW 中可以选择粗糙工具，设置粗糙工具属性，在图形的轮廓区域单击并拖动光标，就可以改变图形的轮廓形状了。

1. 绘制图形

❶ 启动 CorelDRAW X8 后，单击左上角的“打开”按钮或按 Ctrl+O 快捷键，打开本书配备的“第 3 章\素材\招式 50\图像 .cdr”文件，❷ 选择工具箱中的（选择工具）。

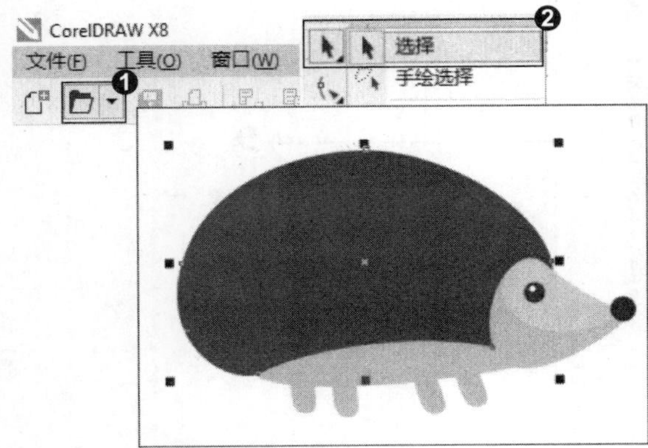

2. 使轮廓变形并增加节点

❶ 单击工具箱中的（形状工具），或按 F10 键，在下拉菜单选择工具箱中的（粗糙工具），❷ 在属性栏设定粗糙工具的属性，❸ 鼠标指针移到图形上出现圆形指针，单击图形轮廓区域并拖动指针，使轮廓变形并增加节点。

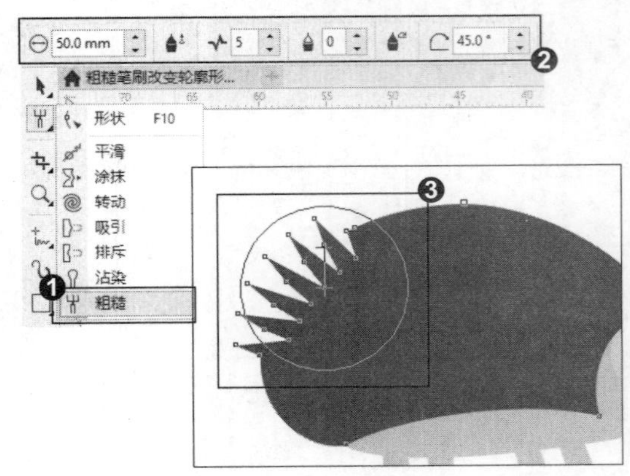

3. 改变轮廓形状

❶ 使用粗糙笔刷工具将图形的轮廓变形，选择工具箱中的（形状工具），或按 F10 键，对节点进行调整，❷ 改变轮廓形状。

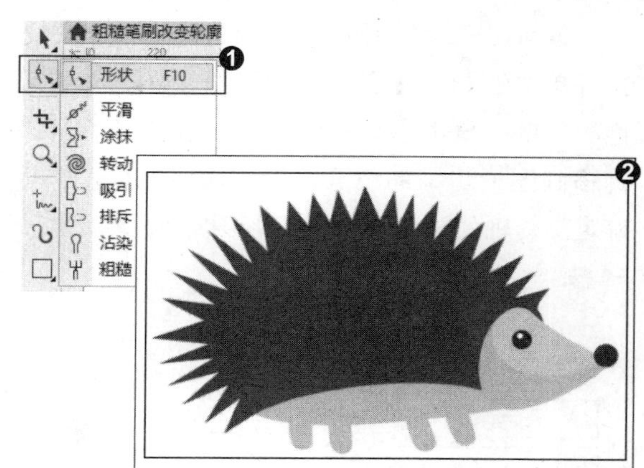

专家提示

粗糙笔刷工具是除了涂抹笔刷之外的另一个基于矢量图形的变形工具。它可以改变矢量图形对象中曲线的平滑度，从而产生粗糙的、锯齿或尖突的边缘变形效果。

知识拓展

单击粗糙笔刷工具，❶ 在对象轮廓位置长按鼠标左键进行拖曳，会形成细小且均匀的粗糙尖突效果；❷ 在相应轮廓位置单击，则会形成单个尖突效果，可以制作褶皱等效果。粗糙笔刷工具属性栏中，❸ 可以通过"尖突频率"的参数设置改变粗糙的尖突频率，范围最小为 1，尖突比较缓；❹ 最大为 10，尖突比较密集，像锯齿；"尖突方向"可以更改粗糙尖突的方向。

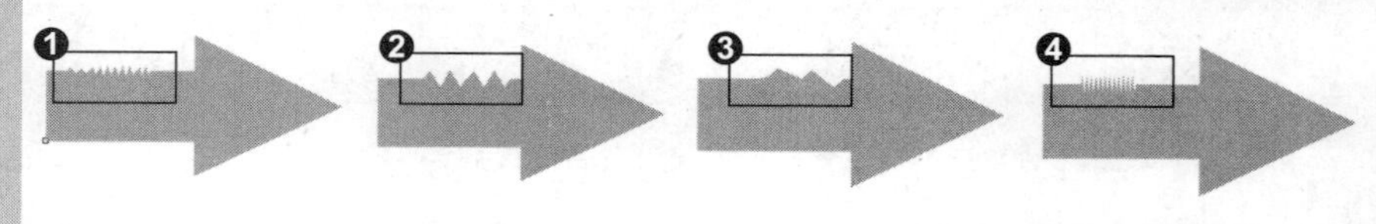

招式 051 自由变换工具变换对象操作

Q 如果想要对图形进行自由变形或旋转操作，在 CorelDRAW 中该如何操作？

A 在 CorelDRAW 中可以选择工具箱中的自由变换工具，在图形上单击并拖动指针，即可进行自由变换操作。

1. 绘制图形

❶ 启动 CorelDRAW X8 后，单击左上角的"新建"按钮或按 Ctrl+N 快捷键，新建一个文档，❷ 选择工具箱中的（椭圆形工具），或按 F7 键，❸ 在页面空白处按住鼠标左键并拖动，绘制椭圆。

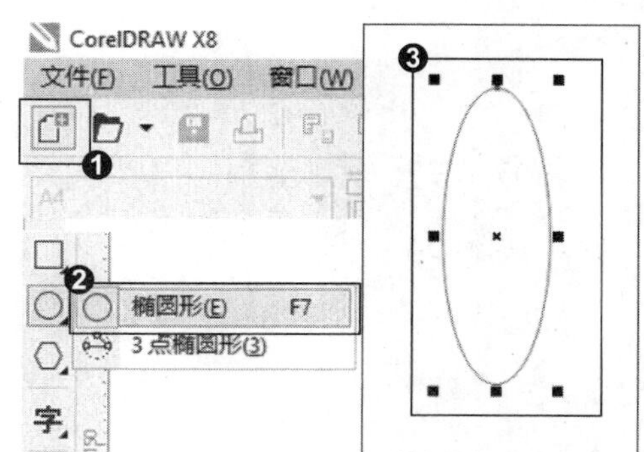

2. 自由变换工具

❶ 单击工具箱中的（选择工具），在下拉菜单中选择（自由变换工具），❷ 单击属性栏上的"自由旋转"按钮，❸ 将鼠标的指针移到图形边缘的任意位置，按住鼠标，即可确定旋转轴的位置，拖动指针可指定旋转方向。

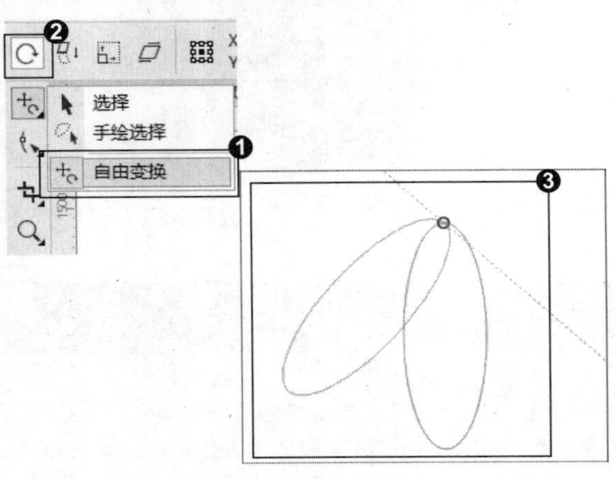

3. 应用到再复制

❶ 松开鼠标，图形进行了自由旋转，❷ 属性栏中单击"应用到再复制"按钮，在图形上按住鼠标左键并移动指针，在适当的角度松开鼠标，即可在旋转对象的同时对该对象进行复制，❸ 继续旋转图形，完成变换对象的操作。

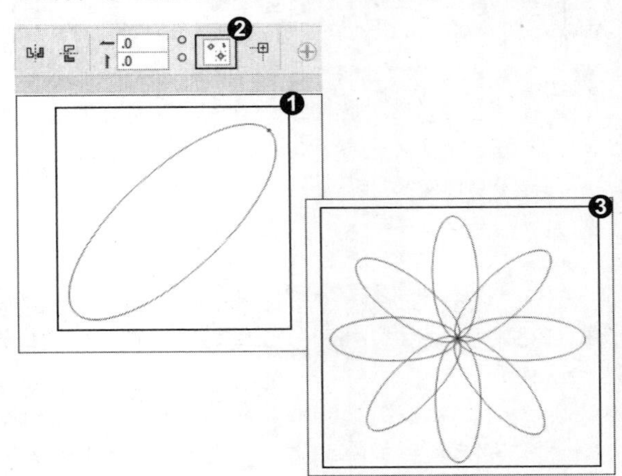

专家提示

可以在属性栏的相应文本框中输入数值进行精确变换。

知识拓展

自由变换工具用于自由变换对象操作，可以针对群组对象进行操作，选中对象后，单击自由变换工具，可以利用属性栏变换图形。单击"自由旋转"按钮可以以鼠标单击点为轴，拖曳旋转柄旋转对象；单击"自由角度反射"按钮可以以鼠标单击点为轴，拖曳旋转柄反射对象；单击"自由缩放"按钮，以鼠标单击点为中心点，拖曳中心可以改变对象大小；单击"自由倾斜"按钮，以鼠标单击点为倾斜轴，拖曳轴可以倾斜对象。

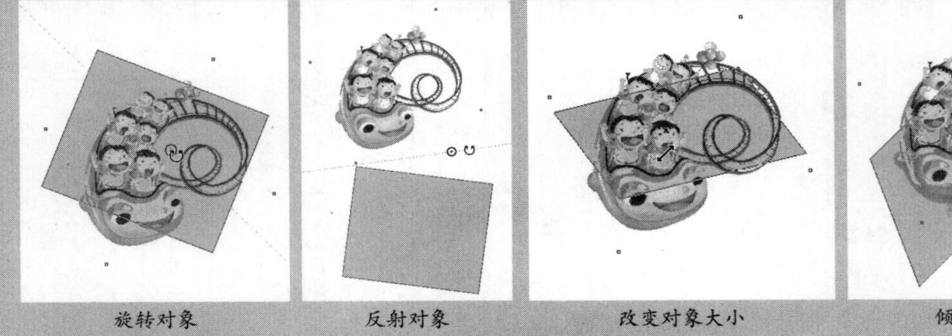

旋转对象　　反射对象　　改变对象大小　　倾斜对象

招式 052 拖曳涂抹工具修改边缘形状

Q 如果想要修改图形的边缘形状，在 CorelDRAW 中该如何操作?

A 在 CorelDRAW 中可以选择涂抹工具，设置涂抹工具属性，在图形上单击并拖曳，就可以修改图形的边缘形状了。

1. 绘制图形

❶ 启动 CorelDRAW X8 后，单击左上角的“打开”按钮或按 Ctrl+O 快捷键，打开本书配备的“第 3 章 \ 素材 \ 招式 52\ 图像 .cdr”文件，❷ 选择工具箱中的 (选择工具)。❸ 单击素材文件中的绿色形状并将其选中。

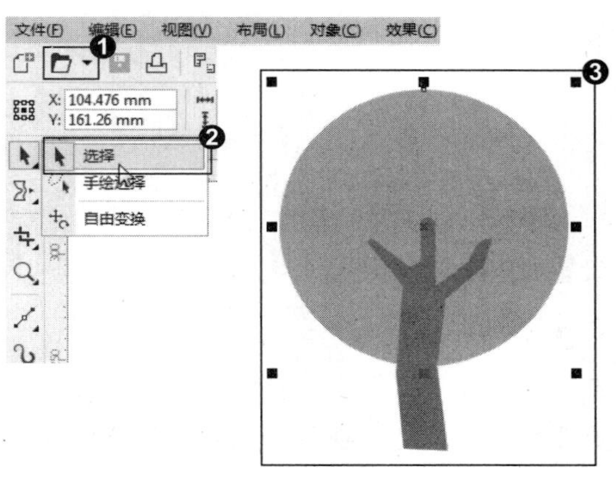

2. 应用“涂抹”工具

❶ 单击工具箱中的 (形状工具)，或按 F10 键，在下拉菜单中选择 (涂抹工具)，❷ 在属性栏设定涂抹工具的属性，❸ 鼠标指针移到图形上出现圆形指针，单击图形并向外拖动，图形外部即可得到涂抹的效果，图形边缘向外扩展并增加节点。

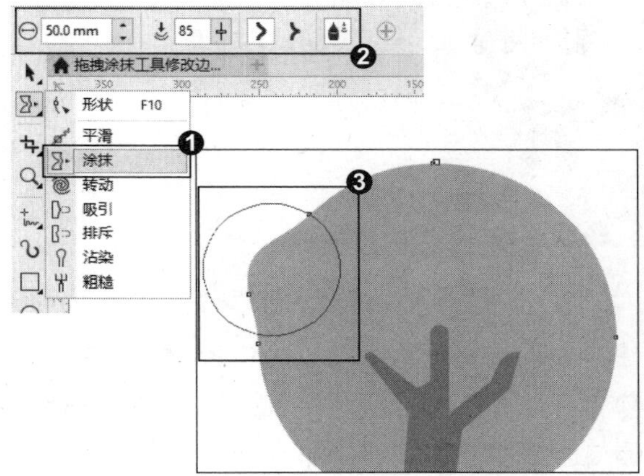

3. 修改图形边缘，形成最终效果

❶ 单击图形外部并向内拖动，图形的边缘向内移动并增加节点，❷ 使用涂抹笔刷工具对图形进行涂抹，修改图形边缘形状，形成最终效果。

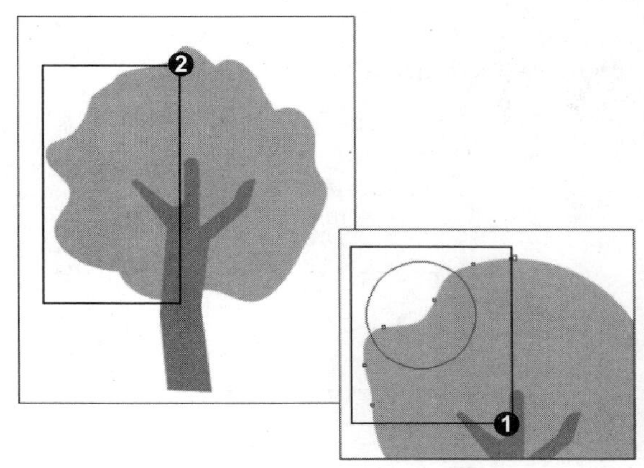

知识拓展

涂抹工具沿着轮廓拖曳修改边缘形状，可以用于群组对象的涂抹操作。❶ 在涂抹工具的属性栏中，“笔尖半径”选项可以输入数值设置笔尖的半径大小。“压力”选项中输入数值可以设置涂抹效果强度，值越大拖曳效果越强，值越小拖曳效果越弱，值为 1 时不显示涂抹，值为 100 时涂抹效果最强。激活“笔压”选项可以运用数位板的笔压进行操作。❷ 激活“平滑涂抹”选项可使用平滑的曲线进行涂抹。❸ 激活“尖突涂抹”选项可使用带尖角的曲线进行涂抹。

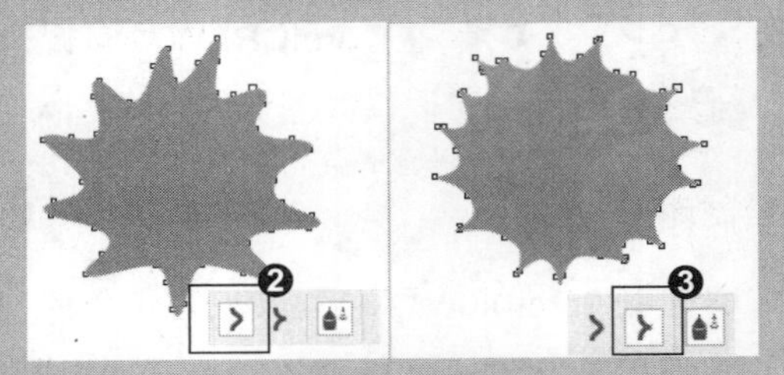

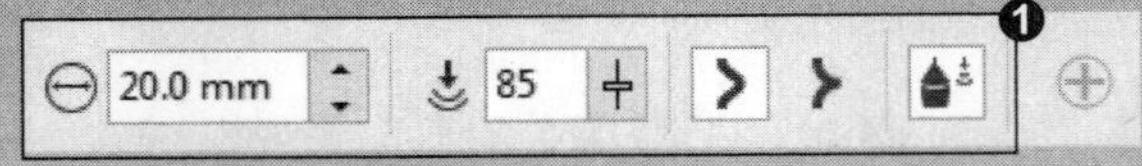

招式 053 移动线段产生旋转形状

Q 想在线段上产生旋转效果，制作浪花纹样，在 CorelDRAW 中该如何旋转线段，产生旋转形状呢？

A 在 CorelDRAW 中选择转动工具，在线段上涂抹就可以产生旋转形状。

1. 绘制线段

❶ 启动 CorelDRAW X8 后，单击左上角的“新建”按钮或按 Ctrl+N 快捷键，新建一个文档，❷ 选择工具箱中的（手绘工具），或按 F5 键，❸ 在页面空白处单击，移动指针确定另外一点的位置。

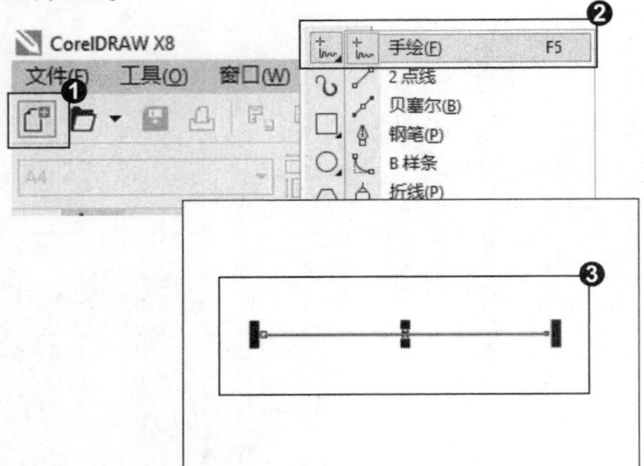

2. 设置线段

❶ 在属性栏单击“轮廓宽度”的，在下拉选项列表中选择轮廓宽度，❷ 在调色板上右击更改线段的颜色，❸ 得到设置轮廓宽度和颜色后的线段效果。

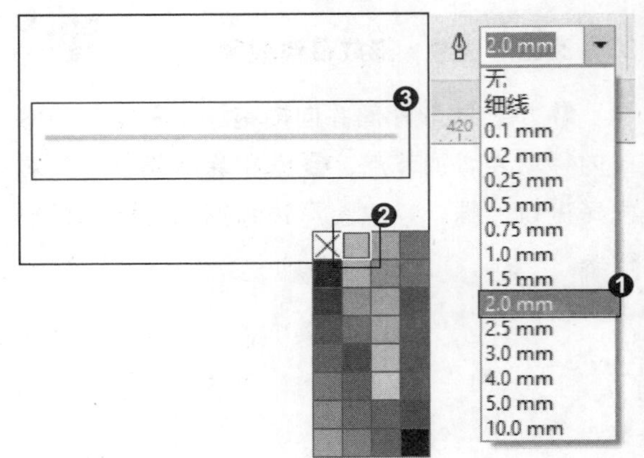

3. 应用转动工具

❶ 使线段保持选中状态，选择工具箱中的 （形状工具），或按 F10 键，在下拉菜单中选择工具箱中的 （转动工具），❷ 在属性栏设定转动工具的属性，❸ 将指针移动到线段上，出现圆形指针。

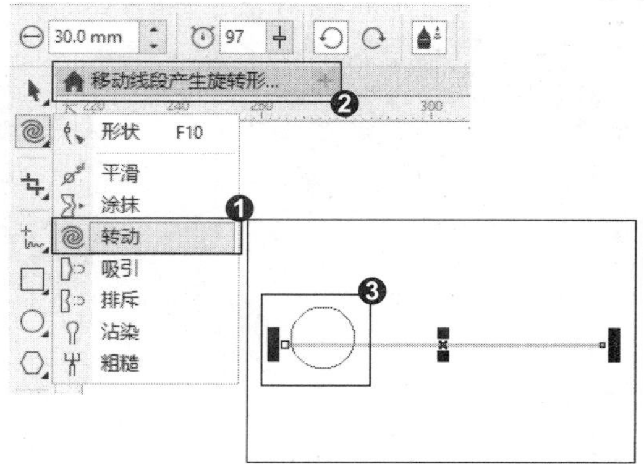

4. 产生旋转形状

❶ 按住鼠标左键，笔刷范围内出现旋转的预览效果，❷ 达到想要的效果后松开鼠标即产生旋转形状，❸ 继续使用同样的方法在线段上制作旋转形状，移动线段产生旋转形状的效果。

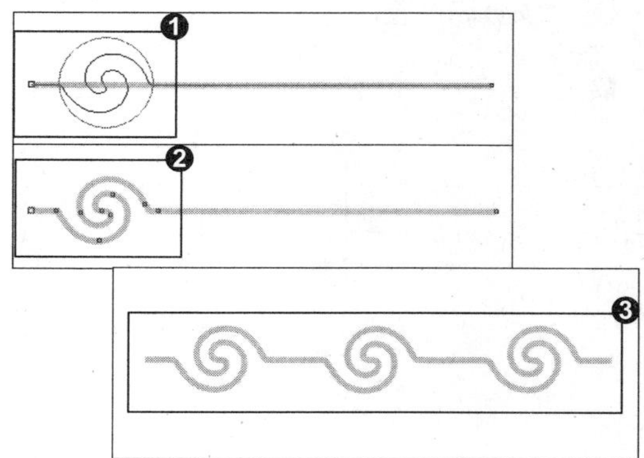

专家提示

使用 （转动工具）时，会根据按鼠标左键的时间长短来决定转动的圈数。鼠标左键按键时间越长圈数越多，时间越短圈数越少。

知识拓展

在使用 （转动工具）进行涂抹时，指针所在的位置会影响旋转的效果，但不能离开画笔范围。❶ 当指针的中心在线段外涂抹时，❷ 涂抹的效果为尖角；❸ 当指针中心在线段上，涂抹效果为圆角；❹ 当指针中心在节点上涂抹时，转动效果为单线条螺旋纹。

招式 054 移动面产生旋转形状

Q 在 CorelDRAW 中想移动面产生旋转形状，该如何操作?

A 使用转动工具在面上涂抹，可以产生旋转形状。

1. 绘制图形

❶ 启动 CorelDRAW X8 后，单击左上角的“新建”按钮或按 Ctrl+N 快捷键，新建一个文档，❷ 选择工具箱中的（椭圆形工具），❸ 在页面空白处单击，移动指针绘制椭圆形。

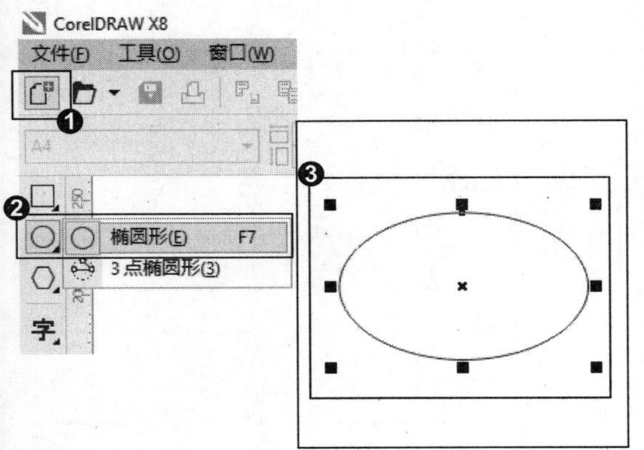

2. 设置椭圆

❶ 单击属性栏中的“轮廓宽度”按钮，在下拉选项列表中选择轮廓宽度，❷ 在调色板上单击填充颜色，❸ 得到设置椭圆轮廓线宽度和填充颜色后的效果。

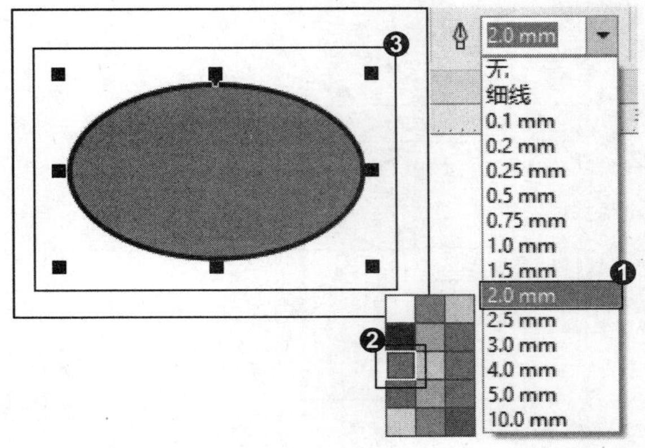

3. 应用转动工具

❶ 使线段保持选中状态，选择工具箱中的（形状工具），或按 F10 键，在下拉菜单选择工具箱中的（转动工具），❷ 在属性栏设定转动工具的属性，❸ 将指针移动椭圆上，出现圆形指针。

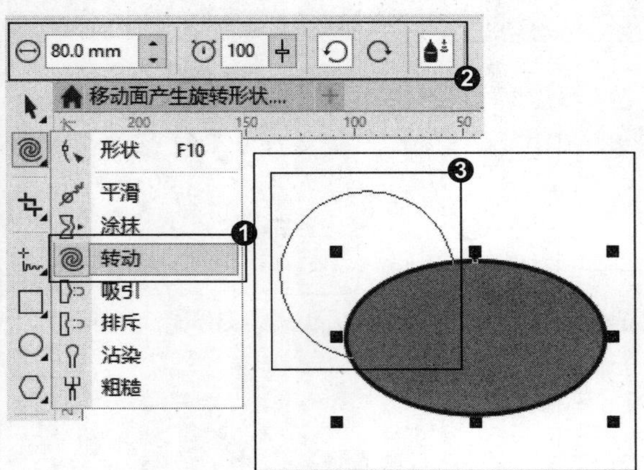

4. 产生旋转形状

❶ 按住鼠标左键，笔刷范围内出现转动的预览效果，❷ 达到想要的效果后松开鼠标，则移动面产生旋转形状的效果。

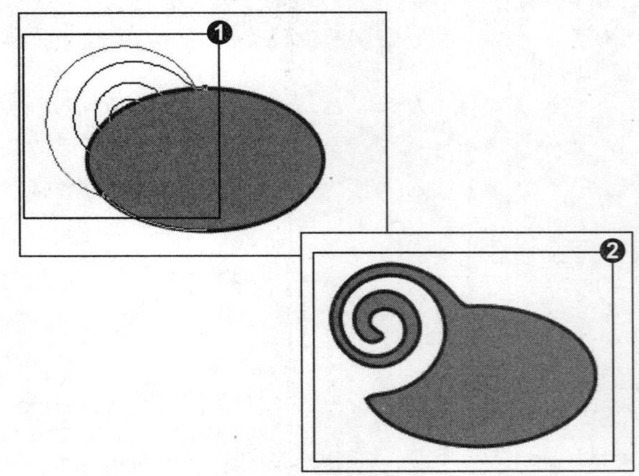

知识拓展

在闭合路径中进行转动时，❶ 将指针中心移动到边缘线外，❷ 旋转效果为封闭式的尖角；❸ 将指针移动到边线上，❹ 旋转效果为封闭的圆角。

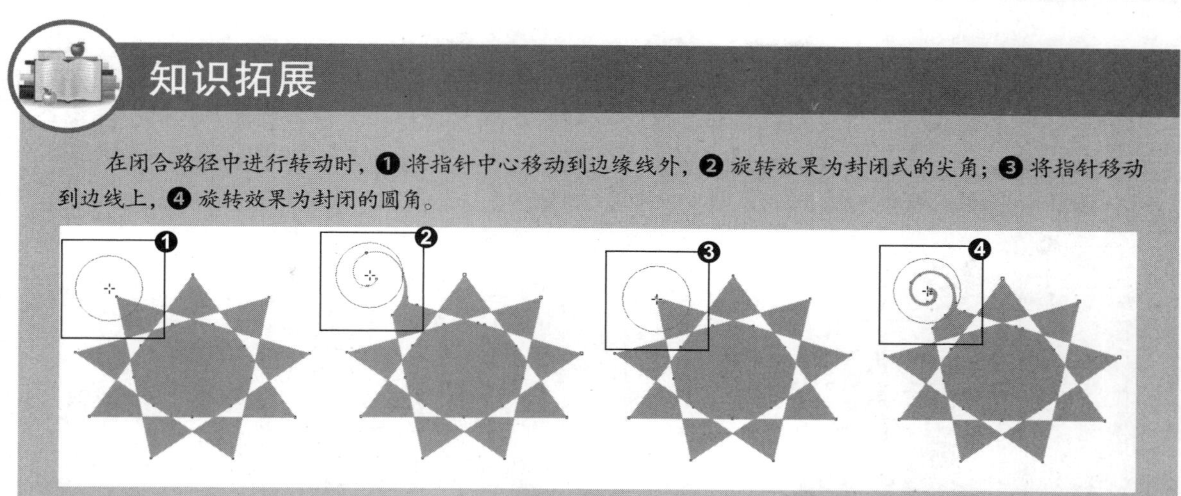

招式 055 巧用吸引工具产生回缩涂抹效果

Q 如果想要对图形产生回缩涂抹的效果，在 CorelDRAW 中该如何操作?

A 在 CorelDRAW 中可以选择吸引工具，属性栏设定属性，在图形上单击内部或外部靠近其边缘处，按住鼠标左键，边缘线会自动向光标处移动，松开鼠标左键则可以产生回缩涂抹效果。

1. 打开图像素材

❶ 启动 CorelDRAW X8 后，单击左上角的“打开”按钮或按 Ctrl+O 快捷键，打开本书配备的“第 3 章 \ 素材 \ 招式 55\ 图像 .cdr”文件，❷ 选择工具箱中的（选择工具），单击选择对象。

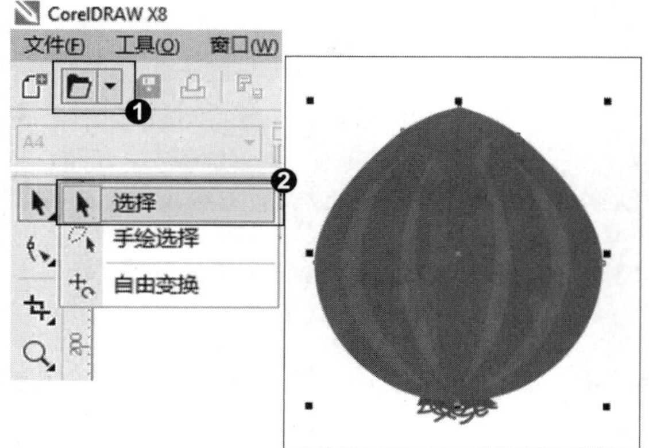

2. 应用吸引工具调整效果 1

❶ 单击工具箱中的（形状工具），或按 F10 键，在下拉菜单选择工具箱中的（“吸引”工具），❷ 在属性栏设定吸引工具的属性参数，❸ 将指针移动到图形边缘，按住鼠标左键，边缘线会自动向指针处移动。

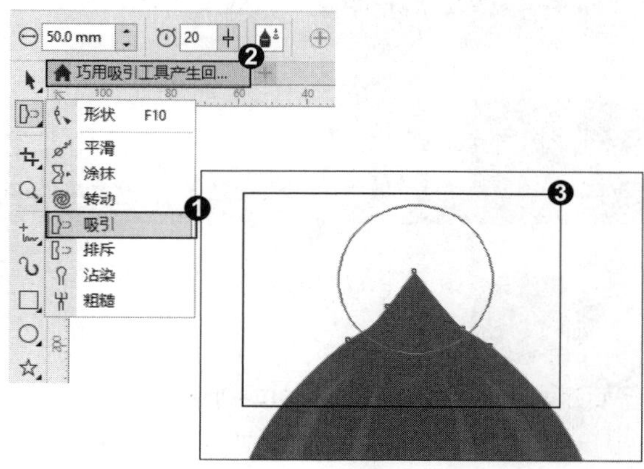

3. 应用吸引工具调整效果 2

❶ 在属性栏设置吸引工具属性参数，调小笔尖半径，❷ 按住鼠标左键在边缘靠内处，边缘会往图形内部移动。

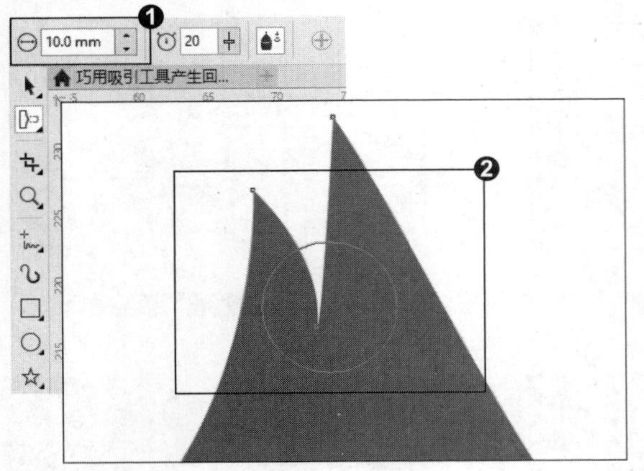

4. 应用吸引工具调整效果 3

❶ 按住鼠标左键在边缘中间处，边缘会向中间靠拢，❷ 使用吸引工具对图形进行调整，最终实现用吸引工具产生回缩涂抹的效果。

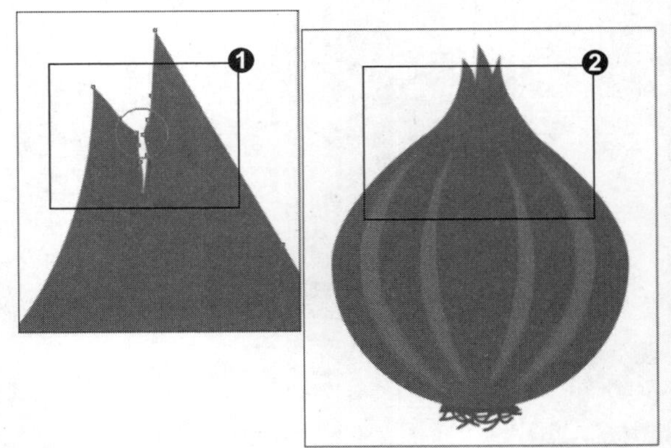

专家提示

使用吸引工具时，对象的轮廓必须在笔触的范围内，才能显示出涂抹效果。

知识拓展

❶ 当对单一对象使用吸引工具时，将指针移动到对象边缘上，长按鼠标左键进行修改，指针移动的位置会影响吸引的范围；❷ 当对群组对象使用吸引工具时，长按鼠标左键进行修改，吸引所产生的效果会根据对象的叠加位置不同而产生不同的凹陷程度。

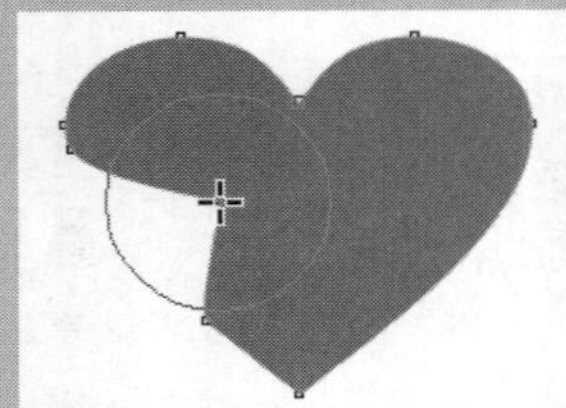

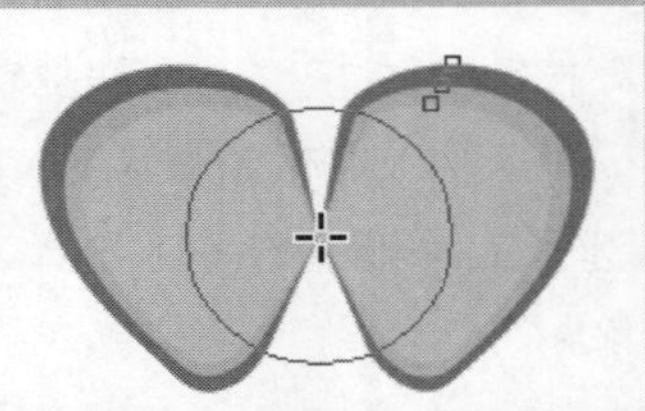

招式 056 长按鼠标产生推挤涂抹效果

Q 如果想要对图形产生推挤涂抹的效果，那么在 CorelDRAW 中该如何操作?

A 在 CorelDRAW 中可以选择排斥工具，设置排斥工具属性，在图形上长按住鼠标左键可以产生推挤涂抹效果。

1. 打开图像素材

❶ 启动 CorelDRAW X8 后，单击左上角的“打开”按钮或按 Ctrl+O 快捷键，❷ 打开本书配备的“第 3 章 \ 素材 \ 招式 56\ 图像 .cdr”文件，❸选择工具箱中的（选择工具），单击选择对象。

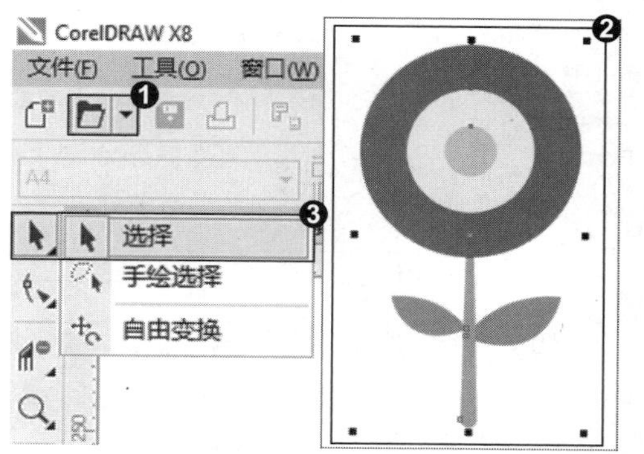

2. 应用排斥工具 1

❶ 单击工具箱中的（形状工具），或按 F10 键，在下拉菜单选择工具箱中的（排斥工具），❷ 在属性栏设定排斥工具的属性，❸ 将指针移动到对象边缘内，长按鼠标左键，产生向外推挤的涂抹效果。

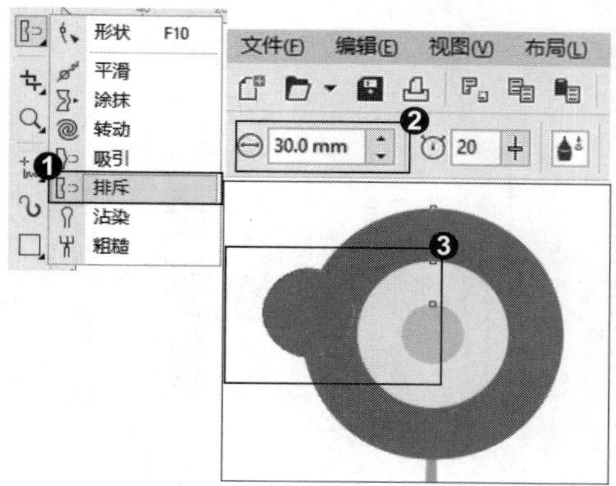

3. 应用排斥工具 2

❶ 当指针的笔尖在图形边缘外部的时候，长按鼠标左键，图形的边缘会远离笔尖被推向图形内部，❷ 按 Ctrl+Z 快捷键撤销操作，继续使用排斥工具推挤图形，使图形产生涂抹效果。

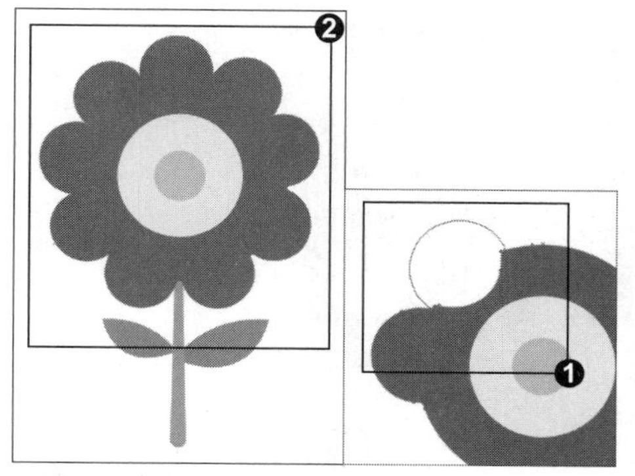

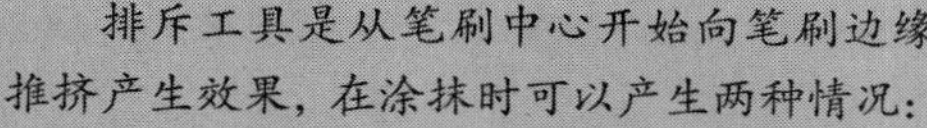

知识拓展

排斥工具是从笔刷中心开始向笔刷边缘推挤产生效果，在涂抹时可以产生两种情况：❶ 当笔刷中心在对象内，涂抹效果向外鼓出；❷ 当笔刷中心在对象外，涂抹效果向内凹陷。

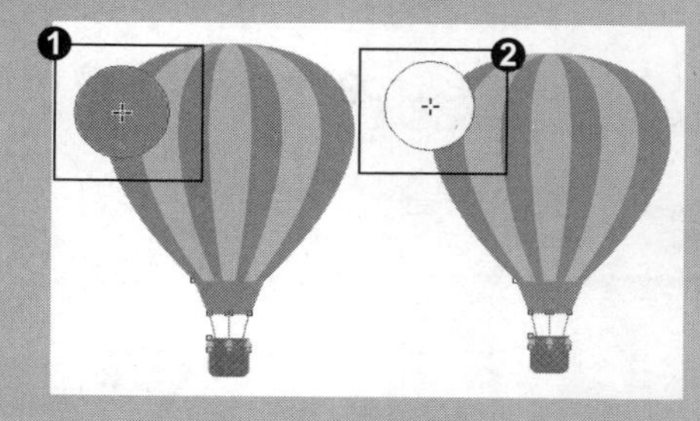

招式 057 将多个对象焊接为独立图像

Q 如果想要将多个对象图形焊接为独立图形，在 CorelDRAW 中该如何操作?

A 在 CorelDRAW 中全选需要焊接的对象，在“造型”泊坞窗中选择“焊接”，则可以将多个对象焊接为单一轮廓的独立图像。

1. 绘制图像

❶ 启动 CorelDRAW X8 后，单击左上角的"打开"按钮或按 Ctrl+O 快捷键，❷ 打开本书配备的"第 3 章 \ 素材 \ 招式 57\ 图像 .cdr"文件，❸ 选择工具箱中的（选择工具）。

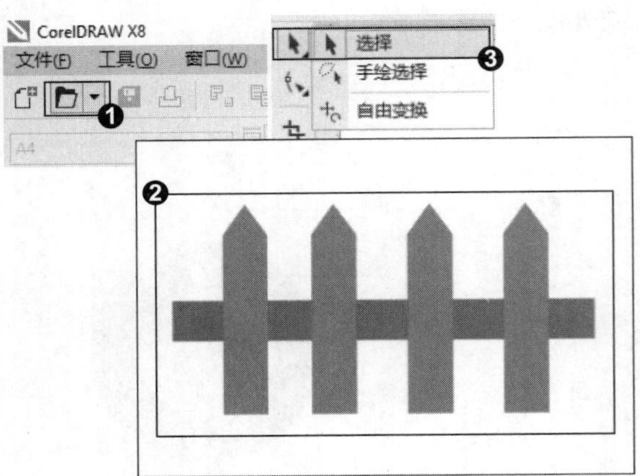

2. 打开"造型"泊坞窗

❶ 以框选的方式选择所有对象，❷ 在菜单栏中单击"对象" | "造形" | "造型"命令，❸ 打开"造型"泊坞窗。

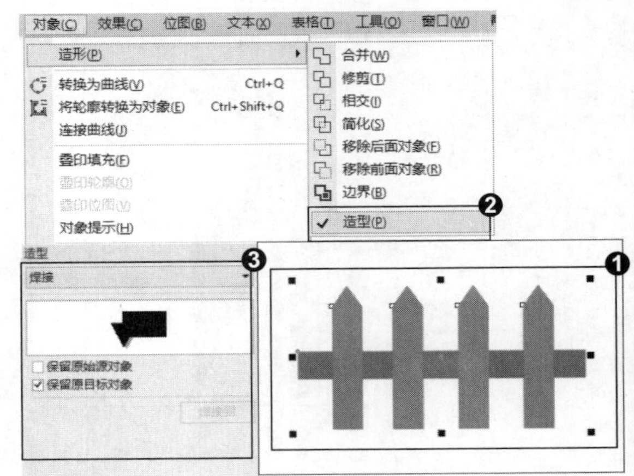

3. 焊接对象

❶ 在"造型"泊坞窗顶部的下拉列表中选择"焊接"选项，❷ 勾选保留原始源对象或保留原目标对象，❸ 单击"焊接到"按钮。

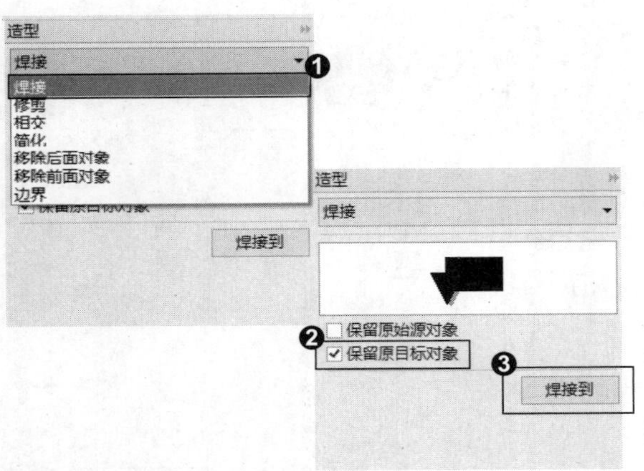

4. 选择对象

❶ 当指针移到对象上，指针改变成合并的形状后，单击棕色矩形作为目标对象，❷ 即可合并对象，合并后的新对象变成了目标对象的颜色，将多个对象焊接为独立图像。

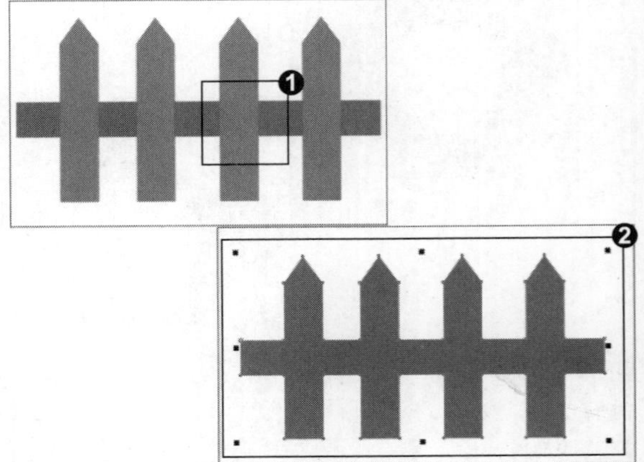

专家提示

同时选择"保留原始源对象"和"保留原目标对象"两个选项，可以在焊接之后保留所有源对象，去掉选择两个选项后，在焊接后不保留源对象。

知识拓展

菜单命令中的“合并”和“造形”泊坞窗的“焊接”为同一个命令，只是名称有变化，菜单命令在用一次操作，泊坞窗中的“焊接”可以进行设置，使焊接更精确。

招式 058 修剪多余对象

Q 如果想要修剪多余的对象，在 CorelDRAW 中该如何操作?

A 在 CorelDRAW 中，可以在工具箱单击选择工具，按住 Shift 键加选需要修剪的对象，在属性栏中单击“修剪”按钮，后面选择的对象就被修剪掉了。

1. 打开素材图像

❶ 启动 CorelDRAW X8 后，单击左上角的“打开”按钮或按 Ctrl+O 快捷键，打开本书配备的“第 3 章\素材\招式 58\图像 .cdr”文件，❷ 选择工具箱中的（矩形工具），或按 F6 键。

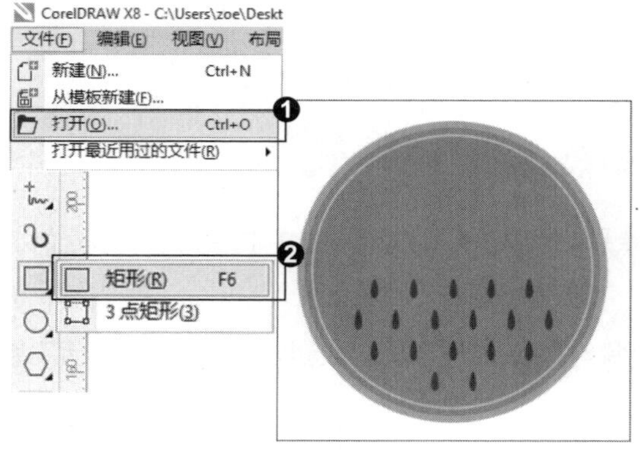

2. 绘制矩形

❶ 在图像需要修剪的位置上，按住鼠标左键并拖动，绘制矩形，❷ 选择工具箱中的（选择工具），❸ 移动矩形并调整位置。

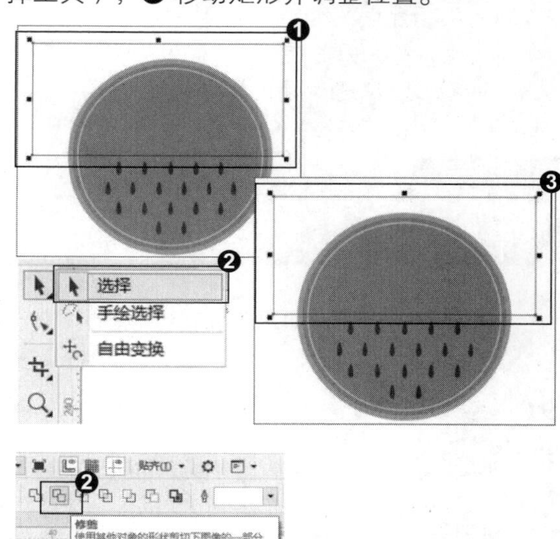

3. 修剪

❶ 使矩形框呈现被选中状态，按住 Shift 键并单击需要被修剪的图像，加选图像，❷ 单击属性栏中的“修剪”按钮，❸ 被矩形框遮盖处的图像则被修剪。

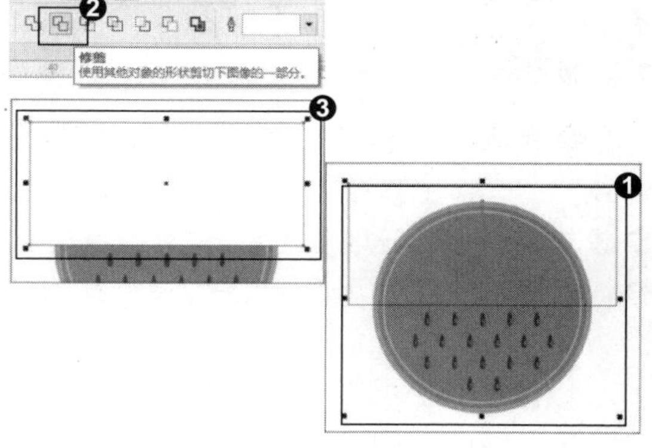

4. 删除矩形

❶ 单击选择矩形框，按 Delete 键删除，❷ 图像修剪完成。

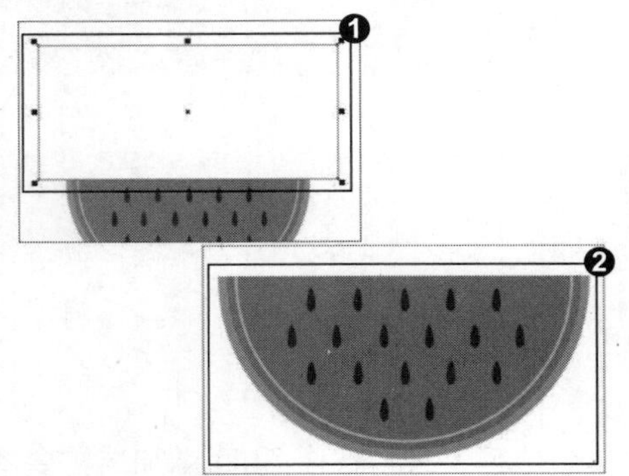

专家提示

修剪是通过移除重叠的对象区域来创建形状不规则的对象。修剪对象前，必须决定修剪哪一个对象（目标对象），以及用哪一个对象执行修剪（来源对象）。在执行“修剪”命令之前，一定要注意选择的顺序，后选择的是被修剪的对象。

“修剪”命令除了不能修剪文本、度量线外，其余对象都可以进行修剪。文本对象在转曲后也可以进行修剪操作。

知识拓展

打开“造型”泊坞窗，在下拉菜单中将类型切换为“修剪”，❶ 面板上呈现出修剪的选项。在面板上单击相应的选项，❷ 可以保留相应的原对象。

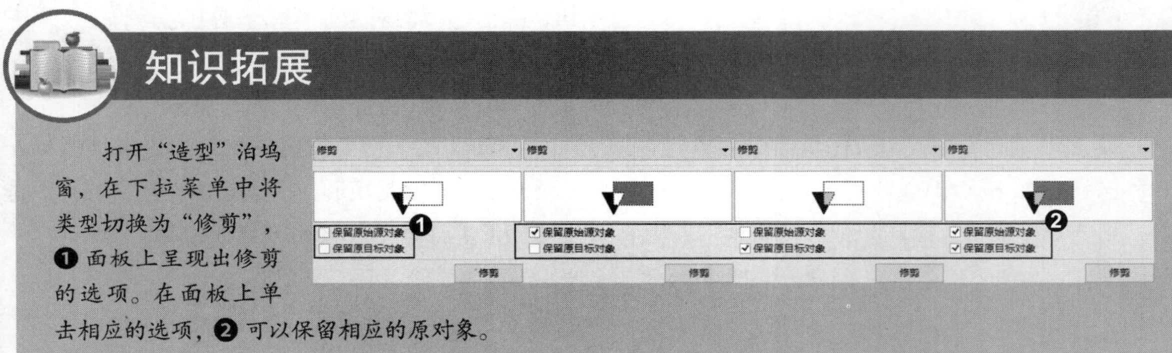

招式 059 用修剪制作焊接拼图游戏

Q 如果想要将一张图片制作成拼图效果，如何在 CorelDRAW 中制作焊接拼图游戏？

A 可以利用“修剪”和“焊接”命令对绘制的图表进行造型，再导入，就可以制作拼图游戏了。

1. 绘制图纸

❶ 新建一个 A4 空白文档，名称为“拼图游戏”，选择工具箱中的▦（图纸工具），❷ 设置属性栏“行数”为 6、“列数”为 5，❸ 将指针移动到页面内按住鼠标左键绘制表格。

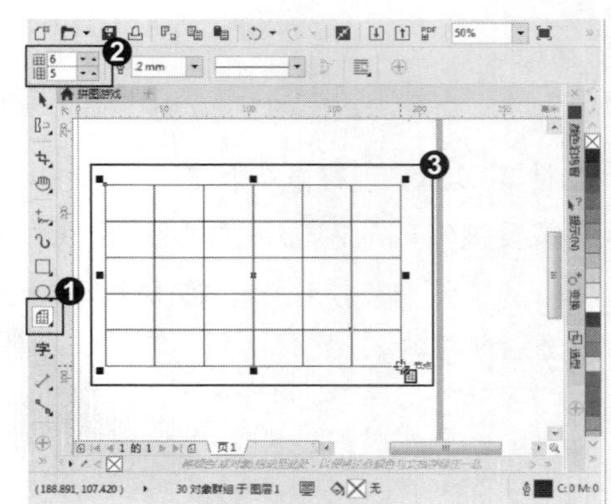

2. 绘制椭圆

❶ 选择工具箱中的◯（椭圆形工具），绘制一个圆形，横排复制 4 个圆形，全选进行对齐后组合。❷ 将群组的对象竖排复制 4 组，将圆拖曳到表格前面，对齐位置。

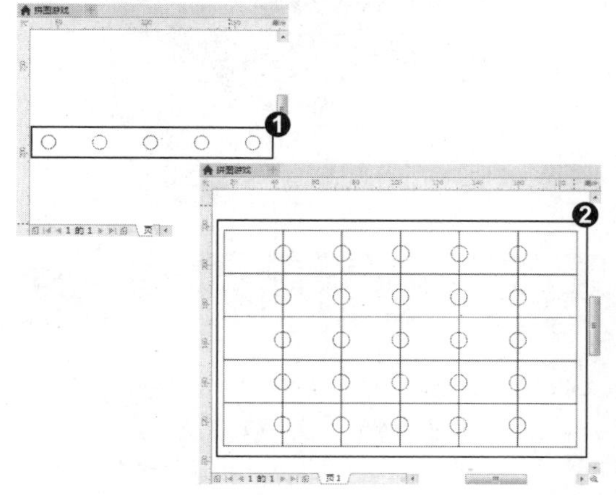

4. 修剪图形

❶ 相同的方法，将所有的圆形修剪完毕。❷ 相同的方法，制作纵向的修剪圆形。❸ 选择图纸图形，右击，在弹出的快捷菜单中选择“取消组合对象”命令，将图纸解散。

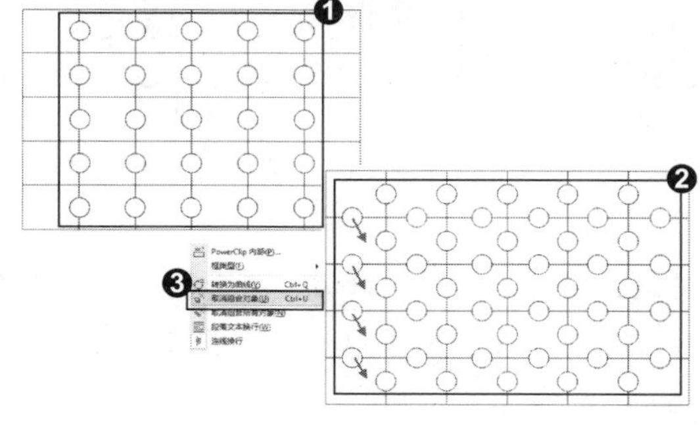

6. 解散图形

❶ 相同的方法，将所有横向的圆形焊接。❷ 同焊接横向圆形的操作方法，将纵向的圆形图像进行焊接。

3. 修剪圆形

❶ 将所有圆形选中，单击属性栏上的“取消全部群组”按钮将对象全部解散。❷ 选中第一个圆形，在“修剪”面板上选择“保留原始源对象”选项，单击“修剪”按钮，❸ 在图形上单击圆右边的矩形，可在保留源对象的同时进行剪切。

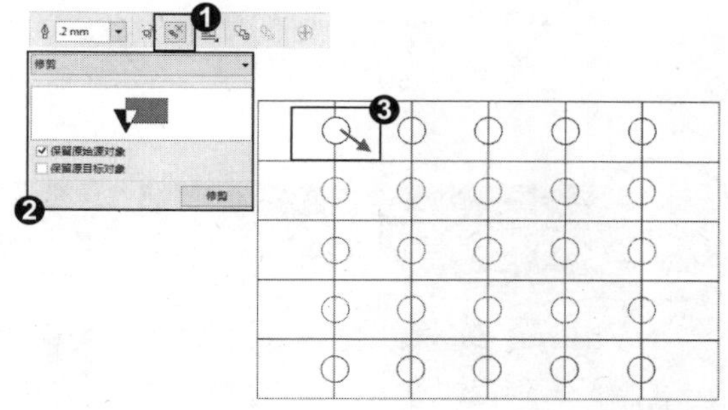

5. 焊接圆形

❶ 单击选中第一个圆形，在“焊接”面板上不选择任何命令，单击“焊接到”按钮，❷ 在图纸左边的矩形上单击，完成焊接。

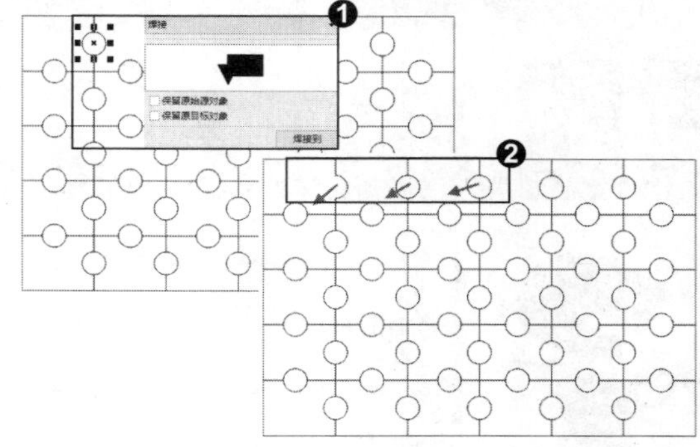

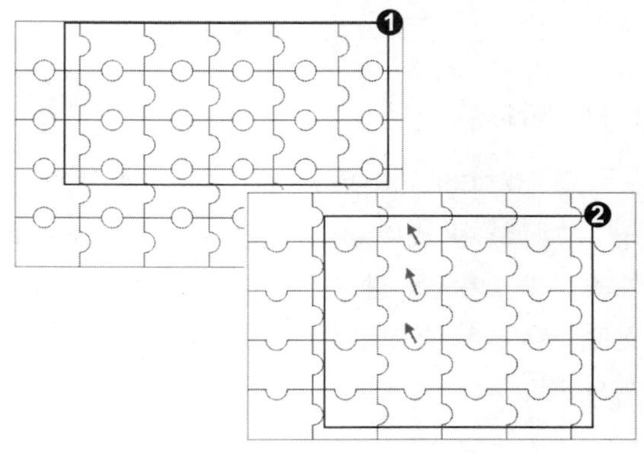

7. 贴入拼图

❶ 框选所有图形，右击，在弹出的快捷菜单中选择“合并”命令，合并图形。导入“矢量画”素材，单击“对象”| PowerClip|“置于图文框内部”命令，❷ 当指针变为 ➧ 时，单击拼图模板，可以将图片贴入模板内，完成拼图游戏指针的制作。

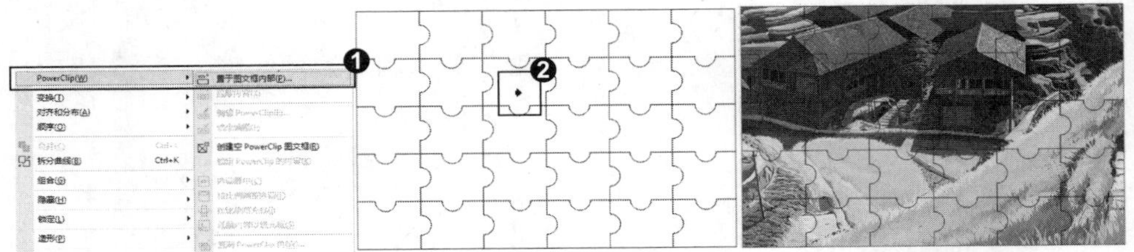

知识拓展

❶ 在菜单栏中进行焊接操作，要将需焊接的对象全部选中，单击“对象”|“造形”|“合并”命令进行焊接，❷ 若焊接前选中的对象颜色不同，在单击“合并”命令后都会以最底层的对象为主。❸ 在“造型”泊坞窗进行焊接操作，选中的对象为原始源对象，没被选中的为目标对象，❹ 通过“焊接”面板上的选项设置，可以采取不同的焊接方法焊接图形。

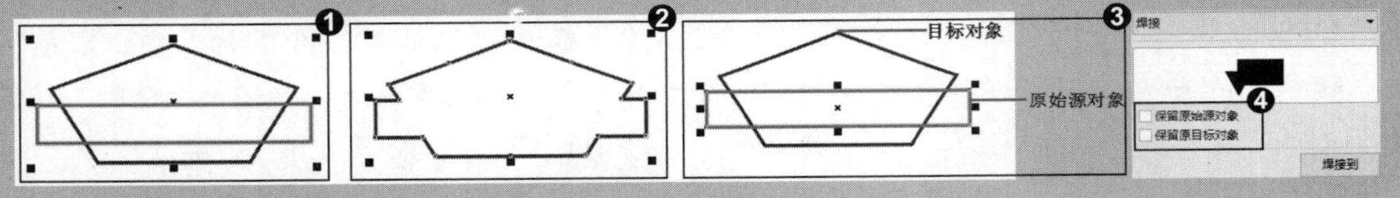

招式 060 用修剪制作鸡年明信片

Q 边框的锯齿状是明信片的重要特征，如果想要制作一张鸡年明信片，在 CorelDRAW 中该如何操作？

A 绘制小椭圆，移动到矩形的角上并遮盖矩形边缘的一部分，重复复制同距离的小椭圆并进行组合，然后选中椭圆组合和矩形，在属性栏中单击“修剪”按钮，就可以制作明信片了。

1. 打开素材

❶ 启动 CorelDRAW X8 后，单击左上角的“打开”按钮 ❷ 或按 Ctrl+O 快捷键，打开本书配备的“第 3 章 \ 素材 \ 招式 60\ 剪纸素材 .cdr”文件，❸ 选择工具箱中的（矩形工具），或按 F6 键。

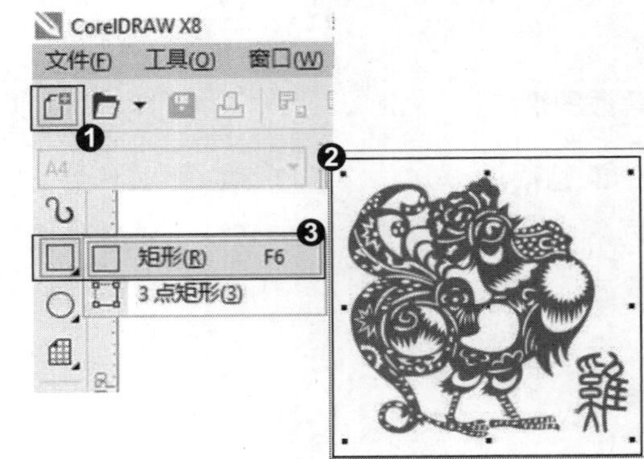

2. 绘制矩形

❶ 在页面上按住鼠标左键并拖动，绘制矩形，❷ 选择工具箱中的（交互式填充工具），❸ 在属性栏单击（均匀填充），并设置填充颜色。

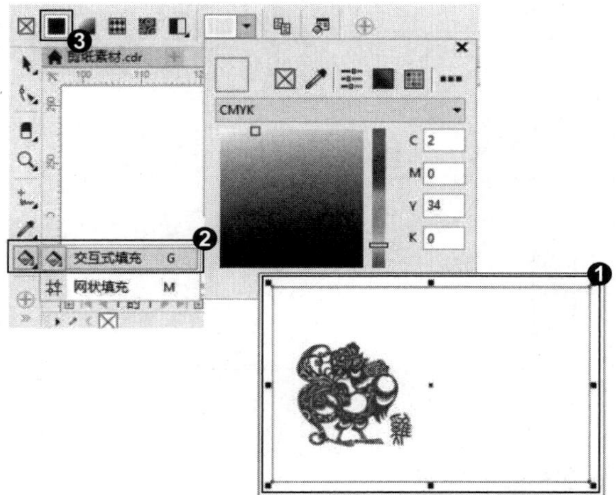

3. 更改顺序

❶ 填充颜色后，将剪纸素材盖住了，❷ 右击页面，在快捷菜单中选择“顺序”|“到页面背面”命令。

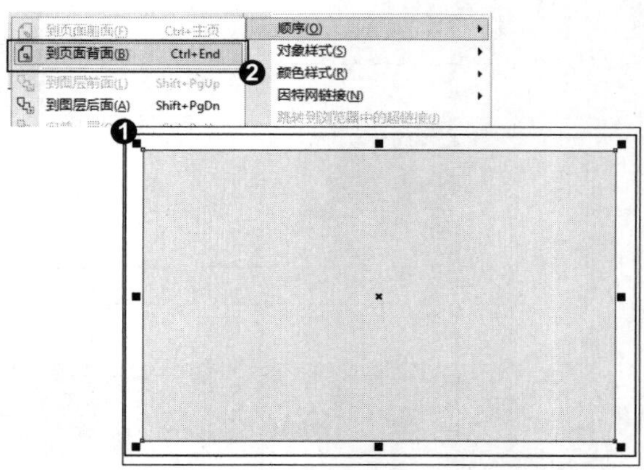

4. 应用椭圆形工具

❶ 选择工具箱中的（椭圆形工具），或按 F7 键，❷ 在页面上按住 Ctrl 键同时按住鼠标左键并拖动绘制正圆，并移动到矩形的角上，❸ 按 Ctrl+C 快捷键复制椭圆，按 Ctrl+D 快捷键粘贴并移动到合适位置。

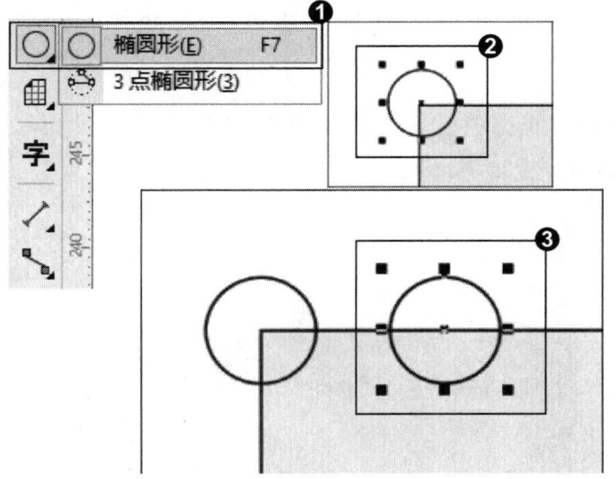

5. 复制椭圆

❶ 重复按 Ctrl+D 快捷键复制相同距离的椭圆，❷ 框选所有椭圆，右击，选择“组合对象”命令，或按 Ctrl+G 快捷键，❸ 选择椭圆组合，按住 Shift 键加选矩形。

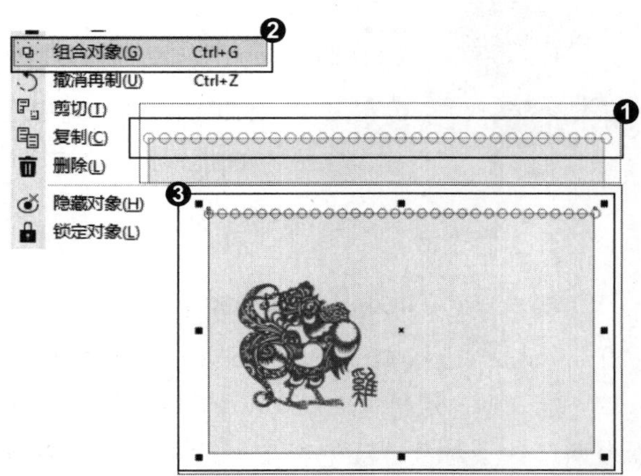

6. 修剪

❶ 在属性栏中单击（修剪）按钮，❷ 椭圆与矩形重叠部分的矩形被修剪，❸ 将椭圆组合移动到矩形下边，在属性栏中单击（修剪）按钮，将椭圆组合移开或者按 Delete 键删除。

7. 取消轮廓线

❶ 用同样的方法对矩形左右两边进行修剪，完成后选择矩形，在右侧颜色面板右击☒，取消矩形的轮廓线，❷ 根据需要继续添加元素，明信片制作完成。

知识拓展

使用菜单命令修剪图形时，可以一次性进行单个对象的修剪，根据对象的排放位置，在全选的情况下，位于最下方的对象为目标对象，上面的所有对象均是修剪目标对象的源对象。

招式 061 重叠区域创建独立对象

Q 当几个对象重叠在一起的时候，如果想要选择重叠在一起的部分，在 CorelDRAW 中如何操作?

A 在 CorelDRAW 中，可以在工具栏单击选择工具，按住 Shift 键加选另一个对象，在属性栏中单击“相交”按钮，则两个对象重叠的区域创建为独立对象。

1. 打开图像素材

❶ 启动 CorelDRAW X8 后，单击左上角的“打开”按钮或按 Ctrl+O 快捷键，打开本书配备的“第 3 章\素材\招式 61\图像 .cdr”文件，有两个独立对象，❷ 选择工具箱中的（选择工具）。

2. 加选对象

❶ 单击选择一个对象，移动到另一个对象上，产生重叠区域，❷ 按住 Shift 键单击加选两个对象。

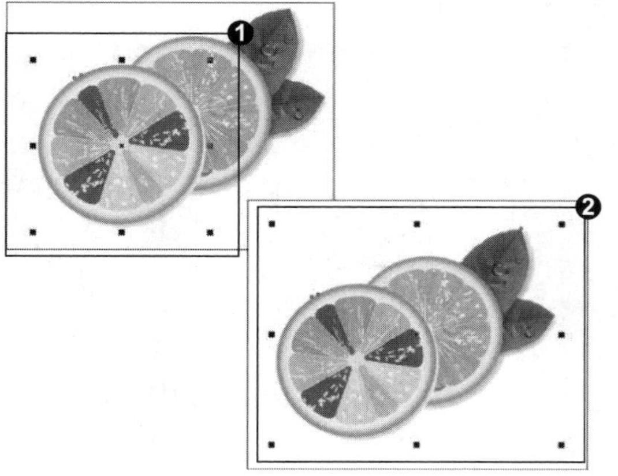

3. 相交

❶ 在属性栏中单击“相交”按钮，❷ 在两个图像对象重叠处创建一个新的独立对象，❸ 移动新建的相交对象，可以看到两个重叠区域创建的独立对象。

专家提示

相交功能可以增加两个或多个对象的重叠部分，并且保留原来的对象。在使用相交功能之前，一定要注意选择的顺序，后选择的是创建新的重叠部分的对象。

知识拓展

打开“造型”泊坞窗，在下拉列表中将类型切换为“相交”，面板上呈现相交选项。单击不同的相交选项可以保留不同的原对象。

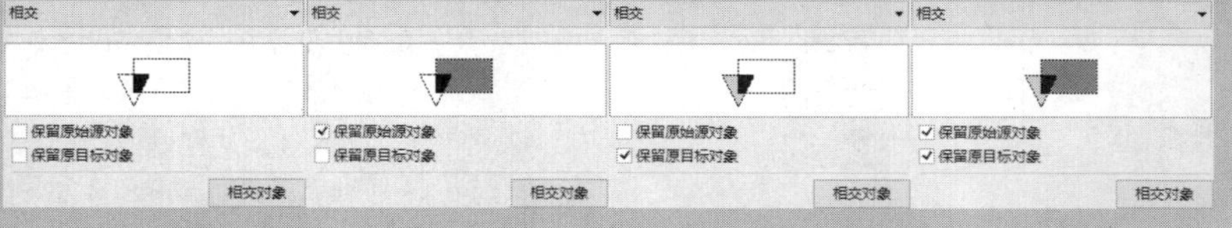

招式 062 简化操作对象

Q 当几个对象重叠在一些的时候，如果想要去掉重叠在一起的部分，在 CorelDRAW 中如何操作?

A 在 CorelDRAW 中，可以在工具栏单击选择工具，按住 Shift 键加选其他对象，在属性栏中单击“简化”按钮，就可以将重叠对象的交集部分减去。

1. 打开图像素材

❶启动 CorelDRAW X8 后，单击左上角的“打开”按钮或按 Ctrl+O 快捷键，打开本书配备的“第 3 章\素材\招式 62\图像.cdr”文件，有两个独立对象，❷选择工具箱中的（选择工具）。

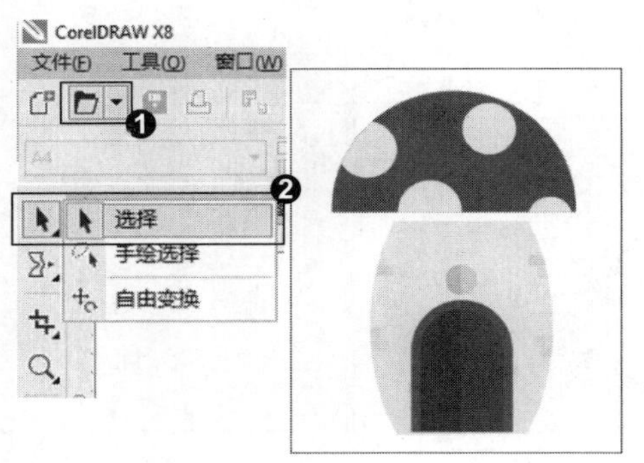

2. 调整对象顺序

❶选择“屋顶”，移动到“房子”上，❷在菜单栏中单击“对象”|“顺序”|“到页面前面”命令，❸将“屋顶”对象更改为“房子”对象的前面一层。

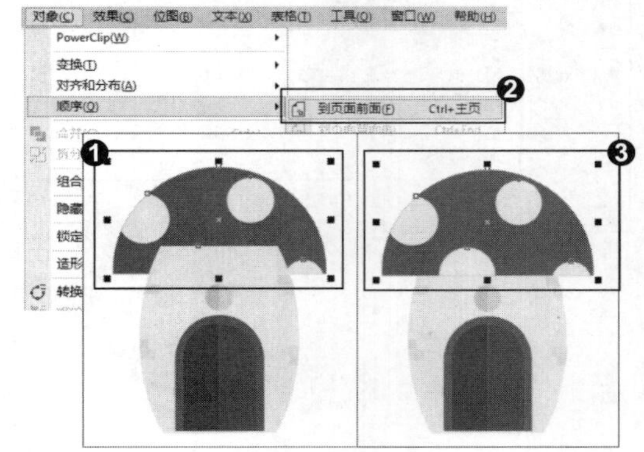

3. 简化对象

❶以框选的方式全选两个对象，❷在属性栏中单击“简化”按钮，❸将“屋顶”对象移开后，下面对象的重叠部分被减去。

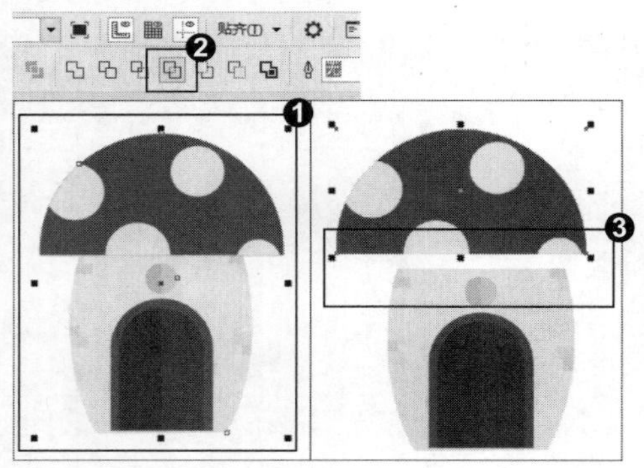

专家提示

简化对象与相交对象操作相似，但效果相反。简化功能可以减去两个或多个重叠对象的交集部分，并可以选择是否保留原来对象。在使用相交功能之前，一定要注意对象的顺序，无论多少对象进行简化，最上面的图形对象不受影响。

知识拓展

在简化操作时，需要同时选中两个或多个对象才可以激活“应用”按钮，如果选中的对象有阴影、文本、立体模型、艺术笔、轮廓图和调和的效果，在进行简化前需要转曲对象。

招式 063 移除对象操作

Q 当几个对象重叠在一些的时候，如果想要移除不需要的部分，在 CorelDRAW 中如何操作?

A 在 CorelDRAW 中可以在工具栏单击选择工具，按住 Shift 键加选其他对象，在属性栏中单击“移除前面对象”或“移除后面对象”按钮，就可以移除掉不需要的部分，只保留剩下的部分。

1. 打开图像素材

❶ 启动 CorelDRAW X8 后，单击左上角的“打开”按钮或按 Ctrl+O 快捷键，打开本书配备的“第 3 章 \ 素材 \ 招式 63\ 图像 .cdr”文件，❷ 选择工具箱中的（选择工具）。

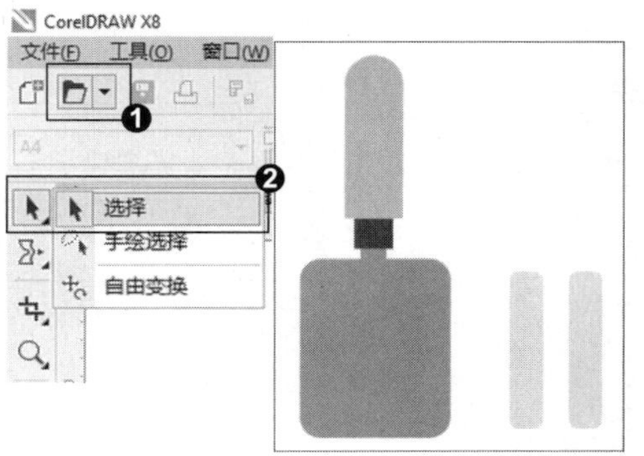

2. 加选对象

❶ 将两个黄色圆角矩形移动到灰色圆角矩形的合适位置，❷ 按住 Shift 键加选两个对象。

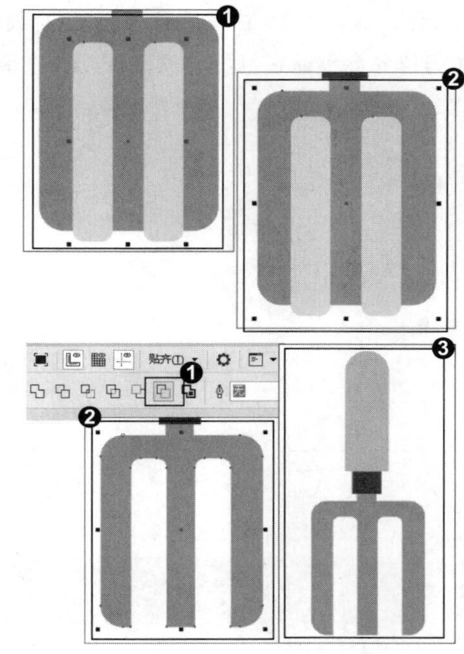

3. 移除前面对象

❶ 在属性栏中单击“移除前面对象”按钮，❷ 两个对象重叠部分的前面对象被移除，❸ 即可看到最终移除前面对象后的效果。

知识拓展

❶ “移除前面对象”可以减去上面图层中所有的图形对象，以及上层对象与下层对象的重叠部分，只保留最下层对象中剩余的部分。❷ 移除后面对象与移除前面对象正好相反，可以减去最上层对象下的所有图形对象（包括重叠与不重叠的图形对象），以及下层对象与上层对象的重叠部分，而只保留最上层对象中剩余的部分。

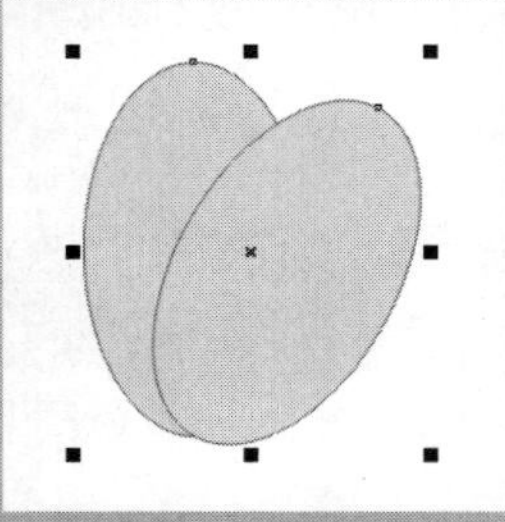

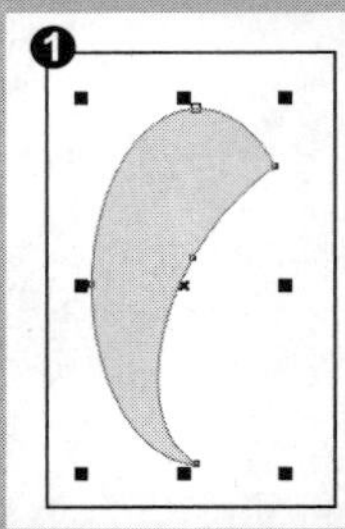

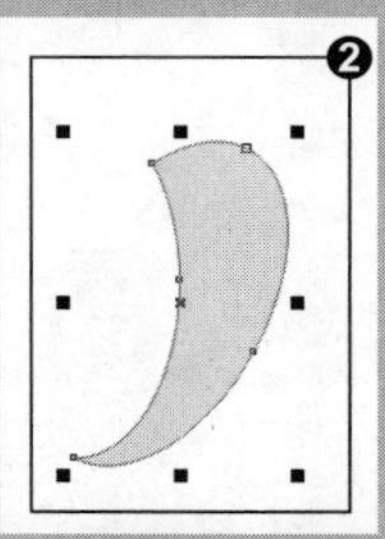

招式 064 以线描方式显示图形

Q 如果想要把一张图像以线描的方式显示，在 CorelDRAW 中该如何操作?

A 在 CorelDRAW 中，可以使用“边界”命令将所有选中的对象的轮廓以线描方式显示。

1. 菜单栏边界操作

❶启动 CorelDRAW X8 后，单击左上角的“打开”按钮，打开“蝴蝶.cdr”文件，❷单击“对象”|“造形”|“边界”命令，❸移开线描轮廓，菜单边界操作会默认在线描轮廓下保留原图像。

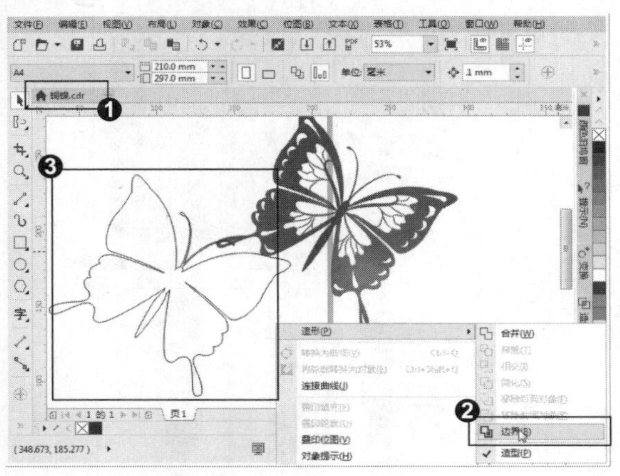

2. 泊坞窗边界操作

❶打开“造型”泊坞窗，在下拉列表中选择“边界”选项，❷选中需要创建轮廓的对象，❸单击“应用”按钮，显示所选对象的轮廓。

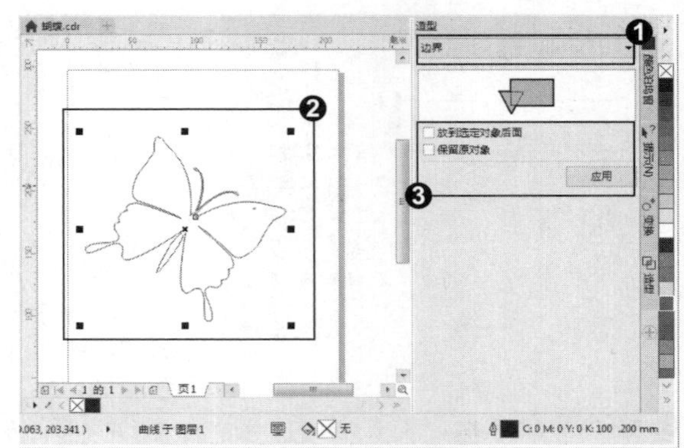

知识拓展

“边界”面板中有两个选项设置，应用不同的选项得到的线描图像位置不同。在保留原对象的时候选中“放到选定对象后面”复选框时线描轮廓将位于原对象的后面；选中“保留原对象”复选框时，将保留原对象，线描轮廓线位于原对象上面；不选中“放到选定对象后面”和“保留原对象”复选框时，只显示线描轮廓。

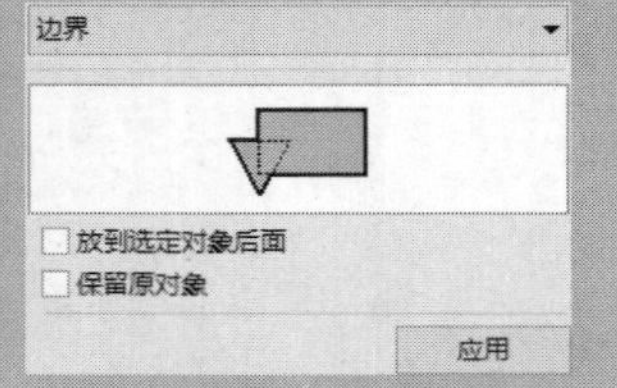

专家提示

在选中“放到选定对象后面”复选框时，需要同时选中“保留原对象”复选框，否则不显示原对象，就没有效果。

招式 065 指定范围裁剪图像

Q 如果想要把一张图像的指定范围进行裁剪，在 CorelDRAW 中该如何操作?

A 在 CorelDRAW 中使用图形工具绘制一个图形框，再导入需要裁剪的图像，在菜单栏中单击“对象”| PowerClip |“置于图文框内部”命令，鼠标指针变成黑色箭头后，单击图框，就可以指定范围裁剪图像了。

1. 确定裁剪范围

❶ 启动 CorelDRAW X8 后，单击左上角的“导入”按钮，导入“背景图”与“人物 1”素材。选择工具箱中的（裁剪工具），或按 F7 键，❷ 选中人物素材，在背景照片上绘制裁剪范围。

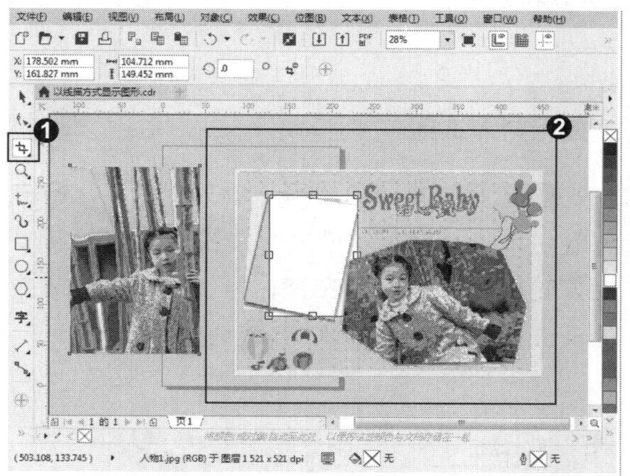

2. 调整裁剪范围

❶ 在裁剪范围单击旋转裁剪框，将范围旋转到与黑色区域重合，❷ 单击裁剪框，让裁剪框与白色矩形重合。

3. 裁剪图像

❶ 将绘制好的裁剪框拖曳到女孩照片上，调整位置，❷ 按 Enter 键完成裁剪，将图片拖动到白色矩形上方遮盖住白色矩形区域，指定范围裁剪图像。

知识拓展

在进行裁剪范围绘制时，❶ 单击范围内区域可以进行裁剪范围的选择，使裁剪更灵活，按 Enter 键完成裁剪。❷ 若在绘制裁剪范围时，如果绘制失误，单击属性栏中的“清除裁剪选取框”按钮可以取消裁剪的范围，方便用户重新绘制。

X: 120.939 mm　100.542 mm
Y: 156.903 mm　82.55 mm　45.0

招式 066 巧用刻刀工具拆分对象

Q 如果想要把一个对象拆分为两个对象，在 CorelDRAW 中该如何操作？

A 在 CorelDRAW 中使用刻刀工具可以将对象一分为二，保存为一个由两个或者多个子路径组成的对象。

1. 打开图像素材

❶ 启动 CorelDRAW X8 后，单击左上角的“新建”按钮或按 Ctrl+N 快捷键，新建一个文档，❷ 在菜单栏中单击“文件” | “导入”命令，❸ 或按 Ctrl+I 快捷键导入本书配备的“第 3 章 \ 素材 \ 招式 66\ 图像 .jpg”文件。

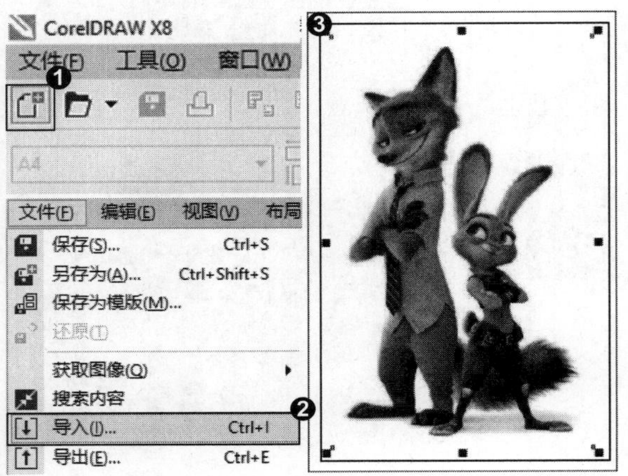

2. 应用刻刀工具

❶ 选择工具箱中的（刻刀工具），❷ 在属性栏单击“贝塞尔模式”按钮，❸ 在图片上方轮廓处单击鼠标左键，再在图片下方轮廓处单击鼠标左键，绘制一条裁切曲线。

3. 拆分对象

❶ 将刻刀工具定位在对象上单击，然后在图形对象上单击另一点，❷ 选择工具箱中的（选择工具），❸ 选择切割后的图像并移动，拆分对象完成。

知识拓展

CorelDRAW X8 中的刻刀工具的属性栏中，❶ 单击“2 点线模式”按钮，可沿直线拆分对象；❷ 单击“手绘模式”按钮，可沿手绘曲线切割对象；❸ 单击“贝塞尔模式”按钮，可沿贝塞尔曲线切割对象（使用方法与贝塞尔曲线一致）。

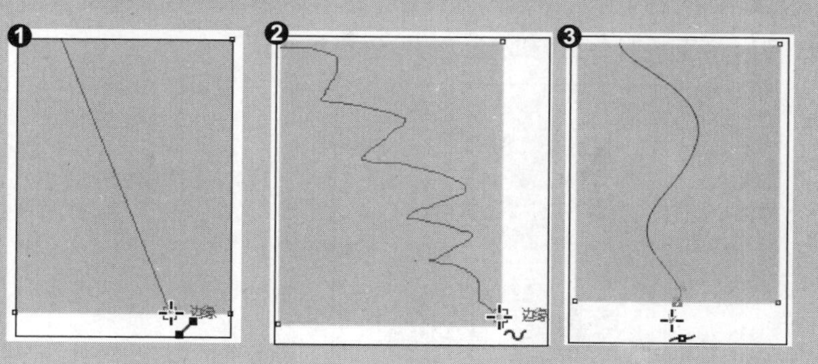

招式 067 拆分位图图像

Q 如果想要将组合的位图图像拆分为几个部分，在 CorelDRAW 中该如何操作?

A 在 CorelDRAW 中可以用橡皮擦工具将位图擦除，然后单击“拆分”命令将位图拆分。

1. 打开图像素材

❶ 启动 CorelDRAW X8 后，单击左上角的“新建”按钮或按 Ctrl+N 快捷键，新建一个文档，❷ 在菜单栏中单击“文件” | “导入”命令，❸ 或按 Ctrl+I 快捷键导入本书配备的“第 3 章\素材\招式 67\图像.jpg”文件。

2. 擦除图像

❶ 选择工具箱中的（橡皮擦工具），❷ 将指针移动到对象内，单击确定开始点，移动指针会出现一条虚线进行预览，❸ 单击进行直线擦除。

3. 拆分位图

❶ 相同的方法，继续擦除位图。❷ 此时擦除的对象并没有分开，单击“对象” | “拆分图像”命令，❸ 可以将原来对象拆分成独立对象进行编辑。

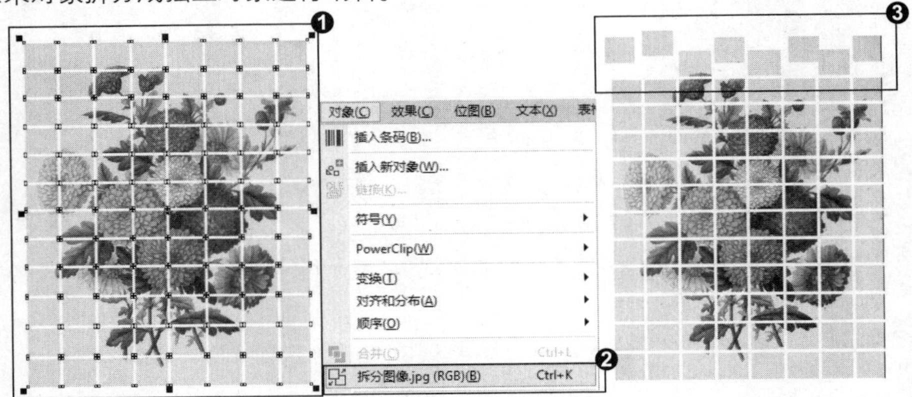

知识拓展

除了橡皮擦工具拆分位图图像，也可以使用刻刀工具拆分位图。橡皮擦工具拆分位图要单击“拆分位图”命令将擦除的区域拆分，而刻刀工具可以直接根据绘制的切割线将位图拆分。

招式 068 擦除多余图像

Q 有时候，制作图形时有一些多余的部分，如何在 CorelDRAW 中擦除图像上多余的部分？

A 在 CorelDRAW 的工具箱中选择橡皮擦工具，就可以擦除图像上多余的部分。

1. 打开图像素材

❶ 启动 CorelDRAW X8 后，单击左上角的“打开”按钮，❷ 或按 Ctrl+O 快捷键打开本书配备的“第 3 章 \ 素材 \ 招式 68\ 图像 .cdr”文件，有两个独立对象，❸ 选择工具箱中的（橡皮擦工具）。

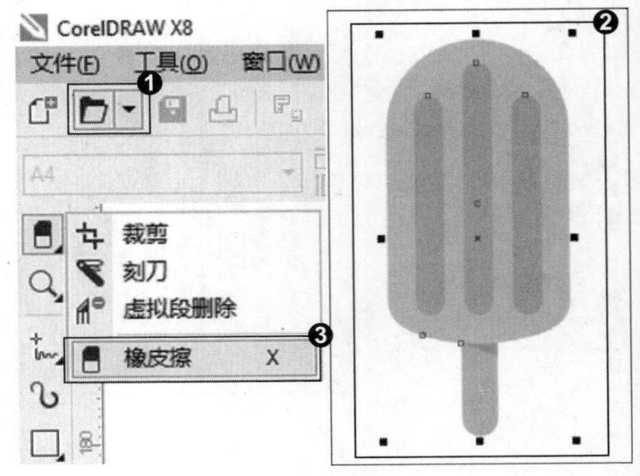

2. 应用橡皮擦工具

❶ 在属性栏设置橡皮擦形状，❷ 设置橡皮擦厚度，❸ 单击选择需要擦出的对象，单击擦除。

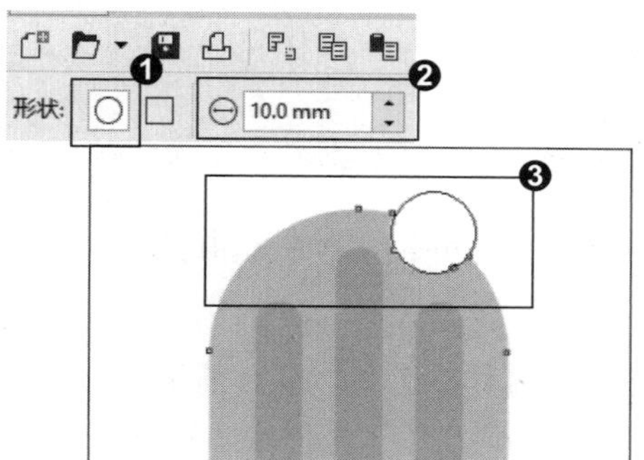

3. 应用选择工具

❶ 继续擦除需要擦除的部分，❷ 选择工具箱中的（选择工具），❸ 选择对象。

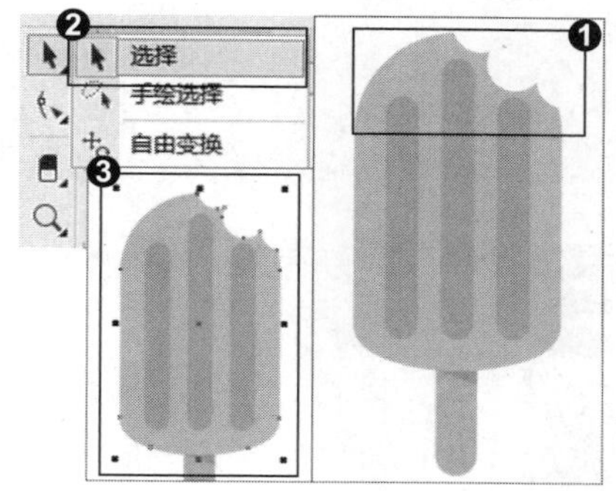

4. 复制对象

❶ 按 Ctrl+C 快捷键复制对象，按 Ctrl+V 快捷键粘贴对象，更改深一点的颜色，❷ 右击，选择“顺序”｜“到图层后面”命令，❸ 将对象置于底层。

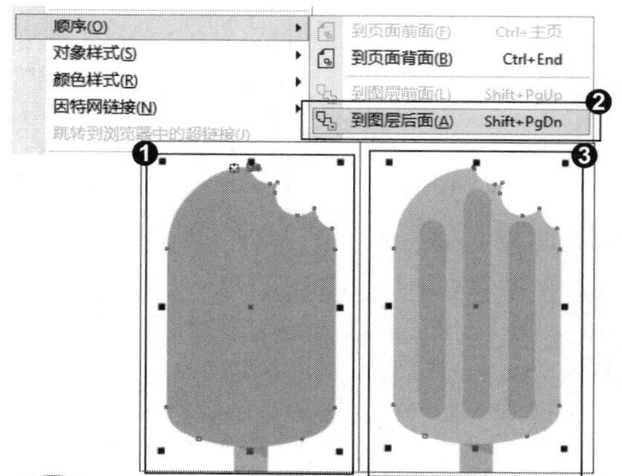

5. 应用橡皮擦工具

❶ 选择工具箱中的（橡皮擦工具），在属性栏更改橡皮擦厚度，❷ 选择对象，在对象上单击并擦除，❸ 使用橡皮擦工具继续擦除，制作出冰淇淋的层次感。

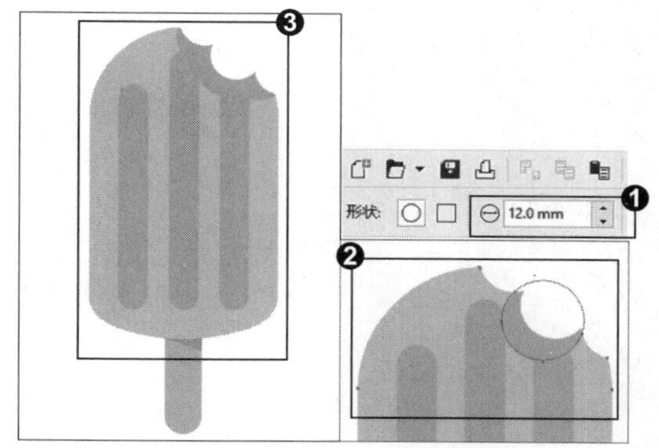

知识拓展

橡皮擦工具用于擦除位图或矢量图中不需要的部分，文本和有辅助效果的图形转曲后也可擦除。在橡皮擦工具属性栏中，❶ 单击“圆形笔尖”按钮可以用默认的圆形笔端擦除图像；❷ 单击“方形笔尖”按钮可以激活方形笔尖，用方形笔尖擦除图像；❸ 在“橡皮擦厚度”文字框中输入数字，可以调节橡皮擦尖头的宽度；❹ 单击“笔压”按钮，在擦除图像区域时运用数字笔或笔触的压力来改变笔尖的大小；❺ 单击“减少节点”按钮，可以减少在擦除过程中节点的数量。

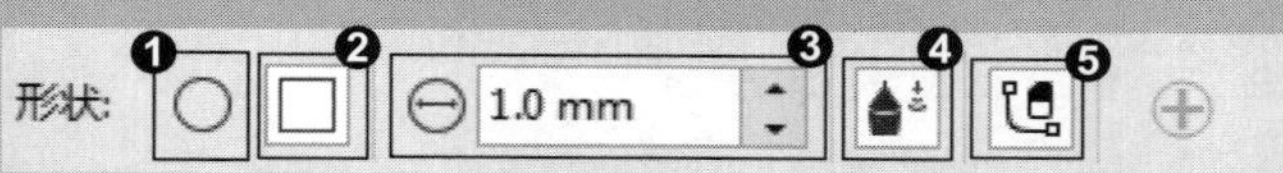

专家提示

橡皮擦笔端的大小除了输入数值调节外，按住 Shift 键再按住鼠标左键进行移动也可以调节大小。

招式 069 虚拟段删除工具编辑图像

Q 如果需要删除两个对象交叉重叠的部分，在 CorelDRAW 该如何操作?

A 在 CorelDRAW 的工具箱中选择“虚拟段删除”工具，框选需要删除的部分，就可以任意删除需要删除的部分了。

1. 打开图像素材

❶ 启动 CorelDRAW X8 后，单击左上角的“打开”按钮或按 Ctrl+O 快捷键，❷ 打开本书配备的“第 3 章 \ 素材 \ 招式 69\ 图像 .cdr”文件，有两个独立对象，❸ 选择工具箱中的（虚拟段删除工具）。

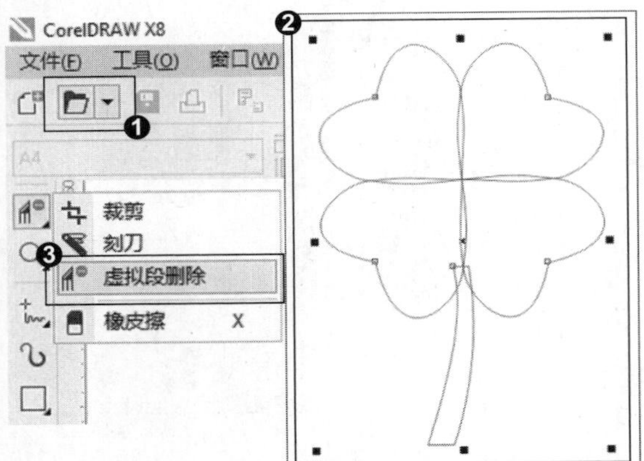

2. 应用虚拟段删除工具

❶ 鼠标指针变成虚拟段删除箭头后，框选需要删除的线段，❷ 线段则被删除。

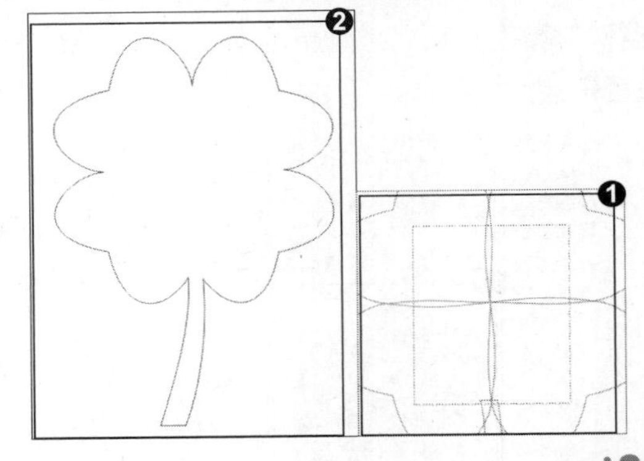

3. 填充颜色

❶ 选择工具箱中的（选择工具），选择图像，❷ 在右侧颜色板单击需要填充的绿色，编辑图形完成。

知识拓展

虚拟段删除工具可以删除对象交叉重叠的部分，可删除线条自身的节点，以及线段中两个或更多对象重叠的节点。除了框选删除线段之外，单选需要删除的线段也是可以的。

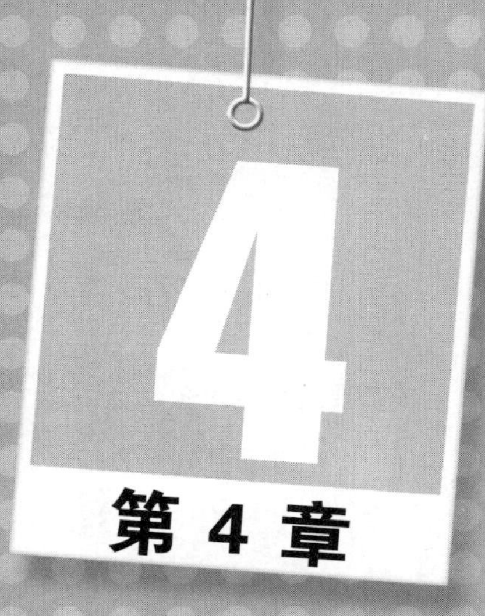

图像对象的操作技巧

在 CorelDRAW 软件中编辑对象时，大部分操作都只对选定的对象起作用，因此，要编辑和处理对象，首先要选择对象。在绘制较复杂的图形时，由于图形通常是由多个不同形状和颜色的对象组成，因此在绘制过程中就需要有序地管理对象，如复制、变换、群组、锁定、对齐或分布对象等。通过本章学习，可以快速掌握图像对象的操作技巧。

招式 070 选择单个独立对象

Q 在 CorelDRAW 中要选择某个图像对象进行编辑时，该如何操作?

A 在 CorelDRAW 中可以选择工具箱中的选择工具，单击要选择的对象，选中后即可对其进行移动和变换等操作。

1. 打开素材文档

❶ 启动 CorelDRAW X8 后，单击左上角的“打开”按钮或按 Ctrl+O 快捷键，打开本书配备的“第 4 章 \ 素材 \ 招式 70\ 图像 .cdr”文件，❷ 选择工具箱中的 (选择工具)。

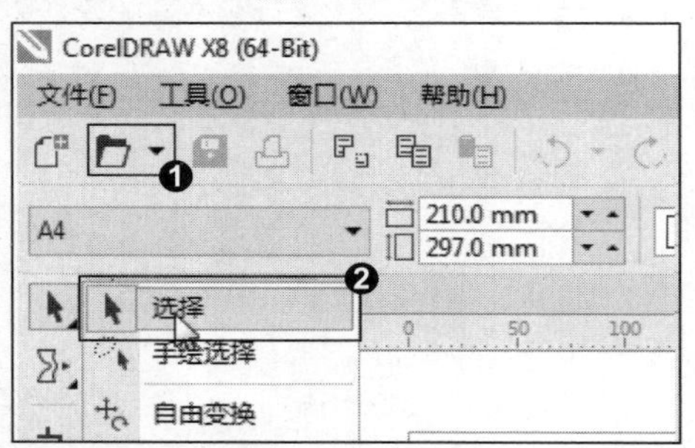

2. 选择单个对象

❶ 单击要选择的对象，当该对象四周出现黑色控制点时，表示对象被选中，❷ 再单击一下对象可以对其进行旋转和变换等操作。

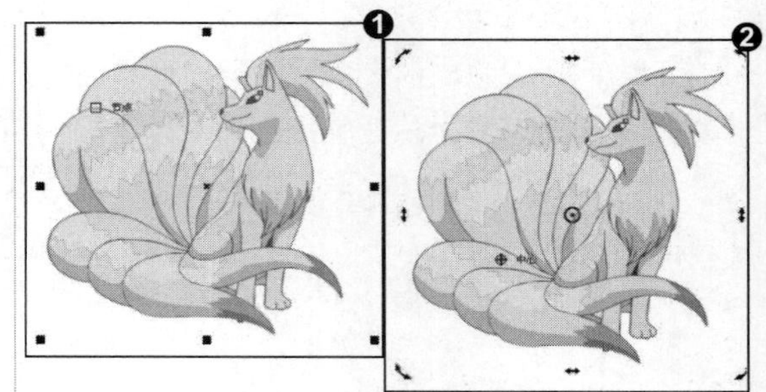

知识拓展

❶ 选中对象后，将指针移动到锚点上按住鼠标左键进行拖曳缩放，蓝色线框为缩放大小的预览效果。从顶点开始缩放为按比例缩放；❷ 在水平或垂直锚点开始缩放会改变对象形状。

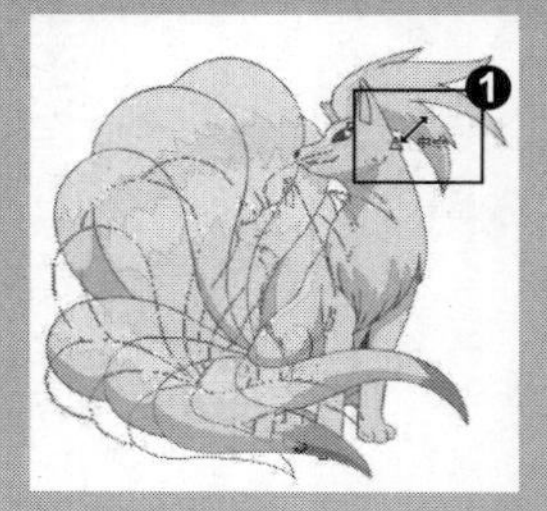

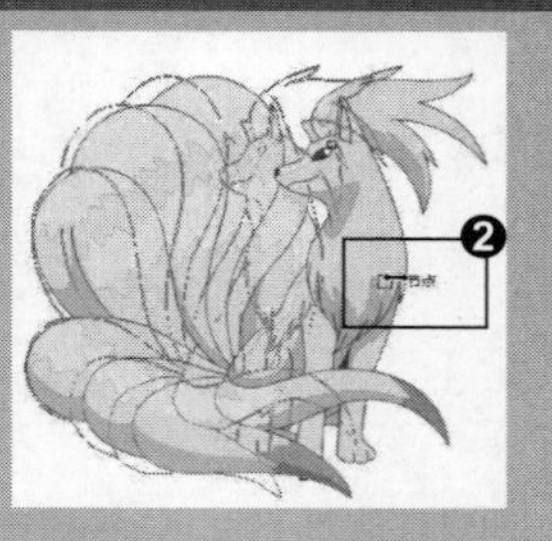

招式 071 选择多个对象

Q 如果一下子要选择多个对象进行编辑，在 CorelDRAW 中该如何操作?

A 在 CorelDRAW 中可以单击工具箱中的选择工具，按住鼠标左键进行拖曳，也可选择手绘选择工具选取自己需要的一部分对象。

1. 选择工具选择对象

❶ 启动 CorelDRAW X8 后，单击左上角的“打开”按钮或按 Ctrl+O 快捷键，打开本书配备的“第 4 章 \ 素材 \ 招式 71\ 图像 .cdr”文件，❷ 选择工具箱中的（选择工具），❸ 按住鼠标左键在空白处拖曳出虚线矩形范围，松开鼠标后，该范围内的对象全部选中。

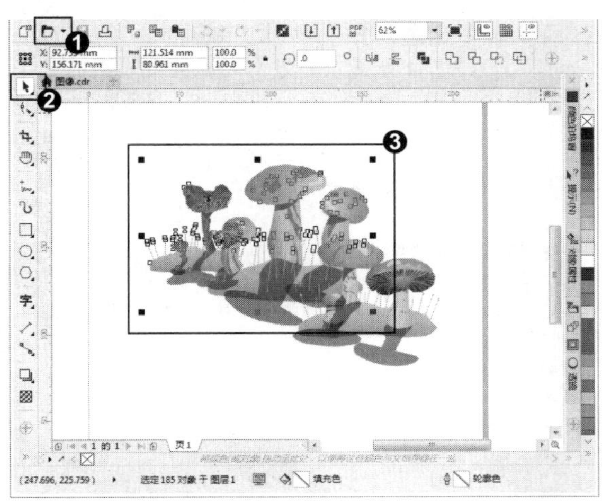

2. 手绘选择工具选择对象

❶ 选择工具箱中的（手绘选择工具），❷按住鼠标左键在空白处绘制一个不规则范围，❸ 范围内的对象被全部选择。

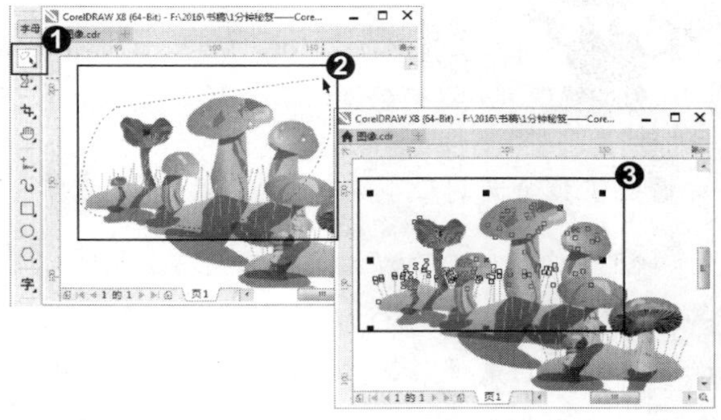

专家提示

选择工具箱中的（选择工具），然后选中最上面的对象，接着按 Tab 键可按照从前到后的顺序依次选择编辑的对象。

3. 选择多个不相连对象

❶ 选择工具箱中的（选择工具），❷ 按住 Shift 键的同时再逐个单击不相连的对象进行加选。

知识拓展

当进行多选时会出现对象重叠的现象，因此用白色方块表示选择的对象位置，一个白色方块代表一个对象。

招式 072 全选对象

Q 如果想要快速地选择所有对象，在 CorelDRAW 中该如何操作?

A 在 CorelDRAW 中可以用选择工具，按住鼠标左键在所有对象外围拖曳，也可双击选择工具，还可使用“全选”菜单命令进行全选。

1. 选择工具全选对象

❶ 启动 CorelDRAW X8 后，单击左上角的“打开”按钮或按 Ctrl+O 快捷键，打开本书配备的“第 4 章 \ 素材 \ 招式 72\ 图像 .cdr”文件，❷ 选择工具箱中的（选择工具），❸ 按住鼠标左键在空白处拖曳出虚线矩形范围，松开鼠标后，该范围内的对象全部选中。

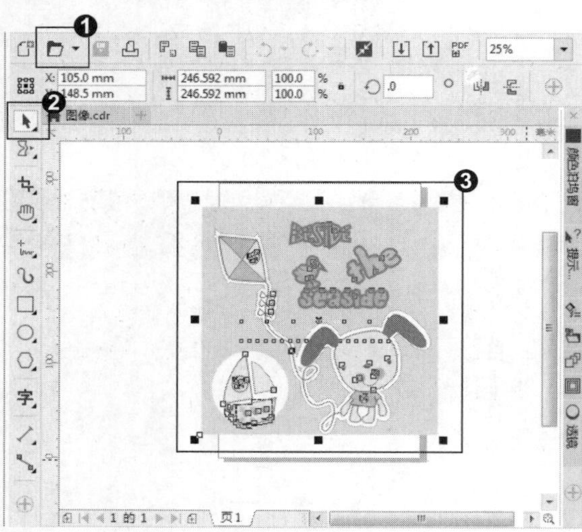

2. 菜单命令全选对象

❶ 在菜单栏中单击“编辑”|“全选”|“对象”命令，❷ 此时可以看到对象四周出现黑色控制点，表示对象被选中。

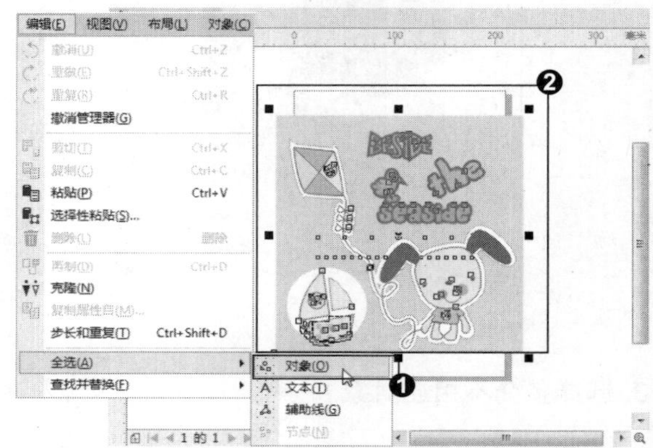

专家提示

双击工具箱中的（选择工具），可以快速全选编辑的对象。

知识拓展

在菜单栏中单击“编辑”|“全选”命令时，锁定的对象、文本或辅助线将不会选中；双击选择工具进行全选时，全选类型不包含辅助线和节点。

招式 073 移动图形中的对象

Q 如果想移动的对象被图形覆盖了，在 CorelDRAW 中该如何操作?

A 在 CorelDRAW 中选择工具箱中的选择工具，按住 Alt 键可选择被覆盖的对象，按住鼠标左键移动图形中的对象。

1. 打开素材文档

❶ 启动 CorelDRAW X8 后，单击左上角的“打开”按钮或按 Ctrl+O 快捷键，打开本书配备的“第 4 章\素材\招式 73\图像.cdr”文件，❷ 选择工具箱中的（选择工具）。

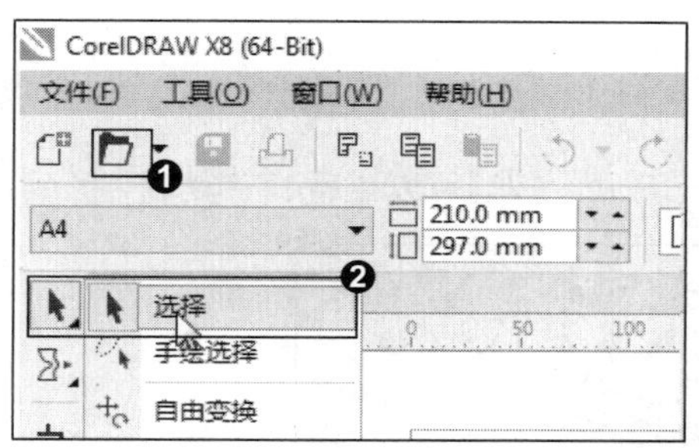

知识拓展

在编辑对象时，选中对象后可以进行简单快捷的变换或辅助操作。❶ 选中对象，当指针变为形状时，按住鼠标左键进行拖曳可移动对象（不精确）；选中对象，利用键盘上的方向键移动对象（相对精确）；❷ 选中对象，单击“对象”|“变换”|“位置”命令，打开“变换”对话框，在 X 和 Y 文本框输入数值，精确移动图像。

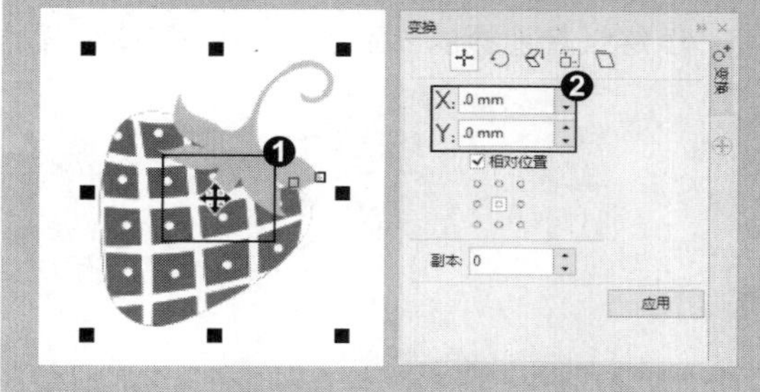

2. 移动图形中的对象

❶ 选中上方的图形，❷ 按住 Alt 键的同时按住鼠标左键，可以选中下面被覆盖的对象，❸ 然后可以进行移动。

招式 074 旋转复制图形对象

Q 如果想用快捷的方式旋转复制图形对象，在 CorelDRAW 中该如何操作?

A 在 CorelDRAW 中可以单击工具箱中的选择工具，双击图形，生成一个旋转定界框，按住鼠标左键拖动后右击复制。

1. 打开素材文档

❶ 启动 CorelDRAW X8 后，单击左上角的“打开”按钮或按 Ctrl+O 快捷键，打开本书配备的“第 4 章 \ 素材 \ 招式 74\ 图像 .cdr”文件，❷ 选择工具箱中的（选择工具）。

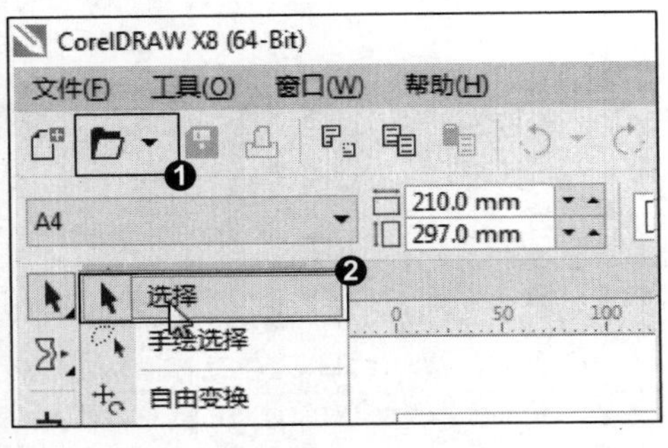

2. 旋转复制图形对象

❶ 单击并选中该文件，在菜单栏中单击“对象”|“变换”|“旋转”命令，或按 Alt+F8 快捷键，❷ 打开“变换”面板。❸ 在打开的泊坞窗中设置“旋转角度”数值。

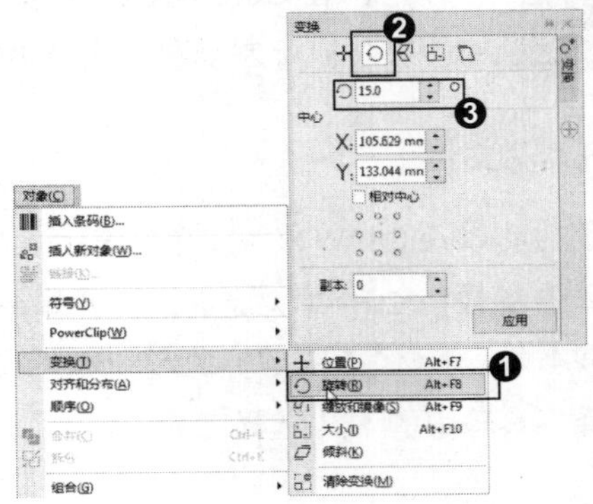

3. 打开素材文档

❶ 继续在面板的“副本”文本框中输入数值，❷ 单击“应用”按钮可以进行旋转复制，形成图案。

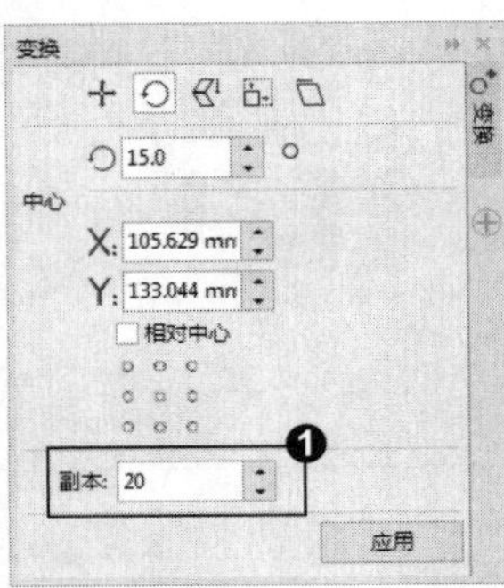

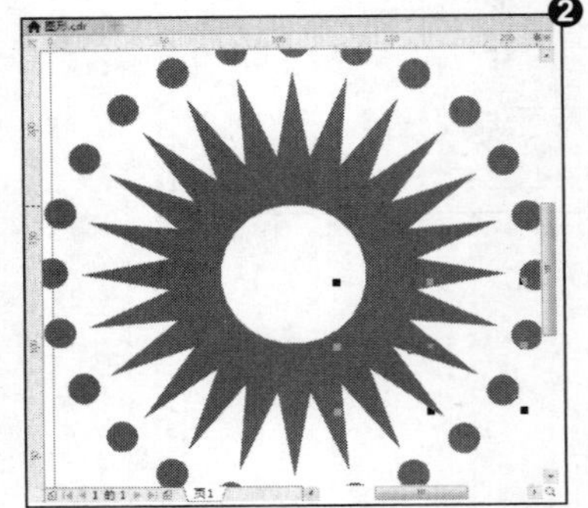

知识拓展

选择对象的方法有 3 种：第 1 种，❶ 双击需要旋转的对象，出现旋转箭头，❷ 将指针移动到标有曲线箭头的锚点上，按住鼠标左键拖曳可以旋转对象。❸ 第 2 种，选中对象后，在属性栏上的“旋转角度”文本框中输入数值旋转；❹ 第 3 种，可以在“变换”泊坞窗中设置旋转角度进行旋转。

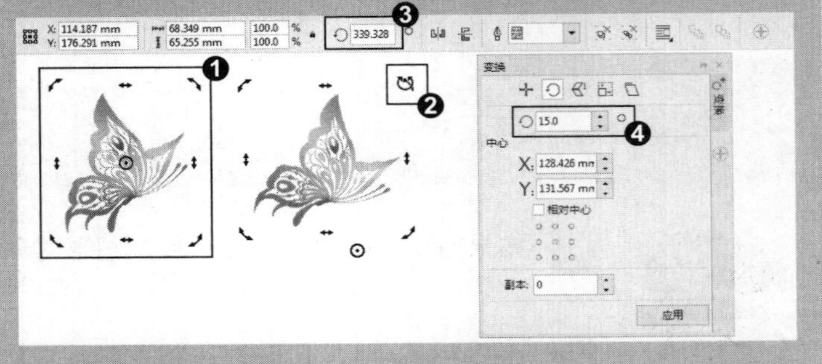

招式 075 用旋转制作扇子

Q 在编辑图形时经常要用到旋转的操作，在 CorelDRAW 中如何旋转图形制作扇子呢?

A 在 CorelDRAW 中利用“变换”面板，调整扇骨中心点、旋转角度，完成扇子制作。

1. 打开素材文档

❶ 启动 CorelDRAW X8 后，单击左上角的“打开”按钮或按 Ctrl+O 快捷键，打开本书配备的“第 4 章 \ 素材 \ 招式 75\ 扇子 .cdr”文件，❷ 选择工具箱中的（选择工具）。

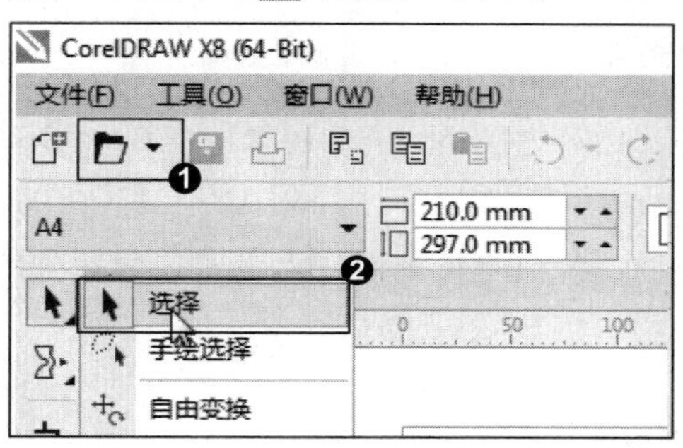

2. 调整旋转角度

❶ 使用鼠标左键拖曳一条扇面中心的垂直辅助线，双击扇骨，将它的中心点单击，使其定位于垂直中心的扇柄处，❷ 在菜单栏中单击“对象”｜“变换”｜“旋转”命令。

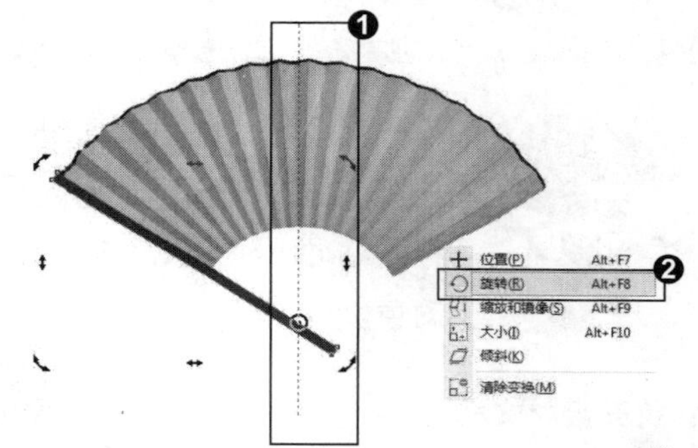

3. 应用旋转

❶ 打开“变换”面板，设置旋转角度和副本数量，单击“应用”按钮。❷ 此时扇骨就分布在扇面上了，完成扇子制作。❸ 按住 Shift 键选择扇骨，右击，在弹出的快捷菜单中单击“向后一层”命令，将扇骨移动至扇面下方。

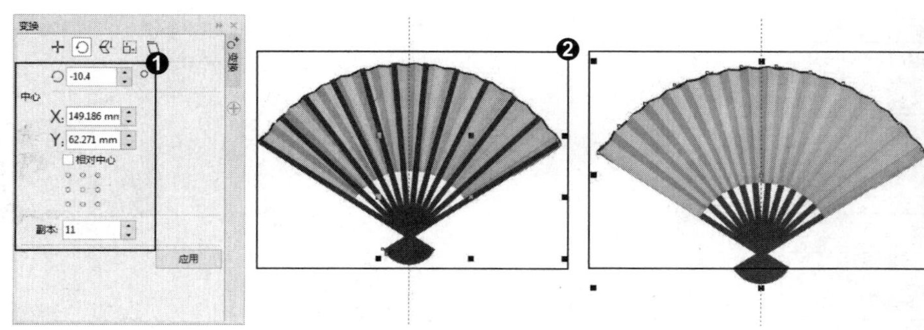

专家提示

“相对中心”选项以原始对象相对应的锚点作为坐标原点，沿设定的方向和距离可进行位移。

知识拓展

❶ 双击画布中的图形，使它显示旋转定界框，❷ 移动控制点至下方，❸ 按住鼠标左键旋转定界框至合适方向后单击鼠标右键复制一个。

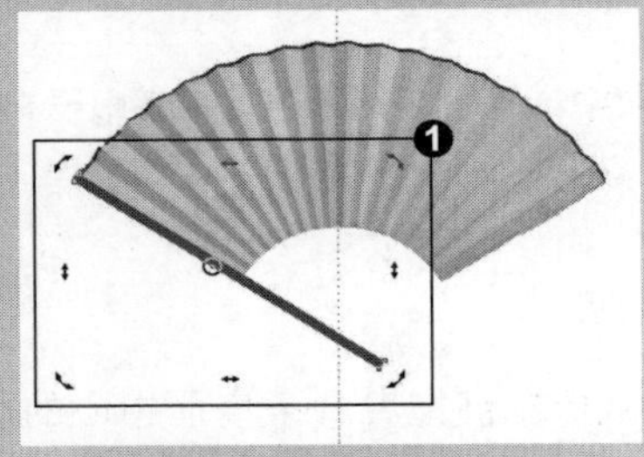
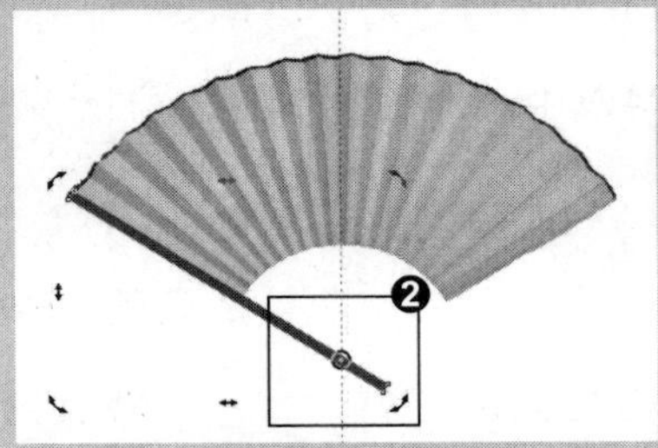
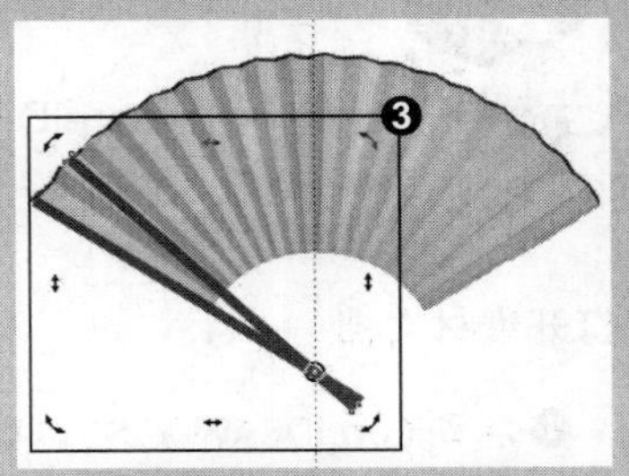

招式 076 等比例缩放图像

Q 如果图像大小不理想，想要一张等比例但大小不一样的图像，在 CorelDRAW 中该如何操作？

A 在 CorelDRAW 中按住 Alt+Shift 快捷键的同时拖动鼠标左键可以等比例缩放对象。

1. 打开素材文档

❶ 启动 CorelDRAW X8 后，单击左上角的“打开”按钮或按 Ctrl+O 快捷键，打开本书配备的“第 4 章 \ 素材 \ 招式 76\ 图像 .cdr”文件，❷ 选择工具箱中的（选择工具）。

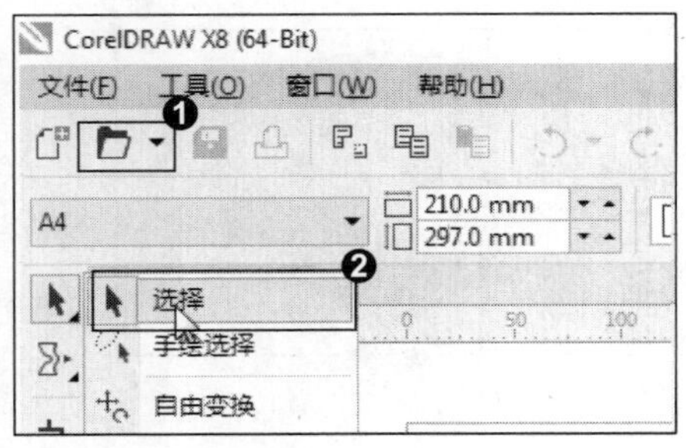

2. 缩放图像

❶ 选中对象后，将指针移动到锚点上按住鼠标左键进行拖曳缩放，蓝色线框为缩放大小的预览效果，❷ 在水平或垂直锚点上进行缩放会改变对象形状。

3. 等比例缩放图像

❶ 按住 Shift 键的同时将指针放在四角锚点上，当指针变为 ⤧ 形状时，拖动鼠标可等比例缩放图像，❷ 按住 Shift+Alt 快捷键的同时拖动鼠标，可斜切缩放图像。

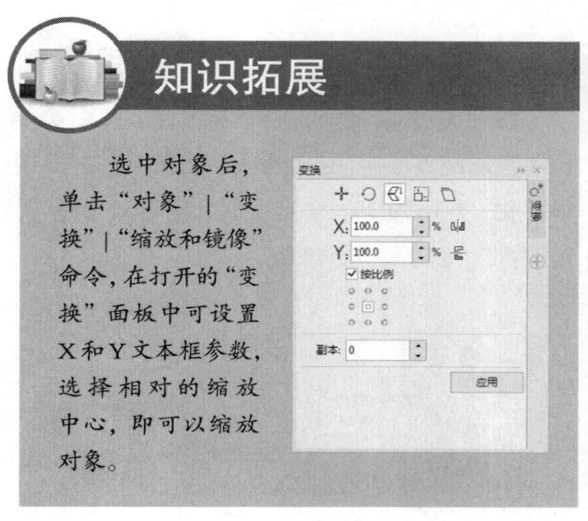

选中对象后，单击“对象”|“变换”|“缩放和镜像”命令，在打开的“变换”面板中可设置 X 和 Y 文本框参数，选择相对的缩放中心，即可以缩放对象。

招式 077 巧用大小变换制作玩偶淘宝图片

Q 如果想用利用对象大小的变换制作一张玩偶淘宝图片，在 CorelDRAW 中该如何操作?

A 在 CorelDRAW 中，可以在菜单栏里打开“变换”面板，在 X 和 Y 文本框中输入大小，加上素材背景，完成玩偶淘宝图片。

1. 导入图像素材

❶ 单击左上角的“新建”按钮 或按 Ctrl+N 快捷键，新建一个文档，设置页面大小为 A4，页面方向为“横向”，❷ 单击工具栏中的“导入”按钮 ，导入本书配备的“第 4 章\素材\招式 77\图像.png”文件，❸ 选择工具箱中的 （选择工具），选中对象。

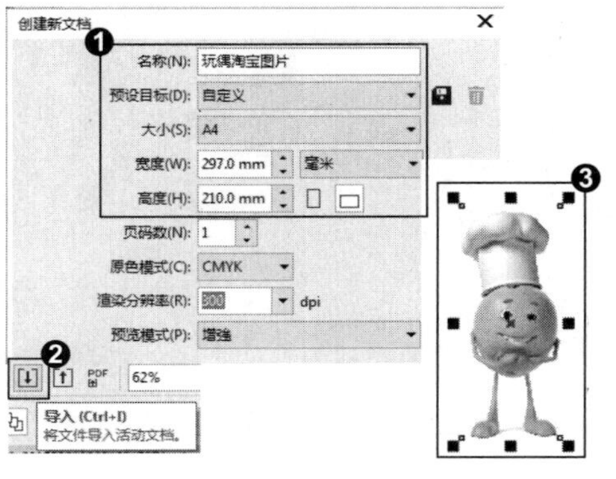

2. 排列大小

❶ 在菜单栏中单击“对象”|“变换”|“打开”命令，❷ 打开“变换”面板，设置 Y 轴为 120，勾选“按比例”复选框，“副本”数值为 4，最后单击“应用”按钮，❸ 将复制好的缩放对象按从大到小排列。

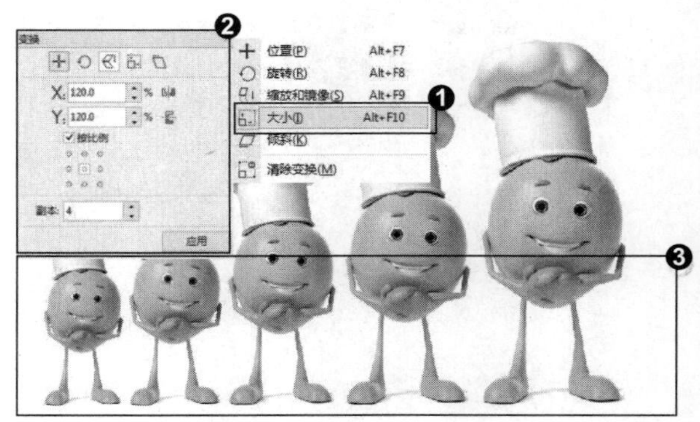

3. 应用“阴影”工具

❶ 选择工具箱中的（阴影工具），❷ 在玩偶底部拖曳一个阴影，❸ 设置属性栏中的“阴影羽化”数值为30，全选玩偶，单击属性栏“群组图标”按钮进行群组。

4. 导入背景

❶ 单击工具栏中的“导入”按钮，导入本书配备的“第4章\素材\招式77\图像.jpg”文件，❷ 将图片缩放至合适大小，右击，在快捷菜单中选择“顺序”|“到图层后面”命令，❸ 选择工具箱中的（矩形工具），在背景图片后面绘制一个与页面等大的矩形。

5. 合成效果

❶ 选择工具箱中的（颜色滴管工具），❷ 当指针变为吸管时，移动到背景浅色上面单击进行吸取，当指针变为桶时，移动到矩形上单击填色，❸ 导入本书配备的“第4章\素材\招式77\素材.png”文件，拖动到左上角，缩放到合适大小，完成玩偶淘宝图片制作。

知识拓展

❶ 选中对象后，在属性面板的“对象大小”里输入数值可以进行大小设置。也可选中对象后，❷ 单击“对象”|“变换”|“大小”命令，打开“变换”面板，设置X和Y的数值，选中“按比例”复选框，即可设置对象的大小。

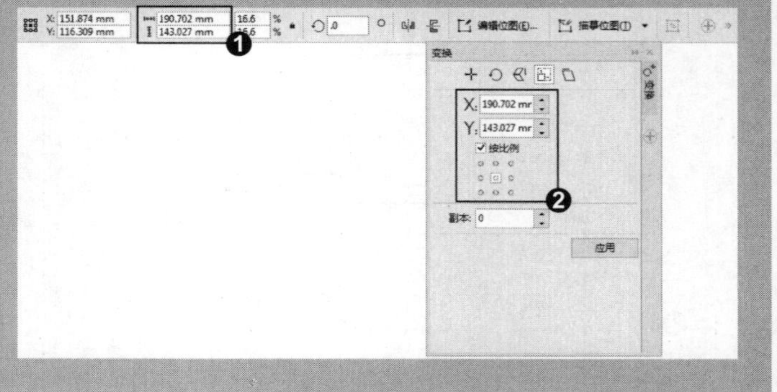

招式 078 执行命令镜像对象

Q 如果想要对象产生镜像的效果，在 CorelDRAW 中该如何操作?

A 在 CorelDRAW 中可以选中对象，打开“变换”面板，在面板中设置“缩放和镜像”参数，就可以使对象产生镜像效果了。

1. 打开图像素材

❶ 启动 CorelDRAW X8 后，单击左上角的“打开”按钮或按 Ctrl+O 快捷键，打开本书配备的“第 4 章 \ 素材 \ 招式 78\ 图像 .cdr”文件，❷ 选择工具箱中的 (选择工具)，❸ 选中对象。

2. 水平翻转

❶ 在菜单栏中单击“对象”|“变换”|“缩放和镜像”命令，❷ 选择相对中心，打开“变换”面板，单击“水平镜像”按钮，❸ 此时对象产生水平翻转。

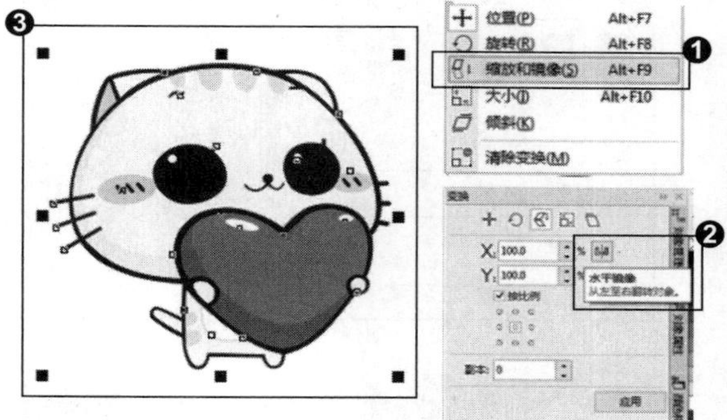

3. 垂直翻转

❶ 单击“垂直镜像”按钮，单击“应用”按钮，❷ 此时对象产生垂直翻转。

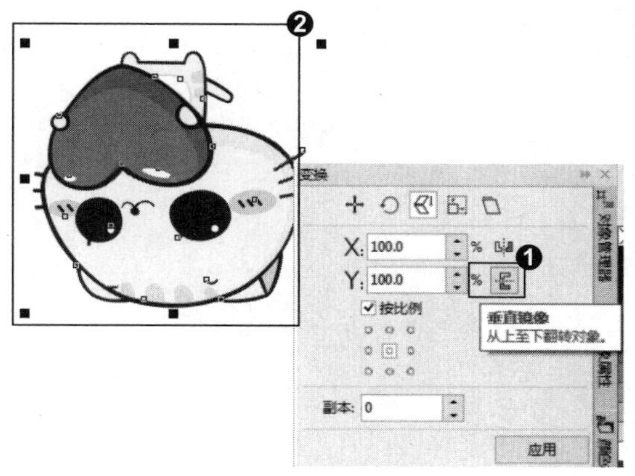

知识拓展

除了利用“缩放和镜像”泊坞窗镜像对象外，还可以选中对象后，按住 Ctrl 键的同时按住鼠标左键在锚点上拖曳，松开鼠标完成镜像操作，向上或向下拖曳为垂直镜像；向左或向右拖曳为水平镜像。或是在属性面板上单击“水平镜像”按钮或“垂直镜像”按钮来镜像图像。

招式 079 拖动锚点倾斜对象

Q 如果想要将对象倾斜，在 CorelDRAW 中该如何操作？

A 在 CorelDRAW 中可以双击要倾斜的对象，当对象周围出现旋转 / 倾斜箭头后，按住鼠标左键拖曳可倾斜对象。

1. 打开图像素材

❶ 启动 CorelDRAW X8 后，单击左上角的“打开”按钮或按 Ctrl+O 快捷键，打开本书配备的“第 3 章 \ 素材 \ 招式 79\ 图像 .cdr” 文件，❷ 选择工具箱中的（选择工具）。

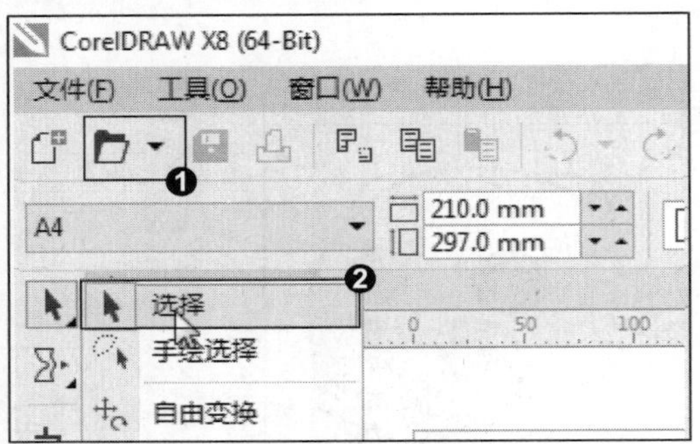

2. 倾斜对象

❶ 双击对象，❷ 对象周围出现旋转 / 倾斜箭头后，按住鼠标左键拖曳倾斜程度，❸ 松开鼠标左键，此时对象倾斜完成。

知识拓展

选中对象，在菜单栏中单击“对象” | “变换” | “缩放和镜像”命令，打开“变换”面板，❶ 设置 X 和 Y 的数值，❷ 选中“使用锚点”复选框，❸ 单击“应用”按钮也可倾斜对象。

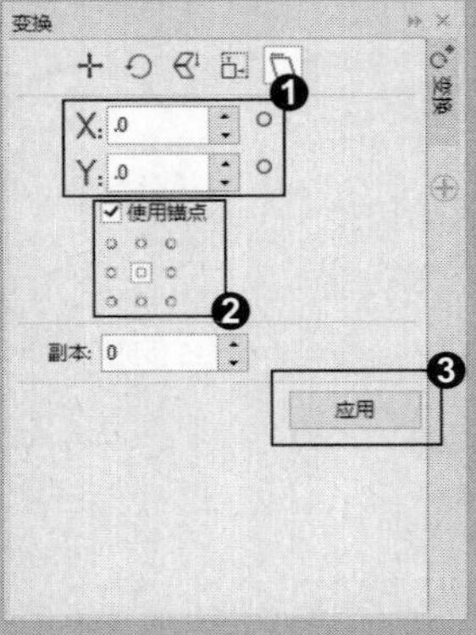

招式 080 基于对象基础复制对象

Q 在图像编辑过程中，如果要复制图像，在 CorelDRAW 中该如何操作?

A 在 CorelDRAW 中可以用多种方法在基于对象基础的情况下复制图像，如在菜单栏中执行“复制”“粘贴”命令，或者利用快捷键进行复制粘贴。

1. 打开素材图像

❶ 启动 CorelDRAW X8 后，单击左上角的“打开”按钮或按 Ctrl+O 快捷键，打开本书配备的“第 4 章 \ 素材 \ 招式 80\ 图像 .cdr”文件，❷ 选择工具箱中的（选择工具）。

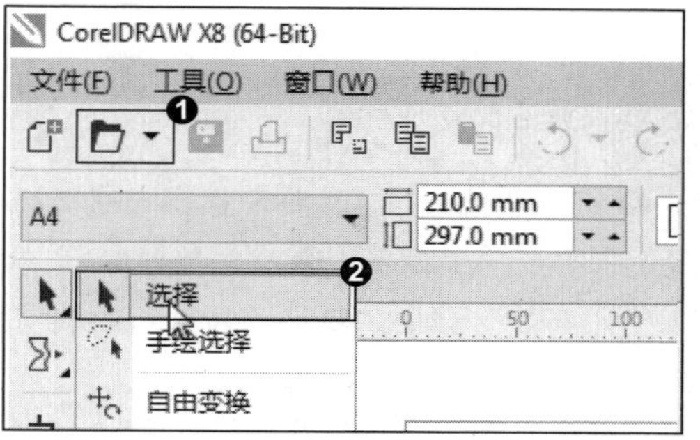

2. 菜单栏复制对象

❶ 选中对象，在菜单栏中单击“编辑”|“复制”命令，❷ 再单击“编辑”|“粘贴”命令，❸ 此时对象已被复制成两个，可将复制的一个移动出来查看效果。

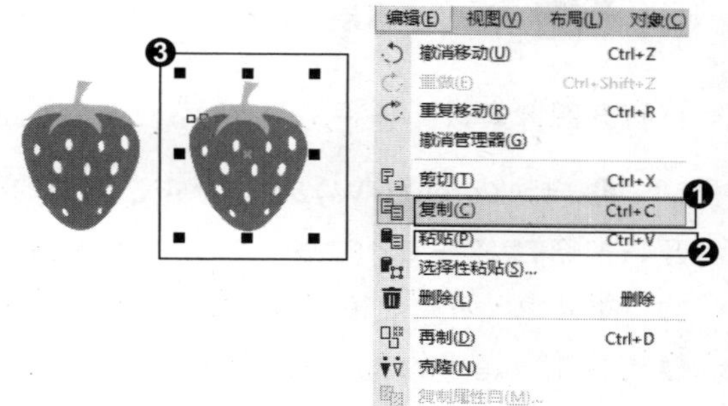

3. 右击复制对象

❶ 选中对象，右击，在快捷菜单中选择“复制”命令，❷ 将指针移动到空白处，再右击，在快捷菜单中选择“粘贴”命令，完成对象复制。

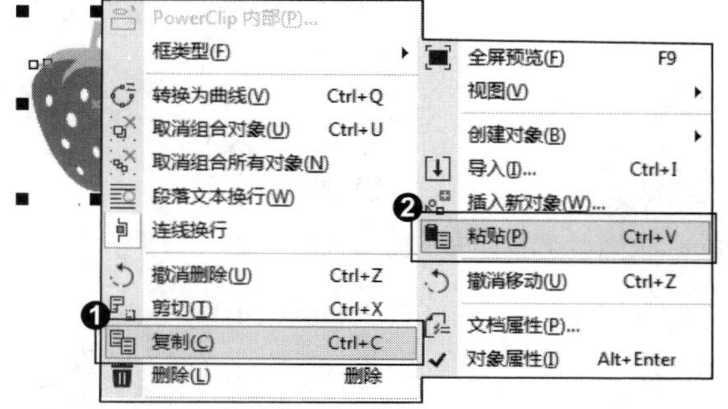

4. 工具栏复制对象

❶ 选中对象，在工具栏上单击“复制”按钮，❷ 再单击“粘贴”按钮，完成对象复制，可移动对象查看效果。

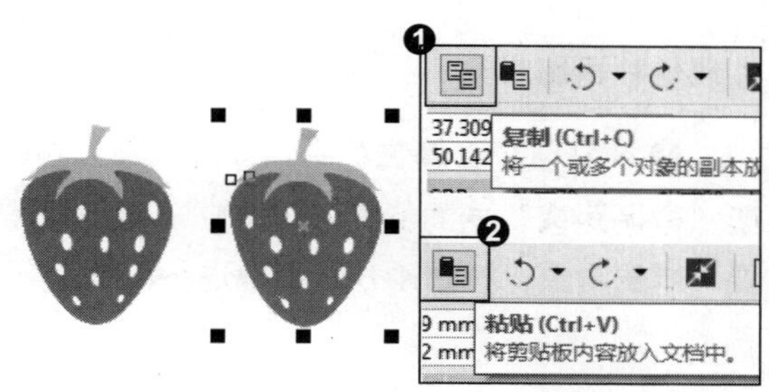

知识拓展

除了以上复制对象的操作方法，还有另外的复制对象的操作方法：

- 选中对象，按住鼠标左键拖曳到空白处，在释放鼠标左键前右击，完成复制。
- 按键盘上的“+”键，在原位置上进行复制。
- 按 Ctrl+C 快捷键复制对象，Ctrl+V 快捷键粘贴对象。

招式 081 对象的再制操作

Q 在制图过程中，会利用再制进行花边、底纹的制作，怎么使用 CorelDRAW 制作花边底纹?

A 在 CorelDRAW 中单击“编辑”｜“再制”菜单命令即可按前面规律进行相同的再制，制作出想要的花边底纹。

1. 打开图像素材

❶启动 CorelDRAW X8 后，单击左上角的“打开”按钮或按 Ctrl+O 快捷键，打开本书配备的“第 4 章\素材\招式 81\图像.cdr”文件，❷选择工具箱中的（选择工具）。

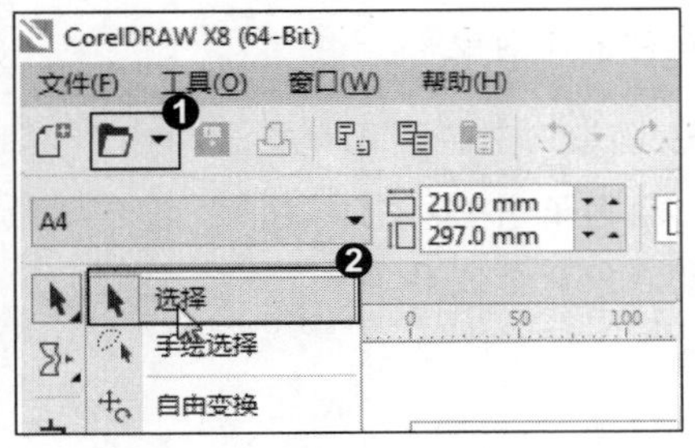

2. 菜单栏再制对象

❶选中对象，按住鼠标左键将对象移动一定距离按鼠标右键复制，❷在菜单栏中单击“编辑”｜“再制”命令，❸即可看到对象按照前面移动的规律进行相同的再制。

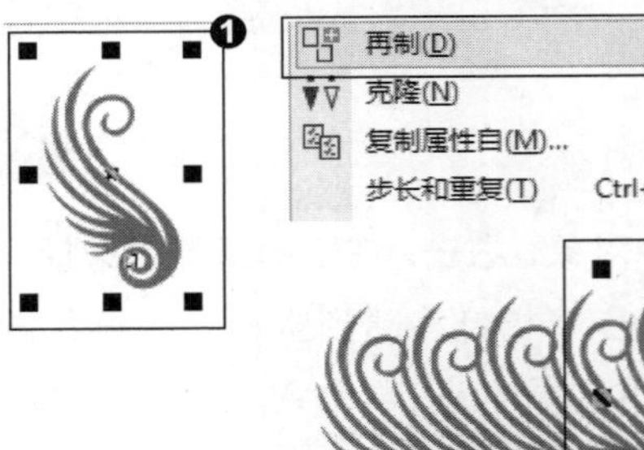

3. 属性栏再制对象

❶在默认页面属性栏中，设置调整位移的“单位”类型为“毫米”，❷调整“微调距离”的偏离数值，在“再制距离”上输入准确的数值。❸选中需要再制的对象，按 Ctrl+D 快捷键进行再制。

知识拓展

在 CorelDRAW 中可以“再制”不同方位的图形效果。

❶ 选中对象，按住 Shift 键同时按住鼠标左键进行平行拖曳，在释放鼠标左键前右击复制，然后按 Ctrl+D 快捷键再制，完成平移效果再制。

❷ 选中对象，按住鼠标左键拖曳，再单击鼠标右键进行复制，直接单击旋转一定的角度，按 Ctrl+D 快捷键进行再制，完成旋转效果再制。

❸ 选中对象，按住鼠标左键拖曳，再单击鼠标右键进行复制，再进行缩放，然后按 Ctrl+D 快捷键再制，完成缩放效果再制。

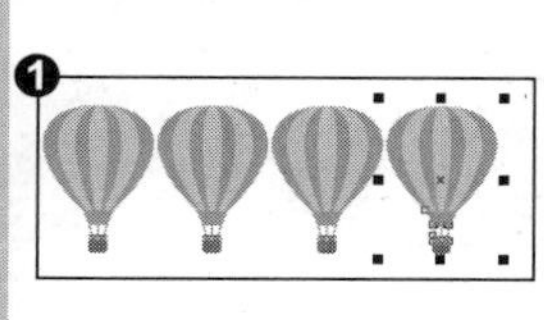

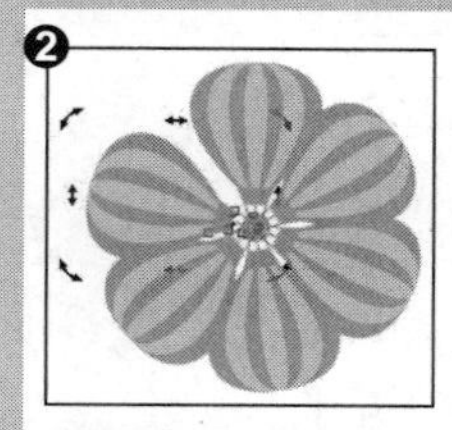

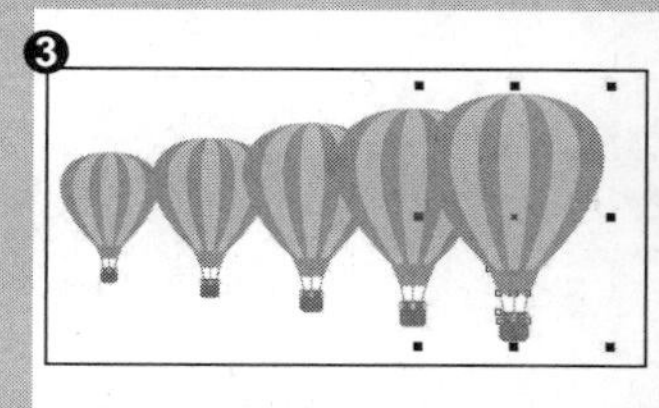

招式 082 针对对象属性复制图片

Q 如果想要复制一张和原图片一样基础的图片，在 CorelDRAW 中该如何操作?

A 在 CorelDRAW 中选中需要赋予属性的图片，然后打开“复制属性”对话框，勾选要复制的属性类型，便可针对对象基础复制图片了。

1. 打开素材文档

❶ 启动 CorelDRAW X8 后，单击左上角的“打开”按钮或按 Ctrl+O 快捷键，打开本书配备的“第 4 章 \ 素材 \ 招式 82\ 图像 .cdr”文件，❷ 选择工具箱中的（选择工具），❸ 选择右边的矩形。

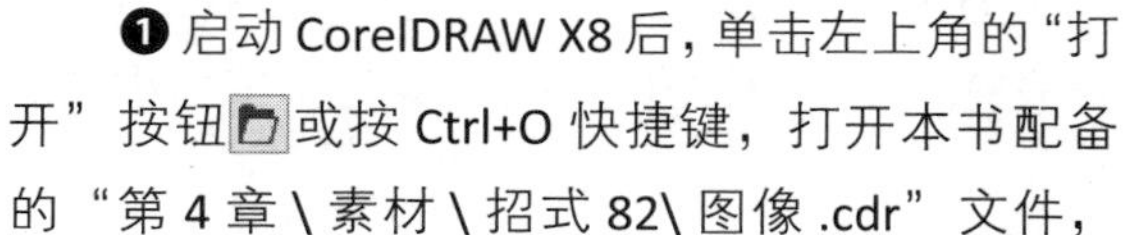

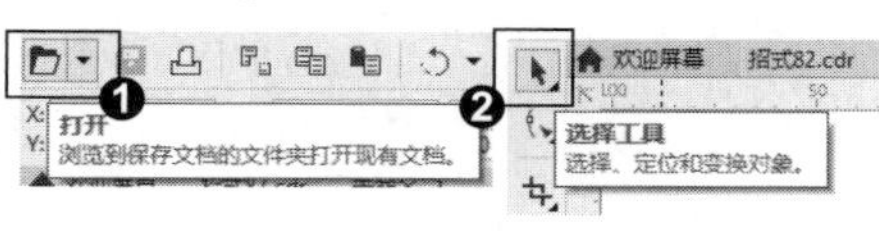

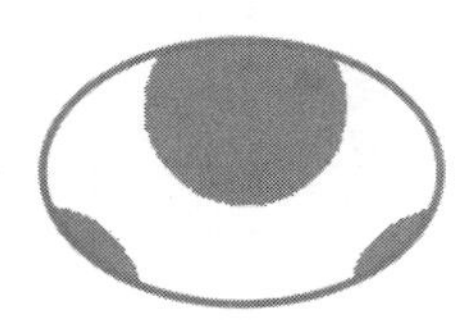

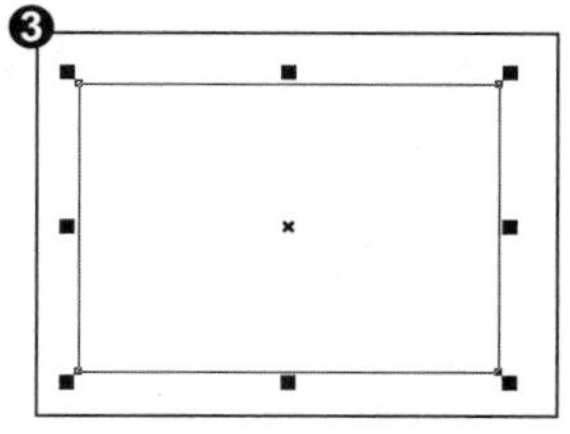

2. 复制属性

❶ 在菜单栏中单击“编辑”|“复制属性自”命令，❷ 在弹出的“复制属性”对话框中勾选“轮廓笔”“轮廓色”和“填充”等属性类型。

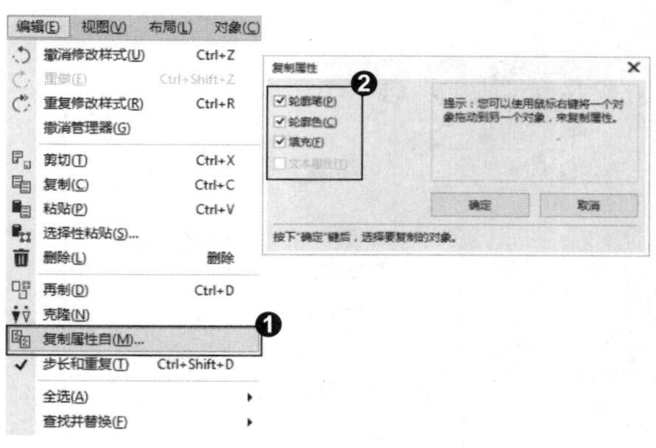

3. 完成属性复制

❶ 勾选完属性类型，单击“确定”按钮，当指针变成黑色箭头时，选中左边的椭圆形，❷ 此时左边椭圆的属性被复制到矩形上，完成属性复制。

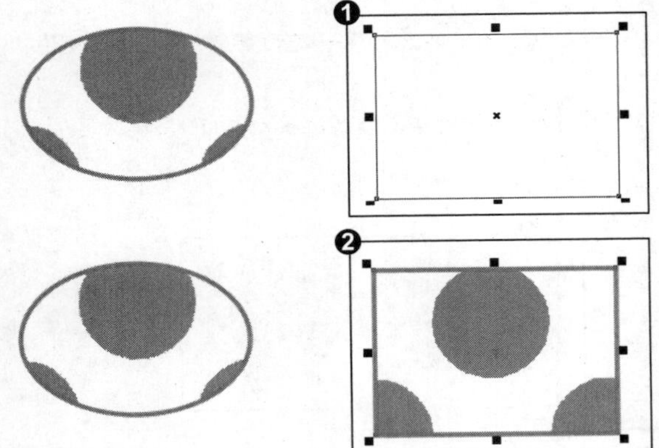

知识拓展

❶ 在填充有颜色属性的对象上右击，拖曳到空白对象上，❷ 松开鼠标右键，在快捷菜单中单击“复制所有属性”命令进行复制。

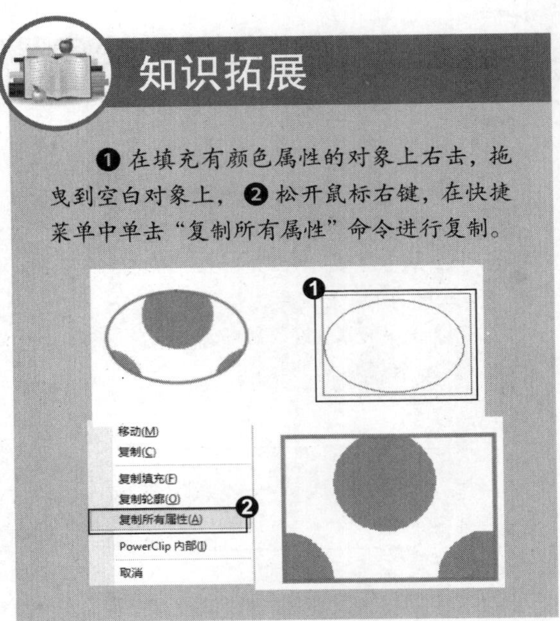

招式083 对象的锁定和解锁

Q 在文档操作过程中，经常会出现操作失误而影响到已经编辑完毕或不需要编辑的对象，在CorelDRAW中应如何防止？

A 在CorelDRAW中可以将已经编辑完毕或不需要编辑的对象锁定，锁定的对象无法进行编辑也不会被误删，继续编辑则需要解锁对象。

1. 打开图像素材

❶ 启动CorelDRAW X8后，单击左上角的“打开”按钮或按Ctrl+O快捷键，打开本书配备的“第4章\素材\招式83\图像.cdr”文件，❷ 选择工具箱中的（选择工具），❸ 全选对象。

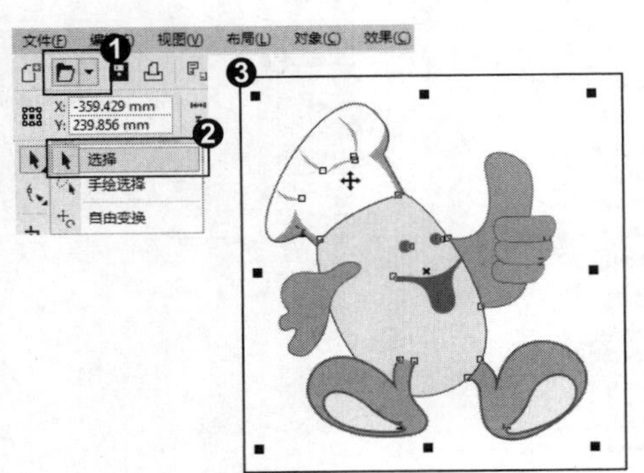

2. 锁定对象

❶ 右击对象，在快捷菜单中选择“锁定对象”命令完成锁定，❷ 锁定后的对象锚点变为小锁。

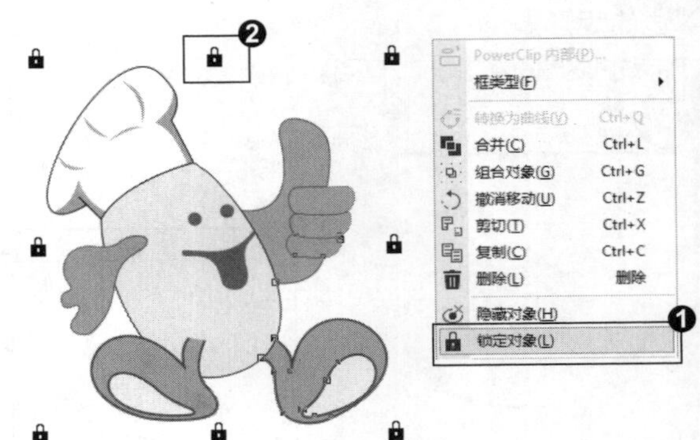

3. 解锁对象

❶ 选中需要解锁的对象，右击，在快捷菜单中选择“解锁对象”命令完成解锁，❷ 对象解锁后，小锁又变回锚点。

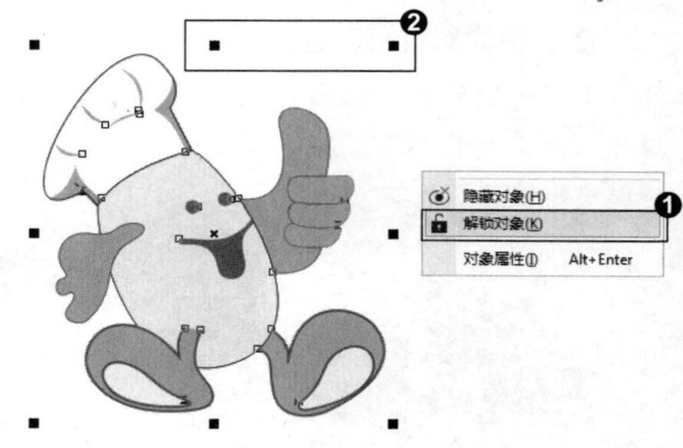

知识拓展

除了右击锁定或解锁对象外，还可以执行“对象”|“锁定”|“锁定对象”或“对象”|“锁定”|“解锁对象”命令进行操作，选择多个对象进行同样操作可以同时锁定或解锁多个对象。

招式 084 对象的群组与解组

Q 当编辑复杂图像时，图像由很多独立对象组成，在 CorelDRAW 中如何统一操作？

A 在 CorelDRAW 中可以利用对象之间的编组进行统一操作，也可以解开群组进行单个操作。

1. 打开图像素材

❶ 启动 CorelDRAW X8 后，单击左上角的“打开”按钮或按 Ctrl+O 快捷键，打开本书配备的“第 4 章 \ 素材 \ 招式 84\ 图像 .cdr” 文件，有两个独立对象，❷ 选择工具箱中的（选择工具）❸ 全选对象。

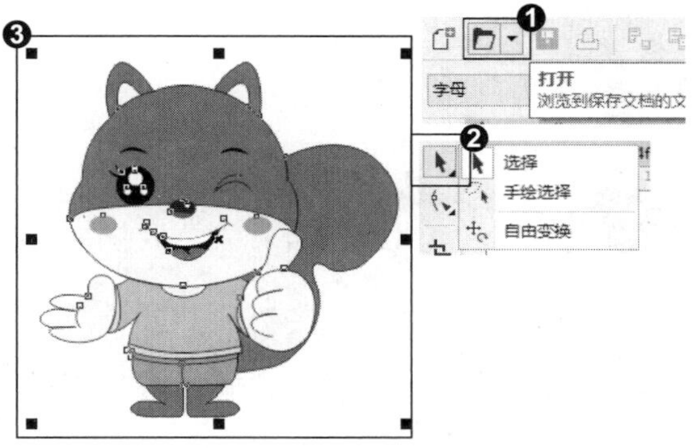

2. 群组对象

❶ 右击对象，在快捷菜单中选择“组合对象”命令，❷ 也可在属性栏中单击“组合对象”按钮或者按 Ctrl+G 快捷键群组对象。

3. 解组对象

❶ 选中群组对象，右击，在快捷菜单中选择“取消组合对象” 命令，❷ 也可在属性栏中单击“取消组合对象”按钮或者按 Ctrl+U 快捷键进行快速解组。

专家提示

群组不仅可以用于对象之间，组与组之间也可以进行群组，并且，群组后的对象成为整体，显示为一个图层。

知识拓展

除了上述利用右击的方法，群组或取消群组对象外，还可以单击“对象”|“组合”|“组合对象”或“对象”|“组合”|“取消组合对象”命令来群组或解组对象；也可以单击属性栏中的“群组”按钮或“取消群组”按钮来群组或解组对象。

招式 085 对象的排序

Q 编辑图像时，通常利用图层的叠加组成图案或体现效果，如果图层顺序乱了，有些效果不能体现时，在 CorelDRAW 中要如何给对象排序呢？

A 在 CorelDRAW 中可以选中相应的图层右击，在快捷菜单中选择“顺序”命令，在子菜单选择相应的命令即可。

1. 打开图像素材

❶ 启动 CorelDRAW X8 后，单击左上角的“打开”按钮或按 Ctrl+O 快捷键，打开本书配备的“第 4 章 \ 素材 \ 招式 85\ 图像 .cdr”文件，❷ 选择工具箱中的（选择工具）。

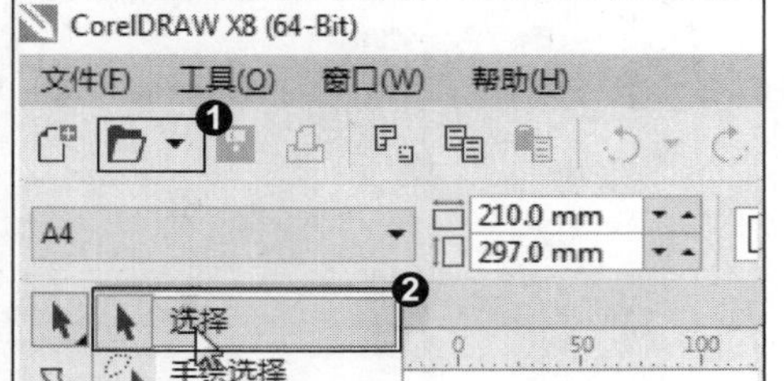

2. 右击排序

❶ 选中一个对象，❷ 右击，在快捷菜单中选择“顺序”命令，在子菜单中选择相应操作。

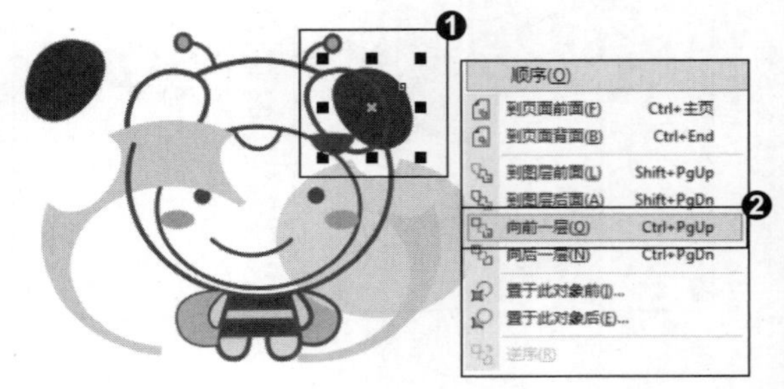

3. 菜单命令排序

❶ 在菜单栏中单击“对象” | “顺序”命令，❷ 在子菜单中选择相应操作，完成对象排序。

知识拓展

按 Ctrl+Home 快捷键可以将对象置于顶层，按 Ctrl+End 快捷键可以将对象置于底层，按 Ctrl+PageUP 快捷键可以将对象往上移一层，按 Ctrl+PageDown 快捷键可以将对象往下移一层。

招式 086 对象的合并与拆分

Q 如果想要把两个或多个对象合并成一个全新的对象，在 CorelDRAW 中该如何操作?

A 在 CorelDRAW 中可以在属性栏单击“合并”按钮进行合并，也可右击对象，选择快捷菜单中的“合并”命令。

1. 打开素材文档

❶ 启动 CorelDRAW X8 后，单击左上角的“打开”按钮或按 Ctrl+O 快捷键，打开本书配备的“第 4 章 \ 素材 \ 招式 86\ 图像 .cdr”文件，❷ 选择工具箱中的（选择工具）。

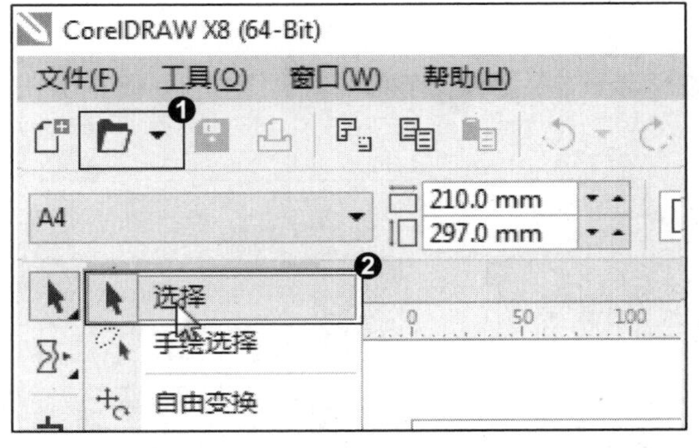

2. 合并对象

❶ 选中对象，单击属性栏中的“合并”按钮，❷ 此时所选的对象合并成一个新的对象（属性改变）。

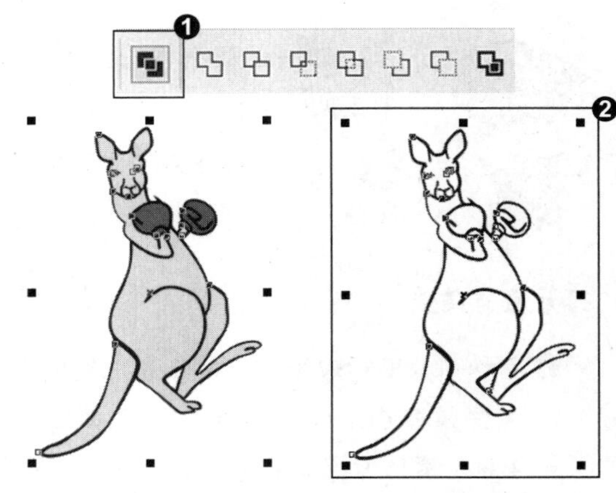

3. 拆分对象

❶ 单击属性栏中的“拆分”按钮，❷ 可以将合并对象拆分为单个对象（属性维持改变后的），排放顺序为由大到小排放。

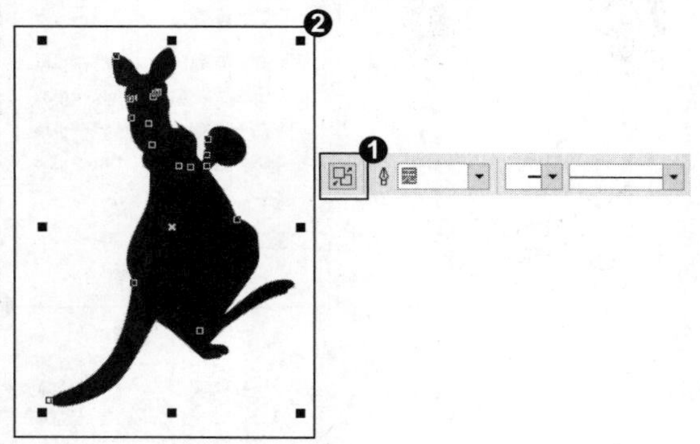

专家提示

合并与群组不同，群组是将两个或多个对象编成一个组，内部还是独立的对象，对象属性不变；合并是将两个或多个对象合并为一个全新的对象，其对象的属性也会随之变化。图形进行合并前，需取消全部群组。

知识拓展

❶ 右击对象，在快捷菜单中也可单击“合并”或“拆分”命令操作。❷ 在菜单栏中单击“对象”命令，也可在下拉菜单中选择“合并”或“拆分曲线”命令。

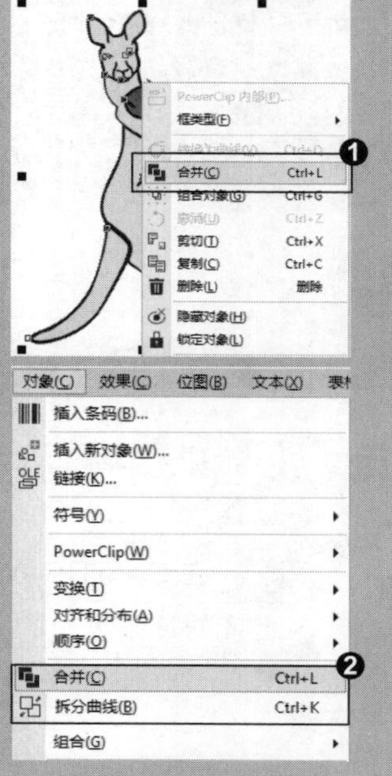

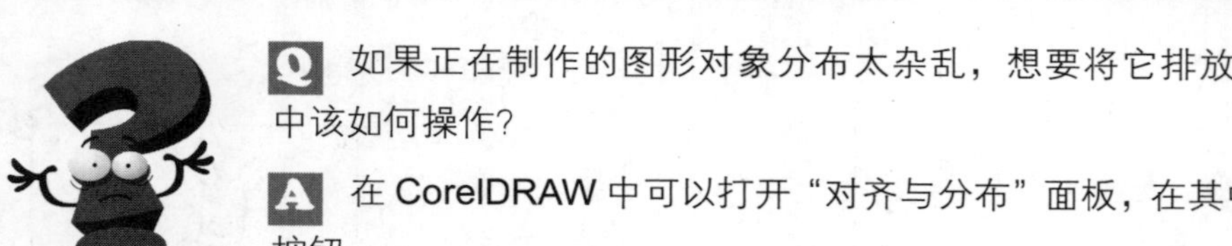

招式087 图形对象的对齐与分布

Q 如果正在制作的图形对象分布太杂乱，想要将它排放整齐时，在CorelDRAW中该如何操作?

A 在CorelDRAW中可以打开“对齐与分布”面板，在其中单击“对齐”或“分布”按钮。

1. 打开素材文档

❶ 启动CorelDRAW X8后，单击左上角的“打开”按钮或按Ctrl+O快捷键，打开本书配备的“第4章\素材\招式87\图像.cdr”文件，❷ 选择工具箱中的（选择工具）。

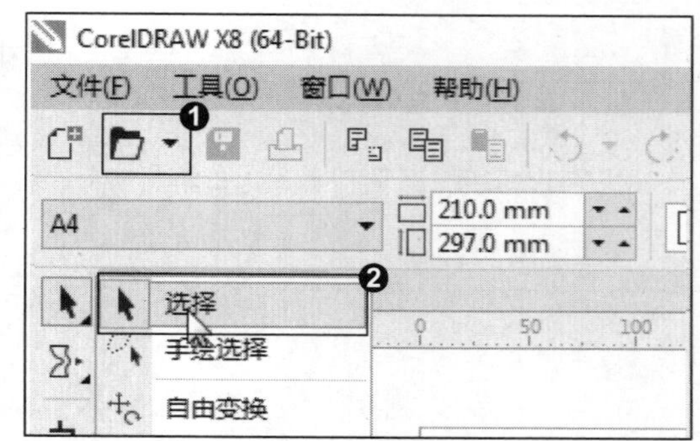

2. 图形对齐

❶ 全选对象，打开“对齐与分布”面板，选择“顶端对齐”按钮，❷ 此时所选的对象向最上边对齐，❸ 如想对选定对象进行更精确的对齐操作，可在下方的“对齐对象到”面板设置数值对齐。

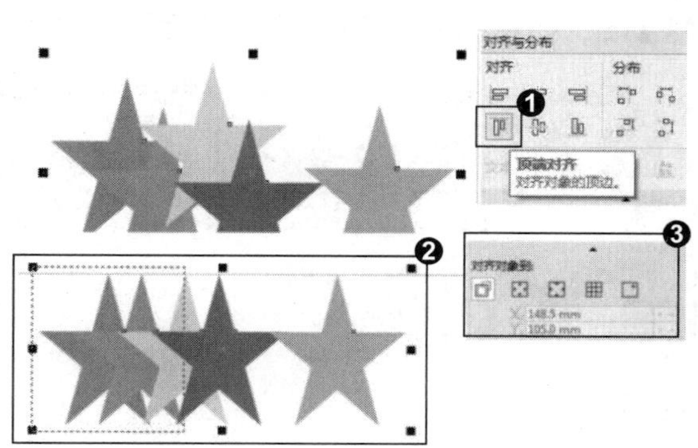

3. 图形分布

❶ 在“对其与分布”面板中，单击“水平分散排列间距”按钮，❷ 此时图形对象按水平分散排列间距，❸ 如想给对齐对象设定选定范围时，可在下方的“将对象分布到”面板中设置。

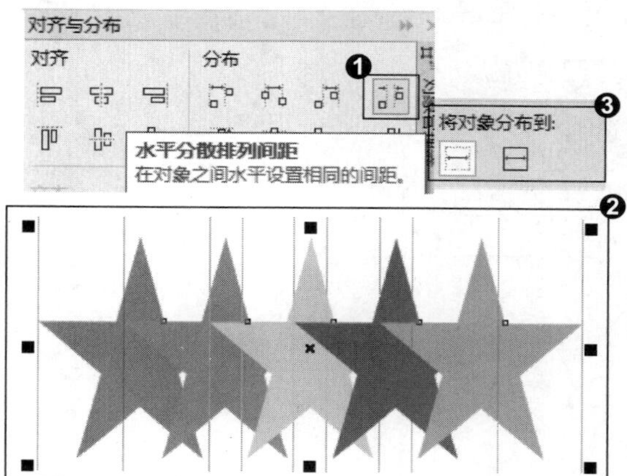

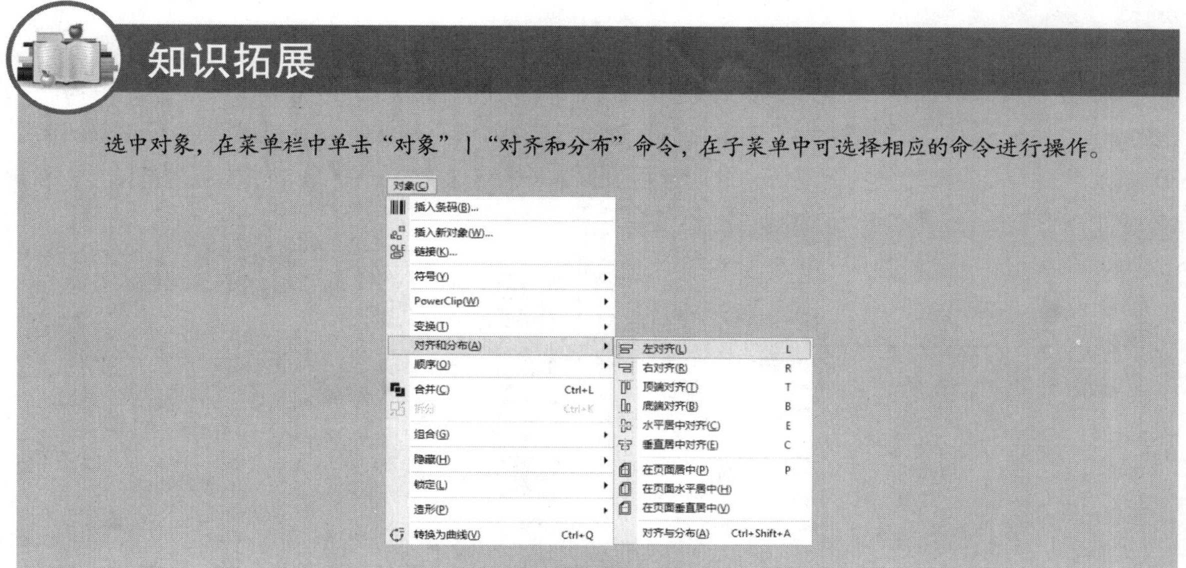

知识拓展

选中对象，在菜单栏中单击“对象”|“对齐和分布”命令，在子菜单中可选择相应的命令进行操作。

招式 088 图形对象的步长与重复

Q 如果想要把对象进行水平、垂直的角度再制，在 CorelDRAW 中该如何操作?

A 在 CorelDRAW 的菜单栏里找到“步长和重复”命令，打开对话框，设置水平垂直的数值，可完成水平垂直的再制操作。

1. 打开图像素材

❶ 启动 CorelDRAW X8 后，单击左上角的“打开”按钮或按 Ctrl+O 快捷键，打开本书配备的“第 4 章 \ 素材 \ 招式 88\ 图像 .cdr”文件，❷ 选择工具箱中的（选择工具），选中对象，在菜单栏中单击“编辑”|“步长与重复”命令，打开泊坞窗。

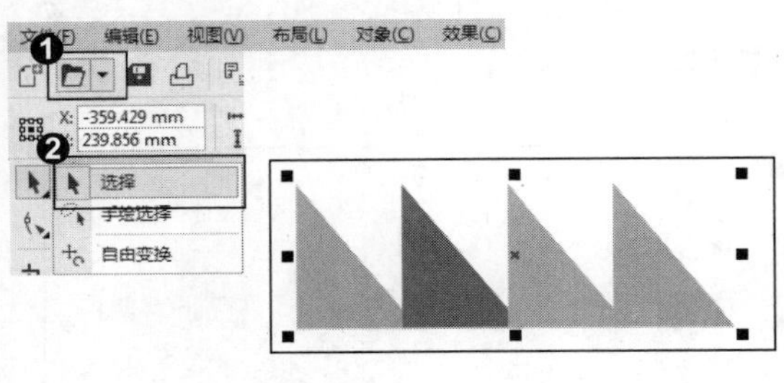

2. 水平设置

❶ 在“步长和重复”泊坞窗中设置“水平设置”为“偏移”、“垂直设置”为“无偏移”、“份数”为 2，❷ 单击“应用”按钮，在指定位置下重复再制，❸ 设置“水平设置”为“对象之间的间距”选项、“方向”为右、“份数”为 1，❹ 单击“应用”按钮，在水平边缘重合再制效果。

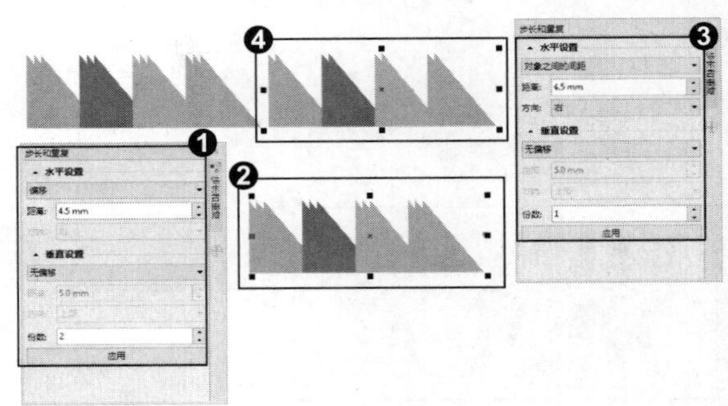

3. 垂直设置

❶ 全选对象，在“步长和重复”泊坞窗中，设置“垂直设置”为“偏移”、“距离”为 20.0mm，设置“水平设置”为“无偏移”，❷ 单击“应用”按钮，在垂直方向进行重复再制。❸ 修改类型为“对象之间的间距”，此时可以设置方向为“上部”，❹ 单击“应用”按钮，以对象之间的间距为准进行垂直复合再制。

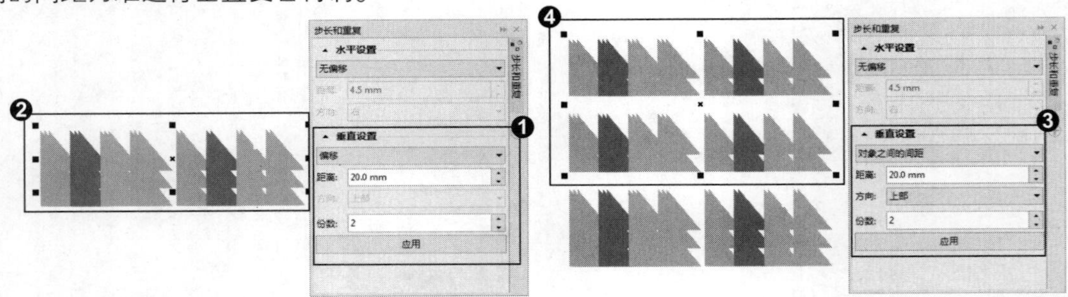

知识拓展

可以在属性栏中查看所选对象宽和高的数值，❶ 在“步长和重复”对话框中输入数值，小于对象的宽度，对象重复效果为重叠；❷ 输入数值与对象宽度相同，对象重复效果为边缘重合；❸ 输入数值大于对象宽度，对象重复有间距。

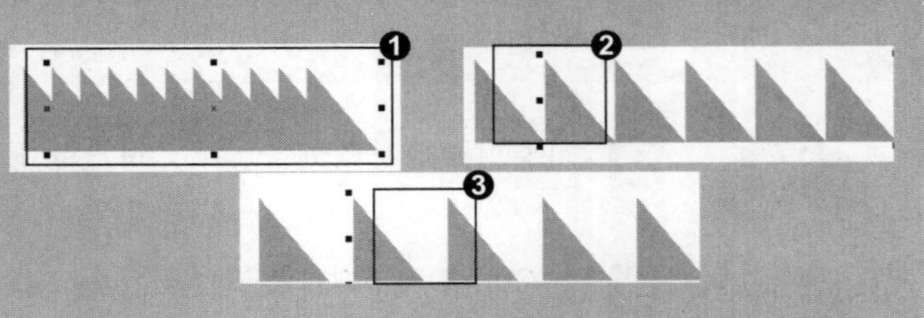

第 5 章

图形的填充与智能操作

在 CorelDRAW 中可以使用智能与填充操作，通过多样化的编辑赋予对象更多的变化，使图形表现出更丰富的视觉效果。通过本章的学习，可以快速掌握多种填充图形颜色的操作技巧，让学习变得轻而易举。

招式089 图形填充的基本方法

Q 如果要给多个对象填充颜色并且给图形的相交区域填充颜色，在CorelDRAW中该如何操作？

A 选中要填充的对象，使用工具箱的智能填充工具，在对象内单击，就可以为对象填充颜色了。

1. 打开图像素材

❶启动CorelDRAW X8后，单击左上角的“打开”按钮或按Ctrl+O快捷键，打开本书配备的“第5章\素材\招式89\图像.cdr”文件，❷选择工具箱中的（智能填充工具）。

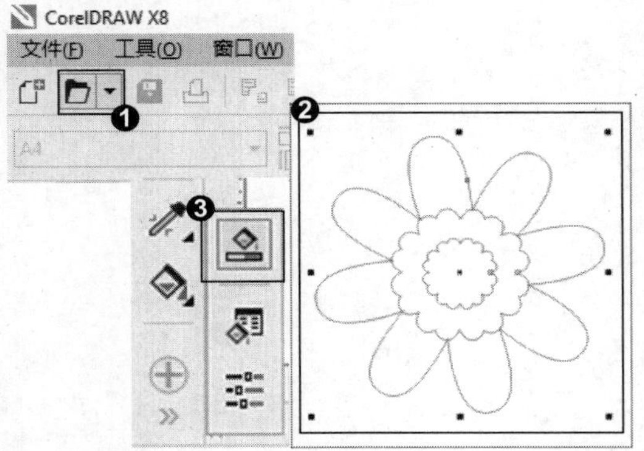

2. 设置属性

❶在属性栏单击“填充色”选项框后的按钮，❷在弹出面板更改要填充的颜色，❸在属性栏单击“轮廓”选项框后的按钮，选择“无轮廓”。

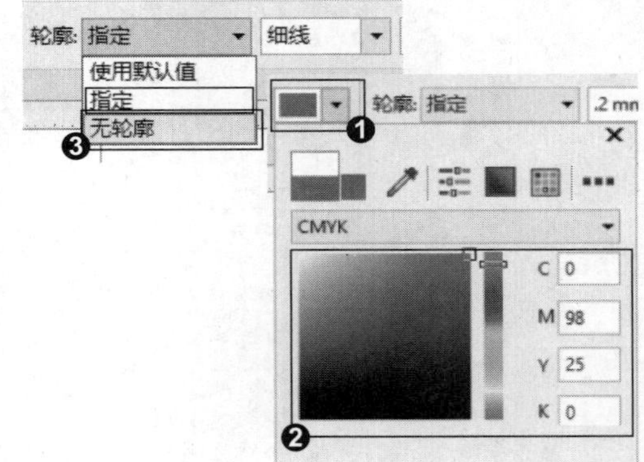

3. 填充颜色

❶在要填充颜色的对象上单击，则选择的颜色应用到对象上去了，❷在属性栏更改颜色，继续填充其他对象的颜色，完成填充颜色。

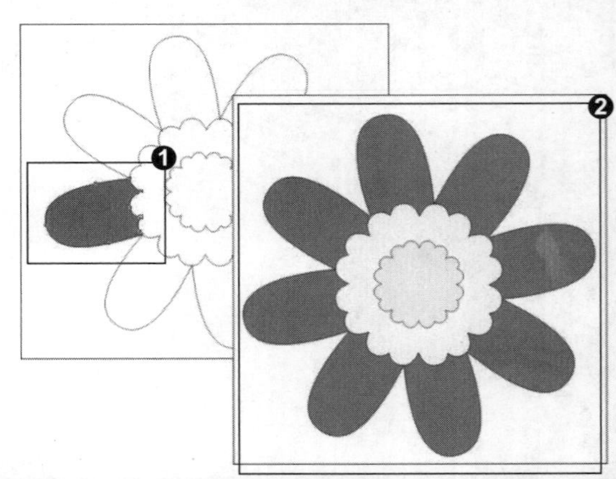

专家提示

在多个对象合并填充时，填充后的对象为一个独立对象。使用选择工具移动填充形成的图形时，原始对象不会进行任何改变。

知识拓展

智能填充工具可以填充多个图像的交叉区域，并使填充区域形成独立的图形。❶ 当填充的对象为合并的多个对象时，在页面空白处单击，填充的是重叠区域；❷ 在多个对象的交叉区域填充，可以将交叉区域作为单独对象进行填充。

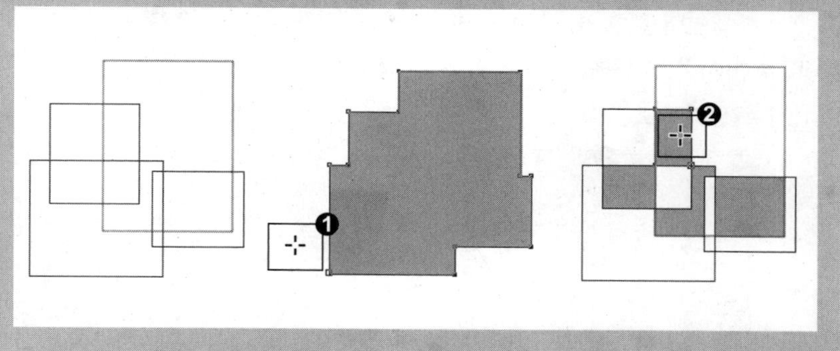

招式 090 设置填充属性填充颜色

Q 如果想要给对象填充不一样的填充内容，在 CorelDRAW 中应如何设置?

A 可以打开“属性”泊坞窗，再对填充属性进行需要的设置，就可以为对象填充不一样的内容了。

1. 打开图像素材

❶ 启动 CorelDRAW X8 后，单击左上角的“打开”按钮或按 Ctrl+O 快捷键，打开本书配备的“第 5 章 \ 素材 \ 招式 90\ 图像 .cdr”文件，❷ 选择工具箱中的（选择工具）。

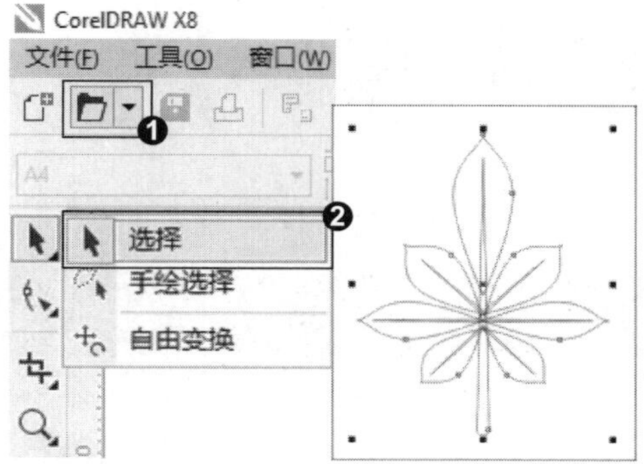

2. 调出“对象属性”泊坞窗

❶ 在菜单栏中单击“窗口”|“泊坞窗”|“对象属性”命令，❷ 弹出“对象属性”泊坞窗。

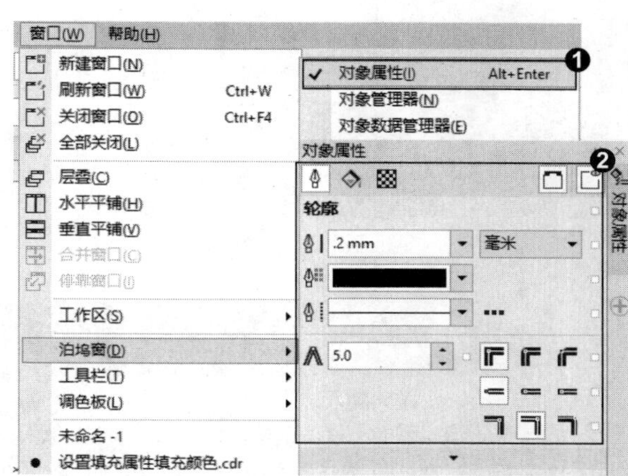

3. 设置颜色

❶ 单击选择要填充颜色的对象，❷ 在“对象属性”泊坞窗单击“填充属性”按钮，❸ 再单击“均匀填充”按钮，设置要填充的颜色（#758C00）。

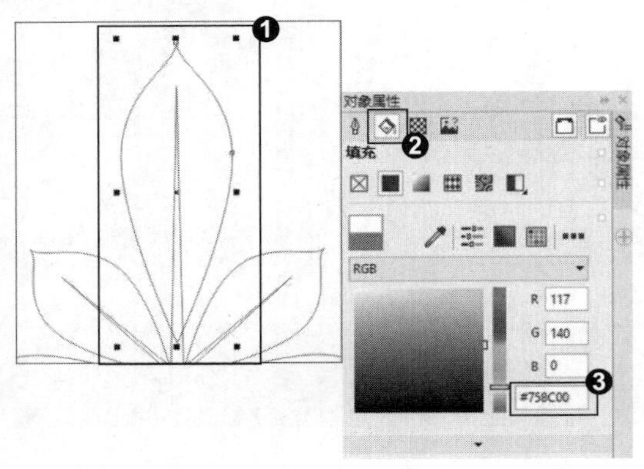

4. 填充颜色

❶ 将选择的颜色应用到对象上去，❷ 继续选择要填充的对象，填充颜色。

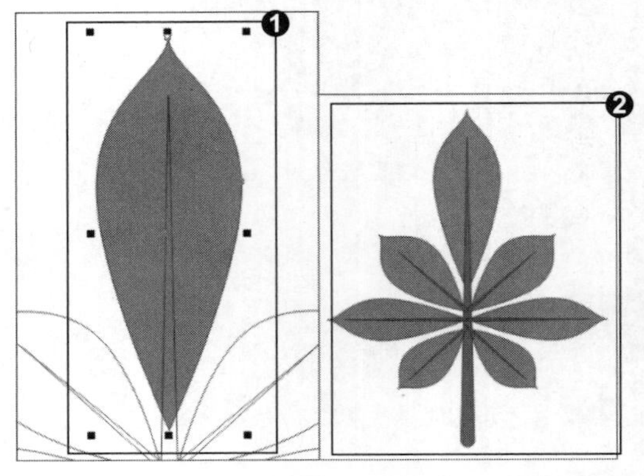

5. 设置轮廓属性

❶ 单击选择要去除轮廓线的对象，❷ 在“对象属性”泊坞窗单击“轮廓”按钮，❸ 单击“设置对象轮廓宽度”选项框后的按钮，在下拉面板中进行选择。

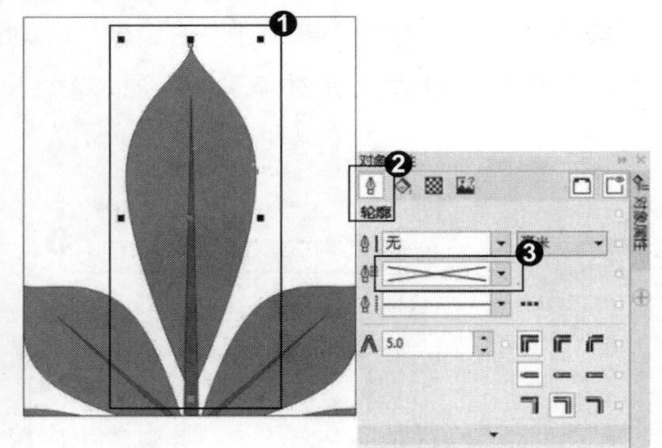

6. 去除轮廓线

❶ 去除选择对象的轮廓线，❷ 继续选择要去除轮廓线的对象，最终完成效果。

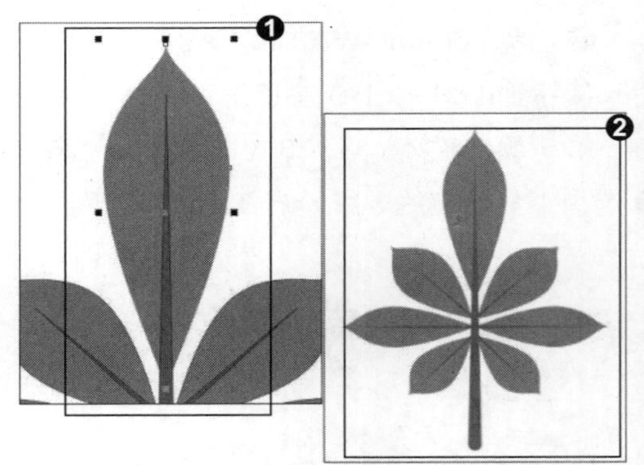

知识拓展

除了使用属性栏上的颜色填充外，也可以使用操作界面右侧调色板上的颜色进行填充。使用“智能填充”工具选中要填充的区域，然后单击调色板上的色样即可为对象内部填充颜色，如果右击，即可为对象轮廓填充颜色。

单击填充内部

右击填充轮廓

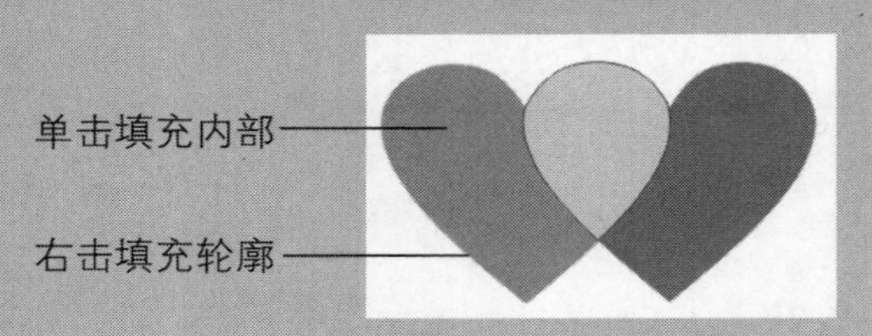

招式 091 智能绘图工具的基本绘图方法

Q 如何使用 CorelDRAW 工具箱中的智能绘图工具?

A 在工具箱中选择智能绘图工具后，按住鼠标左键在页面空白处绘制想要的图形，松开鼠标后，手绘笔触会自动转化为与所绘形状近似的图形。

1. 选择智能绘图工具

❶ 启动 CorelDRAW X8 后，单击左上角的“新建”按钮或按 Ctrl+N 快捷键，新建一个文档，❷ 选择工具箱中的（手绘工具），或按 F5 键，在下拉菜单中选择（智能绘图工具）或按 Shift+S 快捷键。

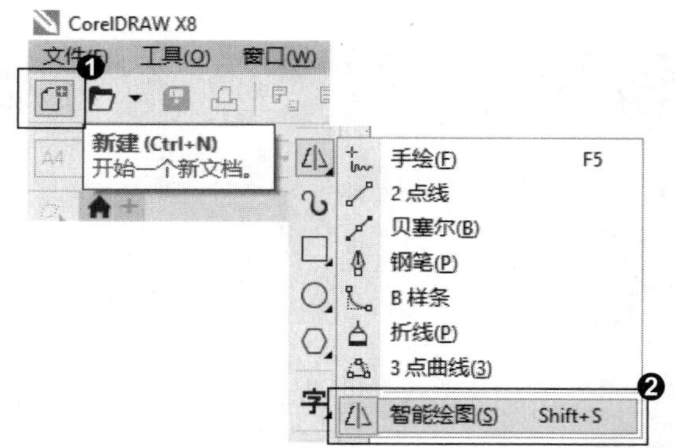

2. 设置属性

❶ 在属性栏中将“形状识别等级”和“智能平滑等级”选项设置为“高”，❷ 在页面空白处按住鼠标左键并拖动绘制形状，❸ 松开鼠标后，绘制的形状变成比较规整平滑的形状。

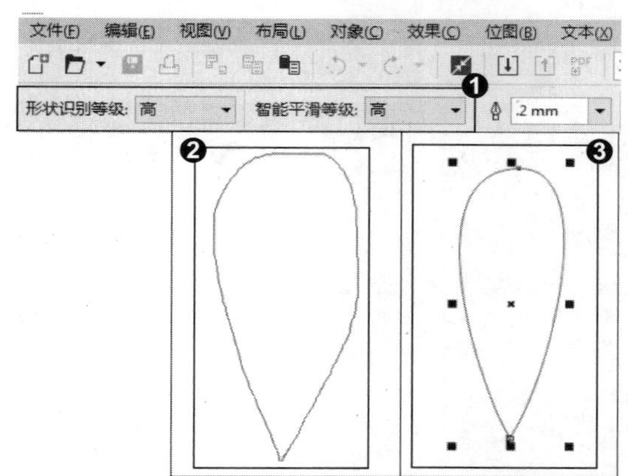

3. 应用形状工具

❶ 选择工具箱中的（形状工具），或按 F10 键，❷ 在绘制的图形上单击节点，拖动控制手柄，调整形状。

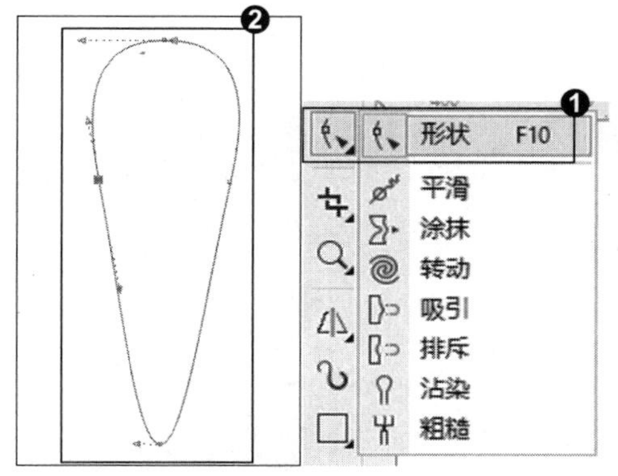

4. 应用智能绘图工具

❶ 选择工具箱中的（智能绘图工具），继续绘制图形，❷ 选择要填充颜色的对象，按 G 键，或选择工具箱中的（交互式填充工具），❸ 在属性栏上单击“均匀填充”按钮。

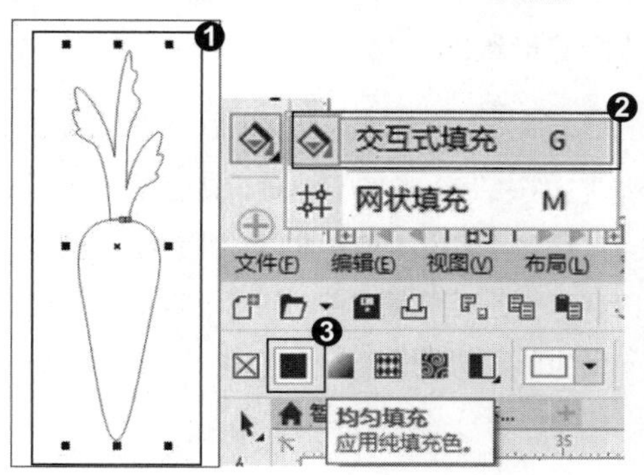

5. 应用形状工具

❶ 设置属性栏中的“填充”选项为“指定”并单击“填充色”后面的▾按钮，❷ 在弹出面板选择要填充的颜色（#FF8905），❸ 单击对象填充颜色。

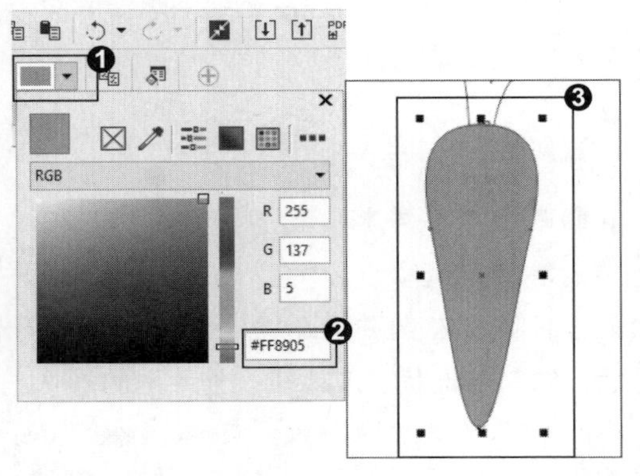

6. 去除轮廓线

❶ 填充颜色后，选择要去除轮廓线的图形，❷ 在右侧调色板右击☒，取消图形的轮廓线，❸ 绘制图形完成效果。

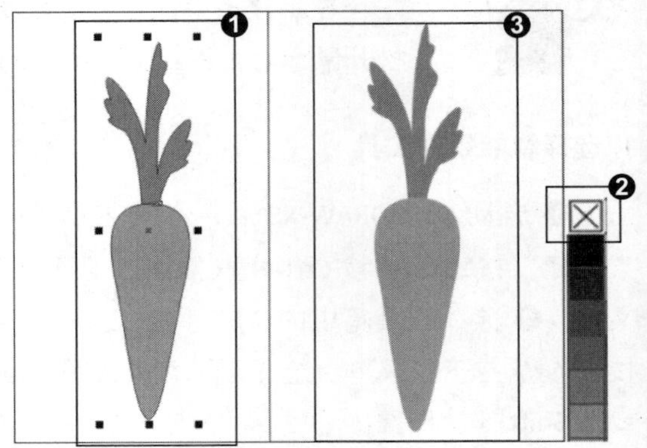

知识拓展

在使用“智能绘图”工具⚠时，如果想要绘制两个相邻的独立图形时，必须在绘制的前一个图形已经自动平滑后才可以绘制下一个图形，否则相邻的两个图形有可能会产生连接或是平滑成一个对象。如果对绘制的图形不满意，可以按住 Shift 键反向拖动鼠标，对其进行擦除。

招式 092 利用智能绘图工具绘制电视标板

Q 电视标板看起来是许多小方块组成的，如果使用矩形工具绘制会比较烦琐，那么有什么快速的方法呢？

A 可以在工具箱选择智能绘图工具，在指针移至边缘线上时会产生吸附感，再使用智能填充工具给对象填充颜色，就可以很快地将电视标板绘制出来了。

1. 选择智能绘图工具

❶ 启动 CorelDRAW X8 后，单击左上角的“新建”按钮或按 Ctrl+N 快捷键，新建一个文档，❷ 选择工具箱中的（手绘工具），或按 F5 键，在下拉菜单选择（智能绘图工具）或按 Shift+S 快捷键。

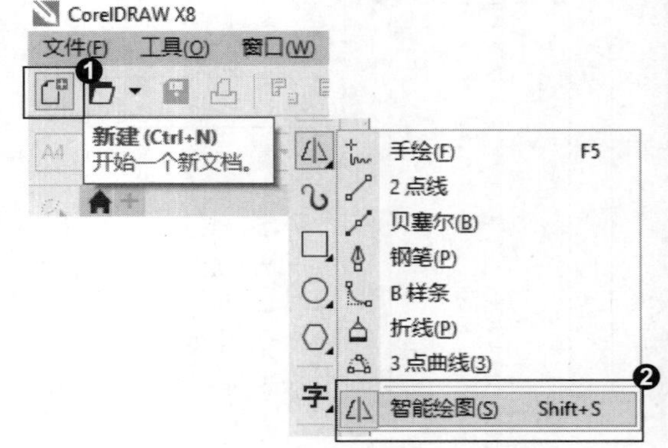

2. 设置属性

❶ 在属性栏中将“形状识别等级”和“智能平滑等级”设置为“高”，❷ 在页面空白处按住鼠标左键并拖动绘制圆形，❸ 松开鼠标后，绘制的形状变成规整平滑的圆形。

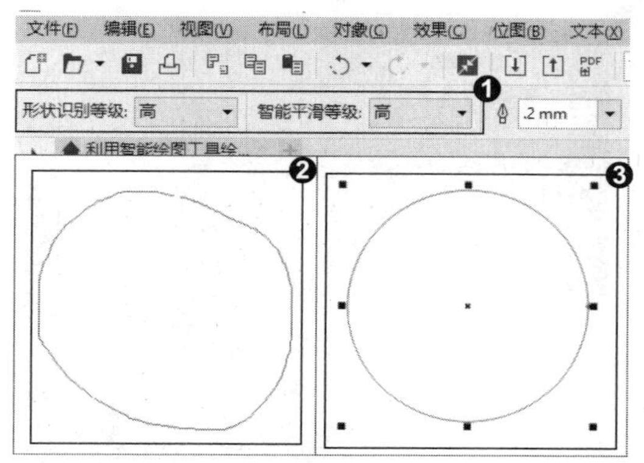

3. 绘制直线

❶ 将指针移动到圆形边缘时，会自动吸附，按住鼠标左键并拖动绘制直线，❷ 松开鼠标后，绘制的形状变成平滑的直线。

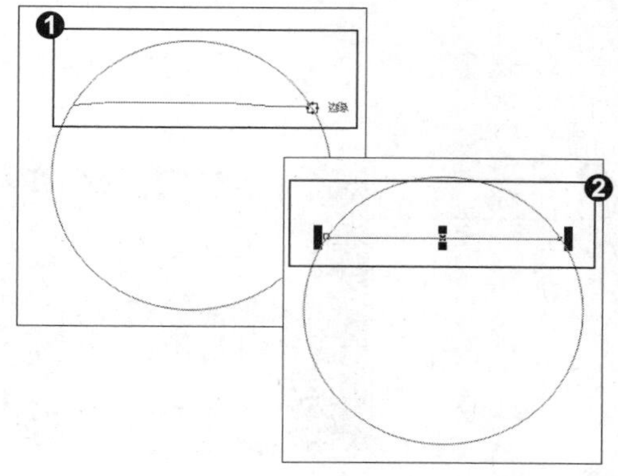

4. 应用智能绘图工具

❶ 继续使用智能绘图工具绘制电视标板，❷ 选择工具箱中的 (智能填充工具)，❸ 设置属性栏中的“填充”选项为“指定”。

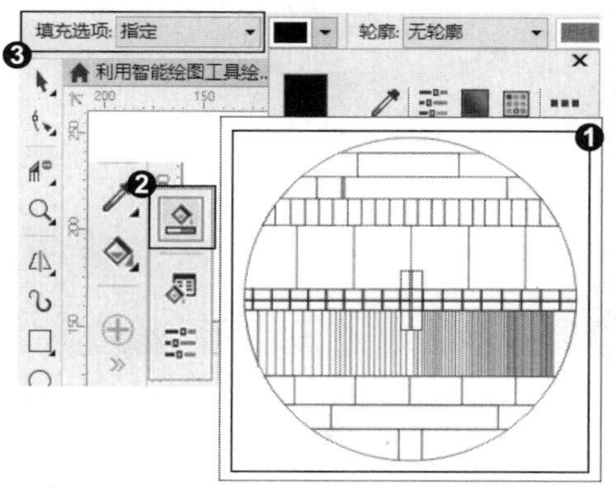

5. 设置属性

❶ 单击“填充色”后面的 按钮，❷ 在弹出面板选择要填充的颜色，❸ 单击对象填充颜色。

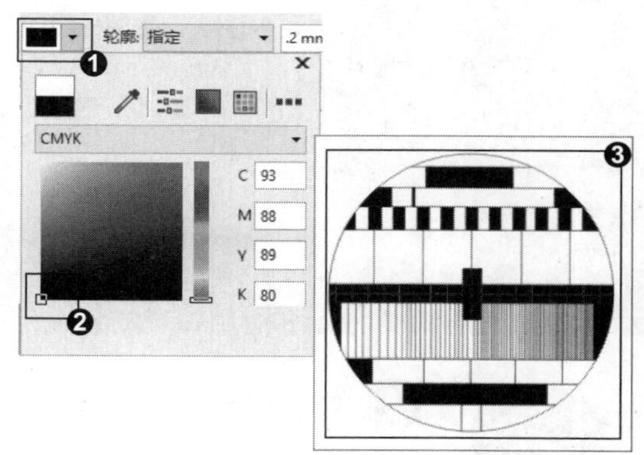

6. 填充颜色

❶ 在属性栏更改需要填充的颜色，给对象填充颜色，❷ 填充颜色完成后，选择工具箱中的 (选择工具)，❸ 框选全部对象，右击，选择“组合对象”命令，或按 Ctrl+G 快捷键组合对象。

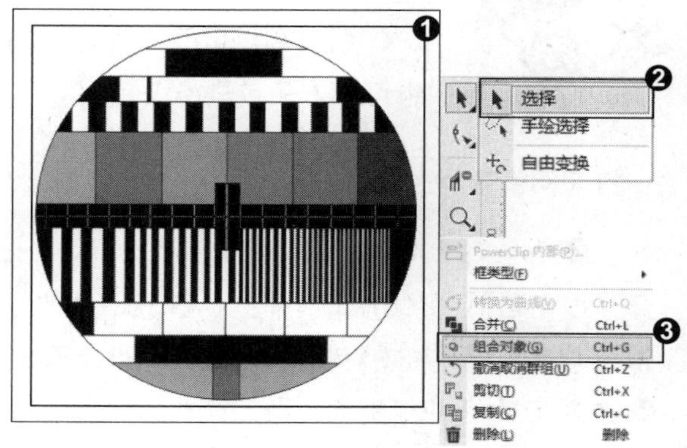

7. 应用矩形工具

❶ 选择工具箱中的□（矩形工具），❷ 按住鼠标左键并拖动绘制矩形，❸ 填充颜色后，右击，选择“顺序” | “到页面背面”命令，制作电视机的背景。

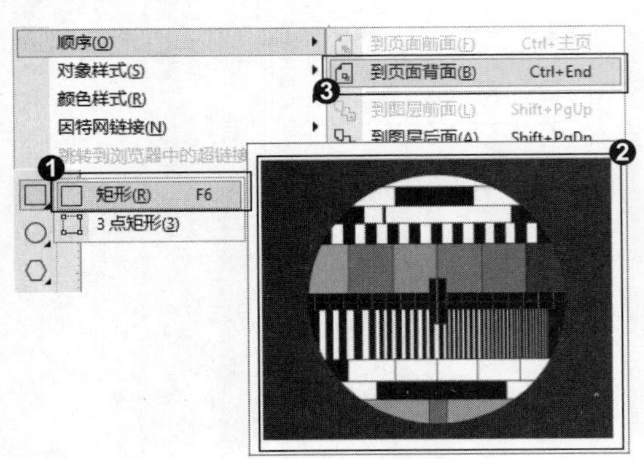

8. 去除轮廓线

❶ 单击选择“电视标板”图形，❷ 在右侧调色板右击⊠，取消图形的轮廓线，❸ 电视标板绘制完成。

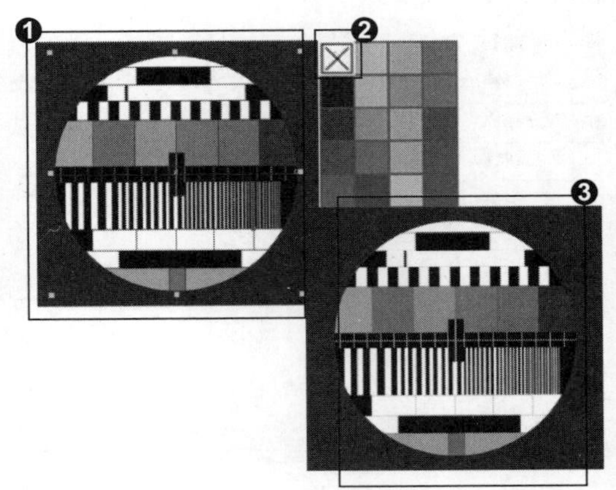

知识拓展

使用“智能绘图”工具绘出对象后，❶ 将指针移动到对象中心且变为十字箭头形状✥时，可移动对象的位置；❷ 当指针移动到对象边缘且变为双向箭头↖时，可进行缩放操作；在进行移动或是缩放操作时，右击还可以复制图像。

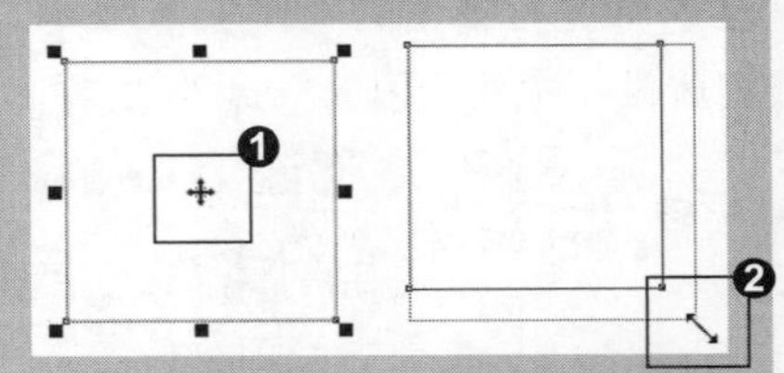

招式 093 调色板填充图形颜色

Q 怎样用调色板为对象进行填色?

A 如果有想用的颜色，可直接单击颜色填色；如果没有可以滑动颜色条设置颜色，也可载入颜色进行填色。

1. 打开图像素材

❶ 启动 CorelDRAW X8 后，单击左上角的“打开”按钮或按 Ctrl+O 快捷键，❷ 打开本书配备的“第 5 章 \ 素材 \ 招式 93\ 图像 .cdr”文件，❸ 选择工具箱中的▶（选择工具）。

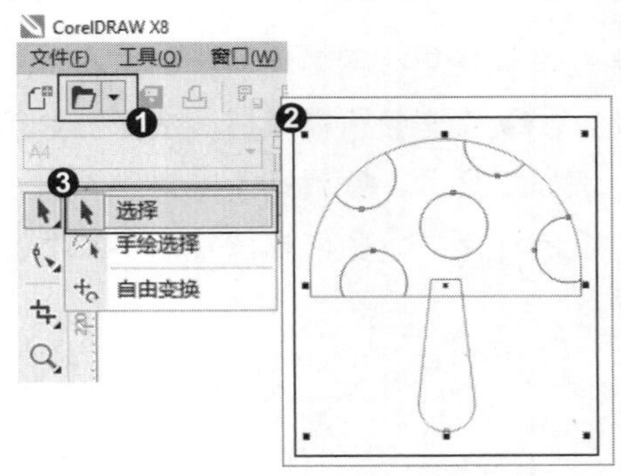

2. 应用交互式填充工具

❶ 单击选择要填充的对象，❷ 按 G 键，或选择工具箱中的（交互式填充工具），❸ 在属性栏上单击“均匀填充”按钮，将默认的颜色应用到对象上。

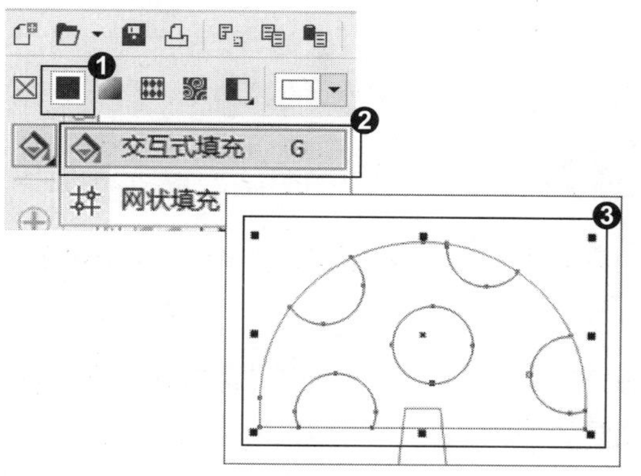

3. 用调色板填充颜色

❶ 在属性栏上单击“填充色”后面的按钮，❷ 在弹出面板选择“显示调色板”按钮，弹出“调色板”面板，❸ 单击要填充的色样，可为选定的对象填充颜色。

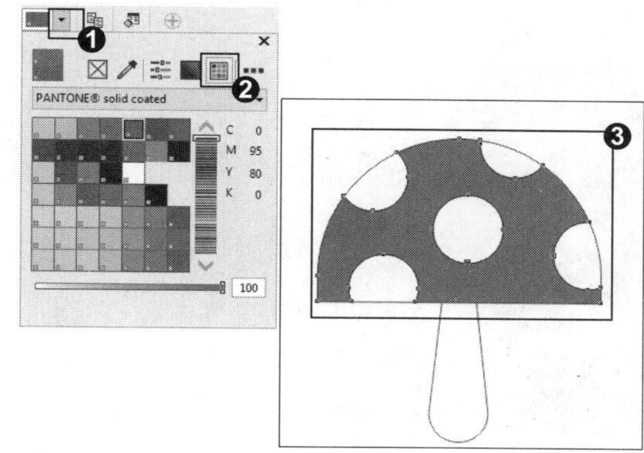

4. 拖动滑块填色

❶ 在“调色板”面板中拖曳纵向颜色条上的滑块，❷ 可以对颜色进行预览，❸ 单击要填充的色样，可为选定的对象填充颜色。

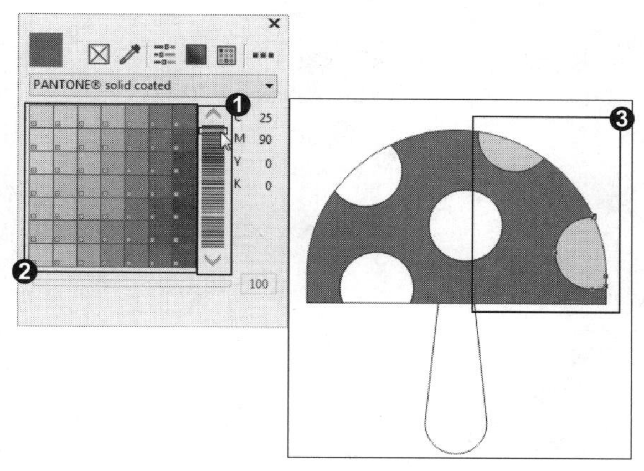

知识拓展

在默认情况下，“淡色”选项处于不可用状态，❶ 只有在将“调色板”类型设置为专色调色板类型，该选项才可用，❷ 往右调整淡色滑块，可以减淡颜色，往左调整淡色滑块则可加深颜色，❸ 同时可以在颜色预览窗口中查看淡色效果。

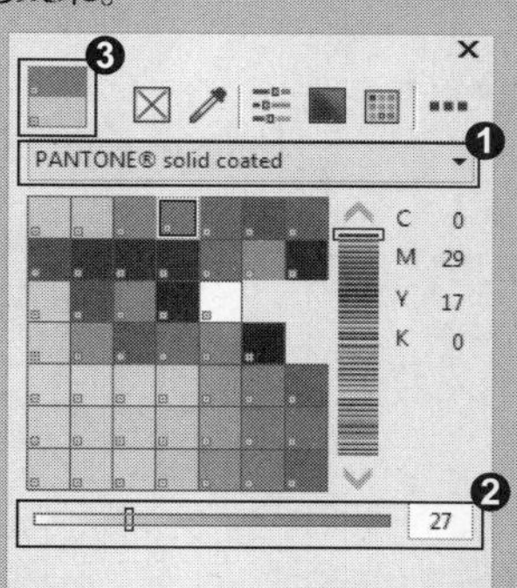

专家提示

在“均匀填充”对话框中选择颜色时，将指针移出该对话框，指针即可变为滴管形状，此时可从绘图窗口进行颜色取样；如果单击对话框中的“滴管”按钮后，再将指针移出对话框，此时不仅可以从文档窗口进行颜色取样，还可对应用程序外的颜色进行取样。

5. 填充颜色

❶ 同样方法，为对象填充其他的色样，❷ 在右侧的“默认调色板”中右击☒按钮，去除轮廓线，完成对象的填色。

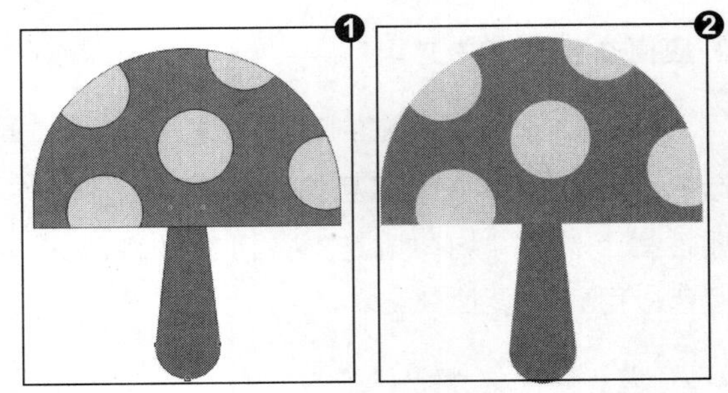

招式 094 混合器填充图形颜色

Q 在为对象进行单一颜色填充时，如果对颜色的色调把握不准确，在 CorelDRAW 中该如何填充颜色呢？

A 可以通过“混合器”选项卡，在“变化”选项的下拉列表中对颜色色调进行设置，然后进行颜色选择，就可以给图形填充想要的颜色了。

1. 打开图像素材

❶ 启动 CorelDRAW X8 后，单击左上角的“打开”按钮或按 Ctrl+O 快捷键，❷ 打开本书配备的“第 5 章 \ 素材 \ 招式 94\ 图像 .cdr”文件，❸ 选择工具箱中的（选择工具），单击选择要填充的对象。

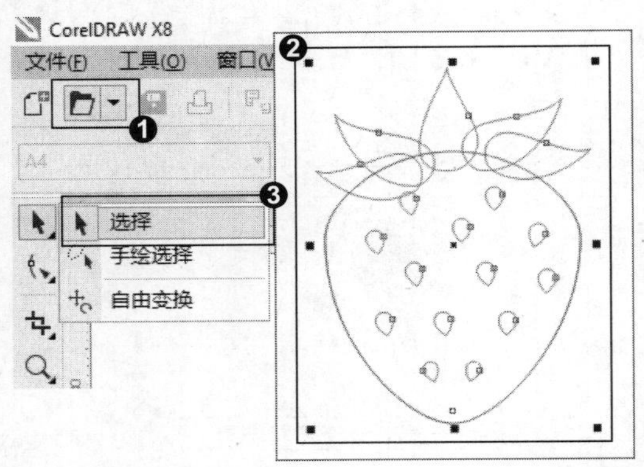

3. 设置混合器填充

❶ 弹出“编辑填充”面板，切换至“混合器”选项卡，❷ 在色环上单击选择颜色范围，再在颜色滑块上选择填充颜色，❸ 在“变化”选项下拉列表选择“调亮”，完成后单击“确定”按钮。

2. 应用交互式填充工具

❶ 按 G 键，或选择工具箱中的（交互式填充工具），❷ 在属性栏上单击“均匀填充”按钮，❸ 单击“编辑填充”按钮。

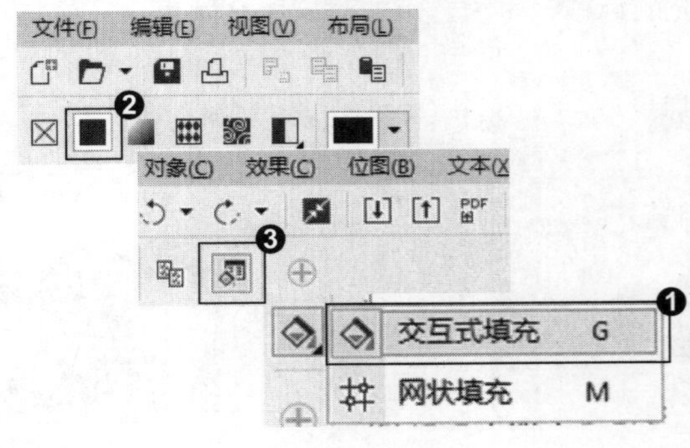

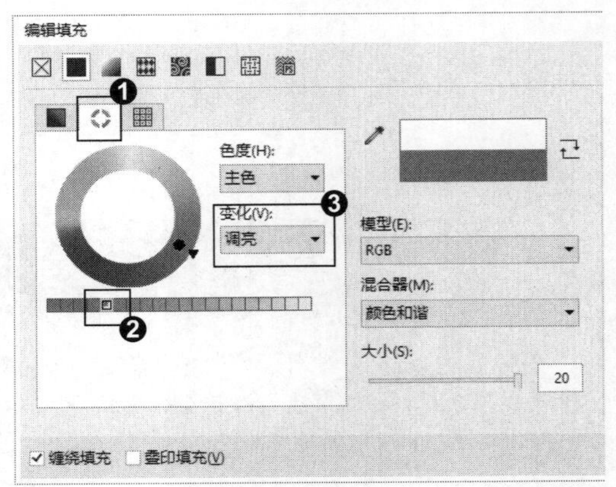

4. 填充颜色

❶ 将选择的颜色应用到对象上，❷ 同样方法，选择其他对象，更改颜色，用混合器填充颜色完成效果。

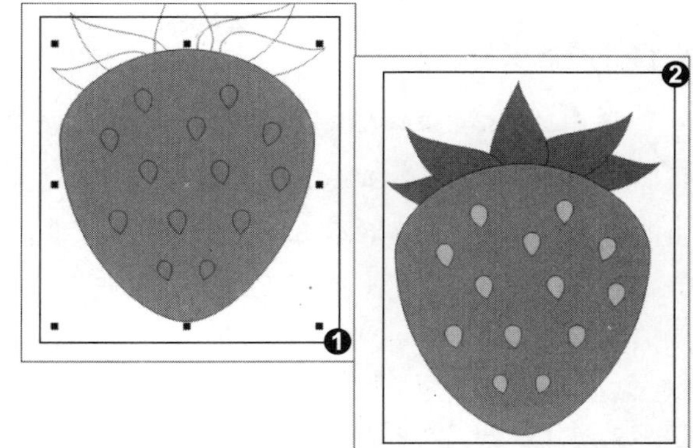

知识拓展

❶ 当色环上的颜色滑块位置发生改变时，颜色列表中的渐变色系也会随之改变，❷ 并且当指针移动到色环上变为十字形状十时，在色环上单击进行拖曳，可以更改所有颜色滑块的位置；❸ 移动指针至白色颜色滑块变为抓手形状，按住鼠标左键拖曳，可以调整所有白色颜色滑块的位置。

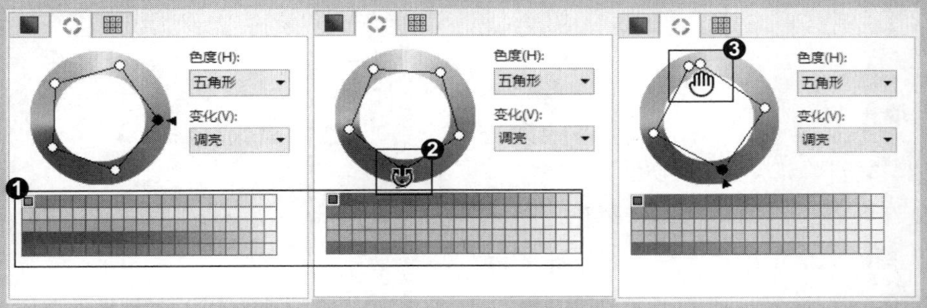

专家提示

在为对象进行单一颜色填充时，如果对想要填充的颜色色调把握不准确，可以通过"混合器"选项卡，在"变化"选项下拉列表中对颜色色调进行设置，然后进行颜色选择。

招式 095 模型填充图形颜色

Q 如果要给对象填充许多丰富的颜色，在 CorelDRAW 中该如何操作?

A 可以在"模型"选项卡中，在颜色选择区域单击选择色样，单击"确定"按钮，就可以为对象填充颜色了。

1. 打开图像素材

❶ 启动 CorelDRAW X8 后，单击左上角的“打开”按钮或按 Ctrl+O 快捷键，❷ 打开本书配备的“第 5 章 \ 素材 \ 招式 95\ 图像 .cdr”文件，❸ 选择工具箱中的（选择工具），单击选择要填充的对象。

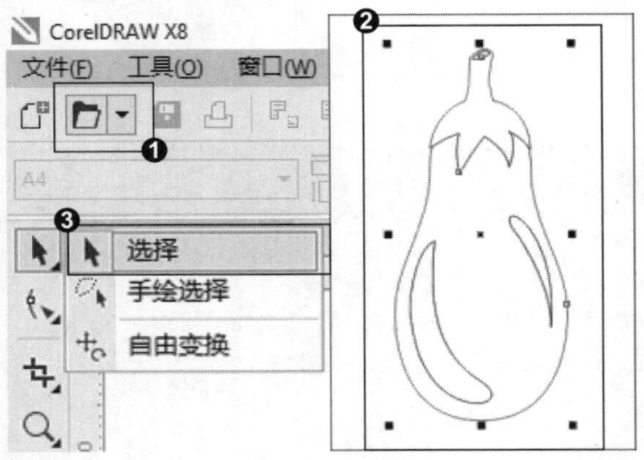

3. 设置模型填充

❶ 弹出“编辑填充”面板，切换至“模型”选项卡，❷ 在色条上拖动滑块选择颜色范围，❸ 在颜色选择区域单击选择颜色，完成后单击“确定”按钮。

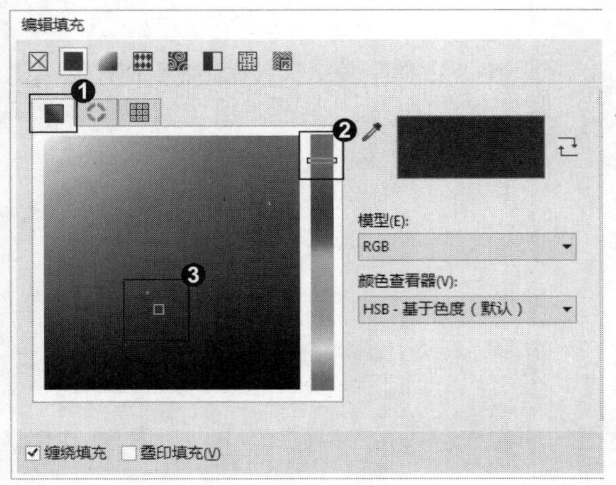

4. 填充颜色

❶ 将选择的颜色应用到对象上，❷ 选择其他对象，更改颜色，用模型填充颜色完成效果。

2. 应用交互式填充工具

❶ 按 G 键，或选择工具箱中的（交互式填充工具），❷ 在属性栏上单击“均匀填充”按钮，❸ 在属性栏上单击“编辑填充”按钮。

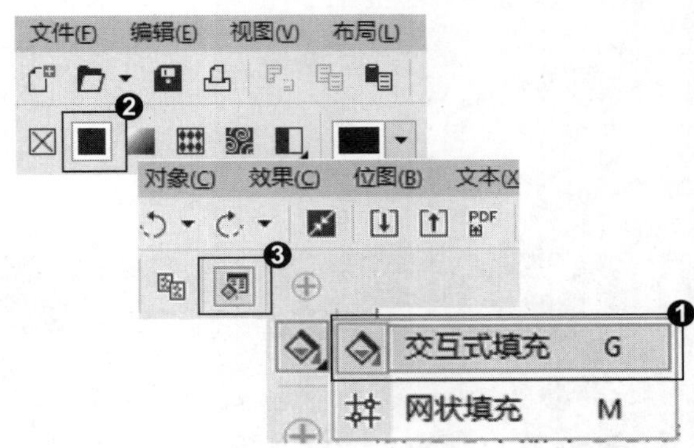

知识拓展

在“模型”选项卡中，除了可以在色样上单击为对象选择填充颜色，还可以在“组建”中输入所要填充颜色的数值。

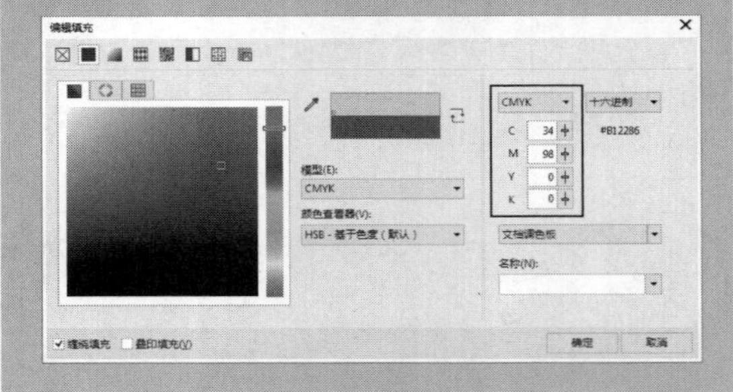

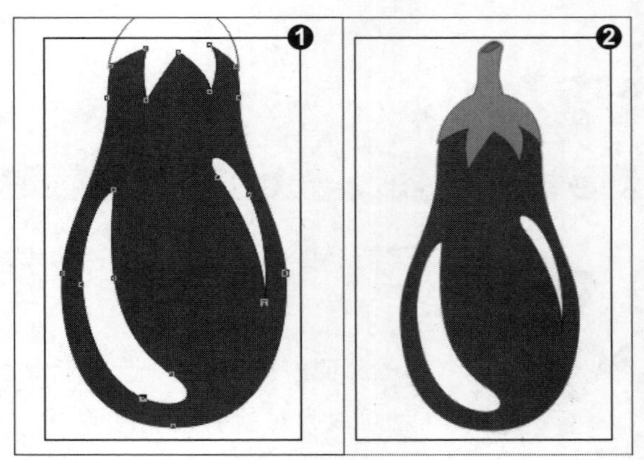

招式 096 渐变线性填充图形颜色

Q 如果要给图形填充线性渐变的颜色，在 CorelDRAW 中是如何操作的呢?

A 在“编辑渐变”面板中将“类型”设置为“线性渐变填充”，设置渐变颜色，就可以为对象填充线性渐变颜色了。

1. 打开图像素材

❶ 启动 CorelDRAW X8 后，单击左上角的“打开”按钮或按 Ctrl+O 快捷键，❷ 打开本书配备的“第 5 章 \ 素材 \ 招式 96\ 图像 .cdr”文件，❸ 选择工具箱中的（选择工具）。

2. 应用交互式填充工具

❶ 单击选择要填充的对象，❷ 按 G 键，或选择工具箱中的（交互式填充工具），❸ 在属性栏上单击“渐变填充”按钮，将默认颜色应用到对象上。

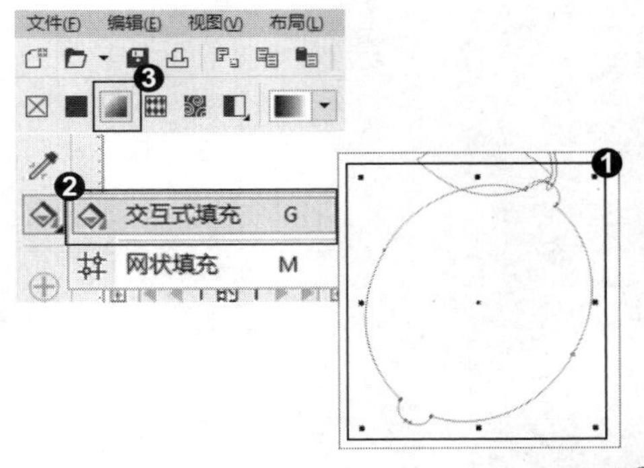

3. 线性渐变填充

❶ 在属性栏上单击“编辑填充”按钮，❷ 弹出“编辑填充”面板，将“类型”设置为“线性渐变填充”，❸ 单击颜色滑块设置渐变颜色，完成后单击“确定”按钮。

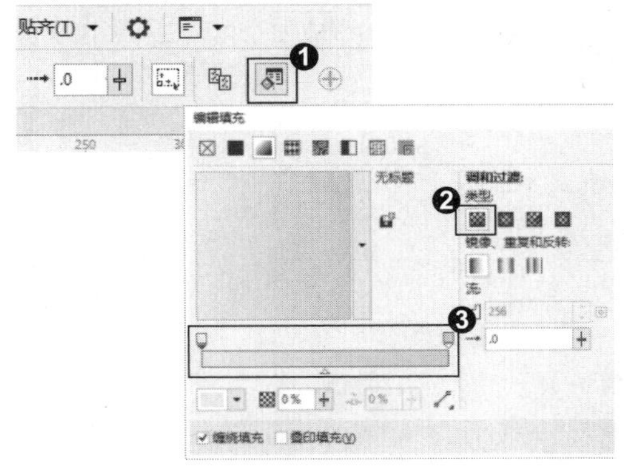

4. 填充渐变

❶ 填充颜色后，可拖动方形图柄和滑块，调整渐变的方向和渐变序列，❷ 使用同样的方法为其他对象继续填充渐变色，完成填充渐变颜色。

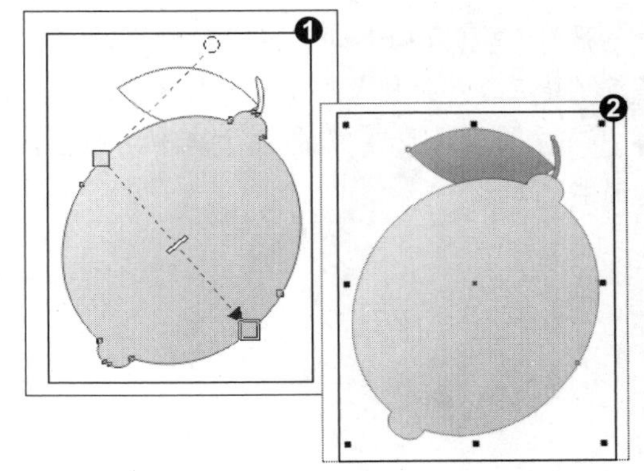

知识拓展

在“渐变填充”对话框中可以将自定义的渐变颜色样式进行存储，并且在下一次的填充中可以在“预设”选项的下拉列表中找到该渐变样式。进行渐变样式填充时，❶ 首先要在“渐变填充”对话框中设置好渐变的样式，❷ 单击“保存为新”按钮，❸ 在弹出的“保存图样”对话框中为渐变样式命名，❹ 单击“填充挑选器”按钮，❺ 在其下拉列表中单击“个人”选项，即可查看保存的渐变样式。

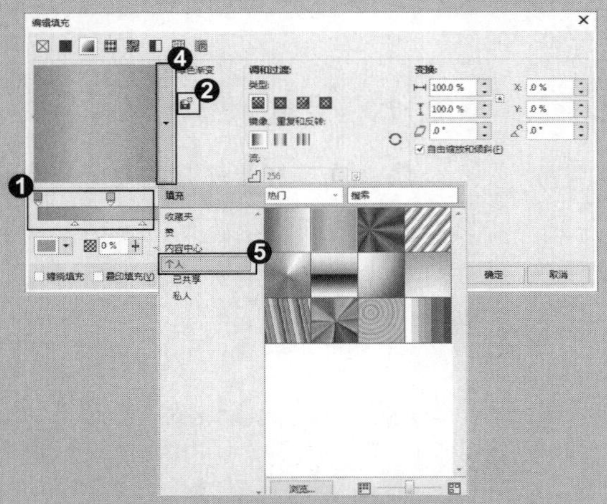

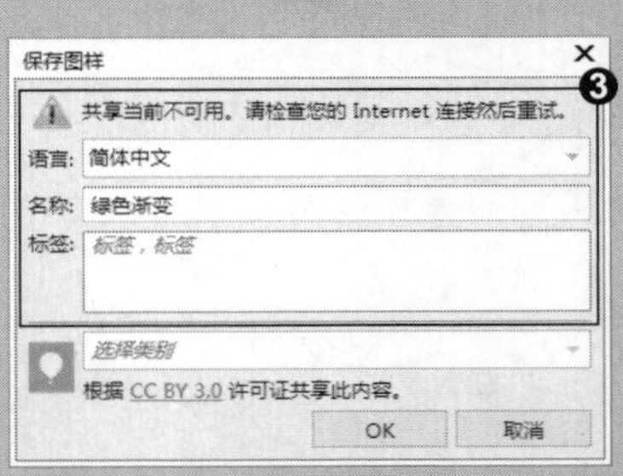

招式 097 渐变椭圆形填充图形颜色

Q 椭圆形渐变是两个或多个颜色之间以同心圆的形式由对象中心向外辐射生成的渐变效果，在 CorelDRAW 中如何给图形填充这种辐射的渐变效果？

A 在“编辑渐变”面板中将“类型”设置为“椭圆形渐变填充”，然后设置渐变颜色，就可以为对象填充辐射渐变颜色了。

1. 打开图像素材

❶ 启动 CorelDRAW X8 后，单击左上角的“打开”按钮或按 Ctrl+O 快捷键，❷ 打开本书配备的“第 5 章 \ 素材 \ 招式 97\ 图像 .cdr”文件，❸ 选择工具箱中的（选择工具），单击选择要填充的对象。

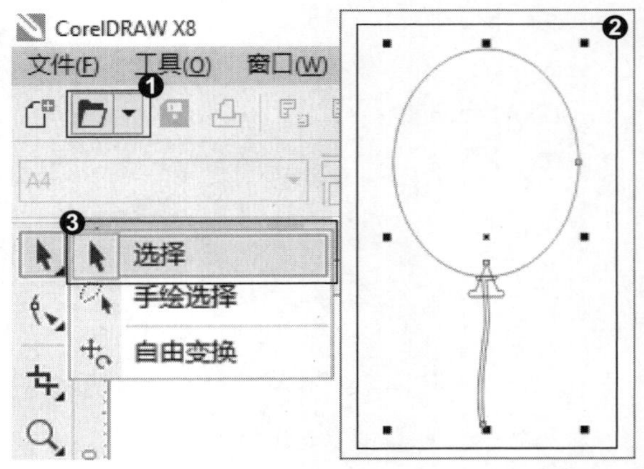

2. 应用交互式填充工具

❶ 按 G 键，或选择工具箱中的（交互式填充工具），❷ 在属性栏上单击“渐变填充”按钮，❸ 单击“编辑填充”按钮。

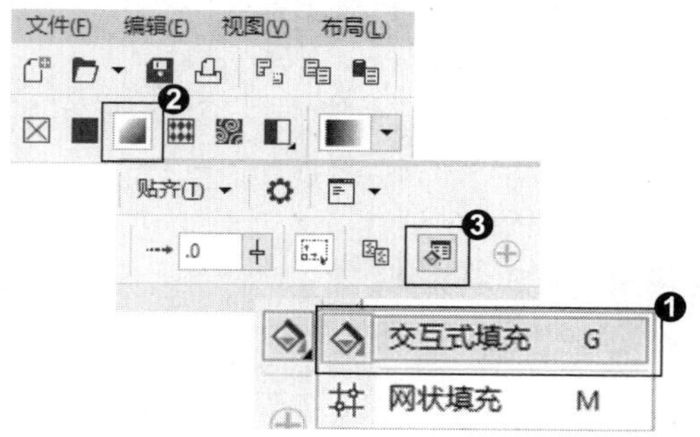

3. 椭圆形渐变填充

❶ 弹出“编辑填充”面板，将“类型”设置为“椭圆形渐变填充”，❷ 单击颜色滑块设置渐变颜色，完成后单击“确定”按钮。

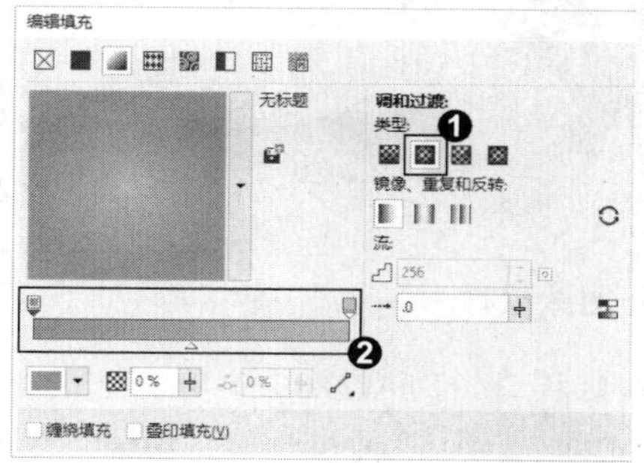

4. 填充渐变

❶ 将设置的渐变颜色应用到对象上，❷ 填充颜色后，可拖动方形图柄和滑块，调整渐变的方向和渐变序列。

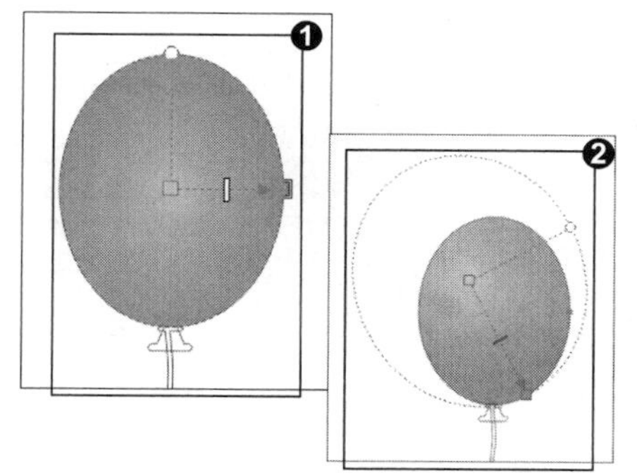

5. 均匀填充

❶ 在“编辑填充”面板上单击“均匀填充”按钮，❷ 选择颜色并给其他对象填充颜色，❸ 完成渐变辐射填充颜色。

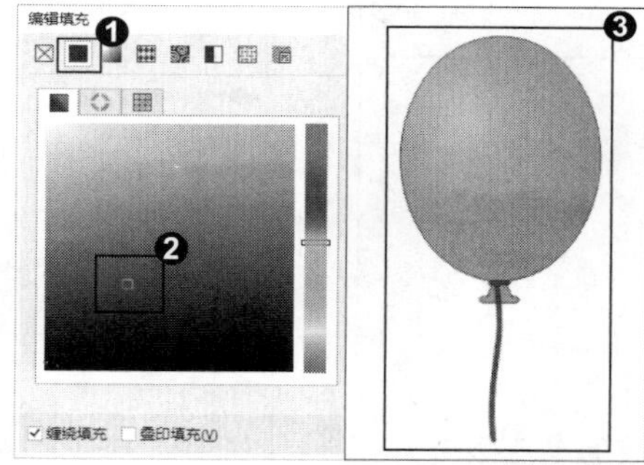

知识拓展

“渐变填充”属性栏中，选择不同的渐变填充方式，所展示的渐变范围框也会有所不同。❶ 使用“线性渐变”时，渐变范围框会沿着线性的路径进行填充；❷ 使用“椭圆形渐变”时，渐变范围随着椭圆中心往外填充渐变；❸ 使用“圆锥渐变”时，渐变范围会沿着锥形形状往外填充渐变；❹ 使用“正方形渐变”时，渐变范围会沿着矩形的中心往外填充渐变。

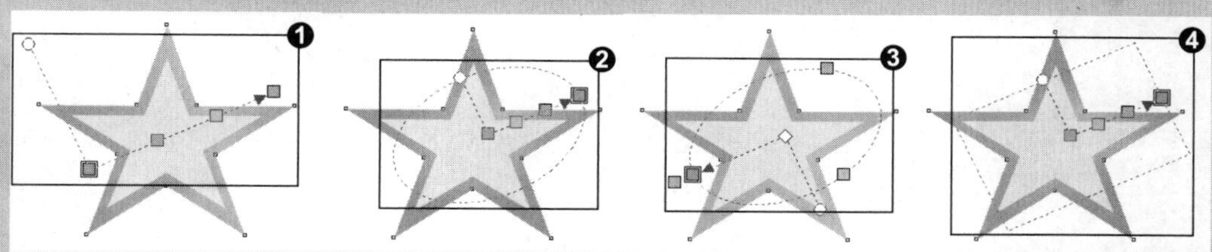

招式 098 渐变圆锥填充图形颜色

Q 圆锥渐变是两个或多个颜色之间产生的色彩渐变，模拟光线落在圆锥上的视觉效果，使平面图形产生空间立体感，在 CorelDRAW 中如何给图形填充这种圆锥的渐变效果呢?

A 在“编辑渐变”面板中将“类型”设置为“圆锥形渐变填充”，设置渐变颜色，就可以为对象填充圆锥渐变颜色了。

1. 打开图像素材

❶ 启动 CorelDRAW X8 后，单击左上角的“新建”按钮或按 Ctrl+N 快捷键，新建一个文档，❷ 选择工具箱中的（椭圆形工具），或按 F7 键，❸ 在页面空白处按住鼠标左键并拖动，绘制椭圆。

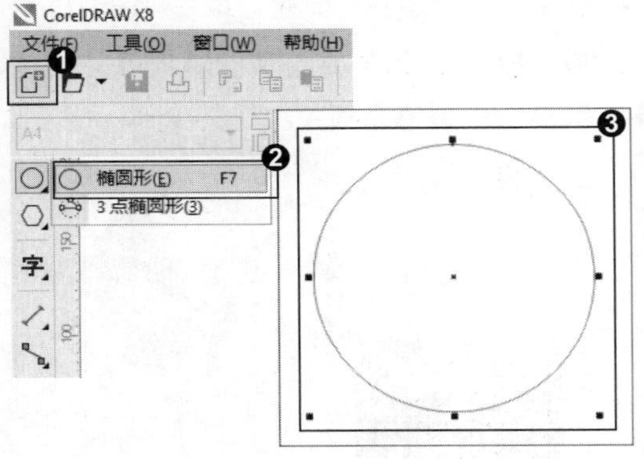

2. 应用交互式填充工具

❶ 按 G 键，或选择工具箱中的（交互式填充工具），❷ 在属性栏上单击“渐变填充”按钮，❸ 单击“编辑填充”按钮。

3. 圆锥形渐变填充

❶ 弹出“编辑填充”面板，将“类型”设置为“圆锥形渐变填充”，❷ 单击颜色滑块设置渐变颜色。

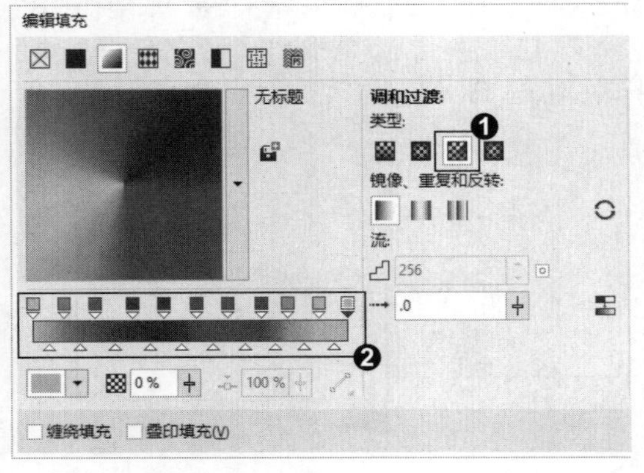

4. 填充渐变

❶ 将设置的渐变颜色应用到对象上，可拖动方形图柄和滑块，调整渐变的方向和渐变序列，❷ 单击选择对象，在调色板右击，取消图形的轮廓线，完成渐变圆锥填充颜色。

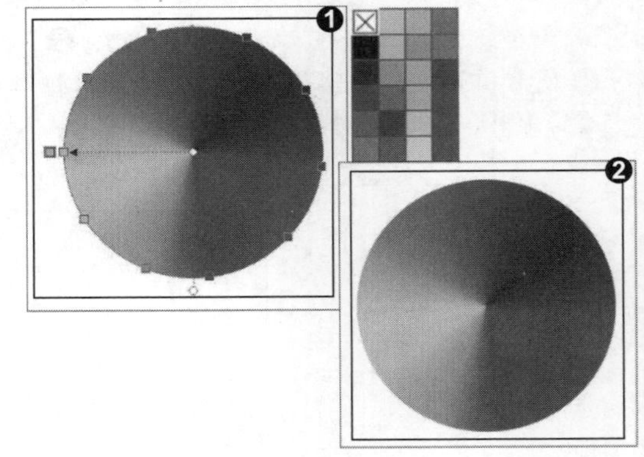

知识拓展

在“渐变填充”对话框中，❶ 单击“默认渐变填充”按钮，可以应用以开始颜色开始和结束的渐变填充；❷ 单击“重复和镜像”按钮，以开始颜色重复和镜像渐变填充；❸ 单击“重复”按钮，重复的应用渐变填充。

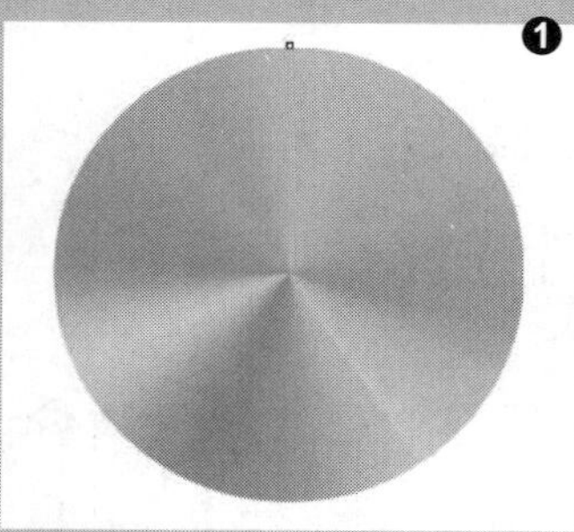

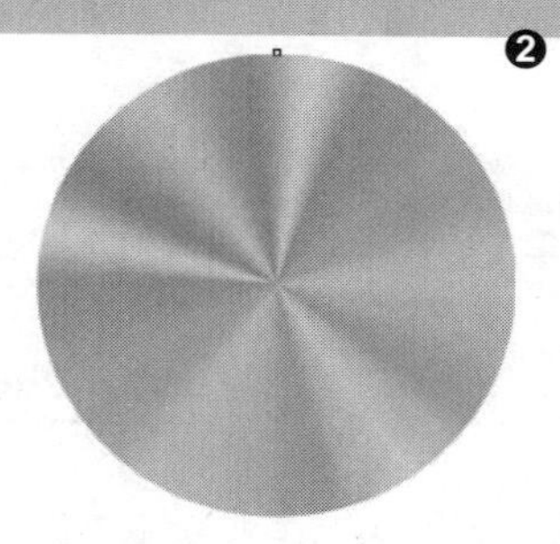

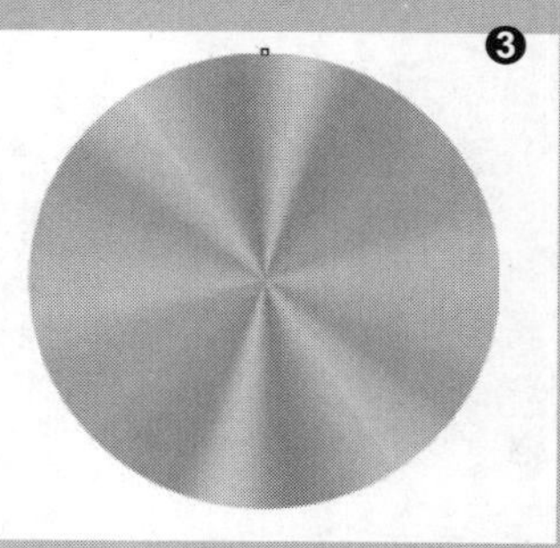

招式 099 渐变矩形填充图形颜色

Q 在给图形填充渐变色时，想要将设定好的渐变更改为矩形渐变，在 CorelDRAW 中该如何操作？

A 可在“编辑填充”对话框中将类型设置为“矩形渐变”，可以将设置好的渐变更改为矩形渐变。

1. 打开图像素材

❶ 启动 CorelDRAW X8 后，单击左上角的“打开”按钮或按 Ctrl+O 快捷键，打开本书配备的“第 5 章 \ 素材 \ 招式 99\ 图形 .cdr”文件，❷ 选择工具箱中的（选择工具），单击选择要填充的对象。

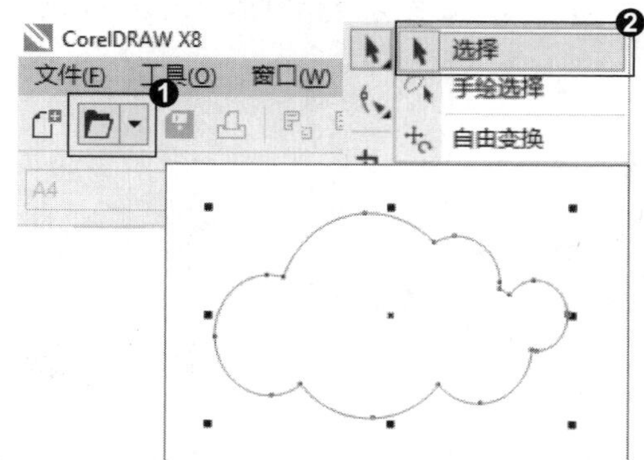

2. 应用交互式填充工具

❶ 按 G 键，或选择工具箱中的（交互式填充工具），❷ 在属性栏上单击“渐变填充”按钮，❸ 单击“编辑填充”按钮。

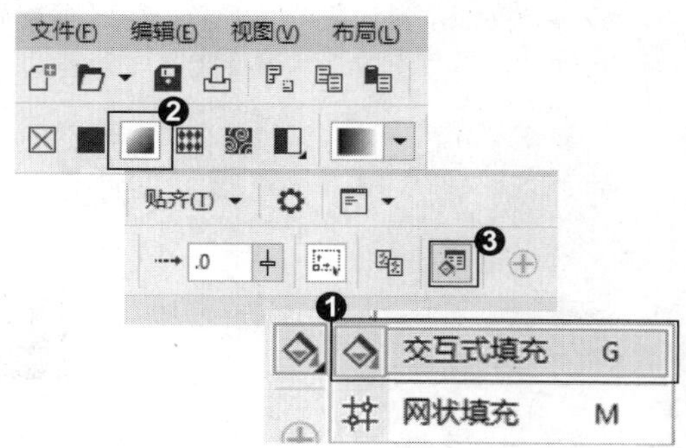

3. 设置填充

❶ 弹出“编辑填充”面板，单击选择“矩形渐变填充”，❷ 单击颜色滑块设置渐变颜色，❸ 在颜色条上双击可以添加颜色滑块，并设置颜色。

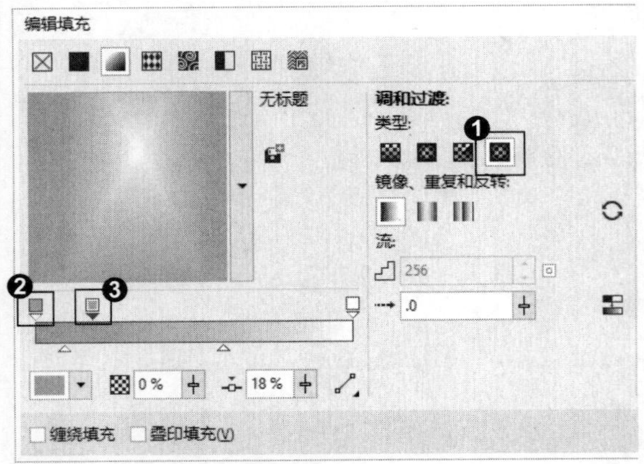

4. 调整渐变

❶ 在“编辑填充”面板可以设置渐变填充的位置大小或变形，❷ 也可以在图形上直接拖动方形图柄和滑块，调整渐变的方向和渐变序列，❸ 单击方形图柄，可以更改颜色和透明度。

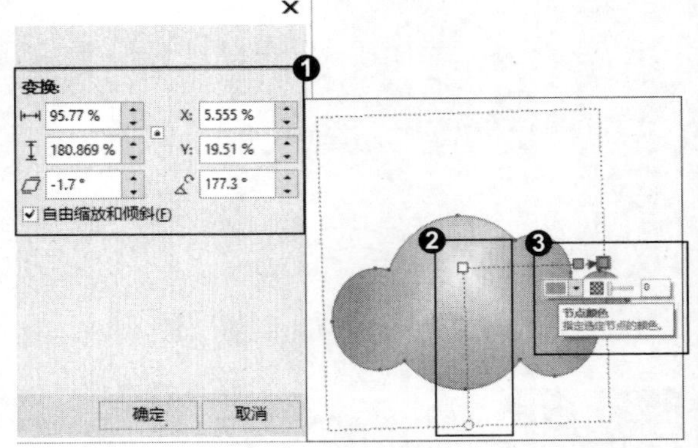

5. 去除轮廓线

❶ 单击选择对象，在调色板右击，取消图形的轮廓线，❷ 完成渐变矩形填充图形颜色。

知识拓展

当填充类型为“线性”“椭圆形”“圆锥”和“正方形”时，❶ 在填充对象的虚线上双击，可添加颜色节点，更改渐变颜色；❷ 将指针放在圆形图柄上，单击并移动可以设置渐变填充的角度；❸ 将指针放在箭头旁边的正方形渐变块上，移动鼠标指针可设置渐变辐射的范围。

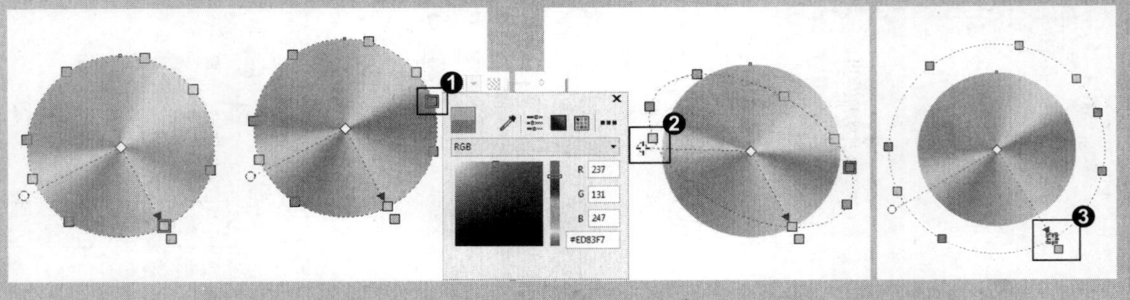

招式 100 图样双色填充图形颜色

Q 想要对图形填充两种颜色的图样，在 CorelDRAW 中该如何操作？

A 在工具箱中选择“交互式填充”工具，在属性栏单击“双色图案填充”按钮，就可以为对象填充预设的双色图样了。

1. 打开图像素材

❶ 启动 CorelDRAW X8 后，单击左上角的“打开”按钮或按 Ctrl+O 快捷键，❷ 打开本书配备的“第 5 章 \ 素材 \ 招式 100\ 图像 .cdr”文件，❸ 选择工具箱中的（选择工具）。

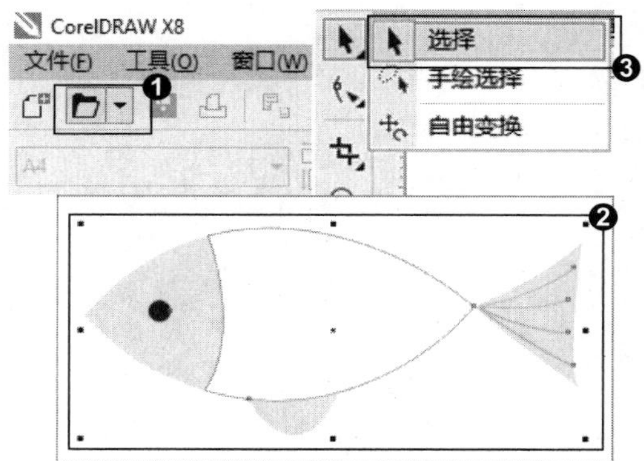

2. 应用交互式填充工具

❶ 单击选择要填充的对象，❷ 按 G 键，或选择工具箱中的（交互式填充工具），❸ 在属性栏上单击“双色图案填充”按钮，将默认图案应用到对象上。

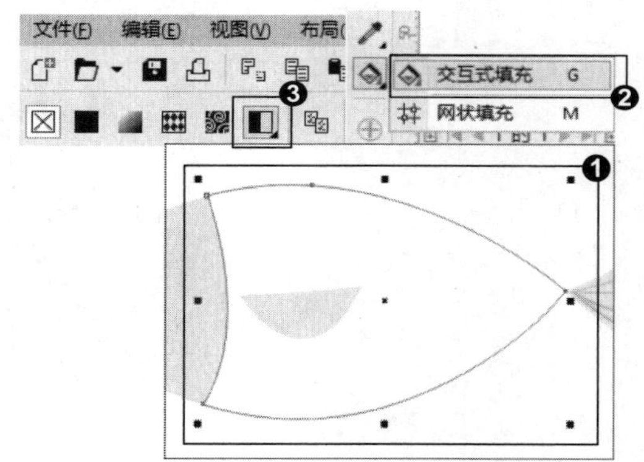

3. 双色图案填充

❶ 在属性栏上单击“第一种填充色或图样”后面的按钮，❷ 在弹出面板选择要填充的图样，❸ 单击“前景颜色”或“背景颜色”后面的按钮，设置前景色或背景色。

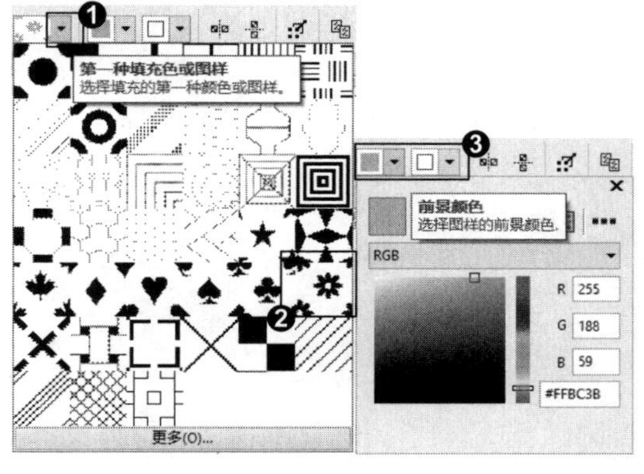

4. 调整填充

❶ 在对象上单击圆形或方形图柄并拖动，调整图案（拖动圆形图柄等比例缩放，拖动方形图柄则改变高度和宽度），❷ 单击圆形图标并拖动也可以旋转图案。

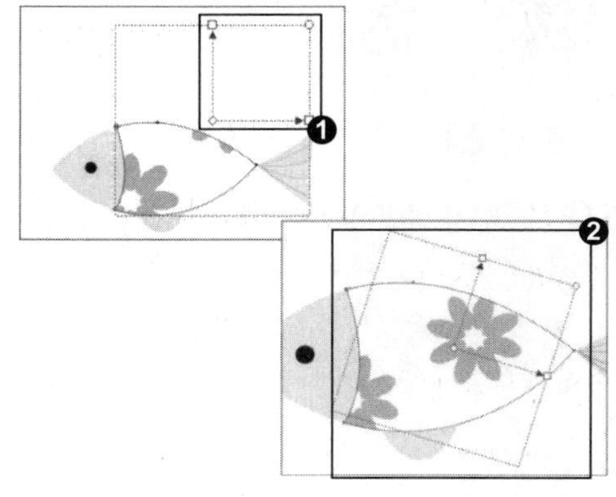

5. 去掉轮廓线

❶ 单击菱形并拖动可以调整图案的位置，❷ 在颜色板右击☒，取消图形的轮廓线，❸ 完成图样双色填充图形颜色。

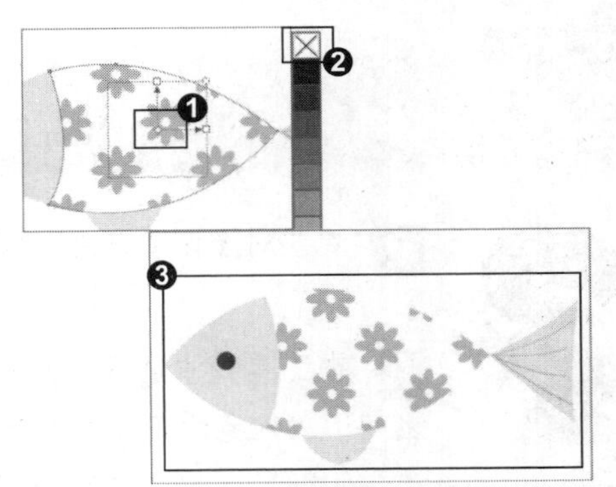

知识拓展

单击“第一种填充色或图样”文本框后的按钮▾，打开下拉菜单，如果其中没有想要的图样，可以自定义图案。❶ 单击“更多”按钮，❷ 打开“双色图案编辑器”对话框，在左侧窗格中单击，可以用填充方格的形式绘制所需图样，右击则可取消填充的方格。❸ 完成绘制后，单击“确定”按钮，自定义的图样即会出现在图样下拉列表框中。

招式 101 图样全色填充图形颜色

Q 如果想要为图形填充矢量图案或图案样式，在 CorelDRAW 中该如何操作?

A 在工具箱中选择交互式填充工具，在属性栏单击“向量图样填充”按钮，就可以为对象填充预设的图样了。

1. 打开图像素材

❶ 启动 CorelDRAW X8 后，单击左上角的“打开”按钮🗁或按 Ctrl+O 快捷键，❷ 打开本书配备的“第 5 章 \ 素材 \ 招式 101\ 图形 .cdr”文件，❸ 选择工具箱中的↖（选择工具）。

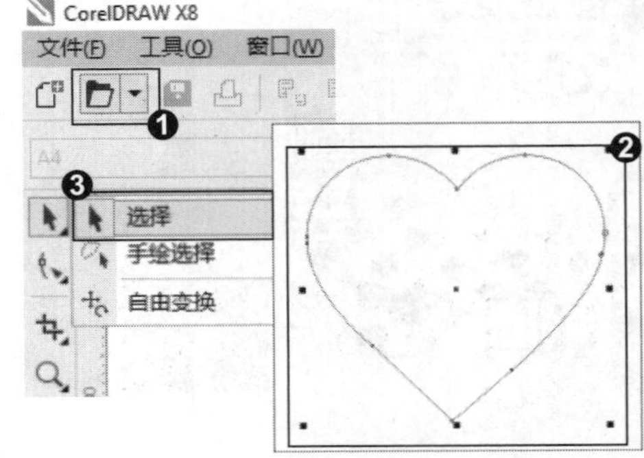

2. 应用交互式填充工具

❶ 单击选择要填充的对象，❷ 按 G 键，或选择工具箱中的（交互式填充工具），❸ 在属性栏上单击“向量图样填充”按钮，将图样应用到对象上。

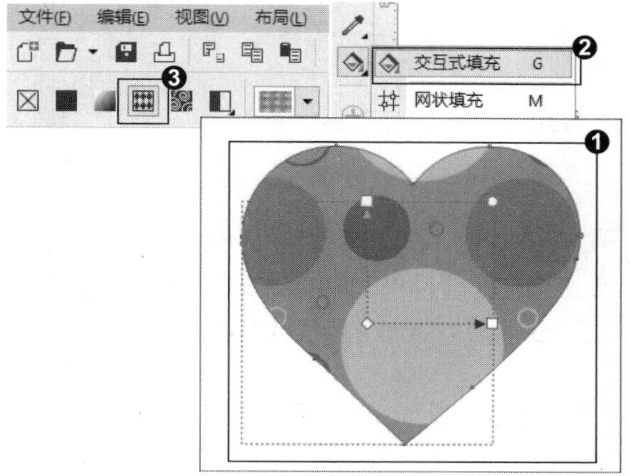

3. 向量图样填充

❶ 在属性栏上单击“填充挑选器”后面的按钮，❷ 在弹出面板双击选择要填充的图样，（如果没有满意的预设图样，可以单击底部的“浏览”按钮，填充外部图样的文件），❸ 将选择的图样应用到图形上。

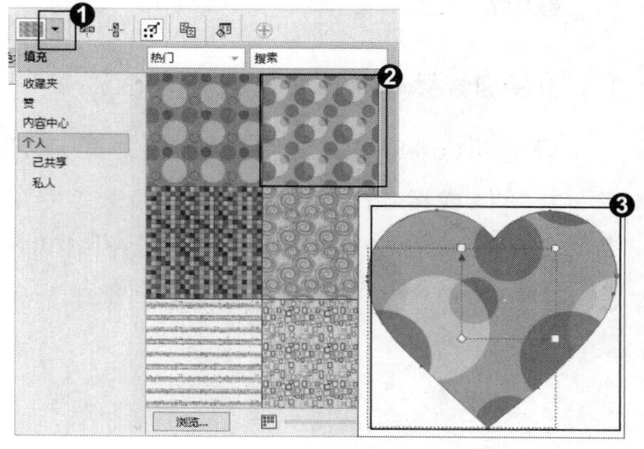

4. 调整填充

❶ 在对象上单击圆形图柄并拖动，调整填充的图样，❷ 完成图样全色填充图形颜色。

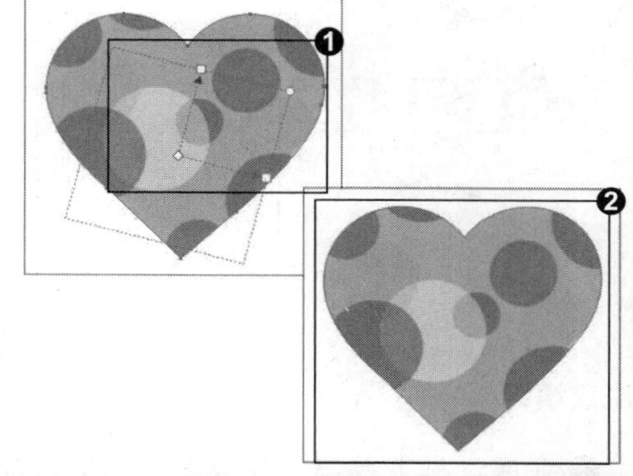

知识拓展

使用“向量图样”填充对象后，会出现一个定界框。❶ 将指针放在定界框的中心位置，当指针变为十字光标时，可以移动填充内容的位置；❷ 将指针放在定界框中间的方形图柄上，向左或是向右移动指针可改变填充内容的宽度；❸ 向下或是向上移动指针可倾斜和旋转图像的内容。

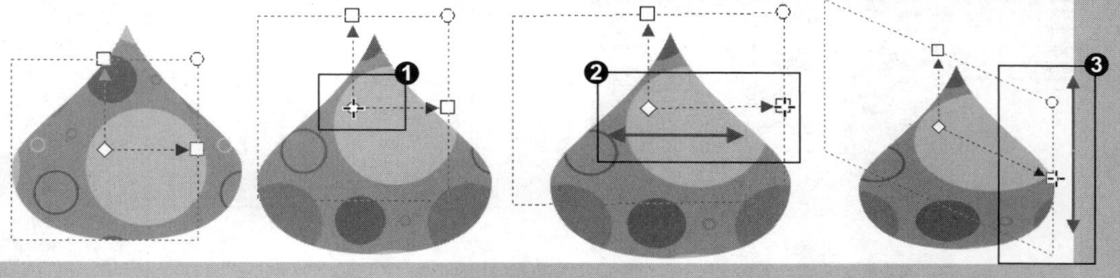

招式 102 巧用底纹库为对象添加自然外观

Q 如果想要对图形填充底纹样式，在 CorelDRAW 中该如何操作？

A 在工具箱中选择交互式填充工具，在属性栏选择“底纹填充”，就可以为对象填充预设的底纹样式了。

1. 打开图像素材

❶启动 CorelDRAW X8 后，单击左上角的“打开”按钮或按 Ctrl+O 快捷键，❷打开本书配备的“第 5 章\素材\招式 102\图像 .cdr”文件，❸选择工具箱中的（选择工具），单击选择要填充的对象。

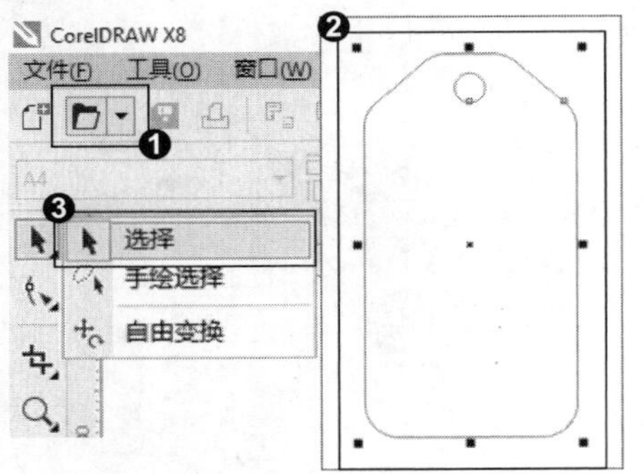

2. 应用交互式填充工具

❶按 G 键，或选择工具箱中的（交互式填充工具），❷在属性栏上单击“双色图案填充”按钮，在下拉面板选项中选择“底纹填充”，❸将默认底纹应用到对象上。

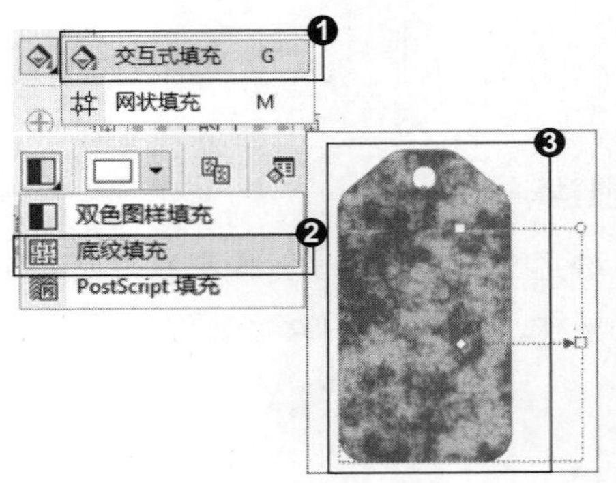

3. 底纹填充

❶在属性栏上单击“底纹库”选框，选择想要的底纹库，❷单击“填充挑选器”后面的按钮，❸选择想要的底纹，将选择的图样应用到图形上。

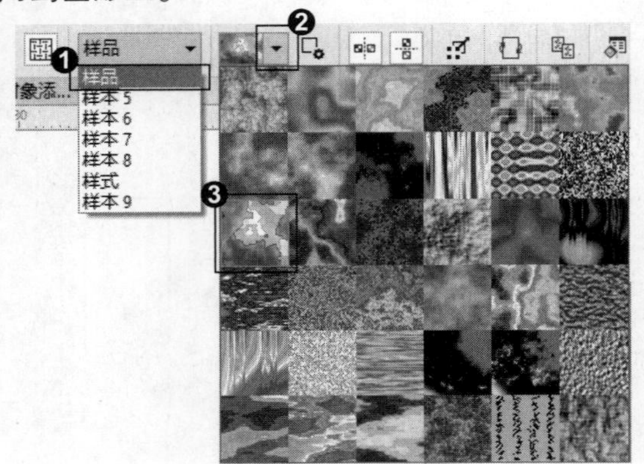

4. 调整填充

❶在对象上单击圆形图柄并拖动，调整填充的底纹（拖动圆形图柄等比例缩放，也可以进行旋转，方形图柄则改变高度和宽度），❷最终完成巧用底纹库为对象添加自然外观。

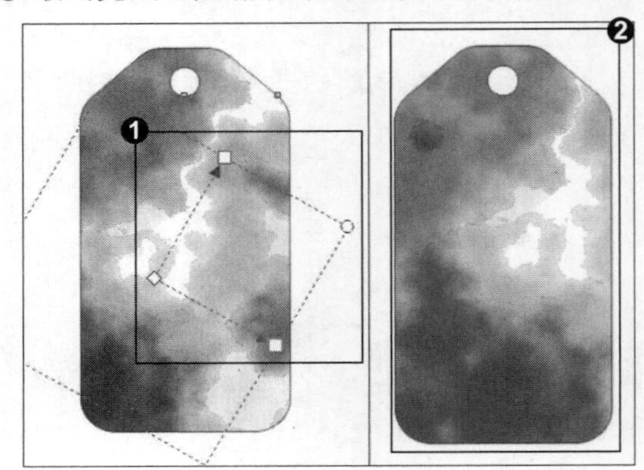

知识拓展

打开“编辑填充”对话框，单击“底纹填充”按钮，切换到该面板，选择合适的底纹，❶ 可以重新设置底纹的各个数值；❷ 设置完数值后生产新的底纹，单击“保存底纹”按钮＋，❸ 弹出“保存底纹为”对话框，在对话框中输入底纹的名称，选择保存的位置，可以将修改后的底纹保存为自定义底纹。

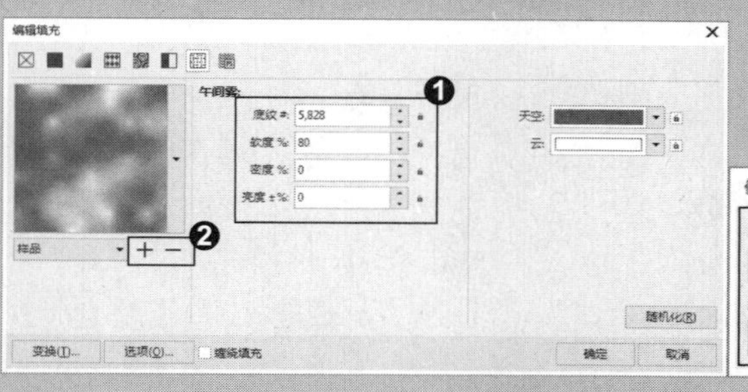

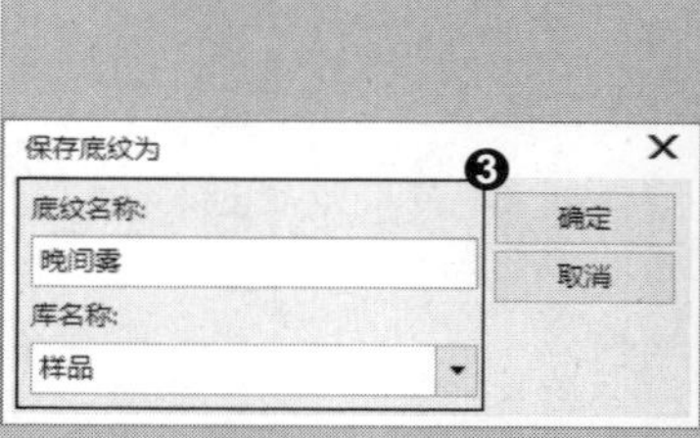

招式 103 使用颜色选择器填充自然底纹

Q 如果想要更改图形填充底纹样式的颜色，在 CorelDRAW 中该如何操作?

A 在为对象填充底纹效果后，在属性栏单击“编辑填充”按钮，在颜色选择器中选择颜色，就可以对底纹颜色进行更改了。

1. 打开图像素材

❶ 启动 CorelDRAW X8 后，单击左上角的“打开”按钮或按 Ctrl+O 快捷键，❷ 打开本书配备的“第 5 章 \ 素材 \ 招式 103\ 图像 .cdr”文件，❸ 选择工具箱中的（选择工具），单击选择要填充的对象。

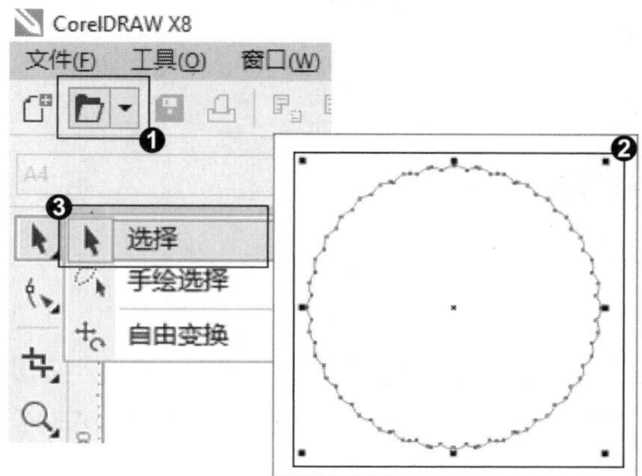

2. 应用交互式填充工具

❶ 按 G 键，或选择工具箱中的（交互式填充工具），❷ 单击属性栏上的“双色图案填充”按钮，在下拉面板选项中选择“底纹填充”，❸ 将默认底纹应用到对象上。

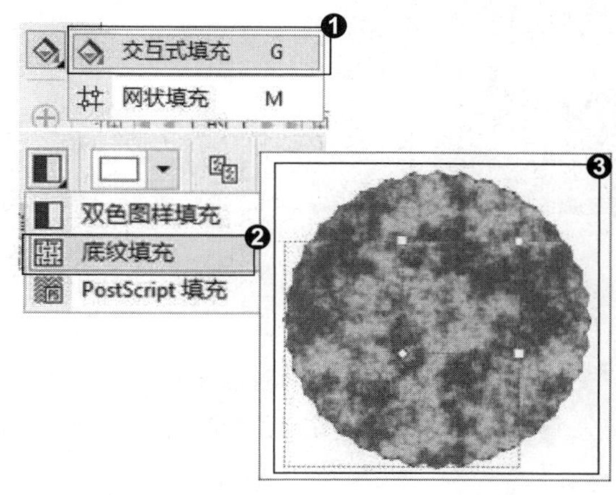

3. 应用颜色选择器

❶ 在属性栏上单击"编辑填充"按钮，❷ 弹出"编辑填充"面板，单击"色调"后面的按钮，在颜色选择器上选择想要的颜色，❸ 设置好"色调"和"亮度"的颜色后，单击"确定"按钮。

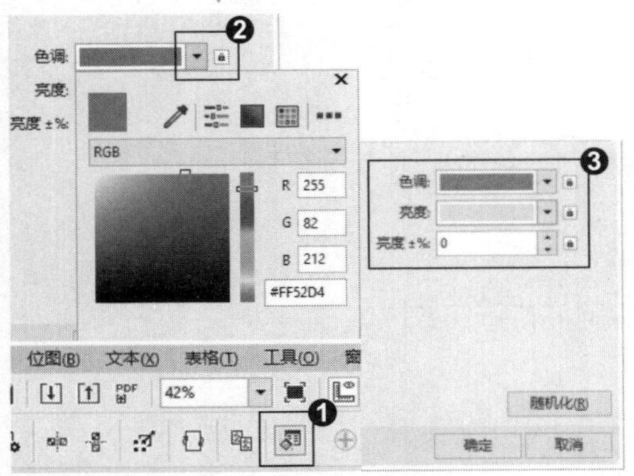

4. 调整填充

❶ 在对象上单击圆形图柄并拖动，调整填充的底纹（拖动圆形图柄等比例缩放，也可以进行旋转，方形图柄则改变高度和宽度），❷ 完成使用颜色选择器填充自然底纹。

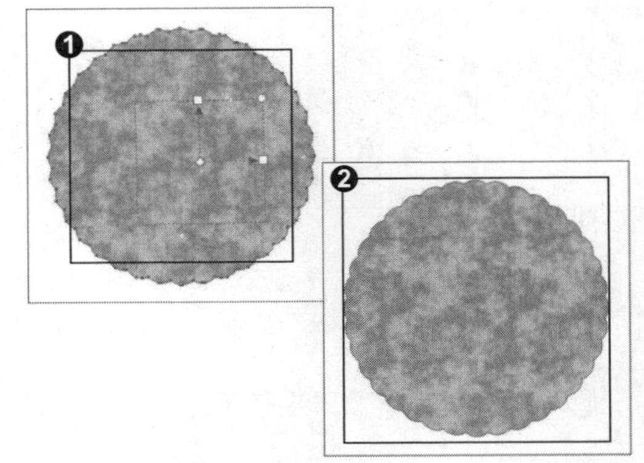

知识拓展

在"底纹填充"对话框中单击"随机化"按钮，更改底部的部分属性选项的参数（不对"颜色"选项进行更改，所更改的选项会根据所选底纹的不同而有所差异），在预览窗口中可以对更改后的底纹进行查看。

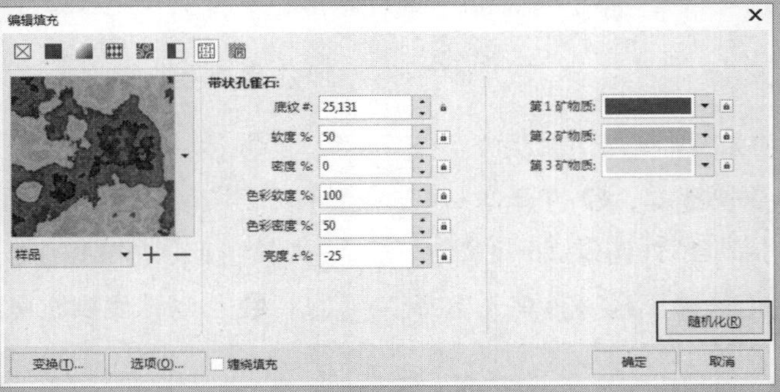

招式 104 使用平铺选项填充自然底纹

Q 如果想要对图形填充底纹进行平铺的更改，在CorelDRAW中该如何操作?

A 在为对象填充底纹效果后，在属性栏单击"编辑填充"按钮，单击"选项"按钮，弹出"底纹选项"面板，对"最大平铺宽度"进行设置，就可以对底纹平铺进行更改了。

1. 打开图像素材

❶ 启动 CorelDRAW X8 后，单击左上角的“打开”按钮或按 Ctrl+O 快捷键，❷ 打开本书配备的“第 5 章\素材\招式 104\图像.cdr”文件，❸ 选择工具箱中的（选择工具），单击选择要填充的对象。

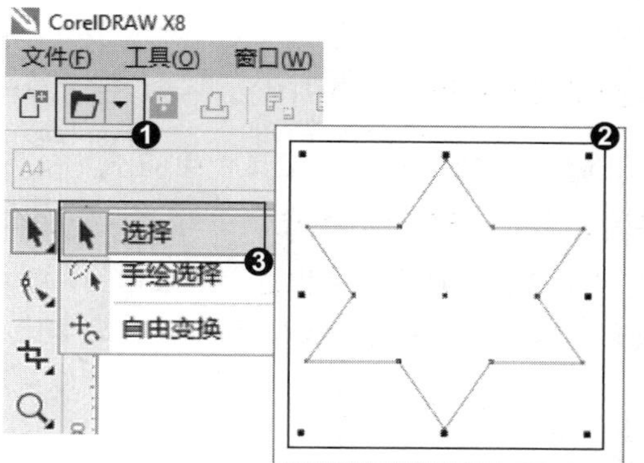

2. 应用交互式填充工具

❶ 按 G 键，或选择工具箱中的（交互式填充工具），❷ 单击属性栏中的“双色图案填充”按钮，在其下拉面板选项中选择“底纹填充”选项，❸ 将默认底纹应用到对象上去。

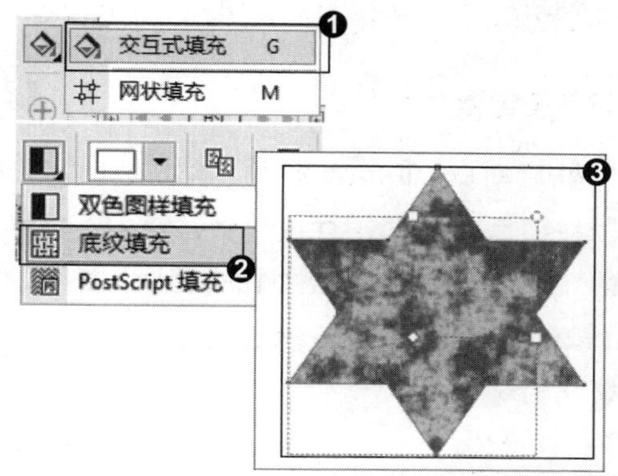

3. 平铺选项

❶ 单击属性栏中的“编辑填充”按钮，❷ 弹出“编辑填充”面板，单击“选项”按钮，❸ 弹出“底纹选项”面板，单击“最大平铺宽度”后面的按钮，选择平铺像素值，完成后单击“确定”按钮。

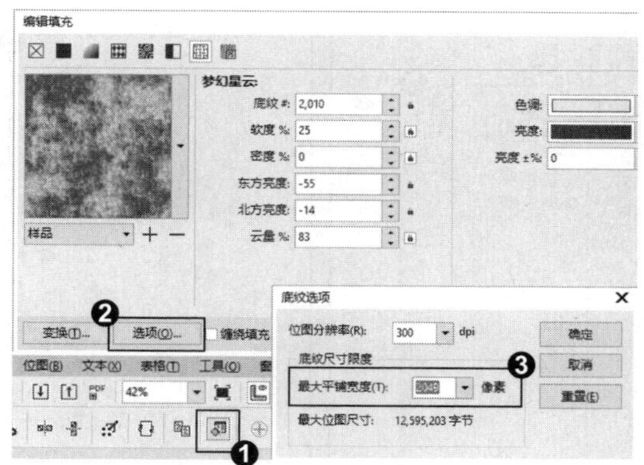

4. 调整填充

❶ 在对象上单击圆形图柄并拖动，调整填充的底纹（拖动圆形图柄等比例缩放，也可以进行旋转，方形图柄则改变高度和宽度），❷ 完成使用颜色选择器填充自然底纹。

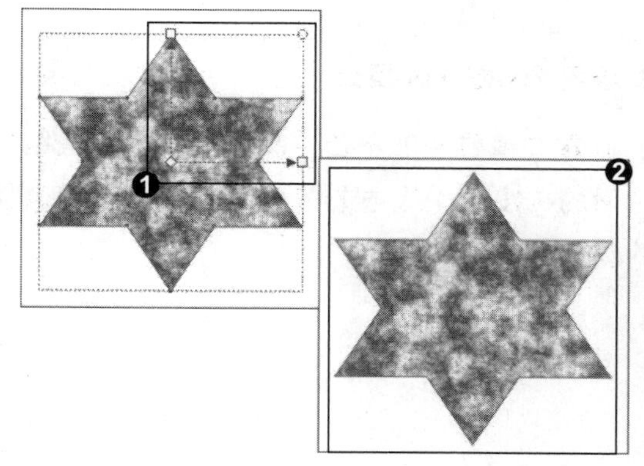

知识拓展

当设置的“位图分辨率”和“最大平铺宽度”的数值越大时，填充的纹理图案就越清晰；当数值越小时填充的纹理就越模糊。

招式 105 PostScript 填充图形颜色

Q 如果想要对图形填充 PostScript 的效果，在 CorelDRAW 中该如何操作?

A 在工具箱中选择“交互式填充”工具，在属性栏选择“PostScript 填充”，就可以为对象填充 PostScript 的效果了。

1. 打开图像素材

❶ 启动 CorelDRAW X8 后，单击左上角的“打开”按钮或按 Ctrl+O 快捷键，❷ 打开本书配备的“第 5 章\素材\招式 105\图像 .cdr”文件，❸ 选择工具箱中的（选择工具），单击选择要填充的对象。

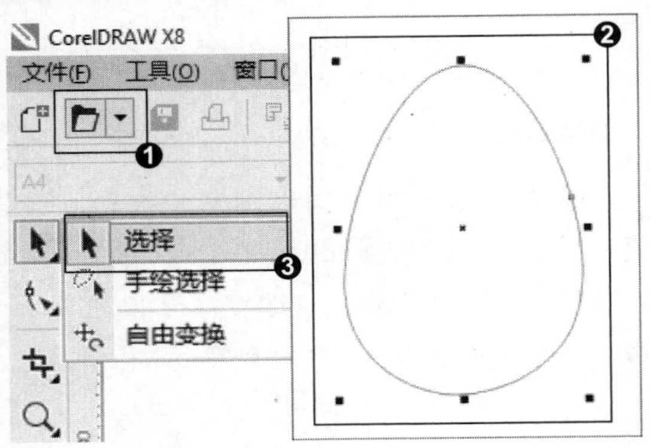

2. 应用交互式填充工具

❶ 按 G 键，或选择工具箱中的（交互式填充工具），❷ 单击属性栏中的“双色图案填充”按钮，在其下拉面板选项中选择“PostScript 填充”选项，❸ 将默认底纹应用到对象上。

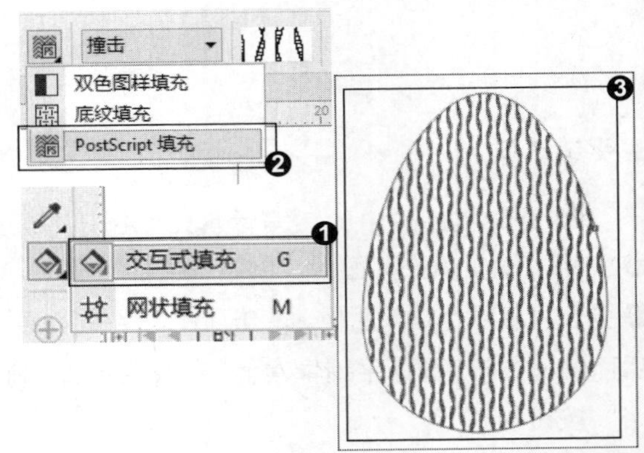

3. 应用 PostScript 填充

❶ 在属性栏上单击“PostScript 填充底纹”后面的按钮，单击选择填充底纹，❷ 则选择的底纹应用到对象上。

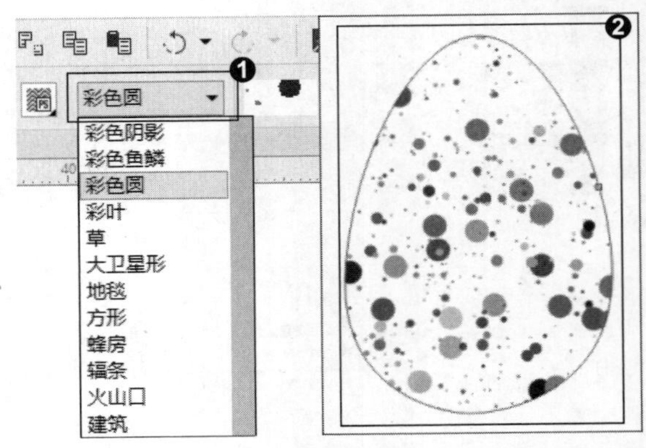

专家提示

在“PostScript 底纹”对话框中，可以单击相应选项后面的按钮，也可以在相应的选项框中输入数值来设置所选底纹的参数选项。

知识拓展

在使用 PostScript 填充工具进行填充时，❶ 当视图对象处于“简单线框”“线框”模式时，无法进行显示；❷ 当视图处于“草稿”“正常模式”时，PostScript 底纹图案用字母 ps 表示；❸ 只有视图处于“增强”“模拟叠印”模式时 PostScript 底纹图案才可显示出来。

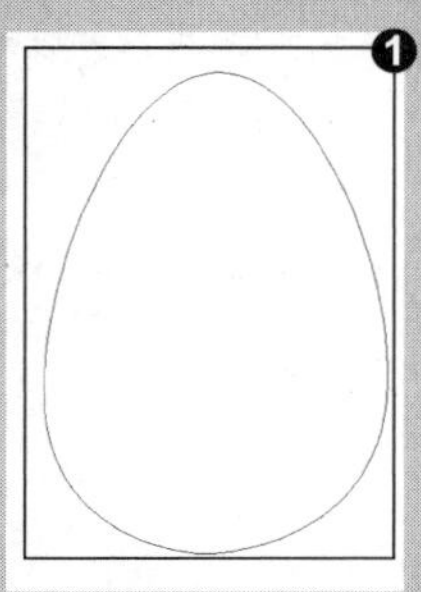

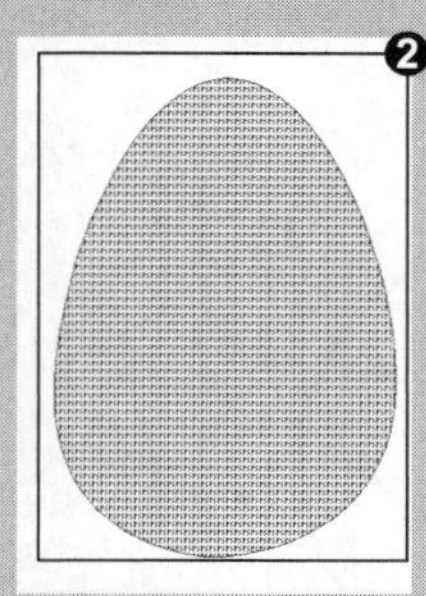

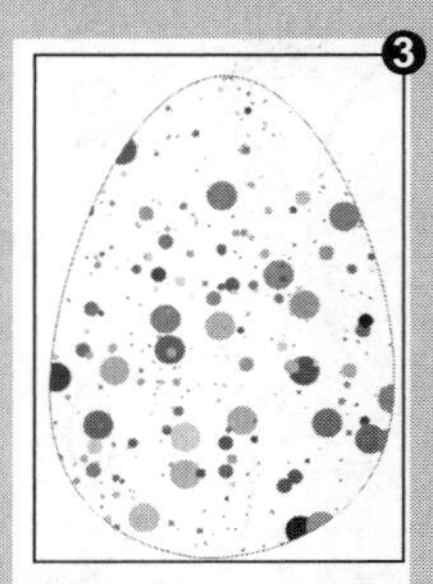

招式 106 移除图形的填充内容

Q 如果对填充的内容不太满意又不能直接删除，在 CorelDRAW 中该如何操作呢？

A 可以在工具箱选择“交互式填充”工具，在属性栏单击“无填充”按钮，则选择对象的填充内容就被移除了。

1. 打开图像素材

❶ 启动 CorelDRAW X8 后，单击左上角的“打开”按钮或按 Ctrl+O 快捷键，❷ 打开本书配备的“第 5 章\素材\招式 106\图像.cdr”文件，❸ 选择工具箱中的（选择工具），单击选择要移除内容的对象。

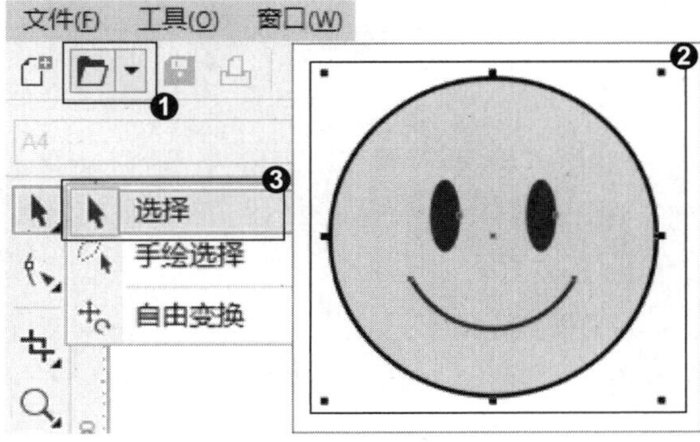

2. 设置无填充

❶ 按 G 键，或选择工具箱中的（交互式填充工具），❷ 单击属性栏中的“无填充”按钮，❸ 则选择对象的填充内容被移除了，而轮廓线不会进行任何改变。

3. 移除填充内容

❶ 单击选择要移除填充内容的对象，❷ 在右侧调色板上单击☒，则选择对象的填充内容被移除，❸ 完成移除图形的填充内容。

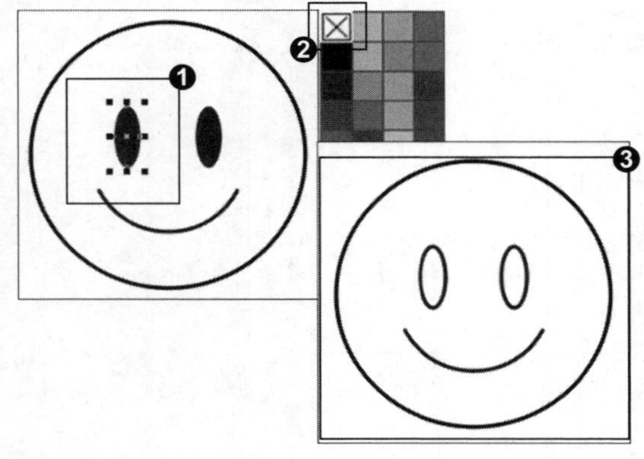

知识拓展

在未选择对象的状态下，单击填充工具，在弹出的下拉选项面板中选择"无填充"方式，会弹出"更改文档默认值"对话框，选中想要更改的默认对象属性的复选框，单击"确定"按钮即可更改所选默认对象的属性。

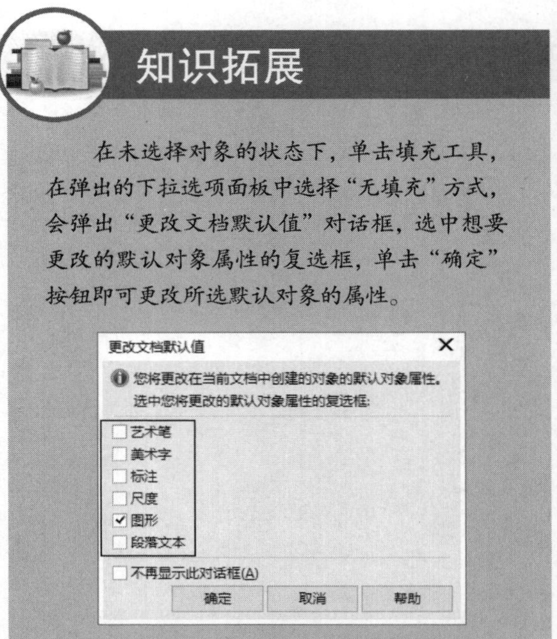

招式 107 通过颜色填充方式填充图形

Q 在 CorelDRAW 中除了使用交互式填充工具为对象填充颜色，还有什么方法可以为对象填充颜色呢?

A 在 CorelDRAW 中可以选择工具箱中的"颜色"工具，打开"颜色"泊坞窗，在"颜色查看器"中单击选择色样，也可以为对象填充颜色。

1. 打开图像素材

❶ 启动 CorelDRAW X8 后，单击左上角的"打开"按钮，或按 Ctrl+O 快捷键，❷ 打开本书配备的"第 5 章\素材\招式 107\图像.cdr"文件，❸ 选择工具箱中的（选择工具），单击选择要填充的对象。

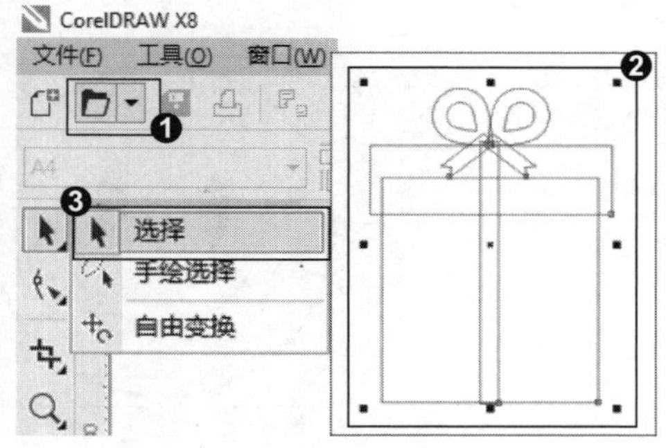

2. 调出"颜色"泊坞窗

❶ 选择工具箱中的（颜色工具），❷ 弹出"颜色"泊坞窗，单击"颜色查看器"按钮，切换到"颜色查看器"界面。

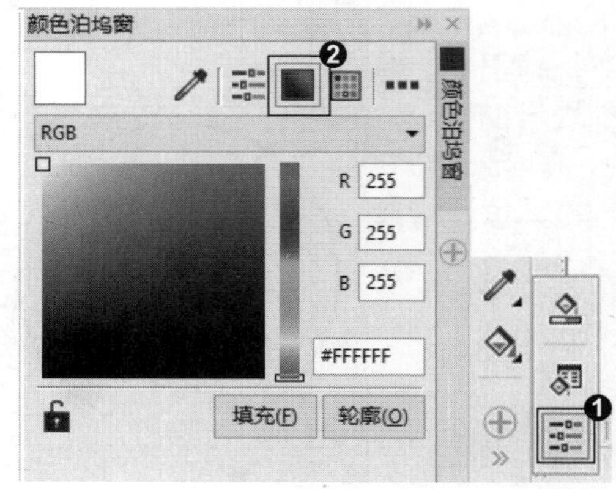

3. 选择色样

❶ 在色样上单击，即可选择颜色（也可在文本框中输入数值），❷ 单击“填充”按钮，为对象内部填充颜色（单击“轮廓”按钮，为对象轮廓填充颜色），❸ 将选择的颜色应用到对象上。

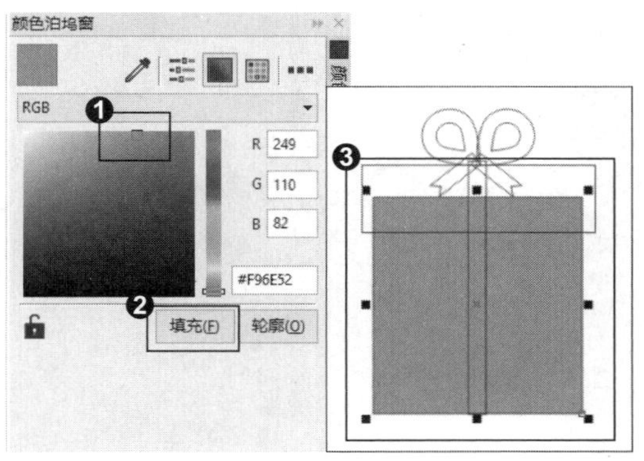

4. 填充颜色

❶ 选择其他对象，拖动颜色滑块，单击要填充的色样，再单击“填充”按钮，为其他对象填充颜色，❷ 完成了通过颜色填充方式填充图形。

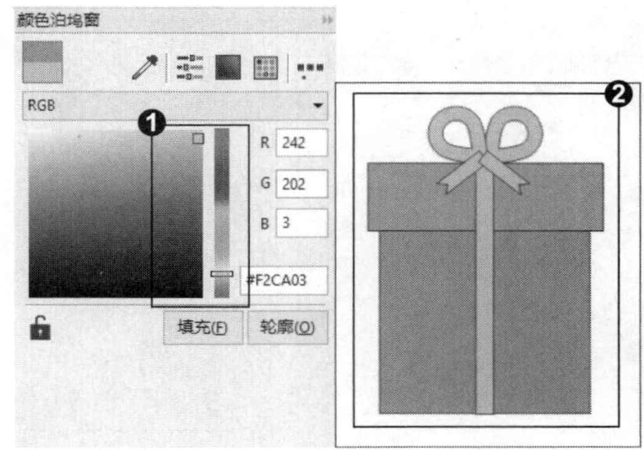

知识拓展

使用“颜色”工具填色时，❶ 可单击“颜色滴管”工具在任意对象上取样，再单击“填充”按钮可将取样的颜色填充到对象内部；❷ 也可单击“显示颜色滑块”按钮，拖动色条上的滑块或者输入数值填充颜色；❸ 或者单击“颜色查看器”按钮，在颜色色样上单击或输入数值进行填充；❹ 或单击“调色板”按钮，可在正方形色块上单击选取颜色进行颜色填充。

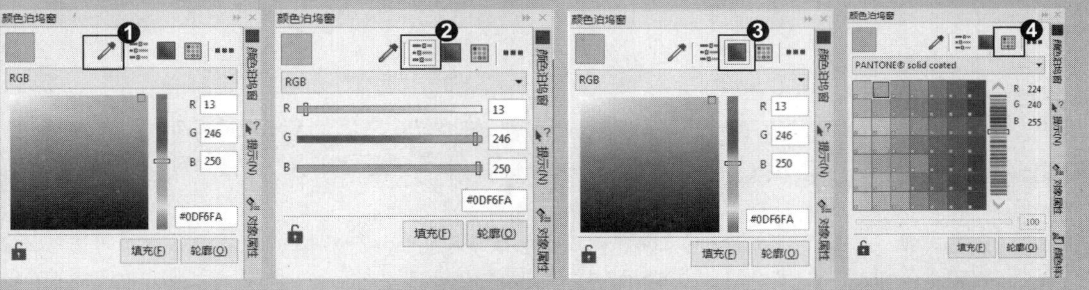

招式 108 复制对象颜色样式填充图形

Q 如果想要将填充对象的颜色应用到其他对象上，在 CorelDRAW 中该如何操作?

A 在 CorelDRAW 中可以选择工具箱中的颜色滴管工具，在已填充颜色的对象上单击复制颜色样式，然后在未填充的对象中单击，即可用复制的颜色样式填充对象。

1. 打开图像素材

❶启动 CorelDRAW X8 后，单击左上角的“打开”按钮，或按 Ctrl+O 快捷键，❷打开本书配备的“第 5 章\素材\招式 108\图像 .cdr”文件，❸选择工具箱中的（颜色滴管工具）。

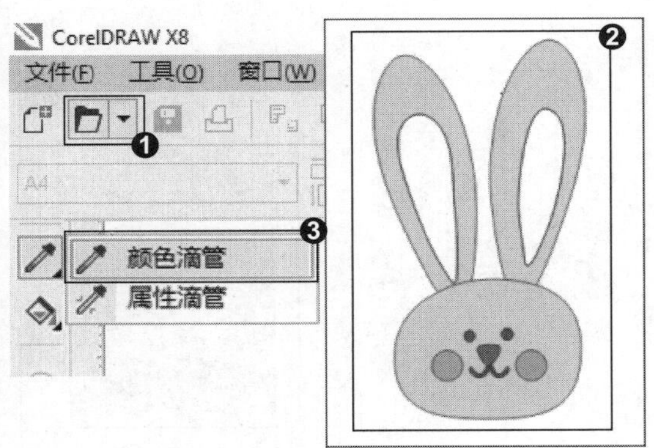

2. 应用颜色滴管工具

❶在属性栏单击选择“选择颜色”按钮，❷当指针移动到填充了颜色的图形上时变成滴管形状，单击复制对象颜色，❸移动指针到未填充颜色的对象上时变成油漆桶形状，单击对象，则复制的颜色填充到对象上。

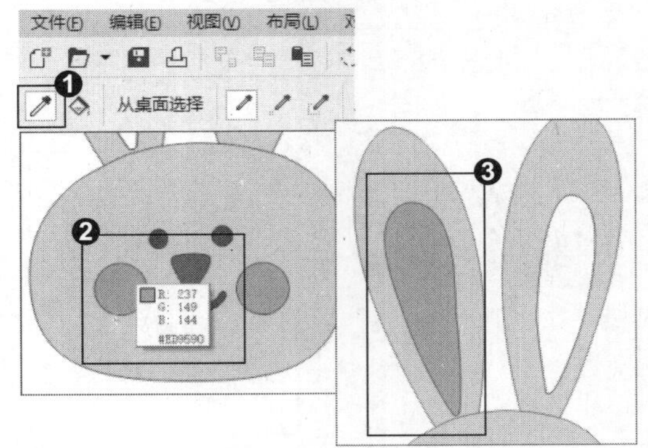

3. 填充颜色样式

❶移动指针到其他未填充颜色的对象，单击，可以继续将复制颜色填充到对象上，❷即可完成复制对象颜色样式填充图形。

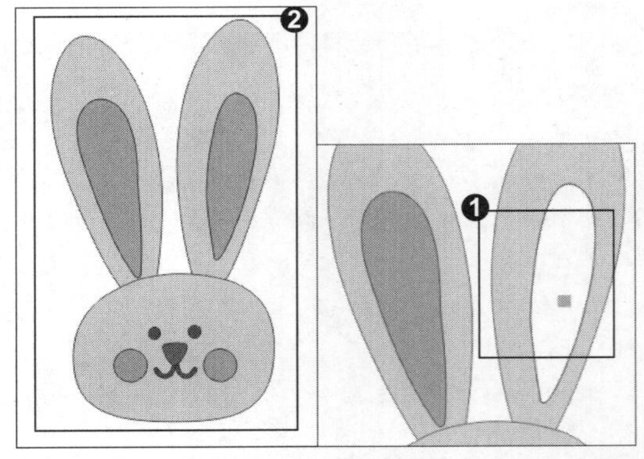

知识拓展

“颜色滴管”工具可以复制对象颜色样式和属性样式，并且可以将吸取的颜色或属性应用到其他对象上。在“颜色滴管”工具属性栏中，❶单击“选择颜色”按钮可以在文档窗口中进行颜色取样；❷单击“应用颜色”按钮可以将取样的颜色应用到其他对象上；❸单击“从桌面选择”按钮从桌面选择，“颜色滴管”工具不仅可以在文档窗口内进行颜色取样，还可以在对应程序外进行颜色取样（该按钮必须在“选择颜色”模式下才能使用）；❹单击“1×1”按钮，可以对1×1像素区域内的平均颜色值进行取样；❺单击“2×2”按钮可对2×2像素区域内的平均颜色值进行取样；❻单击“5×5”按钮可对5×5像素区域内的平均颜色值进行取样；❼单击“所选颜色”按钮可查看取样的颜色；❽单击“添加到调色板”按钮添加到调色板，可将取样的颜色添加到“文档调色板”中。

招式 109 复制对象属性样式填充图形

Q 如果想要将填充对象的颜色属性应用到其他对象上，在 CorelDRAW 中该如何操作?

A 在 CorelDRAW 中可以选择工具箱中的属性滴管工具，在属性栏设置对象属性，然后在已填充颜色的对象上单击复制对象属性样式，再在未填充的对象中单击，即可用复制的属性样式填充对象。

1. 打开图像素材

❶ 启动 CorelDRAW X8 后，单击左上角的“打开”按钮或按 Ctrl+O 快捷键，❷ 打开本书配备的“第 5 章 \ 素材 \ 招式 109\ 图像 .cdr”文件，❸ 选择工具箱中的（属性滴管工具）。

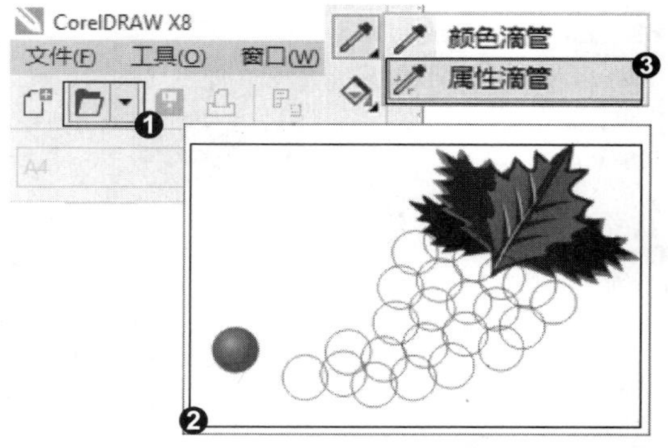

2. 应用属性滴管工具

❶ 在属性栏单击“选择对象属性”按钮，❷ 单击“属性”按钮，选中需要复制的属性，❸ 当指针移动到填充了颜色的图形上时，指针变成滴管形状，单击复制对象属性。

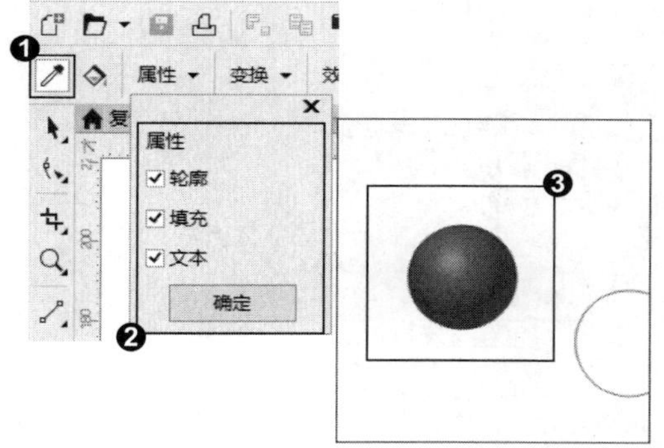

3. 填充属性样式

❶ 移动指针到未填充的对象上时，指针变成油漆桶形状，单击对象，则复制的属性填充到对象上，❷ 移动指针到其他未填充颜色的对象，并单击，可以继续将复制的属性填充到对象上。

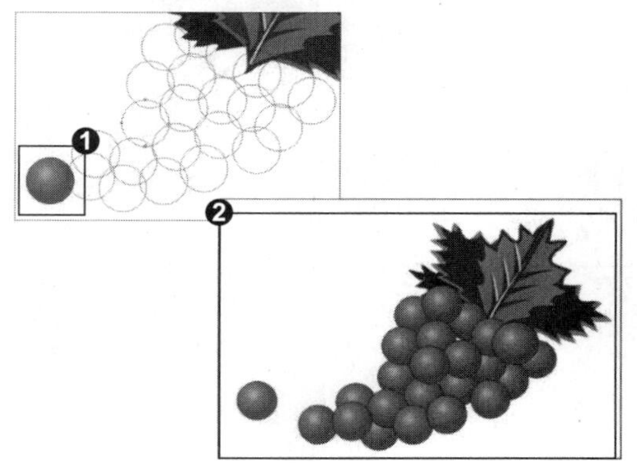

知识拓展

在属性栏上分别单击“效果”按钮、“变换”按钮和“属性”按钮，打开相应的选项列表，在列表中被选中的复选框表示“颜色滴管”工具所能吸取的信息范围；反之，未被选中的复选框对应的信息将不能被吸取。

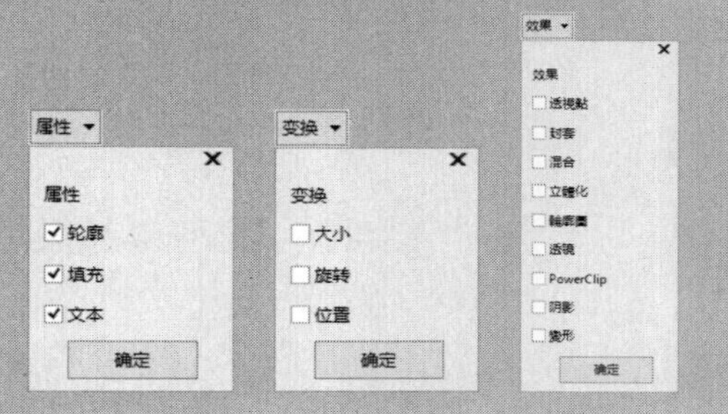

招式 110 使用调色板填充图形颜色

Q 如果想要快速给对象填充颜色，在 CorelDRAW 中该如何操作?

A 可以在菜单栏中单击“窗口”｜“调色板”｜“默认 CMYK 调色板”命令，则在界面右侧新增调色板，然后单击为对象填充颜色，右击填充轮廓线颜色。

1. 打开图像素材

❶启动 CorelDRAW X8 后，单击左上角的“打开”按钮或按 Ctrl+O 快捷键，打开本书配备的“第 5 章\素材\招式 110\图像.cdr”文件，❷选择工具箱中的（选择工具），单击选择要填充颜色的对象。

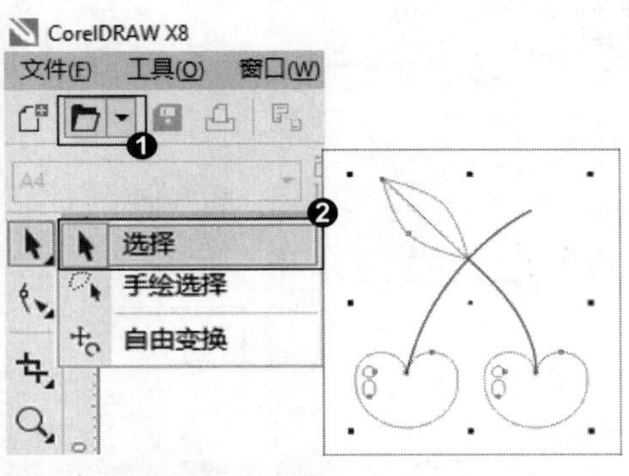

2. 应用调色板

❶在菜单栏中单击“窗口”｜“调色板”｜“默认 CMYK 调色板”命令，在界面右侧新增“调色板”，❷在颜色上单击，❸将选择的颜色应用到对象上。

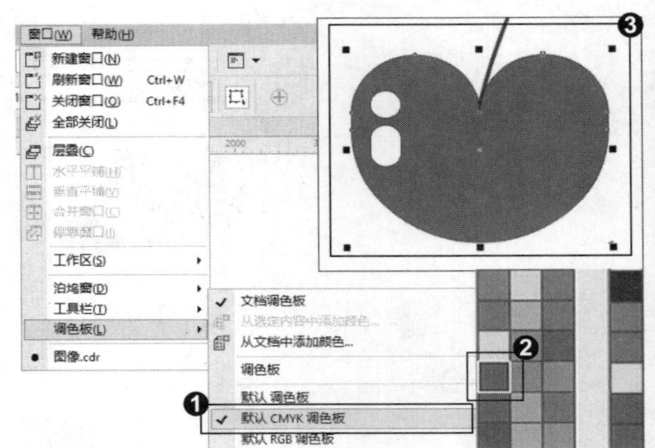

3. 去除轮廓线

❶单击颜色继续给其他对象填充颜色（右击则是填充轮廓线颜色），❷按住 Shift 键加选要去除轮廓线的对象，在右侧调色板右击☒，取消图形的轮廓线，❸最终完成使用调色板填充图形颜色。

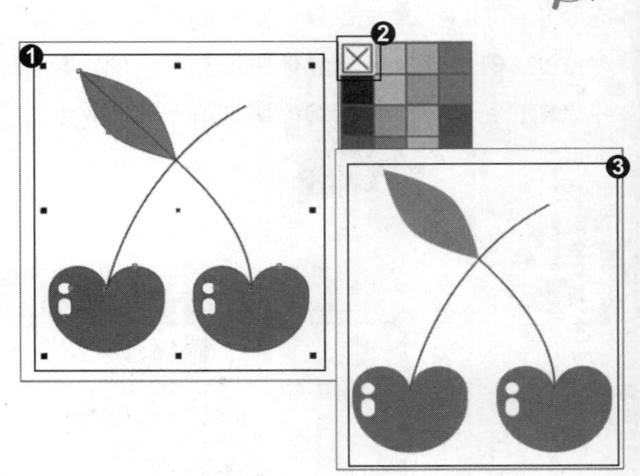

知识拓展

使用调色板填色时，可以通过菜单命令或是从“调色板管理器”中打开调色板。❶ 单击“窗口”|“调色板”命令，将显示“调色板”菜单命令包含的所有内容，勾选其中的调色板类型，❷ 可在软件右侧以色样列表的方式显示，勾选多个调色板类型时可同时显示。❸ 单击“窗口”|“调色板”|“调色板管理器”命令，可以打开“调色板管理器”泊坞窗，在该泊坞窗中显示系统预设的所有调色板类型和自定义的调色板类型，❹ 双击任意一个调色板（或是单击该调色板前面的图标，使其呈◉图标），即可在软件界面右侧显示调色板，❺ 当调色板前面的图标呈图标时，表示该调色板在软件界面中已隐藏。

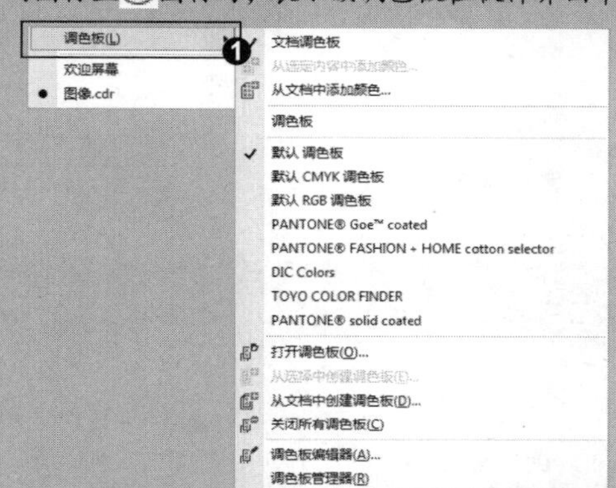

招式 111 添加颜色到调色板

Q 在 CorelDRAW 中的调色板上没有想要的颜色，那么是否可以添加颜色到调色板呢？

A 可以在调色板上单击“添加颜色到调色板”按钮，在对象的颜色上单击，就可以将颜色添加到调色板上。

1. 打开图像素材

❶ 启动 CorelDRAW X8 后，单击左上角的“打开”按钮或按 Ctrl+O 快捷键，❷ 打开本书配备的“第 5 章 \ 素材 \ 招式 111\ 图像 .cdr”文件，❸ 选择工具箱中的（“选择”工具）。

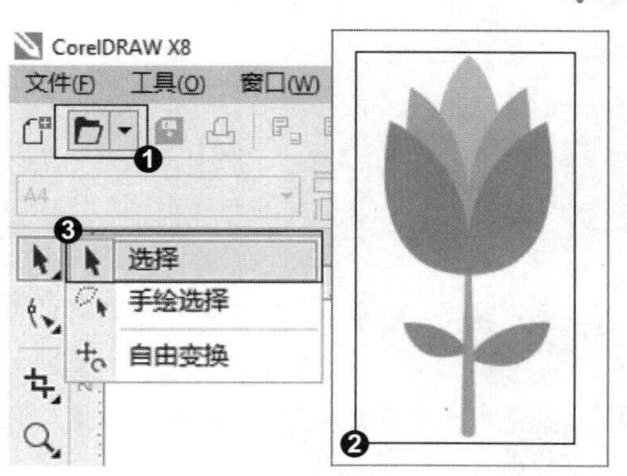

2. 添加颜色到调色板上

❶ 在调色板上单击“添加颜色到调色板”按钮，❷ 当指针移动到要添加的颜色上，单击，❸ 即可将选择的颜色色块添加到调色板列表中。

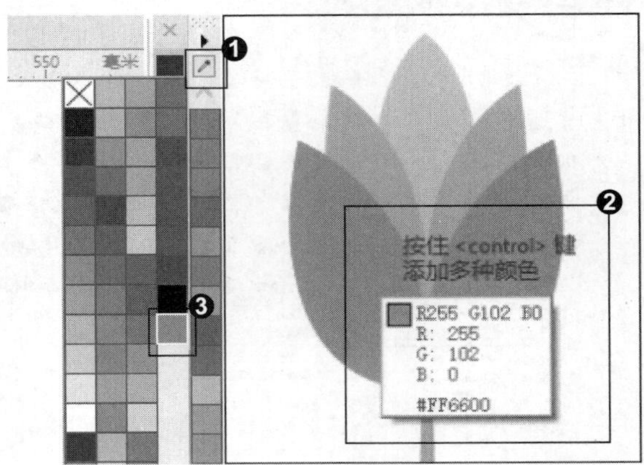

专家提示

选定对象颜色添加到调色板时，如果调色板中已有该颜色色块，那么调色板列表中不会增加该颜色色块。

知识拓展

除了使用“滴管”工具将文档的颜色添加到调色板外，还可以从选定内容添加和从文档中添加。❶ 选中一个已填充的对象后，然后单击“调色板”上方的▶按钮，在打开的菜单面板中选择“从选定内容添加”，❷ 即可将对象的填充颜色添加到该调色板列表中；❸ 若要从整个文档窗口中添加颜色指定到调色板中，单击“调色板”上方的▶按钮，在打开的菜单面板中选择“从文档添加”选项，❹ 可将文档窗口中的所有颜色添加到调色板中。

招式 112 创建自定义调色板

Q 如果想要创建一个自定义调色板，在 CorelDRAW 该如何操作？

A 可用“文档调色板”命令在界面上新增文档调色板，再利用“从选定内容中添加颜色”命令，所选对象的颜色会自动创建颜色色块在调色板上。

1. 打开图像素材

❶ 启动 CorelDRAW X8 后，单击左上角的“打开”按钮或按 Ctrl+O 快捷键，❷ 打开本书配备的“第 5 章 \ 素材 \ 招式 112\ 图像 .cdr”文件，❸ 选择工具箱中的（选择工具）。

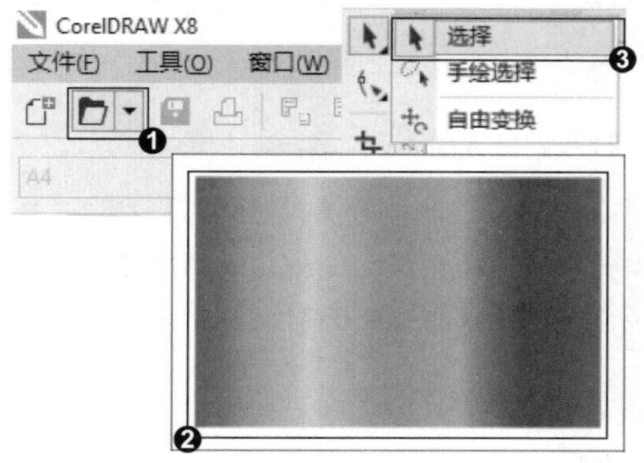

2. 调出文档调色板

❶ 在菜单栏中单击“窗口”|“调色板”|“文档调色板”命令，则在界面上显示文档调色板，❷ 单击选择要创建调色板的对象。

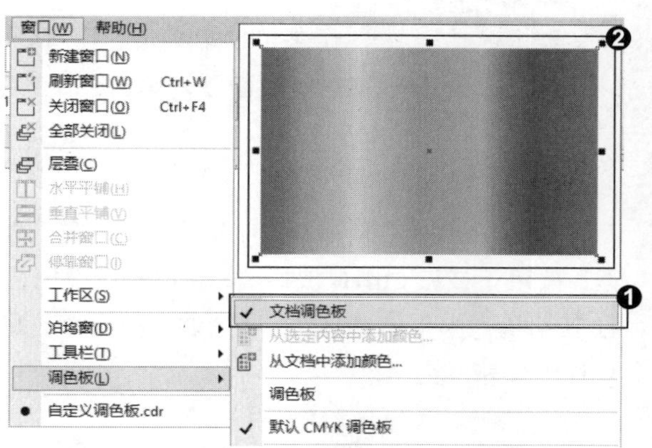

3. 从选定内容中添加颜色

❶ 在菜单栏中单击“窗口”|“调色板”|“从选定内容中添加颜色”命令，❷ 则所选对象的颜色自动创建颜色色块在调色板上。

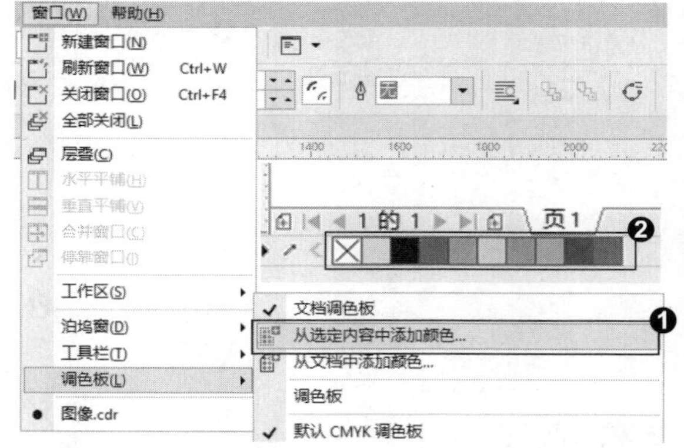

知识拓展

除了在选定的对象上创建自定义调色板，也可以通过文档创建自定义调色板。导入位图文档，❶ 单击“窗口”|“调色板”|“从文档中添加颜色”命令，❷ 弹出“从位图添加颜色”对话框，设置添加的颜色数值，❸ 可以将位图包含的颜色添加到文档调色板中。

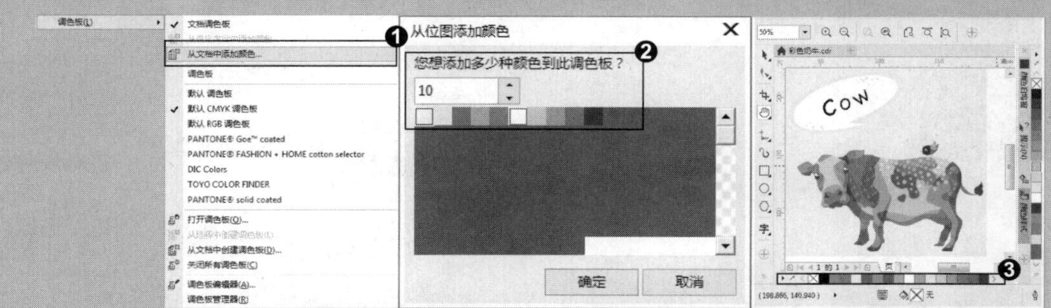

招式 113 巧用调色板编辑器编辑颜色

Q 如果想要对调色板上的颜色进行编辑，在 CorelDRAW 中该如何操作？

A 在菜单栏中单击“窗口”｜“调色板”｜“调色板编辑器”命令，打开“调色板编辑器”面板，单击选择颜色色块，就可以进行颜色编辑了。

1. 新建文档

❶ 启动 CorelDRAW X8 后，单击左上角的“新建”按钮或按 Ctrl+N 快捷键，新建一个文档，❷ 在菜单栏中单击“窗口”｜“调色板”｜“调色板编辑器”命令。

2. 打开调色板编辑器

❶ 打开“调色板编辑器”面板，单击选择需要编辑的调色板，❷ 单击选择所要编辑的颜色色块，❸ 单击“编辑颜色”按钮。

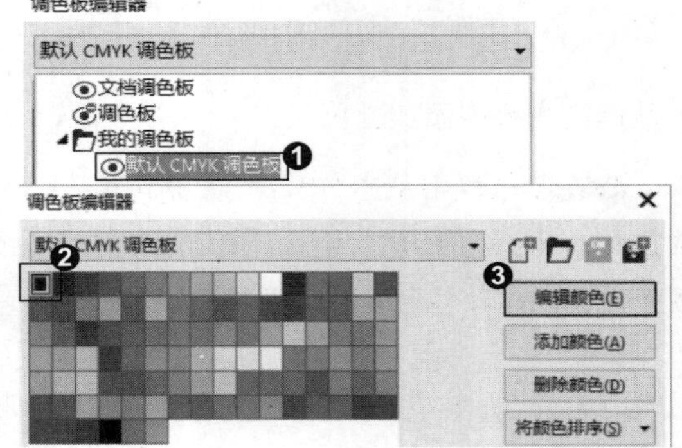

3. 编辑颜色

❶ 弹出“选择颜色”面板，单击选择想要的颜色，完成后单击“确定”按钮，❷ 在“调色板编辑器”上的色块显示为所选择的颜色。

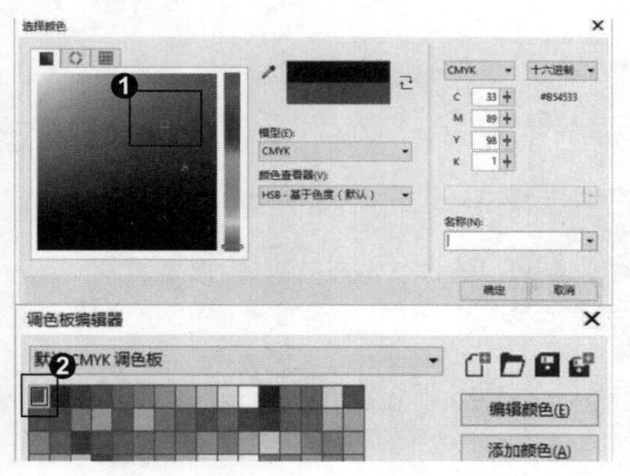

4. 添加颜色

❶ 单击“编辑颜色”按钮，❷ 弹出“选择颜色”面板，单击选择想要的颜色，完成后单击“确定”按钮，❸ 在“调色板编辑器”上的新增色块为所选择的颜色。

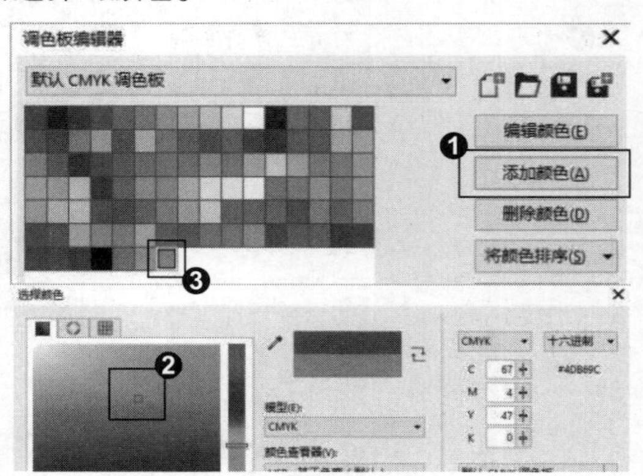

5. 保存调色板

❶ 单击“保存调色板”按钮，保存编辑的调色板，❷ 单击“调色板另存为”按钮，弹出“另存为”面板，将调色板保存为 XML 格式的文件。

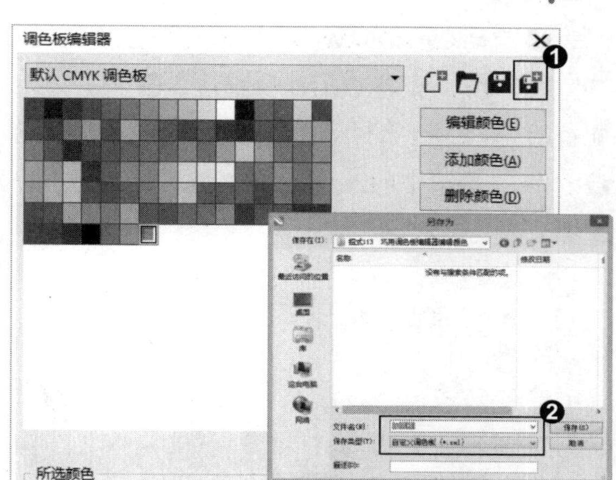

专家提示

在菜单栏中单击“窗口”|“调色板”|“文档调色板”命令，将在软件界面的右侧显示调色板。默认的“文档调色板”中没有提供颜色，当启用该调色板时，该调色板会将在页面使用过的颜色自动添加到色样列表中，也可单击该调色板上的“滴管”按钮进行添加。

知识拓展

加少量的其他颜色。❶ 单击选中某一填充对象，❷ 按住 Ctrl 键的同时，使用鼠标左键在调色板上单击想要添加的颜色，❸ 即可为已填充的对象添加少量的其他颜色。

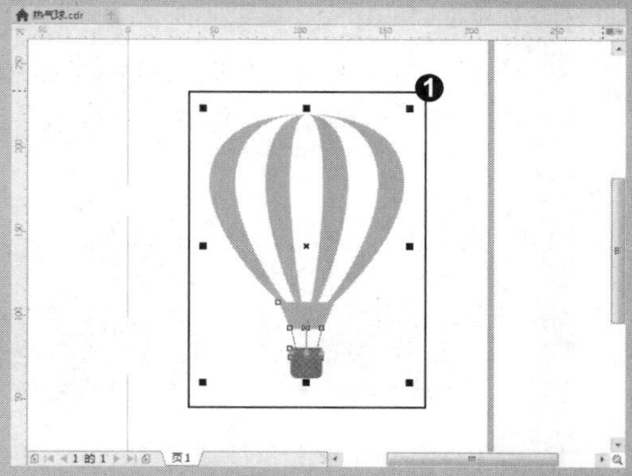

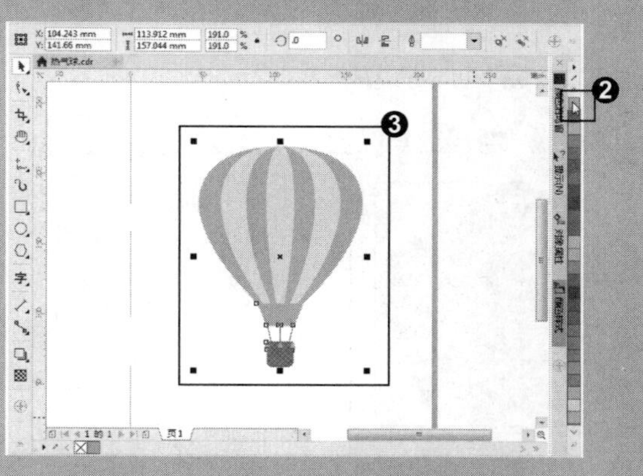

招式 114　交互式填充工具的基本使用方法

Q 利用 CorelDRAW 工具箱中的交互式填充工具给对象填充颜色的基本方法是什么?

A 可以在工具箱选择交互式填充工具，在属性栏选择“均匀填充”“无填充”“渐变填充”等填充方式，就可以用想要的填充方式进行填充了。

1. 打开图像素材

❶ 启动 CorelDRAW X8 后，单击左上角的“打开”按钮，或按 Ctrl+O 快捷键，❷ 打开本书配备的“第 5 章\素材\招式 114\图像.cdr”文件，❸ 选择工具箱中的（选择工具），单击选择要填充颜色的对象。

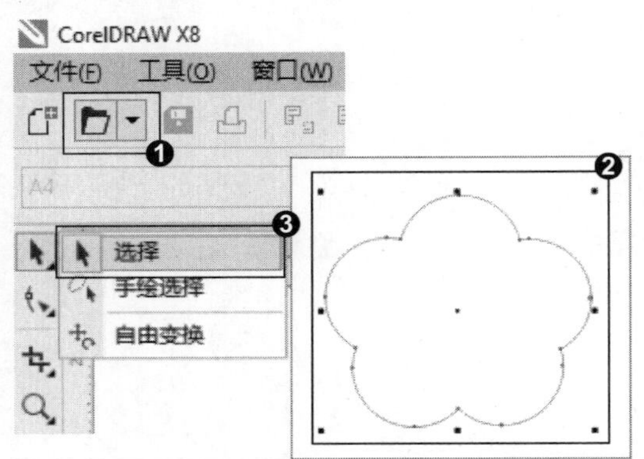

2. 设置均匀填充

❶ 按 G 键，或选择工具箱中的（交互式填充工具），❷ 单击属性栏上的“均匀填充”按钮，❸ 单击“填充色”后面的按钮，选择颜色。

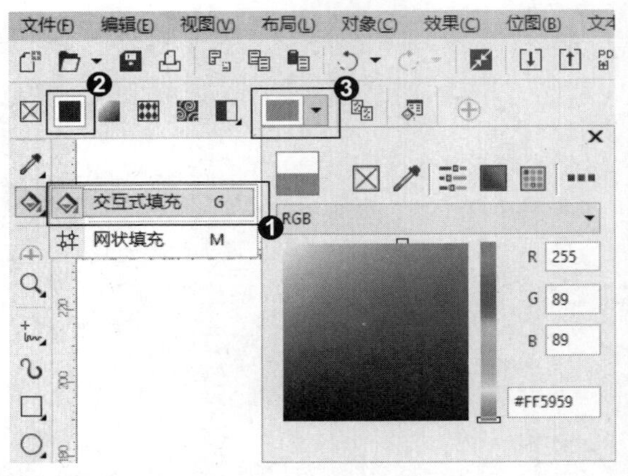

3. 设置无填充

❶ 单击对象，填充颜色，❷ 在属性栏上单击“无填充”按钮，❸ 则对象填充颜色被移除。

知识拓展

当填充类型为“线性”“椭圆形”“圆锥形”和“矩形”时，移动指针到填充对象的虚线上，待指针变为十字箭头形状时，按住鼠标左键拖动，即可更改填充对象的“中心位移”。

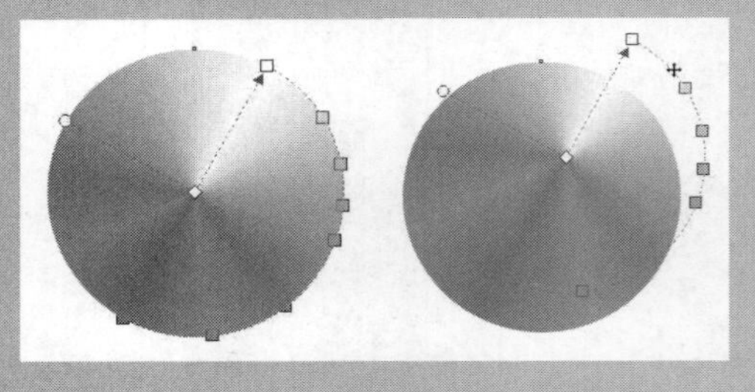

招式 115 设置网格数量和节点填充图形

Q 如果想要给对象填充多种颜色的混合效果，在 CorelDRAW 中该如何操作?

A 可以在工具箱中选择网状填充工具，在属性栏设置网格数量并进行节点调整，就可以为对象填充不同颜色的混合效果了。

1. 打开图像素材

❶ 启动 CorelDRAW X8 后，单击左上角的“打开”按钮或按 Ctrl+O 快捷键，❷ 打开本书配备的“第 5 章 \ 素材 \ 招式 115 \ 图像 .cdr”文件，❸ 选择工具箱中的（选择工具），单击选择要填充颜色的对象。

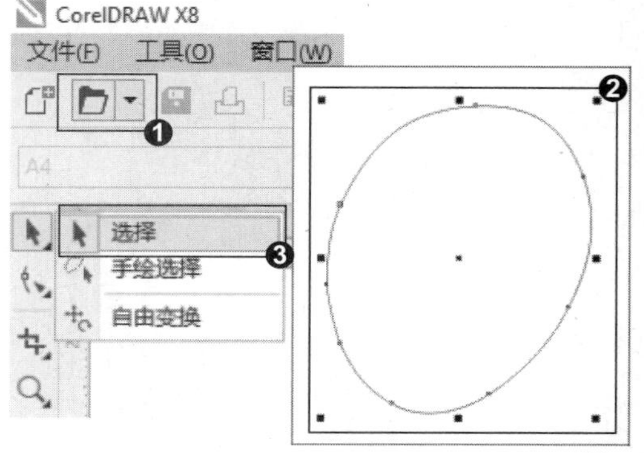

2. 网状填充

❶ 按 M 键，或选择工具箱中的（网状填充工具），❷ 选择的对象上显示网格，❸ 在属性栏上更改网格大小。

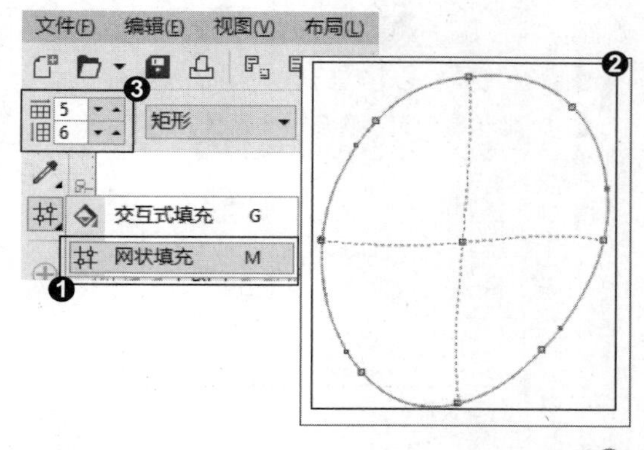

3. 调节节点

❶ 指针移动到节点上，可拖动调节节点（双击节点可删除节点，在没有节点处双击可添加节点），❷ 单击选择任意网格。

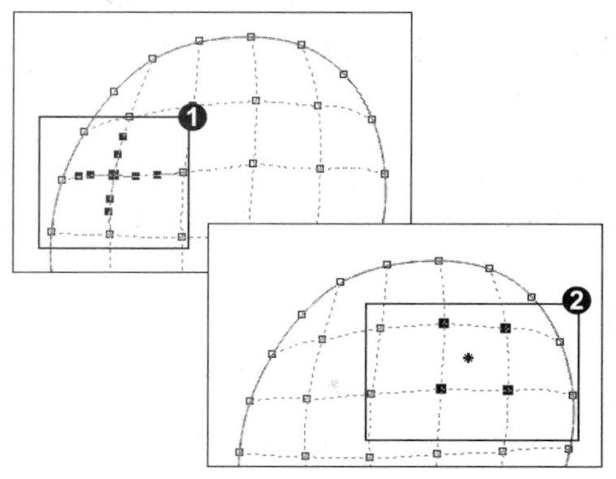

4. 选择颜色

❶ 在属性栏上单击“网状填充颜色”后面的按钮，❷ 单击选择颜色，❸ 将选择的颜色填充到对象上。

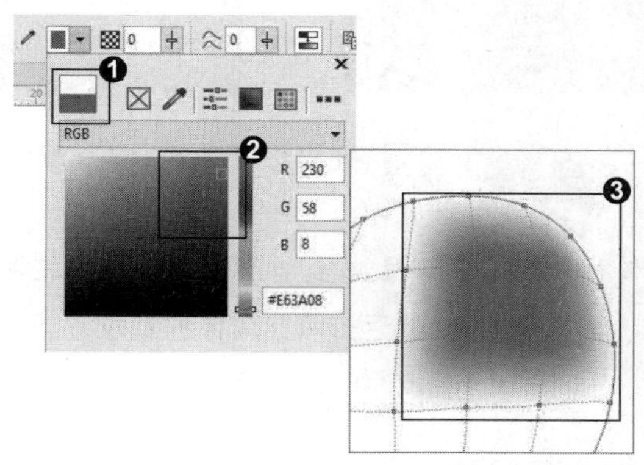

5. 平滑网状颜色

❶ 继续填充每个网格的颜色，❷ 在属性栏上单击“平滑网状颜色”按钮，减少网状填充中的硬边缘，❸ 设置网格数量和节点填充图形，完成填充。

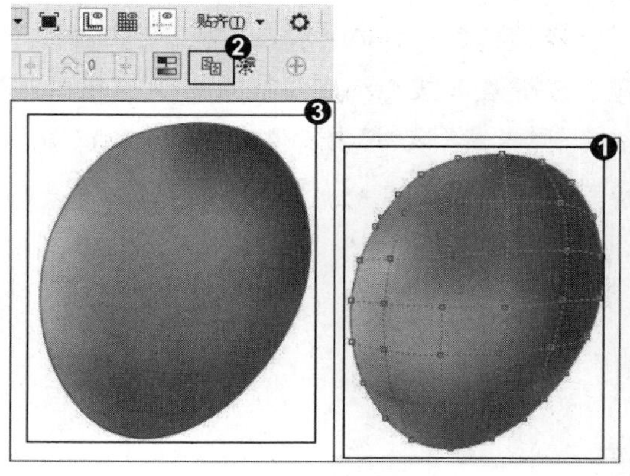

知识拓展

应用网状填充，可以指定网络的列数和行数，还可以指定网格的交叉点，这些网格点所填充的颜色会相互渗透、混合，使填充对象更加自然。在进行网格填充时，❶单击填充对象的空白处会出现一个黑点，单击属性栏上的"添加交叉点"按钮可以添加节点，也可以直接在填充对象上双击添加节点。❷如果要删除节点，单击节点使其呈黑色选中状态，❸单击属性栏上的"删除节点"按钮即可删除节点，也可双击该节点删除节点。❹要为对象上的多个节点填充同一颜色，可按住Shift键的同时，单击这些节点使其呈黑色选中状态，❺即可为这些节点填充同一颜色。

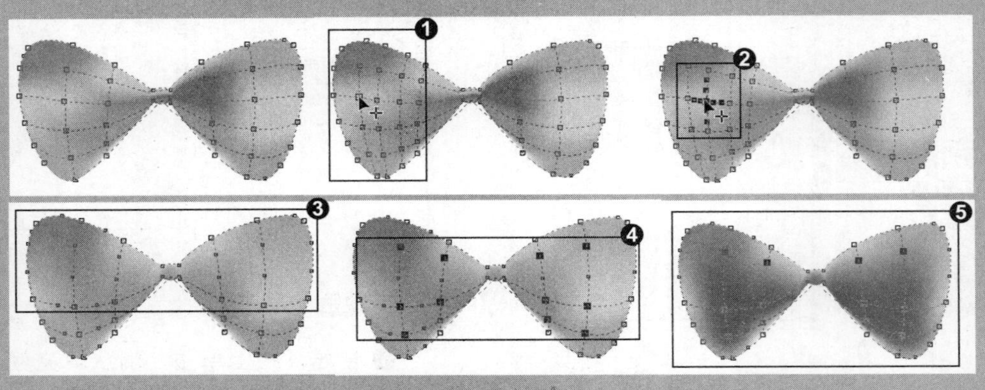

招式 116 创建新的颜色样式

Q 如果想将对象的填充颜色创建为新的颜色样式，在CorelDRAW中该如何操作?

A 可以在菜单栏中单击"窗口"｜"颜色样式"命令，弹出"颜色样式"泊坞窗，然后将填充颜色的对象拖动至泊坞窗上的"添加颜色样式"的灰色区域，就可以创建新的颜色样式了。

1. 打开图像素材

❶启动CorelDRAW X8后，单击左上角的"打开"按钮或按Ctrl+O快捷键，❷打开本书配备的"第5章\素材\招式116\图像.cdr"文件，❸选择工具箱中的（选择工具）。

2. 调出“颜色样式”泊坞窗

❶ 在菜单栏中单击“窗口”｜“颜色样式”命令，❷ 弹出“颜色样式”泊坞窗，单击选择已填充颜色的对象拖动至泊坞窗上的添加颜色样式的灰色区域。

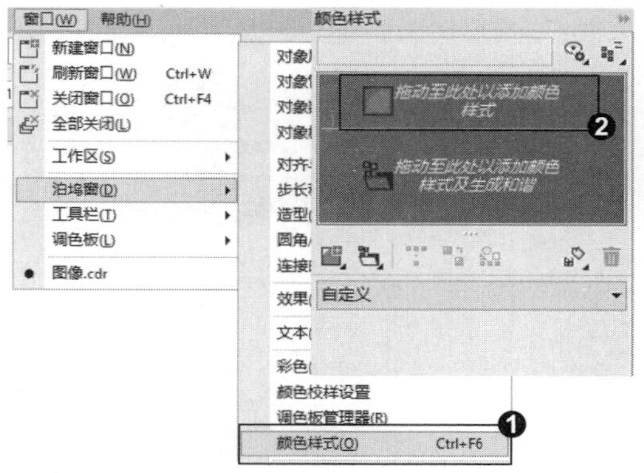

3. 创建新的颜色样式

❶ 所选对象的颜色在灰色区域创建新的颜色样式，❷ 将颜色板上的颜色拖动至“添加颜色样式”的灰色区域，也可创建颜色样式。

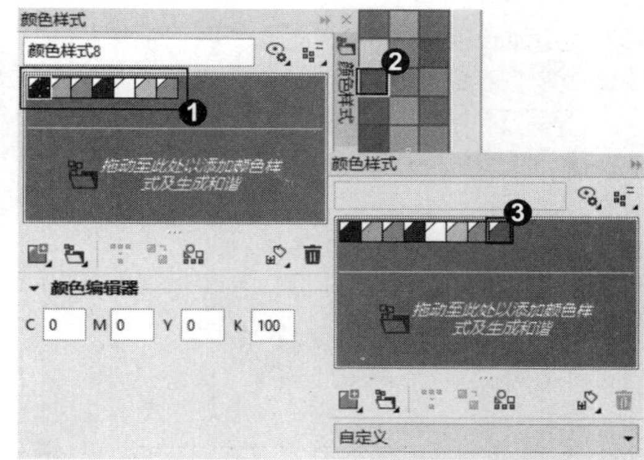

知识拓展

除了在对象和调色板中创建颜色样式外，还可以在文档中创建。❶ 在“颜色样式”泊坞窗中，单击“新建颜色样式”按钮，在打开的列表中单击“从文档新建”命令，❷ 弹出“创建颜色样式”对话框，选择选项，❸ 单击“确定”按钮即可将选择的对应选项的颜色创建到“颜色样式”中。

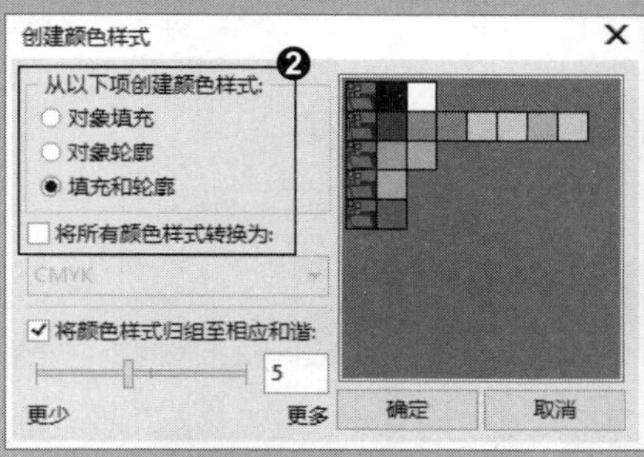

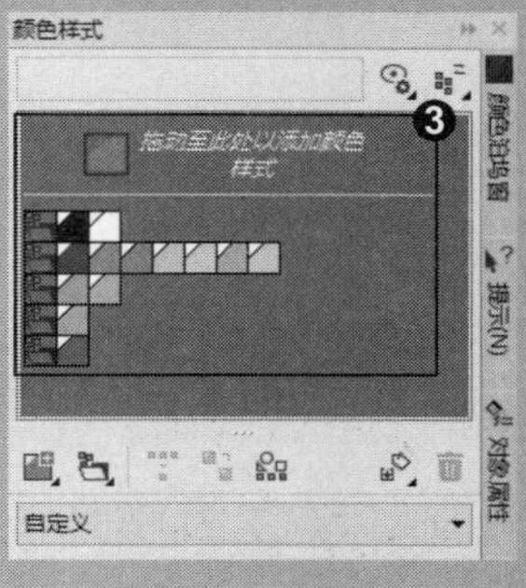

招式 117 创建新的颜色和谐

Q 如果想将对象的填充颜色创建新的颜色和谐，在 CorelDRAW 中该如何操作?

A 在菜单栏中单击“窗口”｜“颜色样式”命令，弹出“颜色样式”泊坞窗，然后将填充颜色的对象拖动至泊坞窗上的“添加颜色样式及生成和谐”的灰色区域，就可以创建新的颜色和谐了。

1. 打开图像素材

❶ 启动 CorelDRAW X8 后，单击左上角的“打开”按钮 或按 Ctrl+O 快捷键，❷ 打开本书配备的“第 5 章 \ 素材 \ 招式 117 \ 图像 .cdr”文件，❸ 选择工具箱中的（选择工具）。

2. 调出“颜色样式”泊坞窗

❶ 在菜单栏中单击“窗口”|“颜色样式”命令，❷ 弹出“颜色样式”泊坞窗，单击选择已填充颜色的对象拖动至泊坞窗上的添加颜色样式及生成和谐的灰色区域。

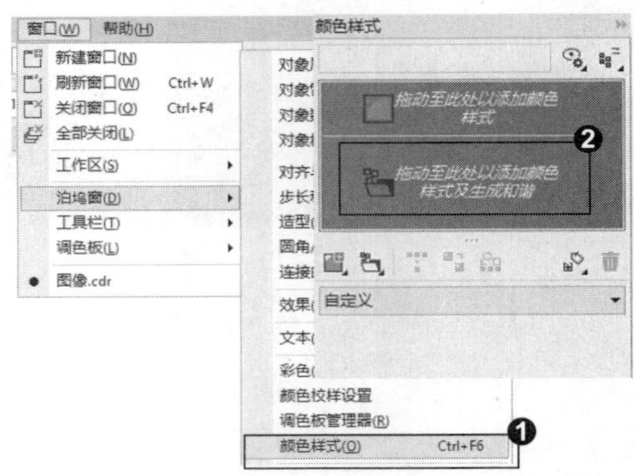

3. 创建新的颜色和谐

❶ 弹出“创建颜色样式”对话框，设置创建颜色样式为“填充和轮廓”，❷ 选中“将颜色样式归组至相应和谐”并设置和谐数，❸ 所选对象的颜色在灰色区域创建颜色和谐。

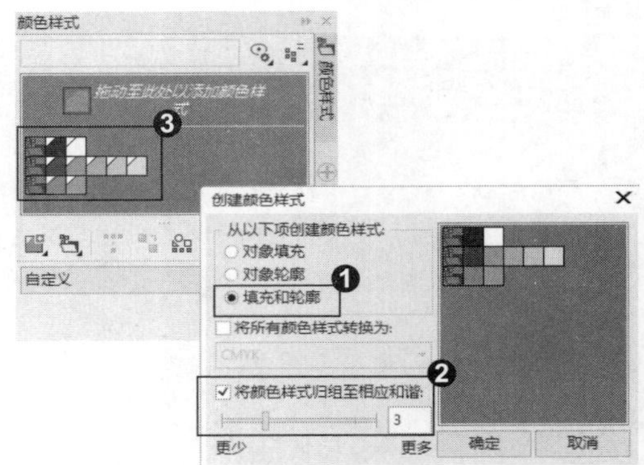

知识拓展

从调色板创建“颜色和谐”时，❶ 如果拖曳色样至“和谐文件夹”右侧或该和谐中“颜色样式”的后面，即可将所添加的“颜色样式”归组到该“和谐”中，❷ 如果拖曳色样至“和谐文件夹”下方（贴近该泊坞窗左侧边缘），即可为该色样创建一个新的“颜色和谐”。

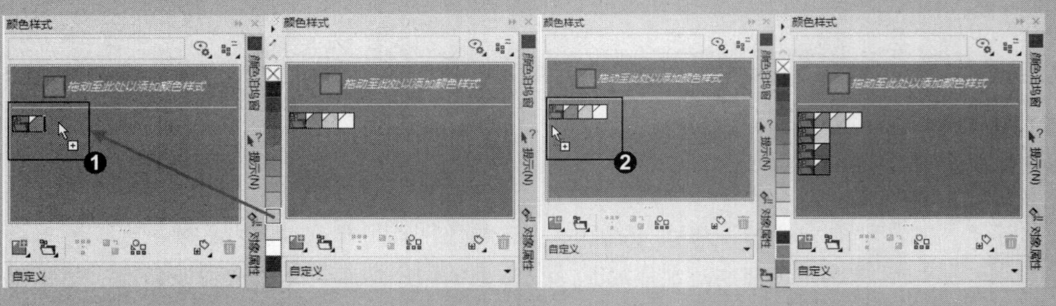

招式 118 创建新的渐变

Q 如果将对象的填充颜色创建新的渐变，在 CorelDRAW 中该如何操作?

A 在菜单栏中单击“窗口”｜“颜色样式”命令，弹出“颜色样式”泊坞窗，然后将填充颜色的对象拖动至泊坞窗上的“添加颜色样式”的灰色区域，单击“添加新的颜色和谐”按钮，选择“新建渐变”，就可以创建新的渐变了。

1. 打开图像素材

❶ 启动 CorelDRAW X8 后，单击左上角的“打开”按钮或按 Ctrl+O 快捷键，❷ 打开本书配备的“第 5 章\素材\招式 118\图像.cdr”文件，❸ 选择工具箱中的（选择工具）。

2. 调出“颜色样式”泊坞窗

❶ 在菜单栏中单击“窗口”｜“颜色样式”命令，❷ 弹出“颜色样式”泊坞窗，单击选择已填充颜色的对象拖动至泊坞窗上的添加颜色样式的灰色区域。

3. 新建颜色样式

❶ 所选对象的颜色在灰色区域创建新的颜色样式，❷ 单击选择任意颜色色块作为渐变的主要颜色，❸ 单击“添加新的颜色和谐”按钮，在下拉面板选择“新建渐变”。

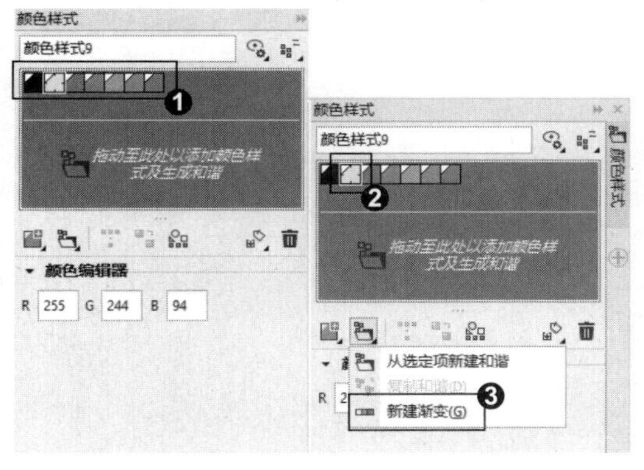

4. 新建渐变

❶ 弹出“新建渐变”对话框，设置“颜色数”，单击“确定”按钮，❷ 新建渐变的颜色在“添加颜色样式及生成和谐”的灰色区域创建新的颜色和谐。

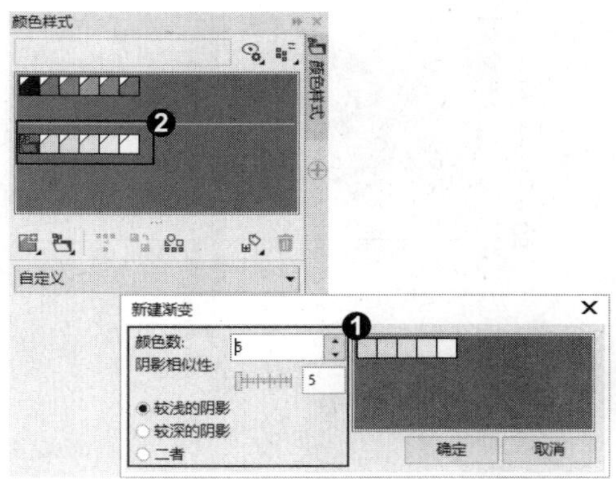

知识拓展

在“新建渐变”对话框中，选择“较浅的阴影”选项可以创建比主要颜色浅的阴影；选择“较深的阴影”选项可以创建比主要颜色深的阴影；选择“二者”选项可以创建同等数量的阴影。

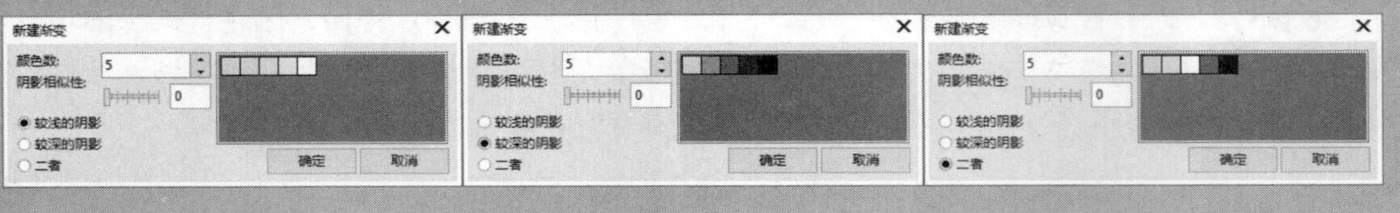

招式 119 应用颜色样式

Q 如果想将创建的颜色样式应用到对象上，在 CorelDRAW 中该如何操作?

A 在新建颜色样式后，在“颜色样式”泊坞窗上的颜色色块单击并拖至对象上，就可以将颜色样式应用到对象上。

1. 打开图像素材

❶ 启动 CorelDRAW X8 后，单击左上角的“打开”按钮或按 Ctrl+O 快捷键，❷ 打开本书配备的“第 5 章 \ 素材 \ 招式 119 \ 图像 .cdr”文件，❸ 选择工具箱中的（选择工具）。

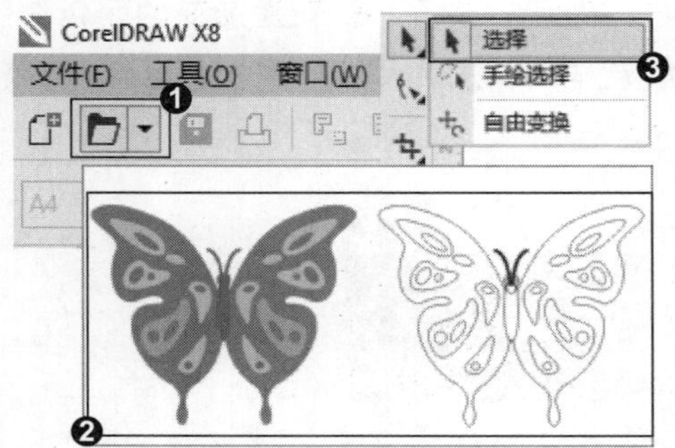

2. 调出“颜色样式”泊坞窗

❶ 在菜单栏中单击“窗口”|“颜色样式”命令，❷ 弹出“颜色样式”泊坞窗，单击选择已填充颜色的对象拖动至泊坞窗上的添加颜色样式的灰色区域。

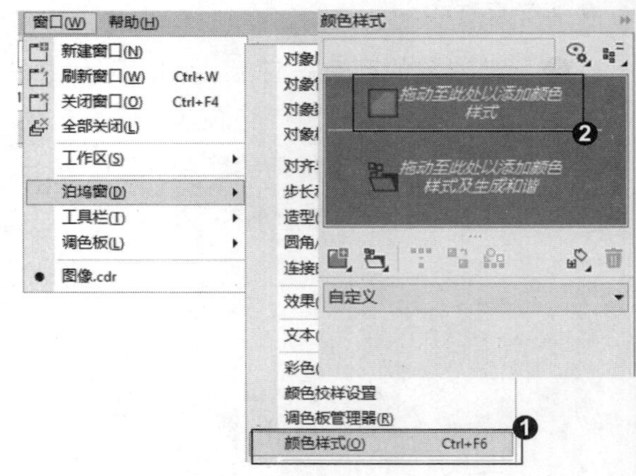

3. 新建颜色样式

❶ 所选对象的颜色在灰色区域创建新的颜色样式，❷ 单击选择颜色色块并拖至要填充的对象上。

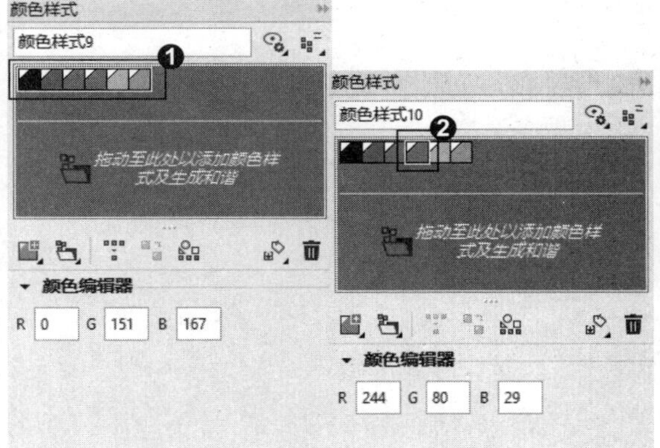

4. 应用颜色样式

❶ 在对象上填充选择的颜色，❷ 单击选择颜色色块并拖至要填充的对象的轮廓上，填充轮廓颜色，❸ 即可完成应用颜色样式填充颜色。

知识拓展

在“颜色样式”泊坞窗中，若要选择文档（或任意填充对象）中未使用的所有“颜色样式”，❶ 可以单击“选择未使用项”按钮，❷ 即可将未使用的“颜色样式”全部选中。

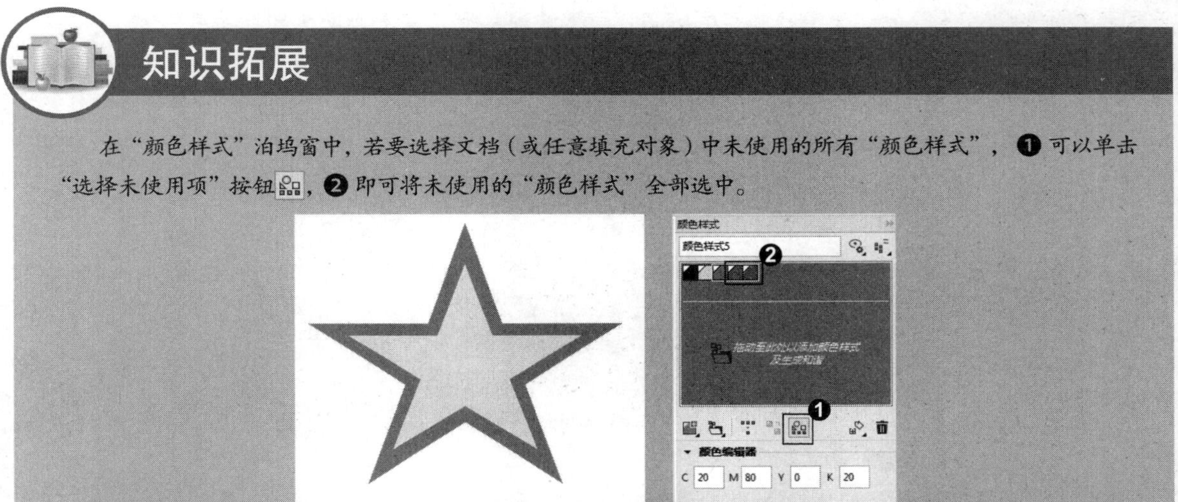

轮廓线、度量标示与连接工具

在图像的设计过程中，通过编辑修改对象轮廓线的样式、颜色和宽度等属性，可以使图形设计更加丰富；在产品、VI、景观设计等领域中，CorelDRAW 软件提供了丰富的度量工具，方便进行快速精确的度量；连接工具可以将对象之间进行串联，并且在移动对象时保持连接状态，连接线广泛用于技术绘图和工程制图，通过本章的学习，可以快速掌握辅助工具使用技巧。

招式 120 设置轮廓笔属性绘制美工字体

Q 如果想要绘制美工字体，要对其轮廓进行处理，在 CorelDRAW 中该如何操作？

A 在 CorelDRAW 中选择工具箱中的轮廓笔工具，打开“轮廓笔”对话框，进行属性的设置，就可以绘制美工字体了。

1. 新建文档

❶ 启动 CorelDRAW X8 后，单击左上角的“新建”按钮或按 Ctrl+N 快捷键，新建一个文档，❷ 选择工具箱中的字（文本工具），或按 F8 键，❸ 在页面空白处单击出现光标并输入文字。

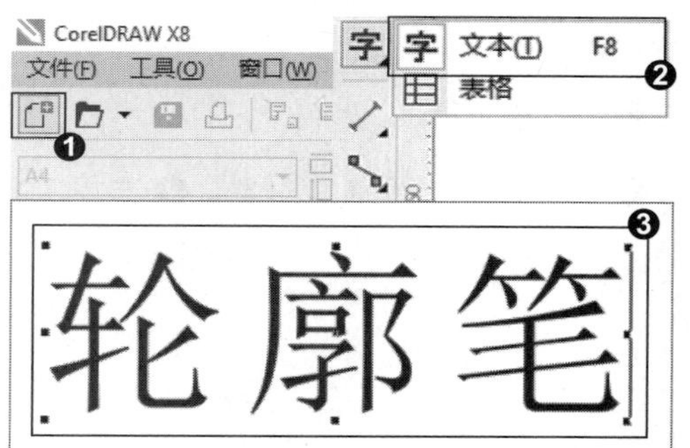

2. 应用轮廓笔工具

❶ 在属性栏更改字体和字号，❷ 选择工具箱中的（轮廓笔工具），或按 F12 键，❸ 打开“轮廓笔”对话框。

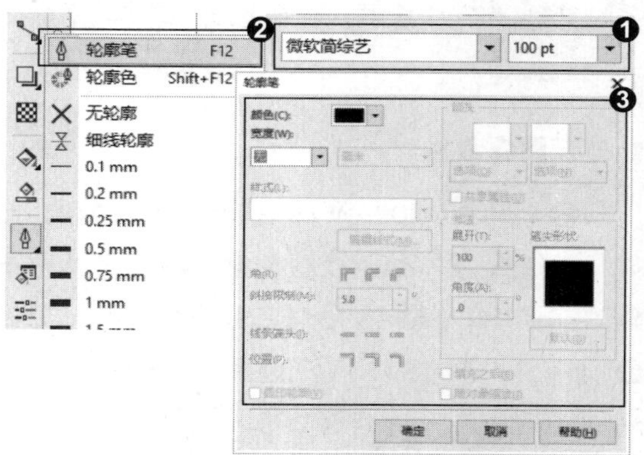

3. 设置轮廓属性

❶ 单击“宽度”选项框后的按钮，在下拉选项中单击选择轮廓宽度，❷ 单击“颜色”选项框后的按钮，在下拉选项中单击选择轮廓颜色，❸ 根据需要设置“轮廓笔”其他属性，设置完成后，单击“确定”按钮。

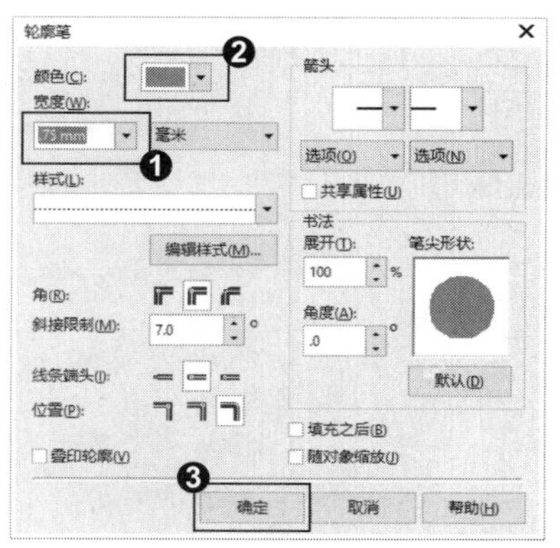

知识拓展

“轮廓笔”对话框中的“斜接限制”一般情况下多用于美工文字的轮廓处理上，一些文字在轮廓线较宽时出现尖突，此时，在“斜接限制”中将数值加大，可以平滑掉尖突。

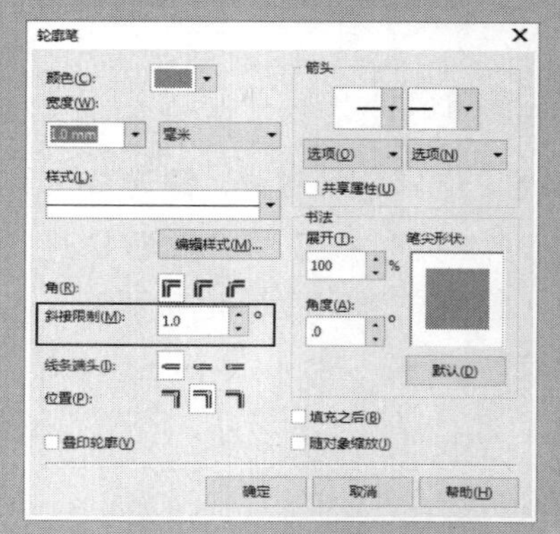

4. 更改字体颜色

❶ 在颜色板上单击更换字体颜色，❷ 完成设置轮廓笔属性绘制美工字体。

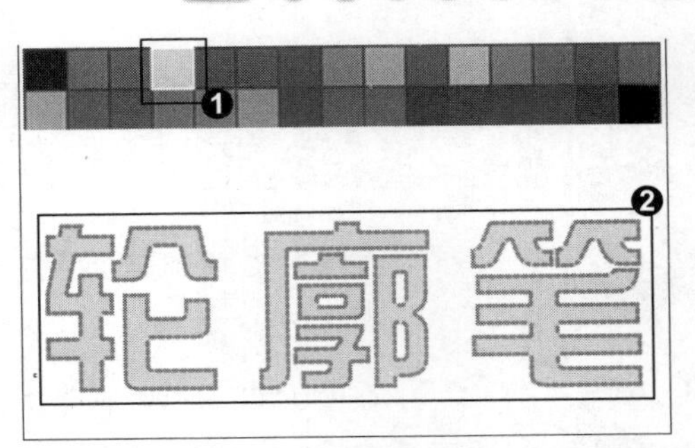

招式 121 变更对象轮廓线绘制生日卡

Q 如果想要绘制一张生日卡片，在 CorelDRAW 中该如何制作?

A 可以选择工具箱中的轮廓笔工具，选择轮廓宽度，或者打开“轮廓笔”对话框，设置“轮廓宽度”或“轮廓颜色”等属性，就可以对生日卡上的对象进行轮廓的设置。

1. 打开图像素材

❶ 启动 CorelDRAW X8 后，单击左上角的“打开”按钮或按 Ctrl+O 快捷键，❷ 打开本书配备的“第 6 章\素材\招式 121\图像 .cdr”文件，❸ 选择工具箱中的（“选择”工具）。

3. 设置轮廓笔属性

❶ 单击选择背景对象，❷ 选择工具箱中的（轮廓笔工具），或按 F12 键，❸ 打开“轮廓笔”对话框，设置轮廓宽度和轮廓颜色，完成后单击“确定”按钮。

2. 应用轮廓笔工具

❶ 单击选择“蛋糕”对象，❷ 选择工具箱中的（轮廓笔工具），单击选择轮廓宽度。

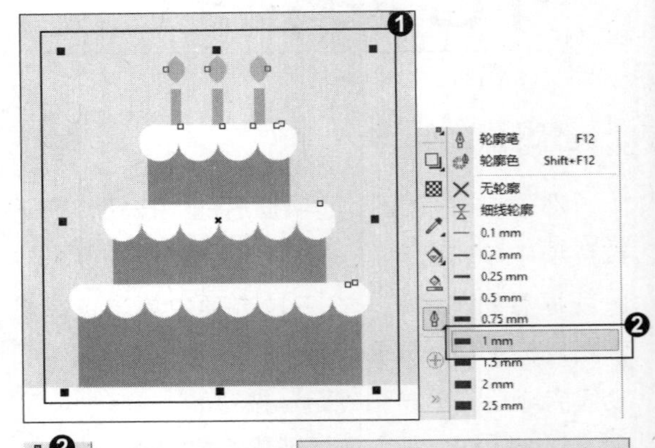

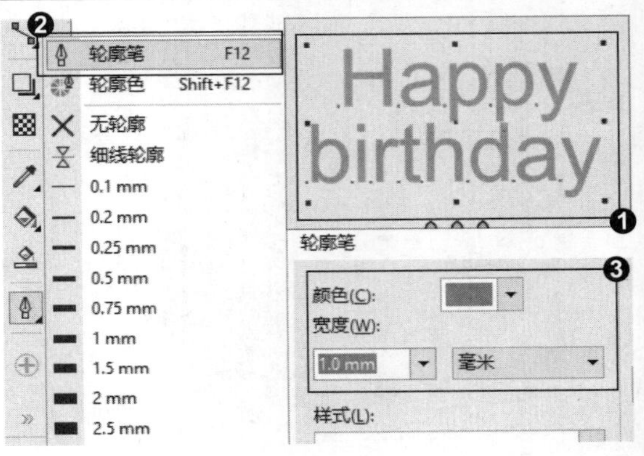

4. 应用轮廓笔属性

❶ 设置的轮廓笔属性应用到选择的对象上去了，❷ 即可看到变更轮廓对象属性绘制生日卡的效果。

知识拓展

变更对象轮廓线的宽度可以使图像效果更丰富，同时起到增强对象醒目程度的作用。设置轮廓线宽度的方法有 4 种：

❶ 选中对象后，在菜单栏中单击“窗口”|“泊坞窗”|“对象属性”命令，打开“对象属性”对话框，在“轮廓宽度”中选择选项可以设置轮廓线的宽度。

❷ 选中对象后，单击“轮廓笔”工具或按 F12 键打开“轮廓笔”对话框，在宽度上输入数值可以改变轮廓线宽度。

❸ 选中对象后，在属性栏上“轮廓宽度”后面的文本框中输入数值进行修改，或是在下拉选项中选择数值，数值越大轮廓线越宽。

❹ 选中对象后，在“轮廓笔”工具的下拉工具选项中进行选择，改变轮廓线宽度。

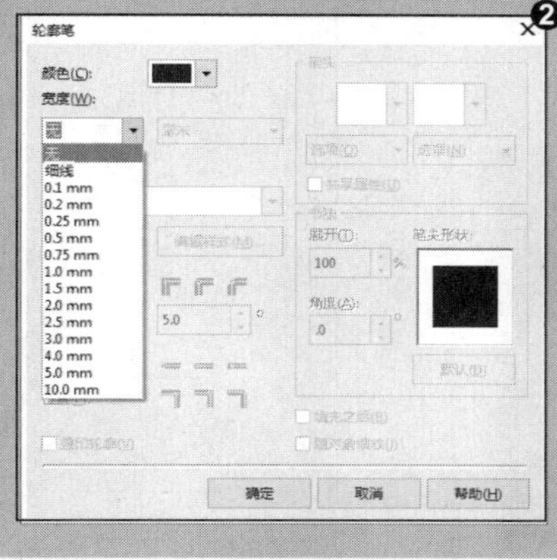

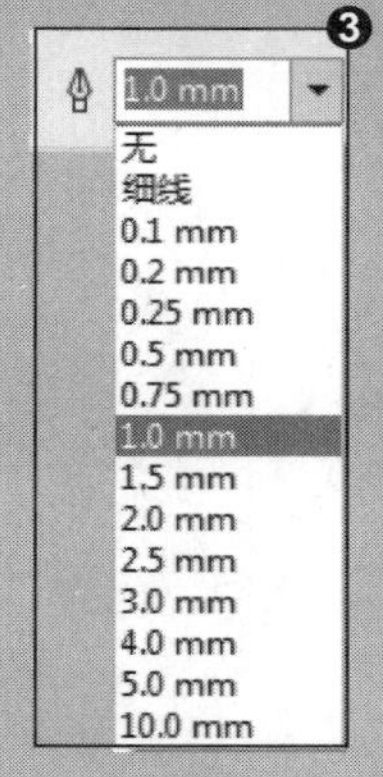

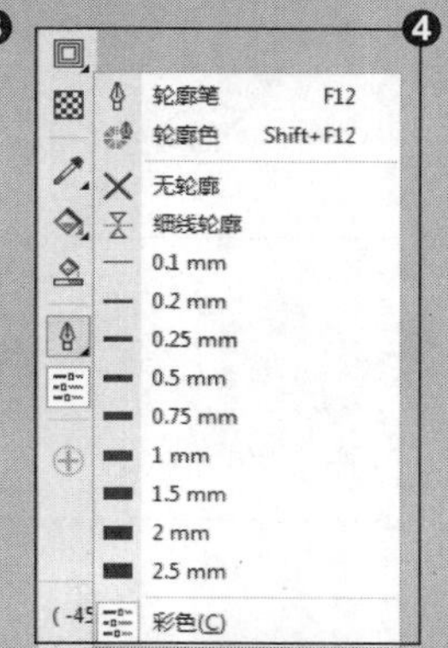

招式 122 清除图形的轮廓线

Q 如果一些图形不需要轮廓线，在 CorelDRAW 中该如何清除呢？

A 在工具箱中选择轮廓笔工具，单击选择“无轮廓”；或者在调色板上右击无填充色块；或者在属性栏设置“轮廓宽度”为“无”；还可打开“轮廓笔”对话框，将“轮廓宽度”设置为“无”，都可以去除轮廓线。

1. 打开图像素材

❶启动 CorelDRAW X8 后，单击左上角的“打开”按钮或按 Ctrl+O 快捷键，❷打开本书配备的“第 6 章 \ 素材 \ 招式 122\ 图像 .cdr”文件，❸选择工具箱中的（选择工具），单击选择要清除轮廓线的对象。

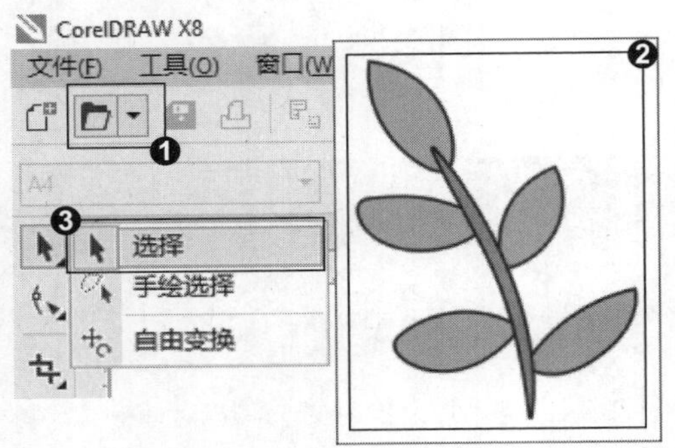

3. 调色板清除轮廓线

❶单击选择要清除轮廓的对象，在调色板上右击⊠，❷则选择对象的轮廓线被清除。

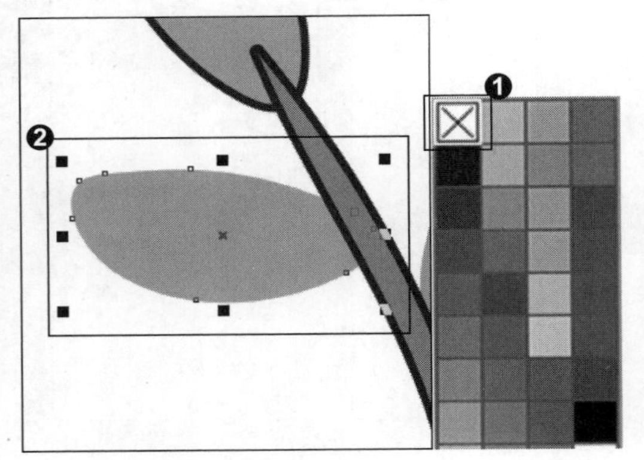

5. 选择轮廓笔工具

❶单击选择要清除轮廓的对象，❷选择工具箱中的（轮廓笔工具），或按 F12 键。

2. 应用轮廓笔工具

❶选择工具箱中的（轮廓笔工具），单击选择“无轮廓”，❷选择对象的轮廓线被清除。

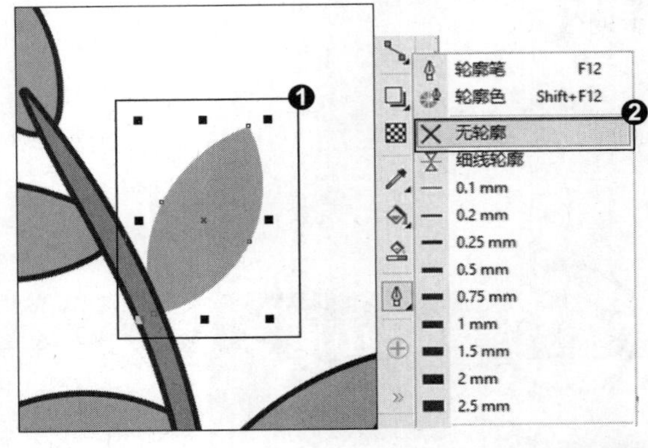

4. 属性栏清除轮廓线

❶单击选择要清除轮廓的对象，在属性栏单击“轮廓宽度”选项框后的按钮，在下拉选项中选择“无”，❷则选择对象的轮廓线被清除。

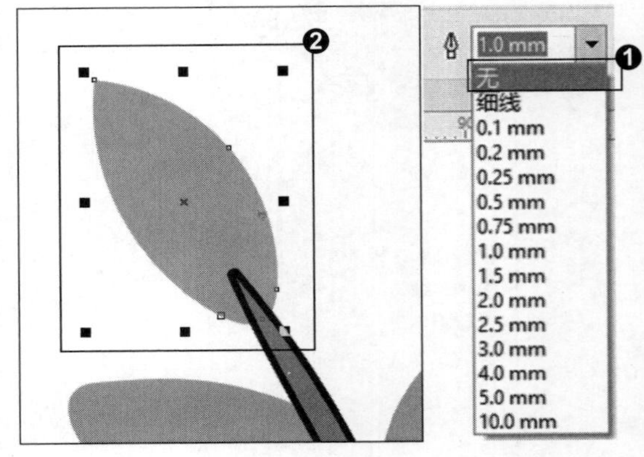

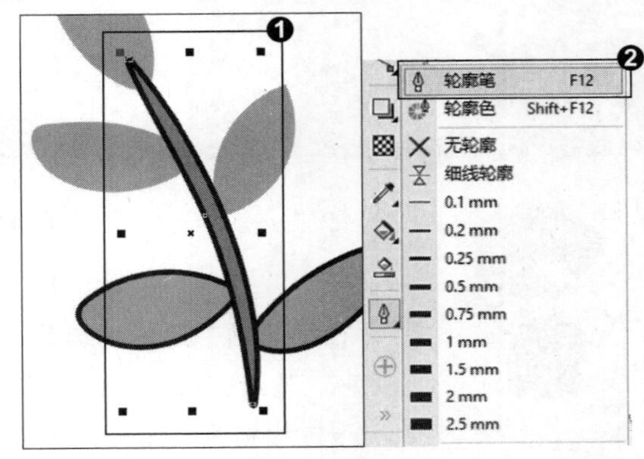

6. 轮廓笔属性清除轮廓线

❶ 打开“轮廓笔”对话框，单击“宽度”选项框后的▾按钮，在下拉选项中单击“无”，❷ 则选择对象的轮廓线被清除。

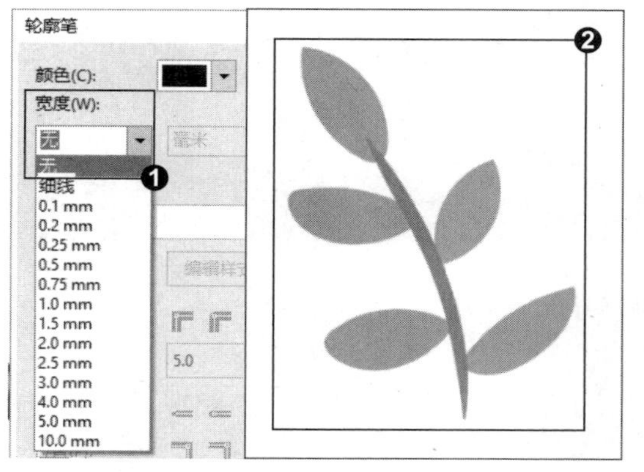

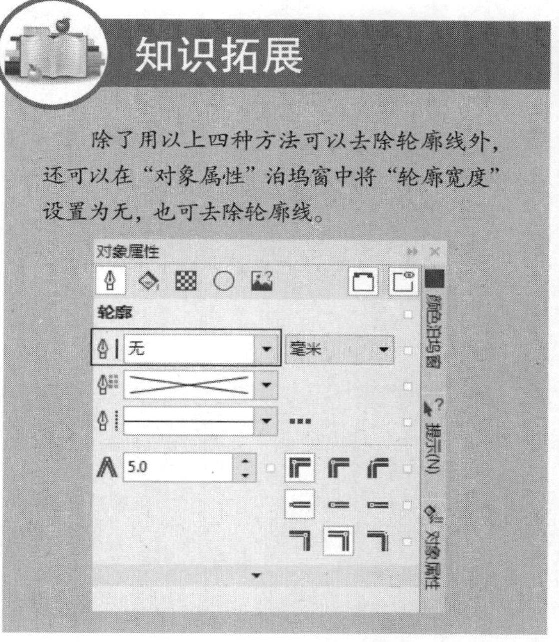

知识拓展

除了用以上四种方法可以去除轮廓线外，还可以在“对象属性”泊坞窗中将“轮廓宽度”设置为无，也可去除轮廓线。

招式 123 设置轮廓线的颜色

Q 如果想要给对象轮廓线设置想要的轮廓颜色，在 CorelDRAW 中该如何操作?

A 在工具箱中选择“轮廓笔工具”，打开“轮廓笔工具”对话框，设置“轮廓颜色”，或者在调色板上右击想要颜色的颜色色块，就可以设置轮廓线的颜色了。

1. 打开图像素材

❶ 启动 CorelDRAW X8 后，单击左上角的“打开”按钮或按 Ctrl+O 快捷键，❷ 打开本书配备的“第 6 章\素材\招式 123\图像 .cdr”文件，❸ 选择工具箱中的（选择工具），单击选择对象。

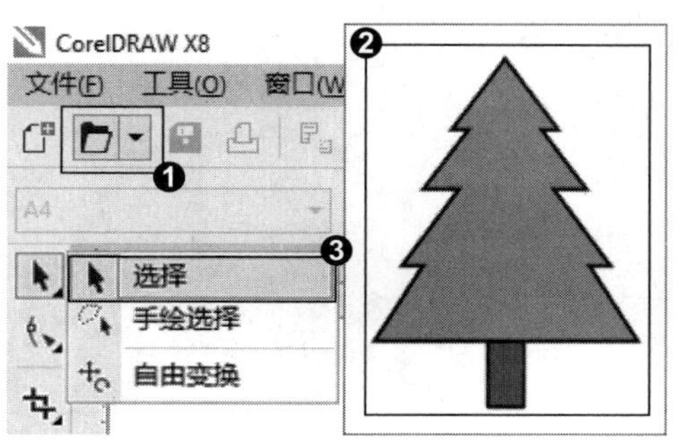

2. 选择“轮廓笔”工具

❶ 选择工具箱中的（轮廓笔工具），或按 F12 键，❷ 打开“轮廓笔”对话框，单击“颜色”选项框后的▾按钮，❸ 在下拉颜色查看器单击选择想要的颜色。

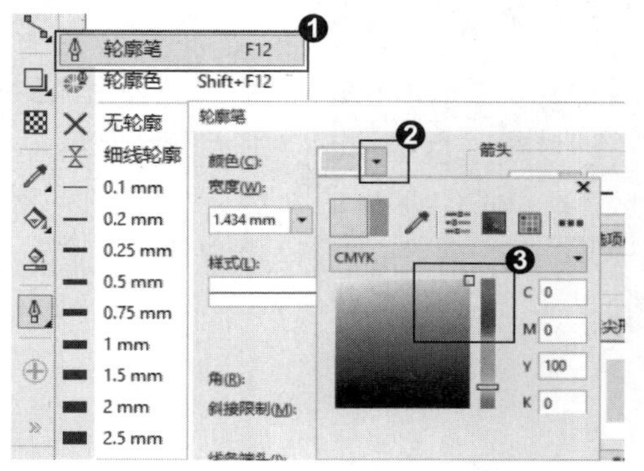

3. 应用调色板

❶ 则选择的轮廓颜色应用到对象的轮廓线，❷ 在调色板上右击想要的颜色的色块，❸ 则选择的轮廓颜色应用到对象的轮廓线。

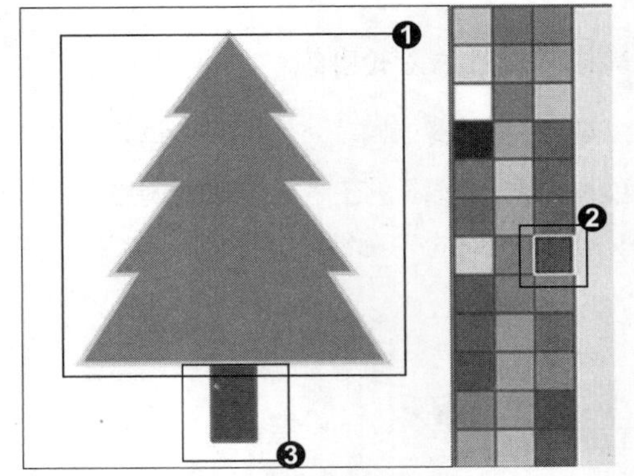

知识拓展

设置轮廓线的颜色可以将轮廓与对象区分开来，使轮廓线效果更丰富。除了案例中用调色板和轮廓笔工具设置外，还可以使用状态栏和"对象属性"泊坞窗调整。❶ 单击选中的对象，在状态栏上双击轮廓线颜色，在弹出的"轮廓线"对话框中进行修改；❷ 或者是打开"对象属性"对话框，在"轮廓颜色"选项中更改颜色。

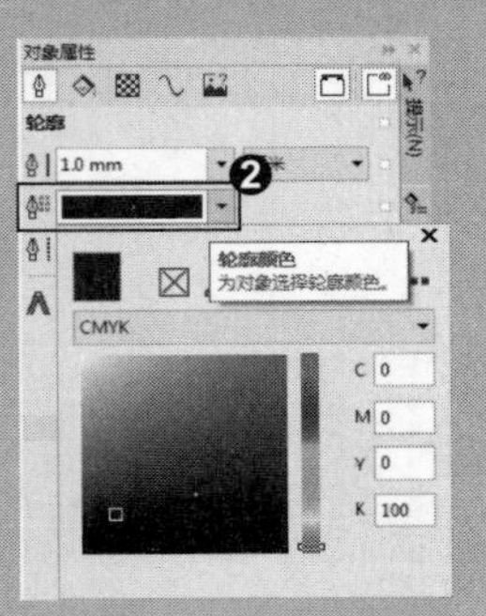

招式 124 设置轮廓线的样式

Q 如果将对象轮廓线设置想要的轮廓样式，在 CorelDRAW 中应如何设置？

A 在工具箱中选择轮廓笔工具，打开"轮廓笔"对话框，在"轮廓样式"下拉列表选择想要的样式，也可以单击"样式"按钮，进行自定义样式的编辑，就可以设置轮廓线的样式了。

1. 打开图像素材

❶ 启动 CorelDRAW X8 后，单击左上角的"打开"按钮或按 Ctrl+O 快捷键，❷ 打开本书配备的"第 6 章\素材\招式 124\图像 .cdr"文件，❸ 选择工具箱中的（选择工具），单击选择对象。

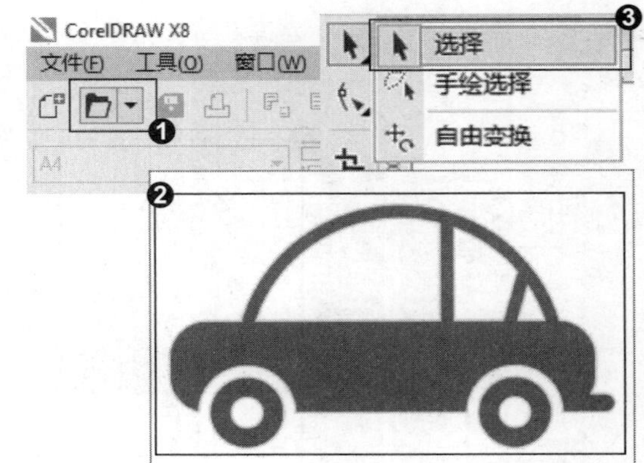

2. 选择轮廓笔工具

❶ 选择工具箱中的 （轮廓笔工具），或按 F12 键，❷ 打开“轮廓笔”对话框，单击“样式”选项框后的 按钮，❸ 在下拉列表中单击选择轮廓样式。

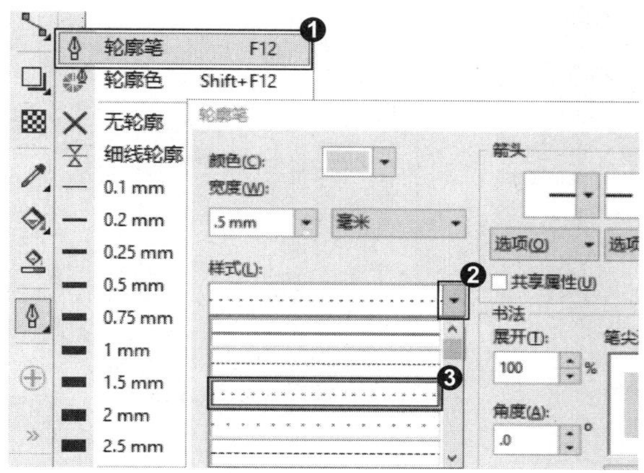

3. 编辑样式

❶ 单击“编辑样式”按钮，❷ 弹出“编辑线条样式”对话框，在方块上拖动滑块编辑样式，单击“添加”按钮，创建自定义的样式，❸ 完成后单击“确定”按钮，则设置的轮廓线样式应用到选择的对象上。

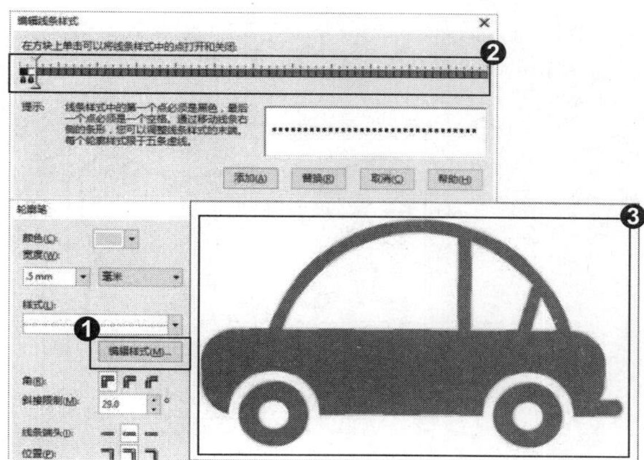

知识拓展

设置轮廓线的样式可以使图形美观度提升，也可以起到醒目和提示的作用。除了使用“轮廓笔”对话框设置轮廓线样式和自定轮廓线外，还可以在属性栏和“对象属性”泊坞窗中更改轮廓样式。

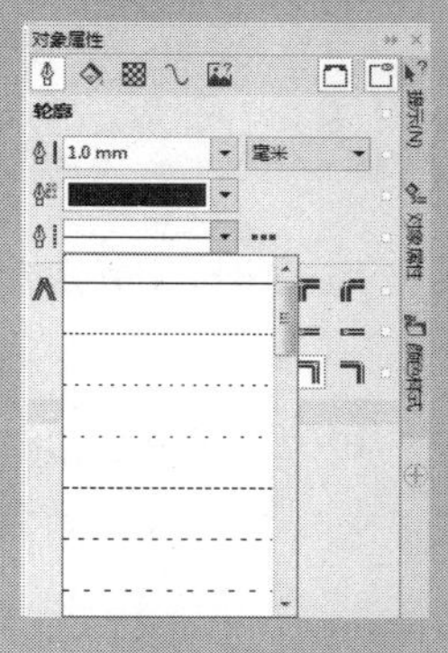

招式 125 将轮廓线转化为对象

Q 在 CorelDRAW 中对象的轮廓线只能进行宽度调整、纯色填充和样式变更等操作，如果想要填充渐变色或者纹样等其他效果，该如何操作呢？

A 在菜单栏中单击“对象”｜“将轮廓线转化为对象”命令，即可进行设置其他效果了。

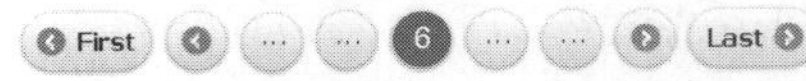

1. 打开图像素材

❶ 启动 CorelDRAW X8 后，单击左上角的“打开”按钮或按 Ctrl+O 快捷键，❷ 打开本书配备的“第 6 章 \ 素材 \ 招式 125\ 图像 .cdr”文件，❸ 选择工具箱中的 (选择工具), 单击选择对象。

2. 将轮廓转化为对象

❶ 在菜单栏中单击“对象” | “将轮廓线转化为对象”命令，❷ 选择对象的轮廓线就转化为对象了。

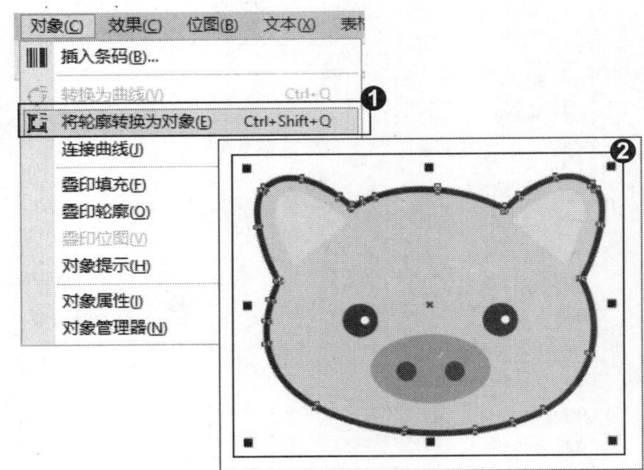

知识拓展

将轮廓线转化为对象后，可以进行形状修改、渐变填充、图案填充等操作。

招式 126 用轮廓颜色绘制杯垫

Q 如果想要用轮廓颜色绘制杯垫，在 CorelDRAW 中该如何制作?

A 可以将轮廓转化为对象，再使用轮廓笔工具，设置轮廓笔的“轮廓宽度”“轮廓颜色”等属性，就可以绘制出杯垫了。

1. 打开图像素材

❶ 启动 CorelDRAW X8 后，单击左上角的“打开”按钮或按 Ctrl+O 快捷键，❷ 打开本书配备的“第 6 章 \ 素材 \ 招式 126\ 素材 .cdr”文件，❸ 选择工具箱中的 (选择工具)，框选所有对象。

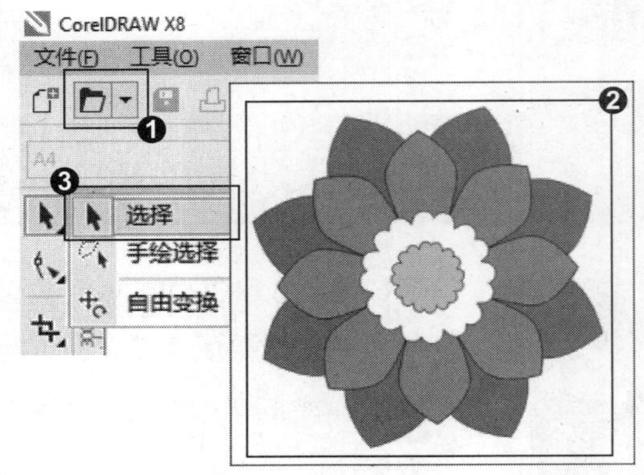

2. 将轮廓转化为对象

❶ 在菜单栏中单击"对象"｜"将轮廓转换为对象"命令，❷ 选择对象的轮廓线就转化为对象，❸ 选择工具箱中的 （轮廓笔工具），或按 F12 键。

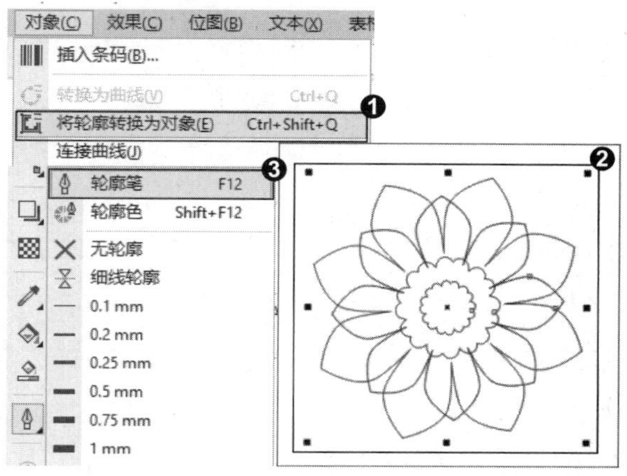

4. 制作厚度

❶ 按 Ctrl+C 快捷键复制对象，按 Ctrl+V 快捷键粘贴对象，❷ 在调色板上右击颜色色块更改颜色，❸ 将对象移至原对象下方并进行缩放，形成厚度的效果，即可完成用轮廓颜色绘制杯垫。

3. 设置轮廓笔属性

❶ 打开"轮廓笔"对话框，单击"颜色"选项框后的▾按钮，在下拉颜色查看器单击选择颜色，❷ 单击"宽度"选项框后的▾按钮，在下拉选项中选择轮廓宽度，完成后单击"确定"按钮，❸ 按 Ctrl+G 快捷键组合对象。

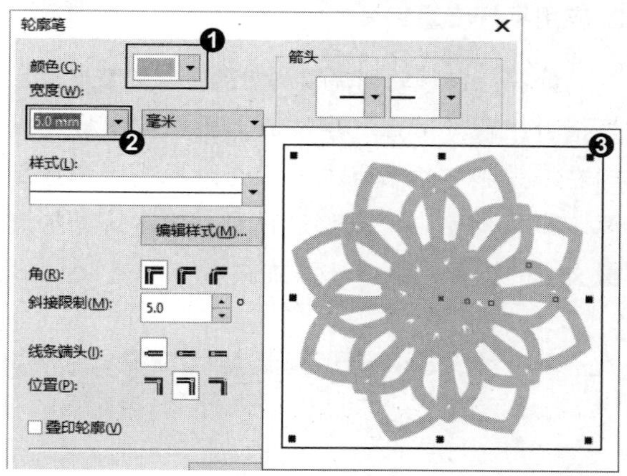

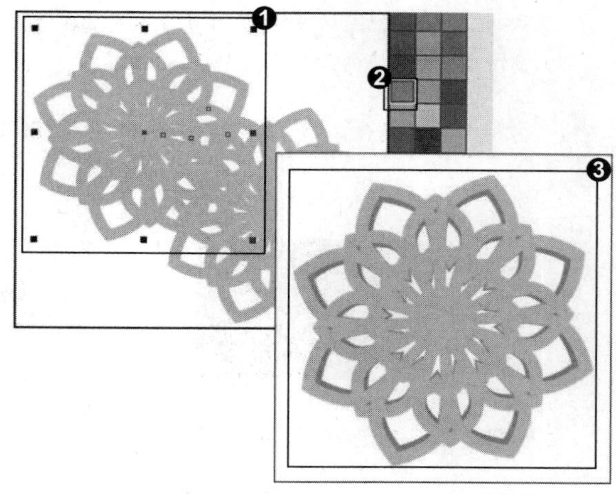

知识拓展

在样式选项中如果没有所需的样式，可以单击"边界样式"按钮，在"编辑线条样式"对话框进行编辑。

招式 127 平行度量工具的度量方法

Q 如果想要测量两个节点之间的实际距离，在 CorelDRAW 中该如何操作？

A 选择工具箱中的平行度量工具即可测量任意角度的两个节点之间的实际距离，并添加标注。

1. 打开图像素材

❶ 启动 CorelDRAW X8 后，单击左上角的“打开”按钮或按 Ctrl+O 快捷键，❷ 打开本书配备的“第 6 章 \ 素材 \ 招式 127\ 图像 .cdr”文件，❸ 选择工具箱中的（平行度量工具）。

2. 应用平行度量工具

❶ 将指针移动到需要测量的对象的节点上，当指针出现“节点”字样时，再按住鼠标左键向右拖曳到右边节点上，松开鼠标确定测量距离，❷ 再向空白位置移动指针，确定好添加测量文本的位置，❸ 单击添加文本。

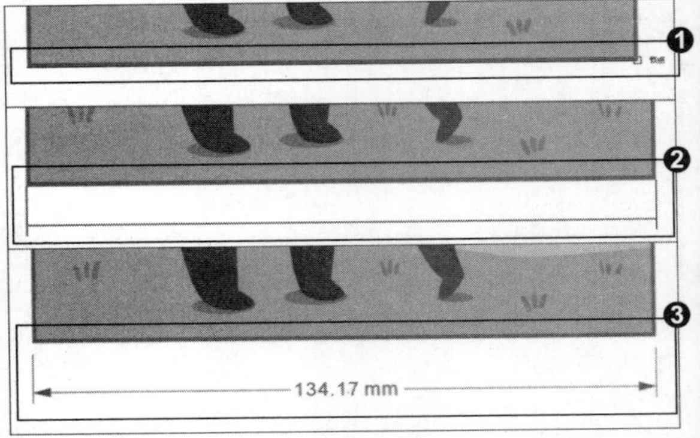

知识拓展

在使用平行度量工具确定测量距离时，除了单击选择节点间的距离外，也可以选择对象边缘之间的距离。平行度量工具可以测量任何角度方向的节点的距离。

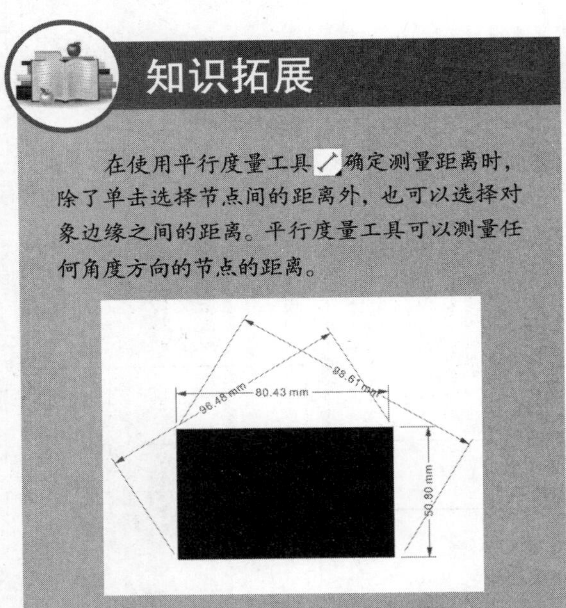

专家提示

平行度量工具用于测量任意角度两个节点间的实际距离。选择“平行度量”工具后，可以在属性栏对“度量样式”“度量精度”“度量单位”等属性进行设置。

招式 128 水平或垂直度量工具

Q 如果想要测量水平或者垂直的两个节点之间的实际距离，在 CorelDRAW 中该如何操作？

A 选择工具箱中的水平或垂直度量工具，即测量水平或者垂直的两个节点之间的实际距离，并添加标注。

1. 打开图像素材

❶ 启动 CorelDRAW X8 后，单击左上角的“打开”按钮或按 Ctrl+O 快捷键，❷ 打开本书配备的“第 6 章 \ 素材 \ 招式 128\ 图像 .cdr”文件，❸ 选择工具箱中的（水平或垂直度量工具）。

2. 应用水平或垂直度量工具

❶ 将指针移动到需要测量的对象的节点上，当指针出现“节点”字样时，再按住鼠标左键向右拖曳得到水平或垂直的测量线，松开鼠标确定测量距离，❷ 再向空白位置移动指针，确定好添加测量文本的位置，❸ 拖曳到相应位置后松开鼠标左键完成度量。

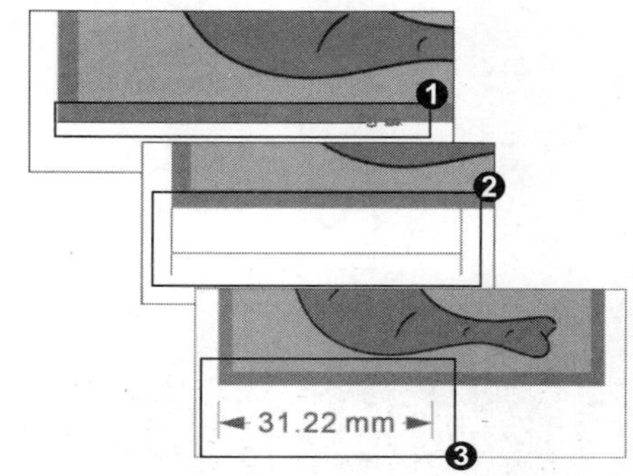

知识拓展

水平或垂直度量工具用于测量水平或垂直角度上的两个节点间的实际距离。使用“水平或垂直度量”工具，可以在拖曳测量距离的时候，同时拖曳文本距离。选择水平或垂直度量工具后，可以在属性栏对“度量样式”“度量精度”“度量单位”等属性进行设置。

招式 129 利用角度量工具测量对象角度

Q 如果想要测量对象的角度，在 CorelDRAW 中该如何操作?

A 可以选择工具箱中的角度量工具，即可准确测量对象的角度，并添加标注。

1. 打开图像素材

❶ 启动 CorelDRAW X8 后，单击左上角的“打开”按钮或按 Ctrl+O 快捷键，❷ 打开本书配备的“第 6 章 \ 素材 \ 招式 129\ 图像 .cdr”文件，❸ 选择工具箱中的（角度量工具）。

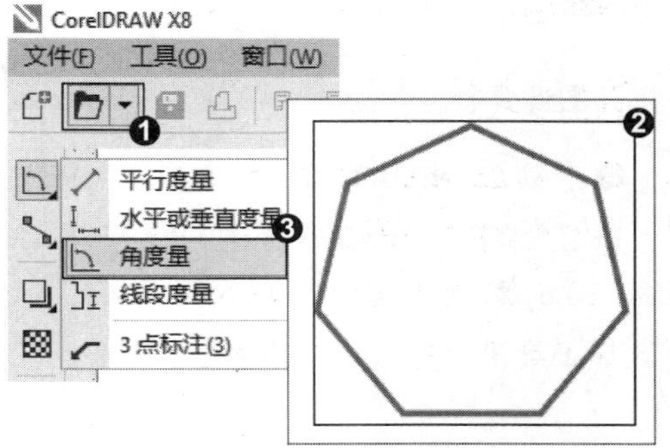

2. 确定角的定点和一条边

❶ 将指针移动到需要测量角度的相交处，确定角的定点，❷ 按住鼠标左键沿着所测角度的其中一条边线拖曳，确定角的另一边。

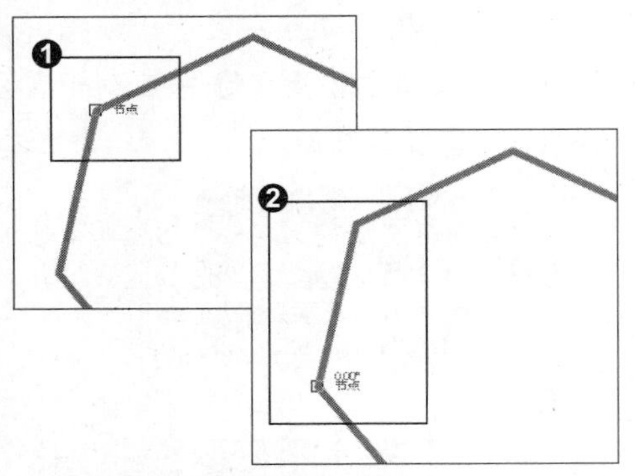

3. 确定角的另一条边

❶ 松开鼠标并移动到另一条边线的角的位置，单击确定边线，❷ 向空白处移动文本的位置，单击确定。

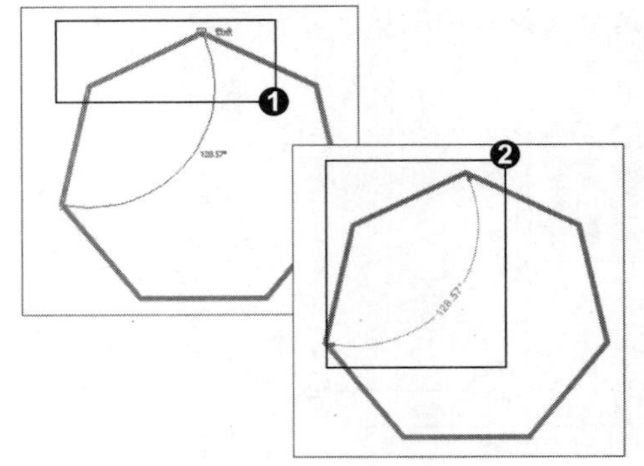

知识拓展

选择角度量工具后，可在"度量单位"中设置角的单位，包括"度""。""弧度""粒度"。

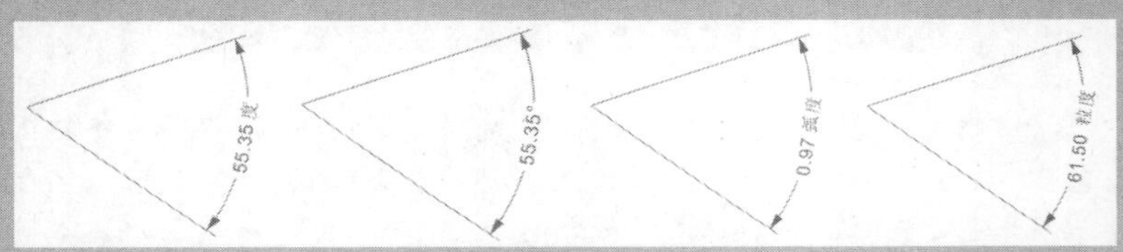

招式130 线段度量工具捕捉节点测量对象

Q 如果想要测量两个节点间线段的距离，在 CorelDRAW 中该如何操作?

A 可以选择工具箱中的线段度量工具，在要测量的线段上单击，就可以自动捕捉两个节点之间的线段的距离，并添加标注。

1. 打开图像素材

❶ 启动 CorelDRAW X8 后，单击左上角的"打开"按钮或按 Ctrl+O 快捷键，❷ 打开本书配备的"第 6 章 \ 素材 \ 招式 130\ 图像 .cdr"文件，❸ 选择工具箱中的（线段度量工具）。

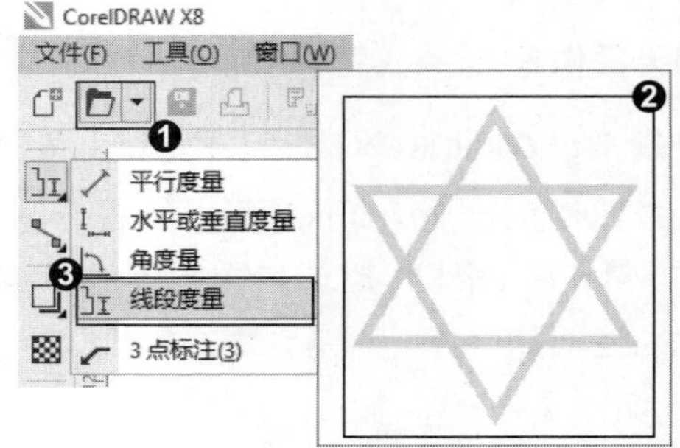

2. 应用线段度量工具

❶ 将指针移动到需要测量线段上，单击自动捕捉当前线段，❷ 移动指针确定文本位置，单击完成度量。

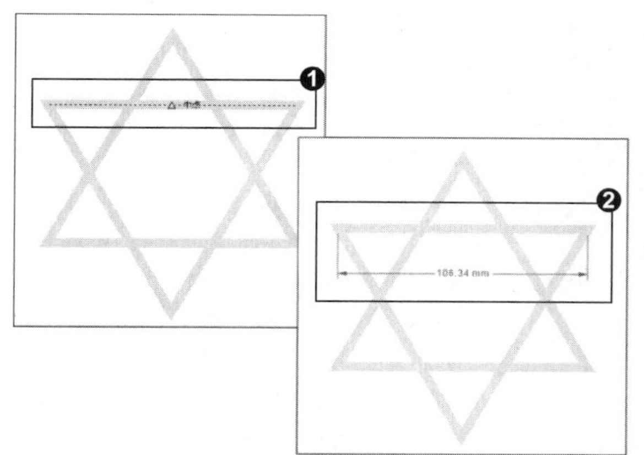

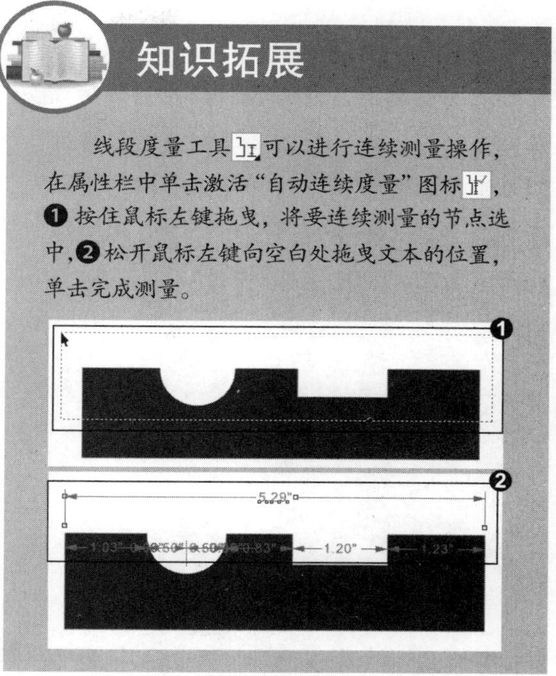

招式 131 快速为对象添加折线标注文字

Q 如果想要为对象添加折线并标注文字，在 CorelDRAW 中该如何操作?

A 可以选择工具箱中的 3 点标注工具，在对象上单击并拖曳到第二个点的位置后松开鼠标左键，再拖曳到合适位置后，则为对象添加折线，然后输入文字添加标注。

1. 打开图像素材

❶ 启动 CorelDRAW X8 后，单击左上角的“打开”按钮或按 Ctrl+O 快捷键，❷ 打开本书配备的“第 6 章 \ 素材 \ 招式 131\ 图像 .cdr”文件，❸ 选择工具箱中的（3 点标注工具）。

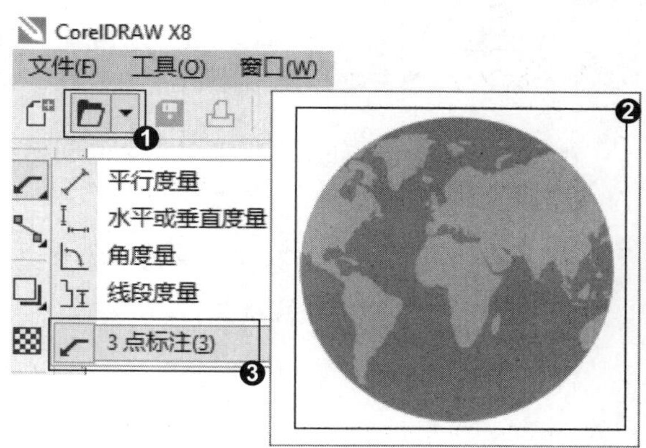

2. 应用3点标注工具

❶ 在属性栏中对“标注形状”“标注间隙”等属性进行设置，❷ 将指针移动到需要标注的对象上，确定角的定点，按住鼠标左键拖曳，❸ 确定第二个点后松开鼠标左键，再拖曳一定距离单击，可以确定文本位置。

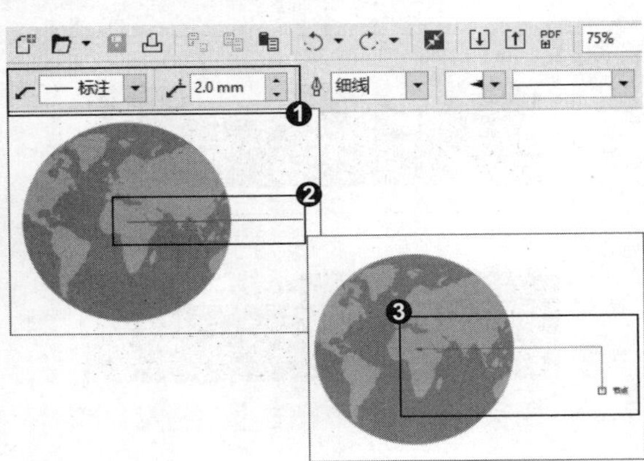

3. 文字属性

❶ 在光标处输入相应文本，❷ 在属性栏设置文字的字体和大小等属性，❸ 为对象添加折线标注文字完成。

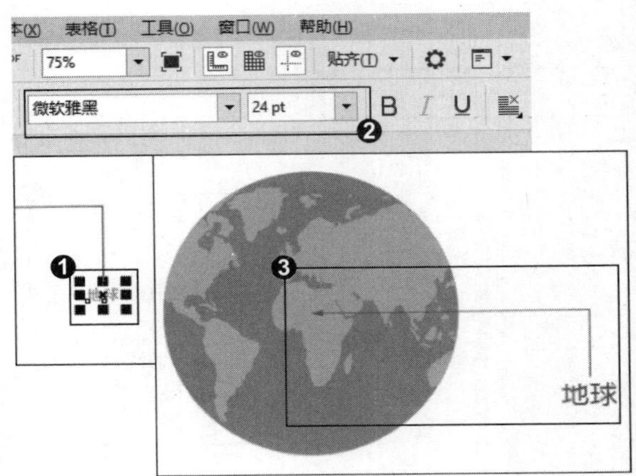

知识拓展

在3点标注工具属性栏中，“标注形状”选项可以选择标注文本的形状，如方形、圆形和三角形等；在“间隙”选项中输入数值可以设置标注与折线的间距；“轮廓宽度”选项可以设置标注的轮廓宽度；“起始箭头”选项可以为标注添加起始箭头，在下拉选项中可以选择样式；“线条样式”选项可以为线条和轮廓设置样式。

招式132 任意角度创建直线连接线

Q 如果想要在对象之间创建直线连接线，在CorelDRAW中该如何设置?

A 可以选择工具箱中的直线连接器工具，就可以将任意角度的节点相连接，并且创建直线连接线。

1. 打开图像素材

❶ 启动 CorelDRAW X8 后，单击左上角的“打开”按钮或按 Ctrl+O 快捷键，❷ 打开本书配备的“第 6 章 \ 素材 \ 招式 132\ 图像 .cdr”文件，❸ 选择工具箱中的（直线连接器工具）。

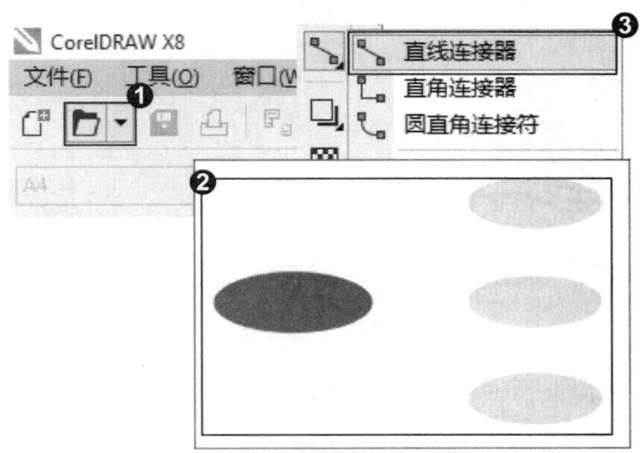

2. 应用直线连接器工具

❶ 将指针移动到需要进行连接的节点上，按住鼠标左键拖曳到相应的连接节点上，❷ 松开鼠标左键完成连接。

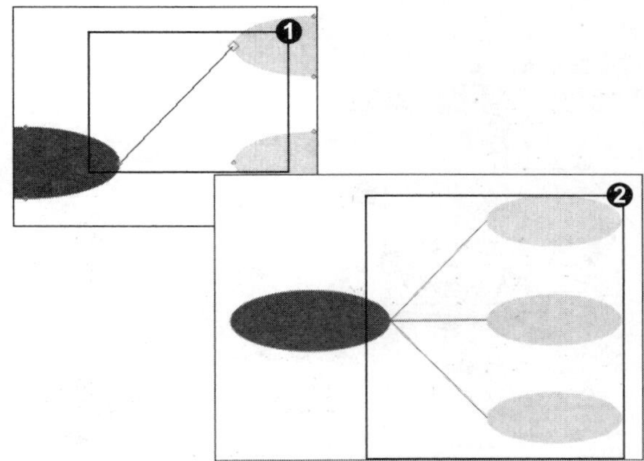

知识拓展

当出现多个连接对象连接到同一个位置上时，起始连接节点需要从没有选中连接线的节点上开始。如果在已经连接的节点上单击拖曳，则会拖曳当前连接线的节点。

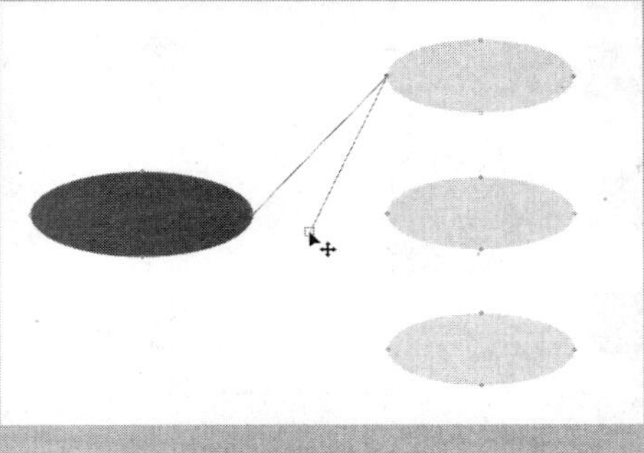

招式 133 水平或垂直创建直角连接线

Q 如果想要在对象之间创建直角连接线，在 CorelDRAW 中该如何设置?

A 可以选择工具箱中的直角连接器工具，就可以将对象的节点相连接，并且创建水平和垂直的直角线段连接线。

1. 打开图像素材

❶启动 CorelDRAW X8 后，单击左上角的“打开”按钮或按 Ctrl+O 快捷键，❷打开本书配备的“第 6 章\素材\招式 133\图像.cdr”文件，❸选择工具箱中的（直角连接器工具）。

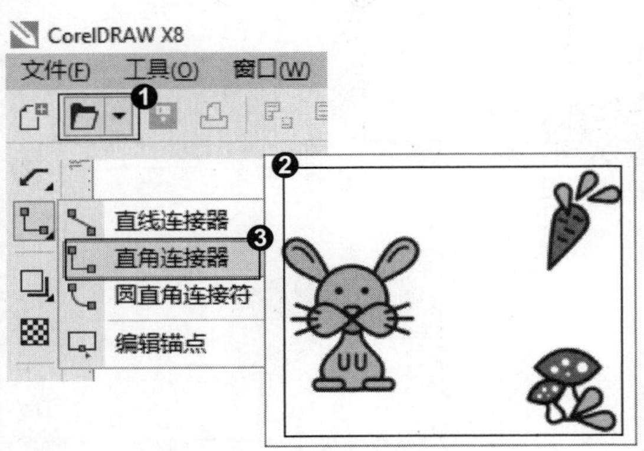

2. 应用直角连接器工具

❶将指针移动到需要进行连接的节点上，按住鼠标左键拖曳到相应的连接节点上，❷松开鼠标左键完成连接。

知识拓展

❶在绘制平行位置的直角连接线时，❷拖曳的连接线为直线，❸连接后的对象，在移动时，连接形状随着移动变化。

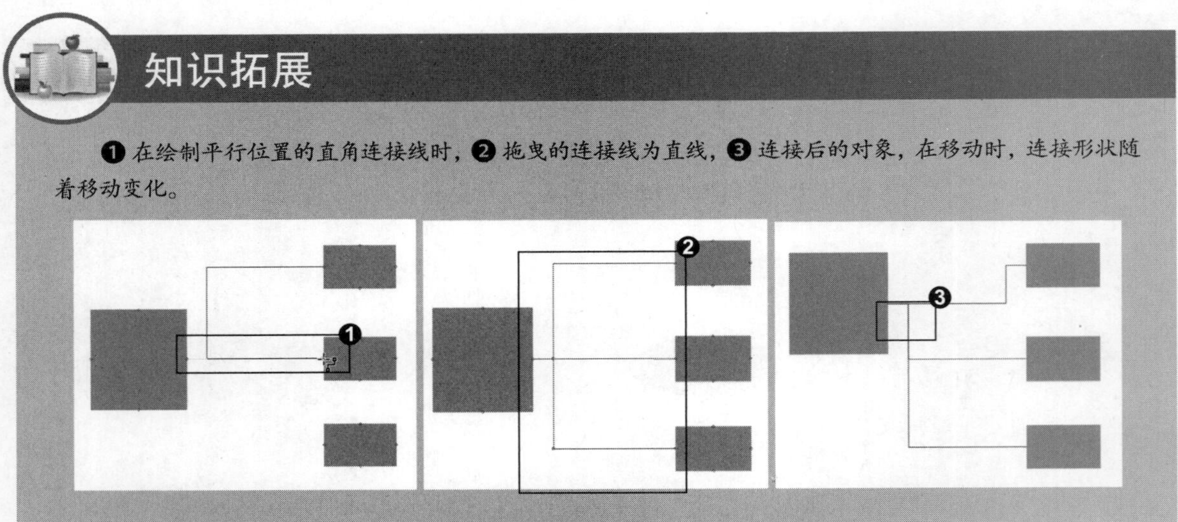

招式 134 水平或垂直创建圆直角连接线

Q 如果想要创建水平或垂直的圆直角连接线，在 CorelDRAW 中该如何设置？

A 可以选择工具箱中的圆直角连接符工具，就可以将对象的节点相连接，并且创建水平和垂直的圆直角线段连接线。

1. 打开图像素材

❶ 启动 CorelDRAW X8 后，单击左上角的“打开”按钮或按 Ctrl+O 快捷键，❷ 打开本书配备的“第 6 章\素材\招式 134\图像 .cdr”文件，❸ 选择工具箱中的（圆直角连接符工具）。

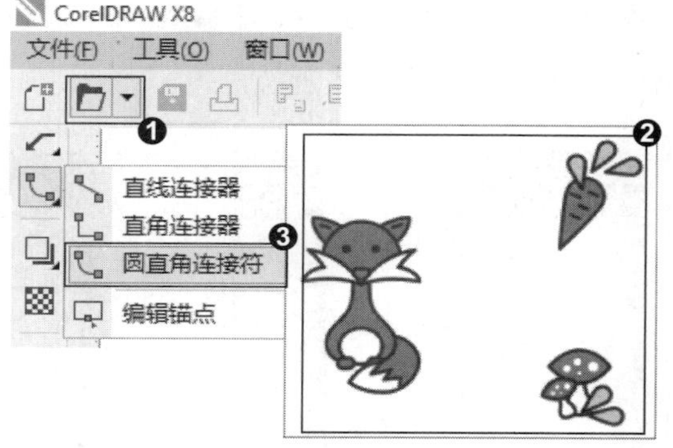

2. 应用圆直角连接符工具

❶ 将指针移动到需要进行连接的节点上，按住鼠标左键拖曳到相应的连接节点上，❷ 松开鼠标左键完成连接，连接好的对象以圆直角连接线连接。

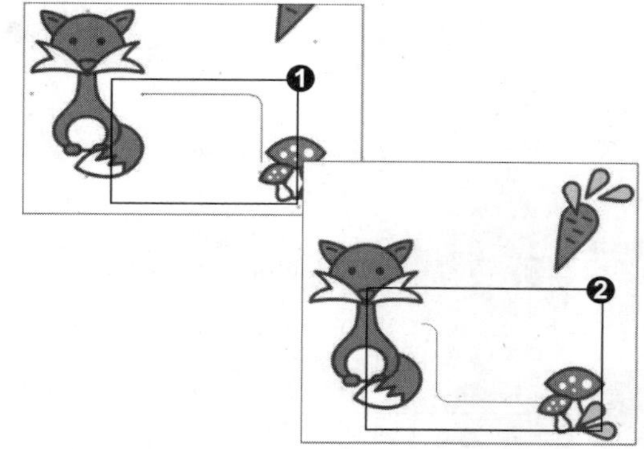

专家提示

在属性栏“圆形直角”后面的文本框里输入数值可以设置圆角的弧度，数值越大，弧度越大，数值为 0 时，连接线变为直角。

知识拓展

使用圆直角连接符工具绘制连续线，❶ 将光标移动到连接线上，当光标变为双向箭头时双击，❷ 可以添加文本。

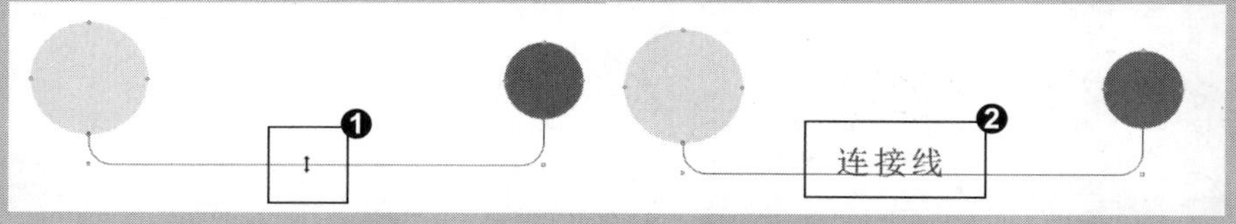

招式 135 用水平或垂直度量工具绘制产品设计图

Q 如果想要绘制产品的设计图，在 CorelDRAW 中该如何操作?

A 选择工具箱中的水平或垂直度量工具，就可以测量水平或者垂直的两个节点之间的实际距离并且添加标注，单击选择标注或测量线，在属性栏进行属性的更改，就可以绘制产品设计图了。

1. 打开图像素材

❶ 启动 CorelDRAW X8 后，单击左上角的“打开”按钮或按 Ctrl+O 快捷键，❷ 打开本书配备的“第 6 章 \ 素材 \ 招式 135\ 图像 .cdr”文件，❸ 选择工具箱中的（水平或垂直度量工具）。

2. 应用水平或垂直度量工具

❶ 将指针移动到需要测量的对象的节点上，当光标出现“节点”字样时，按住鼠标左键向右拖曳得到水平或垂直的测量线，松开鼠标确定测量距离，❷ 再向空白位置移动指针，确定好添加测量文本的位置，❸ 拖曳到相应位置后松开鼠标左键完成度量。

3. 应用选择工具

❶ 继续使用水平或垂直度量工具，对产品尺寸进行测量，❷ 选择工具箱中的（选择工具），❸ 单击选择度量线，在属性栏设置轮廓宽度。

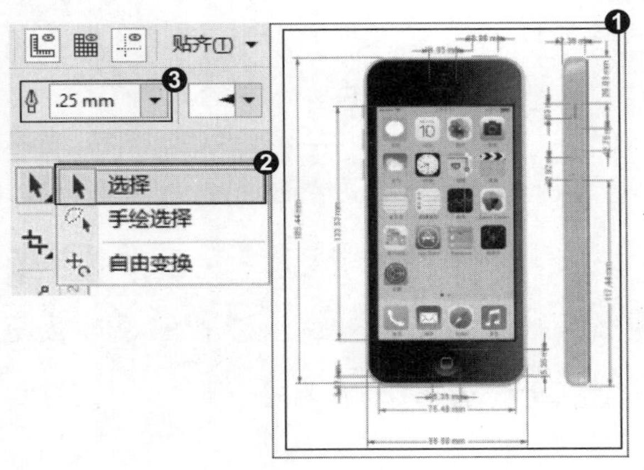

4. 设置属性

❶ 单击选择文本，在属性栏更改字体和大小，❷ 在调色板单击更改文本颜色，右击更改度量线的颜色，❸ 即可绘制完成产品设计图。

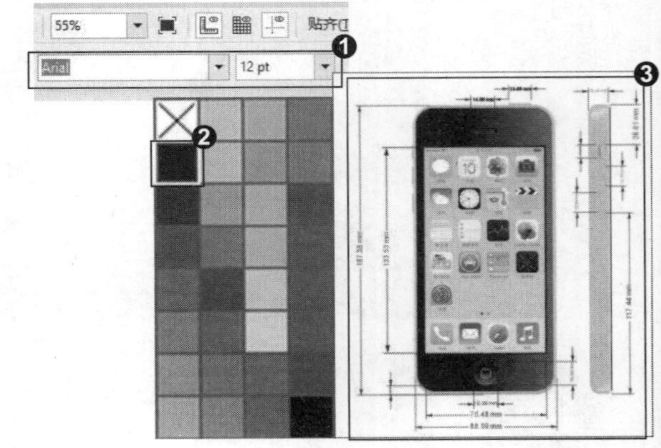

知识拓展

编辑锚点工具用于修饰连接线，变更连接的节点。❶ 单击对象要变更方向的连接线锚点，❷ 在“属性栏”中单击“调整锚点方向”图标激活文本框，输入数值可以变更连接线的方向；❸ 双击连接线锚点，会新增加蓝色空心圆标示的新锚点。

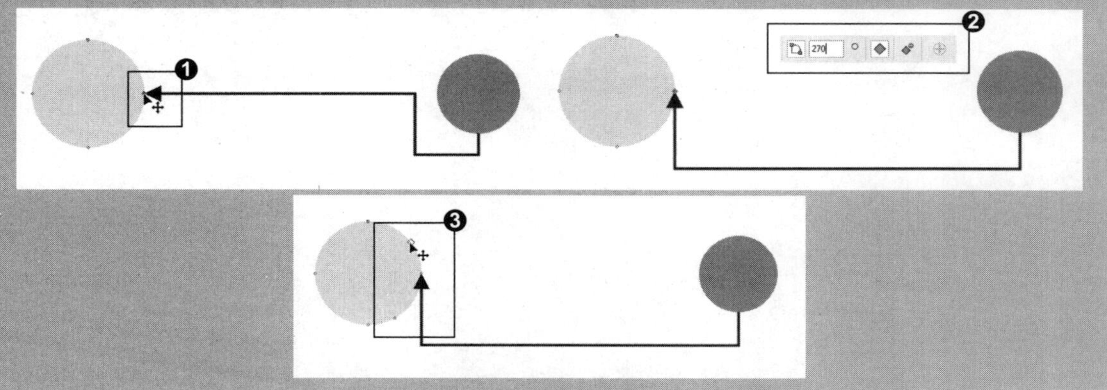

第 7 章 图像效果操作技巧

在 CorelDRAW X8 中，用户可以使用交互式工具对矢量图形进行更高级的编辑，如为对象创建调和效果、轮廓图效果、变形效果、透明效果、阴影效果、立体化效果和封套效果等。另外，还可以通过透视功能为对象创建透视变换效果。本章将详细介绍为对象应用这些高级效果的技巧。

招式 136 移动指针创建直线调和

Q 如果想要将两个对象的颜色进行调和，在 CorelDRAW 中该如何操作?

A 在 CorelDRAW 选择工具箱中的调和工具，将指针移动到起始对象，按住鼠标左键向终止对象进行拖曳，就可以创建直线调和了。

1. 打开图像素材

❶ 启动 CorelDRAW X8 后，单击左上角的“打开”按钮或按 Ctrl+O 快捷键，❷ 打开本书配备的“第 7 章 \ 素材 \ 招式 136\ 图像 .cdr”文件，❸ 选择工具箱中的（调和工具）。

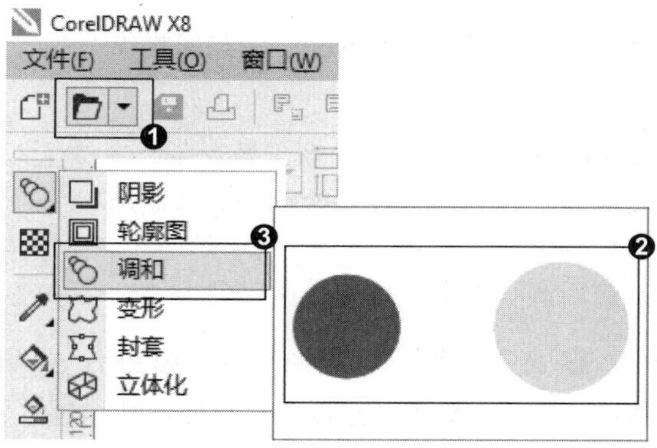

2. 应用调和工具

❶ 在属性栏设置调和对象的步长数，❷ 将指针移动到起始对象，按住鼠标左键不放向终止对象进行拖曳。

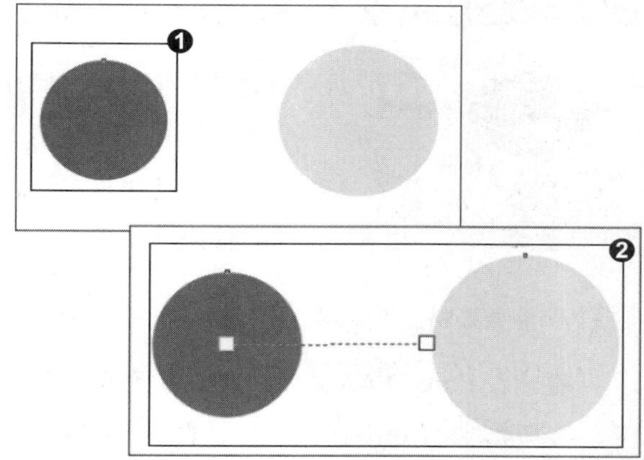

知识拓展

（调和工具）也可以创建轮廓线的调和，❶ 创建两条曲线，填充不同的颜色。❷ 单击（调和工具）选中蓝色曲线按住鼠标左键拖曳至终止曲线，当出现预览线后松开鼠标左键完成调和。

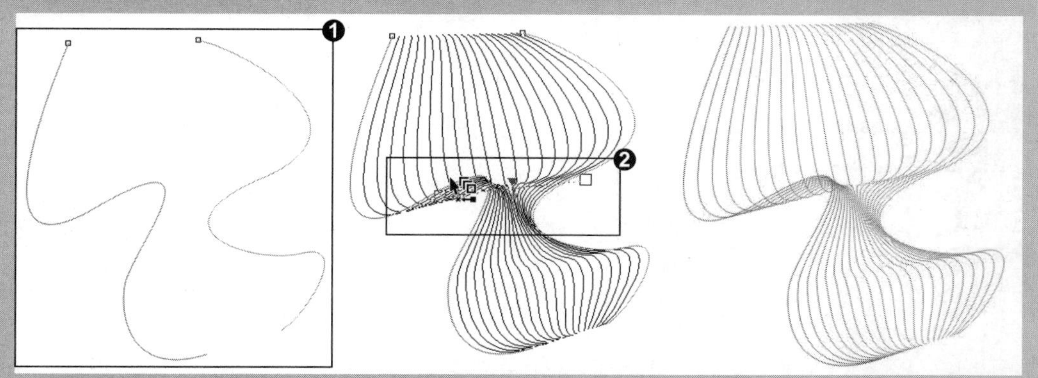

3. 直线调和

❶ 出现一列对象的虚框进行预览，❷ 确认后松开鼠标左键完成直线调和。

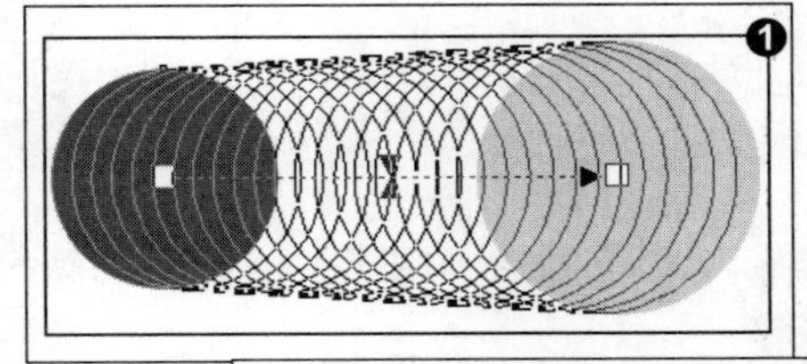

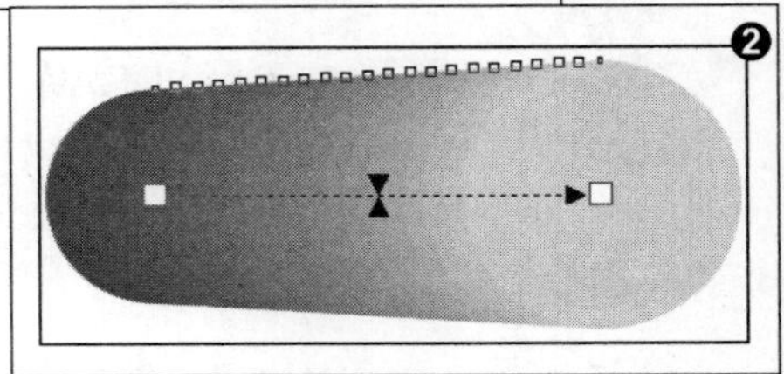

专家提示

在调和时两个对象的位置和大小会影响中间系列对象的形状变化，两个对象的颜色决定中间系列对象的颜色渐变的范围。

招式 137 拖出曲线路径创建曲线调和

Q 如果想要在两个对象之间创建曲线调和，在 CorelDRAW 中该如何操作？

A 在 CorelDRAW 选择工具箱中的调和工具，将指针移动到起始对象，先按住 Alt 键不放，再按住鼠标左键向终止对象拖曳出曲线路径，就可以创建曲线调和了。

1. 打开图像素材

❶ 启动 CorelDRAW X8 后，单击左上角的“打开”按钮或按 Ctrl+O 快捷键，❷ 打开本书配备的“第 7 章 \ 素材 \ 招式 137\ 图像 .cdr”文件，❸ 选择工具箱中的（调和工具）。

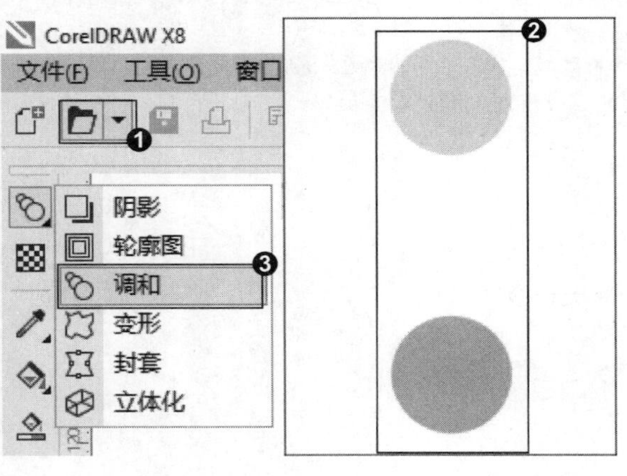

2. 应用调和工具

❶ 将指针移动到起始对象，❷ 按住 Alt 键并按住鼠标左键不放绘制曲线路径到终止对象。

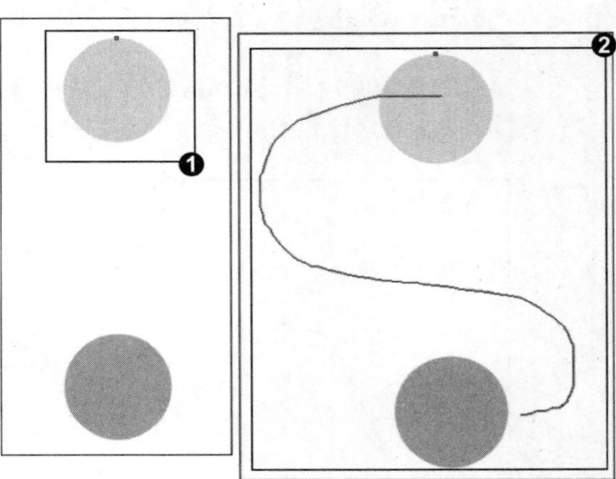

3. 完成曲线调和

❶ 出现一列对象的虚框进行预览，❷ 确认后松开鼠标左键完成曲线调和。

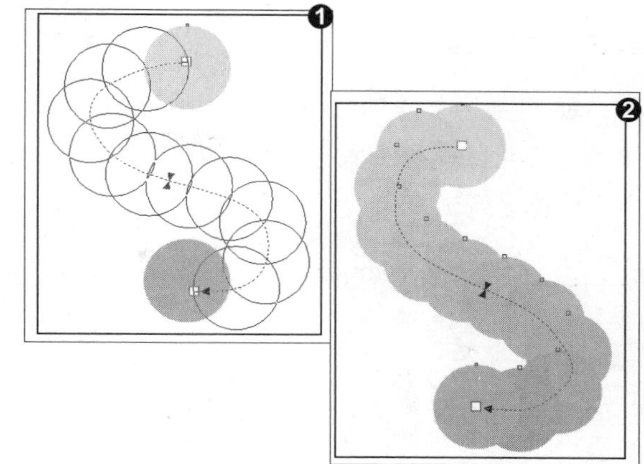

专家提示

在创建曲线调和和选取起始对象时，必须先按住 Alt 键再选取绘制路径，否则无法创建曲线调和。

知识拓展

使用 (钢笔工具) 绘制一条平滑曲线,将已经进行直线调和的对象选中，❶ 在属性栏上单击“路径属性”按钮，在其下拉选项中选择“新路径”命令，❷ 此时指针变为弯曲箭头形状，将箭头对准曲线后单击，即可将直线调和转换为曲线调和。

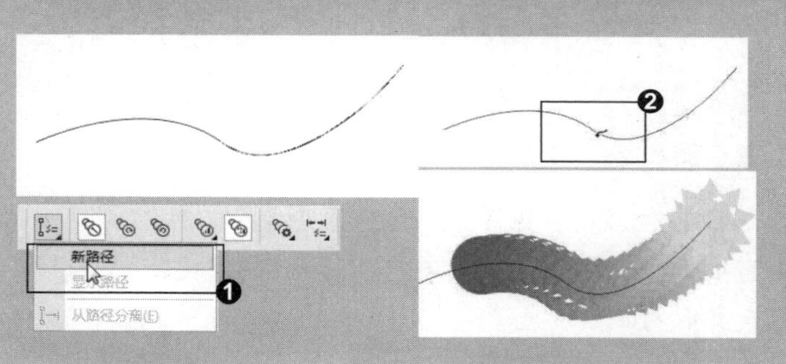

招式 138 多个图形创建复合调和

Q 如果要在多个图形对象创建复合调和的效果，在 CorelDRAW 中该如何操作?

A 在 CorelDRAW 选择工具箱中的调和工具，将指针移动到起始对象，按住鼠标左键向第二个对象拖曳，创建直线调和，再选中第二个对象，按住鼠标左键向第三个对象拖曳，就可以创建复合调和的效果了。

1. 打开图像素材

❶ 启动 CorelDRAW X8 后，单击左上角的“打开”按钮或按 Ctrl+O 快捷键，❷ 打开本书配备的“第 7 章 \ 素材 \ 招式 138\ 图像 .cdr”文件，❸ 选择工具箱中的 (调和工具)。

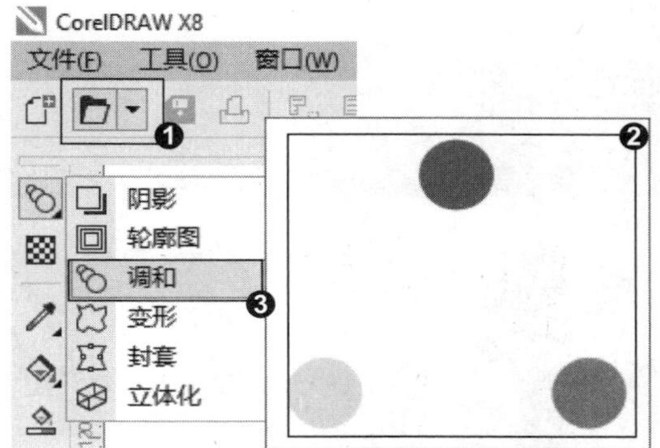

2. 应用调和工具

❶ 将指针移动到红色圆形，按住鼠标左键不放拖曳直线路径到黄色圆形，❷ 出现一列对象的虚框进行预览。

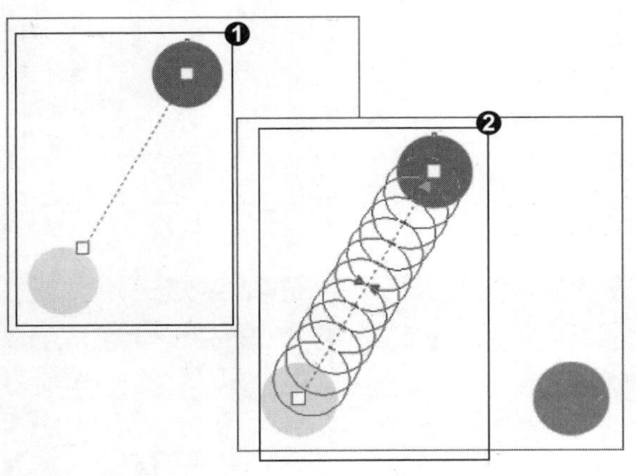

3. 复合调和 1

❶ 确认后松开鼠标左键完成直线调和，❷ 在页面空白处单击取消直线路径的选择，再选择黄色圆形。

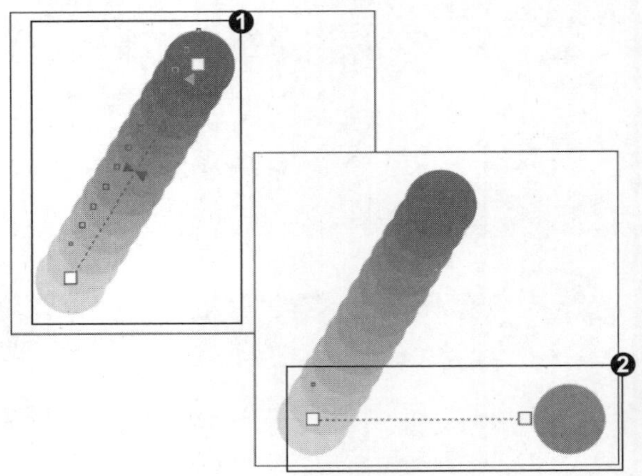

4. 复合调和 2

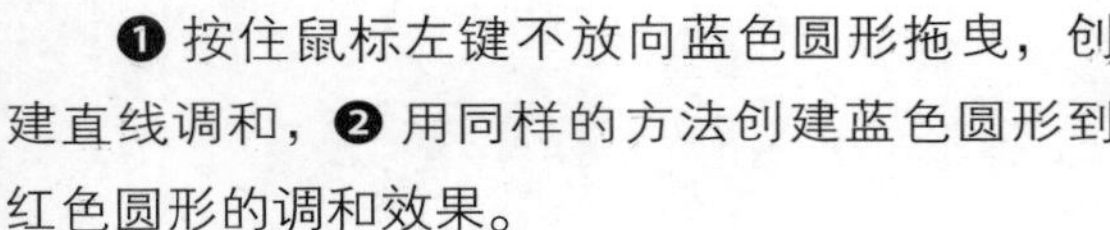

❶ 按住鼠标左键不放向蓝色圆形拖曳，创建直线调和，❷ 用同样的方法创建蓝色圆形到红色圆形的调和效果。

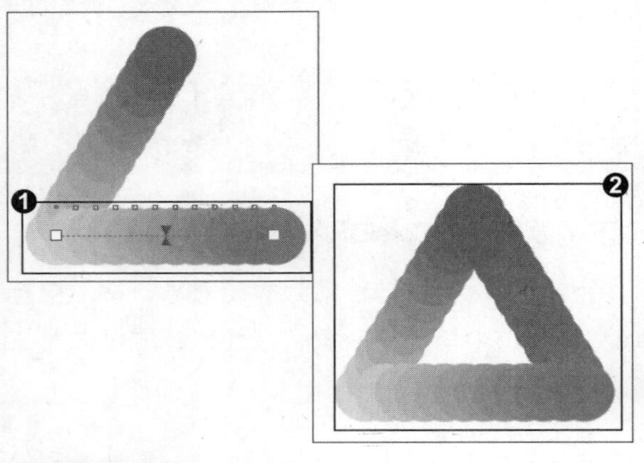

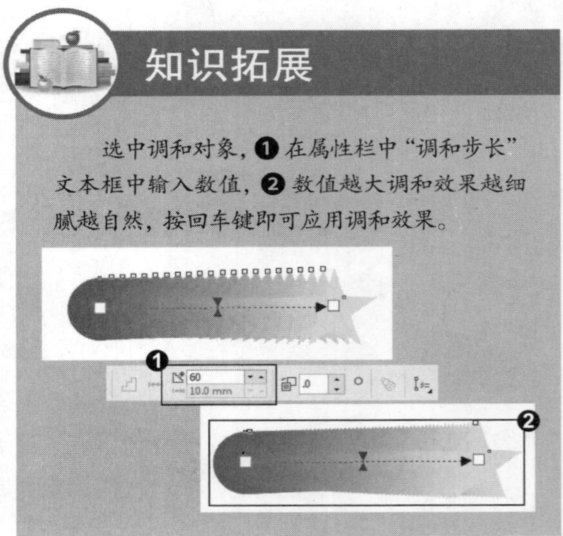

知识拓展

选中调和对象，❶ 在属性栏中“调和步长”文本框中输入数值，❷ 数值越大调和效果越细腻越自然，按回车键即可应用调和效果。

招式 139 利用属性栏设置调和参数

Q 在创建调和效果后，如果想要调整调和的效果，在 CorelDRAW 中该如何操作?

A 在 CorelDRAW 中创建调和效果后，使用调和工具，在属性栏对参数进行设置，从而调整调和效果。

1. 打开图像素材

❶ 启动 CorelDRAW X8 后，单击左上角的“打开”按钮 或按 Ctrl+O 快捷键，❷ 打开本书配备的“第 7 章 \ 素材 \ 招式 139\ 图像 .cdr”文件，❸ 选择工具箱中的 （调和工具）。

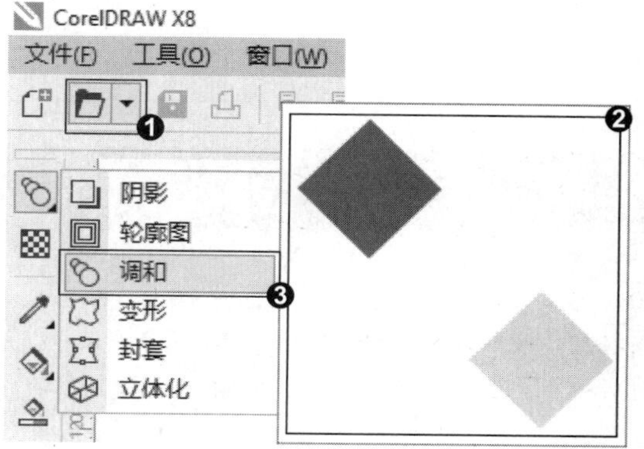

2 复合调和

❶ 将指针移动到起始对象，按住鼠标左键不放拖曳到终止对象，❷ 出现一列对象的虚框进行预览，松开鼠标左键完成调和。

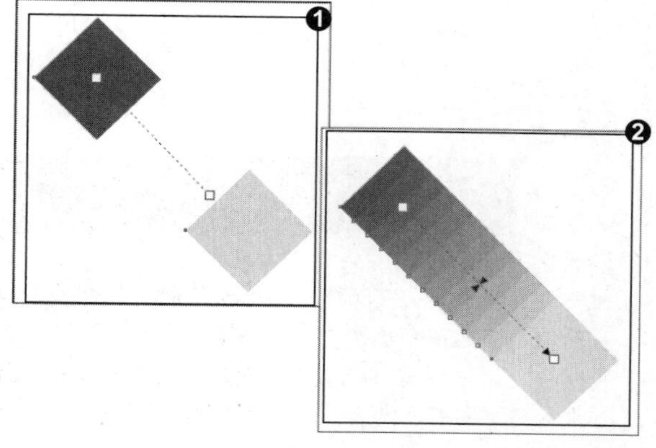

3. 预设列表

❶ 在属性栏单击“预设列表”，在下拉选项中选择想要的效果，❷ 则创建的调和改变为选择的“预设”效果。

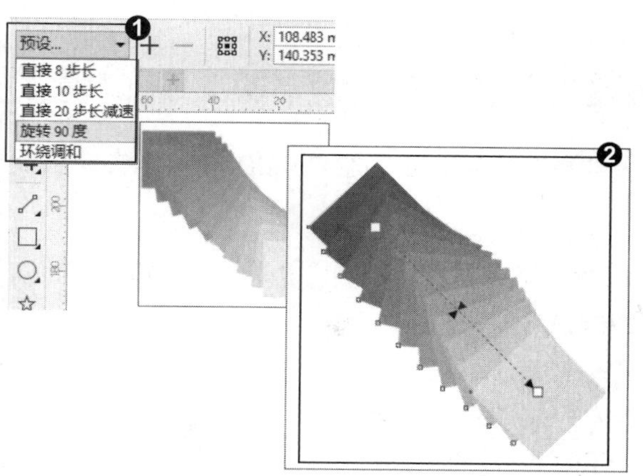

4. 顺时针调整

❶ 在属性栏单击“顺时针调整”图标 ，❷ 则颜色调和序列为按色谱顺时针方向颜色渐变。

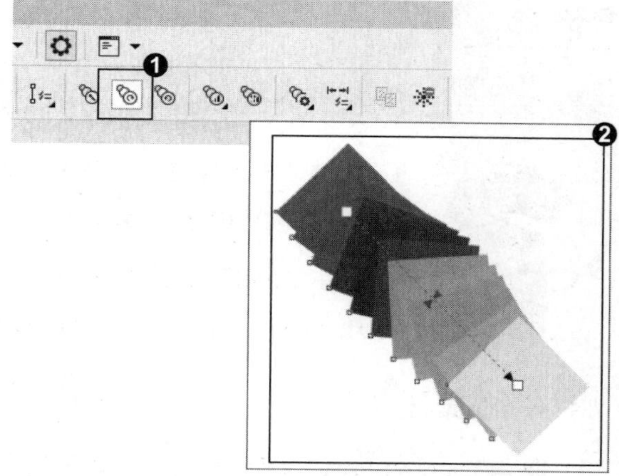

专家提示

切换“调和步长”和“调和距离”必须在曲线调和的状态下进行。在直线调和状态下可以直接调整步长数，“调和间距”只用于曲线路径。

5. 调和步长

❶ 在属性栏“调和对象”后的文本框输入数值，更改调和中的步长数或调整步长距离，❷ 则调和对象之间的距离被更改为设置的步长数值。

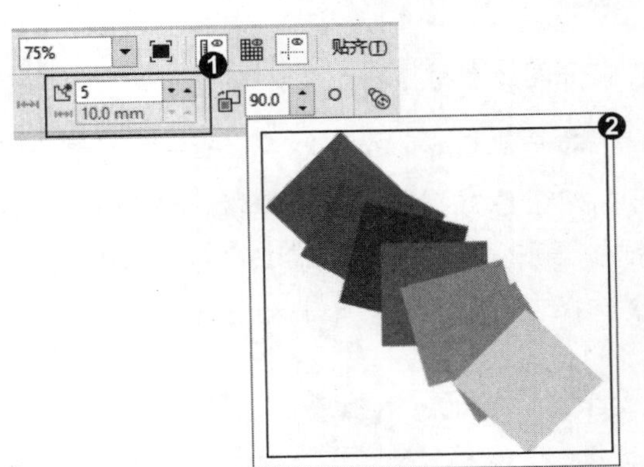

知识拓展

在调和后，可以在属性栏进行调和参数设置。❶ “调和方向”选项 30.0：可在后面的文本框输入数值设置已调和对象的角度。❷ “环绕调和”选项：可将环绕效果添加应用到调和中。❸ “直接调和”选项：可设置颜色调和序列为直接颜色渐变。❹ “顺时针调和”选项：可设置颜色调和序列为按色谱顺时针方向颜色渐变（逆时针调和与顺时针调和相反）。

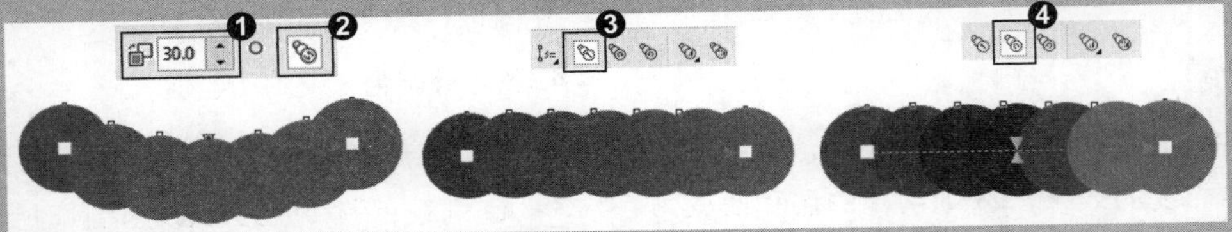

招式 140 巧用调和泊坞窗设置调和参数

Q 除了可以在属性栏调整调和的参数更改效果之外，在 CorelDRAW 中还可以怎样对调和参数进行设置呢?

A 在 CorelDRAW 中可以使用调和工具，在菜单栏中单击“效果” | “调和”命令，打开“调和”泊坞窗后，就可以对调和参数进行设置了。

1. 打开图像素材

❶ 启动 CorelDRAW X8 后，单击左上角的“打开”按钮或按 Ctrl+O 快捷键，❷ 打开本书配备的“第 7 章 \ 素材 \ 招式 140\ 图像 .cdr”文件，❸ 选择工具箱中的（调和工具）。

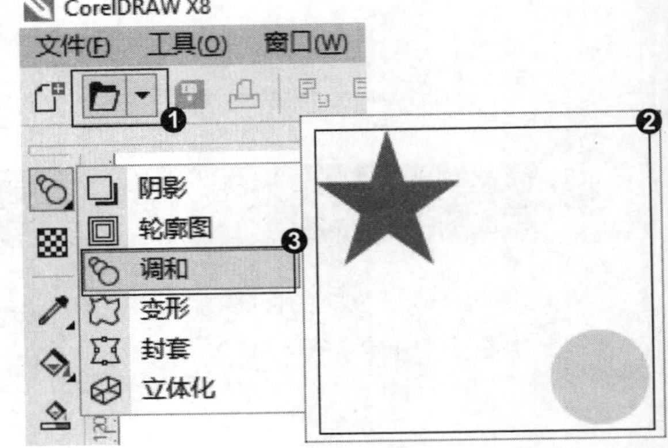

2. 应用调和工具

❶ 将指针移动到起始对象，按住 Alt 键并按住鼠标左键不放拖曳到终止对象，❷ 出现一列对象的虚框进行预览，松开鼠标左键完成调和。

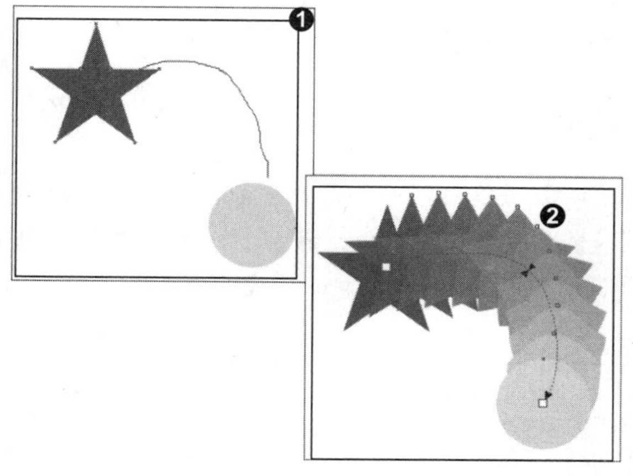

3. 调出调和泊坞窗

❶ 在菜单栏中单击“效果”｜“调和”命令，❷ 打开“调和”泊坞窗，单击“调和间距”按钮，❸ 在“调和对象”的文本框输入数值，更改调和中的步长数或调整步长间距。

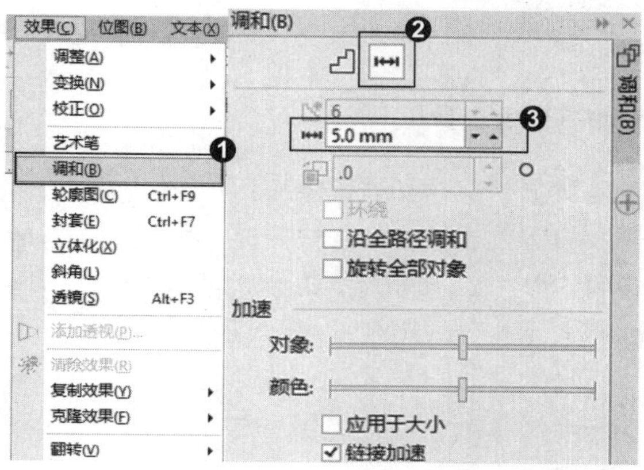

4. 加速设置

❶ 拖动“对象”和“颜色”的滑块，调整对象加速，❷ 单击“应用”按钮，❸ 则调整的加速应用调和对象的效果。

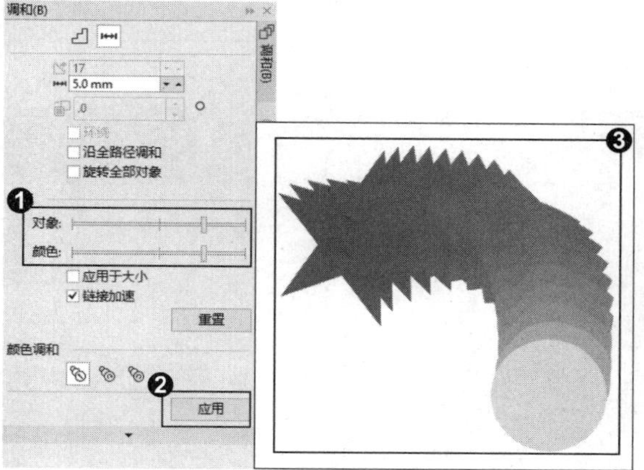

知识拓展

在菜单栏中单击“效果”｜“调和”命令，可以打开“调和”泊坞窗。❶ 选中“沿全路径调和”复选框可沿整个路径延展调和，该命令仅运用在添加路径的调和中；❷ 选中“旋转全部对象”复选框可沿曲线旋转所有的对象，该命令仅运用在添加路径的调和中；❸ 选中“应用于大小”复选框可以把调整的对象加速应用到对象大小上；❹ 选中“链接加速”复选框可以同时调整对象加速和颜色加速；❺ 单击“重置”按钮可将调整的对象加速和颜色加速还原为默认设置。

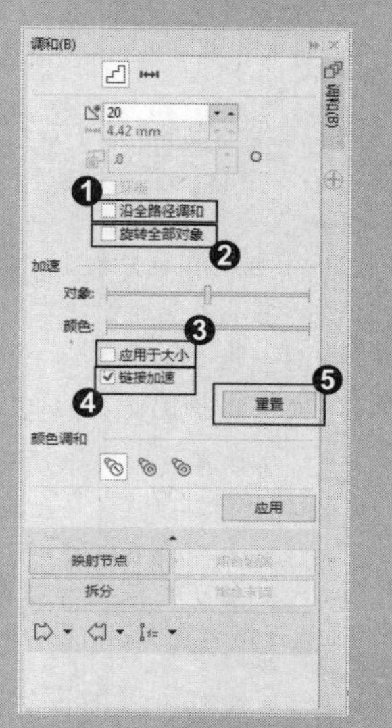

招式 141 变更调和顺序调和图形

Q 如果想要变更调和图形的调和顺序，在CorelDRAW中该如何操作?

A 在CorelDRAW中可以使用调和工具，在菜单栏中单击“对象”|“顺序”|“逆序”命令，就可以快速变更调和顺序了。

1. 打开图像素材

❶启动CorelDRAW X8后，单击左上角的“打开”按钮或按Ctrl+O快捷键，❷打开本书配备的“第7章\素材\招式141\图像.cdr”文件，❸选择工具箱中的（调和工具）。

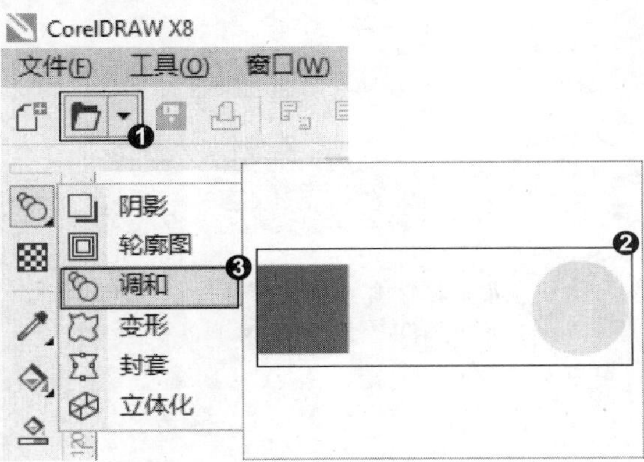

2. 应用调和工具

❶将指针移动到起始对象，按住鼠标左键不放拖曳到终止对象，❷出现一列对象的虚框进行预览，松开鼠标左键完成调和。

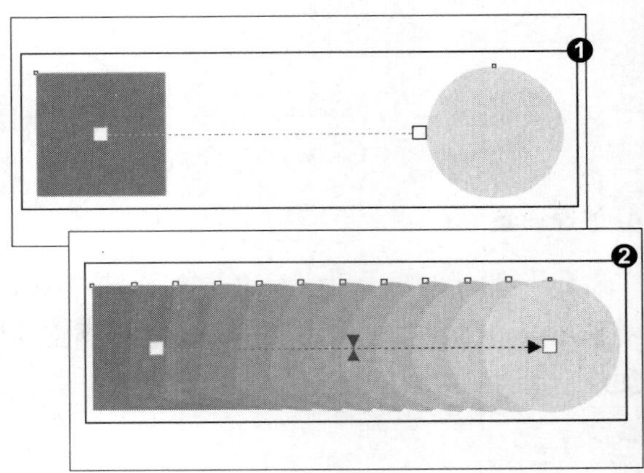

知识拓展

在菜单栏中单击“效果”|“调和”命令，可以打开“调和”泊坞窗。❶单击“映射节点”按钮可将起始形状的节点映射到结束形状的节点上；单击“拆分”按钮可将选中的调和拆分为两个独立的调和；单击“熔合始端”按钮，可将熔合拆分或复合调和的始端对象，按住Ctrl键选中中间和始端对象，可以激活该按钮；单击“熔合末端”按钮可将熔合拆分或复合调和的末端对象，按住Ctrl键选中中间和末端对象，可以激活该按钮。❷单击“始端对象”按钮可更改或查看调和中的始端对象；❸单击“末端对象”按钮可更改和查看调和中的末端对象；❹单击“路径属性”按钮用于将调和好的对象添加到新路径、显示路径和分离路径。

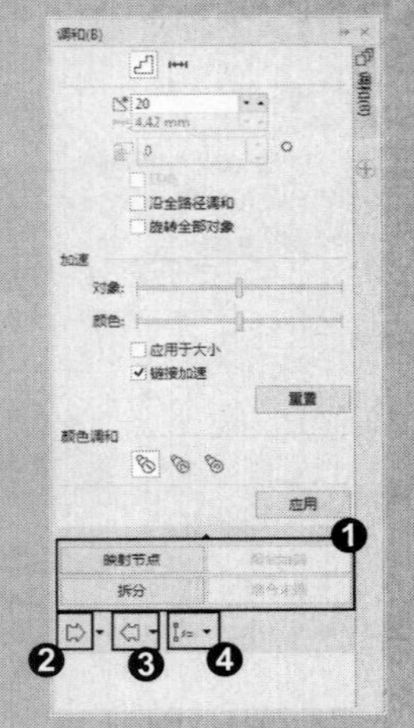

3. 调和顺序

❶ 在菜单栏中单击“对象” | “顺序” | “逆序”命令，❷ 则调和对象的顺序变成了逆序。

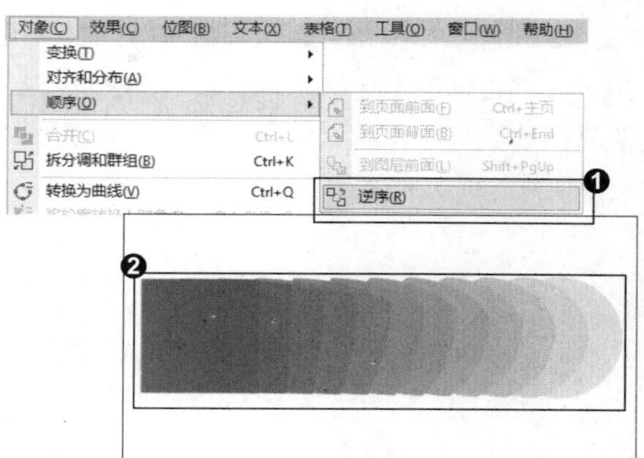

招式 142 变更起始和终止对象调和图形

Q 如果想要变更调和图形的起始和终止对象，在 CorelDRAW 中该如何操作?

A 在 CorelDRAW 中可以使用调和工具，在属性栏单击“起始和结束属性”图标，在下拉选项中选择“新终点”或“新起点”，当指针变成黑色箭头后单击要变更的对象，就可以改变起始和终止对象了。

1. 打开图像素材

❶ 启动 CorelDRAW X8 后，单击左上角的“打开”按钮或按 Ctrl+O 快捷键，❷ 打开本书配备的“第 7 章 \ 素材 \ 招式 142\ 图像 .cdr”文件，❸ 选择工具箱中的（调和工具）。

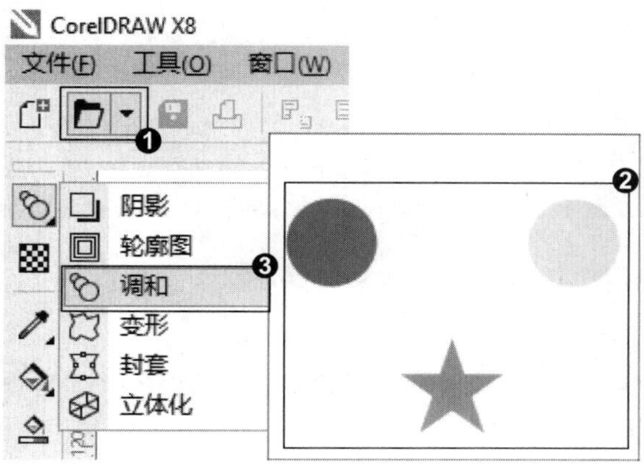

2. 应用调和工具

❶ 将指针移动到起始对象，按住鼠标左键不放拖曳到终止对象，❷ 出现一列对象的虚框进行预览，松开鼠标左键完成调和。

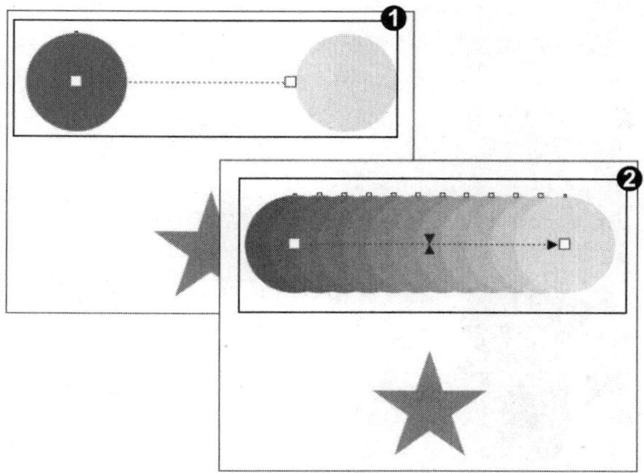

3. 变更终止对象

❶ 在属性栏单击“起始和结束属性”按钮，在下拉选项中选择“新终点”，❷ 当指针变成黑色箭头后在星形对象上单击，则将星形对象变更为终止对象。

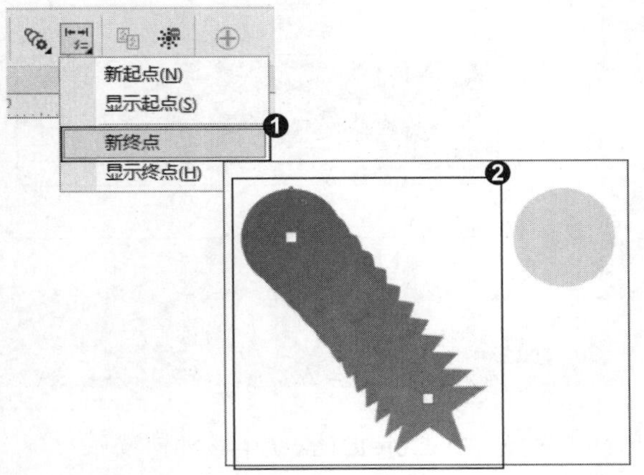

4. 变更起始对象

❶ 在属性栏单击“起始和结束属性”按钮，在下拉选项中选择“新起点”，❷ 当指针变成黑色箭头后在黄色圆形对象上单击，则将黄色圆形对象变更为起始对象。

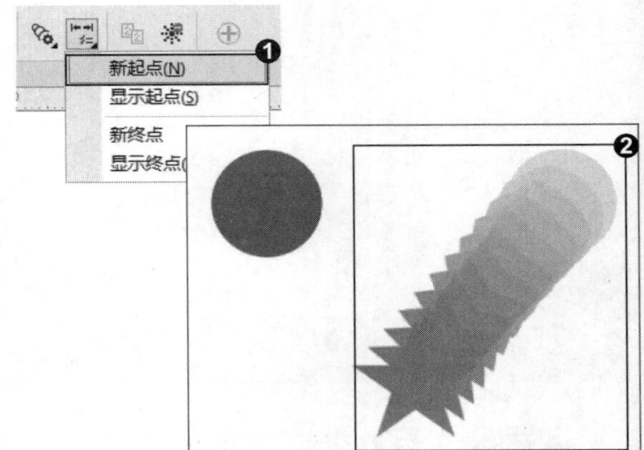

知识拓展

将两个起始对象群组为一个对象，使用调和工具进行拖曳调和，此时调和的起始节点在两个起始对象中间，单击可调和对象。

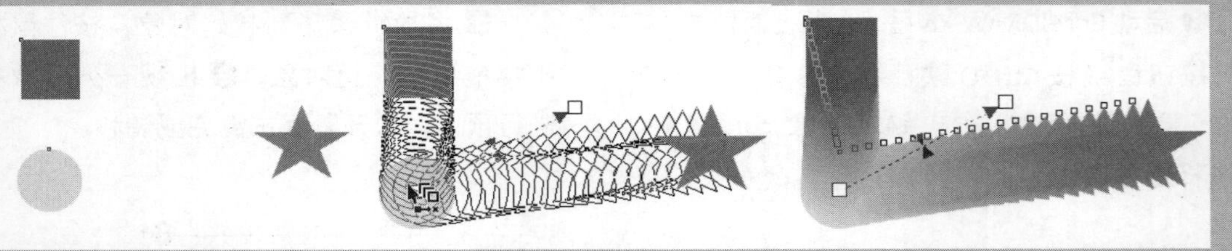

招式 143 设置调和间距调和图形

Q 如果想要更改调和对象之间的间距，在 CorelDRAW 中该如何操作?

A 在 CorelDRAW 中可以使用调和工具，在属性栏“调和间距”后面的文本框输入数值，就可以设置调和图形的调和间距了。

1. 打开图像素材

❶ 启动 CorelDRAW X8 后，单击左上角的“打开”按钮或按 Ctrl+O 快捷键，❷ 打开本书配备的“第 7 章 \ 素材 \ 招式 143\ 图像 .cdr”文件，❸ 选择工具箱中的（调和工具）。

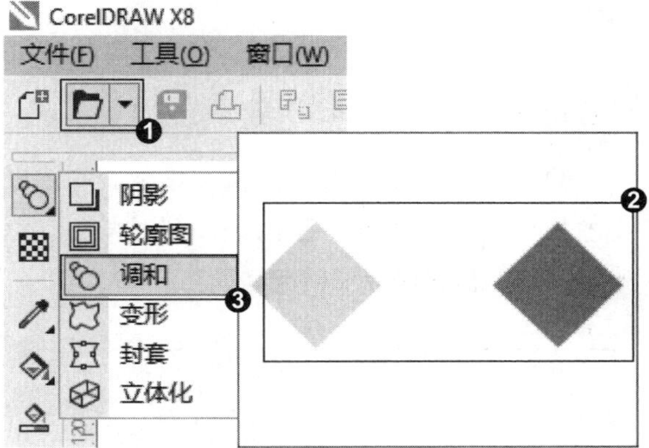

2. 应用调和工具

❶ 将指针移动到起始对象，按住 Alt 键并按住鼠标左键不放拖曳到终止对象，❷ 出现一列对象的虚框进行预览，松开鼠标左键完成调和。

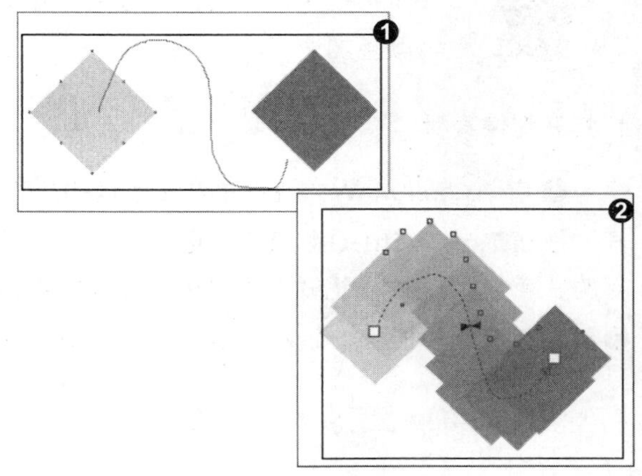

3. 调和间距

❶ 在属性栏“调和间距”后面的文本框输入数值，❷ 则调和对象的间距被更改（数值越小，间距越大，数值越大，间距越小）。

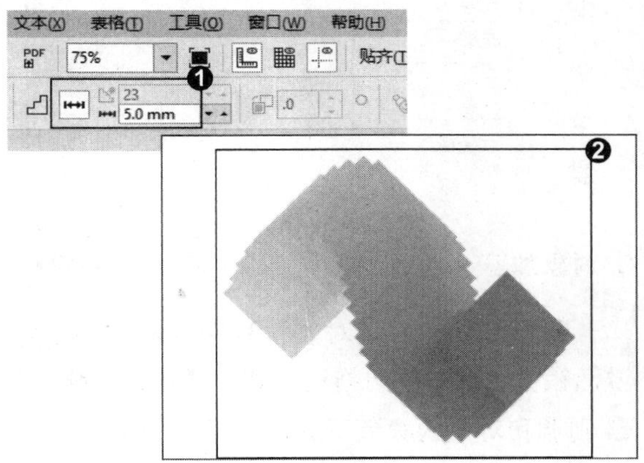

知识拓展

选中调和对象，选择工具箱中的形状工具，可以对调和路径进行调整，修改调和的路径。

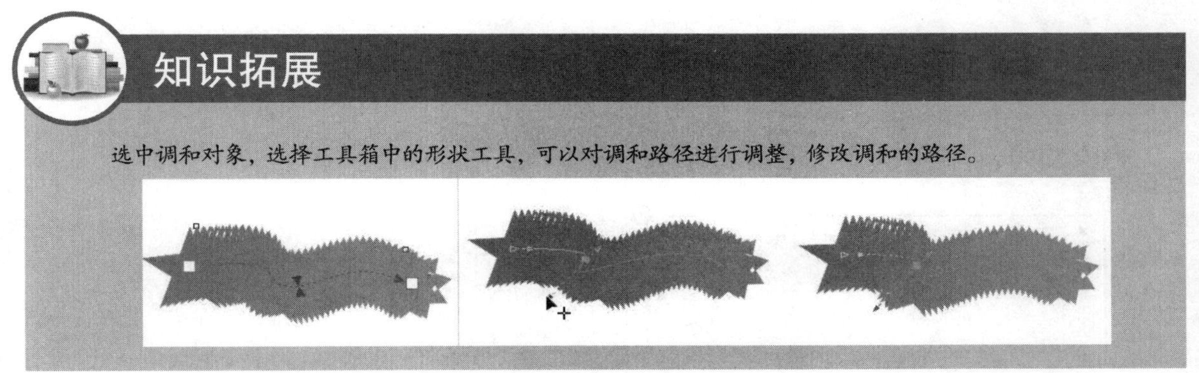

招式 144 激活锁头图标调整对象颜色加速

Q 如果想要调整调和对象的颜色加速效果，在 CorelDRAW 中该如何操作?

A 在 CorelDRAW 中可以使用调和工具，在属性栏单击“对象和颜色加速”图标，激活锁头图标的同时拖动加速的“对象”或“颜色”滑块，就可以调整对象加速和颜色加速了。

1. 打开图像素材

❶ 启动 CorelDRAW X8 后，单击左上角的“打开”按钮或按 Ctrl+O 快捷键，❷ 打开本书配备的“第 7 章 \ 素材 \ 招式 144\ 图像 .cdr”文件，❸ 选择工具箱中的（调和工具）。

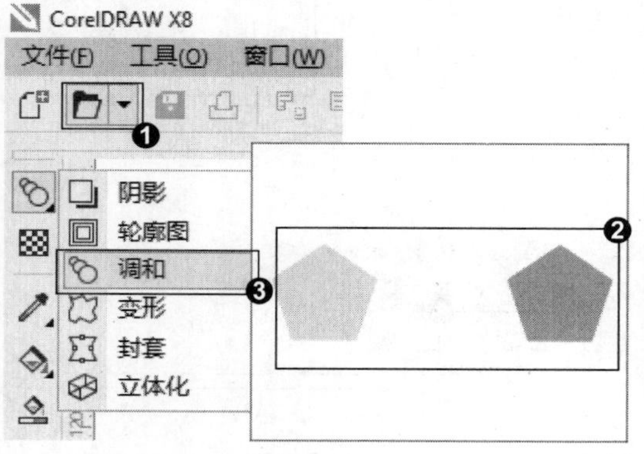

2. 应用调和工具

❶ 将指针移动到起始对象，按住鼠标左键不放拖曳到终止对象，❷ 出现一列对象的虚框进行预览，松开鼠标左键完成调和。

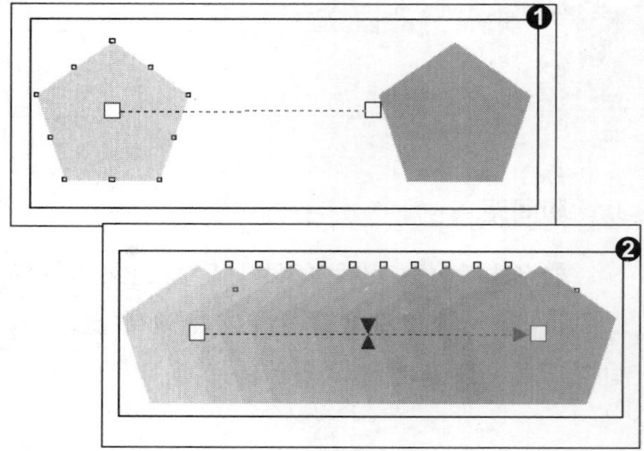

3. 对象加速

❶ 单击属性栏“对象和颜色加速”按钮，激活锁头图标的同时拖动加速的“对象”滑块，❷ 则调和对象的颜色不变，间距产生变化。

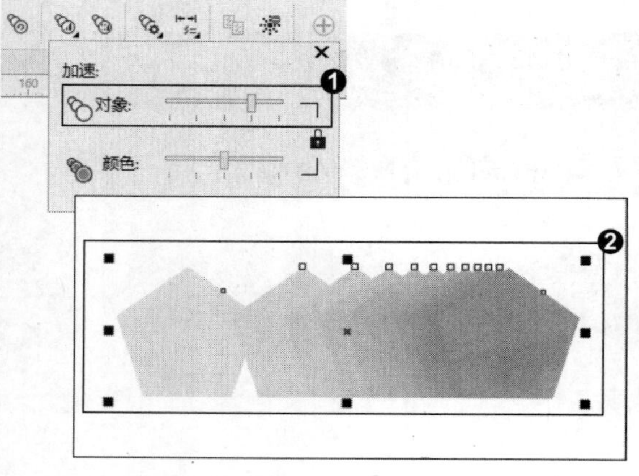

4. 颜色加速

❶ 拖动加速的“颜色”滑块，❷ 则调和对象的间距不变，颜色产生变化。

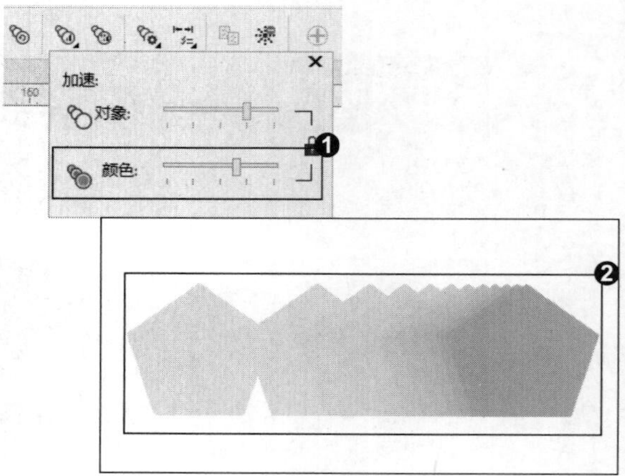

知识拓展

激活“锁头”按钮后可同时调整“对象”“颜色”后面的滑块；解锁后可以分别调整“对象”“颜色”后面的滑块。

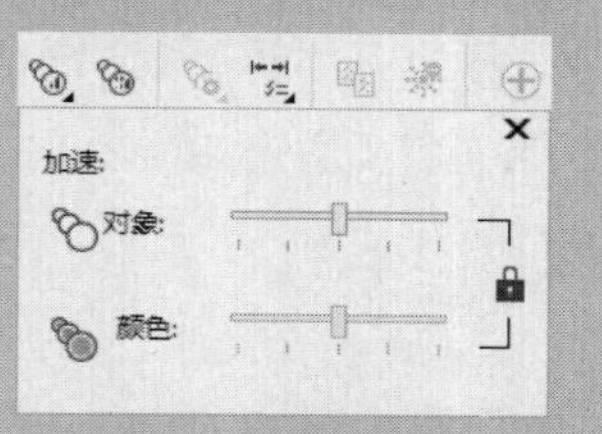

招式 145　调和的拆分与熔合

Q 如果想要对调和对象进行拆分或者熔合的操作，在 CorelDRAW 中该如何操作?

A 在 CorelDRAW 中可以在菜单栏中单击“效果”｜“调和”命令，打开“调和”泊坞窗后，进行“拆分”和“熔合”操作。

1. 打开图像素材

❶ 启动 CorelDRAW X8 后，单击左上角的“打开”按钮或按 Ctrl+O 快捷键，❷ 打开本书配备的“第 7 章 \ 素材 \ 招式 145\ 图像 .cdr”文件，❸ 选择工具箱中的（调和工具）。

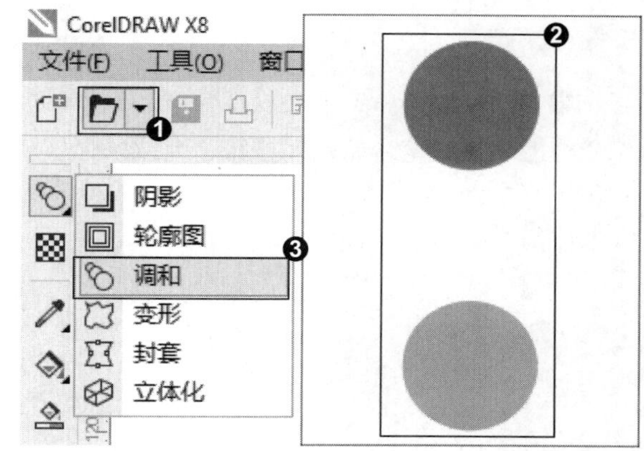

2. 应用调和工具

❶ 将指针移动到起始对象，按住鼠标左键不放拖曳到终止对象，❷ 出现一列对象的虚框进行预览，松开鼠标左键完成调和。

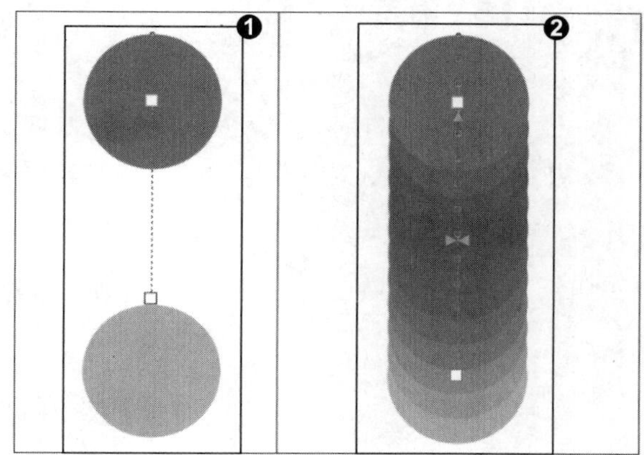

3. 进行拆分

❶在菜单栏中单击“效果”|“调和”命令，❷打开“调和”泊坞窗，单击“拆分”按钮，❸当指针变为弯曲箭头时，在任意对象上单击，完成拆分。

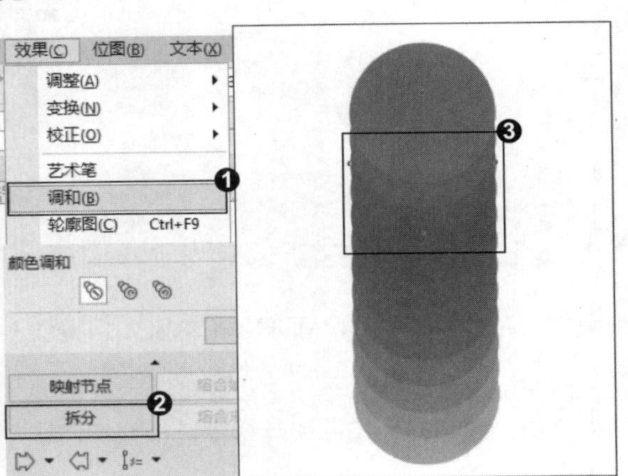

4. 熔合始端

❶按住Ctrl键单击上半段路径，❷在“调和”泊坞窗上单击“熔合始端”按钮，完成融合。

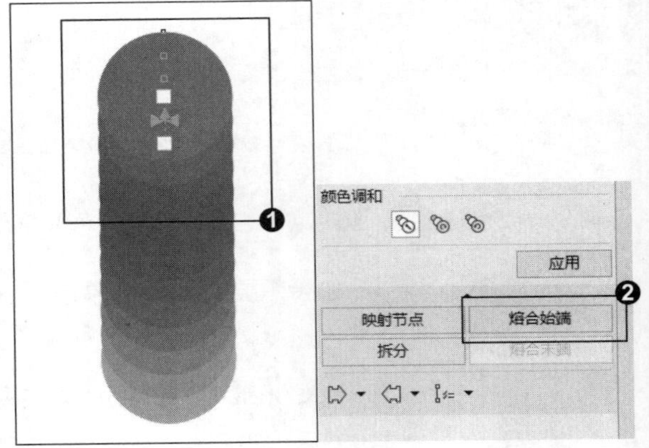

5. 熔合末端

❶按住Ctrl键单击下半段路径，❷在“调和”泊坞窗上单击“熔合始端”按钮，完成融合。

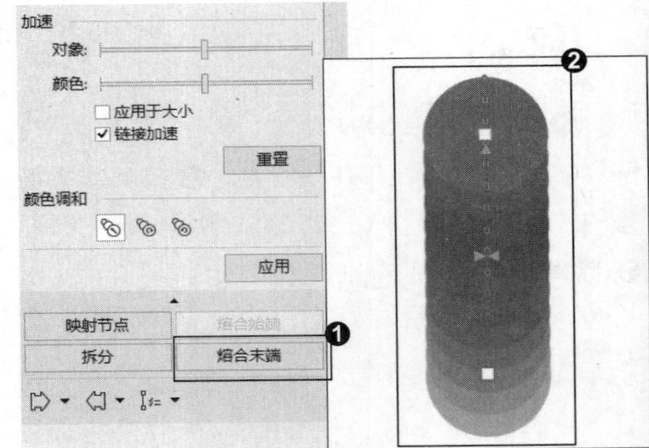

知识拓展

❶选中直线调和对象，单击属性栏上的“复制调和属性”按钮，当指针变为箭头后再移动到需要复制的调和对象上，❷单击可以复制属性。使用调和工具选中调和对象，❸在属性栏中单击“清除调和”按钮，可以清除选中对象的调和效果。

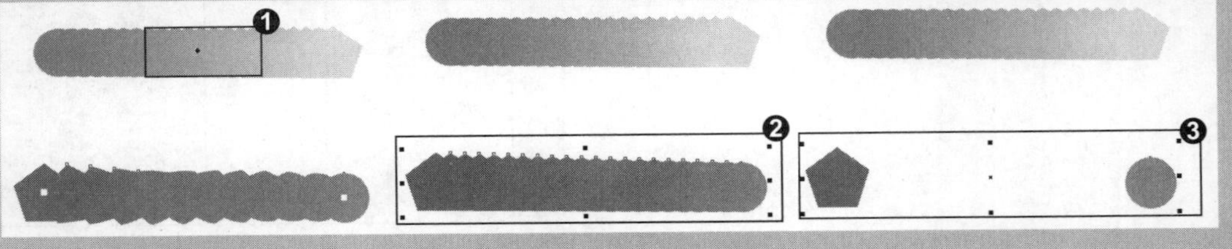

招式 146 创建中心轮廓图

Q 如果想要给对象创建中心轮廓图，在 CorelDRAW 中该如何操作?

A 在 CorelDRAW 中可以选择工具箱中的轮廓图工具，在属性栏单击“到中心”图标，就可以为对象创建中心轮廓图效果了。

1. 打开图像素材

❶ 启动 CorelDRAW X8 后，单击左上角的“打开”按钮或按 Ctrl+O 快捷键，❷ 打开本书配备的“第 7 章 \ 素材 \ 招式 146\ 图像 .cdr”文件，❸ 选择工具箱中的（轮廓图工具）。

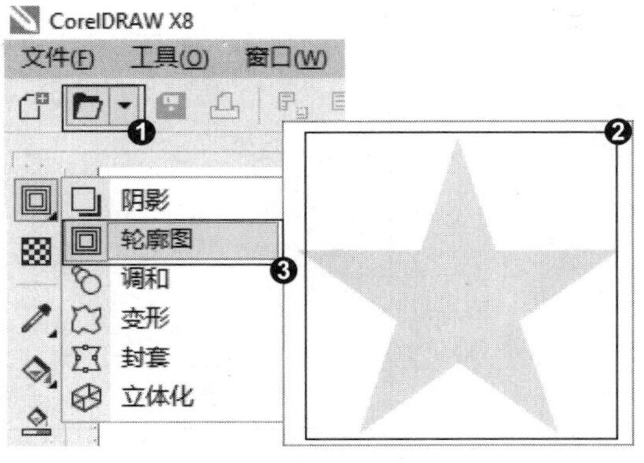

2. 应用到中心

❶ 在属性栏中单击“到中心”按钮，❷ 则自动生成由轮廓到中心依次缩放渐变的层次效果。

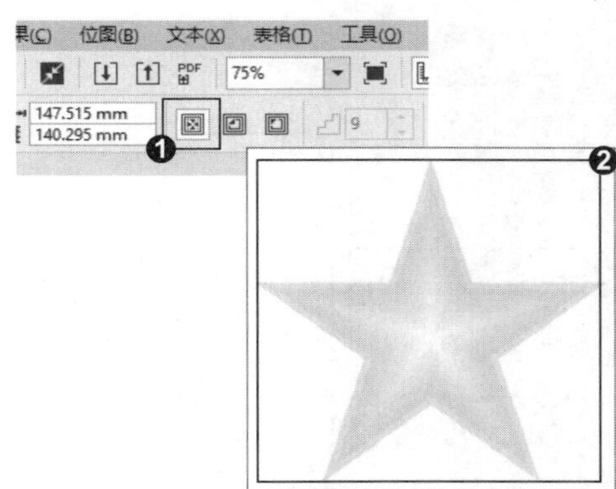

知识拓展

轮廓图效果除了手动拖曳创建或在属性栏单击创建外，还可以在“轮廓图”泊坞窗单击创建。

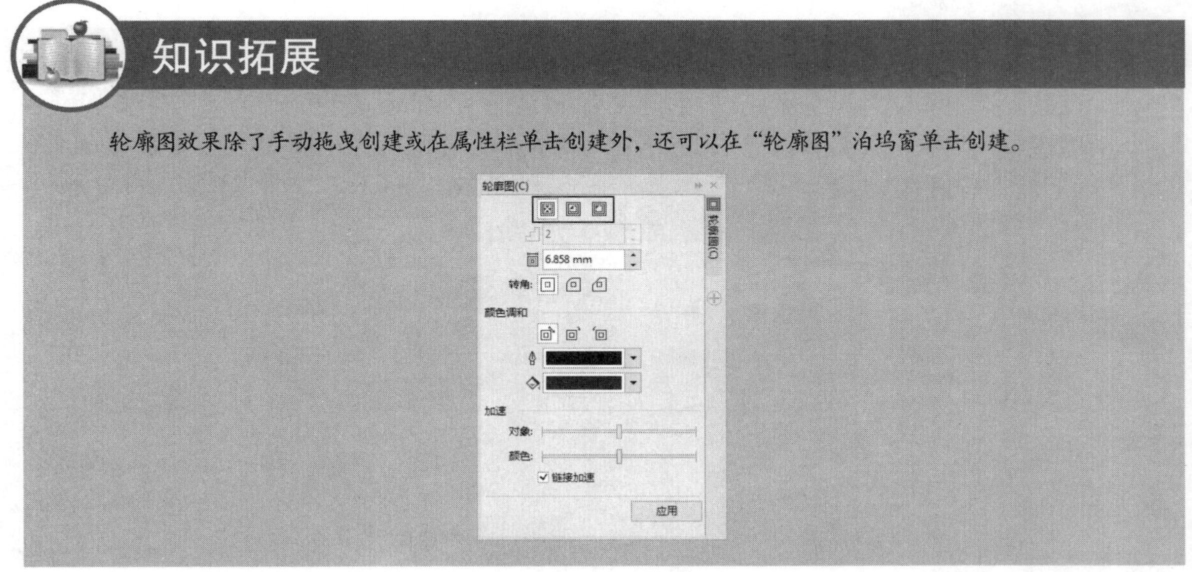

招式 147 创建内部轮廓图

Q 如果想要给对象创建内部轮廓图，在 CorelDRAW 中该如何操作？

A 在 CorelDRAW 中可以选择工具箱中的轮廓图工具，在属性栏单击“内部轮廓”图标，就可以为对象创建内部轮廓图效果了。

1. 打开图像素材

❶ 启动 CorelDRAW X8 后，单击左上角的“打开”按钮或按 Ctrl+O 快捷键，❷ 打开本书配备的“第 7 章 \ 素材 \ 招式 147\ 图像 .cdr”文件，❸ 选择工具箱中的（轮廓图工具）。

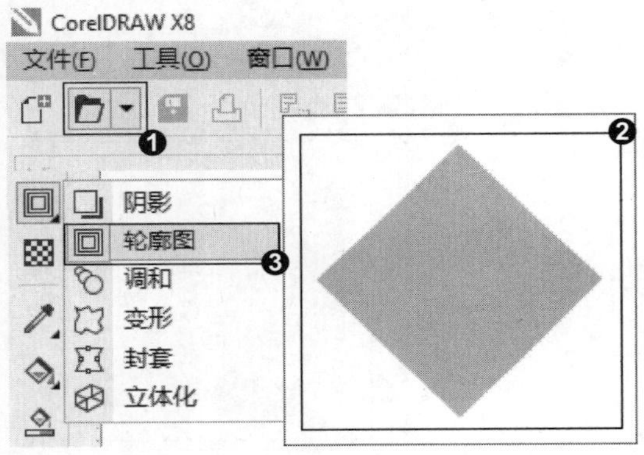

2. 应用“内部轮廓”

❶ 在属性栏单击“内部轮廓”按钮，❷ 则自动生成内部轮廓图效果。

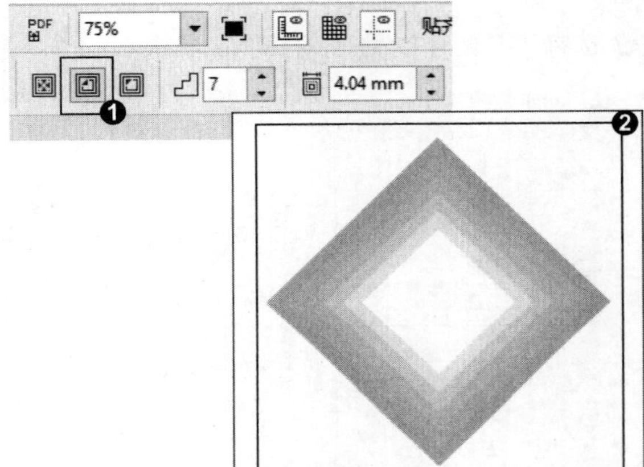

知识拓展

在轮廓图层次少时，“到中心”轮廓图的最内层还是位于中心位置，而“内部轮廓”则是更贴近对象的边缘；“到中心”只能使用“轮廓图偏移”进行调节，而“内部轮廓”则是使用“轮廓图步长”和“轮廓图偏移”进行调节。

创建中心轮廓图

创建内部轮廓图

招式 148 创建外部轮廓图

Q 如果想要给对象创建外部轮廓图，那么在 CorelDRAW 中该如何操作呢?

A 在 CorelDRAW 中可以选择工具箱中的轮廓图工具，在属性栏单击“外部轮廓”图标，就可以为对象创建外部轮廓图效果了。

1. 打开图像素材

❶ 启动 CorelDRAW X8 后，单击左上角的“打开”按钮或按 Ctrl+O 快捷键，❷ 打开本书配备的“第 7 章 \ 素材 \ 招式 148\ 图像 .cdr”文件，❸ 选择工具箱中的（轮廓图工具）。

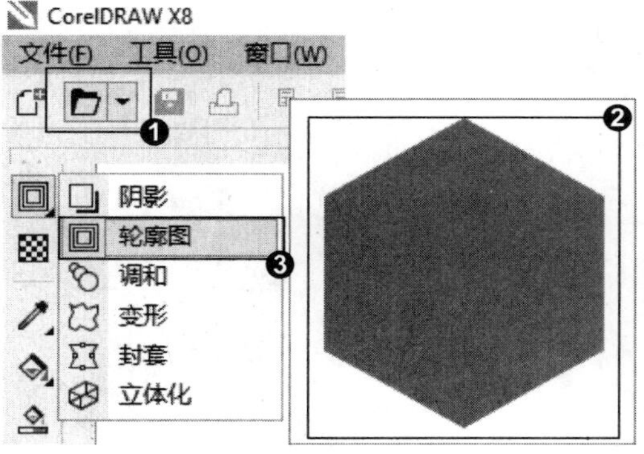

2. 应用“外部轮廓”

❶ 在属性栏中单击“外部轮廓”按钮，❷ 则自动生成外部轮廓图效果。

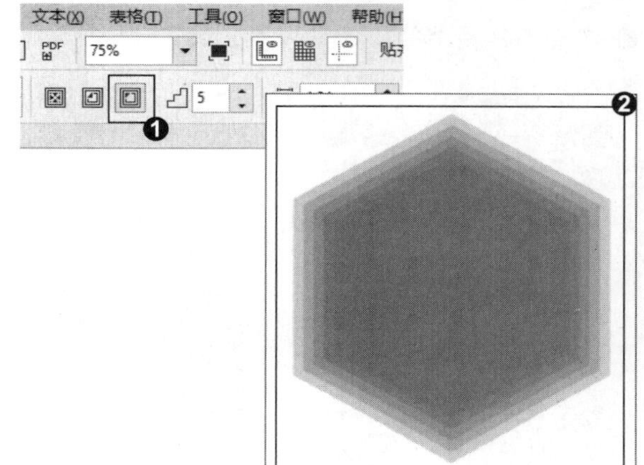

知识拓展

创建内部轮廓图和创建外部轮廓图，除了在属性栏中单击相应的按钮创建外，还可以使用：❶ 鼠标向内拖曳创建内部轮廓图，❷ 向外拖曳创建外部轮廓图。

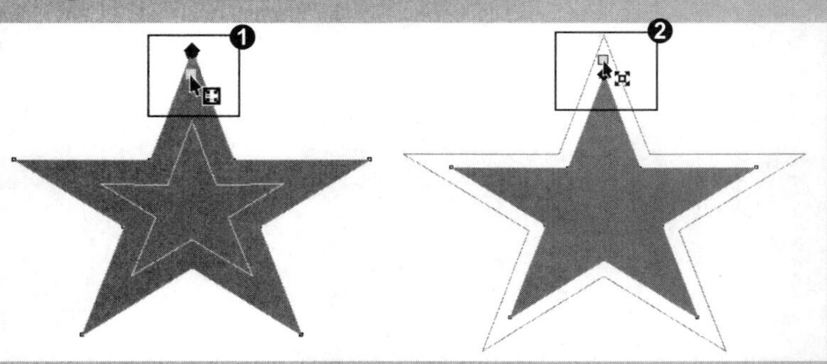

招式 149 调整轮廓的步长

Q 如果想要调整创建轮廓图效果的步长，在 CorelDRAW 中该如何操作?

A 在 CorelDRAW 中创建轮廓图效果后，在属性栏“轮廓图偏移”后面的框内输入数值，按回车键生成步数，就可以调整轮廓的步长了。

1. 打开图像素材

❶ 启动 CorelDRAW X8 后，单击左上角的“打开”按钮或按 Ctrl+O 快捷键，❷ 打开本书配备的“第 7 章 \ 素材 \ 招式 149\ 图像 .cdr”文件，❸ 选择工具箱中的（轮廓图工具）。

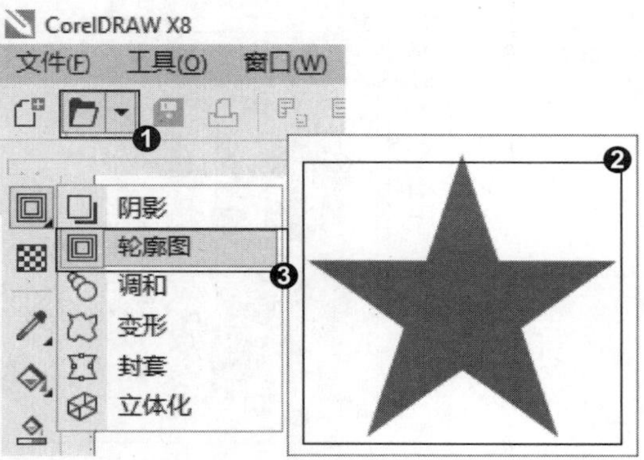

2. 应用“到中心”

❶ 在属性栏单击“到中心”按钮，❷ 则自动生成由轮廓到中心依次缩放渐变的层次效果。

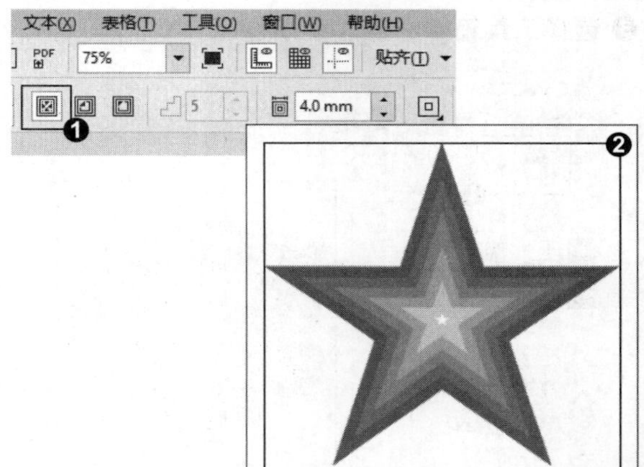

知识拓展

选中创建好的外部轮廓图，在属性栏“轮廓步长”文本框中输入不同数值，保持“轮廓图偏移”文本框数值不变，按回车键生成步数，在轮廓图偏移不变的情况下步长越大越向外扩散，产生的视觉效果越向下延伸。

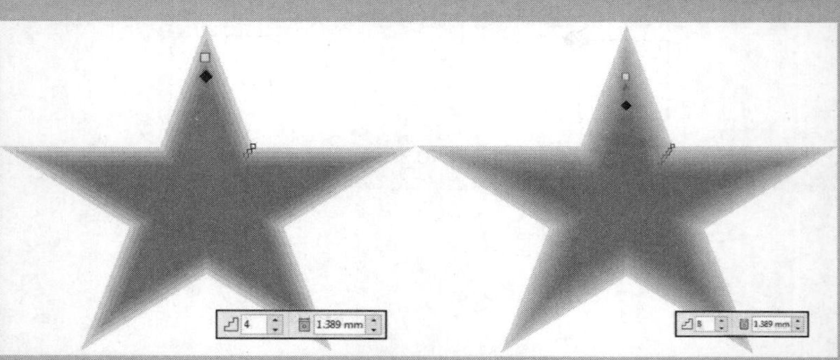

3. 设置轮廓步长

❶ 在属性栏"轮廓图偏移"后面的框内输入数值，按回车键生成步数（步长越大越向中心靠拢），❷ 即可看到调整轮廓步长的完成效果。

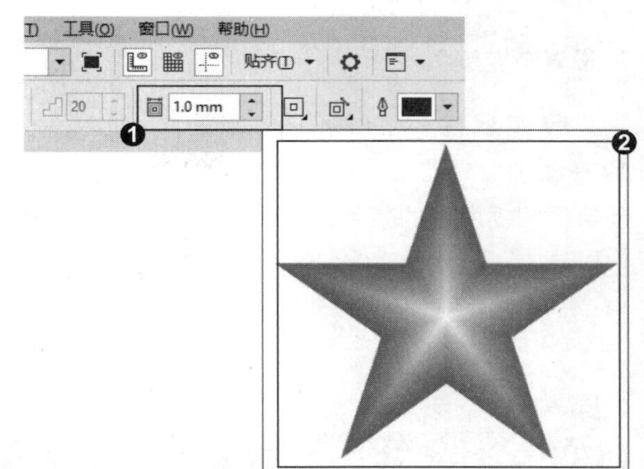

招式 150 填充轮廓图颜色

Q 为对象创建轮廓图后，如果想要更改填充轮廓图的颜色，在 CorelDRAW 中该如何操作？

A 在 CorelDRAW 中创建轮廓图效果后，在属性栏中单击"填充色"后面的颜色按钮，在颜色查看器上单击选择想要的颜色，就可以更改填充轮廓图的颜色了。

1. 打开图像素材

❶ 启动 CorelDRAW X8 后，单击左上角的"打开"按钮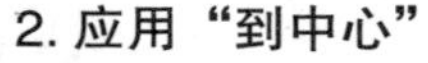或按 Ctrl+O 快捷键，❷ 打开本书配备的"第 7 章 \ 素材 \ 招式 150\ 图像 .cdr"文件，❸ 选择工具箱中的（轮廓图工具）。

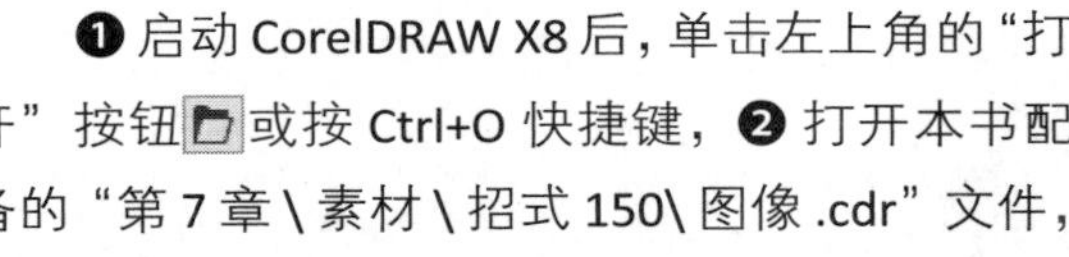

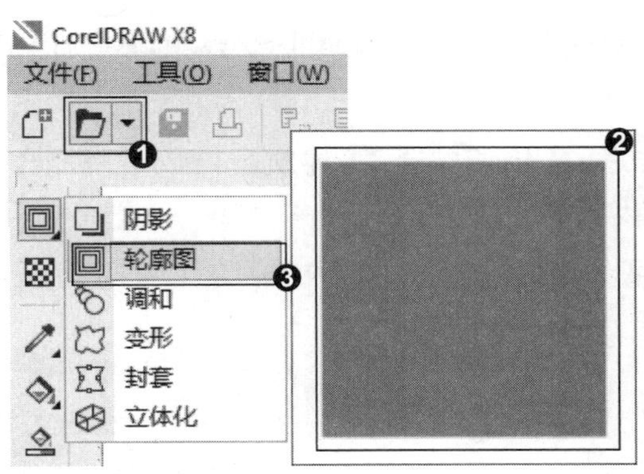

2. 应用"到中心"

❶ 在属性栏中单击"到中心"按钮，❷ 则自动生成由轮廓到中心依次缩放渐变的层次效果。

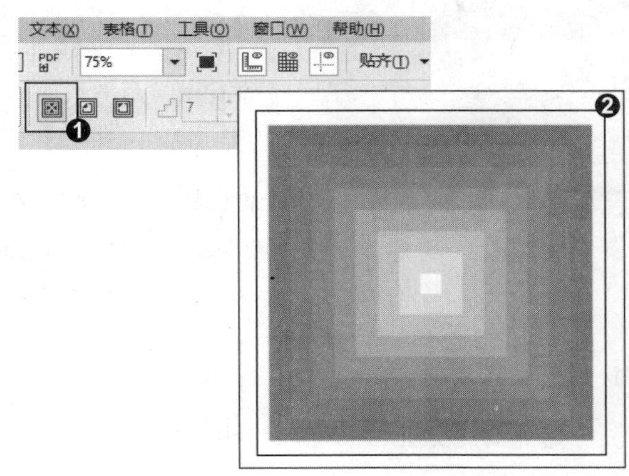

专家提示

在编辑轮廓图颜色时，可以选中轮廓图，然后在调色板单击去除颜色或右击去除轮廓线。

3. 设置渐变颜色

❶ 在属性栏“填充色”后面的 按钮，❷ 在颜色查看器上单击选择想要的颜色，❸ 则轮廓图根据所选的颜色进行渐变。

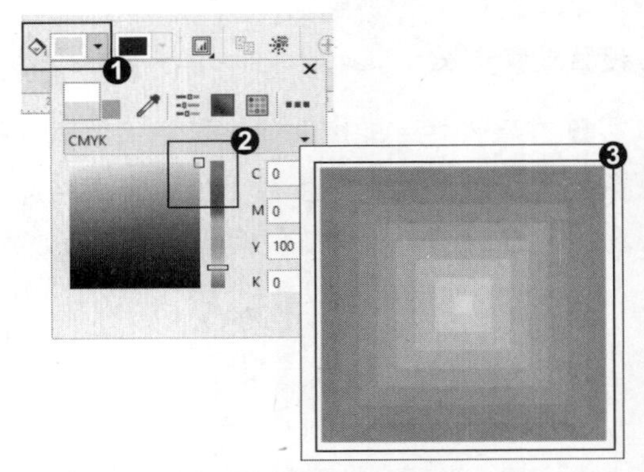

知识拓展

在“轮廓图”泊坞窗中，❶ 单击“斜接角”按钮，创建的轮廓图边角以尖角显示；❷ 单击“圆角”按钮，创建的轮廓图边角以圆角显示；❸ 单击“斜切角”按钮，创建的轮廓图边角以倒角显示。

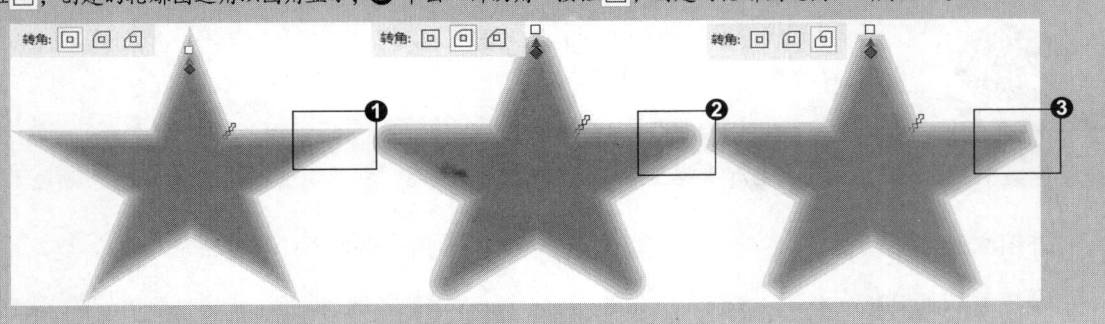

招式 151 拆分轮廓图

Q 为对象创建轮廓图效果后，如果想要拆分轮廓图，在 CorelDRAW 中该如何操作？

A 在 CorelDRAW 中创建轮廓图效果后，右击，在快捷菜单中执行“拆分轮廓图群组”命令，将轮廓图与源对象进行分离，再右击，在快捷菜单中执行“取消组合所有对象”命令，则将轮廓图对象进行拆分，就可以移动或编辑轮廓图对象了。

1. 打开图像素材

❶ 启动 CorelDRAW X8 后，单击左上角的“打开”按钮 或按 Ctrl+O 快捷键，❷ 打开本书配备的“第 7 章 \ 素材 \ 招式 151\ 图像 .cdr”文件，❸ 选择工具箱中的 （轮廓图工具）。

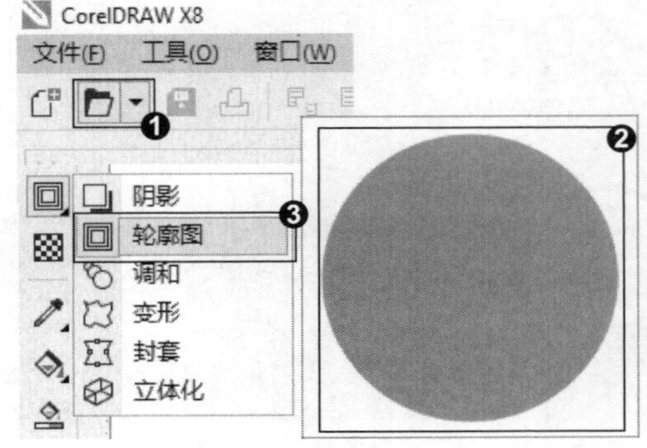

2. 应用“到中心”

❶ 在属性栏单击“到中心”按钮，❷ 则自动生成由轮廓到中心依次缩放渐变的层次效果。

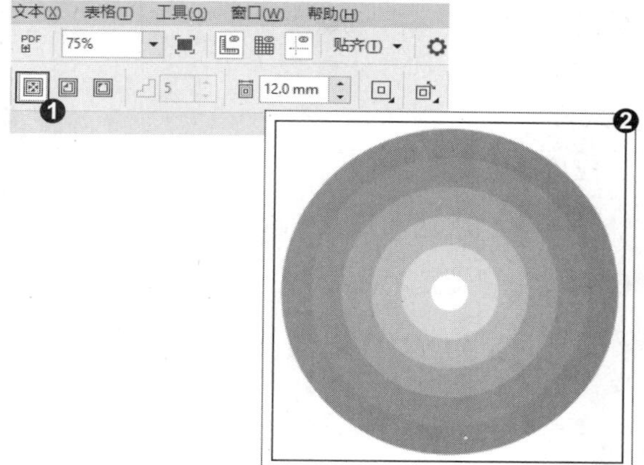

3. 拆分轮廓图

❶ 选中轮廓图右击，在快捷菜单中执行“拆分轮廓图群组”命令，❷ 则将生成的轮廓图与源对象分离。

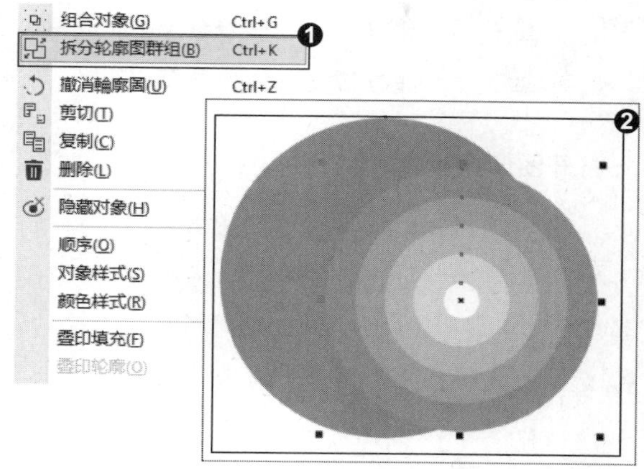

4. 取消群组

❶ 选中轮廓图右击，在快捷菜单中执行“取消组合所有对象”命令，❷ 则可以将对象分别移动进行编辑。

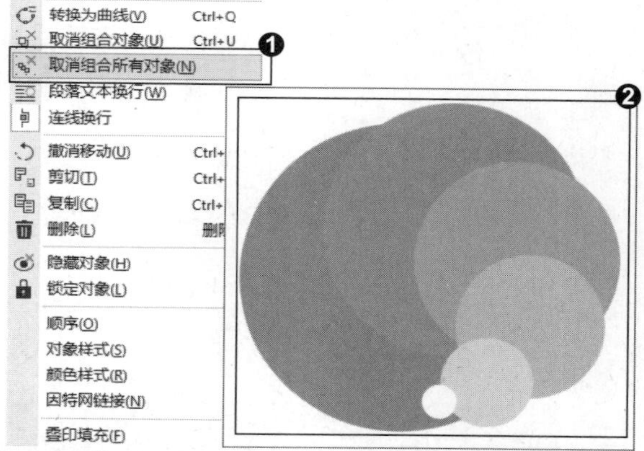

知识拓展

在“轮廓图”泊坞窗中，❶ 单击“线性轮廓色”按钮，设置的轮廓色为直接渐变序列；❷ 单击“顺时针轮廓色”按钮，设置的轮廓色为按色谱顺时针方向逐步调和的渐变序列；❸ 单击“逆时针轮廓色”按钮，设置的轮廓色为按色谱逆时针方向逐步调和的渐变序列。

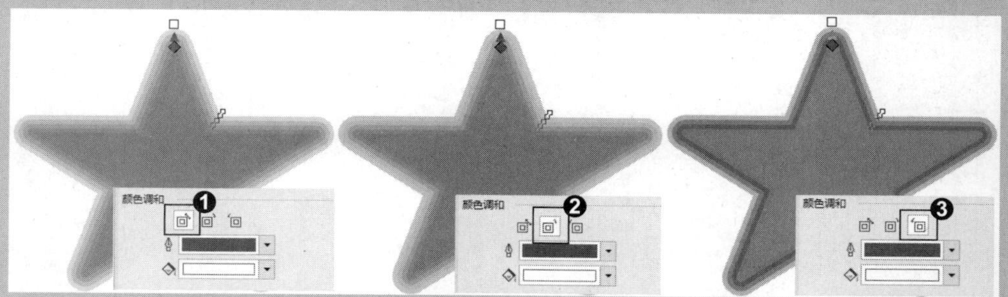

招式 152 巧用手动拖曳创建推拉变形

Q 如果想要为对象创建推拉变形的效果，在 CorelDRAW 中该如何操作?

A 在 CorelDRAW 中可以选择工具箱中的变形工具，在属性栏中单击“推拉变形”，将指针移动到对象中心的位置，按住鼠标左键进行拖曳，松开鼠标后就可以为对象创建推拉变形的效果了。

1. 打开图像素材

❶ 启动 CorelDRAW X8 后，单击左上角的“打开”按钮或按 Ctrl+O 快捷键，❷ 打开本书配备的“第 7 章 \ 素材 \ 招式 152\ 图像 .cdr”文件，❸ 选择工具箱中的（变形工具）。

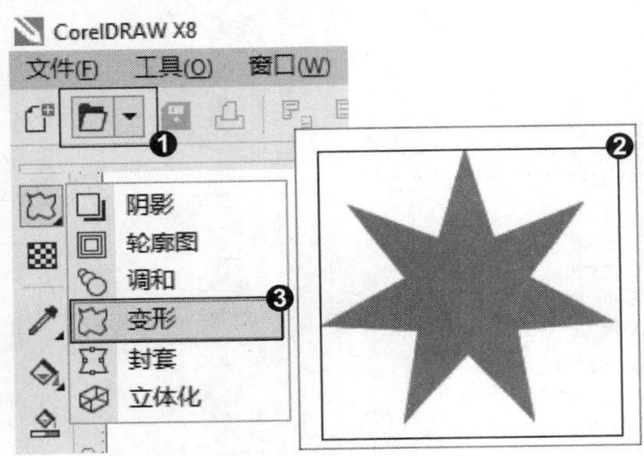

2. 应用推拉工具

❶ 在属性栏中单击“推拉变形”按钮，❷ 将指针移动到对象中心的位置，按住鼠标左键向左边拖曳，轮廓边缘向内推进，❸ 按住鼠标左键向右边拖曳，轮廓边缘从中心向外拉出。

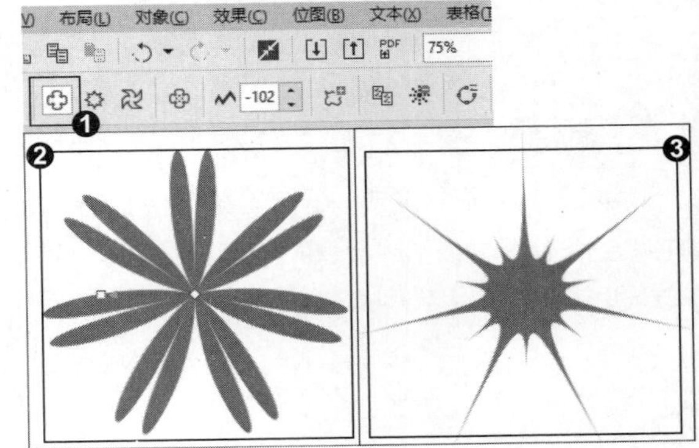

知识拓展

单击变形工具，再单击属性栏中的“推拉变形”按钮，属性栏变为推拉变形的相关设置。❶“预设列表”选项中提供了预设变形样式，可以在其下拉列表中选择预设选项；❷ 单击“推拉变形”按钮可以激活推拉变形效果，同时激活推拉变形的属性设置；❸ 单击“居中变形”按钮可以将变形效果居中放置；❹ 在“推拉振幅”文本框中输入数值，可以设置对象推进拉出的程度。输入数值为正数则向外拉出，最大为 200，输入数值为负数则向内推进，最小为 −200；❺ 单击“添加新的变形”按钮可以将当前变形对象转为新对象，然后进行再次变形。

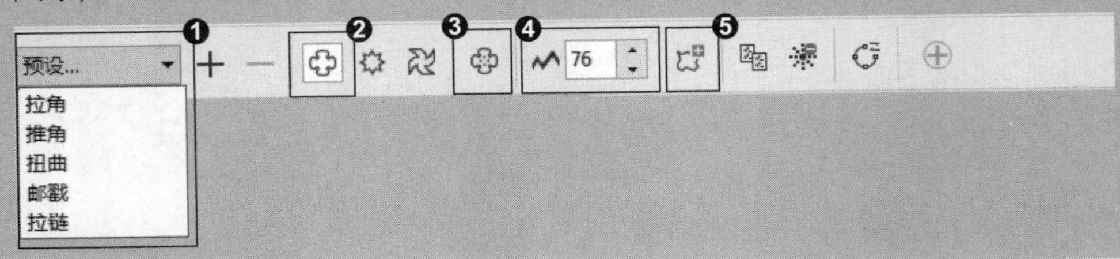

招式 153 手动拖曳创建拉链变形

Q 如果想要为对象创建拉链变形的效果，在 CorelDRAW 中该如何操作?

A 在 CorelDRAW 中可以选择工具箱中的变形工具，在属性栏单击“拉链变形”，将指针移动到对象中心的位置，按住鼠标左键向外拖曳，松开鼠标后就可以为对象创建拉链变形的效果了。

1. 打开图像素材

❶ 启动 CorelDRAW X8 后，单击左上角的“打开”按钮或按 Ctrl+O 快捷键，❷ 打开本书配备的“第 7 章 \ 素材 \ 招式 153\ 图像 .cdr”文件，❸ 选择工具箱中的（变形工具）。

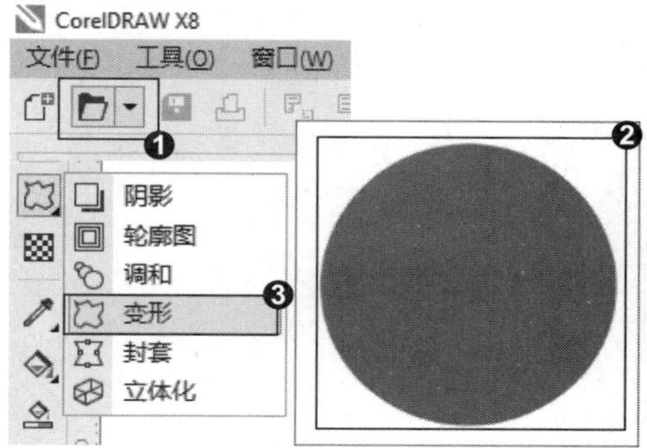

知识拓展

“随机变形”、“平滑变形”和“局限变形”效果可以同时激活使用，也可以分别搭配使用，可以利用这些特殊效果制作自然的墨迹滴溅的效果。❶ 绘制一个圆形，创建拉链变形，❷ 然后在属性栏中设置“拉链频率”为 28、激活“随机变形”或“平滑变形”按钮，❸ 改变拉链效果。

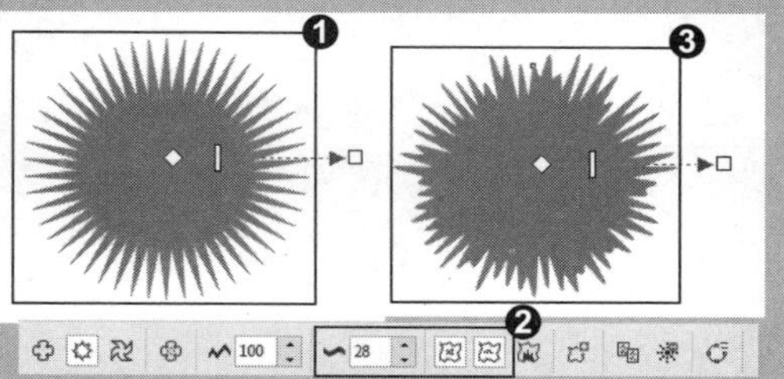

2. 应用“拉链变形”

❶ 在属性栏中单击“拉链变形”按钮，❷ 将指针移动到对象中心的位置，按住鼠标左键向外进行拖曳，出现蓝色实线进行预览变形效果，❸ 松开鼠标完成变形。

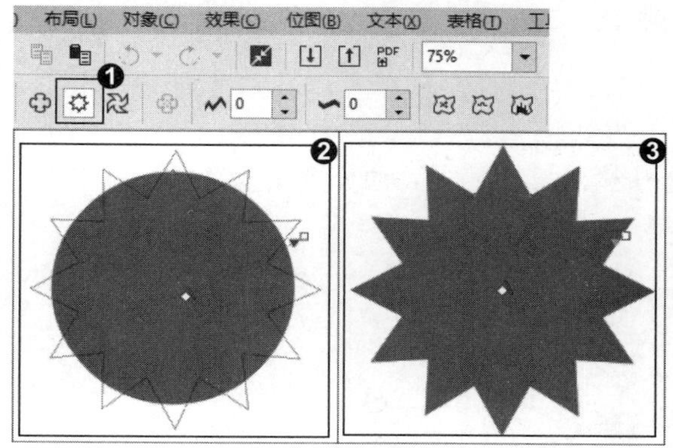

3. 完成拉链变形

❶ 变形后移动调节线中间的滑块可以添加锯齿的数量，❷ 松开鼠标后完成变形。

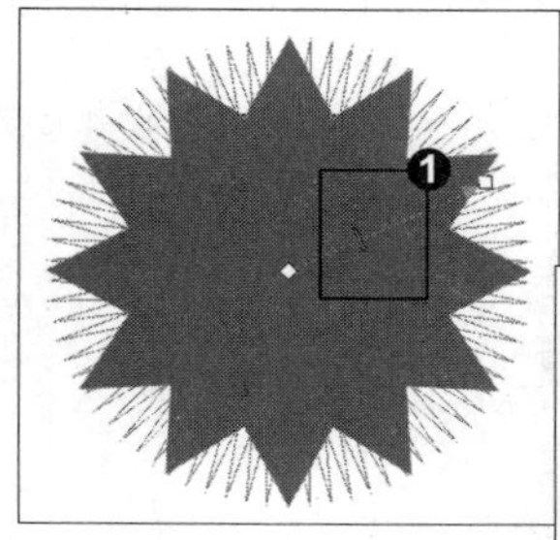

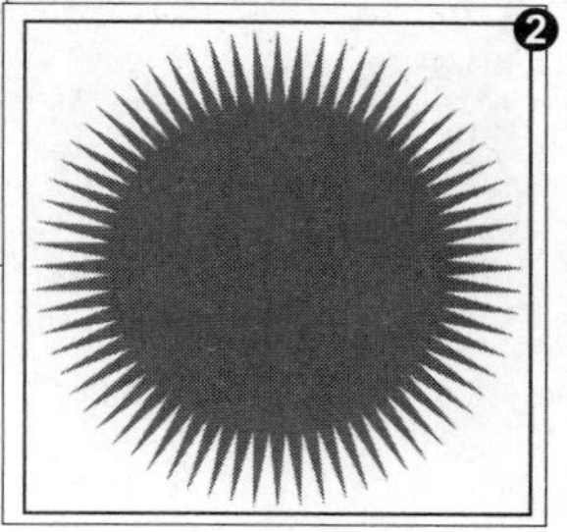

招式 154 围绕变形中心创建扭曲变形

Q 如果想要围绕变形中心为对象创建扭曲变形的效果，在 CorelDRAW 中该如何操作?

A 在 CorelDRAW 中可以选择工具箱中的变形工具，在属性栏中单击“扭曲变形”，将指针移动到对象中心的位置，按住鼠标左键向外拖曳，确定旋转角度的固定边，再进行旋转，松开鼠标后就可以围绕变形中心为对象创建扭曲变形的效果了。

1. 打开图像素材

❶ 启动 CorelDRAW X8 后，单击左上角的“打开”按钮或按 Ctrl+O 快捷键，❷ 打开本书配备的“第 7 章 \ 素材 \ 招式 154\ 图像 .cdr”文件，❸ 选择工具箱中的（变形工具）。

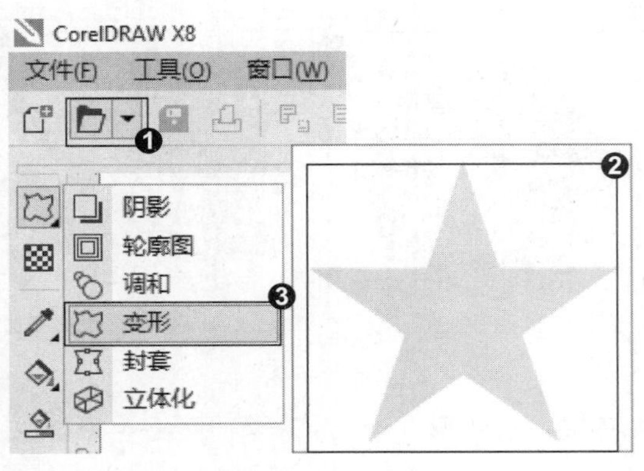

2. 应用“扭曲变形”

❶ 在属性栏单击“扭曲变形”按钮，❷ 将指针移动到对象中心的位置，按住鼠标左键向外进行拖曳，确定旋转角度的固定边，再进行旋转，根据蓝色预览线确定扭曲的形状，❸ 松开鼠标左键完成扭曲。

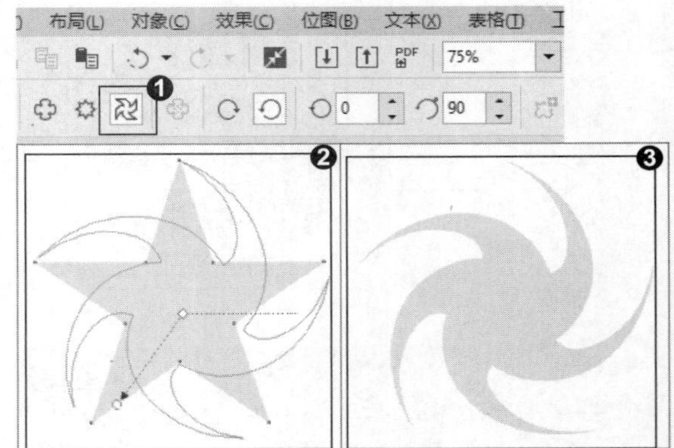

知识拓展

单击变形工具，❶ 再单击属性栏中的“扭曲变形”按钮，属性栏变为扭曲变形的相关设置。❷ 单击“顺时针旋转”按钮可以使对象按顺时针方向进行旋转扭曲；❸ 单击“逆时针旋转”按钮可以使对象逆时针方向进行旋转扭曲；❹ 在“完整旋转”文本框中输入数值，可以设置扭曲变形的完整旋转次数；❺ 在“附加度数”文本框中输入数值可以设置超出完整旋转的角度。

招式 155 在中间拖曳对象创建中间阴影

Q 如果想要为对象创建中间阴影的效果，在 CorelDRAW 中该如何操作?

A 在 CorelDRAW 中可以选择工具箱中的阴影工具，将指针移动到对象中心的位置，按住鼠标左键进行拖曳，松开鼠标后就可以生成中间阴影的效果了。

1. 打开图像素材

❶ 启动 CorelDRAW X8 后，单击左上角的“打开”按钮或按 Ctrl+O 快捷键，❷ 打开本书配备的“第 7 章 \ 素材 \ 招式 155\ 图像 .cdr”文件，❸ 选择工具箱中的（阴影工具）。

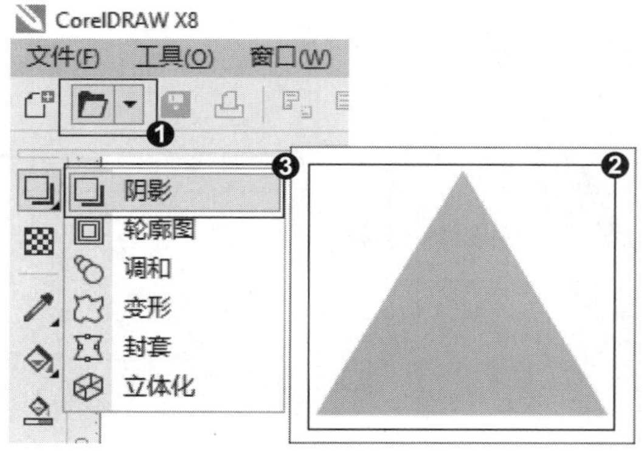

2. 设置中间阴影

❶ 将指针移动到对象中心的位置，按住鼠标左键进行拖曳，出现蓝色实线进行预览，❷ 松开鼠标左键生成中间阴影。

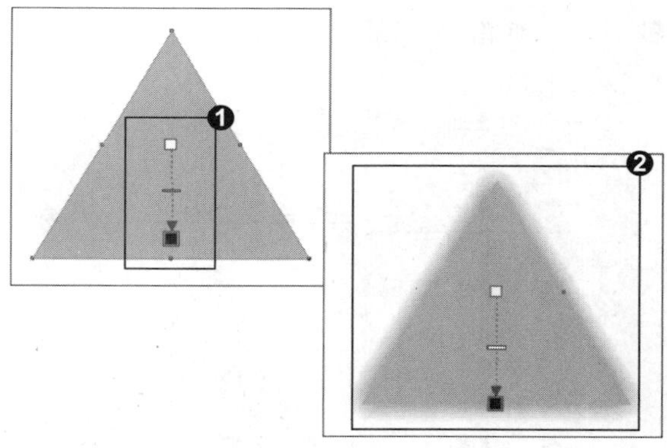

3. 设置不透明度

❶ 拖动阴影方向线上的滑块，调整阴影的不透明度，❷ 完成中间阴影的创建。

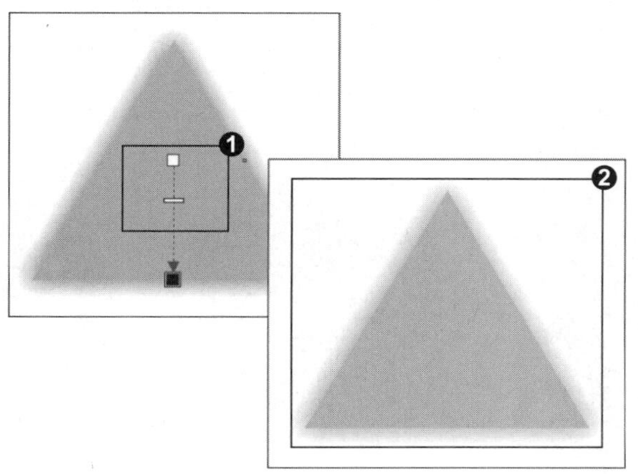

知识拓展

阴影除了可以体现投影之外，还可以体现光晕扩散的效果，运用在美工字体上可以体现发光字的效果。❶ 在黑色背景上编辑美工字，使用“阴影”工具在字体中间创建与字体重合的阴影，❷ 设置属性栏的参数，即可制作发光字。

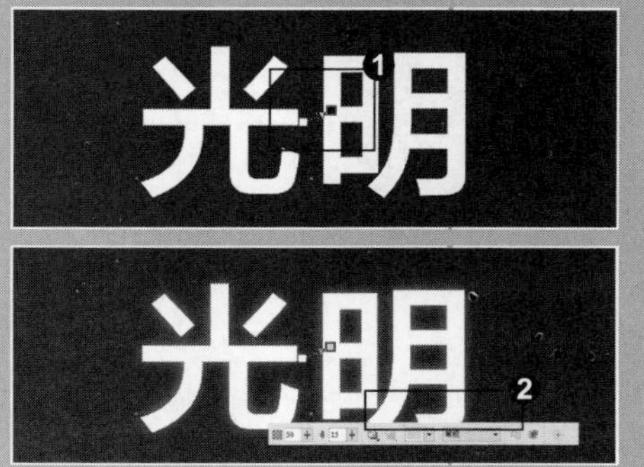

招式 156 在底端拖曳对象创建底部阴影

Q 如果想要为对象创建底部阴影的效果，在 CorelDRAW 中该如何操作?

A 在 CorelDRAW 中可以选择工具箱中的阴影工具，将指针移动到对象底端中心的位置，按住鼠标左键进行拖曳，松开鼠标后就可以生成底部阴影的效果了。

1. 打开图像素材

❶ 启动 CorelDRAW X8 后，单击左上角的“打开”按钮或按 Ctrl+O 快捷键，❷ 打开本书配备的“第 7 章 \ 素材 \ 招式 156\ 图像 .cdr”文件，❸ 选择工具箱中的（阴影工具）。

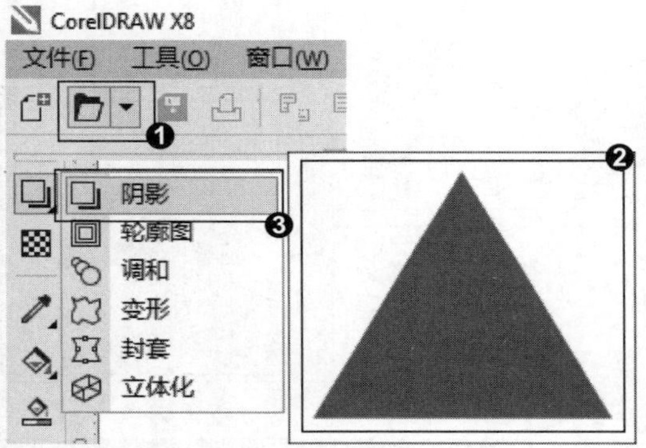

2. 设置底部阴影

❶ 将指针移动到对象底端中心的位置，按住鼠标左键进行拖曳，出现蓝色实线进行预览，❷ 松开鼠标左键生成底部阴影。

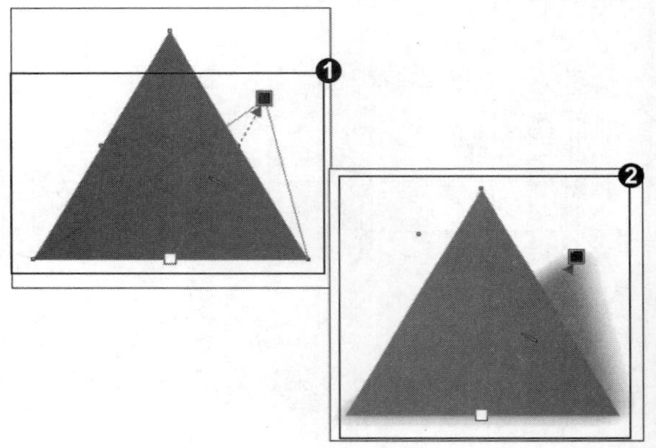

3. 设置不透明度

❶ 拖动阴影方向线上的滑块，调整阴影的不透明度，❷ 创建底部阴影完成。

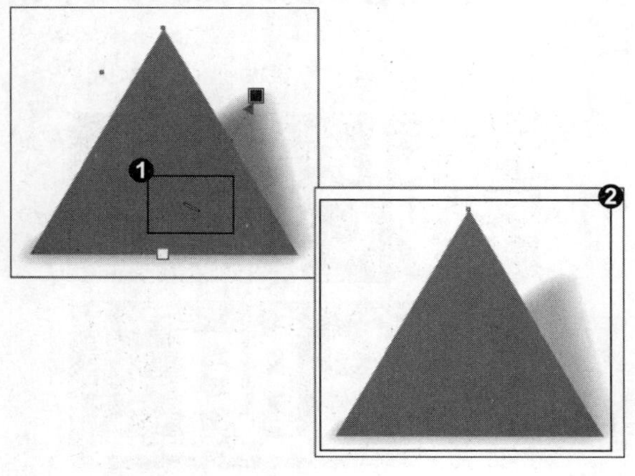

知识拓展

在拖曳阴影效果时，“白色方块”表示阴影的起始位置，“黑色方块”表示拖曳阴影的终止位置。在创建阴影后移动“黑色方块”，可以更改阴影的位置和角度。

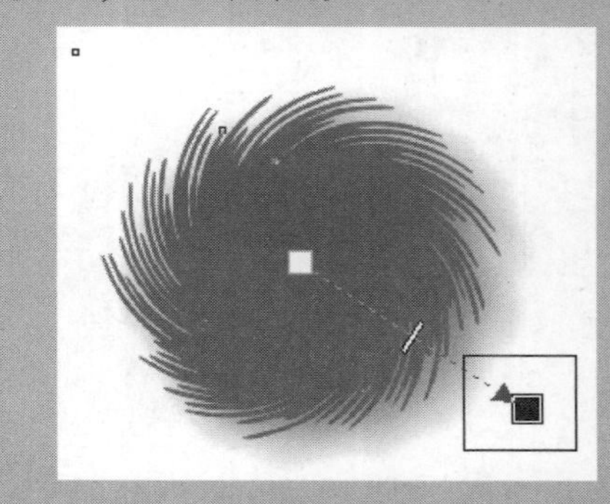

招式 157 在左边拖曳对象创建左边阴影

Q 如果想要为对象创建左边阴影的效果，在 CorelDRAW 中该如何操作？

A 在 CorelDRAW 中可以选择工具箱中的阴影工具，将指针移动到对象左边中心的位置，按住鼠标左键进行拖曳，松开鼠标后就可以生成左边阴影的效果了。

1. 打开图像素材

❶ 启动 CorelDRAW X8 后，单击左上角的“打开”按钮或按 Ctrl+O 快捷键，❷ 打开本书配备的“第 7 章 \ 素材 \ 招式 157\ 图像 .cdr”文件，❸ 选择工具箱中的（阴影工具）。

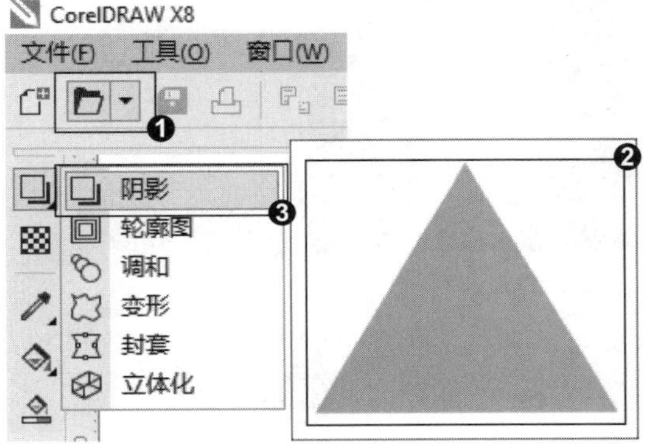

2. 设置左边阴影

❶ 将指针移动到对象左边中心的位置，按住鼠标左键进行拖曳，出现蓝色实线进行预览，❷ 松开鼠标左键生成左边阴影。

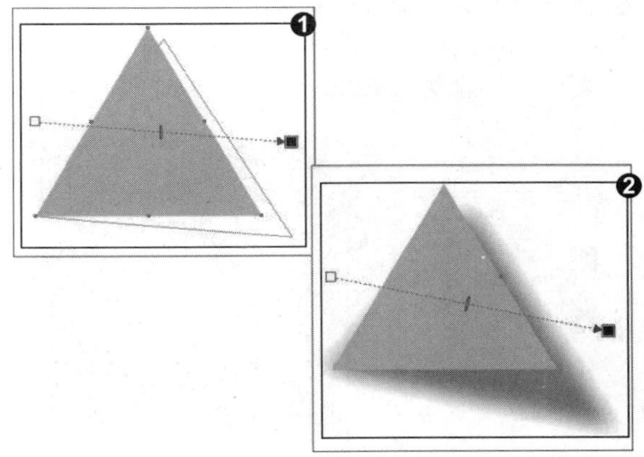

3. 设置不透明度

❶ 拖动阴影方向线上的滑块，调整阴影的不透明度，❷ 创建左边阴影完成。

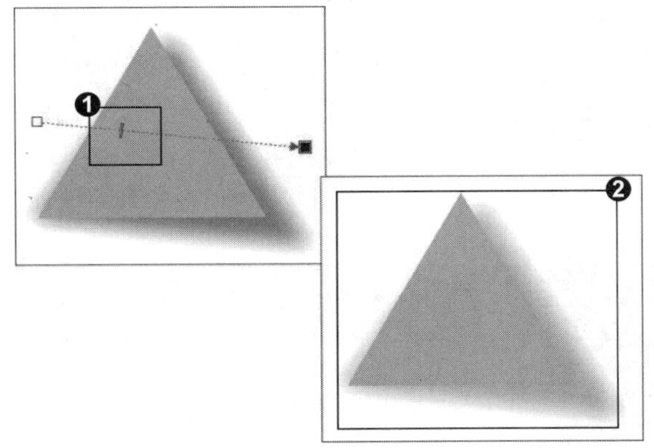

知识拓展

单击阴影工具，❶ 将指针移动到对象顶端位置，再按住鼠标左键进行拖曳，松开鼠标左键生成阴影，❷ 最后调整阴影上方向线上的滑块设置阴影的不透明度，可以创建顶端阴影。

招式 158 添加真实投影

Q 如果想要为对象添加真实的投影效果，在 CorelDRAW 中该如何操作?

A 在 CorelDRAW 中可以选择工具箱中的阴影工具，将指针移到对象上按住鼠标左键进行拖曳，为对象创建阴影效果，然后在属性栏对属性进行设置，就可以为对象添加真实的投影效果了。

1. 打开图像素材

❶ 启动 CorelDRAW X8 后，单击左上角的“打开”按钮或按 Ctrl+O 快捷键，❷ 打开本书配备的“第 7 章 \ 素材 \ 招式 158\ 图像 .cdr”文件，❸ 选择工具箱中的（阴影工具）。

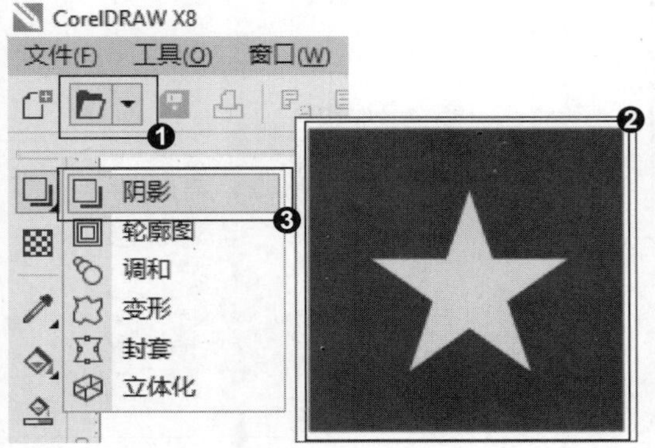

2. 设置底部阴影

❶ 将指针移动到黄色星形对象底端中心的位置，按住鼠标左键进行拖曳，出现蓝色实线进行预览，❷ 松开鼠标左键生成底部阴影。

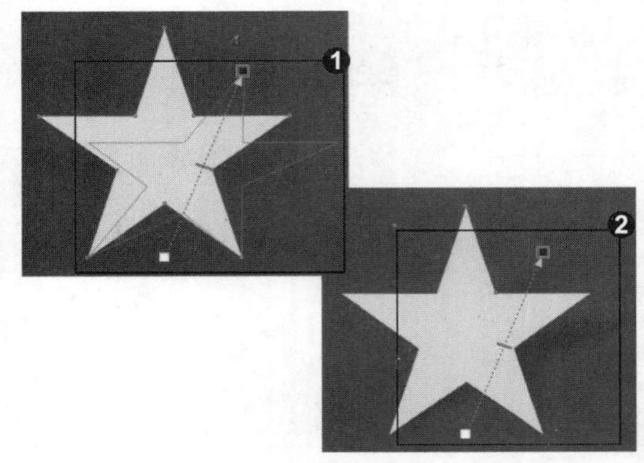

3. 设置属性

❶ 在属性栏设置“阴影角度”“阴影延展”“阴影淡出”“阴影的不透明度”“阴影羽化”等属性，❷ 单击“阴影颜色”后面的按钮，在下拉颜色查看器上单击选择颜色，并将“合并模式”更改为“颜色加深”，❸ 即可实现添加真实投影的效果。

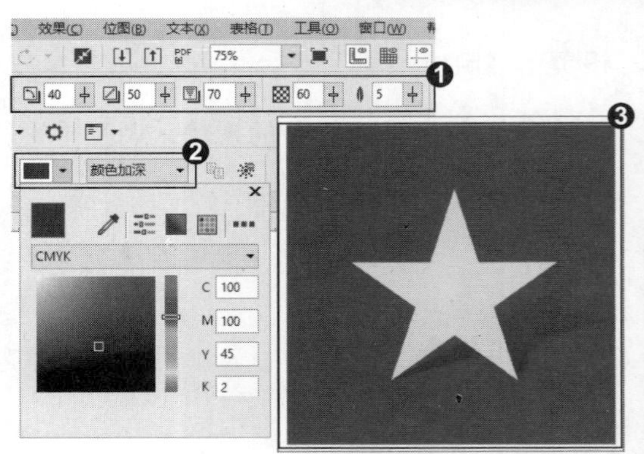

专家提示

在创建阴影效果时，为了达到自然真实的效果，可以将“阴影颜色”设置为与背景颜色相近的深色，然后更改“合并模式”。

知识拓展

❶ 在“阴影”工具属性栏中的“阴影角度”文本框中输入数值，可以设置阴影与对象之间的角度，该设置只在创建呈角度透视阴影时激活；❷ 在“阴影延伸”文本框中输入数值，可以设置阴影的延伸长度；❸ 在“阴影淡出”文本框中设置数值可以调整阴影边缘的淡出程度；❹ 在“阴影的不透明度”文本框中输入数值，可以设置阴影的不透明度，数值越大颜色越深，数值越小颜色越浅；❺ 在“阴影羽化”文本框中输入数值可以设置羽化的程度，❻ 单击“羽化方向”按钮，在其下拉菜单中可以选择羽化的方向。

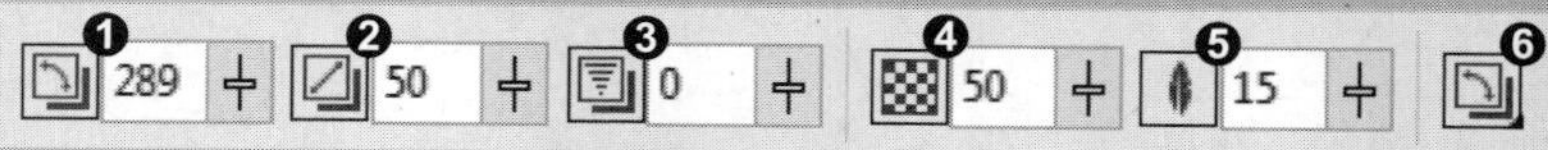

招式 159　复制阴影效果

Q 如果想要复制制作好的阴影效果到另外的对象上，在 CorelDRAW 中该如何操作？

A 在 CorelDRAW 中可以选择工具箱中的阴影工具，在属性栏单击“复制阴影效果属性”按钮，可以复制其阴影效果到未添加阴影效果的对象上。

1. 打开图像素材

❶ 启动 CorelDRAW X8 后，单击左上角的“打开”按钮或按 Ctrl+O 快捷键，❷ 打开本书配备的“第 7 章 \ 素材 \ 招式 159\ 图像 .cdr”文件，❸ 选择工具箱中的（阴影工具）。

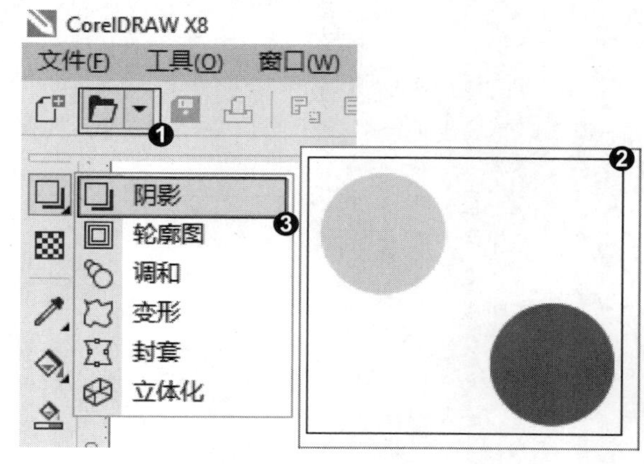

2. 设置底部阴影

❶ 将指针移动到黄色圆形对象底端中心的位置，按住鼠标左键进行拖曳，出现蓝色实线进行预览，❷ 松开鼠标左键生成底部阴影。

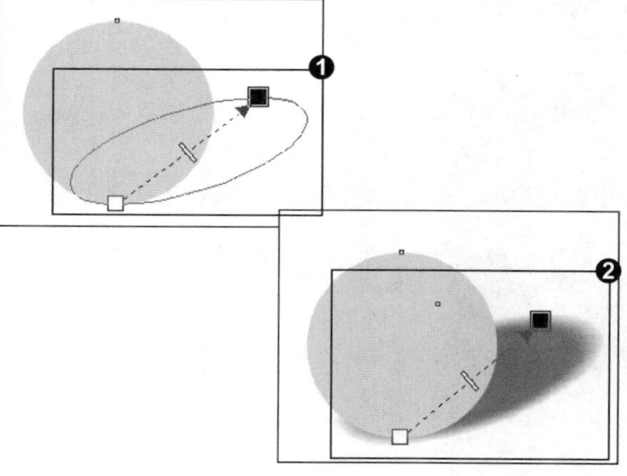

3. 设置属性

❶ 在属性栏中设置“阴影角度”“阴影延展”“阴影淡出”“阴影的不透明度”“阴影羽化”等属性，❷ 可以看到更改属性后的阴影效果。

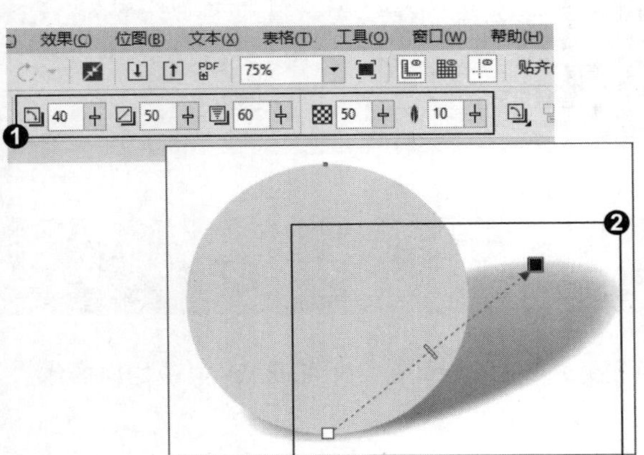

4. 复制阴影效果

❶ 单击红色圆形对象，在属性栏中单击“复制阴影效果属性”按钮，❷ 当指针变成黑色箭头时在黄色圆形对象的阴影上单击，则复制该对象的阴影属性到红色圆形对象。

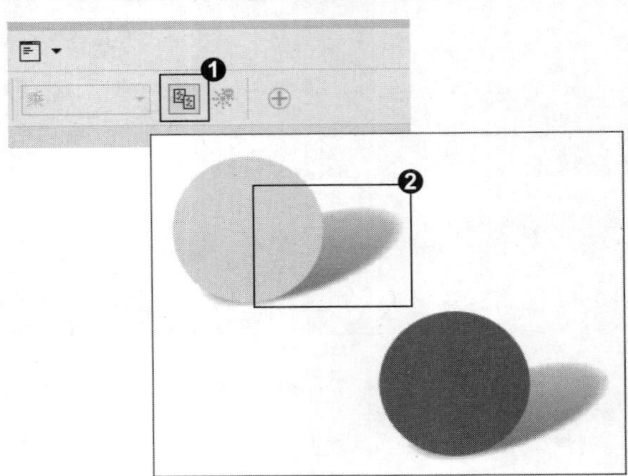

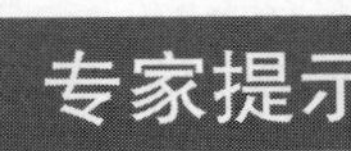

专家提示

在属性栏单击“复制阴影效果属性”按钮后，指针变成黑色箭头，一定要将箭头移动到目标对象的阴影上，才可以单击进行复制，否则会弹出“没有单击－对象，要重试吗”的出错对话框。

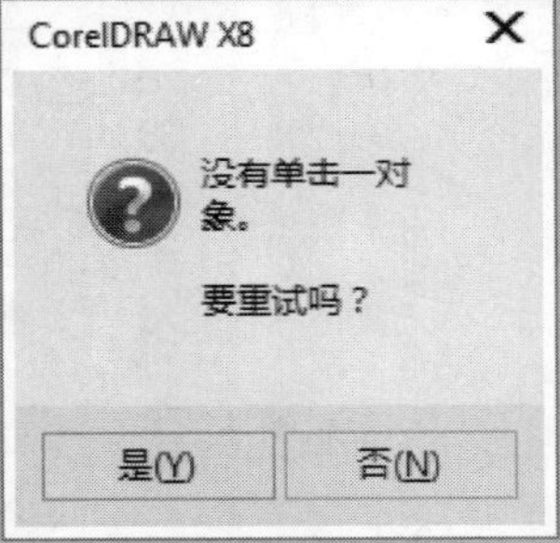

招式 160 拆分阴影效果

Q 如果想要拆分对象的阴影效果，在 CorelDRAW 中该如何操作?

A 选中对象右击，在弹出的快捷菜单中选择“拆分阴影群组”命令，可以拆分阴影效果，并进行移动或编辑的操作。

1. 打开图像素材 

❶ 启动 CorelDRAW X8 后，单击左上角的“打开”按钮或按 Ctrl+O 快捷键，❷ 打开本书配备的“第 7 章\素材\招式 160\图像.cdr”文件，❸ 选择工具箱中的（阴影工具）。

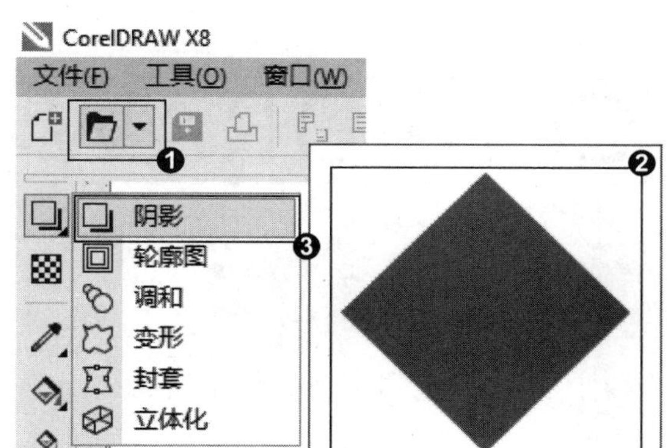

2. 设置底部阴影 

❶ 将指针移动到对象底端中心的位置，按住鼠标左键进行拖曳，出现蓝色实线进行预览，❷ 松开鼠标左键生成底部阴影。

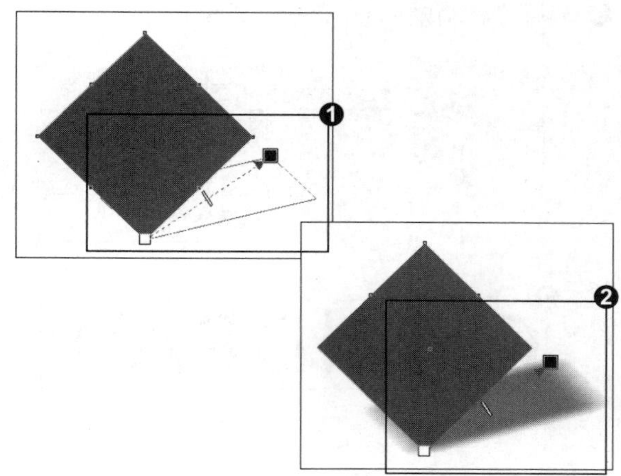

3. 拆分阴影效果 

❶ 右击，在弹出的快捷菜单中选择“拆分阴影群组”命令，❷ 将对象的“阴影”选中，可以进行移动和编辑。

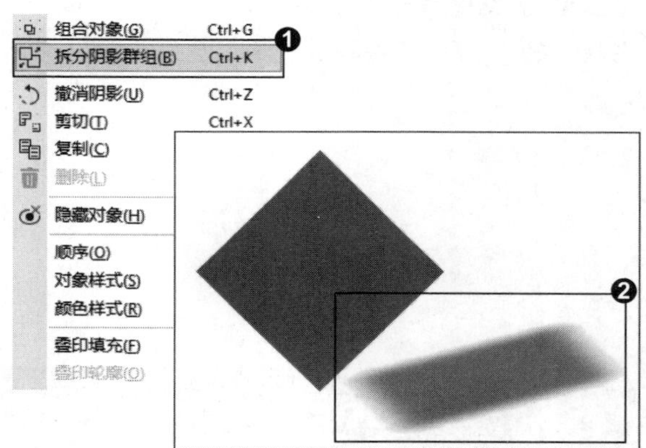

知识拓展

在创建阴影效果时，为了达到自然真实的效果，可以将“阴影颜色”设置为与底色相近的深色，然后更改阴影与对象的混合模式。

招式 161 利用封套工具快速创建逼真透视效果

Q 如果想要快速为对象创建逼真透视效果，在 CorelDRAW 中该如何操作?

A 在 CorelDRAW 中可以选择工具箱中的封套工具，单击对象，会在对象外面自动生成一个蓝色虚线框，用拖曳虚线框上的节点，就可改变对象的形状，从而创建逼真透视效果。

1. 打开图像素材

❶ 启动 CorelDRAW X8 后，单击左上角的"打开"按钮或按 Ctrl+O 快捷键，❷ 打开本书配备的"第 7 章 \ 素材 \ 招式 161\ 图像 .cdr"文件，❸ 选择工具箱中的（封套工具）。

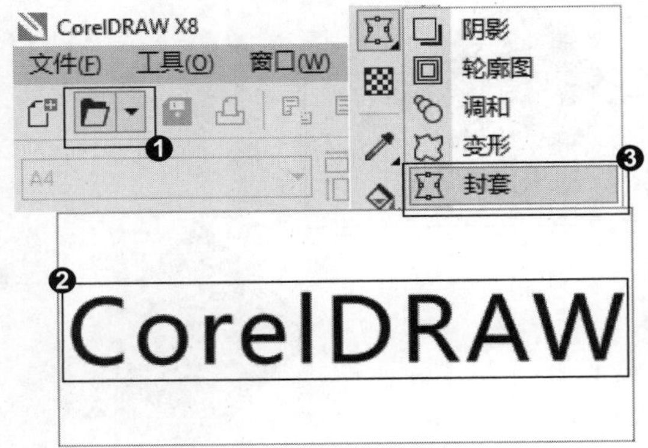

2. 应用封套工具

❶ 单击对象，会在对象外面自动生成一个蓝色虚线框，❷ 在属性栏单击"直线模式"按钮。

3. 创建透视效果

❶ 拖曳虚线框上的节点，就可改变对象的形状，❷ 完成创建透视的效果。

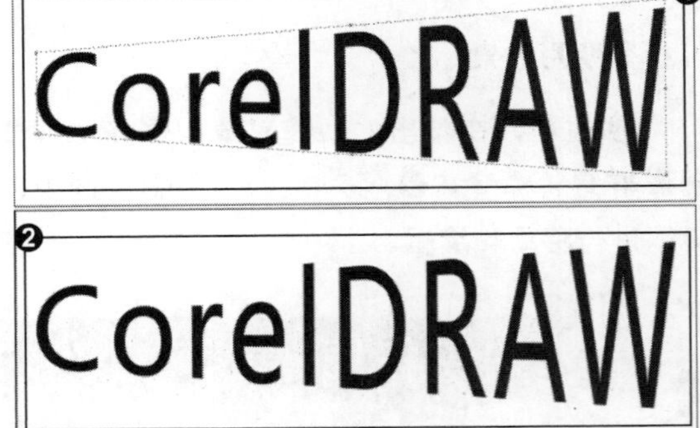

知识拓展

在使用封套工具改变对象的形状时，可以根据需要选择相应的封套模式，有"非强制模式""直线模式""单弧模式"和"双弧模式"。可以在属性栏进行设置，也可以打开"封套"泊坞窗进行设置。

非强制模式

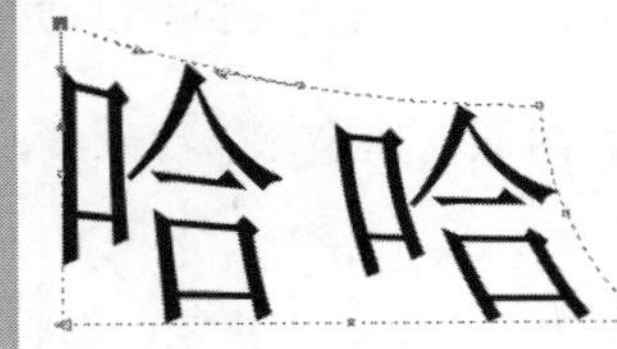

单弧模式

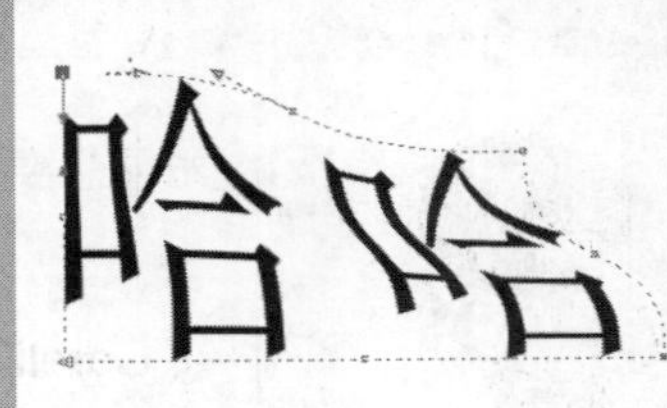

双弧模式

招式 162 创建立体效果

Q 如果想要为对象创建立体效果，在 CorelDRAW 中该如何操作?

A 在 CorelDRAW 中可以选择工具箱中的立体化工具，将指针移动到对象中心，按住鼠标左键进行拖曳，松开鼠标后就可以为对象创建立体效果了。

1. 打开图像素材

❶ 启动 CorelDRAW X8 后，单击左上角的“打开”按钮或按 Ctrl+O 快捷键，❷ 打开本书配备的“第 7 章\素材\招式 162\图像 .cdr”文件，❸ 选择工具箱中的（立体化工具）。

2. 应用立体化工具

❶ 将指针移动到对象中心，按住鼠标左键进行拖曳，出现矩形透视线预览效果，❷ 松开鼠标左键出现立体化效果。

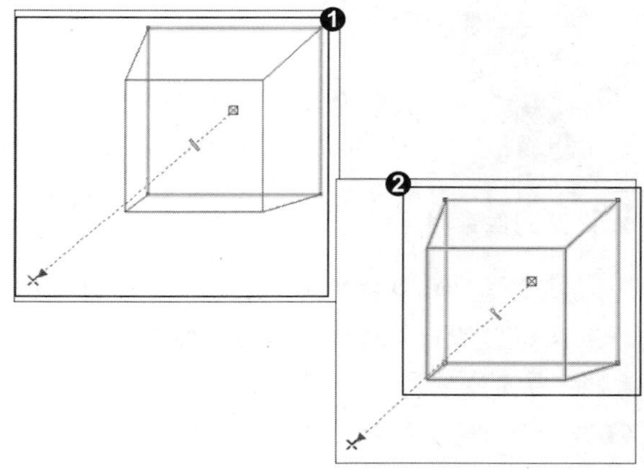

知识拓展

“立体化”属性栏中，❶ 在“立体化类型”下拉列表中可以选择相应的立体化类型；❷“深度”文本框中可以输入数值调整立体化效果的进深程度，数值范围最大为 99，最小为 1，数值越大进深越深；❸ 在“灭点属性”下拉列表中选择相应的选项来更改灭点的属性，包括“灭点锁定到对象”“灭点锁定到页面”“复制灭点，自…”和“共享灭点”4 个选项。

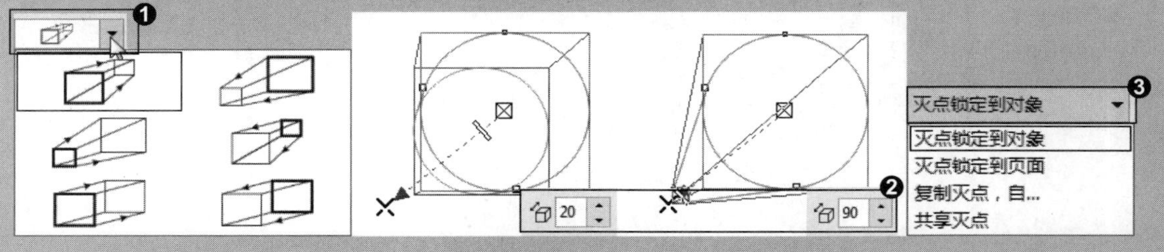

3. 创建立体效果

❶ 拖动立体化方向线上的滑块，可以调整立体化对象的深度，❷ 实现透视效果。

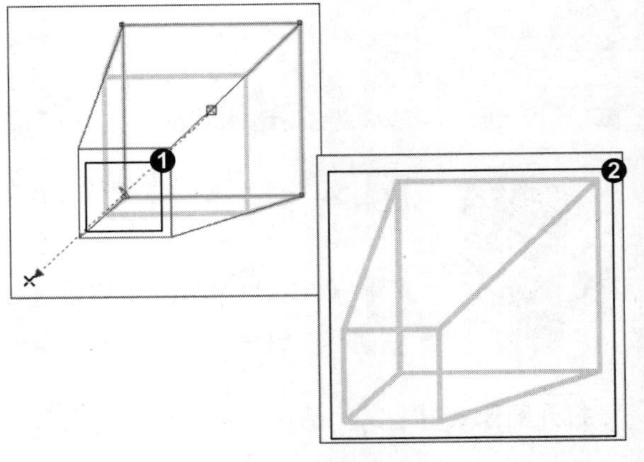

招式 163 更改灭点位置和深度

Q 如果想要更改立体化对象效果的灭点位置和深度，在 CorelDRAW 中该如何操作?

A 在 CorelDRAW 中可以选择工具箱中的立体化工具，在属性栏设置“灭点位置”和“深度”的参数值，就可以更改立体化对象的灭点位置和深度了。

1. 打开图像素材

❶ 启动 CorelDRAW X8 后，单击左上角的“打开”按钮或按 Ctrl+O 快捷键，❷ 打开本书配备的“第 7 章 \ 素材 \ 招式 163\ 图像 .cdr”文件，❸ 选择工具箱中的（立体化工具）。

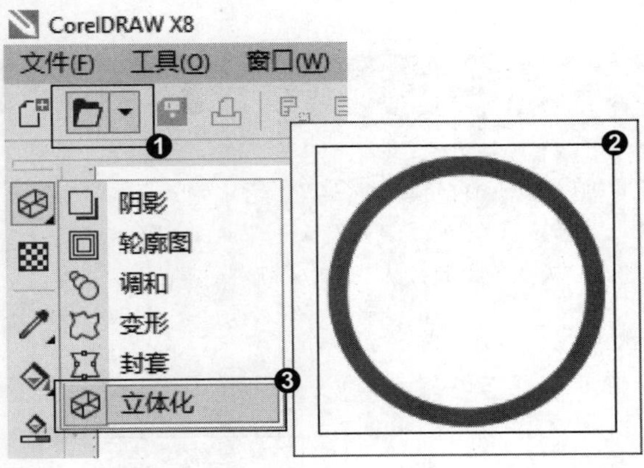

2. 应用立体化工具

❶ 将指针移动到对象中心，按住鼠标左键进行拖曳，出现矩形透视线预览效果，❷ 松开鼠标左键出现立体化效果。

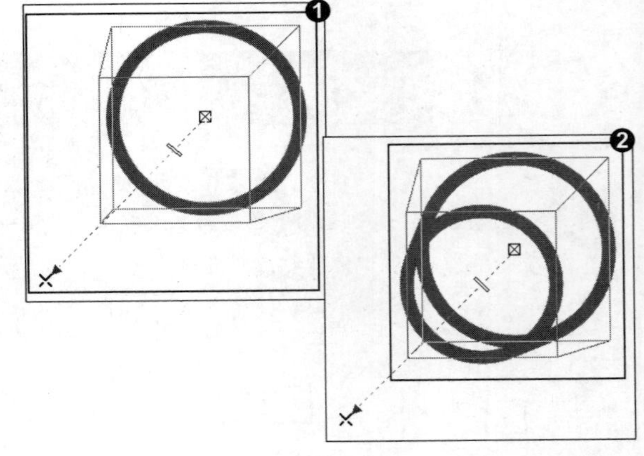

3. 更改深度

❶ 在属性栏“深度”后面的文本框中输入数值，❷ 则更改立体化对象的深度。

4. 更改灭点位置

❶ 在属性栏“灭点坐标”后面的 X 轴和 Y 轴上输入数值，❷ 则更改立体化对象的灭点位置。

知识拓展

在“立体化”属性栏中单击“立体化颜色”按钮，打开其下拉列表，❶ 激活“使用对象填充”按钮，可将当前颜色的填充色应用到整个立体对象上；❷ 激活“使用纯色”按钮，可在下面的颜色选项中选择需要的颜色填充到立体效果上；❸ 激活“使用递减的颜色”按钮，可以在下面的颜色选项中选择需要的颜色，以渐变形式填充到立体效果上。

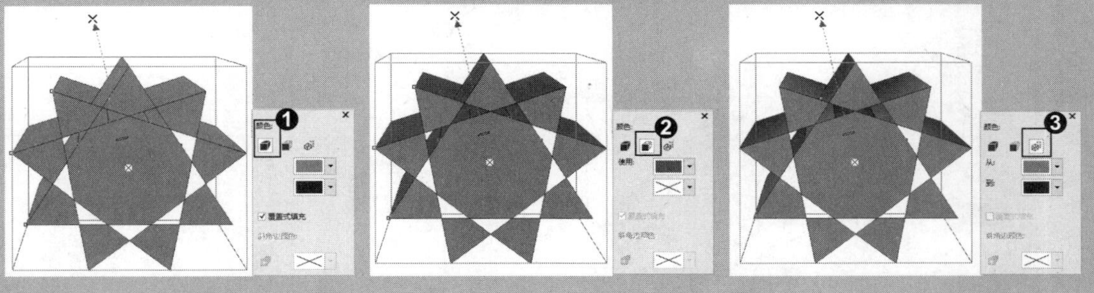

招式 164 旋转立体化效果

Q 如果想要为对象创建旋转立体化效果，在 CorelDRAW 中该如何操作?

A 在 CorelDRAW 中可以选择工具箱中的立体化工具，在属性栏单击“立体化旋转”按钮，在弹出面板上使用鼠标左键拖曳立体化效果，就可以为对象创建旋转立体化效果了。

1. 打开图像素材

❶ 启动 CorelDRAW X8 后，单击左上角的“打开”按钮或按 Ctrl+O 快捷键，❷ 打开本书配备的“第 7 章 \ 素材 \ 招式 164\ 图像 .cdr”文件，❸ 选择工具箱中的（立体化工具）。

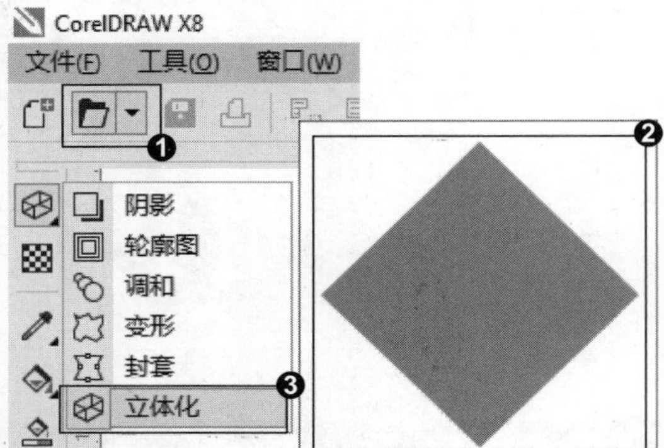

2. 应用立体化工具

❶ 将指针移动到对象中心，按住鼠标左键进行拖曳，出现矩形透视线预览效果，❷ 松开鼠标左键出现立体化效果。

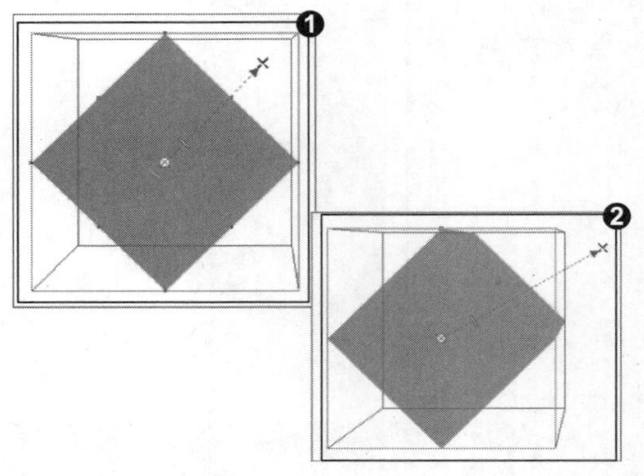

3. 设置立体颜色

❶ 在属性栏中单击“立体颜色”按钮，❷ 在下拉面板上单击“使用递减颜色”按钮，❸ 则更改立体化对象的立体颜色。

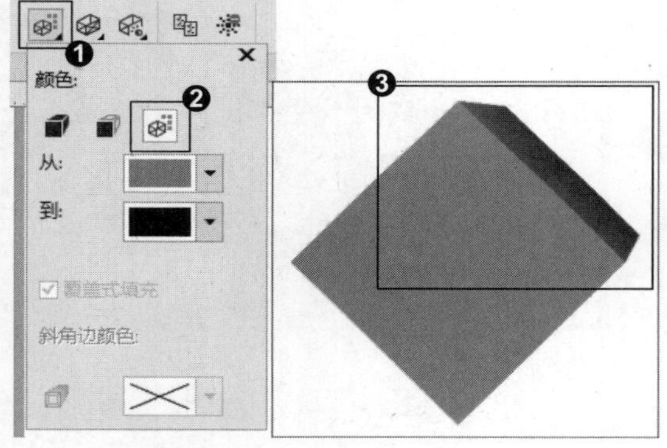

4. 设置立体化旋转

❶ 在属性栏中单击“立体化旋转”按钮，❷ 在弹出面板上按住鼠标左键拖曳，产生立体化效果，❸ 设置立体化旋转的效果。

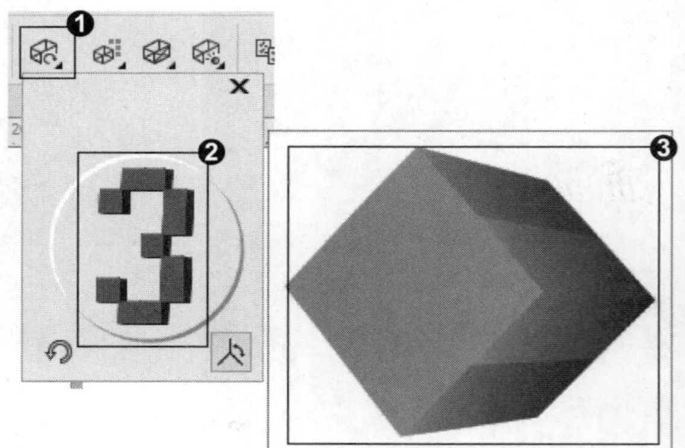

专家提示

如果对立体化旋转后的效果不是很满意，可以在“立体化旋转”面板上单击按钮，去掉旋转效果。单击按钮，可以直接输入旋转数值。

知识拓展

选中立体化对象后，打开“立体化”泊坞窗，单击“立体化旋转”按钮激活旋转面板，使用鼠标拖曳立体化效果，出现虚线预览图后，再单击“应用”按钮应用设置。

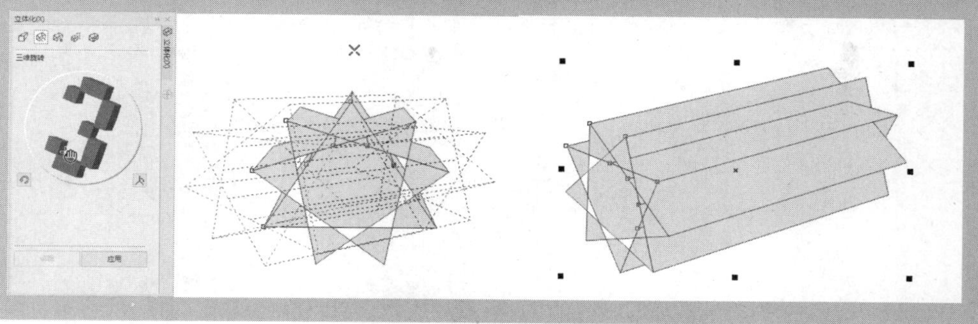

招式 165 创建渐变透明度

Q 如果想要为对象创建渐变透明度的效果，在 CorelDRAW 中该如何操作?

A 在 CorelDRAW 中可以选择工具箱中的透明度工具，在属性栏单击“渐变透明度”图标，就可以为对象创建渐变透明度的效果了。

1. 打开图像素材

❶ 启动 CorelDRAW X8 后，单击左上角的“新建”按钮或按 Ctrl+N 快捷键，新建一个文档，❷ 在菜单栏中单击“文件”｜“导入”命令，❸ 或按 Ctrl+I 快捷键导入本书配备的“第 7 章\素材\招式 165\图像 .jpg” 文件。

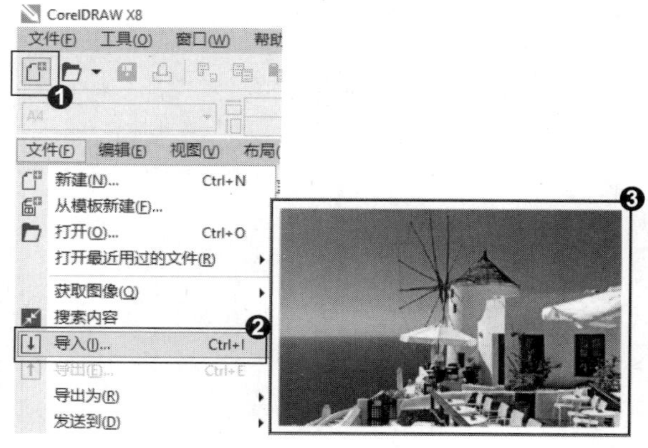

2. 渐变透明度

❶ 选择工具箱中的（透明度工具），单击对象，❷ 在属性栏单击“渐变透明度”按钮，❸ 则为对象创建渐变透明度的效果。

知识拓展

❶ 在创建渐变透明度时，透明度的范围线方向决定透明度效果的方向，❷ 如果需要添加水平或垂直的透明效果，可以按住 Shift 键水平或垂直拖曳。

招式 166 创建均匀透明度

Q 如果想要为对象创建均匀透明度的效果，在 CorelDRAW 中该如何操作?

A 在 CorelDRAW 中可以选择工具箱中的透明度工具，在属性栏中单击“均匀透明度”图标，就可以为对象创建均匀透明度的效果了。

1. 打开图像素材

❶ 启动 CorelDRAW X8 后，单击左上角的“新建”按钮或按 Ctrl+N 快捷键，新建一个文档，❷ 在菜单栏中单击“文件” | “导入”命令，❸ 或按 Ctrl+I 快捷键导入本书配备的“第 7 章\素材\招式 166\图像.jpg”文件。

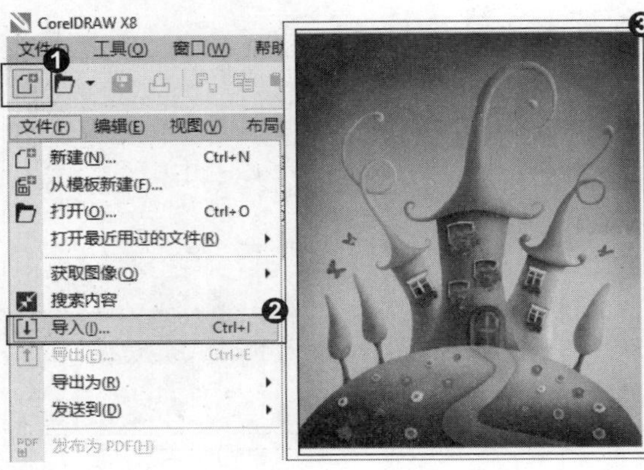

2. 创建均匀透明度

❶ 选择工具箱中的（透明度工具），单击对象，❷ 在属性栏单击“均匀透明度”按钮，❸ 则为对象创建均匀透明度的效果。

3. 调整透明度

❶ 在属性栏“透明度”后面的文本框输入透明度数值，❷ 或者将指针移动到对象的正下方，出现调整透明度的滑块，拖动滑块调整透明度，❸ 更改透明度的图像效果。

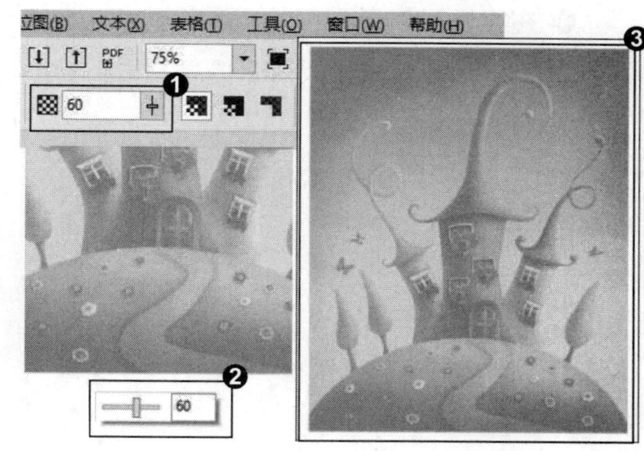

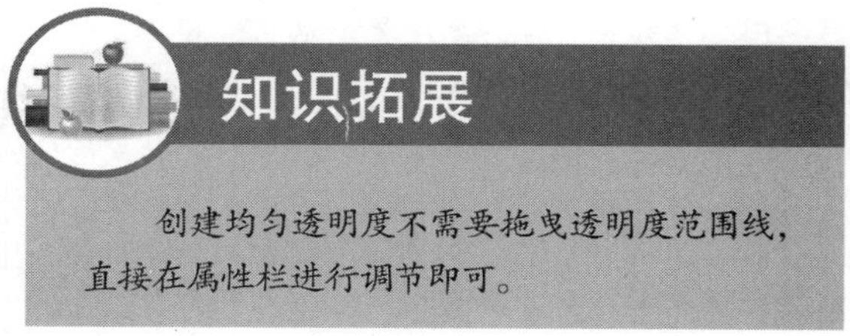

创建均匀透明度不需要拖曳透明度范围线，直接在属性栏进行调节即可。

招式 167 创建图样透明度

Q 如果想要为对象创建图样透明度的效果，在 CorelDRAW 中该如何操作?

A 在 CorelDRAW 中可以选择工具箱中的透明度工具，在属性栏中单击“图样透明度”图标，就可以为对象创建图样透明度的效果了。

1. 打开图像素材

❶ 启动 CorelDRAW X8 后，单击左上角的“打开”按钮或按 Ctrl+O 快捷键，❷ 打开本书配备的“第 7 章 \ 素材 \ 招式 167\ 图像 .cdr”文件，❸ 选择工具箱中的（透明度工具）。

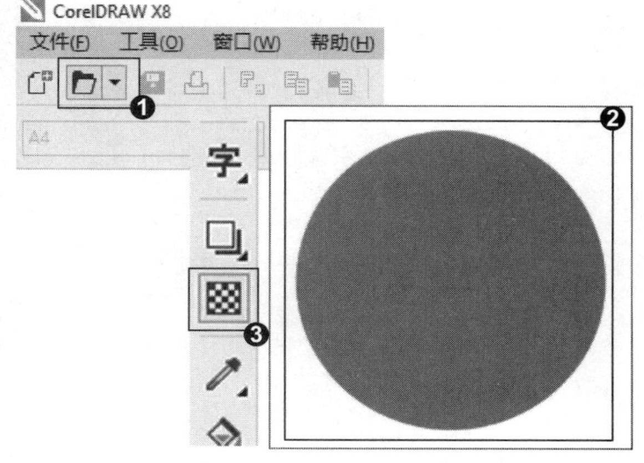

2. 设置向量图样透明度

❶ 单击对象，在属性栏中单击（向量图样透明度）图标，❷ 则为对象创建向量图样透明度的效果。

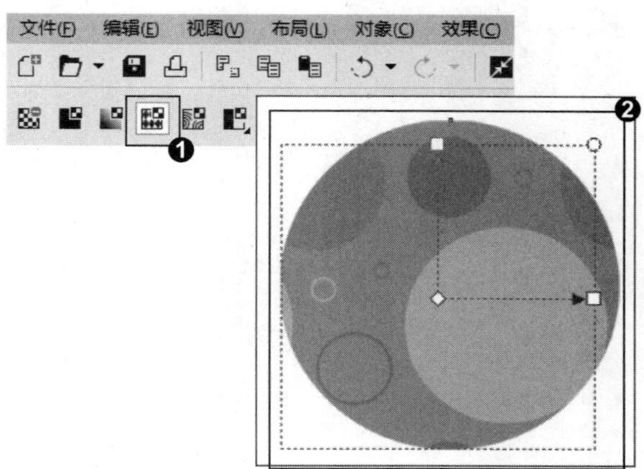

3. 更改向量图样

❶ 在属性栏中单击“透明度挑选器”后面的▾按钮，❷ 在下拉面板双击选择想要的透明度图样，❸ 即可更改图样透明度。

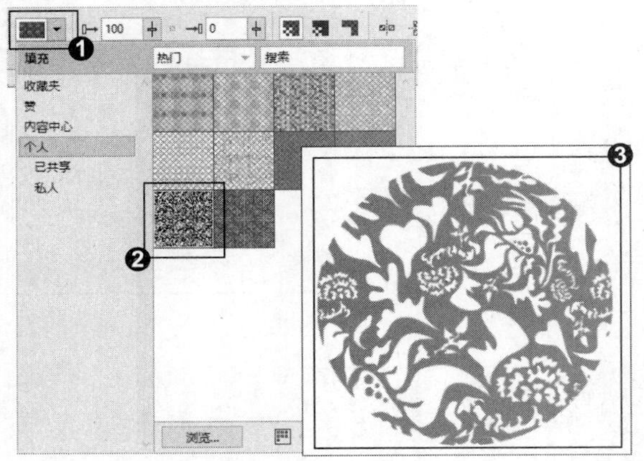

4. 设置位图图样透明度

❶ 单击对象，在属性栏中单击▦（位图图样透明度）图标，❷ 则为对象创建位图图样透明度的效果。

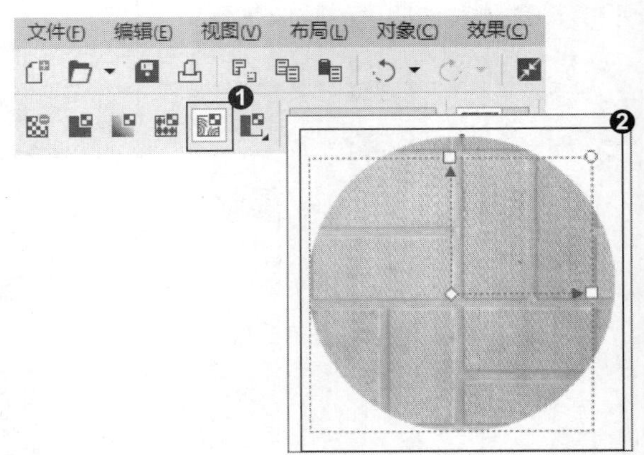

5. 更改位图图样

❶ 在属性栏中单击“透明度挑选器”后面的▾按钮，❷ 在下拉面板双击选择想要的透明度图样，❸ 即可更改图样透明度的图像效果。

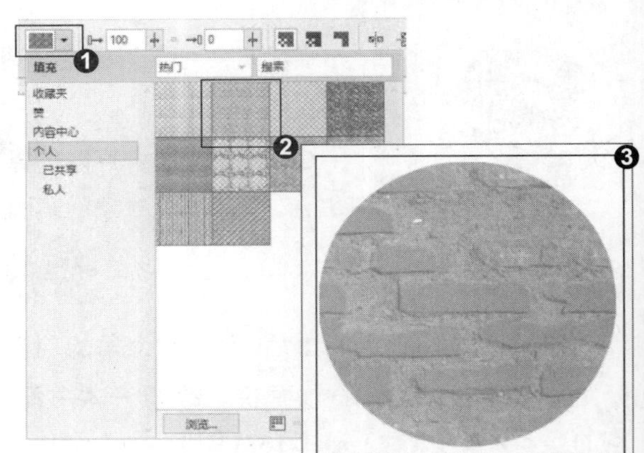

知识拓展

❶ 调整图样透明度矩形上的白色方形控制柄，可以编辑图样倾斜旋转效果；❷ 调整图样透明度矩形上的白色圆点，可以调整图样的大小，矩形范围线越小图样越小，矩形范围线越大图样越大。

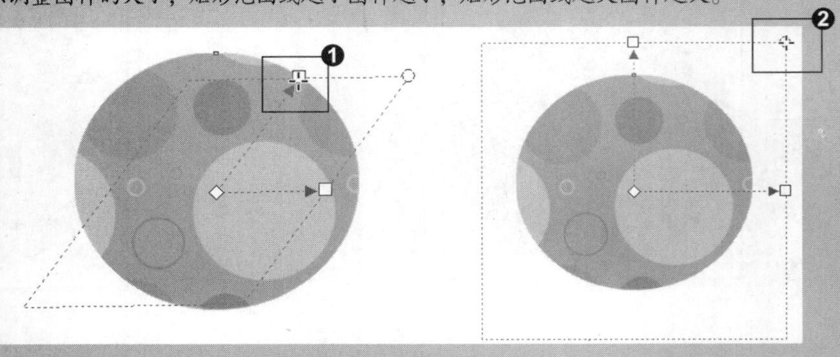

招式 168 创建底纹透明度

Q 如果想要为对象创建底纹透明度的效果，在 CorelDRAW 中该如何操作？

A 在 CorelDRAW 中可以选择工具箱中的透明度工具，在属性栏单击“底纹透明度”图标，就可以为对象创建底纹透明度的效果了。

1. 打开图像素材

❶ 启动 CorelDRAW X8 后，单击左上角的“打开”按钮或按 Ctrl+O 快捷键，❷ 打开本书配备的“第 7 章 \ 素材 \ 招式 168\ 图像 .cdr”文件，❸ 选择工具箱中的（透明度工具）。

2. 设置向量图样透明度

❶ 单击粉色矩形对象，在属性栏单击“底纹透明度”按钮，❷ 单击属性栏中“透明度挑选器”后面的按钮，在下拉面板中双击选择想要的透明度底纹，则为对象创建底纹透明度的效果。

知识拓展

在“透明度类型”选择“无”时无法在属性栏进行透明度的相关设置，选取其他的透明度类型后可以激活。

招式 169 利用透明度类型设置透明度

Q 为对象创建透明度的效果后，如果想要更改透明度类型，在 CorelDRAW 中该如何操作？

A 在 CorelDRAW 中可以选择工具箱中的透明度工具，在属性栏中单击“编辑透明度”按钮，打开“编辑透明度”面板，就可以进行透明度类型的选择，从而为对象创建想要的透明度类型。

1. 打开图像素材

❶启动 CorelDRAW X8 后，单击左上角的“打开”按钮或按 Ctrl+O 快捷键，❷打开本书配备的“第 7 章\素材\招式 169\图像 .cdr”文件，❸选择工具箱中的（透明度工具）。

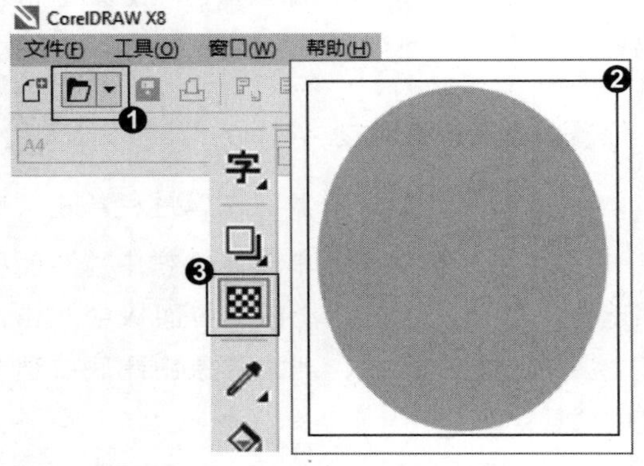

2. 调出“编辑透明度”面板

❶单击对象，在属性栏中单击“均匀透明度”按钮，❷在属性栏中单击“编辑透明度”按钮，❸打开“编辑透明度”面板。

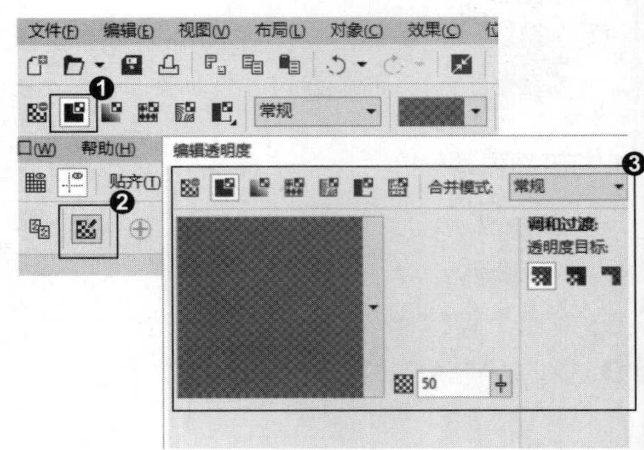

3. 编辑透明度

❶在“编辑透明度”面板的“透明度类型”处单击“双色图样透明度”按钮，❷切换到“双色图样透明度”的编辑面板，调整“前景透明度”和“背景透明度”的透明度数值，完成编辑后单击“确定”按钮，❸即可出现编辑透明度的图像效果。

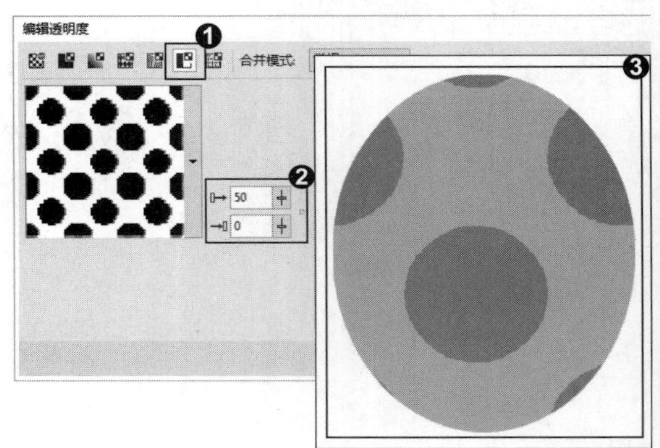

知识拓展

在“编辑透明度”面板单击想要的透明度效果的图标，可以为对象创建“无透明度”“均匀透明度”“渐变透明度”“向量图样透明度”“位图图样透明度”“双色图样透明度”“底纹图样透明度”，再进行属性的编辑，完成后单击“确定”按钮，就可以为对象添加想要的透明度效果了。

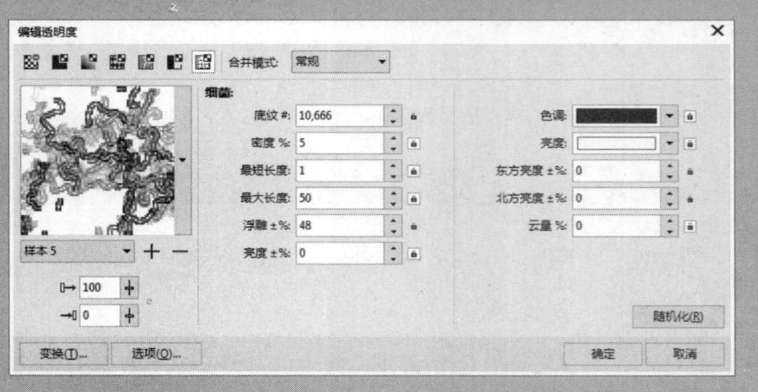

招式 170 创建柔和斜角效果

Q 如果想要为对象创建柔和斜角效果，在 CorelDRAW 中该如何操作?

A 在 CorelDRAW 中可以在菜单栏中单击“效果”丨“斜角”命令，打开“斜角”泊坞窗，在“斜角样式”的下拉选项中单击选择“柔和边缘”，就可以为对象创建柔和斜角效果了。

1. 打开图像素材

❶ 启动 CorelDRAW X8 后，单击左上角的“打开”按钮或按 Ctrl+O 快捷键，❷ 打开本书配备的“第 7 章\素材\招式 170\图像.cdr”文件，❸ 选择工具箱中的（选择工具），单击选择对象。

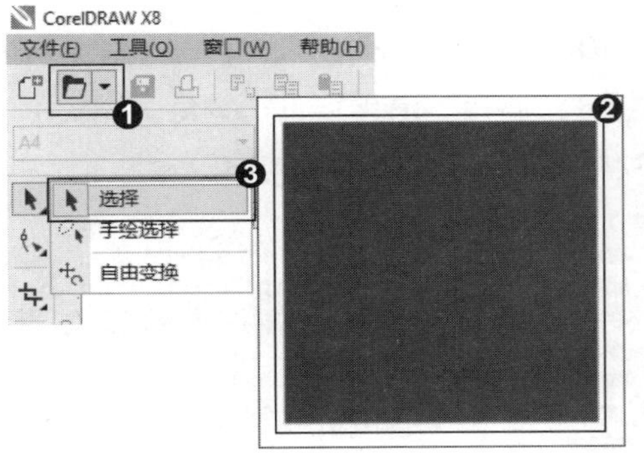

2. 设置柔和边缘

❶ 在菜单栏中单击“效果”丨“斜角”命令，❷ 打开“斜角”泊坞窗，在斜角“样式”下拉选项中单击选择“柔和边缘”。

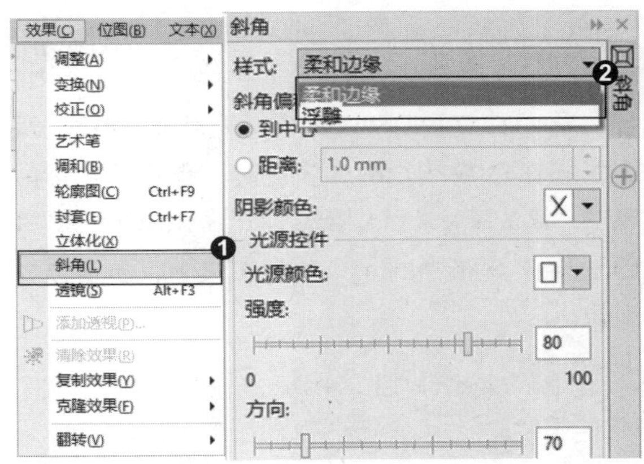

3. 创建中心柔和

❶ 在“斜角”泊坞窗选择“斜角偏移”为“到中心”，❷ 单击“应用”按钮，❸ 则为对象创建中心柔和的效果。

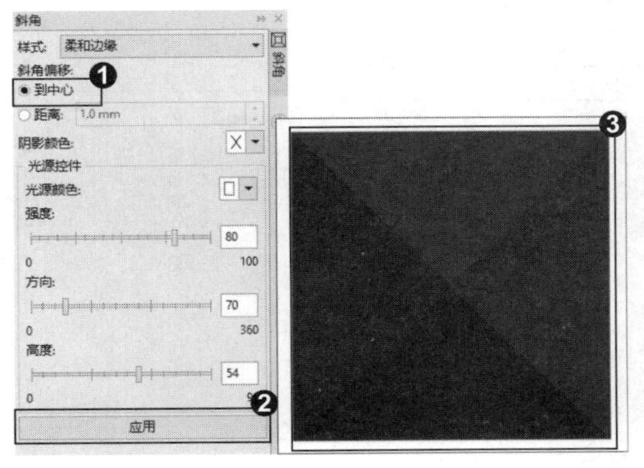

4. 创建边缘柔和

❶ 在“斜角”泊坞窗选择“斜角偏移”为“距离”，并在后面的文本框中输入设置距离的数值，❷ 单击“应用”按钮，❸ 则为对象创建边缘柔和的效果。

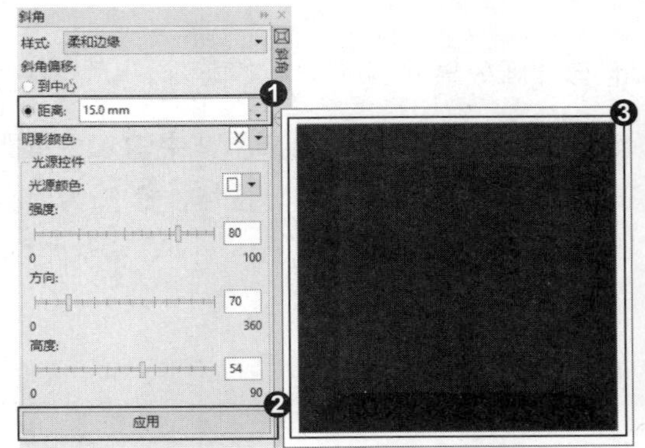

知识拓展

斜角效果通过使对象的边缘倾斜，将三维深度立体效果添加到图形或文本对象。为对象创造凸起或浮雕的视觉效果。创建出的效果可以随时移除，斜角效果只能应用到矢量对象和美术字，不能应用到位图。

招式 171 创建浮雕效果

Q 如果想要快速为对象创建浮雕效果，在 CorelDRAW 中该如何操作？

A 在 CorelDRAW 的菜单栏中单击“效果” | “斜角”命令，打开“斜角”泊坞窗，在斜角“样式”下拉选项中单击选择“浮雕”，就可以为对象创建浮雕效果了。

1. 打开图像素材

❶ 启动 CorelDRAW X8 后，单击左上角的“打开”按钮或按 Ctrl+O 快捷键，❷ 打开本书配备的“第 7 章 \ 素材 \ 招式 171\ 图像 .cdr”文件，❸ 选择工具箱中的（选择工具），单击选择对象。

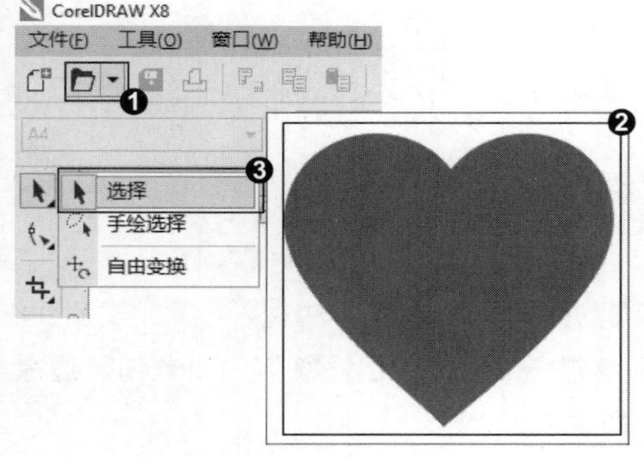

2. 选择浮雕选项

❶ 在菜单栏中单击“效果” | “斜角”命令，❷ 打开“斜角”泊坞窗，在斜角“样式”下拉选项中单击选择“浮雕”选项。

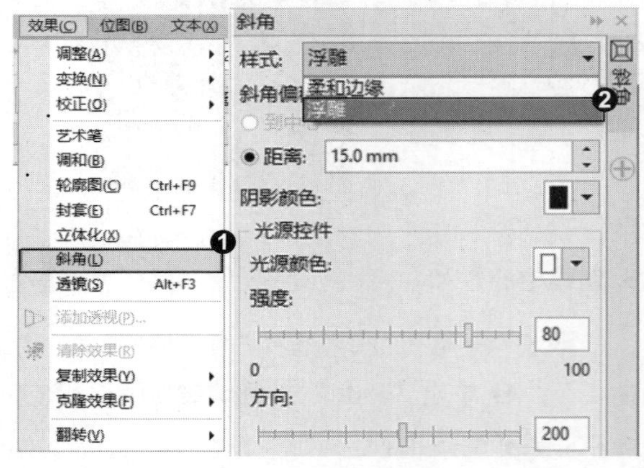

3. 创建浮雕效果

❶ 在“距离”后面的文本框中输入设置距离的数值，❷ 单击“应用”按钮，❸ 则为对象创建浮雕的效果。

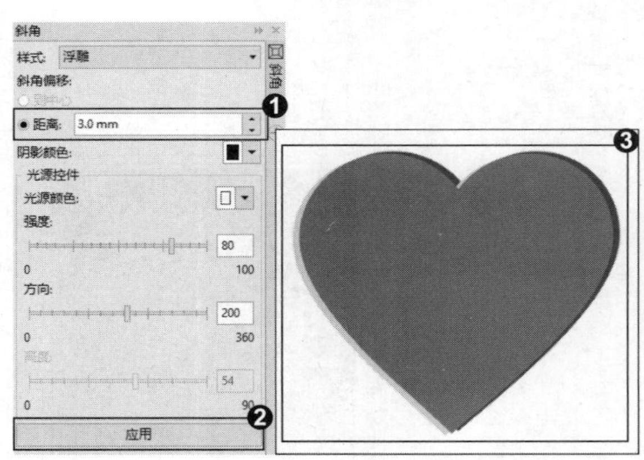

知识拓展

在“浮雕”样式下不能设置“到中心”效果，也不能设置“高度”值。

招式 172 添加透镜效果

Q 如果想要为对象添加透镜效果，在 CorelDRAW 中该如何操作?

A 在 CorelDRAW 中可以在菜单栏中单击“效果”|“透镜”命令，打开“透镜”泊坞窗，在“透视类型”的下拉选项中单击选择想要的透镜效果即可。

1. 打开图像素材

❶ 启动 CorelDRAW X8 后，单击左上角的“打开”按钮或按 Ctrl+O 快捷键，❷ 打开本书配备的“第 7 章\素材\招式 172\图像 .cdr”文件，❸ 选择工具箱中的（选择工具），单击选择圆形对象。

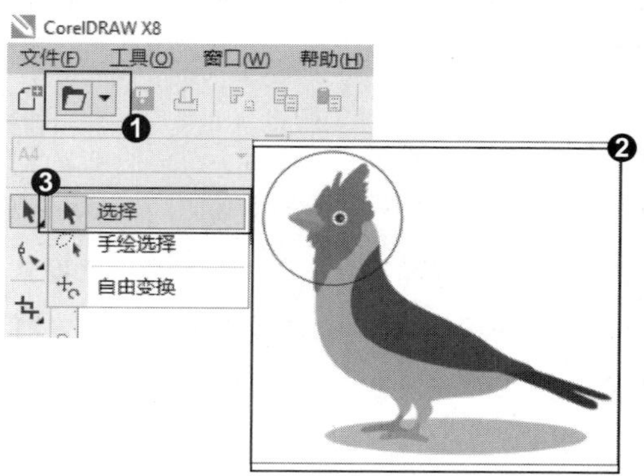

2. 选择“透镜”选项

❶ 在菜单栏中单击“效果”|“透镜”命令，❷ 打开“透镜”泊坞窗。

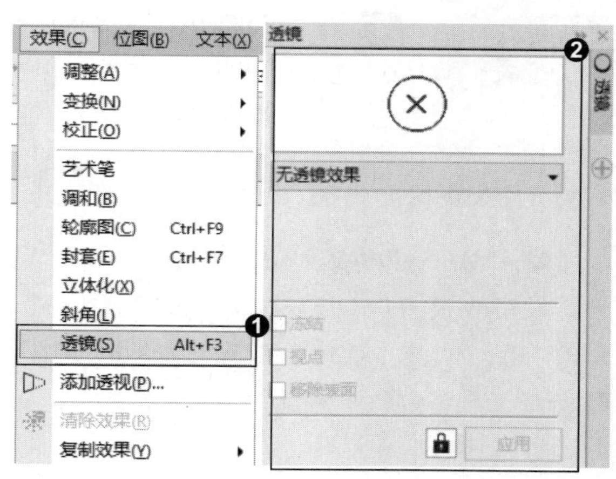

3. 设置“变亮”效果

❶ 单击“无透镜效果”后面的下拉按钮，在下拉透镜类型中单击“变亮”，❷ 则圆形内部重叠对象的颜色变亮。

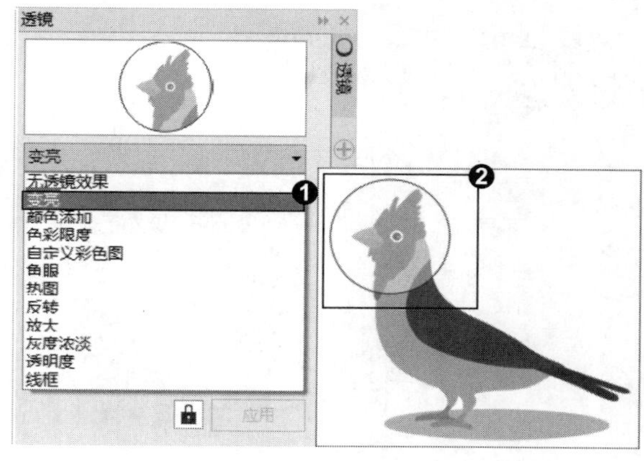

知识拓展

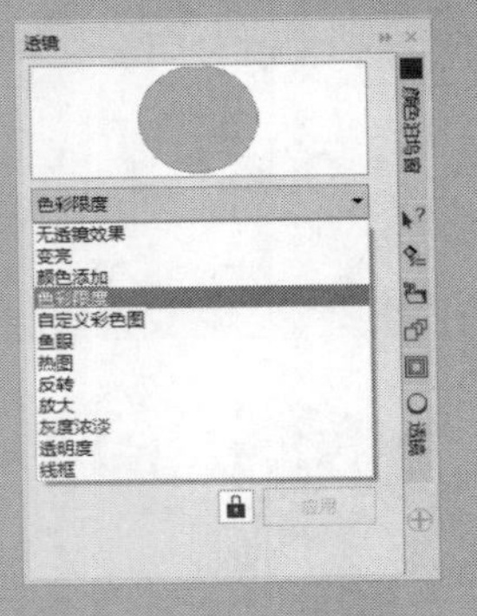

在菜单栏中单击“效果”|“透镜”命令，可以打开“透镜”泊坞窗，在“类型”下拉列表中选取的应用效果，包括“无透镜效果”“变亮”“颜色添加”“色彩限度”“自定义彩色图”“鱼眼”“热图”“反转”“放大”“灰度浓淡”“透明度”和“线框”。

招式173 编辑透镜图形

Q 为对象创建透镜效果后，如果想要编辑对象的透镜效果，在CorelDRAW中该如何操作？

A 在CorelDRAW的菜单栏中单击“效果”|“透镜”命令，打开“透镜”泊坞窗，在“透视类型”的下拉选项中单击选择想要的透镜效果，然后在泊坞窗上选中“冻结”“视点”和“移除表面”复选框，即对透镜效果进行编辑。

1. 打开图像素材

❶启动CorelDRAW X8后，单击左上角的“打开”按钮或按Ctrl+O快捷键，❷打开本书配备的“第7章\素材\招式173\图像.cdr”文件，❸选择工具箱中的（选择工具），单击选择圆形对象。

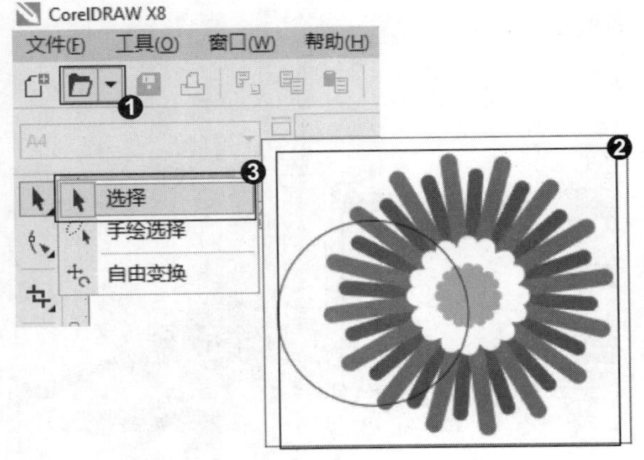

2. 选择“透镜”选项

❶在菜单栏中单击“效果”|“透镜”命令，❷打开“透镜”泊坞窗，单击“无透视效果”后的下拉按钮，在下拉透视类型中单击“颜色添加”。

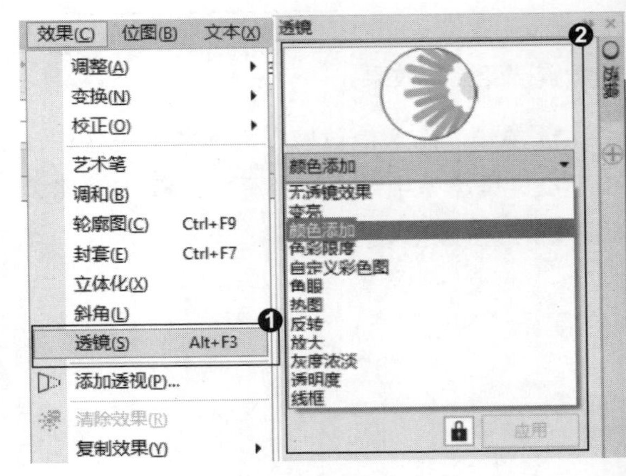

3. 叠加颜色

❶ 单击“颜色”后面的▾按钮，❷ 在下拉颜色查看器上单击选择想要的颜色，❸ 则圆形内部重叠对象的颜色和所选择的颜色进行混合显示。

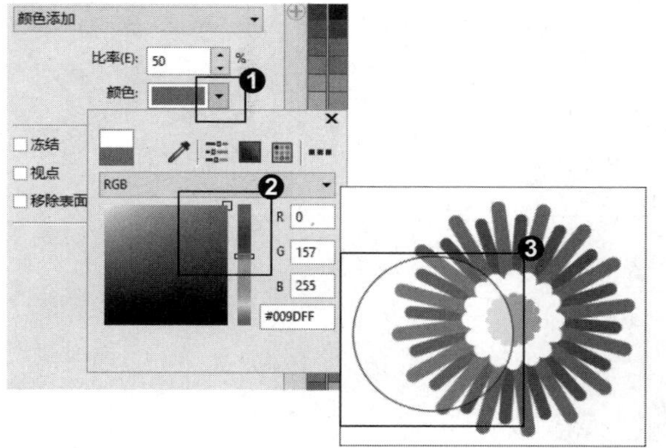

5. 设置视点

❶ 选中“视点”复选框，❷ 单击后面的“编辑”按钮，❸ 在 X 轴和 Y 轴上输入数值。

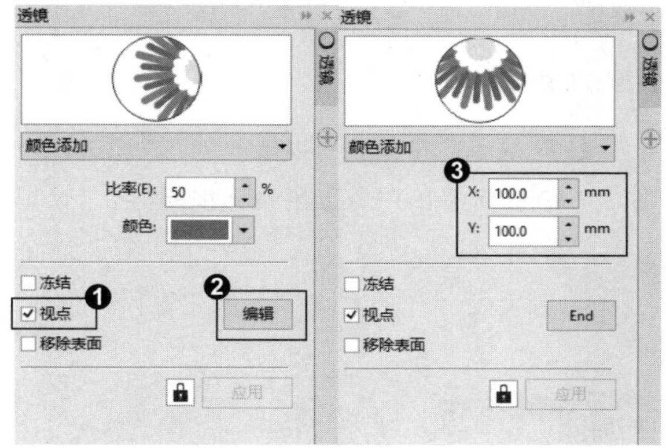

7. 设置色彩限度

❶ 将透视类型更改为“色彩限度”，❷ 则圆形内部只允许黑色和滤镜颜色本身透过显示，其他颜色均转换为与滤镜颜色相近的颜色显示。

4. 设置冻结

❶ 选中“冻结”复选框，❷ 则将透镜下方的对象显示转变为透镜的一部分，在移动透镜区域时不会改变透镜显示。

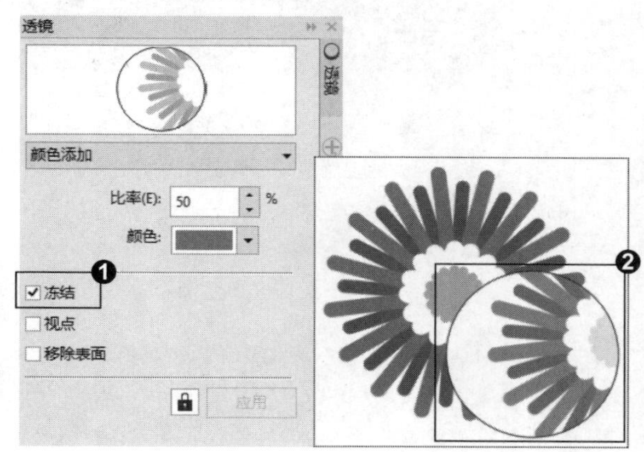

6. 改变对象中心点的位置

❶ 单击“End”按钮完成设置，❷ 则改变对象中心点的位置。

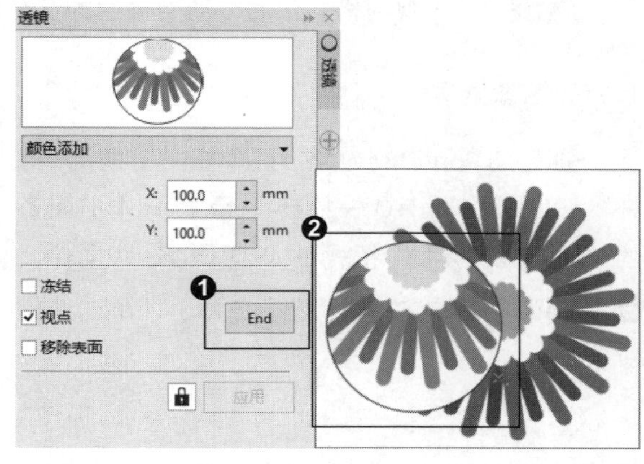

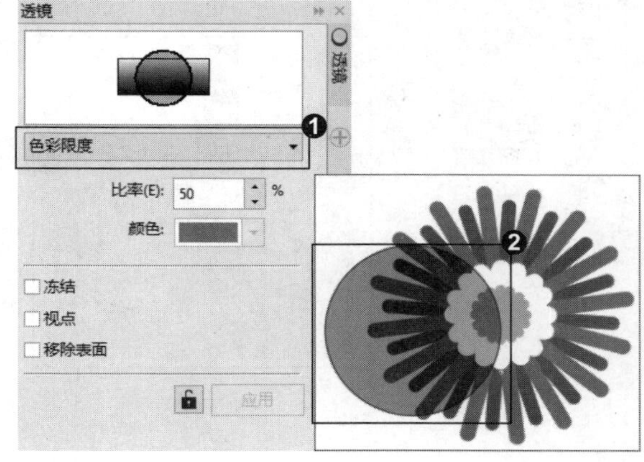

8. 移除表面

❶ 选中“移除表面”复选框，❷ 单击“应用”按钮，❸ 页面的空白处不显示透镜效果。

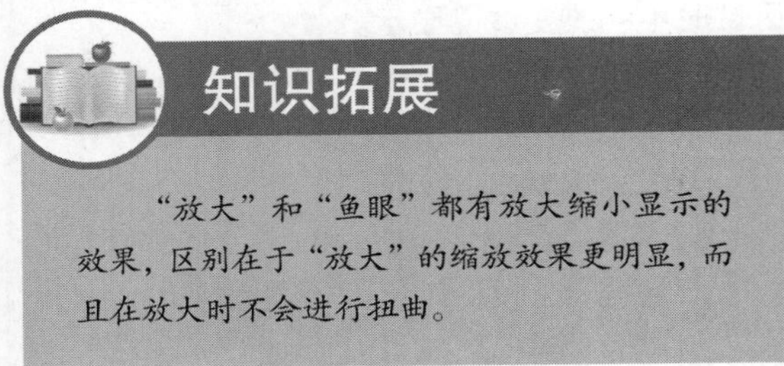

知识拓展

“放大”和“鱼眼”都有放大缩小显示的效果，区别在于“放大”的缩放效果更明显，而且在放大时不会进行扭曲。

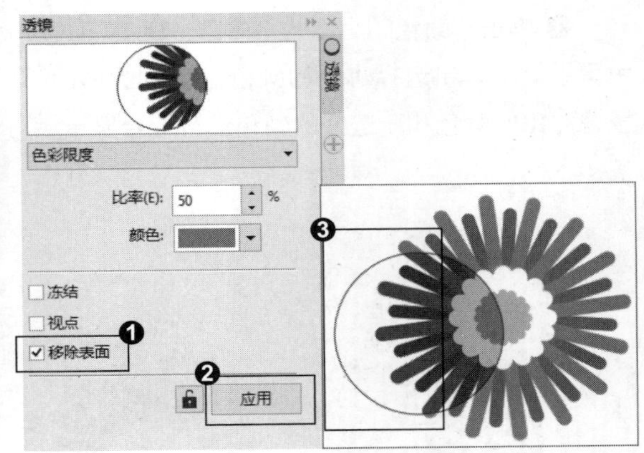

招式 174 巧用透视效果

Q 如果想要为对象快速制作透视的效果，在 CorelDRAW 中该如何操作?

A 在 CorelDRAW 的菜单栏中单击“效果” | “添加透视”命令，在对象上出现透视网格，然后移动网格上的节点调整透视效果，就可以为对象制作透视效果了。

1. 打开图像素材

❶ 启动 CorelDRAW X8 后，单击左上角的“打开”按钮或按 Ctrl+O 快捷键，❷ 打开本书配备的“第 7 章\素材\招式 174\图像.cdr”文件，❸ 选择工具箱中的 （选择工具），单击选择对象。

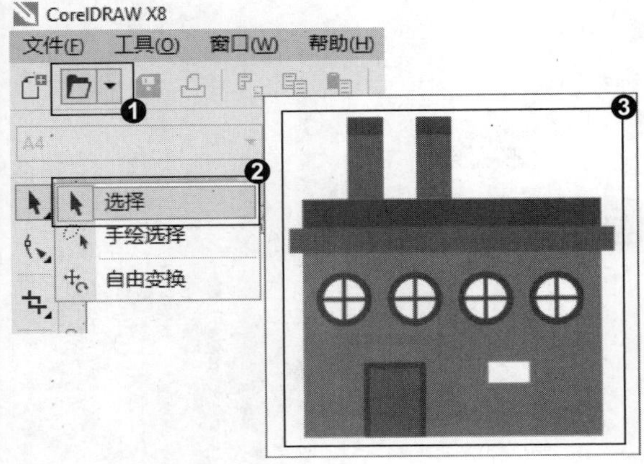

2. 添加透视

❶ 在菜单栏中单击“效果” | “添加透视”命令，❷ 在选择的对象上出现透视网格。

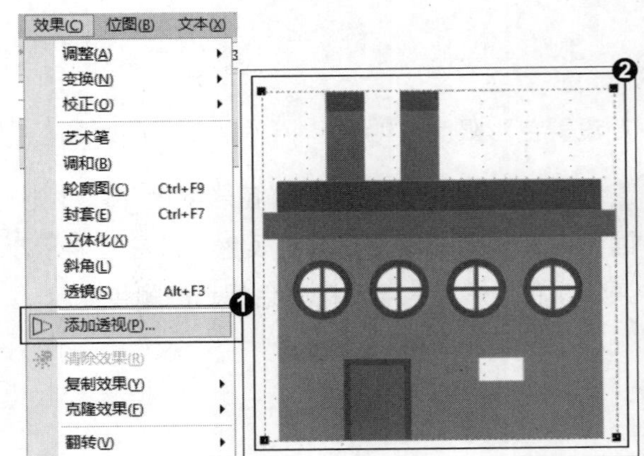

3. 调整透视效果

❶ 移动网格上的节点调整透视效果，❷ 直至达到理想的效果。

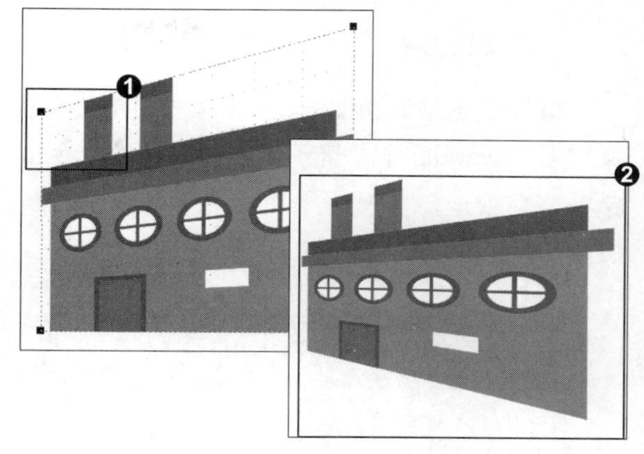

透视效果只能运用到矢量图形上，位图是无法添加透视效果的。

招式 175 将图像置入对象中

Q 如果想要将图像置入对象中，在 CorelDRAW 中该如何操作?

A 在 CorelDRAW 中可以单击选择目标图像，在菜单栏中单击“对象”| PowerClip |“置于图文框内部”命令，当指针变成箭头形状时，单击选择需要置入的对象，就可以将图像置入选择的对象中了。

1. 打开图像素材

❶ 启动 CorelDRAW X8 后，单击左上角的“新建”按钮或按 Ctrl+N 快捷键，新建一个文档，❷ 在菜单栏中单击“文件”|“导入”或按 Ctrl+I 快捷键，❸ 导入本书配备的“第 7 章 \ 素材 \ 招式 175\ 图像 .jpg”文件。

2. 绘制矩形

❶ 选择工具箱中的（矩形工具），❷ 在图像的上方绘制矩形，❸ 可根据需要在属性栏更改“轮廓宽度”，❹ 在调色板上右击颜色色块，更改“轮廓颜色”。

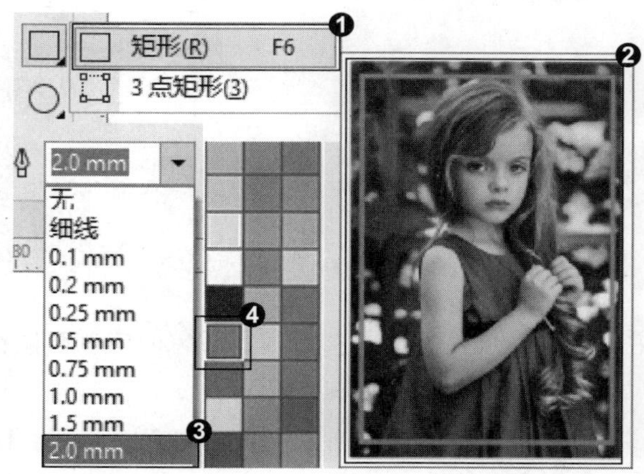

3. 置入图文框内部

❶ 单击选择位图图像，在菜单栏中单击“对象”|PowerClip|“置于图文框内部”命令，❷ 当指针变成箭头形状 ➧ 时，单击矩形，则图像置入矩形中。

专家提示

在置入时，绘制的目标对象可以不在位图上，置入后的位图默认居中显示。

知识拓展

❶ 选中对象，在下方出现悬浮图标，单击“选择 PowerClip 内容”按钮，选中置入的位图。❷“选择 PowerClip 内容”进行编辑内容是不需要进入容器内部的，可以直接选中对象，以圆点标注出来，然后直接进行编辑，单击任意位置完成编辑。

招式 176 编辑调整内容调整置入对象

Q 如果置入对象的位置有偏移时，想要编辑调整置入对象，在 CorelDRAW 中该如何操作?

A 在 CorelDRAW 中可以指针移动到置入对象的底部，单击“编辑 PowerClip”按钮，就可以将置入对象调整到合适的位置，完成后单击“停止编辑内容”按钮，就可以完成置入对象的编辑了。

1. 打开图像素材

❶ 启动 CorelDRAW X8 后，单击左上角的“新建”按钮或按 Ctrl+N 快捷键，新建一个文档，❷ 在菜单栏中单击“文件” | “导入”或按 Ctrl+I 快捷键，❸ 导入本书配备的“第 7 章 \ 素材 \ 招式 176\ 图像 .jpg”文件。

2. 置入图文框内部

❶ 选择工具箱中的（椭圆形工具），❷ 按住 Ctrl 键在页面空白处绘制正圆，❸ 单击选择位图图像，在菜单栏中单击“对象” | PowerClip | “置于图文框内部”命令。

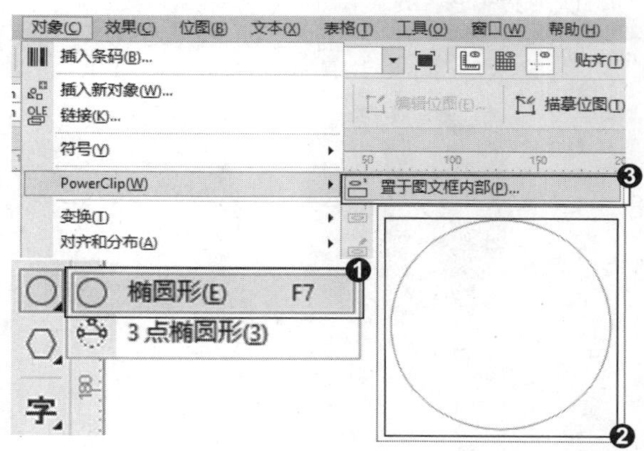

3. 编辑 PowerClip

❶ 当指针变成箭头形状时单击圆形，则图像置入到矩形中，❷ 将指针移动到底部，单击“编辑 PowerClip”按钮。

4. 完成置入

❶ 移动图像并调整位置，❷ 单击“停止编辑内容”按钮，❸ 完成对置入对象的编辑调整。

知识拓展

选中对象，单击下悬浮图标后面的展开箭头，在展开的下拉菜单上可以选择相应的调整选项来调整置入的对象。❶ 当置入的对象位置有偏移时，选中矩形，在悬浮图标的下拉菜单上选择“内容居中”命令，将置入的对象居中排放在容器内；❷ 当置入的对象大小与容器不符时，选中矩形，在悬浮图标的下拉菜单上选择“按比例调整内容”命令，将置入的对象按图像原比例缩放在容器中；❸ 当置入的对象大小与容器不符时，选中矩形，在悬浮图标的下拉菜单上执行“按比例填充框”命令，将置入的对象按图像原比例填充在容器内，图像不会产生变化；❹ 当置入对象的比例大小与容器形状不符时，选中矩形，在悬浮图标的下拉菜单上选择“延展内容以填充框”命令，将置入的对象按容器比例进行填充，图像会产生变形。

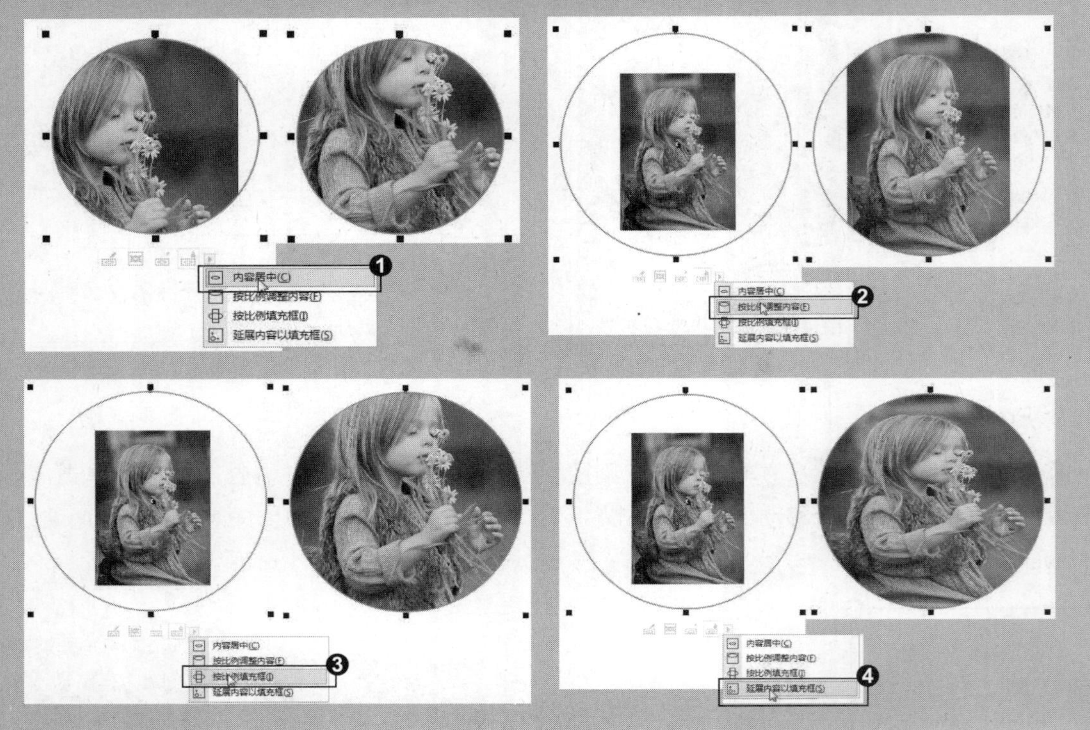

文本操作的技法

无论哪种形式的设计都离不开文字的修饰，文字不仅可以传递信息，更能起到美化版面、强化主体的作用。CorelDRAW 中文本以“美术字”和“段落文本”两种形式存在，“美术字”具有矢量图形的属性，可以用于添加断行的文本；“段落文本”可以用于格式更丰富的、篇幅较大的文本，也可将文字当作图形来设计。通过本章的学习，可以了解到文本操作的基本技巧技法。

招式 177 美术字的创建

Q 如果想要创建美术字，在 CorelDRAW 中该如何操作?

A 在 CorelDRAW 中可以选择工具箱中的文本工具，在页面单击输入文字，就可以创建美术字了。

1. 新建文档

❶ 启动 CorelDRAW X8 后，单击左上角的“新建”按钮或按 Ctrl+N 快捷键，新建一个文档，❷ 选择工具箱中的字（文本工具），或按 F8 键。

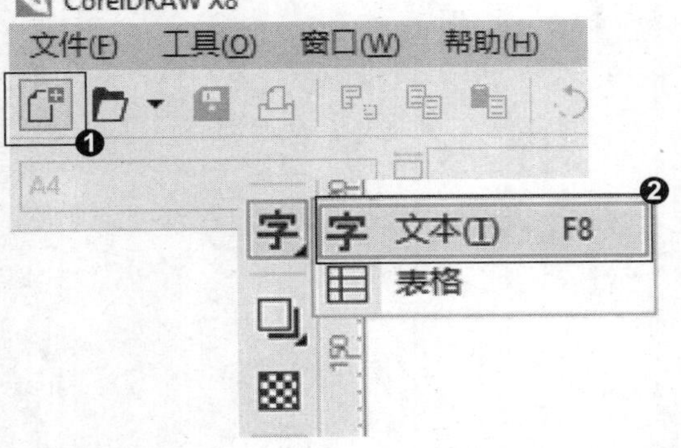

2. 应用文本工具

❶ 在页面内单击，建立一个文本插入点，即可输入文本，❷ 所输入的文本即为美术字。

文本工具

知识拓展

在 CorelDRAW 中，系统把美术字作为一个单独的对象来进行编辑，并且可以使用各种处理图形的方法对其进行编辑。在使用文本工具输入文字时，所输入的文字颜色默认为黑色（C:0，M:0，Y:0，K:100）。

招式 178 选择文本

Q 在设置文本属性前，必须要先将需要设置的文本选中，在 CorelDRAW 中该如何选择文本?

A 在 CorelDRAW 中有三种选择文本的方法：一是使用工具箱中的“文本”工具选择文本；二是按住鼠标左键拖曳进行文本的选择，三是使用工具箱中的“选择”工具直接选择文本。

1. 打开文本素材

❶启动 CorelDRAW X8 后，单击左上角的“打开”按钮或按 Ctrl+O 快捷键，❷打开本书配备的“第 8 章\素材\招式 178\文本.cdr”文件。

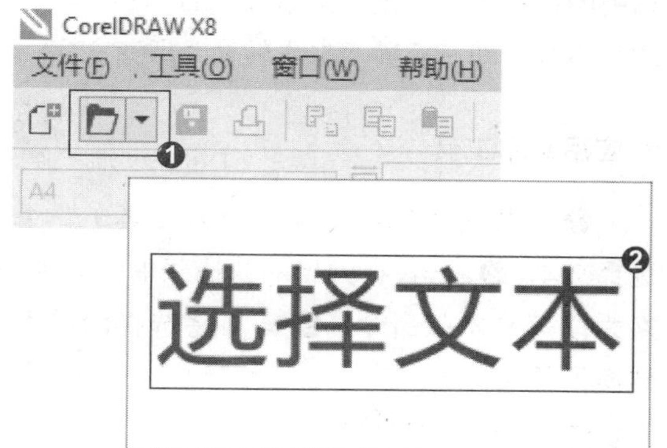

2. 应用文本工具

❶选择工具箱中的字（文本工具），或按 F8 键，❷单击要选择的文本字符的起点位置，❸然后按住 Shift 键的同时，按键盘上“→”右方向键进行文本的选择。

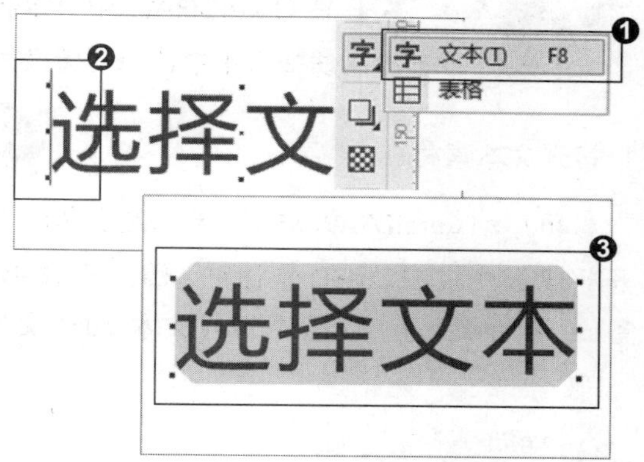

3. 利用鼠标拖曳

❶单击要选择的文本字符的起点位置，❷按住鼠标左键拖曳到选择字符的终点位置，松开鼠标左键即选择文本。

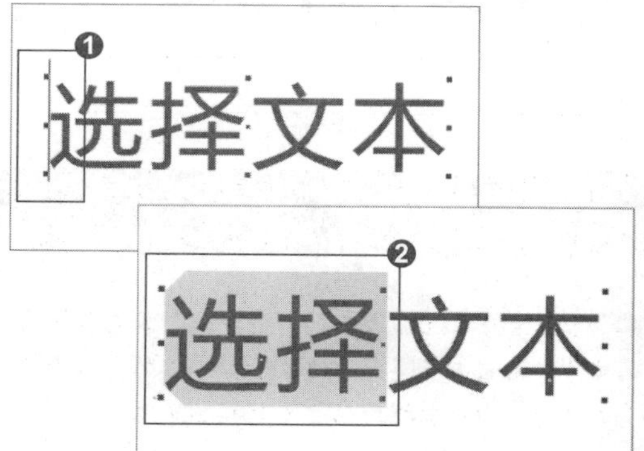

4. 应用选择工具

❶选择工具箱中的（选择工具），❷单击输入的文本，可以直接选中该文本中的所有字符。

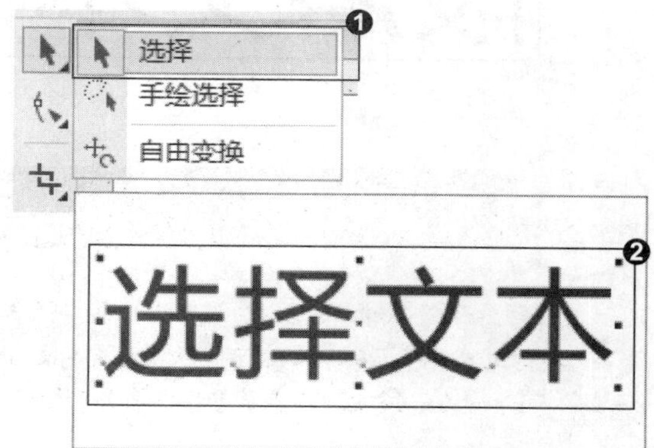

专家提示

在以上三种选择文本的方法中，前面两种方法可以选择文本中的部分字符或全部字符，第三种使用“选择”工具选择文本的方法，只可以选中整个文本字符。

招式 179 将美术文本转换为段落文字

Q 如果想要将美术文本转换为段落文字，在 CorelDRAW 中该如何操作?

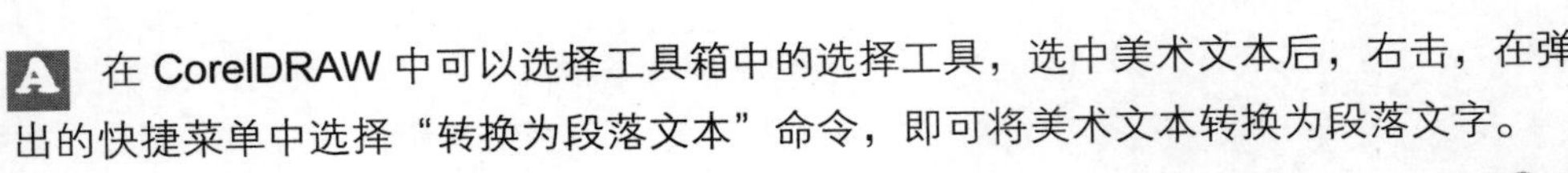

A 在 CorelDRAW 中可以选择工具箱中的选择工具，选中美术文本后，右击，在弹出的快捷菜单中选择“转换为段落文本”命令，即可将美术文本转换为段落文字。

1. 打开文本素材

❶启动 CorelDRAW X8 后，单击左上角的“打开”按钮或按 Ctrl+O 快捷键，❷打开本书配备的“第 8 章 \ 素材 \ 招式 179\ 文本 .cdr”文件。

2. 应用文本工具

❶选择工具箱中的（选择工具），单击选择文本，❷右击，在弹出的快捷菜单中选择“转换为段落文本”命令，❸即可将选择的美术字转换为段落文本。

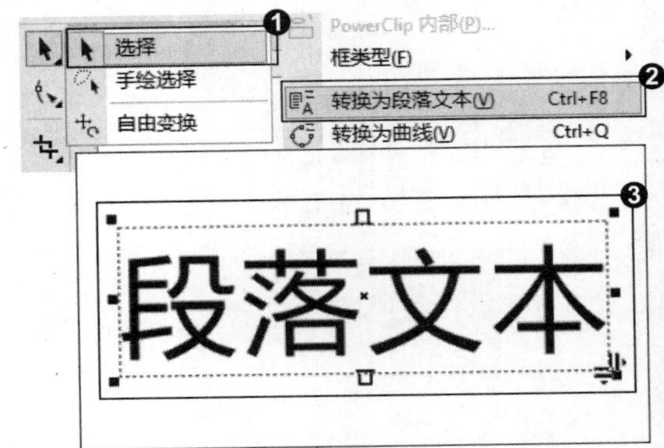

知识拓展

❶除了使用以上的方法，还可以在菜单栏中单击“文本”|“转换为段落文本”命令，将美术文本转换为段落文本。❷段落文本也可以转换为美术文本。选中段落文本，右击，在弹出的快捷菜单中选择“转换为美术字”命令，❸也可以在菜单栏中单击“文本”|“转换为美术字”命令，将段落文本转换为美术文本。

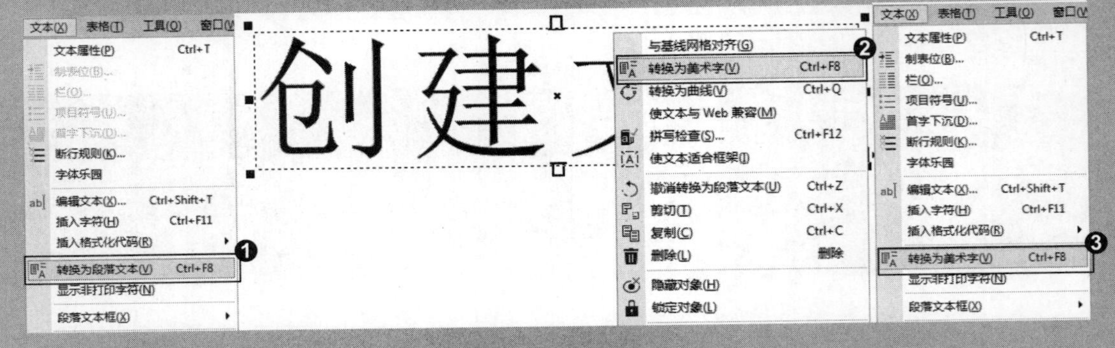

招式 180 编辑段落文本

Q 当图片上需要编排很多的文字时，在 CorelDRAW 中该如何操作？

A 在 CorelDRAW 中可以选择工具箱中的文本工具，按住鼠标左键拖曳生成文本框，输入的文本即为段落文本。

1. 打开文本素材

❶ 启动 CorelDRAW X8 后，单击左上角的“打开”按钮或按 Ctrl+O 快捷键，❷ 打开本书配备的“第 8 章 \ 素材 \ 招式 180\ 图像 .cdr”文件，❸ 选择工具箱中的字（文本工具），或按 F8 键。

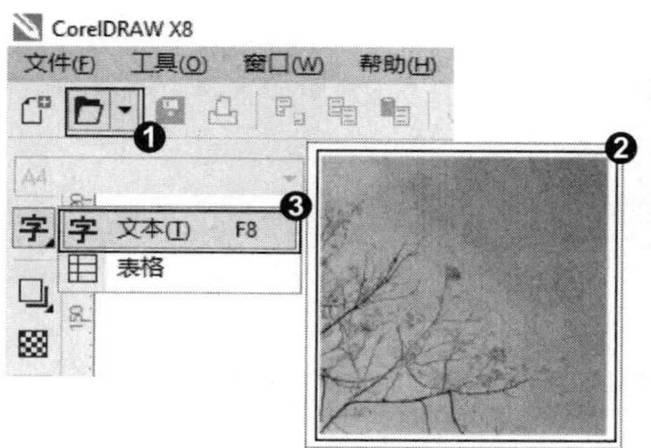

2. 应用“文本”工具

❶ 在页面内按住鼠标左键拖曳，松开鼠标后生成文本框，❷ 输入文字，即生成段落文本。

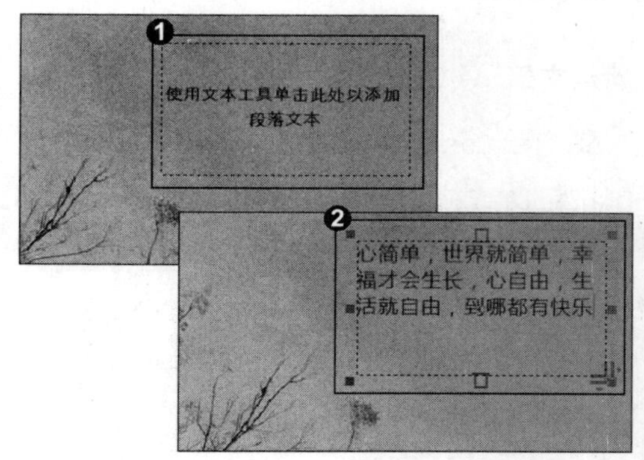

3. 编辑段落文本

❶ 对输入的文本进行调整，❷ 段落文本只能在文本框内显示，当超出文本框的范围，文本框下方的控制点内会出现一个黑色三角箭头，❸ 向下拖曳该箭头，使文本框扩大。

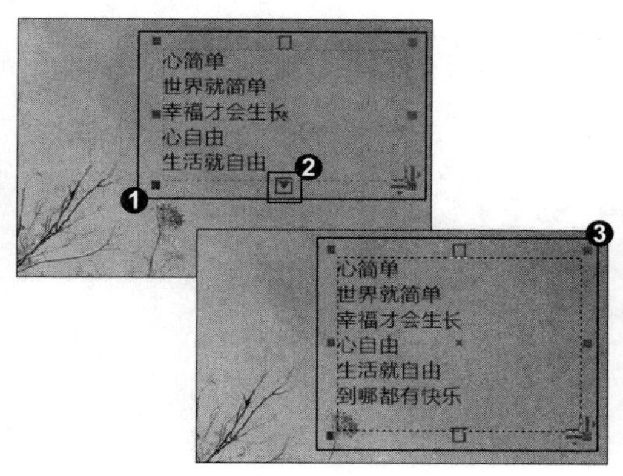

4. 调整文本框

❶ 选择工具箱中的（选择工具），❷ 按住鼠标左键拖曳文本框的节点，调整文本框的大小并移动文本框到合适位置，❸ 最终完成段落文本的编辑调整。

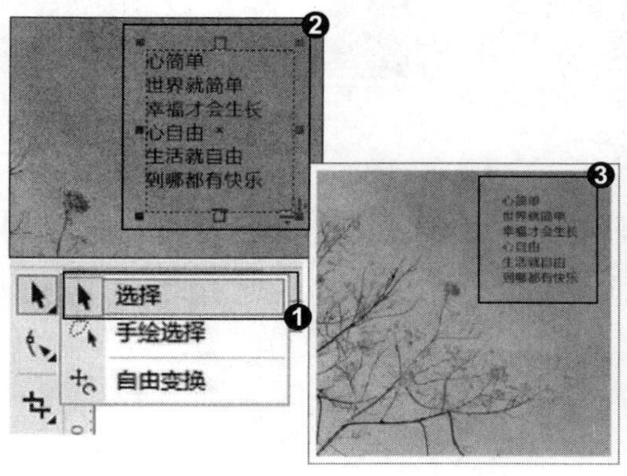

知识拓展

当需要编排很多的文字时，利用段落文本可以方便快捷地输入和编排文字，另外，段落文本在多页面文件中可以从一个页面流动到另一个页面，编排起来十分方便。

招式 181 在图像中导入 / 粘贴文本

Q 如果想要导入外部的文本文件，在 CorelDRAW 中该如何操作?

A 在 CorelDRAW 中可以在菜单栏中单击“文件”|“导入”命令，在“导入”对话框中选取文本文件，然后就可以将其导入图像中了。

1. 新建文档

❶ 启动 CorelDRAW X8 后，单击左上角的“打开”按钮或按 Ctrl+O 快捷键，❷ 打开本书配备的“第 8 章 \ 素材 \ 招式 181\ 图像 .cdr”文件，❸ 在菜单栏中单击“文件”|“导入”命令，或按 Ctrl+I 快捷键执行“导入”命令。

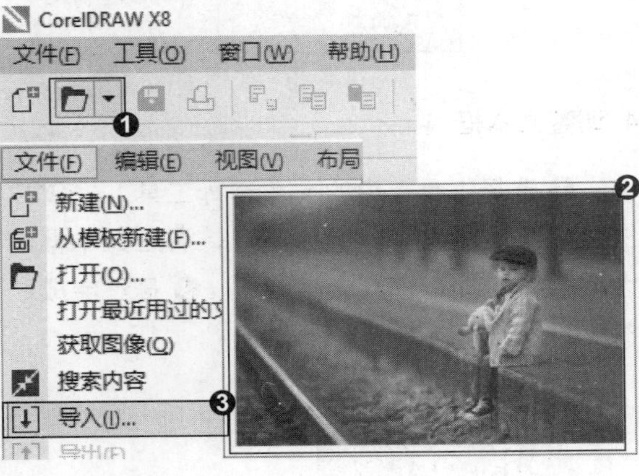

2. 导入文本

❶ 在弹出的“导入”对话框选取需要的文本文件，❷ 单击“确定”按钮后，弹出“导入 / 粘贴文本”对话框，进行设置，单击“确定”按钮。

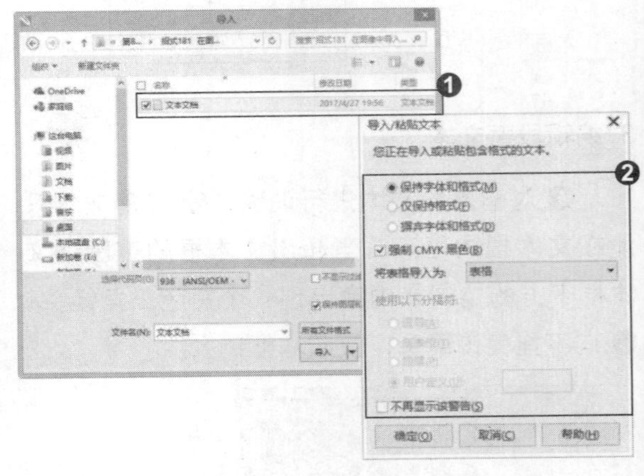

专家提示

如果是在网页中复制的文本，可以直接按 Ctrl+V 快捷键粘贴到 CorelDRAW 软件的页面中间，并且会以 CorelDRAW 软件中设置的样式显示。

3. 导入 / 粘贴文本

❶ 按住鼠标左键拖曳导入文本，再对段落文本进行编辑和调整，❷ 最终完成在图像中导入 / 粘贴文本。

知识拓展

在“导入 / 粘贴文本”对话框中，选中“保持字体和格式”单选按钮后，文本将以原系统的设置样式进行导入；选中“仅保持格式”单选按钮后，文本将以原系统的文字字号，当前系统的设置样式进行导入；选中“摒弃字体和格式”单选按钮后，文本将以当前系统的设置样式进行导入；选中“强制 CMYK 黑色”复选框后，可以使导入的文本统一为 CMYK 色彩模式的黑色。

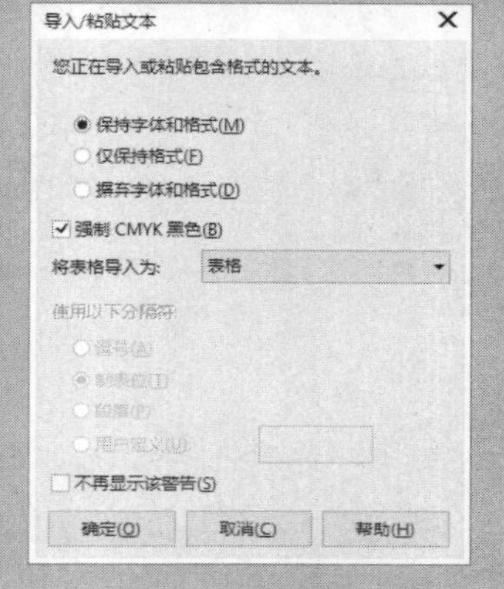

招式 182 链接工作页面中的文本

Q 如果工作页面中输入了大量的文本，超出文本框的文本显示不了，在 CorelDRAW 中该如何操作？

A 在 CorelDRAW 中可以单击文本框下方的黑色三角箭头，然后在页面空白处单击产生一个新的文本框，就可以链接页面中的文本并显示前一个文本框未显示的文本了。

1. 打开文本素材

❶ 启动 CorelDRAW X8 后，单击左上角的“打开”按钮或按 Ctrl+O 快捷键，❷ 打开本书配备的“第 8 章 \ 素材 \ 招式 182\ 文本 .cdr”文件。

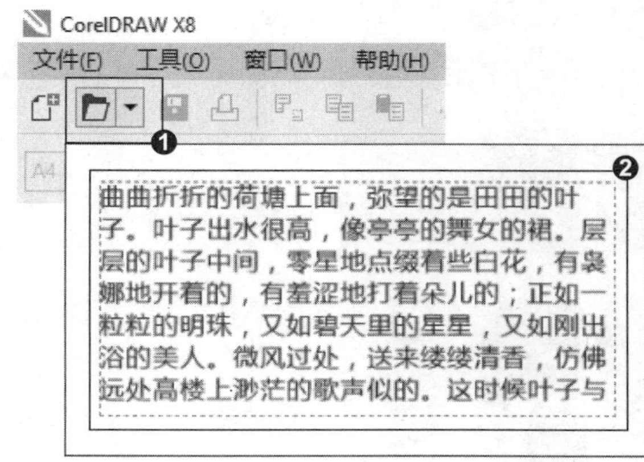

2. 链接段落文本框

❶ 单击文本框下方的黑色三角箭头，然后在页面空白处单击，❷ 就会产生另外一个文本框，新的文本框内显示前一个文本框被隐藏的文字。

专家提示

将文本链接到开放的路径时，路径上的文本就具有“沿路径文本”的特性，当选中该路径文本时，属性栏的设置和“沿路径文本”的属性相同，此时可以在属性上对该路径上的文本进行属性设置。

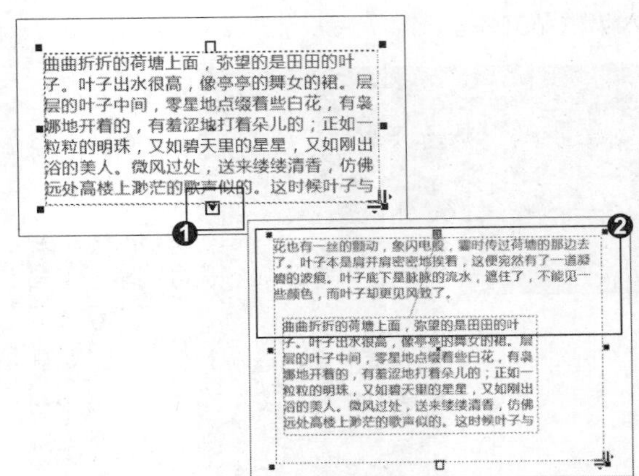

知识拓展

❶ 单击文本框下方的黑色三角形箭头，当指针变为形状时，移动到想要链接的对象上，当指针变为箭头形状时，单击链接对象，❷ 即可在对象内显示前一个文本框中被隐藏的文字；❸ 使用“钢笔”工具或是其他线型工具绘制一条曲线，单击文本框下方的黑色三角箭头，当指针变为形状时，移动到将要链接的曲线上，当指针变为形状时，单击曲线，❹ 即可在曲线上显示前一个文本框中隐藏的文字。

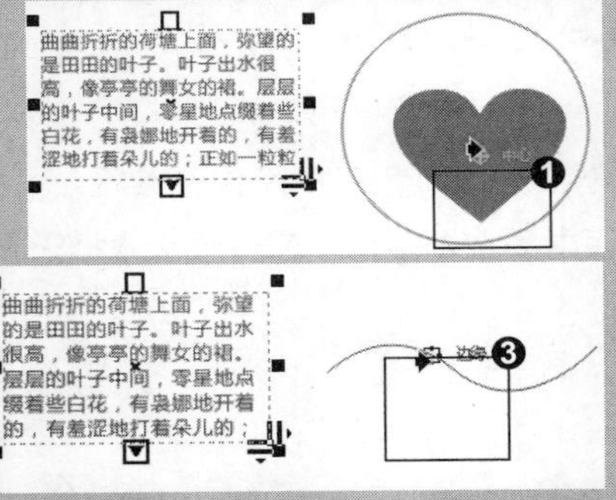

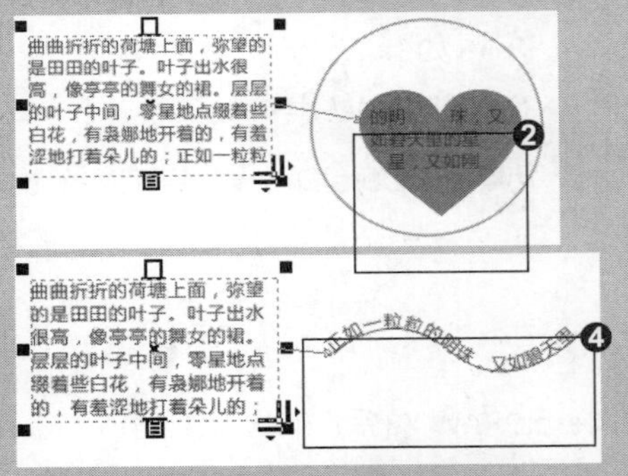

招式 183 形状工具调整文本

Q 如果需要对文本进行调整，在 CorelDRAW 中该如何操作?

A 在 CorelDRAW 中可以选择工具箱的形状工具，单击选中文本，再按住鼠标左键拖曳左下角出现的白色小方块，就可以对每个文字进行调整了。

1. 打开图像素材

❶ 启动 CorelDRAW X8 后，单击左上角的“打开”按钮 或按 Ctrl+O 快捷键，❷ 打开本书配备的“第 8 章 \ 素材 \ 招式 183\ 图像 .cdr”文件，❸ 选择工具箱中的 （形状工具）。

3. 调整文本

❶ 按住白色小方块拖曳可以调整每个文字的位置（也可以在属性栏对所选文字进行旋转、缩放和颜色改变等操作），❷ 使用形状工具调整文本的完成效果。

2. 选中文本

❶ 单击选中文本，每个文字左下角都会出现一个白色小方块，❷ 单击白色小方块，则小方块呈黑色选中状态（可框选或按住 Shift 键同时选中多个白色小方块进行文字的调整）。

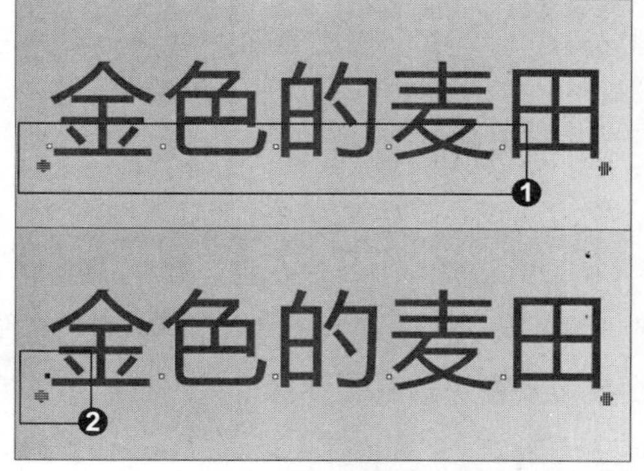

知识拓展

❶ 使用形状工具选中文本后，每个文字的左下角都会出现一个白色小方块，该小方块称为“字元控制点”。❷ 右下角的箭头 叫作“水平间距箭头”，按住鼠标左键向水平方向拖曳，可按比例更改字符间的间距（字距）。❸ 左下角的箭头 叫作“垂直间距箭头”，按住鼠标左键向垂直方向拖曳，可按比例更改行距。

招式 184 使用形状工具编辑文本

Q 如果需要对文本进行编辑，在 CorelDRAW 中该如何操作?

A 在 CorelDRAW 中可以选择工具箱的形状工具，单击选中文本，再单击属性栏的“文本属性”按钮，在弹出的泊坞窗上编辑属性，就可以对文本进行编辑了。

1. 打开图像素材

❶ 启动 CorelDRAW X8 后，单击左上角的“打开”按钮或按 Ctrl+O 快捷键，❷ 打开本书配备的“第 8 章\素材\招式 184\文本 .cdr”文件，❸ 选择工具箱中的（形状工具）。

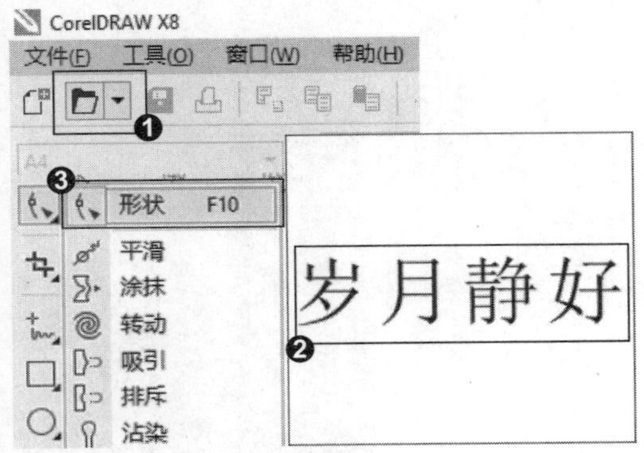

2. 应用形状工具

❶ 单击选中文本，每个文字左下角都会出现一个白色小方块，❷ 单击白色小方块，则小方块呈黑色选中状态（可框选或按住 Shift 键同时选中多个白色小方块进行文字的编辑）。

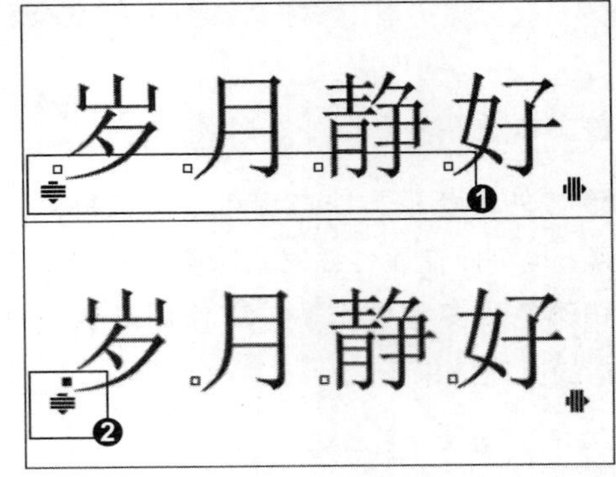

3. 设置文本属性

❶ 在属性栏中单击“文本属性”按钮，❷ 打开“文本属性”泊坞窗，对属性进行设置。

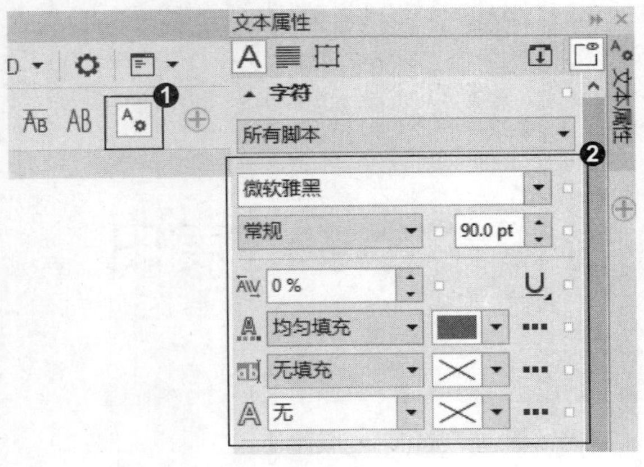

4. 应用属性设置完成文本编辑

❶ 则设置的属性应用到选择的文本，❷ 继续使用同样的方法编辑其他字体。

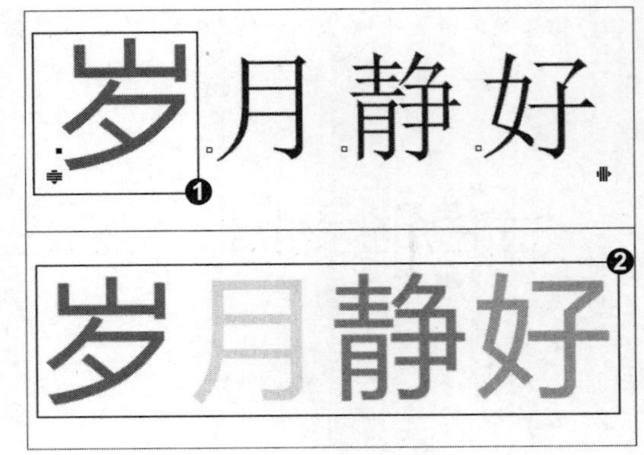

专家提示

选择的字体本身带有粗体样式才能进行“粗体”设置，如果选择的字体没有粗体样式，则无法进行“粗体”设置。

知识拓展

使用“编辑文本”对话框既可以输入美术文本也可以输入段落文本，如果使用“文本”工具在页面上单击后再打开该对话框，输入的即为美术文本；如果在页面绘制出文本框后再打开该对话框，输入的就为段落文本。

招式 185 字符面板的设置

Q 如果想要快速更改文本的字符属性，在 CorelDRAW 中该如何操作?

A 在 CorelDRAW 的菜单栏中单击“文本” | “文本属性”命令，打开“文本属性”泊坞窗后，就可以快速设置字符的属性了。

1. 打开图像素材

❶ 启动 CorelDRAW X8 后，单击左上角的“打开”按钮或按 Ctrl+O 快捷键，❷ 打开本书配备的“第 8 章 \ 素材 \ 招式 185\ 图像 .cdr”文件，❸ 选择工具箱中的（选择工具），单击选中文字。

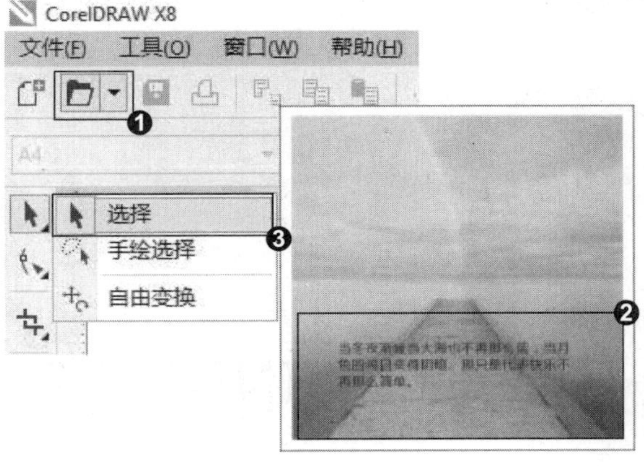

2. 设置文本属性

❶ 在菜单栏中单击“文本” | “文本属性”命令，❷ 弹出“文本属性”泊坞窗，单击“字符面板”按钮，切换到字符属性面板，❸ 设置“字体”“字体大小”和“字体颜色”等属性。

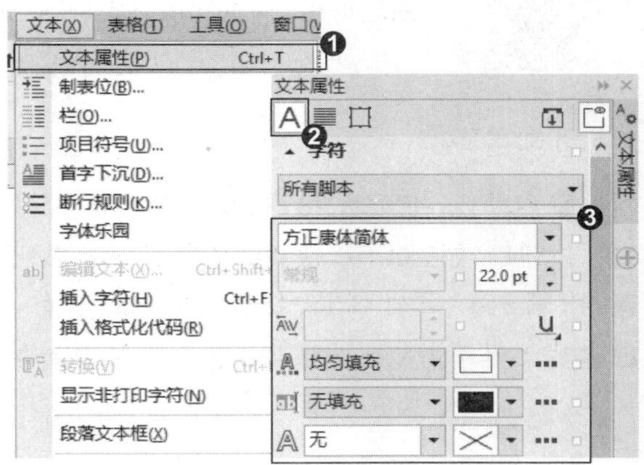

3. 调整文本

❶ 则设置的字符属性应用到选择的文本，❷ 按住鼠标左键拖曳文本框的节点，调整文本框的大小并移动文本框到合适位置，❸ 最终完成对文本的调整。

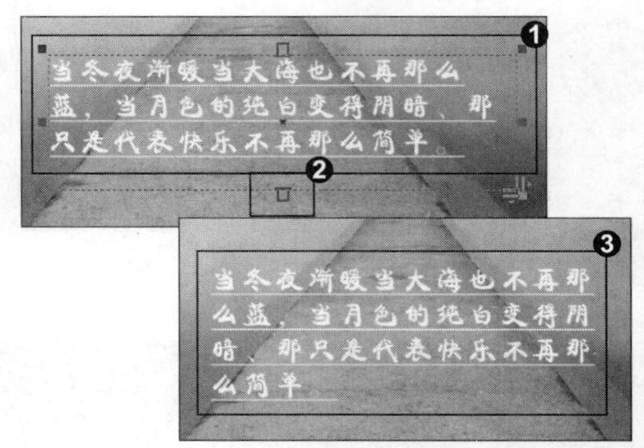

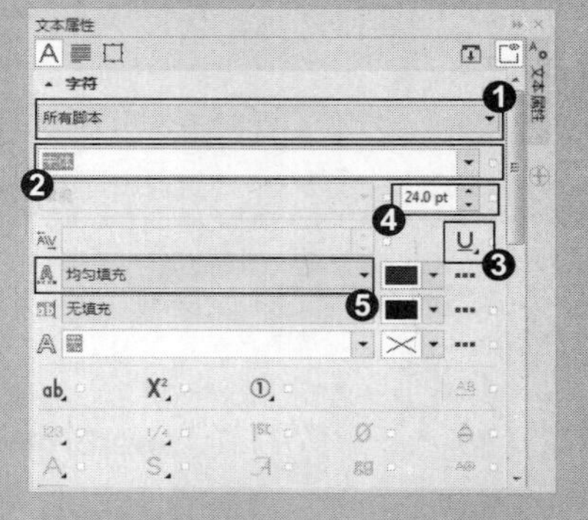

知识拓展

单击“文本”|“文本属性”命令或按 Ctrl+T 快捷键，打开“文本属性”泊坞窗，展开“字符”面板，❶ 在“脚本”选项的列表中可以选择要限制的文本类型，当选择“拉丁文”时，该泊坞窗中设置的各选项将只对选择文本中的英文和数字起作用；当选择“亚洲”时，只对选择文本中的中文起到作用（默认情况下选择“所有脚本”即对选择的文本全部起作用）。❷ 单击“字体列表”选项，在弹出的字体列表中可以选择需要的字体样式；❸ 单击“下划线”按钮 U，可以在打开的列表中为选中的字体添加其中一种下划线样式。❹“字体大小”选项可以设置字体的字号，使用该选项时可以在按钮上单击也可以当指针变为 ÷ 形状时，按住鼠标左键拖曳；❺“字距调整范围”选项可以扩大或缩小选定文本范围内单个字符之间的间距，同样可以单击按钮或者当指针变为 ÷ 形状时，拖曳鼠标。

招式 186 设置文本填充类型

Q 如果想要设置文本的填充属性，在 CorelDRAW 中该如何操作？

A 在 CorelDRAW 的菜单栏中单击“文本” | “文本属性”命令，打开“文本属性”泊坞窗后，单击“填充类型”，选中想要的填充类型，就可以设置文本的填充属性了。

1. 打开文本素材

❶ 启动 CorelDRAW X8 后，单击左上角的“打开”按钮或按 Ctrl+O 快捷键，❷ 打开本书配备的“第 8 章 \ 素材 \ 招式 186\ 文本 .cdr”文件，❸ 选择工具箱中的（选择工具），单击选中文字。

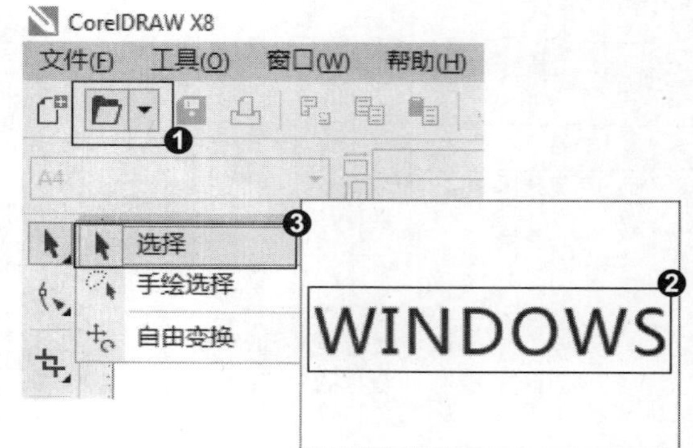

2. 文本属性

❶在菜单栏中单击“文本”|“文本属性”命令，❷弹出“文本属性”泊坞窗，单击“字符面板”按钮A，切换到字符属性面板，❸单击“填充类型”下拉按钮，在下拉面板选择“均匀填充”选项。

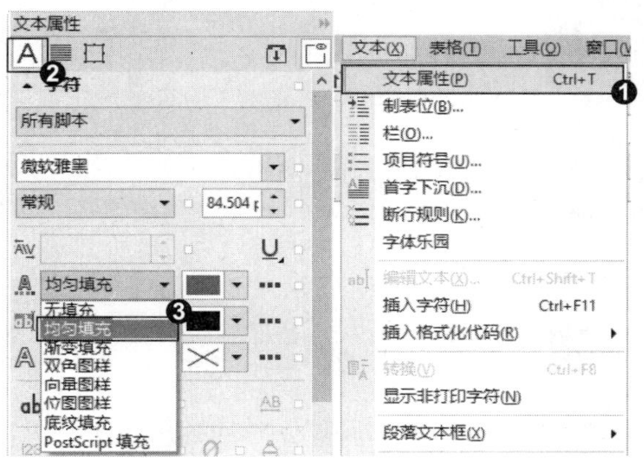

3. 设置均匀填充

❶单击“文本颜色”后面的下三角按钮，❷在下拉颜色挑选器面板中单击选择想要的颜色，❸则选择的文字应用设置的填充属性。

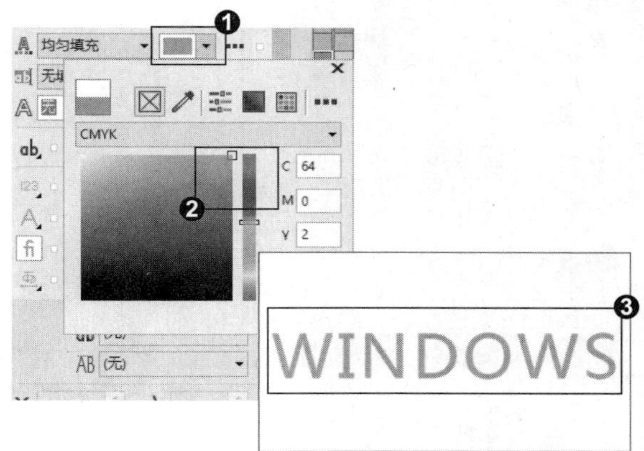

4. 设置渐变填充

❶单击“填充类型”下拉按钮，在下拉面板选择“渐变填充”选项，❷在下拉面板中双击选择预设的“渐变样式”。

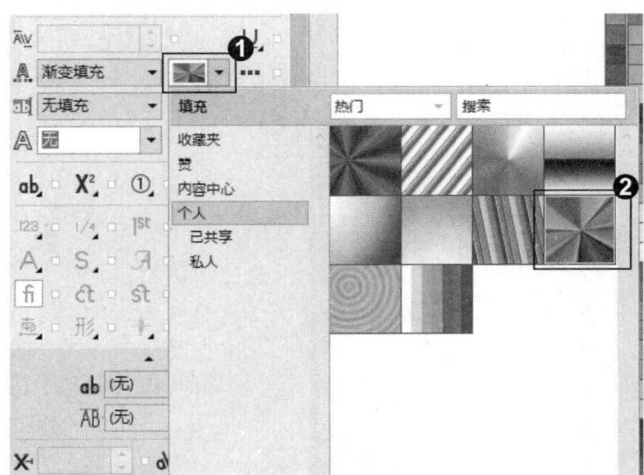

5. 自定义渐变填充

❶单击“文本颜色”后面的“填充设置”按钮…，弹出“编辑填充”面板，可以自定义渐变填充，❷则选择的文字应用设置的“渐变填充”类型。

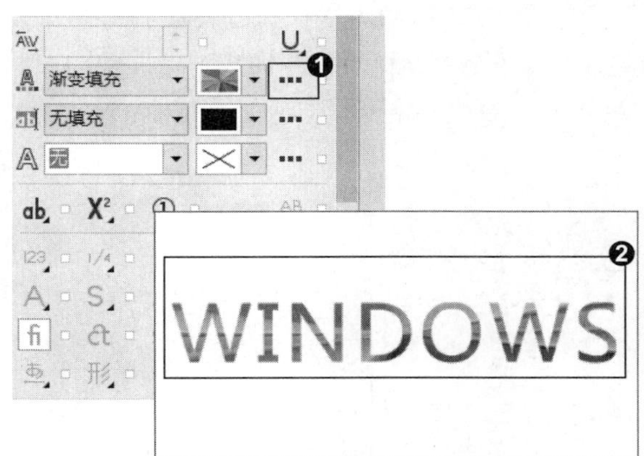

专家提示

为文本填充颜色除了可以通过“文本属性”泊坞窗来进行填充外，还可以单击填充工具，打开不同的填充对话框对文本进行填充。

知识拓展

在选择双色图样为文本的字符背景进行填充时，为了使填充的图样更美观，可以单击该选择后面的“填充设置”按钮，打开“编辑填充”对话框，在该对话框中设置好填充图像的各个选项，单击“确定”按钮即可将修改后的设置应用到文本的字符背景中。

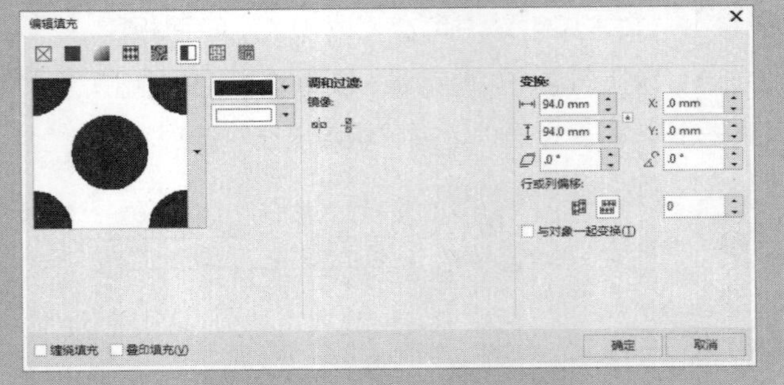

招式 187 设置段落绘制诗歌卡片

Q 如果想要对文本设置段落绘制诗歌卡片，在 CorelDRAW 中该如何操作?

A 在 CorelDRAW 中选择文本工具，输入文本后，可以在菜单栏中单击“文本”|“文本属性”命令，打开“文本属性”泊坞窗后，单击“段落属性”按钮，设置文本段落，就可以绘制诗歌卡片了。

1. 打开图像素材

❶ 启动 CorelDRAW X8 后，单击左上角的“打开”按钮或按 Ctrl+O 快捷键，❷ 打开本书配备的“第 8 章\素材\招式 187\图像 .cdr”文件，❸ 选择工具箱中的字（文本工具），或按 F8 键。

2. 应用文本工具

❶ 在页面内按住鼠标左键拖曳，松开鼠标后生成文本框，输入段落文本，❷ 在每个短句后面单击出现光标，按 Enter 键换行。

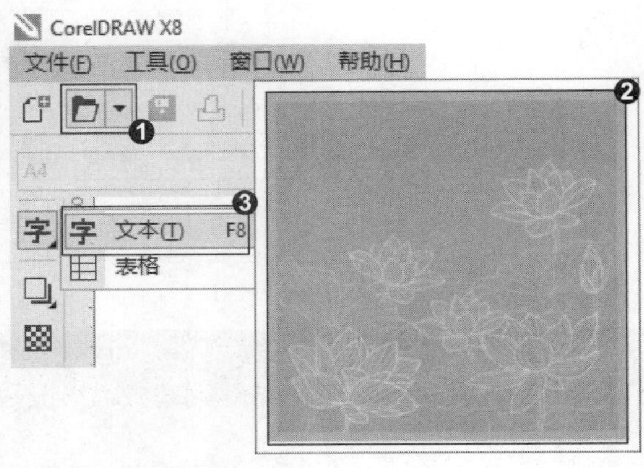

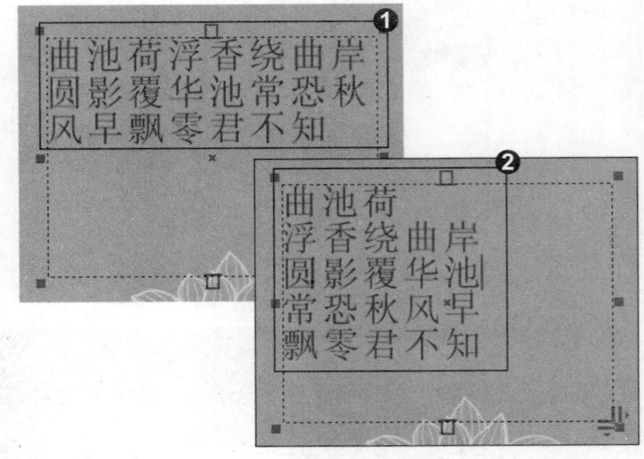

3. 设置文本属性

❶ 在菜单栏中单击“文本” | “文本属性”命令，❷ 弹出“文本属性”泊坞窗，设置“字符”属性。

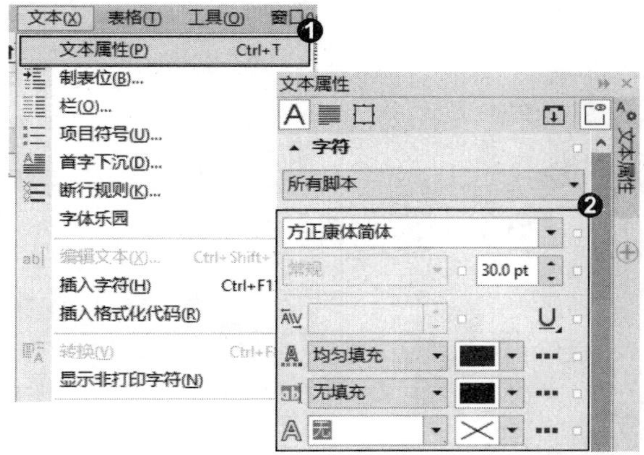

5. 转换为曲线

❶ 则文本应用设置的段落属性，❷ 在文本框上右击，选择“转换为曲线”命令，移动并调整到合适的位置，❸ 绘制诗歌卡片完成。

4. 设置段落属性

❶ 则文本字符应用设置的字符属性，❷ 单击“段落属性”按钮，切换到段落属性面板，❸ 单击“居中”按钮，使段落文字居中，根据需要设置其他段落属性。

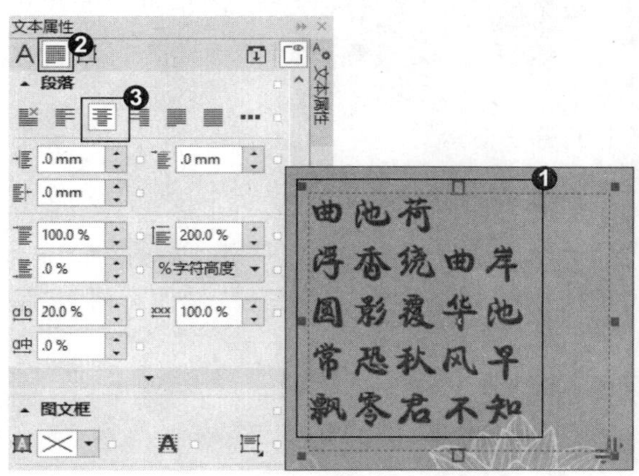

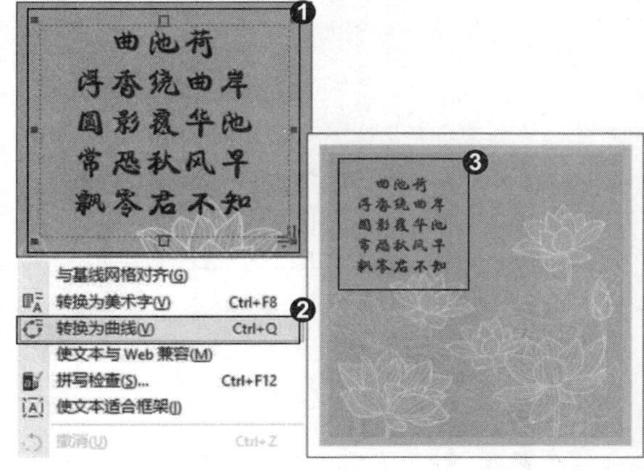

专家提示

设置文本的对齐方式为“两端对齐”时，如果在输入的过程中按 Enter 键进行过换行，则设置该选项后“文本对齐”为“左对齐”样式。

知识拓展

在“间距设置”对话框中，“最大字间距”“最小字间距”和“最大字符间距”都必须是当“水平对齐”选择“全部调整”或“强制调整”时才可以用。

招式 188 利用文本属性绘制杂志内页

Q 如果想要利用文本属性绘制杂志内页，在 CorelDRAW 中该如何操作呢?

A 在 CorelDRAW 中选择文本工具，输入文本后，可以在属性栏对文本属性进行设置，就可以绘制杂志内页了。

1. 打开图像素材

❶ 启动 CorelDRAW X8 后，单击左上角的“打开”按钮或按 Ctrl+O 快捷键，❷ 打开本书配备的“第 8 章 \ 素材 \ 招式 188\ 图像 .cdr”文件。

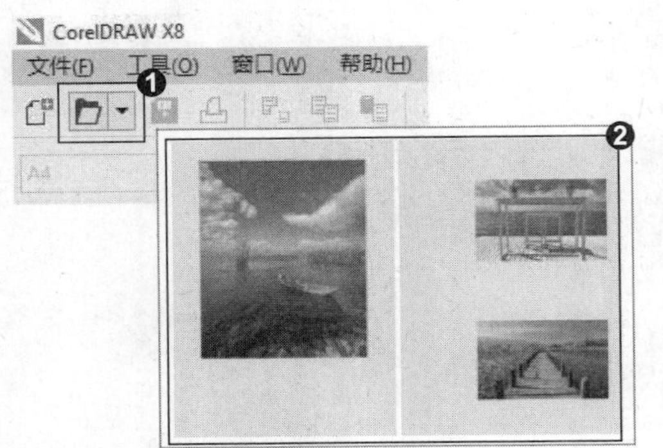

2. 应用文本工具

❶ 选择工具箱中的字（文本工具），或按 F8 键，❷ 在页面上单击输入文本。

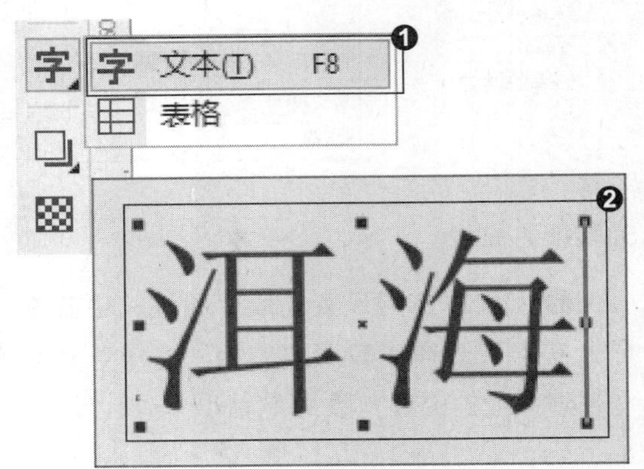

3. 设置文本属性

❶ 在属性栏中设置“字体”和“字体大小”等文本属性，❷ 即可看到文本应用设置的效果。

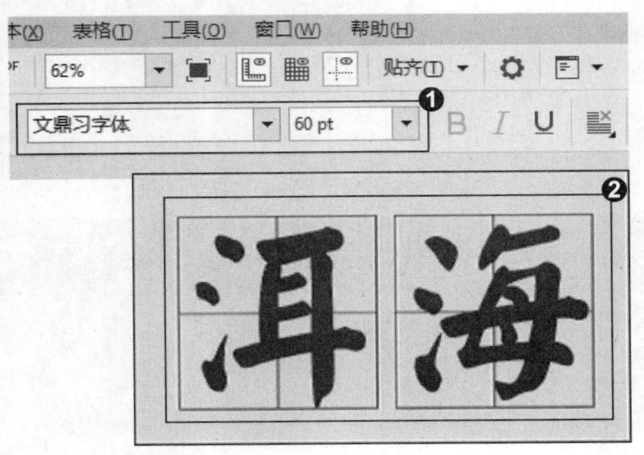

4. 继续输入文本、设置属性

❶ 使用文本工具，在页面内按住鼠标左键拖曳，松开鼠标后生成文本框，输入文本，❷ 在属性栏中设置“字体”和“字体大小”等文本属性。

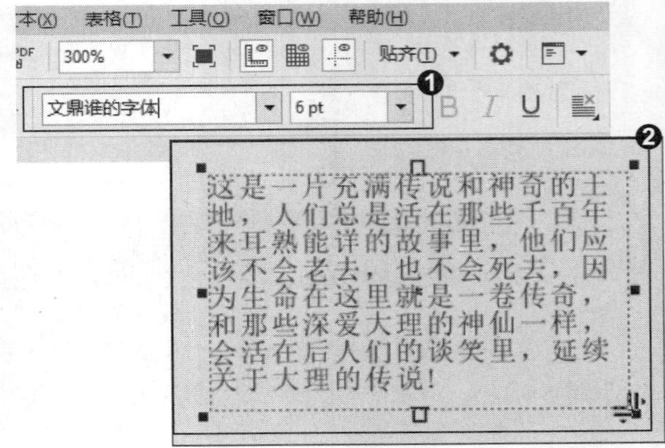

5. 转换为曲线

❶ 则美术文本应用设置的文本字符属性效果，❷ 继续使用同样的方法为杂志内页添加文字并在属性栏设置文字属性，在所有文本上右击，选择“转换为曲线”命令，将文本移动并调整到合适的位置，❸ 最终完成杂志内页的绘制。

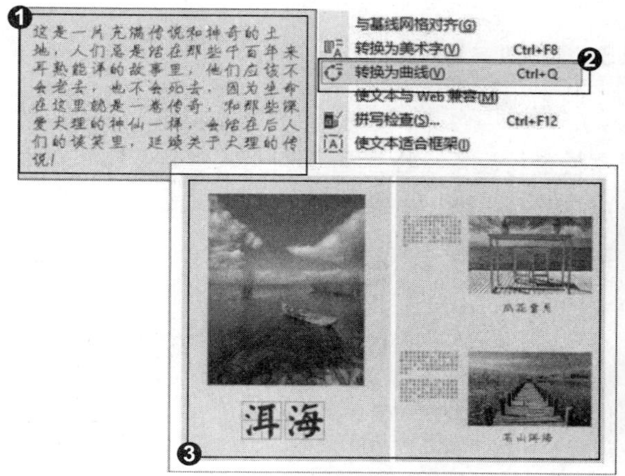

知识拓展

如果要对文本进行段落设置，可以打开“文本属性”泊坞窗来进行设置；如果是一些常规的设置（“字体”“字体大小”和“对齐方式”），可以直接通过属性栏进行设置。

招式 189 利用文本属性设置报纸排版

Q 如果想要对报纸文字进行排版，在 CorelDRAW 中该如何操作？

A 在 CorelDRAW 中选择文本工具，输入文本后，可以在“文本属性”泊坞窗中对文本属性进行设置，就可以进行报纸排版了。

1. 打开图像素材

❶ 启动 CorelDRAW X8 后，单击左上角的“打开”按钮或按 Ctrl+O 快捷键，❷ 打开本书配备的“第 8 章 \ 素材 \ 招式 189\ 图像 .cdr”文件。

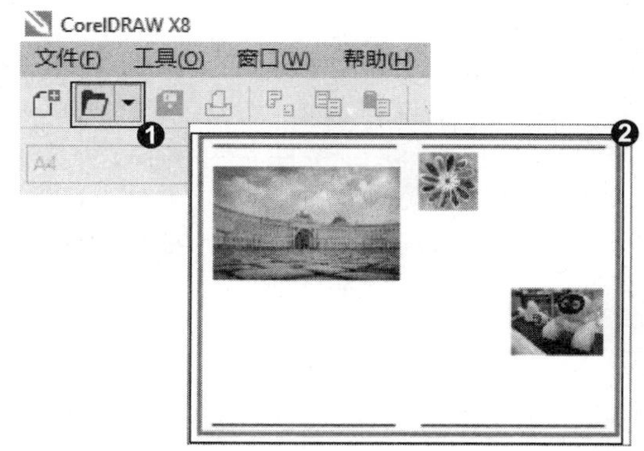

2. 应用文本工具

❶ 选择工具箱中的字（文本工具），或按 F8 键，❷ 在页面上单击输入文本，❸ 单击属性栏中的“文本属性”按钮。

3. 设置文本属性

❶ 弹出“文本属性”泊坞窗，对文本的字符属性进行设置，❷ 则可看到文本应用设置的文本属性效果，❸ 使用“文本”工具，在页面内按住鼠标左键拖曳，松开鼠标后生成文本框，输入文本。

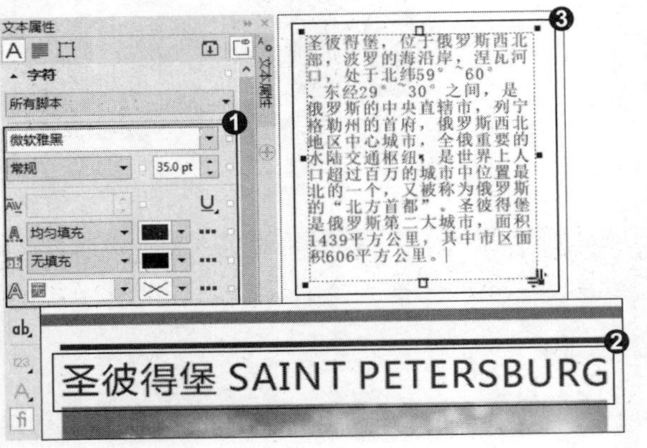

4. 继续设置文本属性和段落属性

❶ 在“文本属性”泊坞窗设置文本字符属性，❷ 单击“段落属性”按钮，切换到段落属性面板，❸ 单击“两端对齐”按钮，使段落文字两端对齐。则文本应用设置的属性效果。

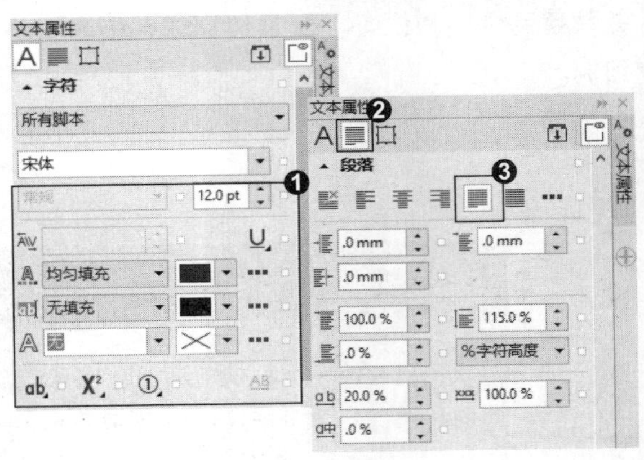

5. 转换为曲线

❶ 继续使用同样的方法为报纸添加文字并在“文本属性”泊坞窗设置文字属性和段落属性，在所有文本上右击，选择“转换为曲线”命令，移动并调整到合适的位置，❷ 完成报纸的排版。

知识拓展

在“文本属性”泊坞窗中，❶ 单击“填充类型”选项，在弹出的下拉列表中可以选择字符的填充类型；❷ 单击“填充设置”按钮，可以打开相应的填充对话框，在打开的对话框中可以对“文本颜色”中选择的填充样式进行更详细的设置；❸ 单击“背景填充类型”选项，在下拉列表中可以选择字符背景的填充类型；❹ 单击“轮廓设置”按钮，可以打开“轮廓笔”对话框，设置轮廓；❺ 单击“大写字母”按钮可以更改字母或英文文本为大写字母或小型大写字母；❻ 单击“位置”按钮可以选定字符相对于周围字符的位置。

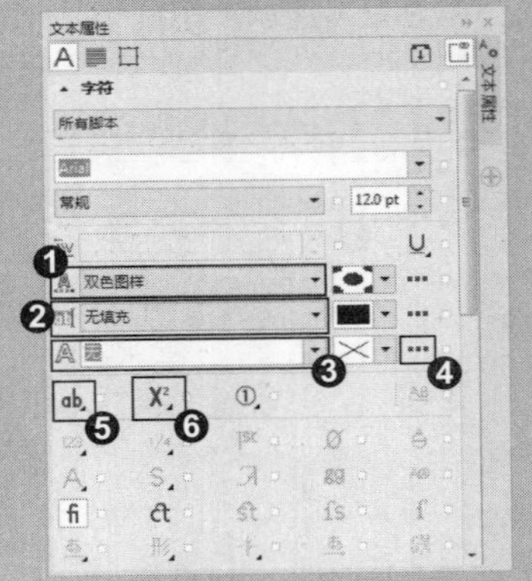

招式 190 添加项目符号标示重点

Q 如果想要为文本添加项目符号标示重点，在 CorelDRAW 中该如何操作?

A 在 CorelDRAW 中选择要添加项目符号的文本，在菜单栏中单击“文本” | “项目符号”命令，弹出“项目符号”泊坞窗，设置项目符号的属性，就可以为文本添加项目符号了。

1. 打开文本素材

❶ 启动 CorelDRAW X8 后，单击左上角的“打开”按钮或按 Ctrl+O 快捷键，❷ 打开本书配备的“第 8 章\素材\招式 190\文本 .cdr”文件。

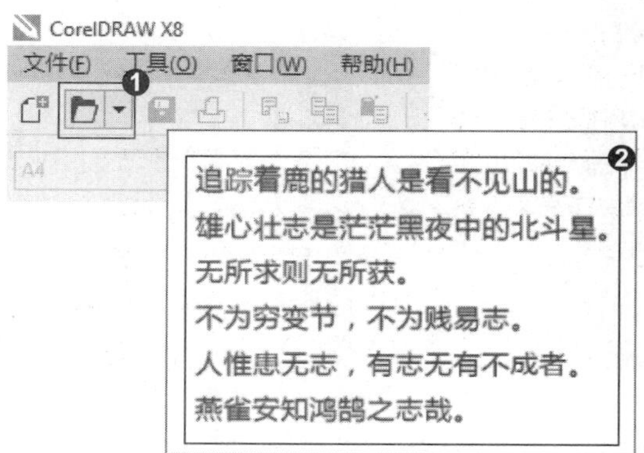

2. 应用文本工具

❶ 选择工具箱中的字（文本工具），或按 F8 键，❷ 按住鼠标左键拖曳选择部分文本。

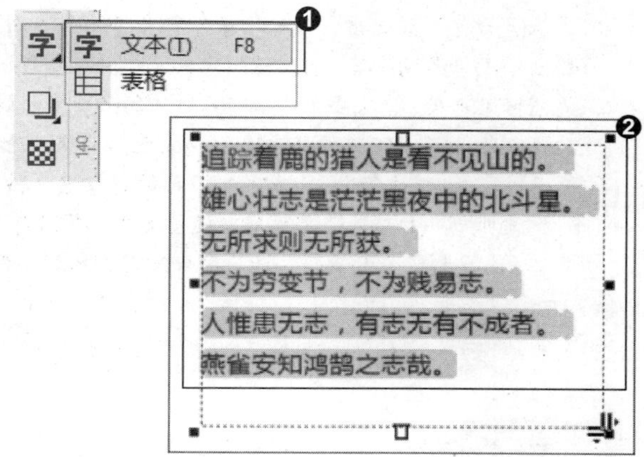

3. 选择“项目符号”选项

❶ 在菜单栏中单击“文本” | “项目符号”命令，❷ 弹出“项目符号”对话框，选中“使用项目符号”复选框。

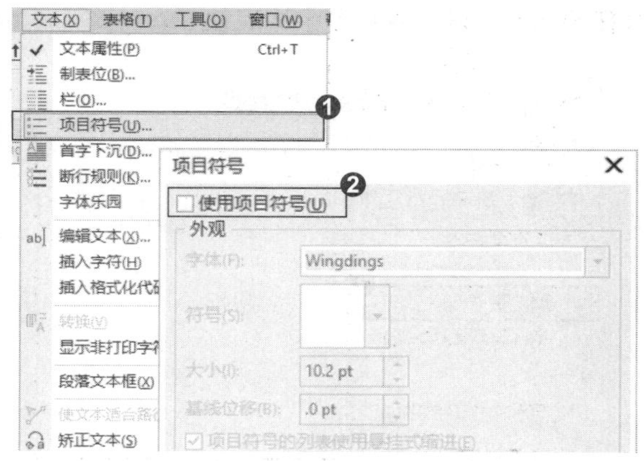

4. 选择项目符号

❶ 则选择的文本应用默认的项目符号，❷ 单击“符号”后面的按钮，❸ 在下拉面板中单击选择想要的项目符号。

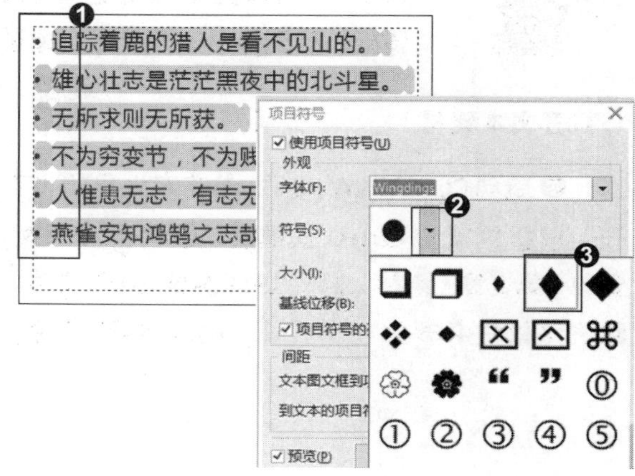

5. 调整项目符号

❶ 在符号“大小”后面的文本框输入适当的符号大小值，❷ 在“到文本的项目符号”后面的文本框输入适当的到文本的项目符号间距数值，❸ 设置完成后单击“确定”按钮，完成项目符号的添加。

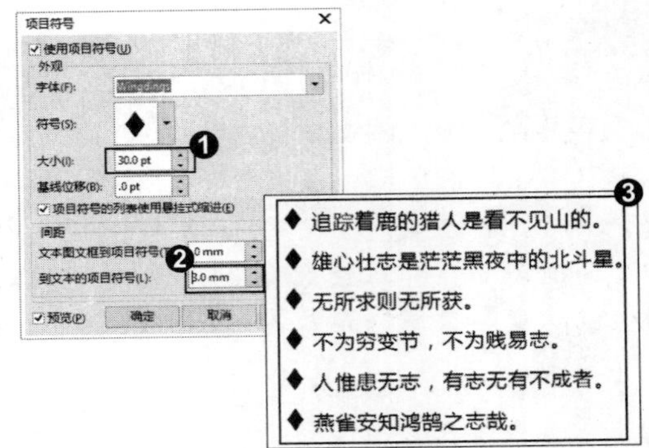

知识拓展

在段落文本中添加项目符号，可以使一些没有顺序的段落文本内容编排成统一风格，使版面的排列井然有序。在“项目符号”对话框中，选中“使用项目符号”复选框，该对话框中的各个选项才可用；“字体”选项用来设置项目符号的字体，当该选项中的字体样式改变时，当前选择的“符号”也将随之改变；“大小”选项可为所选的项目符号设置大小；“基线位移”选项用来设置项目符号的垂直方向上的偏移量；选中“项目符号的列表使用悬挂式缩进”复选框，添加的项目符号将在整个段落文本中悬挂缩进；“文本图文框到项目符号”选项用来设置文本和项目符号到图文框（或文本框）的距离；“到文本的项目符号”用来设置文本到项目符号的距离。

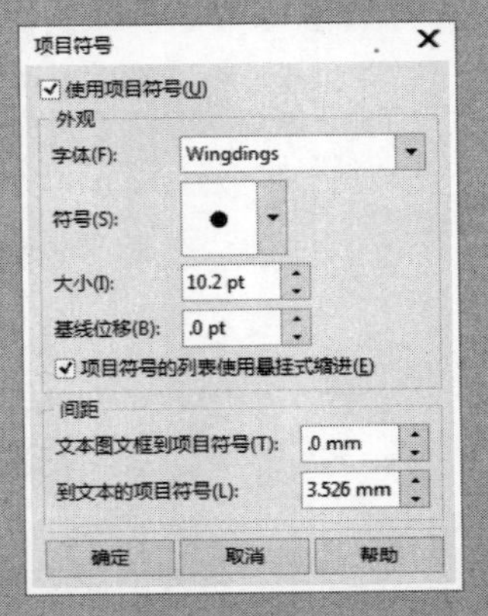

招式 191 插入符号字符绘制卡通底纹

Q 如果想要插入符号字符绘制卡通底纹，在 CorelDRAW 中该如何操作？

A 在 CorelDRAW 中可以在菜单栏中单击“文本”|“插入字符”命令，弹出“插入字符”泊坞窗，双击选择想要插入的字符符号，再进行填充颜色和大小倾斜度的调整，复制多个字符符号对象进行位置的调整，就可以绘制卡通底纹了。

1. 打开文本素材

❶ 启动 CorelDRAW X8 后，单击左上角的“打开”按钮或按 Ctrl+O 快捷键，❷ 打开本书配备的“第 8 章\素材\招式 191\图像 .cdr”文件，❸ 在菜单栏中单击“文本”|“插入字符”命令。

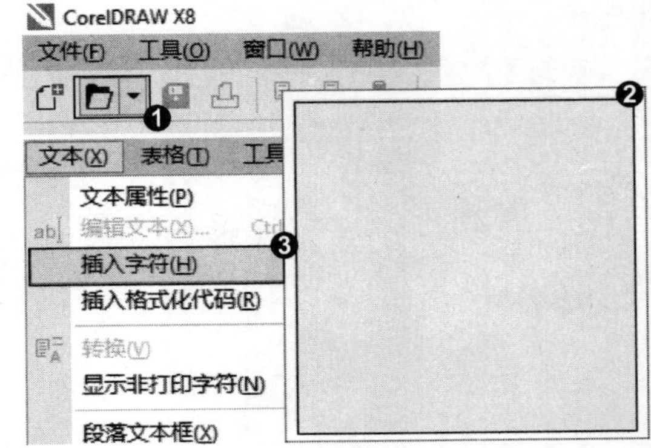

2. 插入字符

❶ 弹出“插入字符”泊坞窗，设置字体，❷ 在下方符号选项窗口双击选择想要的字符，❸ 则选择的字符插入页面上。

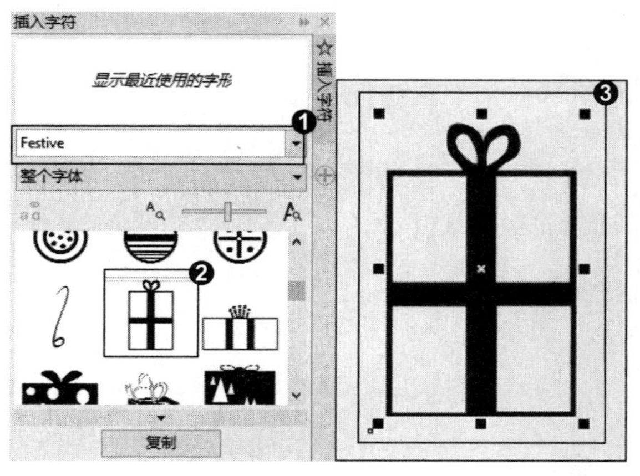

3. 填充颜色

❶ 为插入的字符填充颜色，❷ 使用同样的方法插入其他字符，并填充颜色。

4. 调整字符

❶ 单击选择字符，按住鼠标左键拖曳节点调整到合适大小，❷ 再单击字符，出现旋转箭头，按住鼠标左键拖曳旋转箭头，适当调整字符的倾斜度。

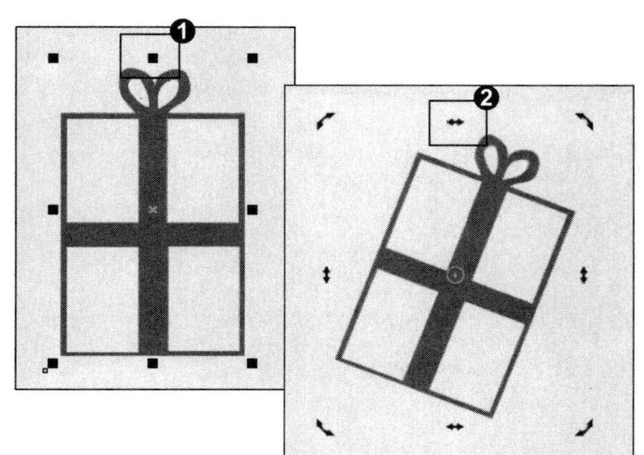

5. 复制字符

❶ 调整所有字符的位置，框选所有字符，❷ 按 Ctrl+C 快捷键复制字符，按 Ctrl+V 快捷键粘贴字符，❸ 进行位置的调整，绘制卡通底纹完成。

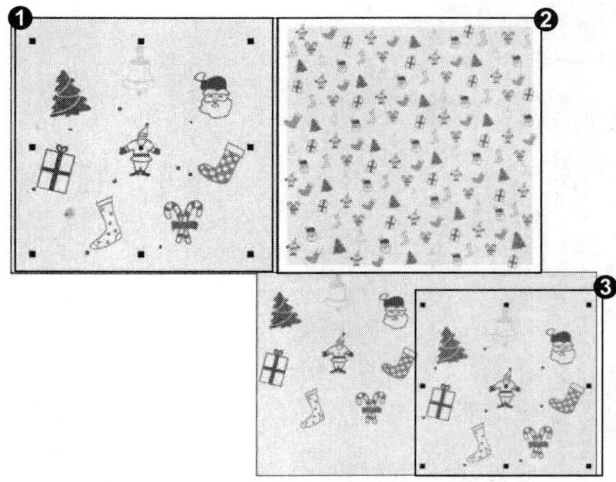

专家提示

如果在符号选项面板没有想要的字符符号，可以更改“字体”设置，因为字符符号是根据字体而来的。

知识拓展

除了可以双击选择字符符号插入页面，还可以单击选择想要插入的字符符号，再单击“复制”按钮，在页面上按 Ctrl+V 快捷键进行粘贴，就可以插入字符符号到页面上了。

招式 192 页面的简单操作

Q 如果想要插入多个页面，在 CorelDRAW 中该如何操作呢？

A 在 CorelDRAW 的菜单栏中单击“布局”|“页面”命令，在弹出的“插入页面”对话框进行新建页面的属性设置，就可以插入新页面了。

1. 新建文档

❶ 启动 CorelDRAW X8 后，单击左上角的“新建”按钮或按 Ctrl+N 快捷键，新建一个文档，❷ 在菜单栏中单击“布局”|“插入页面”命令。

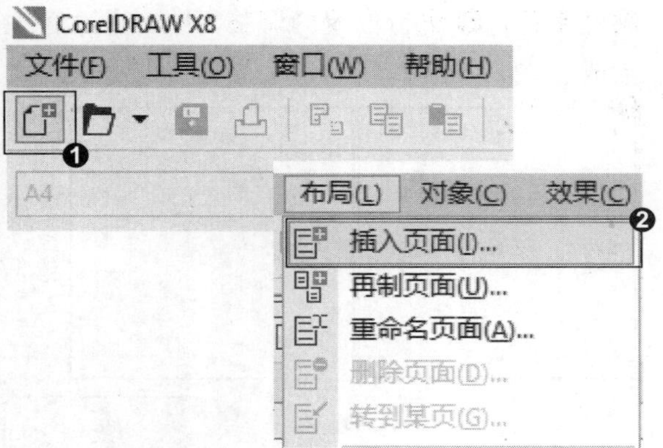

2. 插入页面

❶ 弹出“插入页面”对话框，设置“页码数”等属性，❷ 设置“页面尺寸”属性，完成后单击“确定”按钮，即可插入新页面。

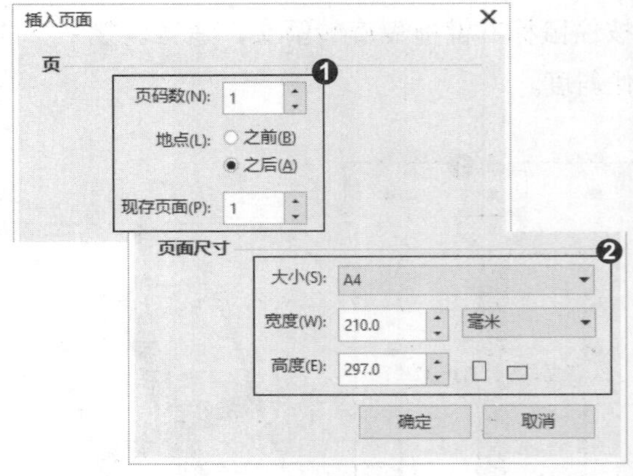

3. 删除页面

❶ 在菜单栏中单击“布局”|“删除页面”命令，即可删除页面，❷ 在页面左下角的“页 2”上右击，在弹出的快捷菜单中选择“删除页面”命令，也可删除页面。

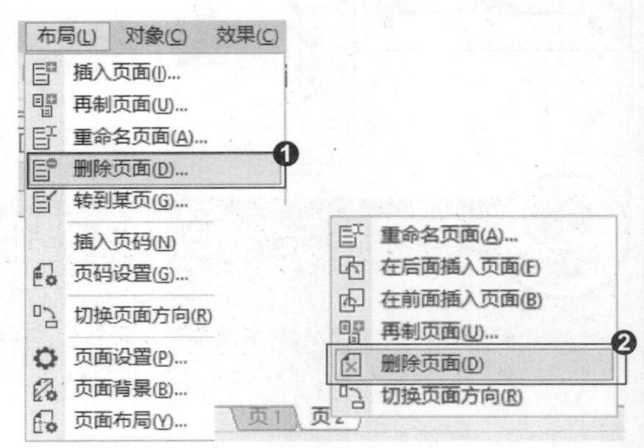

4. 转到某页

❶ 在菜单栏中单击“布局”|“转到某页”命令，❷ 弹出“转到某页”对话框，在文本框内输入需要转至的页面数，即可转到指点页面，❸ 在页面左下角单击“页 1”或“页 2”可进行页面之间的切换。

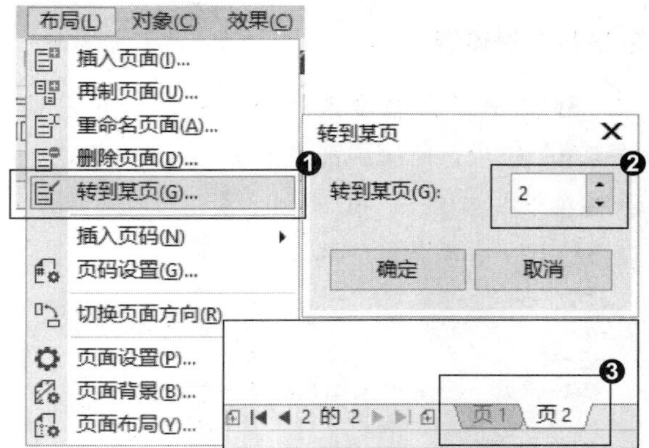

知识拓展

单击“布局”|“插入页面”命令，打开“插入页面”对话框，“页码数”选项用来设置插入页面的数量；选择“之前”选项可以将页面插入所在页面的前面一页；选择“之后”选项可以将页面插入所在页面的后面一页；在“现存页面”选项中设置好页面后，所插入的页面将在该页面之后或之前；“大小”选项可以设置将要插入的页面大小；“宽度”选项可以设置插入页面的宽度；“高度”选项可以设置插入页面的高度；“单位”选项可以设置插入页码的“高度”和“宽度”的度量单位。

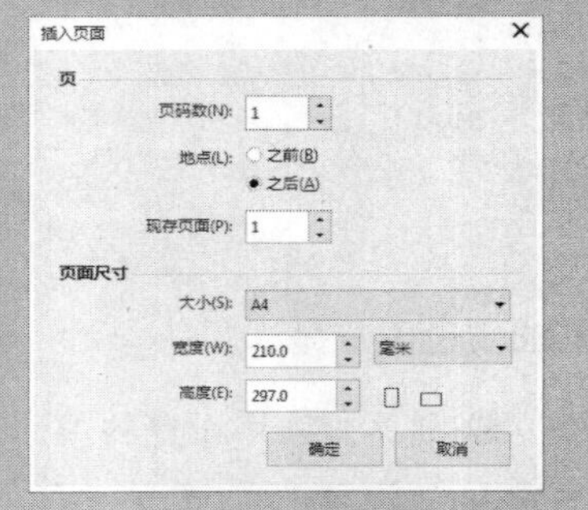

招式 193 设置美化页面

Q 如果想要美化页面，在 CorelDRAW 中该如何操作?

A 在 CorelDRAW 的菜单栏中单击“布局”|“页面设置”命令，在弹出的“页面设置”对话框中进行新建页面的属性设置，就可以美化页面了。

1. 新建文档

❶ 启动 CorelDRAW X8 后，单击左上角的“新建”按钮或按 Ctrl+N 快捷键，新建一个文档，❷ 在菜单栏中单击“布局”|“页面设置”命令。

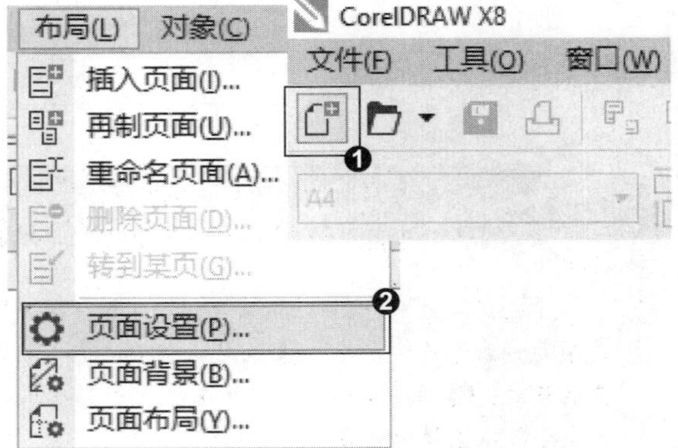

2. 进行背景设置

❶ 弹出"页面设置"对话框，单击左侧"背景"选项，即可展开"背景"的设置页面，❷ 在菜单栏中单击"布局"|"页面背景"命令，直接打开"页面背景"的设置面板。

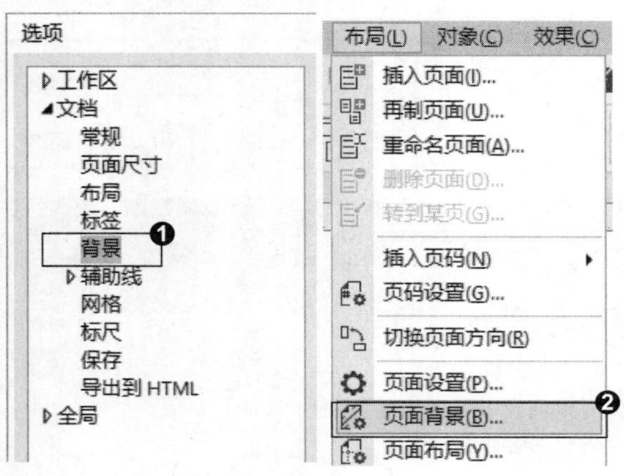

3. 设置纯色背景

❶ 在"页面背景"对话框中选中"纯色"单选按钮，❷ 单击颜色后面的▾按钮，❸ 在下拉颜色查看器单击选择想要的颜色。

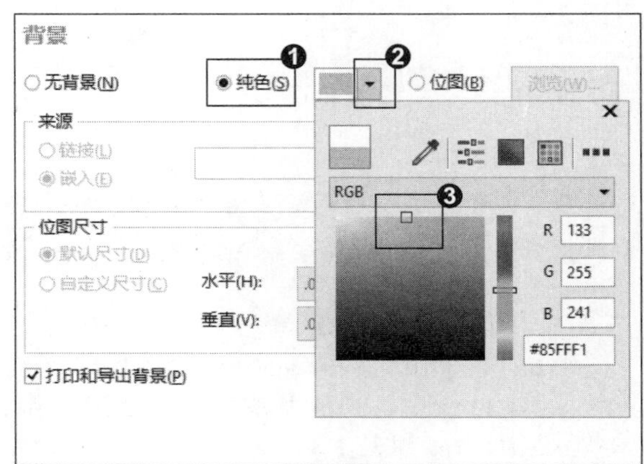

4. 设置位图背景

❶ 则页面应用设置的页面属性，❷ 在"页面背景"设置页面选中"位图"单选按钮，❸ 单击"浏览"按钮。

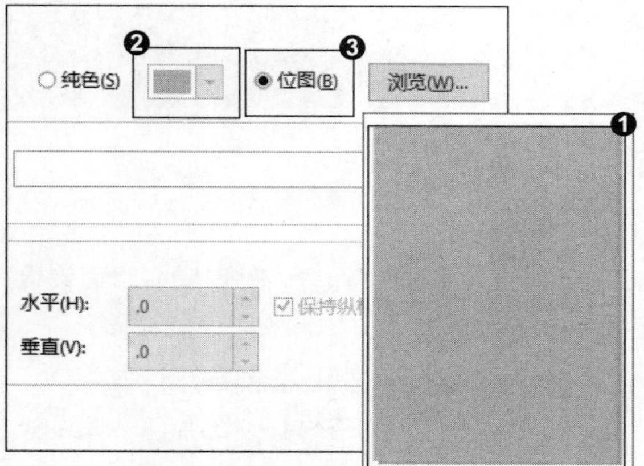

5. 导入位图背景

❶ 在弹出"导入"对话框选择想要的位图素材，❷ 单击"导入"按钮，❸ 则页面应用设置的位图背景。

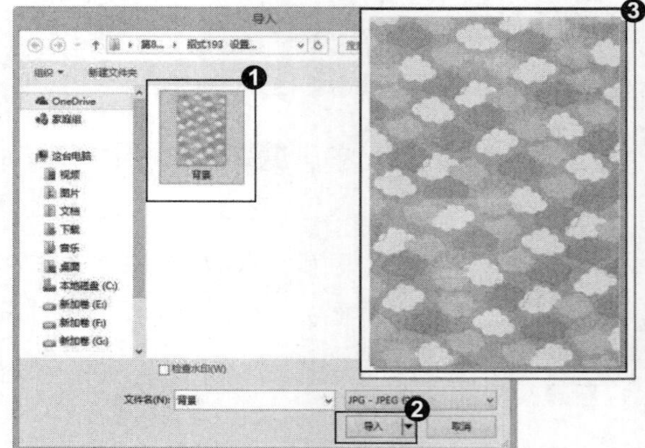

知识拓展

单击"布局"|"页面设置"命令，打开"选项"对话框，❶ 单击右侧的"布局"选项，可以展开"布局"选项的页面设置对话框，❷ 在对话框中单击"布局"下拉按钮，可以在打开的列表中单击选择一种作为页面的样式；❸ 选中"对开页"复选框，可以将页面设置为对开页；❹ 单击"起始于"下拉按钮，在打开的列表中可以选择对开页样式起始于"左边"或是"右边"。

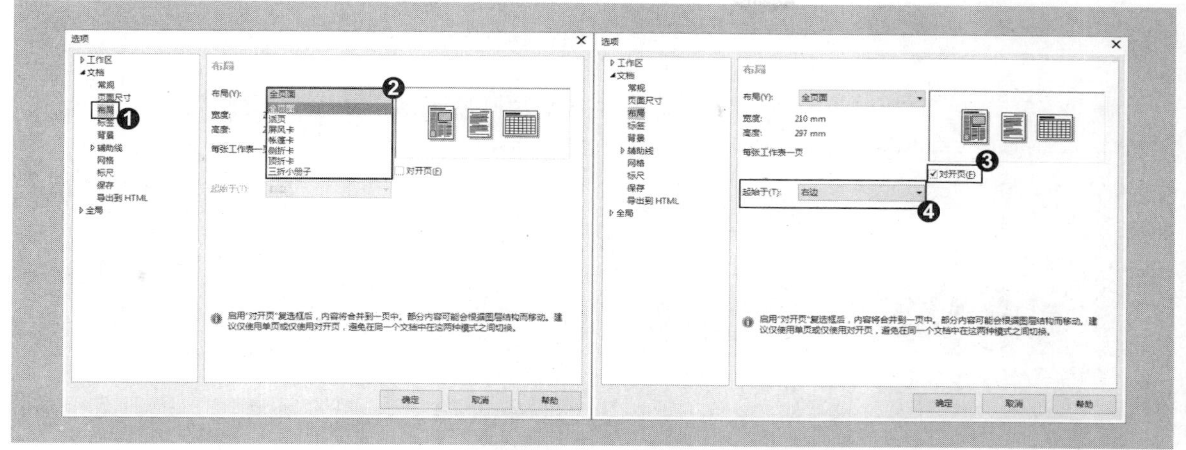

招式 194 在书籍中插入页码

Q 如果要在书籍中插入页面，在 CorelDRAW 中该如何操作?

A 在 CorelDRAW 的菜单栏中单击“布局”|“插入页码”命令，可以观察到有四种不同的插入样式命令，执行任意一种命令，即可插入页码。

1. 打开图像素材

❶ 启动 CorelDRAW X8 后，单击左上角的“打开”按钮或按 Ctrl+O 快捷键，❷ 打开本书配备的“第 8 章\素材\招式 194\书籍 .cdr”文件。

2. 插入页码

❶ 在菜单栏中单击“布局”|“插入页码”|“位于活动图层”命令，❷ 则使插入的页码只位于活动图层下方的中间位置。

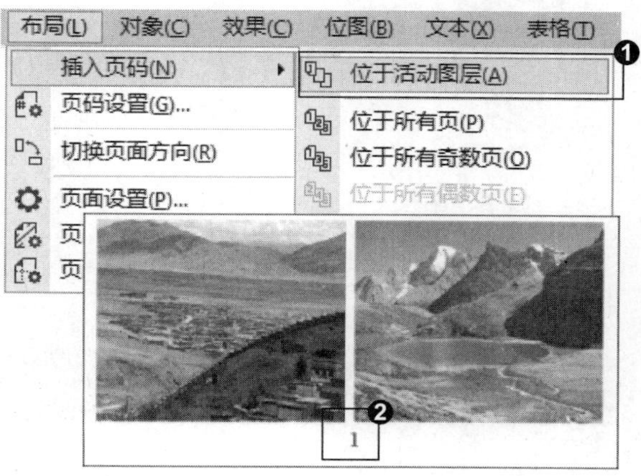

3. 插入页码

❶ 在菜单栏中单击“布局”|“插入页码”|“位于所有页”命令，❷ 则使插入的页码位于所有的页面下方。

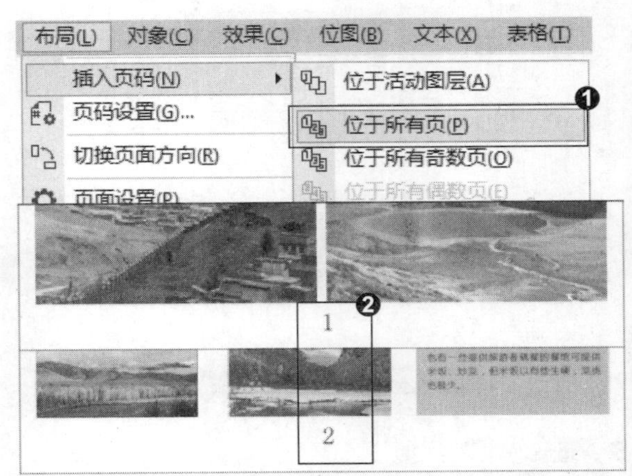

专家提示

插入的页码均默认显示在相应页面下方的中间位置，并且插入的页码与其他文本相同，都可以使用编辑文本的方法进行编辑。

知识拓展

在菜单栏中单击“布局”|“插入页码”|“位于所有的奇数页”命令，则使插入的页码位于每一个奇数的页面下方。在菜单栏中单击“布局”|“插入页码”|“位于所有的偶数页”命令，则使插入的页码位于每一个偶数的页面下方。如果要执行上述两项命令，就必须使页面总数为奇数或者偶数，并且页面不能设置为“对开页”。

招式 195 设置文本围绕使画面更加美观

Q 如果想要将段落文本围绕着图像排列，在 CorelDRAW 中该如何操作?

A 在 CorelDRAW 中可以将图像对象放置在文本的上方，使其与文本有重叠区域，在属性栏单击“文本换行”按钮，在下拉选项面板单击选择想要的样式，就可以使文本围绕图像排列并使画面更加美观了。

1. 打开图像素材

❶ 启动 CorelDRAW X8 后，单击左上角的“打开”按钮或按 Ctrl+O 快捷键，❷ 打开本书配备的“第 8 章\素材\招式 195\图像.cdr”文件，❸ 选择工具箱中的字（文本工具），或按 F8 键。

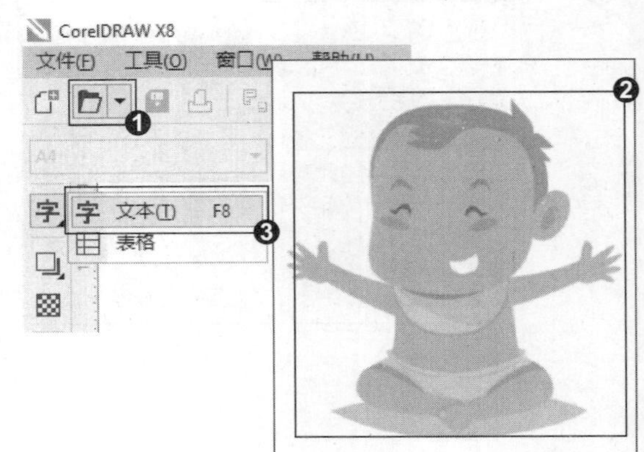

2. 应用文本工具

❶ 在页面内按住鼠标左键拖曳，松开鼠标后生成文本框，输入文本，❷ 将图像移动到文本上方，使其与文本有重叠区域。

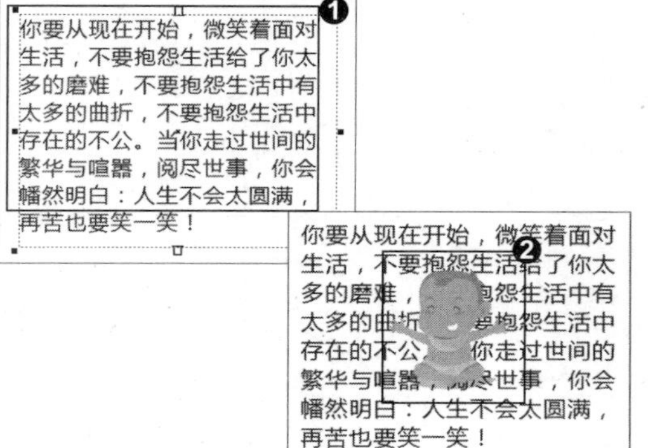

3. 设置文本换行

❶ 选择工具箱中的 (选择工具)，单击选择图像，❷ 在属性栏单击"文本换行"按钮 ，在"文本样式"选项面板选择"跨式文本"，❸ 则文本沿着图像对象的轮廓排列。

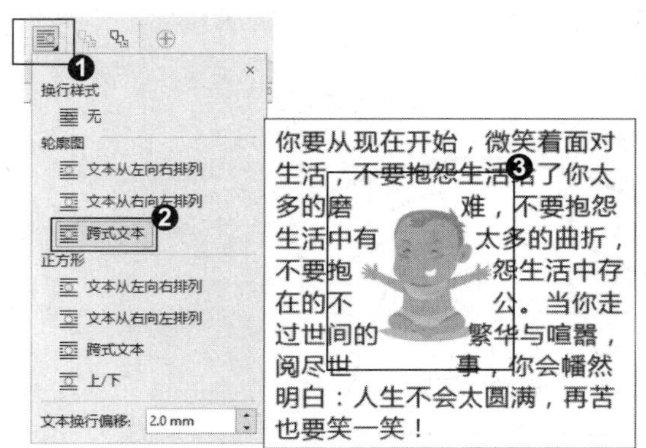

知识拓展

在"文本换行"面板中，❶ 单击"无"按钮取消文本绕图效果；❷ "轮廓图"选项，可以使文本围绕图形的轮廓进行排列；❸ "正方形"选项，可以使文本围绕图形的边界框进行排列；❹ "文本换行偏移"选项，可以设置文本到对象轮廓或对象边界框的距离。

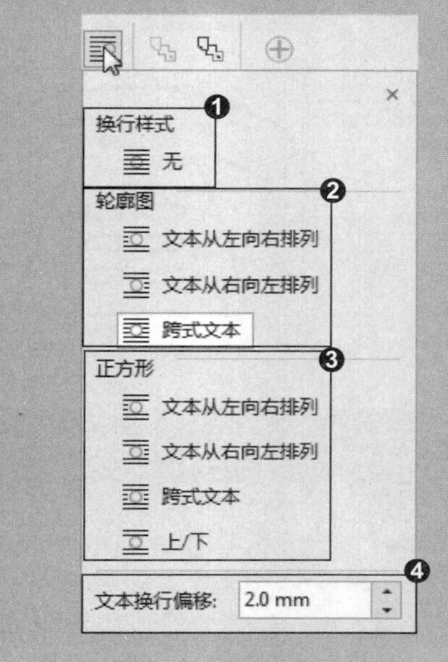

招式 196 根据路径分布文本

Q 如果想要将文本根据图形的路径分布，在 CorelDRAW 中该如何操作?

A 在 CorelDRAW 中可以选择工具箱文本工具，将指针移动到图形的边缘处，单击对象的路径，在指针处输入文本，则输入的文本就根据图形的路径分布。

1. 打开图像素材

❶ 启动 CorelDRAW X8 后，单击左上角的“打开”按钮或按 Ctrl+O 快捷键，❷ 打开本书配备的“第 8 章 \ 素材 \ 招式 196\ 图像 .cdr”文件，❸ 选择工具箱中的字（文本工具），或按 F8 键。

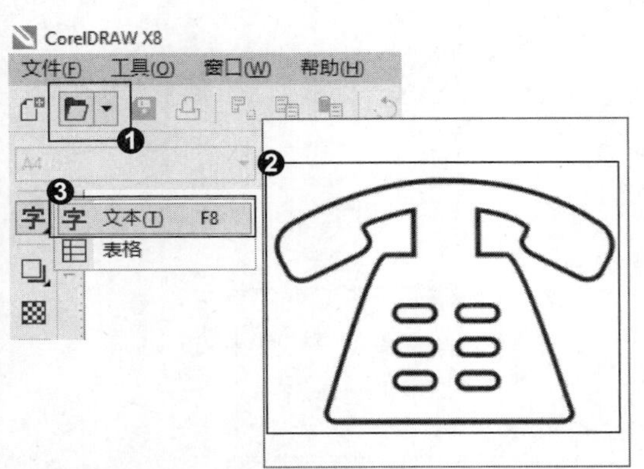

2. 应用文本工具

❶ 将指针移动到对象路径的边缘，单击对象的路径，在指针处输入文本，❷ 则输入的文本依路径的形状进行分布。

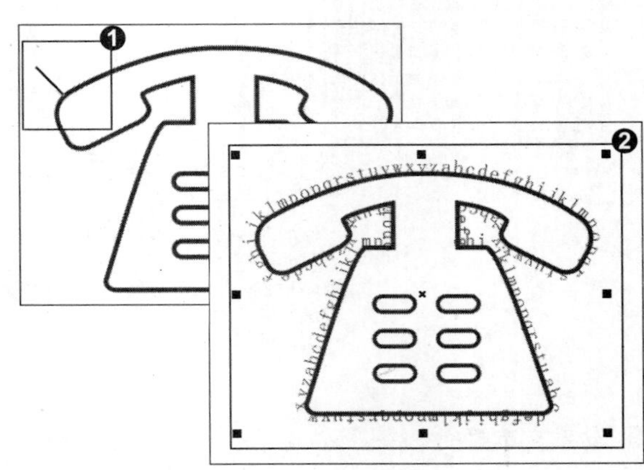

知识拓展

❶ 选中某一美术文本，在菜单栏中单击“文本”|“使文本适合路径”命令，当指针变为形状时，移动到填入的路径，在对象上移动指针可以改变文本沿路径的距离和相对路径终点和起点的偏移量（还会显示与路径距离的数值）；❷ 选中美术文本，按住鼠标右键拖曳文本到要填入的路径，待光标变为形状时，松开鼠标右键，弹出快捷菜单，选择“使文本适合路径”选项，即可在路径中填充文本。

招式 197 将文本转换为曲线

Q 如果想要将文本转换为曲线，在 CorelDRAW 中该如何操作?

A 在 CorelDRAW 中选中文本后，右击，在弹出的快捷菜单中选择“转换为曲线”命令，就可以将文本转换为曲线了。

1. 打开文本素材

❶ 启动 CorelDRAW X8 后，单击左上角的“打开”按钮或按 Ctrl+O 快捷键，❷ 打开本书配备的“第 8 章 \ 素材 \ 招式 197\ 文本 .cdr”文件。

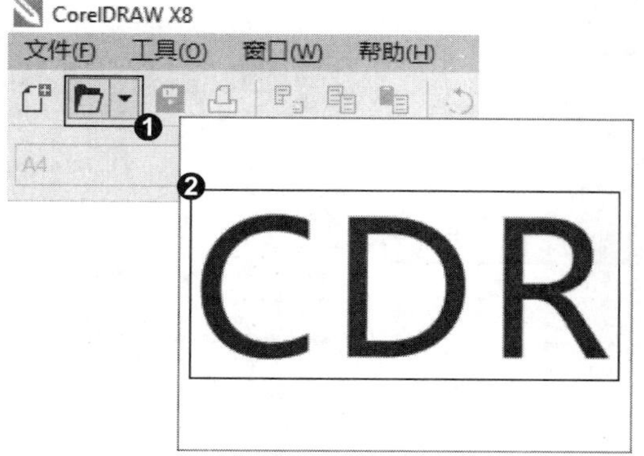

2. 转换为曲线

❶ 在文本上右击，在弹出的快捷菜单中选择“转换为曲线”命令，❷ 则文本转换为曲线。

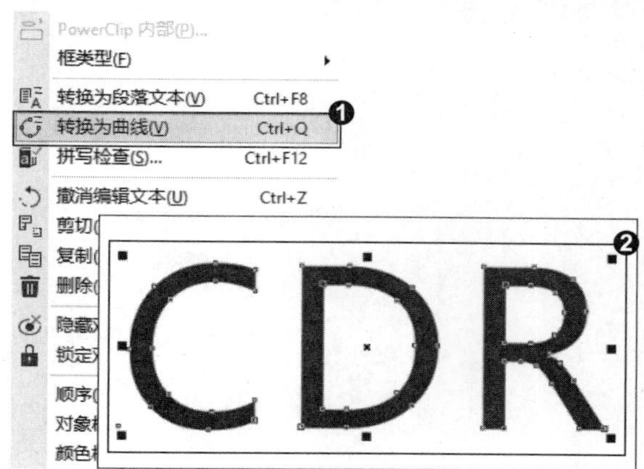

知识拓展

除了上述方法可以将文本转换为曲线，还可以在菜单栏中单击“对象”|“转换为曲线”命令，或者使用 Ctrl+Q 快捷键执行“转换为曲线”命令，同样可以将文本转换为曲线。

招式 198 超级简单的字库安装

Q 在使用 CorelDRAW 设计的过程中，只用系统自带的字体很难满足设计的需要，那么如何安装字库呢?

A 可以将字体使用 Ctrl+C 快捷键进行复制，再使用 Ctrl+V 快捷键粘贴到计算机的 C 盘中的 Windows\Fonts 文件夹中，即可安装字体。

1. 安装字体

❶ 单击选择要安装的字体，按 Ctrl+C 快捷键复制，打开计算机中的“本地磁盘（C）”\ Windows\Fonts 文件夹，❷ 按 Ctrl+V 快捷键粘贴到 Fonts 文件夹中，则自动安装该字体。

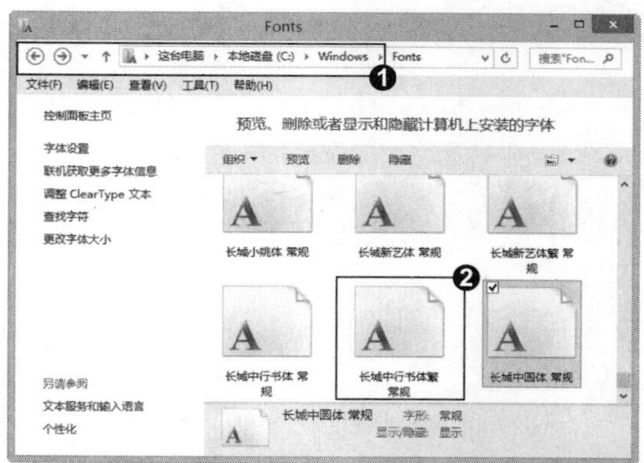

2. 应用文本工具

❶ 启动 CorelDRAW X8 后，单击左上角的“新建”按钮或按 Ctrl+N 快捷键，新建一个文档，❷ 选择工具箱中的（文本工具），或按 F8 键。

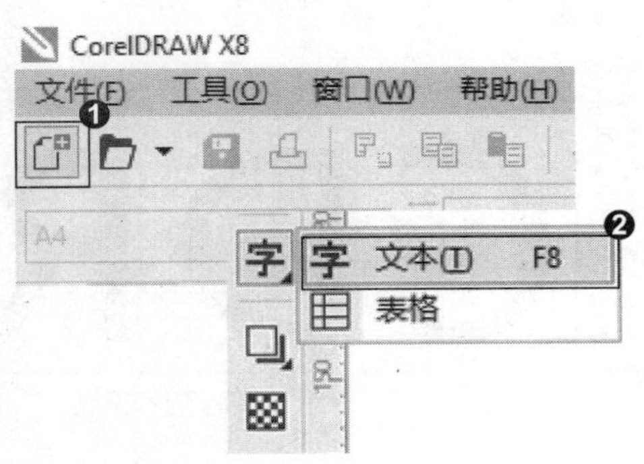

3. 更改字体

❶ 在页面内单击建立一个文本插入点，❷ 输入文字，在属性栏单击“字体”，在下拉选项列表单击刚才安装的字体，❸ 则文本应用该字体。

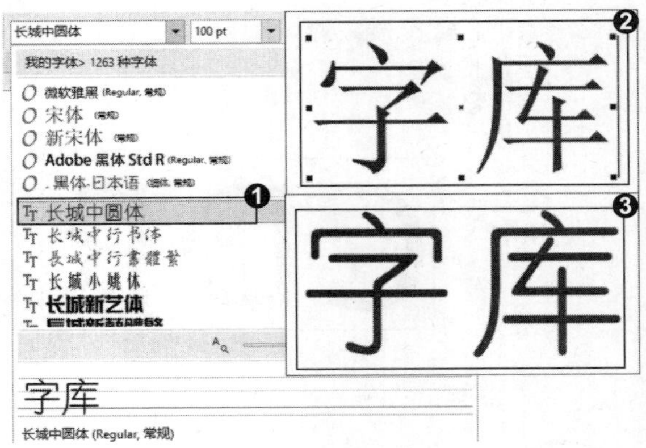

知识拓展

除了在计算机 C 盘上安装字体外，可以在控制面板中安装字体。单击需要安装的字体，按 Ctrl+C 快捷键复制字体，单击“计算机”|“控制面板”命令，❶ 单击“字体”选项，打开“字体”列表，❷ 按 Ctrl+V 快捷键粘贴字体，安装的字体会以蓝色选中样式在字体列表中显示，❸ 待刷新页面后重新打开 CorelDRAW X8 即可在该软件的“字体列表”中找到安装的字体。

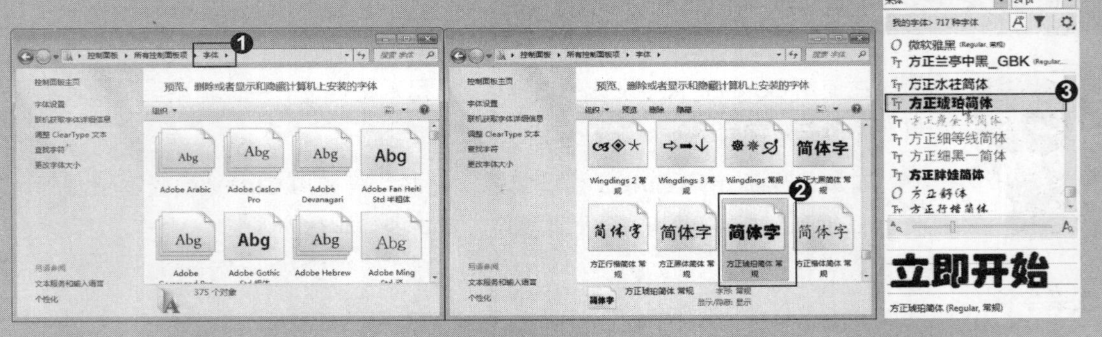

位图操作的方法

平面设计中，CorelDRAW 中的位图编辑功能使用得非常普遍，小到一张卡片，大到巨型的户外广告，都离不开对位图的编辑与处理。本章主要讲解位图与矢量图的转换、调整位图的色彩以及使用滤镜创建图像特效等内容，让读者快速掌握位图在平面设计中的运用技巧。

招式 199 矢量图转换为位图

Q 如果想要将矢量图转换为位图，在 CorelDRAW 中该如何操作?

A 在 CorelDRAW 中可以单击选择对象，在菜单栏中单击“位图”|“转换为位图”命令，弹出“转换为位图”对话框，单击“确定”按钮，就可以将矢量图转换为位图了。

1. 打开图像素材

❶ 启动 CorelDRAW X8 后，单击左上角的“打开”按钮或按 Ctrl+O 快捷键，❷ 打开本书配备的“第 9 章 \ 素材 \ 招式 199\ 图像 .cdr”文件，❸选择工具箱中的（选择工具），单击选择图像。

2. 转换为位图

❶ 在菜单栏中单击“位图”|“转换为位图”命令，❷ 弹出“转换为位图”对话框，选择相应的设置模式，单击“确定”按钮，❸ 则将矢量图转换为位图。

知识拓展

在“转换为位图”对话框中，❶“分辨率”选项用于设置对象转换为位图后的清晰程度，可以在后面的下拉菜单中选择相应的分辨率，也可以直接输入分辨率的数值。数值越大图像越清晰，数值越小图像越模糊，会出现马赛克边缘；❷“颜色模式”选项用于设置位图的颜色显示模式，颜色位数越少，颜色丰富程度越低；❸“递色处理的”复选框以模拟的颜色块数目来显示更多的颜色，该复选框在可使用颜色位数少时激活，如 256 色或更少，选中该复选框后转换的位图以颜色块来丰富颜色效果，未选中该复选框时，转换的位图以选择的颜色模式显示；❹ 选中“总是叠印黑色”复选框可以在印刷时避免套版不准和露白现象，在“RGB”和“CMYK”模式下激活；❺ 选中“光滑处理”复选框使转换的位图边缘平滑，去除边缘锯齿；勾选“透明背景”选项可以使转换对象背景透明，不勾选时显示为白色。

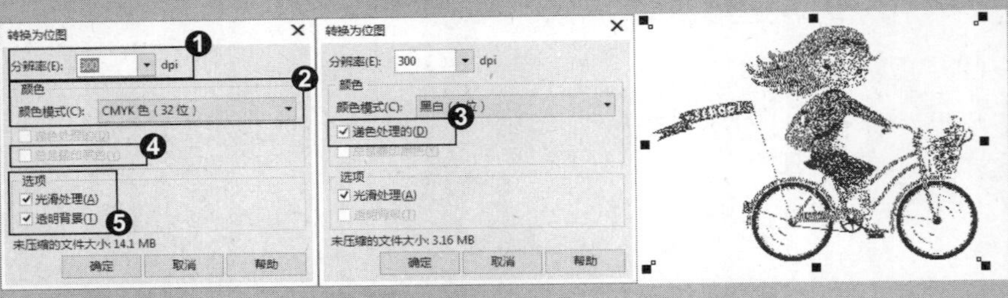

专家提示

对象转换为位图后可以进行位图的相应操作，而无法进行矢量编辑，需要编辑时可以使用描摹来转换为矢量图。

招式 200 快速描摹转换为矢量图

Q 使用快速描摹可以很快地将位图转换为矢量图，在 CorelDRAW 中该如何操作?

A 在 CorelDRAW 中可以单击选择对象，在菜单栏中单击“位图” | “快速描摹”命令，就可以将位图转换为矢量图了。

1. 打开图像素材

❶ 启动 CorelDRAW X8 后，单击左上角的“打开”按钮或按 Ctrl+O 快捷键，❷ 打开本书配备的“第 9 章 \ 素材 \ 招式 200\ 图像 .cdr”文件，❸ 选择工具箱中的（选择工具），单击选择图像。

2. 转换为矢量图

❶ 在菜单栏中单击“位图” | “快速描摹”命令，❷ 则将位图转换为矢量图。

专家提示

快速描摹使用系统设置的默认参数进行自动描摹，无法进行自定义参数设置。

知识拓展

❶ 关于快速描摹转换为矢量图的方法，还可以在属性栏单击“描摹位图”下拉按钮描摹位图(T)，在下拉菜单中单击“快速描摹”命令，就可以将位图转换为矢量图了。❷ 执行“快速描摹”命令后，会在位图对象上出现描摹的矢量图，可以解散群组进行编辑。

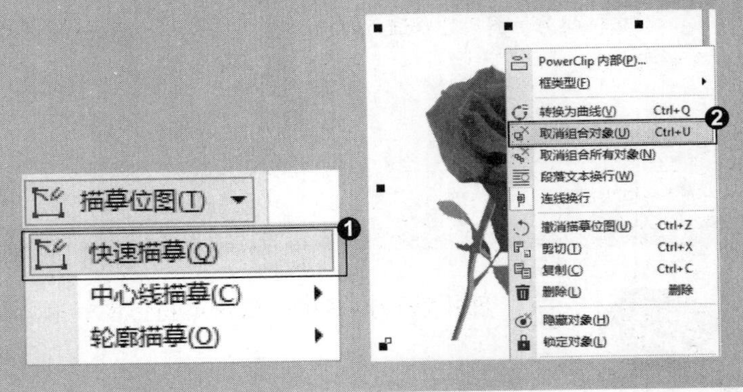

招式 201 中心线描摹转换为矢量图

Q 使用中心线描摹也可以将位图转换为矢量图，在 CorelDRAW 中该如何操作?

A 在 CorelDRAW 中可以单击选择对象，在菜单栏中单击“位图”|“中心线描摹”|“技术图解”命令，弹出 PowerTRACE 对话框，设置参数，就可以将对象以线描的方式表现出来，并将位图转换为矢量图了。

1. 打开图像素材

❶ 启动 CorelDRAW X8 后，单击左上角的“打开”按钮或按 Ctrl+O 快捷键，❷ 打开本书配备的“第 9 章 \ 素材 \ 招式 201\ 图像 .cdr”文件，❸ 选择工具箱中的（选择工具），单击选择图像。

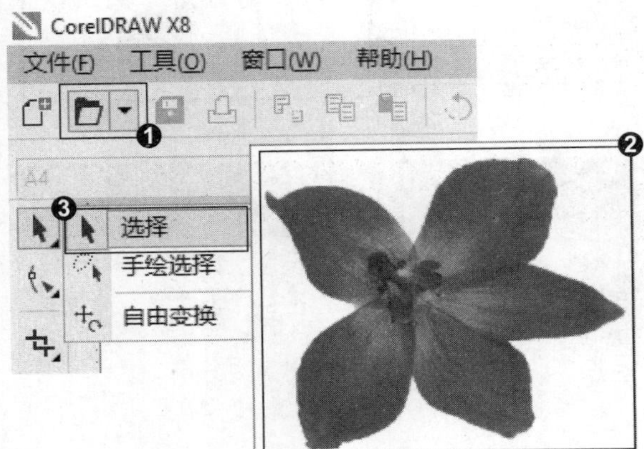

2. 执行中心线描摹

❶ 在菜单栏中单击“位图”|“中心线描摹”|“技术图解”命令，❷ 弹出 PowerTRACE 对话框。

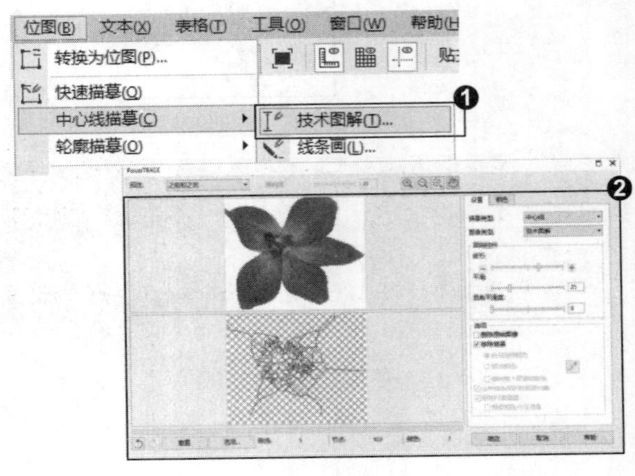

3. 调整参数完成中心线描摹

❶ 在右侧属性面板拖动“细节”“平衡”和“拐角平滑度”滑块，调节参数，完成后单击“确定”按钮，❷ 完成中心线描摹。

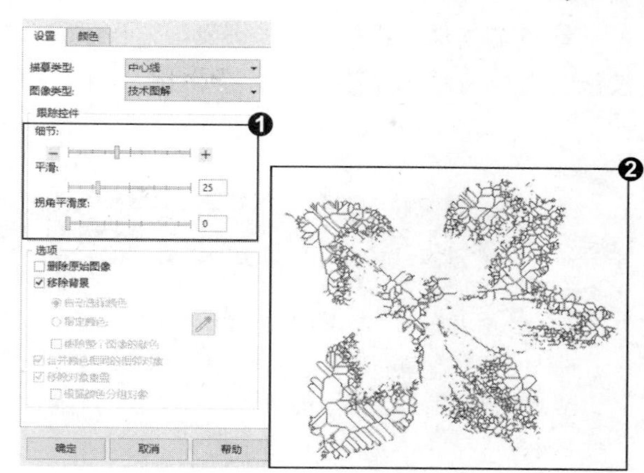

知识拓展

中心描摹也称为笔触描摹，可以将对象以线描的形式描摹出来，用于技术图解、线描画和拼版等，中心描摹方式包括“技术图解”和“线条画”两种。

招式 202 轮廓描摹转换为矢量图

Q 使用轮廓描摹也可以将位图转换为矢量图，在 CorelDRAW 中该如何操作?

A 在 CorelDRAW 中可以单击选择对象，在菜单栏中单击“位图”|“轮廓描摹”|“线条图”命令，弹出 PowerTRACE 对话框，设置参数，就可以将对象转换为矢量图了。

1. 打开图像素材

❶ 启动 CorelDRAW X8 后，单击左上角的“打开”按钮或按 Ctrl+O 快捷键，❷ 打开本书配备的“第 9 章\素材\招式 202\图像.cdr”文件，❸ 选择工具箱中的（选择工具），单击选择图像。

2. 执行轮廓描摹

❶ 在菜单栏中单击“位图”|“轮廓描摹”|“线条图”命令，❷ 弹出 PowerTRACE 对话框。

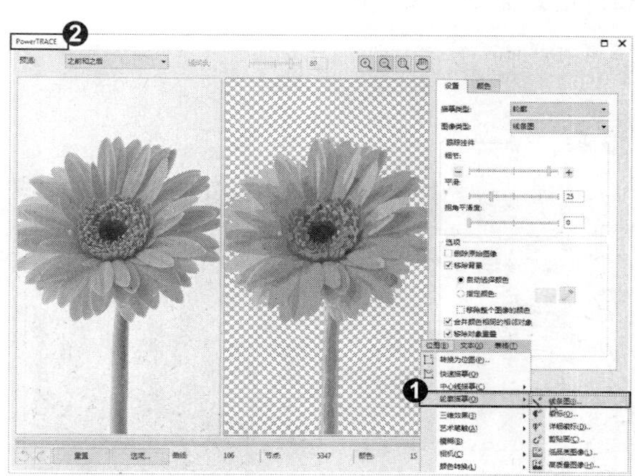

3. 调整参数完成轮廓描摹

❶ 在右侧属性面板拖动“细节”“平衡”和“拐角平滑度”滑块，调节参数，完成后单击“确定”按钮，❷ 完成轮廓描摹。

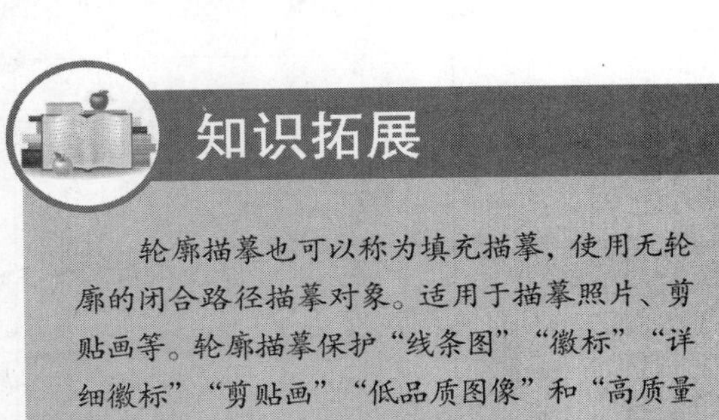

知识拓展

轮廓描摹也可以称为填充描摹，使用无轮廓的闭合路径描摹对象。适用于描摹照片、剪贴画等。轮廓描摹保护“线条图”“徽标”“详细徽标”“剪贴画”“低品质图像”和“高质量图像”。

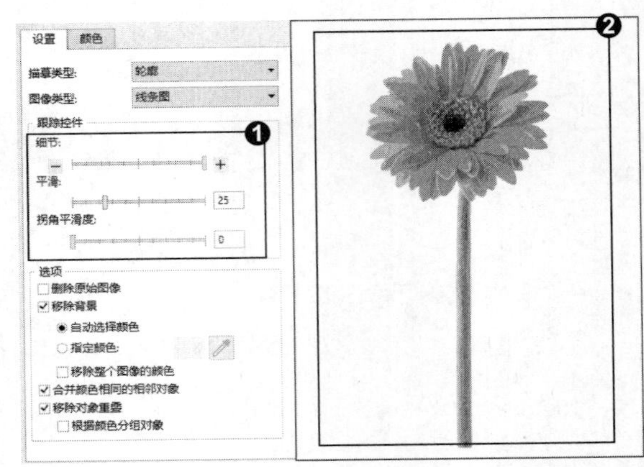

招式 203 矫正倾斜或有白边的位图

Q 当导入的位图倾斜或有白边时，如果想要矫正倾斜或有白边的位图，在 CorelDRAW 中该如何操作?

A 在 CorelDRAW 中可以选择对象，在菜单栏中单击“位图”|“矫正图像”命令，弹出“矫正图像”对话框，设置参数，就可以矫正倾斜或有白边的位图了。

1. 打开图像素材

❶ 启动 CorelDRAW X8 后，单击左上角的“新建”按钮或按 Ctrl+N 快捷键，新建一个文档，❷ 在菜单栏中单击“文件”|“导入”命令，❸ 或按 Ctrl+I 快捷键导入本书配备的“第 9 章\素材\招式 203\图像.jpg”文件。

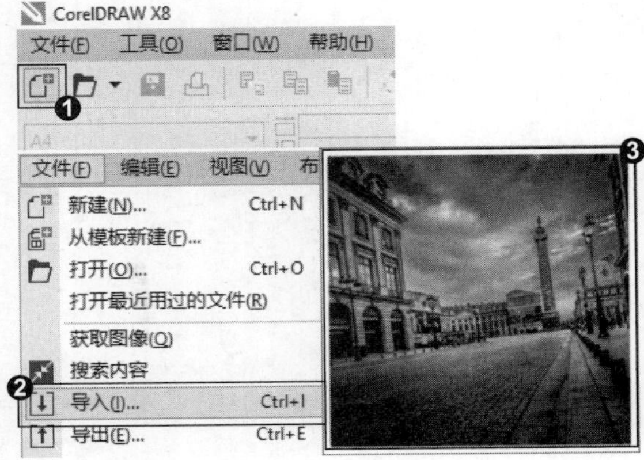

2. 矫正图像

❶ 在菜单栏中单击“位图”|“矫正图像”命令，❷ 弹出“矫正图像”对话框，拖动“旋转图像”下面的滑块，调节参数。

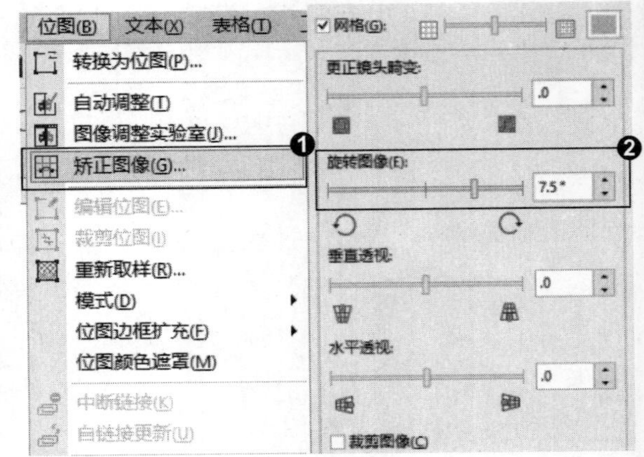

3. 裁剪图像

❶ 选中“裁剪图像”和“裁剪并重新取样为原始大小”复选框，❷ 拖动“更正镜头畸变”下面的滑块，调节参数，完成后单击“确定”按钮，❸ 即可完成图像的裁剪。

知识拓展

在“矫正图像”对话框中，❶ 可以在“旋转图像”选项上移动滑块或输入数值来旋转图像，灰色区域为裁剪掉的区域；❷ 选中“裁剪图像”复选框可以将旋转后的效果裁剪下来显示，不勾选该选项只是进行旋转；❸ 选中“裁剪并重新取样为原始大小”复选框后将裁剪框内部效果预览显示，裁剪效果和预览显示相同；❹ 拖动“网格”滑块可以调节网格大小，网格越小旋转调整越精确；❺ 在“网格颜色”下拉颜色选项中可以选择修改网格的颜色。

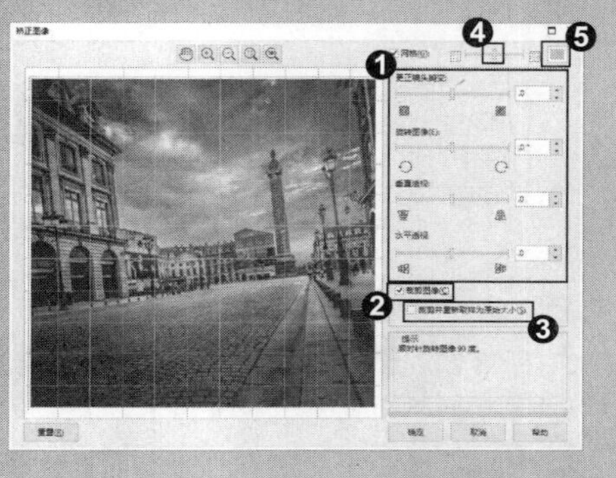

招式 204 重新取样调整位图的尺寸和分辨率

Q 如果想要重新取样调整位图的尺寸和分辨率，在 CorelDRAW 中该如何操作？

A 在 CorelDRAW 中可以选择对象，在菜单栏中单击“位图”|“重新取样”命令，弹出“重新取样”对话框，设置“图像大小”和“分辨率”参数，就可以调整位图的尺寸和分辨率了。

1. 打开图像素材

❶ 启动 CorelDRAW X8 后，单击左上角的“打开”按钮或按 Ctrl+O 快捷键，❷ 打开本书配备的“第 9 章 \ 素材 \ 招式 204\ 图像 .cdr”文件，❸ 选择工具箱中的（选择工具），单击选择图像。

2. 重新取样

❶ 在菜单栏中单击“位图”|“重新取样”命令，❷ 弹出“重新取样”对话框。

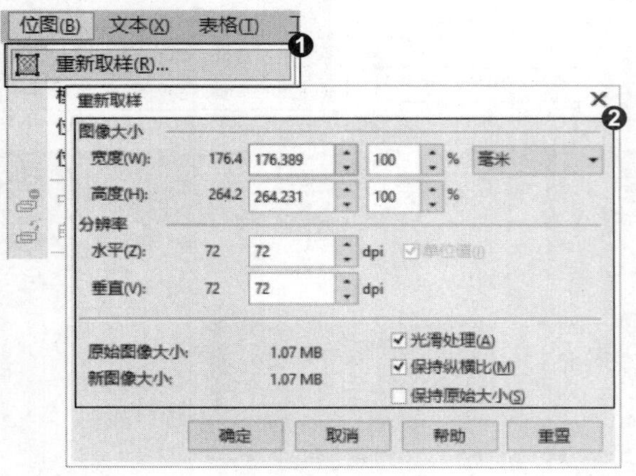

3. 设置图像大小和分辨率

❶ 在“图像大小”下的“宽度”和“高度”后面的文本框输入数值，改变位图的尺寸大小，❷ 在“分辨率”下的“水平”和“垂直”后面的文本框输入数值，改变位图的分辨率，完成后单击“确定”按钮，❸ 完成重新取样调整位图的尺寸和分辨率。

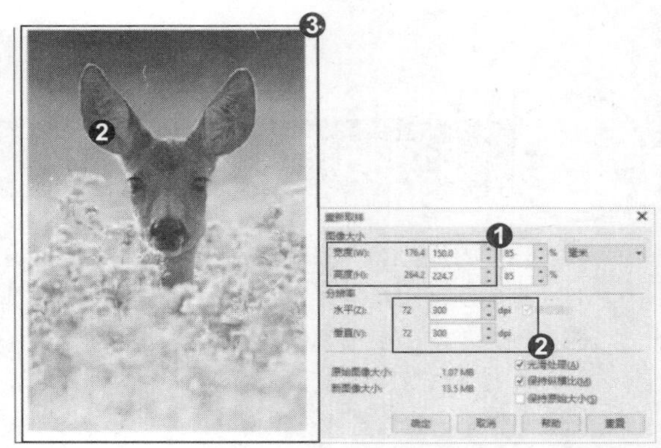

知识拓展

在“重新取样”对话框，❶ 选中“光滑处理”复选框，可以在调整大小和分辨率后平滑图像的锯齿；❷ 选中“保持纵横比”复选框，可以在设置时保持原图的比例，保证调整后不变形。❸ 如果仅调整分辨率就不用选中“保持原始大小”复选框。

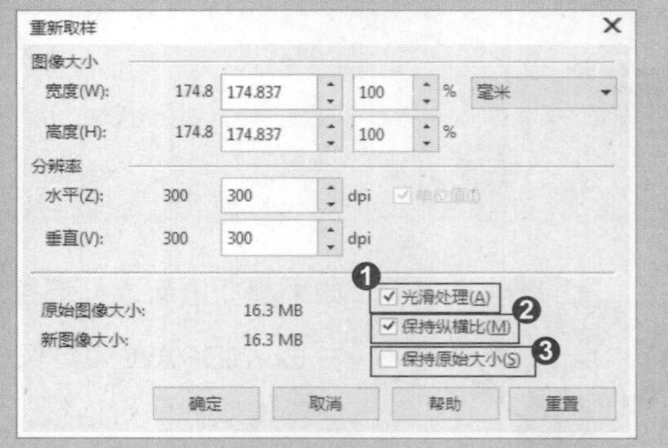

招式 205 位图边框扩充形成边框效果

Q 如果想要使位图边框扩充形成边框效果，在 CorelDRAW 中该如何操作？

A 在 CorelDRAW 中可以选择对象，在菜单栏中单击“位图”|“位图边框填充”|“手动扩充位图边框”命令，弹出“位图边框扩充”对话框，设置“宽度”和“高度”参数，就可以使位图边框扩充形成边框效果了。

1. 打开图像素材

❶ 启动 CorelDRAW X8 后，单击左上角的“打开”按钮或按 Ctrl+O 快捷键，❷ 打开本书配备的“第 9 章 \ 素材 \ 招式 205\ 图像 .cdr”文件，❸ 选择工具箱中的（选择工具），单击选择图像。

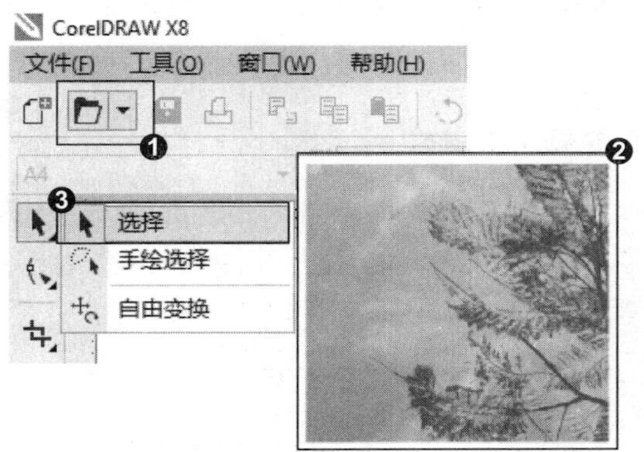

2. 手动扩充位图边框

❶ 在菜单栏中单击“位图” | “位图边框填充” | “手动扩充位图边框”命令，❷ 弹出“位图边框扩充”对话框。

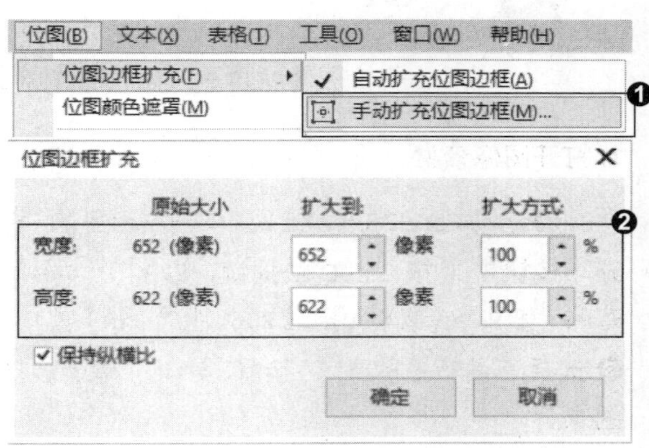

3. 设置参数

❶ 在“宽度”和“高度”后面的“扩大到”或“扩大方式”的文本框输入数值，完成后单击“确定”按钮，❷ 完成位图边框的扩充。

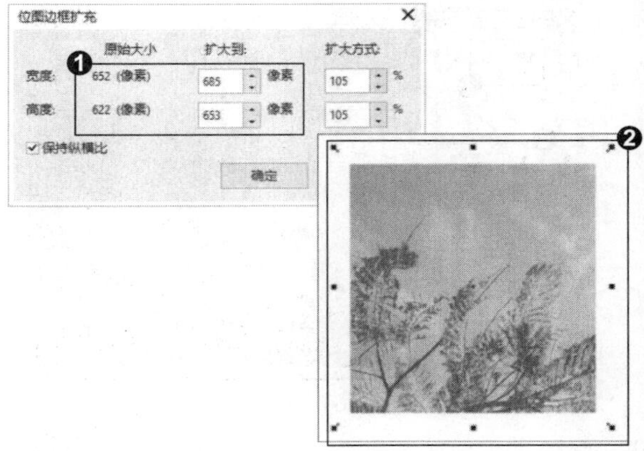

知识拓展

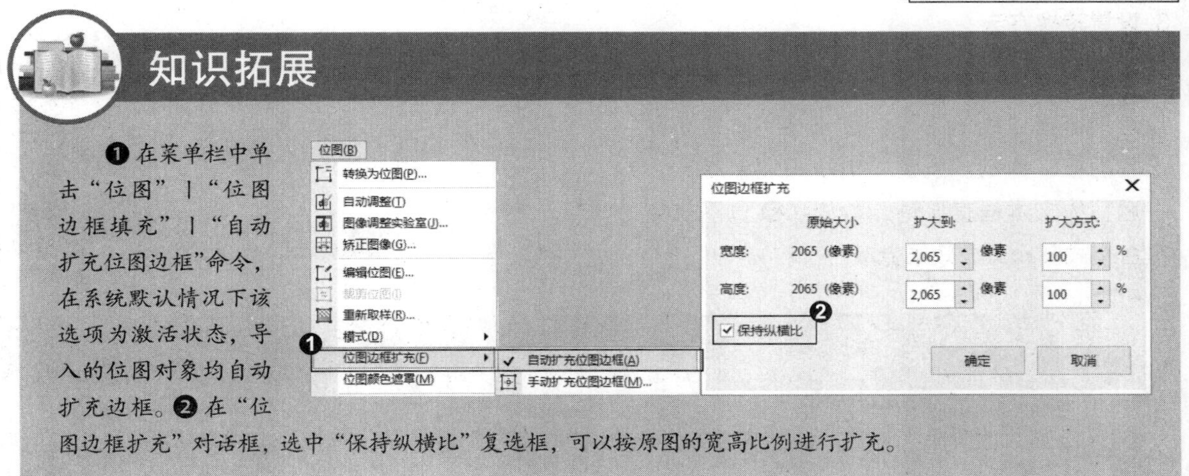

❶ 在菜单栏中单击“位图” | “位图边框填充” | “自动扩充位图边框”命令，在系统默认情况下该选项为激活状态，导入的位图对象均自动扩充边框。❷ 在“位图边框扩充”对话框，选中“保持纵横比”复选框，可以按原图的宽高比例进行扩充。

招式 206 转换为黑白模式制作黑白效果图

Q 如果想要将位图转换为黑白模式制作黑白效果图，在 CorelDRAW 中该如何操作？

A 在 CorelDRAW 中可以选择对象，在菜单栏中单击“位图”|“模式”|“黑白（1 位）”命令，弹出“转换为 1 位”对话框，设置“转换方法”和其他参数，就可以将位图转换为黑白模式制作黑白效果了。

1. 打开图像素材

❶ 启动 CorelDRAW X8 后，单击左上角的“打开”按钮或按 Ctrl+O 快捷键，❷ 打开本书配备的“第 9 章 \ 素材 \ 招式 206\ 图像 .cdr”文件，❸ 选择工具箱中的（选择工具），单击选择图像。

2. 选择黑白模式

❶ 在菜单栏中单击“位图”|“模式”|“黑白（1 位）”命令，❷ 弹出“转换为 1 位”对话框。

3. 设置转换方法

❶ 单击“转换方法”后面的选项框，在下拉选项选择“线条图”，❷ 切换到“线条图”设置面板，拖动“阈值”滑块，调节参数，或在后面的文本框直接输入数值，❸ 位图转换为黑白模式制作黑白效果完成。

专家提示

“阈值”是调整线条图效果的灰度阈值，来分隔黑色和白色的范围。数值越小变为黑色区域的灰阶越少，数值越大变为黑色区域的灰阶越多。

知识拓展

“转换为 1 位”对话框中，❶ 在“转换方法”下拉列表中可以选择 7 种转换效果，包括“线条图”“顺序”、Jarvis、Stucki、Floyd–Steinberg、“半色调”和“基数分布”。❷“阈值”选项可以调整线条图效果的灰度阈值，来分隔黑色和白色的范围，值越小变为黑色区域的灰阶越少，值越大变为黑色区域的灰阶越多。❸“强度”选项可以设置运算形成偏差扩散的强度，数值越小扩散越小，反之越大。❹“屏幕类型”选项可以选择相应的屏幕显示图案来丰富转换效果，在“半色调”转换方式下，可以在下面调整“角度”“线数”和单位设置图案的显示。

招式 207 位图转换为灰度图像

Q 如果想要将位图转换灰度图像，在 CorelDRAW 中该如何操作？

A 在 CorelDRAW 中可以选择对象，在菜单栏中单击“位图”|“模式”|“灰度（8 位）”命令，就可以将位图转换为灰度图像了。

1. 打开图像素材

❶ 启动 CorelDRAW X8 后，单击左上角的“打开”按钮或按 Ctrl+O 快捷键，❷ 打开本书配备的“第 9 章\素材\招式 207\图像 .cdr”文件，❸ 选择工具箱中的（选择工具），单击选择图像。

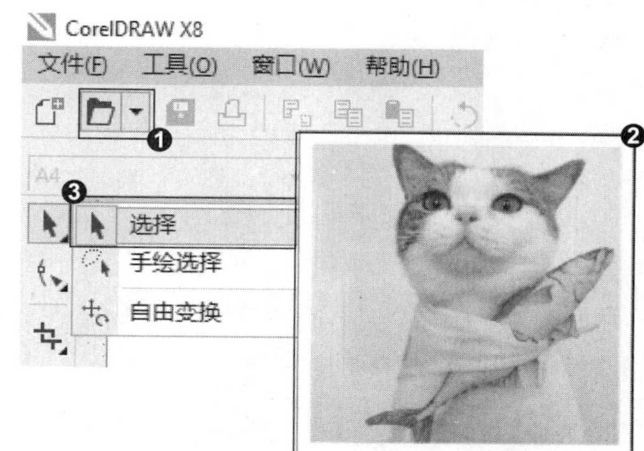

2. 选择灰度模式

❶ 在菜单栏中单击“位图”|“模式”|“灰度（8位）”命令，❷ 则位图转换为灰度图像。

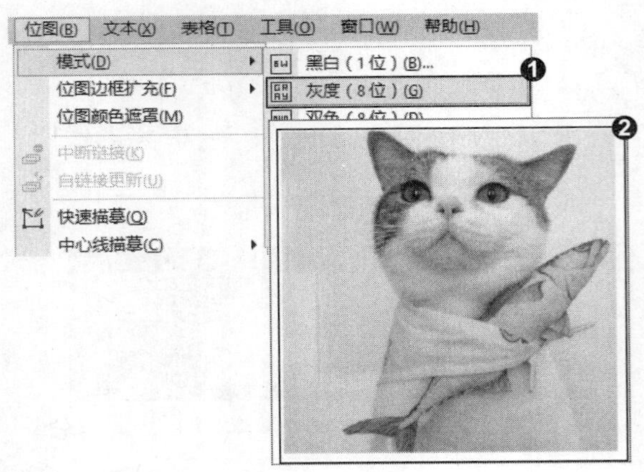

知识拓展

Lab模式是国际色彩标准模式，由“透明度”“色相”和“饱和度”三个通道组成。Lab模式下的图像比CMYK模式的图像处理速度快，而且，该模式转换为CMYK模式时颜色信息不会替换或丢失。用户转换颜色模式时可以先将对象转换为Lab模式，再转换为CMYK模式，输出颜色偏差会小很多。

CMYK是一种便于输出印刷的模式，颜色为印刷常用油墨色，包括黄色、洋红色、青色、黑色，通过这四种颜色的混合叠加呈现多种颜色。CMYK模式的颜色范围比RGB模式要小，所以直接进行转换会丢失一部分颜色信息。

招式208 位图转换为双色图像

Q 如果想要将位图转换双色图像，在CorelDRAW中该如何操作？

A 在CorelDRAW中可以选择对象，在菜单栏中单击“位图”|“模式”|“双色（8位）”命令，弹出“双色调”对话框，设置类型并调整曲线，就可以将位图转换为双色图像了。

1. 打开图像素材

❶ 启动CorelDRAW X8后，单击左上角的“打开”按钮或按Ctrl+O快捷键，❷ 打开本书配备的“第9章\素材\招式208\图像.cdr”文件，❸ 选择工具箱中的（选择工具），单击选择图像。

2. 选择双色模式

❶ 在菜单栏中单击“位图”|“模式”|“双色（8位）”命令，❷ 弹出“双色调”对话框，单击“类型”后面的下拉按钮，将类型更改为“双色调”。

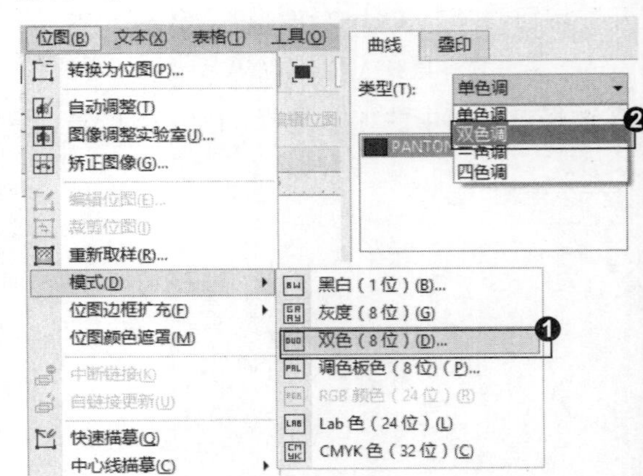

3. 设置参数

❶ 双击“类型”下面的颜色，可更改颜色，❷ 单击选择黑色，在右侧曲线上进行调整，❸ 单击“预览”按钮，可以预览更改图像效果（单击“空”按钮，可以将曲线的调整点删除，方便进行重新调整）。

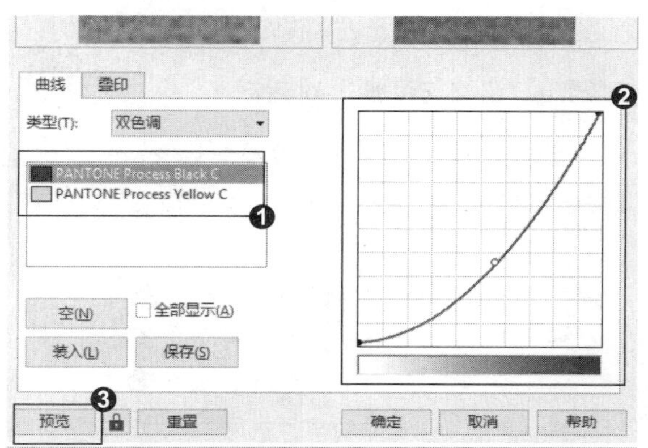

4. 完成效果

❶ 单击选择黄色颜色，在右侧曲线上进行调整。❷ 完成后单击“确定”按钮，则位图转换双色图像完成效果。

专家提示

在曲线上调整时，左边的点为高光区域，中间为灰度区域，右边的点为暗部区域。在调整时注意调节点在三个区域的颜色比例和深浅度，在预览视图中查看调整效果。

知识拓展

颜色模式的下列四种变化形式与附加墨水的数目相对应：

单色调：创建以一种颜色打印的灰阶图像；

双色调：创建以两种颜色打印的灰阶图像，一种颜色为黑色，另一种颜色为彩色；

三色调：创建以三种颜色打印的灰阶图像，大多数情况下一种颜色为黑色，另外两种颜色为彩色；

四色调：创建以四种颜色打印的灰阶图像，大多数情况下一种颜色为黑色，另外三种颜色为彩色。

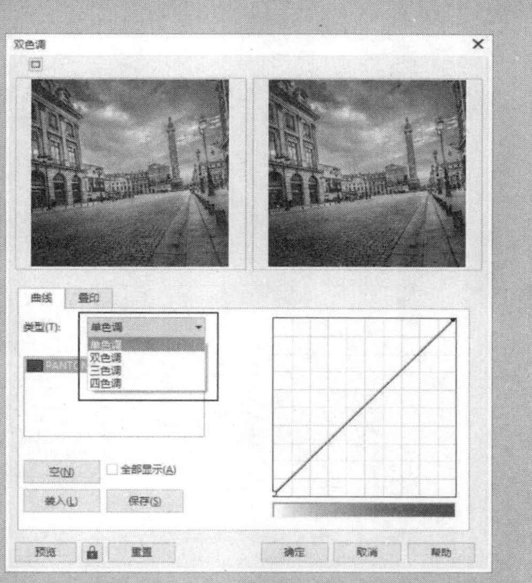

招式 209 校正位图尘埃与刮痕

Q 如果想要校正位图尘埃与刮痕，在 CorelDRAW 中该如何操作?

A 在 CorelDRAW 中可以选择对象，在菜单栏中单击“效果”|“校正”|“尘埃与刮痕”命令，弹出“尘埃与刮痕”对话框，调节“阈值”和“半径”参数，就可以矫正位图尘埃与刮痕了。

1. 打开图像素材

❶启动 CorelDRAW X8 后，单击左上角的“打开”按钮或按 Ctrl+O 快捷键，❷打开本书配备的“第 9 章\素材\招式 209\图像.cdr”文件，❸选择工具箱中的（选择工具），单击选择图像。

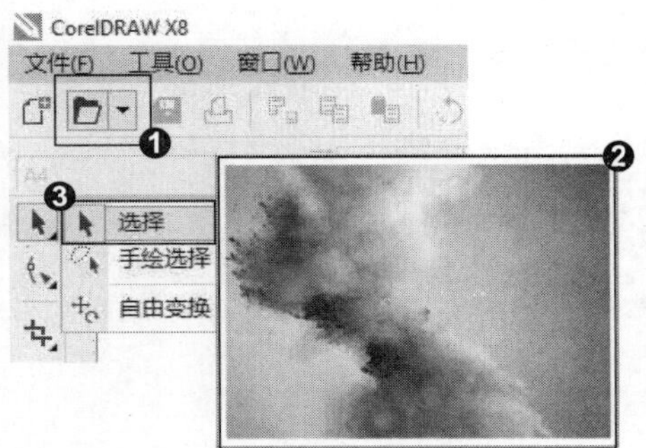

2. 调出“尘埃与刮痕”对话框

❶在菜单栏中单击“效果”|“校正”|“尘埃与刮痕”命令，❷弹出“尘埃与刮痕”对话框。

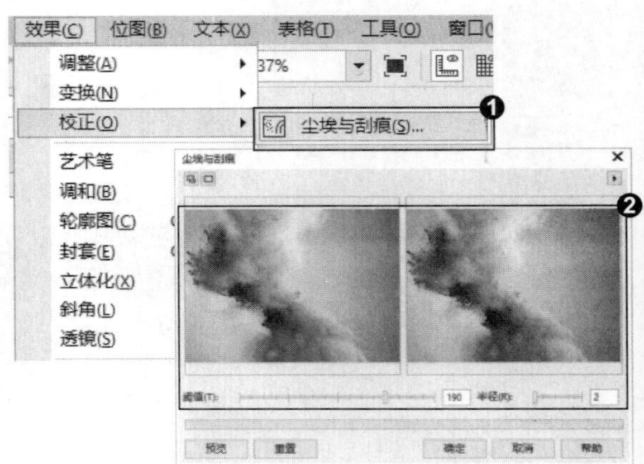

知识拓展

双预览窗口和单预览窗口：❶单击“双预览窗口”按钮可显示对比预览窗口，左窗口显示的是原图像，右窗口显示的是滤镜完成各项设置后的效果。将鼠标指针移动到左侧预览窗口中，按下鼠标左键并拖动，可平移视图；单击，可放大视图，右击，可缩小视图。❷单击“单预览窗口”按钮只可显示一个预览窗口，即完成各项设置后的效果。

3. 设置参数完成效果

❶ 拖动滑块，调整“阈值”和“半径”，完成后单击“确定”按钮，❷ 即可看到矫正位图尘埃与刮痕后的效果。

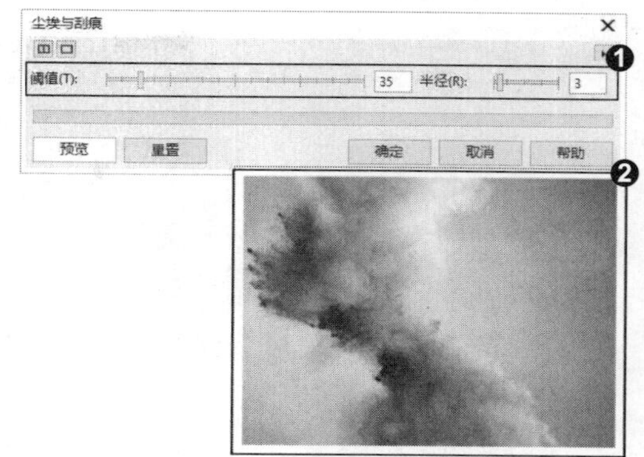

招式 210 重新划分浓度调整高反差效果

Q 如果想要重新划分浓度调整位图高反差效果，在 CorelDRAW 中该如何操作?

A 在 CorelDRAW 中可以选择对象，在菜单栏中单击“效果”|“调整”|“高反差”命令，弹出“高反差”对话框，设置参数，就可以重新划分浓度调整高反差效果了。

1. 打开图像素材

❶ 启动 CorelDRAW X8 后，单击左上角的“打开”按钮或按 Ctrl+O 快捷键，❷ 打开本书配备的“第 9 章 \ 素材 \ 招式 210\ 图像 .cdr”文件，❸ 选择工具箱中的（选择工具），单击选择图像。

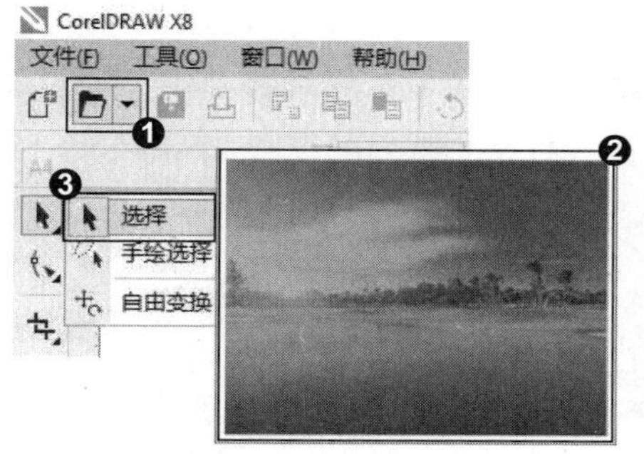

2. 调出“高反差”对话框

❶ 在菜单栏中单击“效果”|“调整”|“高反差”命令，❷ 弹出“高反差”对话框。

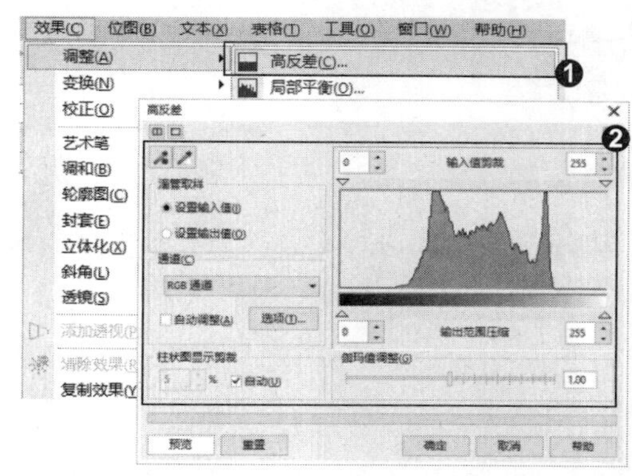

3. 设置参数完成效果

❶ 在右侧拖动“输入裁剪值”滑块，调整位图颜色，完成后单击“确定”按钮，❷ 即可看到重新划分浓度调整高反差的效果。

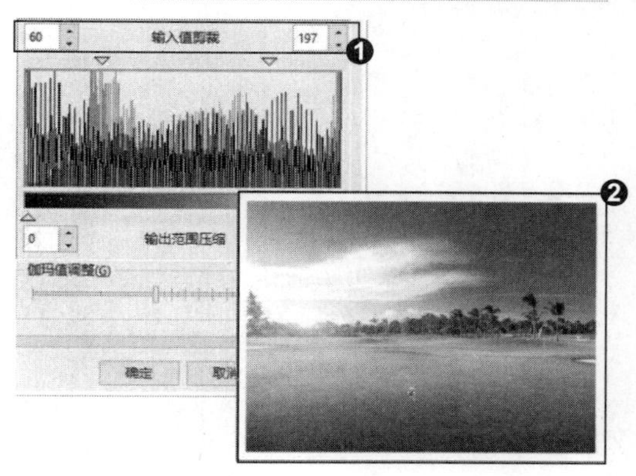

知识拓展

在“高反差”对话框中，❶“通道”用于选择要进行调整的颜色通道。❷启用“自动调整”复选框，可自动对选择的颜色通道进行调整，❸单击右侧的“选项”按钮，可以在打开的“自动调整范围”对话框中对黑白色限定范围进行调整。❹“柱状图显示剪裁”用于设置色调柱状图的显示效果。❺输入值剪裁：使用“白色滴管工具”吸取图像中的亮色调时，在“输入值剪裁”选项右侧的数值框中最亮处色值将跟随吸管所取样图像的色调同步改变，图像效果也会随之改变。同样使用“黑色滴管工具”的功能也是一样。❻输出范围压缩：在色阶示意图下面的“输出范围压缩”选项适用于指定图像最亮色调和最暗色调的标准值，拖动相应三角滑块可调整对应色调效果。❼伽玛值调整：拖动滑块调整图像的伽玛值，从而提高低对比度图像中的细节部分。

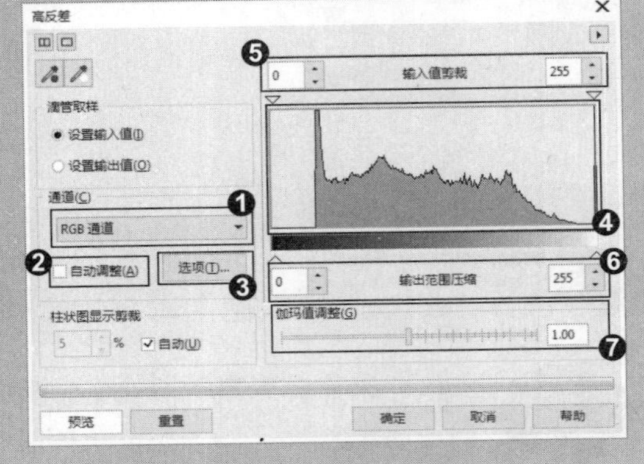

招式 211 提高对比度平衡局部细节

Q 如果想要提高位图的对比度平衡局部细节，在 CorelDRAW 中该如何操作？

A 在 CorelDRAW 中可以选择对象，在菜单栏中单击“效果”|“调整”|“局部平衡”命令，弹出“局部平衡”对话框，设置参数，就可以提高位图的对比度平衡局部细节了。

1. 打开图像素材

❶启动 CorelDRAW X8 后，单击左上角的“打开”按钮或按 Ctrl+O 快捷键，❷打开本书配备的“第 9 章 \ 素材 \ 招式 211\ 图像 .cdr”文件，❸选择工具箱中的（选择工具），单击选择图像。

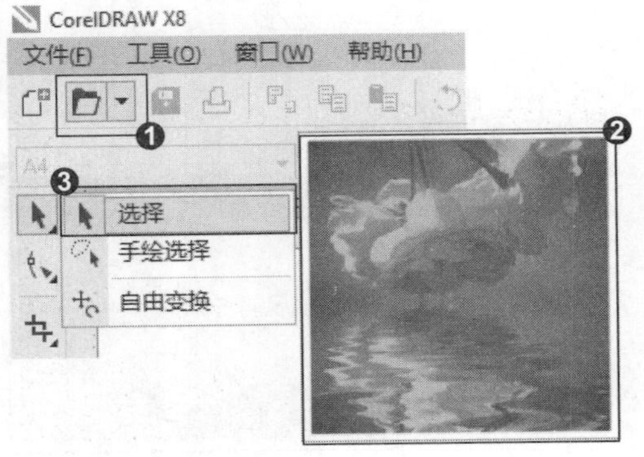

2. 调出“局部平衡”对话框

❶在菜单栏中单击“效果”|“调整”|“局部平衡”命令，❷弹出“局部平衡”对话框。

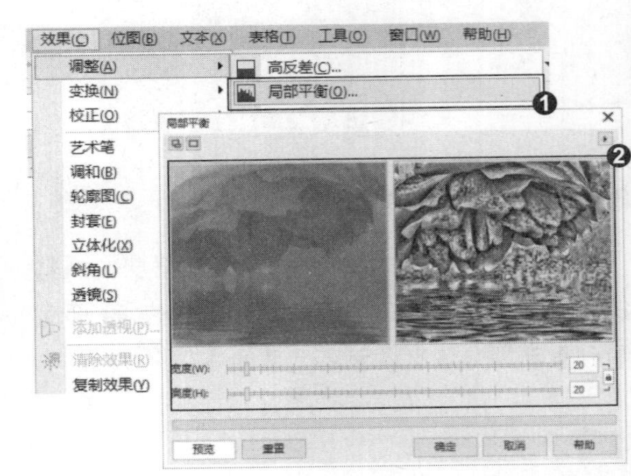

3. 设置参数完成效果

❶ 拖动“宽度”和“高度”滑块，完成后单击“确定”按钮，❷ 提高位图的对比度平衡局部细节。

专家提示

调整“宽度”和“高度”时，可以统一进行调整，也可以单击后面的🔒解开锁头，分别进行“宽度”和“高度”的调整。

招式 212 吸取颜色调整位图颜色值

Q 如果想要吸取颜色调整位图颜色值，在 CorelDRAW 中该如何操作?

A 在 CorelDRAW 中可以单击选择对象，在菜单栏中单击“效果”|“调整”|“吸取 / 目标平衡”命令，弹出“样本 / 目标平衡”对话框，选择吸管工具，吸取图像上的颜色，再进行目标颜色更改，就可以调整位图的颜色值了。

1. 打开图像素材

❶ 启动 CorelDRAW X8 后，单击左上角的“打开”按钮或按 Ctrl+O 快捷键，❷ 打开本书配备的“第 9 章 \ 素材 \ 招式 212\ 图像 .cdr”文件，❸ 选择工具箱中的（选择工具），单击选择图像。

2. 调出“样本 / 目标平衡”对话框

❶ 在菜单栏中单击“效果”|“调整”|“取样 / 目标平衡”命令，❷ 弹出“样本 / 目标平衡”对话框。

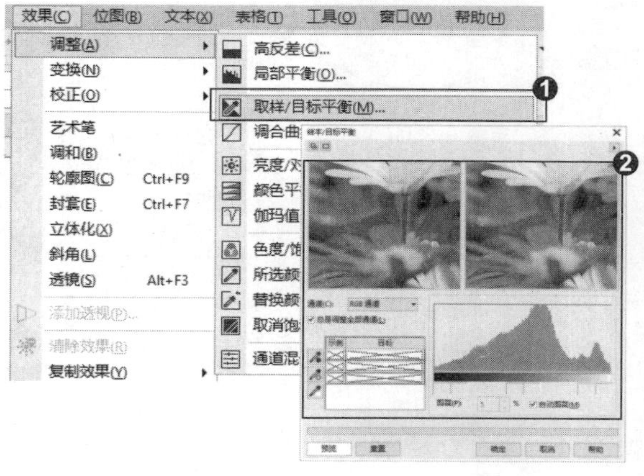

3. 应用吸管工具

❶ 单击选择黑色吸管工具，❷ 吸取图像中最深的颜色，❸ 单击选择“中间色调吸管”工具，吸取图像中中间色调，单击选择“白色吸管”工具吸取图像中最浅处颜色。

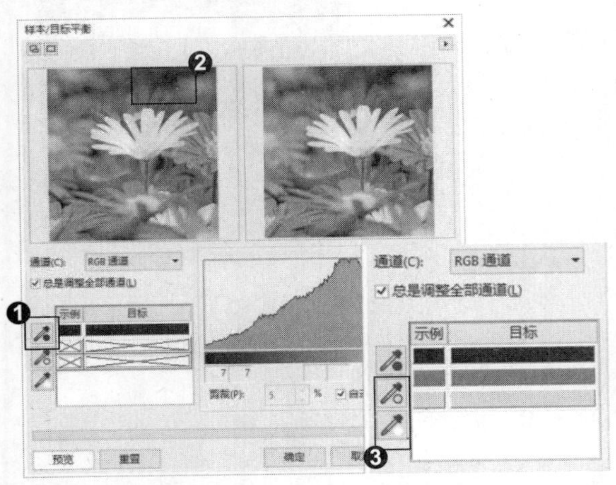

4. 调整颜色

❶ 分别单击黑色、中间色、白色的目标色，从弹出的“选择颜色”对话框中选择颜色，❷ 单击“预览”按钮，观察颜色调节效果，❸ 单击“确定”按钮，即可调整位图颜色。

专家提示

在调整过程中无法进行撤销操作，可以单击“重置”按钮，重新进行调整。

知识拓展

❶ 取消选中“总是调整全部通道”复选框后，可以在“通道”下拉列表中选择相应的颜色通道，吸取相应的颜色，❷ 可以在“示例”与“目标”中显示吸取的颜色。

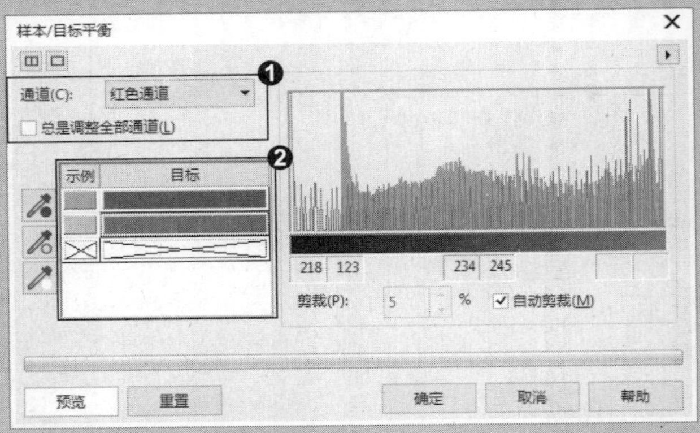

招式 213 改变单个像素矫正位图颜色

Q 如果想要改变单个像素矫正位图颜色，在 CorelDRAW 中该如何操作？

A 在 CorelDRAW 中可以选择对象，在菜单栏中单击“效果”|“调整”|“调和曲线”命令，弹出“调和曲线”对话框，调整曲线，就可以改变单个像素矫正位图颜色了。

1. 打开图像素材

❶ 启动 CorelDRAW X8 后，单击左上角的“打开”按钮或按 Ctrl+O 快捷键，❷ 打开本书配备的“第 9 章 \ 素材 \ 招式 213\ 图像 .cdr”文件，❸ 选择工具箱中的（选择工具），单击选择图像。

2. 调出“调和曲线”对话框

❶ 在菜单栏中单击“效果”|“调整”|“调和曲线”命令，❷ 弹出“调和曲线”对话框，单击“活动通道”后面的下拉按钮，在下拉选项中选择“红”通道。

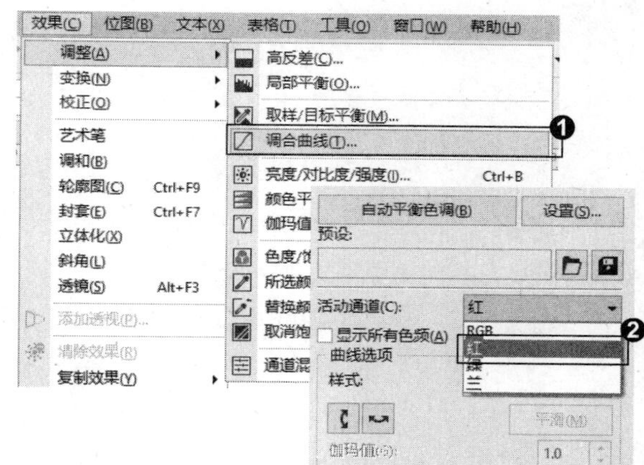

3. 调和曲线

❶ 拖动调整点，调整曲线，❷ 单击“预览”按钮，预览调整效果，完成后单击“确定”按钮，❸ 即可看到改变单个像素矫正位图颜色的效果。

知识拓展

“调和曲线”通过改变图像中单个像素值来精确校正位图颜色，通过分别改变阴影、中间色和高光部分，精确地修改图像局部的颜色。在“调和曲线”对话框中，❶单击“自动平衡色调”按钮可以以设置的范围进行自动平衡色调，可在后面设置中设置范围；❷在“活动通道”选项的下拉列表中可以切换通道，包括RGB、红、绿、蓝4种；❸选中“显示所有色频”复选框，可以将所有的活动通道显示在一个调节窗口中；❹在“曲线样式”下拉列表中可以选择曲线的调节样式，包括“曲线”“直线”“手绘”和“伽玛值”，在绘制手绘曲线时，可单击下面的“平滑”按钮平滑曲线；❺单击“重置活动通道”按钮可以重置当前活动通道的设置。

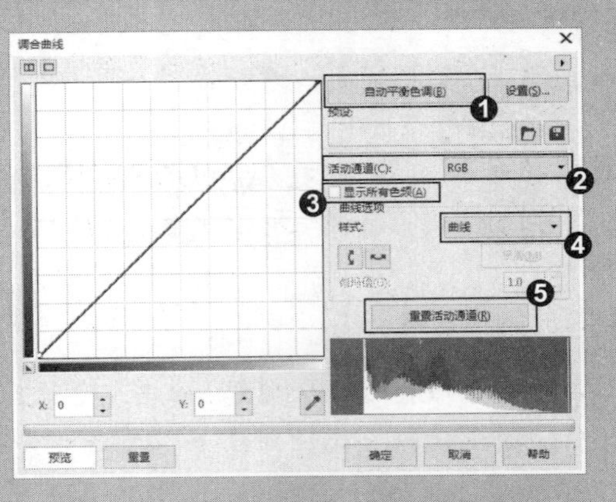

招式 214 调整位图的亮度和深浅区域的差异

Q 如果想要调整位图的亮度和深浅区域的差异，在CorelDRAW中该如何操作?

A 在CorelDRAW中可以选择对象，在菜单栏中单击“效果”|“调整”|“亮度/对比度/强度”命令，弹出“亮度/对比度/强度”对话框，调节参数，就可以调整位图的亮度和深浅区域的差异了。

1. 打开图像素材

❶启动CorelDRAW X8后，单击左上角的“打开”按钮或按Ctrl+O快捷键，❷打开本书配备的“第9章\素材\招式214\图像.cdr”文件，❸选择工具箱中的（选择工具），单击选择图像。

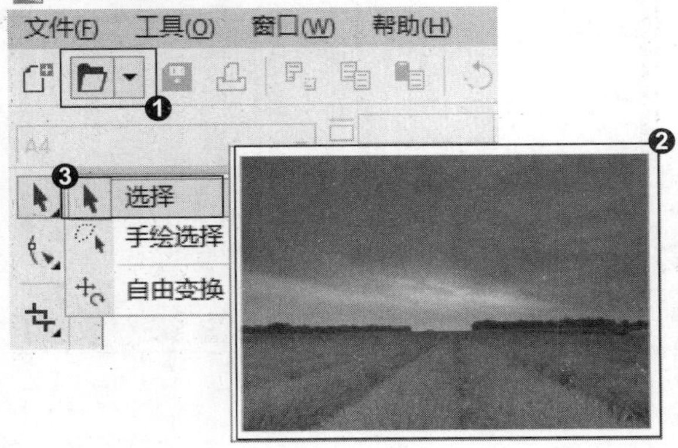

2. 调出“亮度/对比度/强度”对话框

❶在菜单栏中单击“效果”|“调整”|“亮度/对比度/强度”命令，❷弹出“亮度/对比度/强度”对话框，单击“双预览窗口”按钮，显示对比预览窗口。

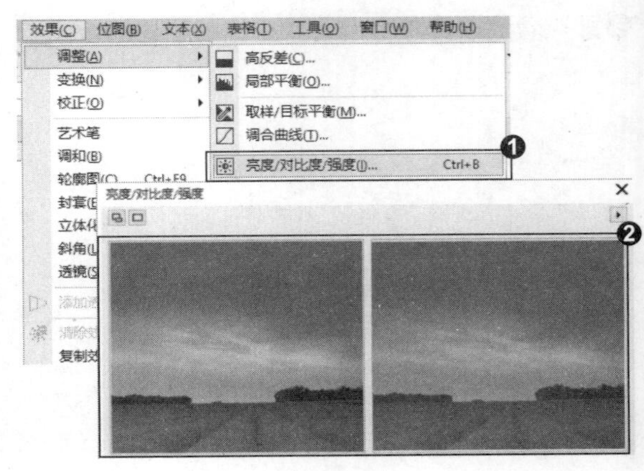

3. 调整亮度 / 对比度 / 强度

❶ 拖动滑块，调整“亮度”“对比度”和“强度”参数，或在后面的“文本框”内输入数值，❷ 完成后单击“确定”按钮，完成调整位图的亮度和深浅区域的差异。

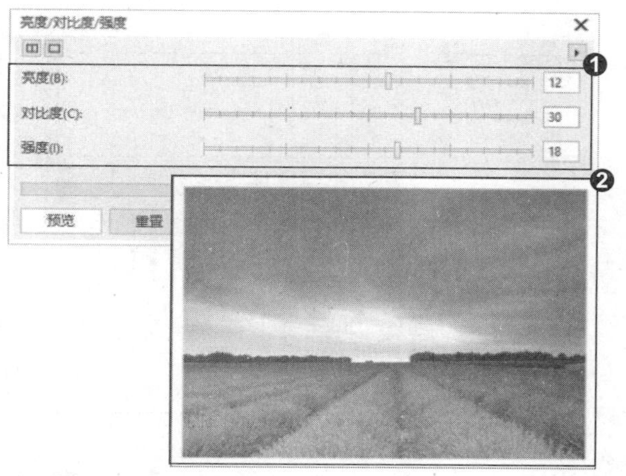

知识拓展

“亮度 / 对比度 / 强度”命令用于调整矢量图和位图中所有颜色的亮度，以及高光与阴影色调的对比度。拖动“亮度”滑块，可提高或降低图像的亮度值，使所有色彩同等程度地变亮或变暗；拖动“对比度”滑块，可改变图像中最深和最浅像素之间的颜色差异；拖动“强度”滑块，可调整图像的强度，增加强度可以使图像中的浅色区域更亮，但不会削弱深色区域的色调。

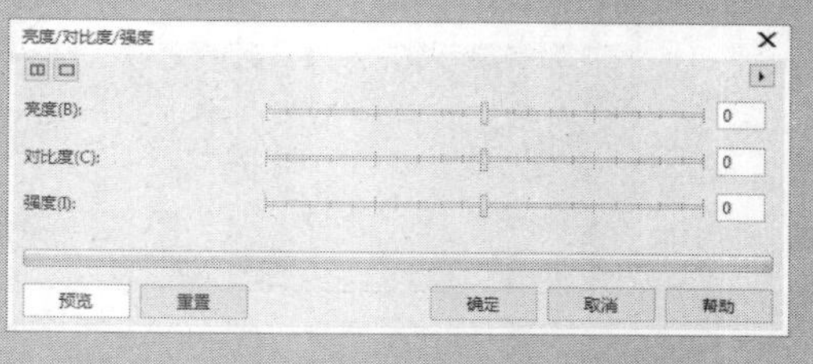

招式 215 颜色平衡调整颜色偏向

Q 做出来的设计颜色不是特别满意，如果想要调整颜色偏向，在 CorelDRAW 中该如何操作？

A 在 CorelDRAW 中可以选择对象，在菜单栏中单击“效果”|“调整”|“颜色平衡”命令，弹出“颜色平衡”对话框，调节参数，就可以调整颜色偏向了。

1. 打开图像素材

❶ 启动 CorelDRAW X8 后，单击左上角的“打开”按钮或按 Ctrl+O 快捷键，❷ 打开本书配备的“第 9 章 \ 素材 \ 招式 215\ 图像 .cdr”文件，❸ 选择工具箱中的（选择工具），单击选择图像。

2. 调出“颜色平衡”对话框

❶ 在菜单栏中单击“效果”|“调整”|“颜色平衡”命令，❷ 弹出“颜色平衡”对话框，单击“双预览窗口”按钮，显示对比预览窗口。

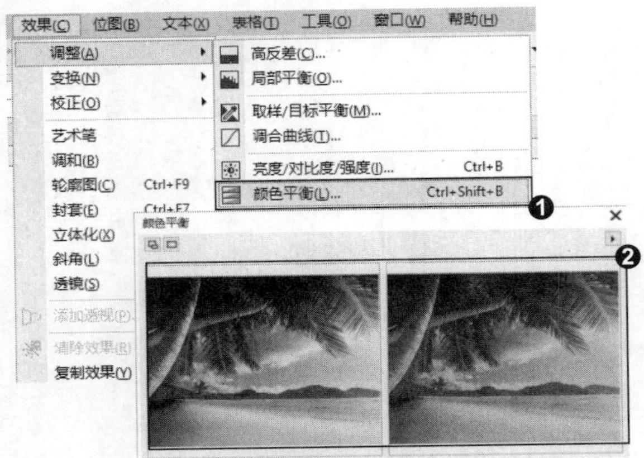

3. 设置参数完成效果

❶ 选择添加颜色偏向的范围，❷ 拖动滑块，调整“颜色通道”的颜色偏向，或在后面的“文本框”内输入数值，❸ 完成后单击“确定”按钮，则调整颜色偏向完成。

知识拓展

“颜色平衡”用于将青色、红色、品红色、绿色、黄色和蓝色添加到位图中，来添加颜色偏向。在“颜色平衡”对话框中，选中“阴影”复选框，则仅对位图的阴影区域进行颜色平衡设置；选中“中间色调”复选框，则仅对位图的中间色调区域进行颜色平衡设置；选中“高光”复选框，则仅对位图的高光区域进行颜色平衡设置；选中“保持亮度”复选框，在添加颜色平衡的过程中保证位图不会变暗。

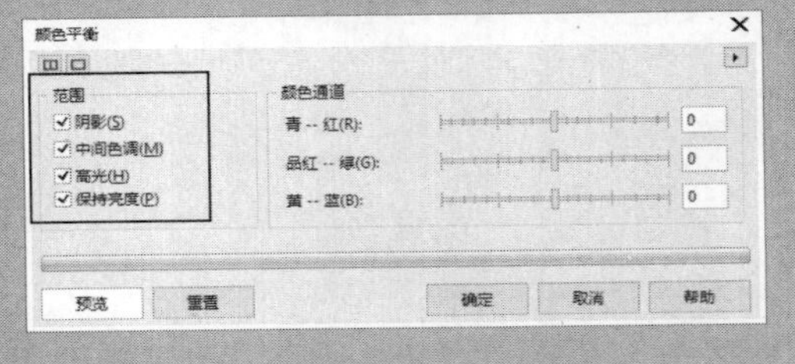

专家提示

混合使用“范围”下的复选框会呈现不同的效果，可根据对位图的需求灵活选择范围选项。

招式 216 降低对比度强大细节调整位图

Q 如果想要降低对比度强大细节调整位图，在CorelDRAW中该如何操作？

A 在CorelDRAW中可以单击选择对象，在菜单栏中单击“效果”|“调整”|“伽马值”命令，弹出“伽马值”对话框，调节参数，就可以降低对比度强大细节调整位图了。

1. 打开图像素材

❶ 启动 CorelDRAW X8 后，单击左上角的“打开”按钮或按 Ctrl+O 快捷键，❷ 打开本书配备的“第 9 章 \ 素材 \ 招式 216\ 图像 .cdr”文件，❸ 选择工具箱中的（选择工具），单击选择图像。

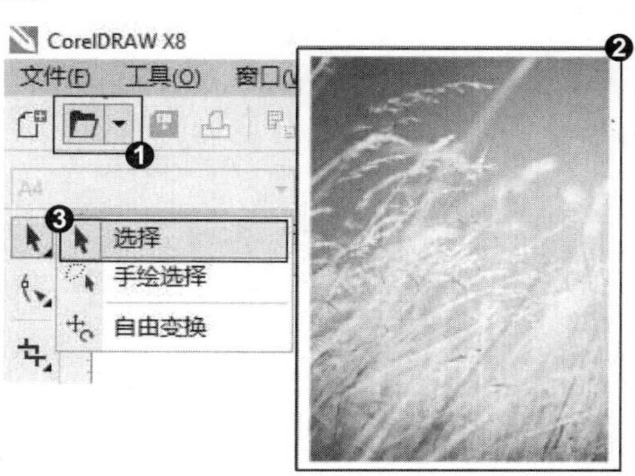

2. 调出“伽马值”对话框

❶ 在菜单栏中单击“效果”|“调整”|“伽马值”命令，❷ 弹出“伽马值”对话框，单击“双预览窗口”按钮，显示对比预览窗口。

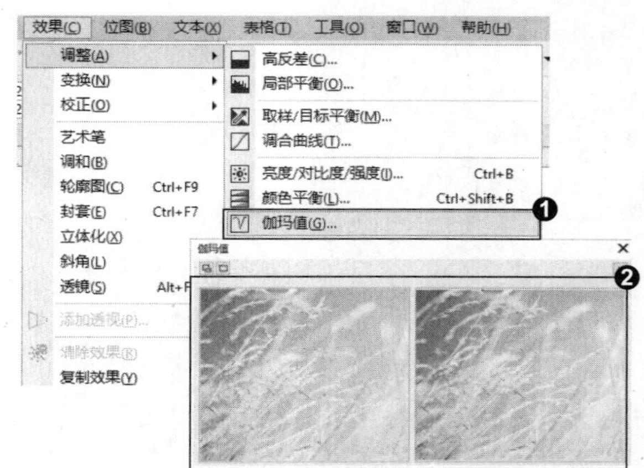

3. 设置参数完成效果

❶ 拖动“伽马值”滑块，调节参数，或在后面的“文本框”内输入数值，❷ 完成后单击“确定”按钮，即可看到降低对比度强大细节调整位图的效果。

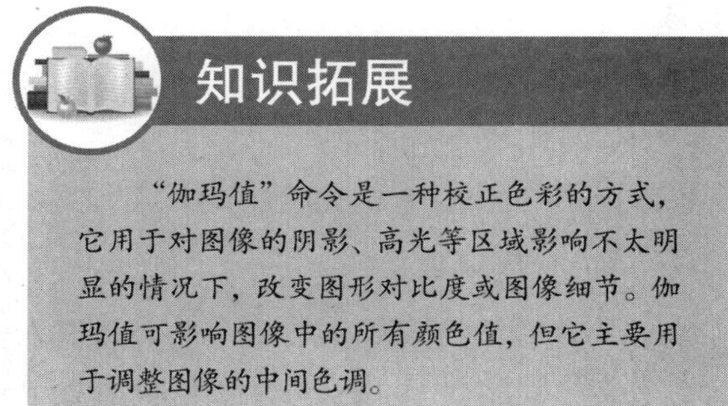

知识拓展

“伽玛值”命令是一种校正色彩的方式，它用于对图像的阴影、高光等区域影响不太明显的情况下，改变图形对比度或图像细节。伽玛值可影响图像中的所有颜色值，但它主要用于调整图像的中间色调。

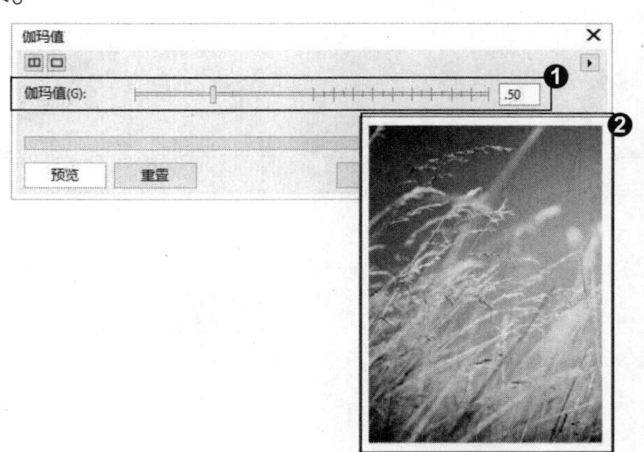

招式 217 调整位图中的色频通道

Q 如果想要调整位图中的色频通道，并改变色谱中颜色的位置，在 CorelDRAW 中该如何操作?

A 在 CorelDRAW 中可以选择对象，在菜单栏中单击“效果”|“调整”|“色度 / 饱和度 / 强度”命令，弹出“色度 / 饱和度 / 强度”对话框，调节参数，就可以调整位图中的色频通道了。

1. 打开图像素材

❶ 启动 CorelDRAW X8 后，单击左上角的“打开”按钮或按 Ctrl+O 快捷键，❷ 打开本书配备的“第 9 章 \ 素材 \ 招式 217\ 图像 .cdr”文件，❸ 选择工具箱中的（选择工具），单击选择图像。

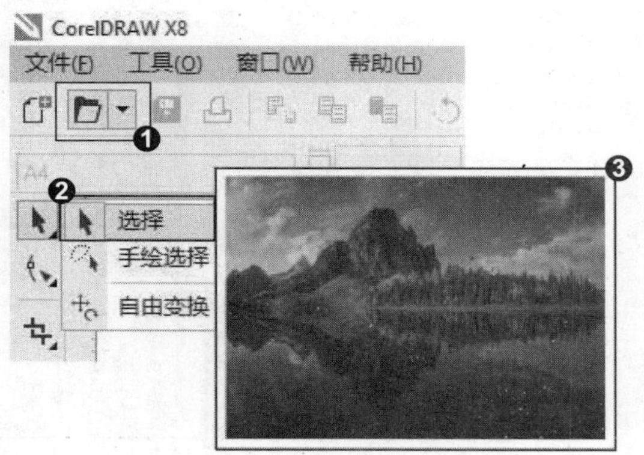

2. 调出“色度 / 饱和度 / 强度”对话框

❶ 在菜单栏中单击“效果”|“调整”|“色度 / 饱和度 / 强度”命令，❷ 弹出“色度 / 饱和度 / 强度”对话框，单击“红”通道，❸ 拖动滑块，调整“红”通道的“色度”“饱和度”和“亮度”的参数。

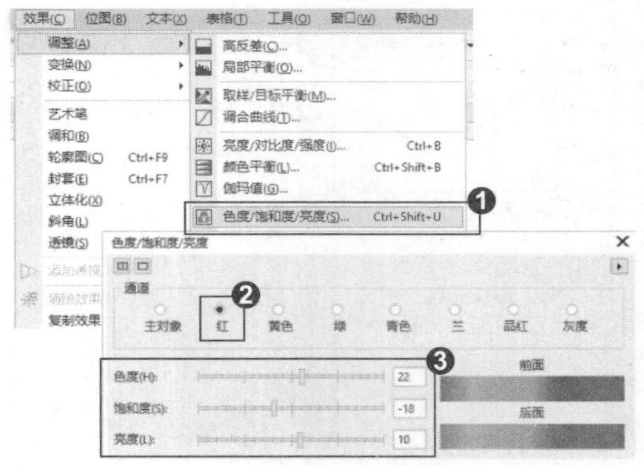

3. 设置参数

❶ 单击“黄色”通道，拖动滑块，调整“黄色”通道的“色度”“饱和度”和“亮度”参数，❷ 单击“绿”通道，拖动滑块，调整“绿”通道的“色度”“饱和度”和“亮度”参数。

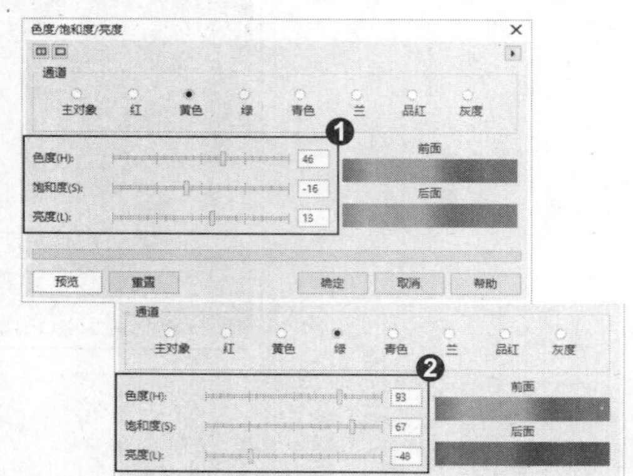

4. 完成效果

❶ 单击“主对象”通道，拖动滑块，调整“主对象”通道的“色度”“饱和度”和“亮度”参数，❷ 完成后单击“确定”按钮，完成调整位图中的色频通道。

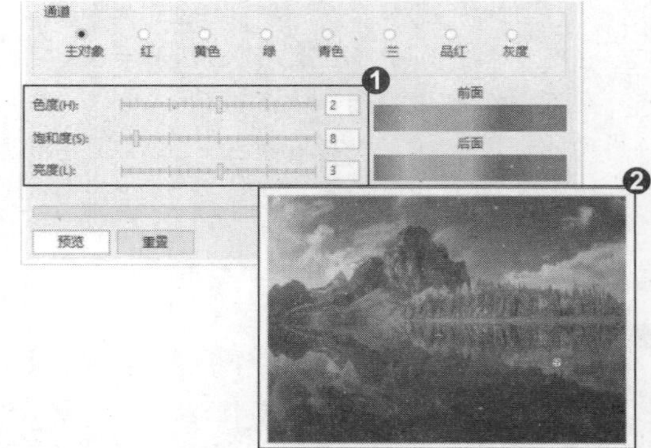

知识拓展

“色度 / 饱和度 / 亮度”命令可以调整矢量图和位图中的色频通道，并更改颜色在色谱中的位置，以改变图像的色相，同时还可以调整图像色彩的浓度和整个色调的亮度。

招式 218 根据单一颜色调整位图

Q 如果想要根据单一颜色调整位图，在 CorelDRAW 中该如何操作?

A 在 CorelDRAW 中可以选择对象，在菜单栏中单击“效果”|“调整”|“所选颜色”命令，弹出“所选颜色”对话框，调节参数，就可以根据单一颜色调整位图了。

1. 打开图像素材

❶ 启动 CorelDRAW X8 后，单击左上角的“打开”按钮 或按 Ctrl+O 快捷键，❷ 打开本书配备的“第 9 章 \ 素材 \ 招式 218\ 图像 .cdr”文件，❸ 选择工具箱中的 （选择工具），单击选择图像。

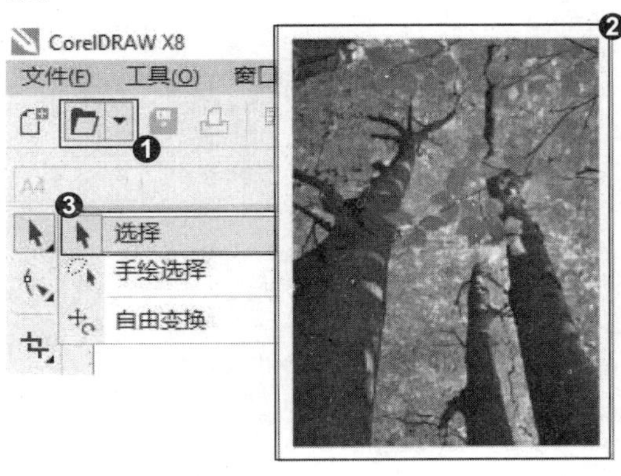

2. 调出“所选颜色”对话框

❶ 在菜单栏中单击“效果”|“调整”|“所选颜色”命令，❷ 弹出“所选颜色”对话框，单击“红”色谱，❸ 拖动滑块，调整“红”色谱的“品红”“黄”和“黑”参数。

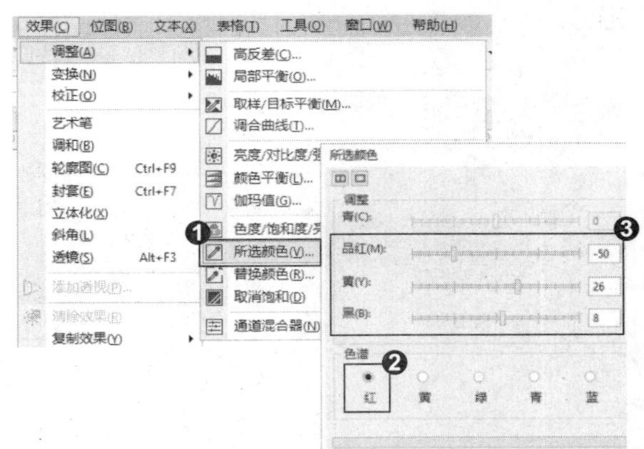

3. 设置参数完成效果

❶ 单击“黄”色谱，❷ 拖动滑块，调整“黄”色谱的“青”“品红”“黄”和“黑”参数，❸ 完成后单击“确定”按钮，则根据单一颜色调整位图完成。

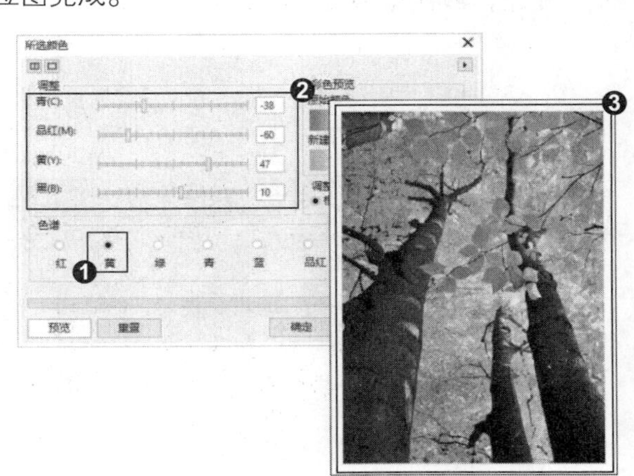

知识拓展

使用“可选颜色”命令可改变图像中的红、黄、绿、青、蓝、品红色谱中的青、品红、黄和黑所占的百分比。与 Photoshop 中的“可选颜色”命令使用方法大致相同。

招式 219 替换位图所选颜色调整位图

Q 如果想要替换位图所选颜色，在 CorelDRAW 中该如何操作?

A 在 CorelDRAW 中可以选择对象，在菜单栏中单击“效果”|“调整”|“替换颜色”命令，弹出“替换颜色”对话框，调节参数，就可以替换位图所选颜色调整位图了。

1. 打开图像素材

❶ 启动 CorelDRAW X8 后，单击左上角的“打开”按钮或按 Ctrl+O 快捷键，❷ 打开本书配备的“第 9 章 \ 素材 \ 招式 219\ 图像 .cdr”文件，❸ 选择工具箱中的（选择工具），单击选择图像。

2. 调出“替换颜色”对话框

❶ 在菜单栏中单击“效果”|“调整”|“替换颜色”命令，❷ 弹出“替换颜色”对话框，单击“原颜色”后面的“吸管工具”按钮，❸ 在位图上单击吸取需要替换的颜色。

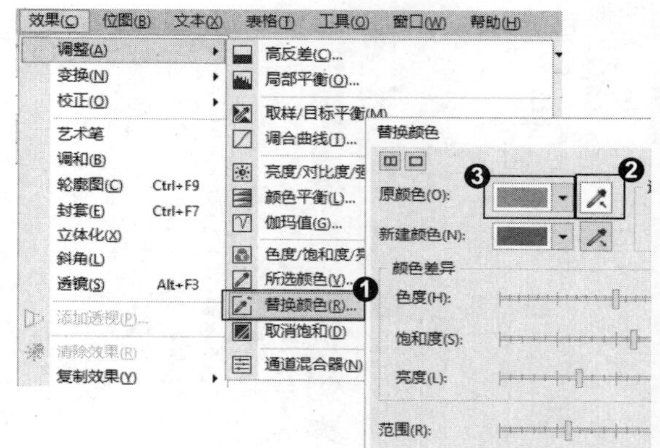

3. 设置参数完成效果

❶ 单击“新建颜色”后面的颜色选项框，❷ 在下拉颜色查看器上单击想要的颜色，完成后单击“确定”按钮，❸ 则替换位图所选颜色完成。

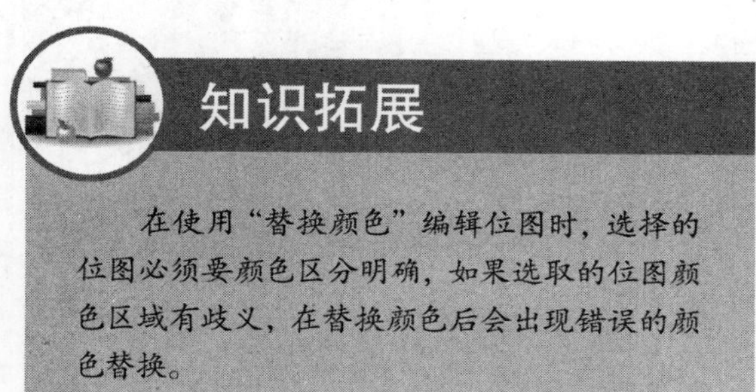

知识拓展

在使用“替换颜色”编辑位图时，选择的位图必须要颜色区分明确，如果选取的位图颜色区域有歧义，在替换颜色后会出现错误的颜色替换。

招式 220 取消颜色饱和度调整位图

Q 如果想要取消颜色饱和度调整位图，在 CorelDRAW 中该如何操作?

A 在 CorelDRAW 中可以选择对象，在菜单栏中单击“效果”|“调整”|“取消饱和”命令，就可以取消颜色饱和度调整位图了。

1. 打开图像素材

❶ 启动 CorelDRAW X8 后，单击左上角的“打开”按钮或按 Ctrl+O 快捷键，❷ 打开本书配备的“第 9 章\素材\招式 220\图像 .cdr”文件，❸ 选择工具箱中的（选择工具），单击选择图像。

2. 取消饱和

❶ 在菜单栏中单击“效果”|“调整”|“取消饱和”命令，❷ 则取消位图颜色的饱和度。

知识拓展

“取消饱和”可以将位图中每种颜色饱和度都减为零，转化为相应的灰度，形成灰度图像。

招式 221 改变不同通道色彩调整位图

Q 如果想要改变不同通道色彩调整位图，在 CorelDRAW 中该如何操作?

A 在 CorelDRAW 中可以选择对象，在菜单栏中单击“效果”|“调整”|“通道混合器”命令，弹出“通道混合器”对话框，调节参数，就可以改变不同通道色彩调整位图了。

1. 打开图像素材

❶ 启动 CorelDRAW X8 后，单击左上角的“打开”按钮或按 Ctrl+O 快捷键，❷ 打开本书配备的“第 9 章 \ 素材 \ 招式 221\ 图像 .cdr”文件，❸ 选择工具箱中的（选择工具），单击选择图像。

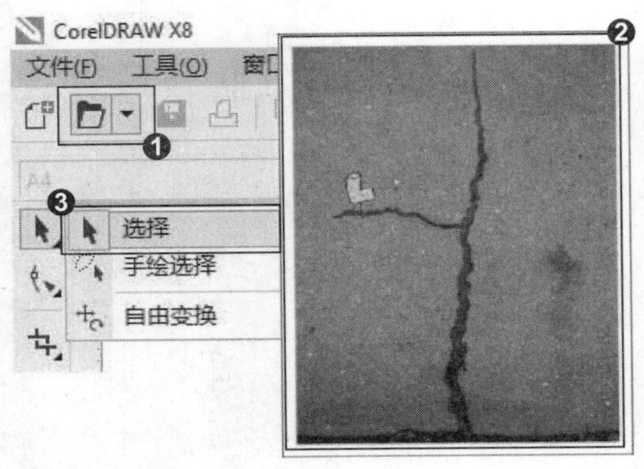

2. 调出“通道混合器”对话框

❶ 在菜单栏中单击“效果”|“调整”|“通道混合器”命令，❷ 弹出“通道混合器”对话框，单击“输出通道”后面的下拉按钮，将“输出通道”更改为“红”。

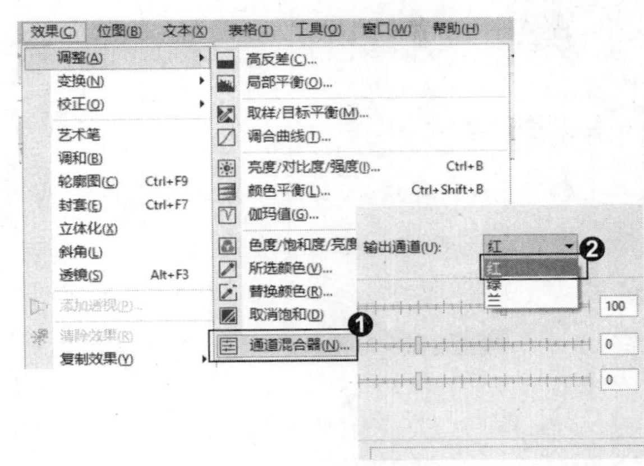

3. 设置参数完成效果

❶ 拖动滑块，调整“输入通道”的“红”“绿”和“蓝”通道，❷ 单击“预览”按钮，预览调整效果，❸ 完成后单击“确定”按钮，则改变了位图的不同通道色彩。

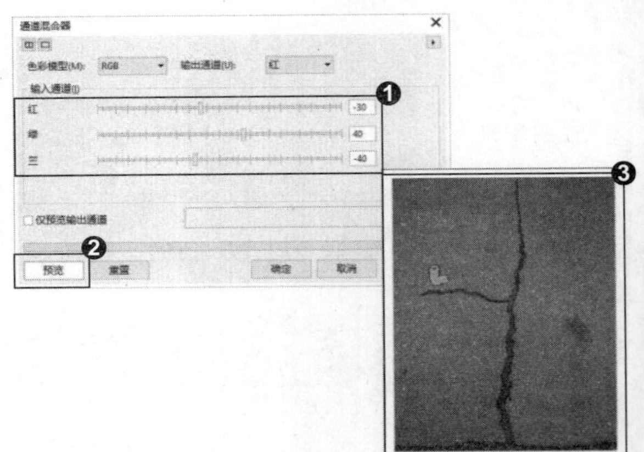

知识拓展

“通道混合器”通过改变不同颜色通道的数值来改变图像的色调。❶ 在“通道混合器”对话框中，单击按钮可以浏览调整前后图像对比效果；❷ 在“色彩模式”下拉列表中可以选择图像的调整模式；❸ 在“输出通道”下拉列表中可以选择调整的通道，并可以在下方输入参数改变图像颜色；❹ 选中“仅预览输出通道”复选框，此时调整的图像显示为黑色。

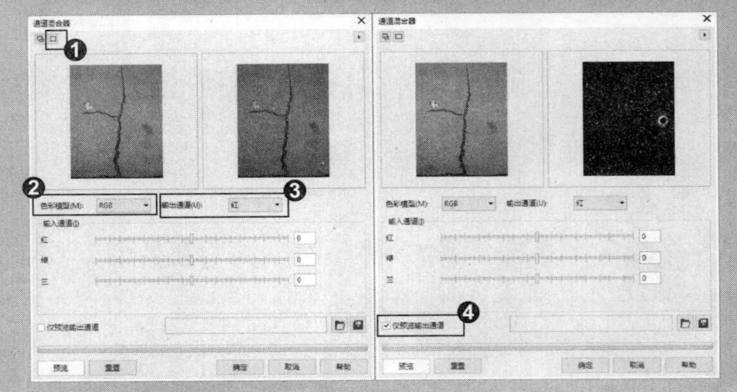

招式 222 去交错命令移除图像中的线条

Q 如果想要使用去交错命令移除图像中的线条，在 CorelDRAW 中该如何操作?

A 在 CorelDRAW 中可以选择对象，在菜单栏中单击“效果”|“变换”|“去交错”命令，弹出“去交错”对话框，调节参数，就可以移除图像中的线条了。

1. 打开图像素材

❶ 启动 CorelDRAW X8 后，单击左上角的“打开”按钮或按 Ctrl+O 快捷键，❷ 打开本书配备的“第 9 章\素材\招式 222\图像.cdr”文件，❸ 选择工具箱中的（选择工具），单击选择图像。

2. 调出“去交错”对话框

❶ 在菜单栏中单击“效果”|“变换”|“去交错”命令，❷ 弹出“去交错”对话框，单击“双预览窗口”按钮，显示对比预览窗口。

3. 设置参数完成效果

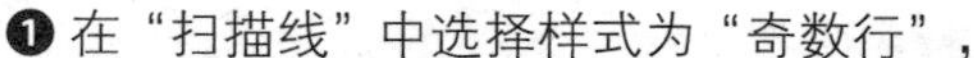

❶ 在“扫描线”中选择样式为“奇数行”，❷ 选择“替换方法”为“复制”，❸ 完成后单击“确定”按钮，则可使用去交错命令移除图像中的线条。

知识拓展

“去交错”命令用于从扫描所得或隔行显示的图像中删除不需要的线条。导入位图后，执行该命令，设置扫描的方式和替换方法，即可去除线条。

招式 223 反显图像颜色

Q 如果想要反显图像颜色，在 CorelDRAW 中该如何操作?

A 在CorelDRAW中可以选择对象，在菜单栏中单击“效果”|“变换”|“反转颜色”命令，就可以反显图像颜色了。

1. 打开图像素材

❶ 启动CorelDRAW X8后，单击左上角的“打开”按钮或按Ctrl+O快捷键，❷ 打开本书配备的“第9章\素材\招式223\图像.cdr”文件，❸ 选择工具箱中的（选择工具），单击选择图像。

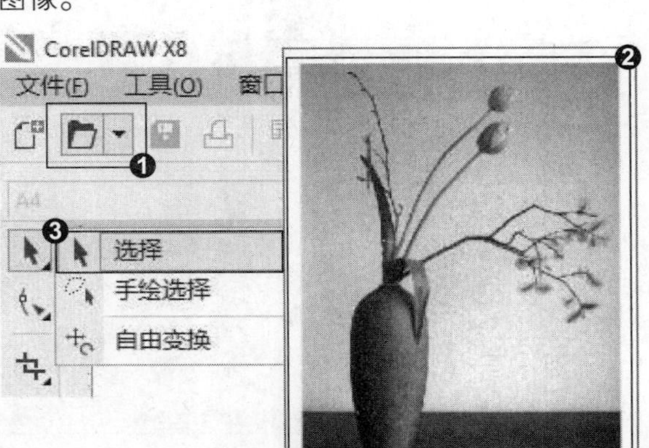

2. 单击“反转颜色”命令

❶ 在菜单栏中单击“效果”|“变换”|“反转颜色”命令，❷ 则可实现反显图像颜色。

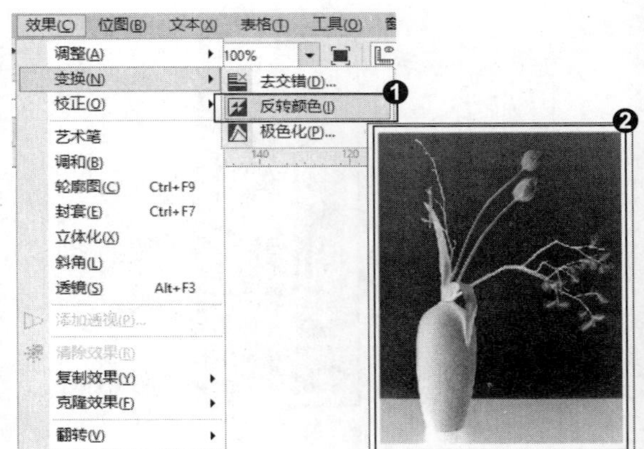

知识拓展

“反显”命令可以反显图像的颜色。反显图像会形成摄影负片的外观，类似于Photoshop的反相命令。

招式 224 减小位图中色调值调整颜色和色调

Q 如果想要减少位图中色调值调整颜色和色调，在 CorelDRAW 中该如何操作?

A 在CorelDRAW中可以选择对象，在菜单栏中单击“效果”|“变换”|“极色化”命令，弹出“极色化”对话框，调节参数，就可以减少位图中色调值调整颜色和色调了。

1. 打开图像素材

❶ 启动 CorelDRAW X8 后，单击左上角的“打开”按钮或按 Ctrl+O 快捷键，❷ 打开本书配备的“第 9 章 \ 素材 \ 招式 224\ 图像 .cdr”文件，❸ 选择工具箱中的（选择工具），单击选择图像。

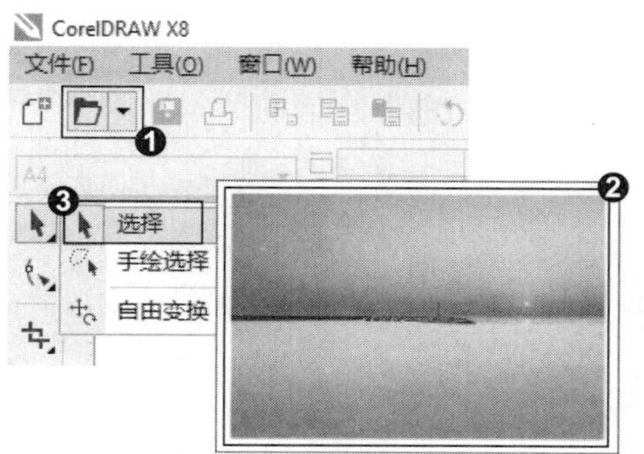

2. 调出“极色化”对话框

❶ 在菜单栏中单击“效果” | “变换” | “极色化”命令，❷ 弹出“极色化”对话框，单击（双预览窗口）按钮，显示对比预览窗口。

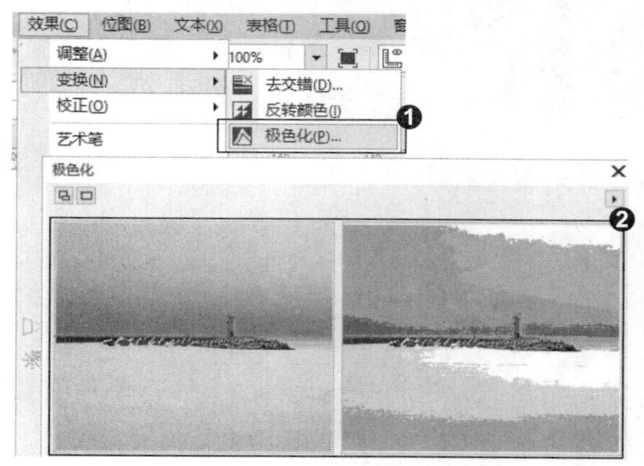

3. 设置参数完成效果

❶ 拖动“层次”滑块，调节参数，或直接在后面的文本框内输入数值，❷ 完成后单击“确定”按钮，则可实现减少位图中色调值调整颜色和色调。

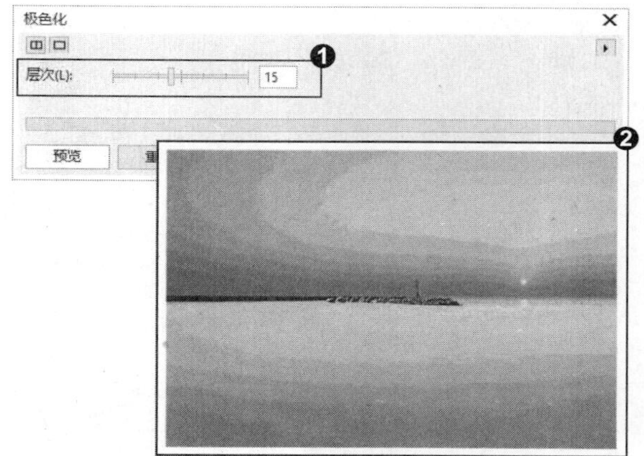

知识拓展

“极色化”命令用于减少位图中色调值的数量，减少颜色层次，产生大面积缺乏层次感的颜色。对话框中的“层次”滑块可以调整中色调数值的数量，值越小层次感越明显，值越大层次感越模糊。

招式 225 对位图添加三维特殊效果

Q 如果想要对位图添加三维特殊效果，在 CorelDRAW 中该如何操作？

A 在 CorelDRAW 中可以选择对象，在菜单栏中单击“位图” | “三维效果”命令，再单击选择任意一种三维效果命令，在弹出的对话框设置参数，就可以对位图添加三维特殊效果了。

1. 打开图像素材

❶ 启动 CorelDRAW X8 后，单击左上角的“打开”按钮或按 Ctrl+O 快捷键，❷ 打开本书配备的“第 9 章 \ 素材 \ 招式 225\ 图像 .cdr”文件，❸ 选择工具箱中的（选择工具），单击选择图像。

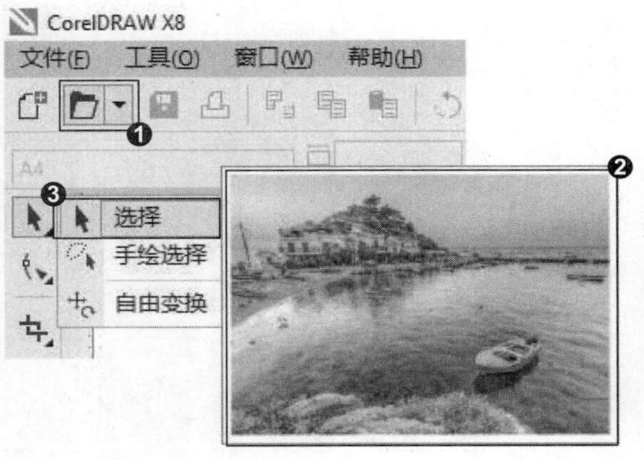

2. 调出“三维旋转”对话框

❶ 在菜单栏中单击“位图” | “三维效果” | “三维旋转”命令，❷ 弹出“三维旋转”对话框，单击“双预览窗口”按钮，显示对比预览窗口。

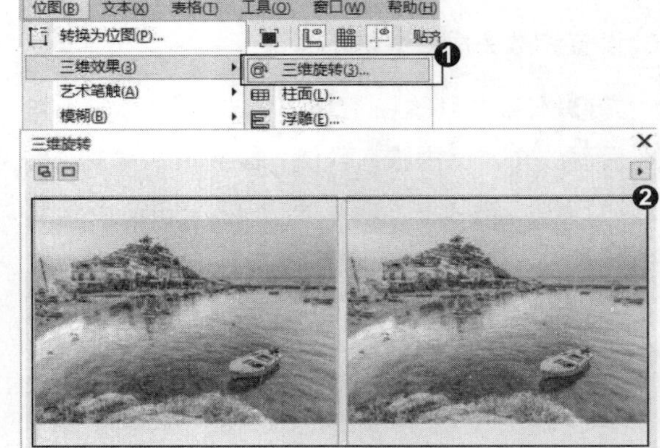

3. 设置参数完成效果

❶ 拖曳三维效果，或直接在后面的文本框内输入数值，❷ 则可对位图添加三维特殊效果。

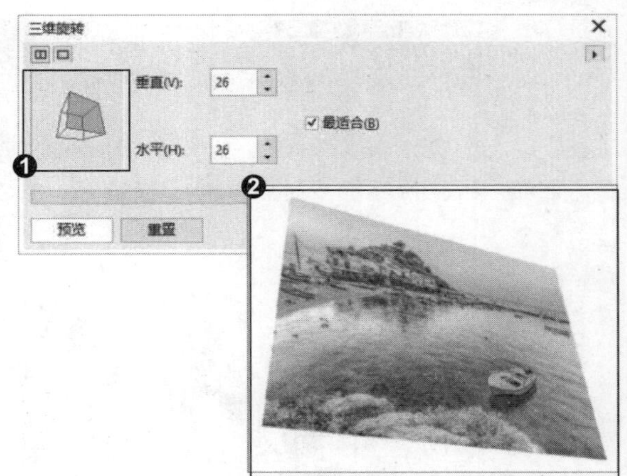

知识拓展

“三维效果”可以对位图添加三维特殊效果，使位图具有空间和深度效果。在 CorelDRAW X8 中，“三维效果”的操作命令包括“三维旋转”“柱面”“浮雕”“卷页”“透视”“挤远 / 挤近”和“球面”。“三维旋转”通过手动拖动三维模型效果，来添加图像的旋转 3D 效果；❶“柱面”以圆柱体表面贴图为基础，为图像添加三维效果；❷“浮雕”可以为图像添加凹凸效果，形成浮雕图案；❸“卷页”可以卷起位图的一角，形成翻卷效果；❹“透视”可以通过手动移动为位图添加透视深度；❺“挤远 / 挤近”以球面透视为基础为位图添加向内或向外的挤压效果；❻“球面”可以为图像添加球面透视效果。

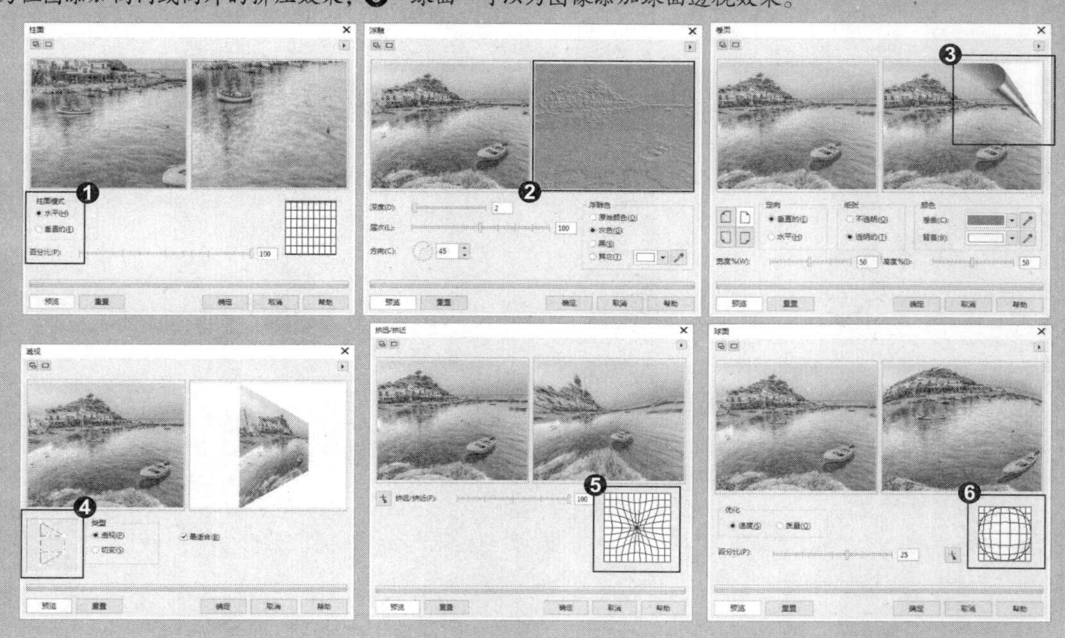

招式 226 利用艺术笔触绘制不同的绘画风格

Q 如果想要利用艺术笔触绘制不同的绘画风格，在 CorelDRAW 中该如何操作？

A 在 CorelDRAW 中可以选择对象，在菜单栏中单击“位图”|“艺术笔触”命令，再单击选择任意一种艺术笔触效果命令，在弹出的对话框设置参数，就可以利用艺术笔触绘制不同的绘画风格了。

1. 打开图像素材

❶启动 CorelDRAW X8 后，单击左上角的“打开”按钮或按 Ctrl+O 快捷键，❷打开本书配备的“第 9 章\素材\招式 226\图像 .cdr”文件，❸选择工具箱中的（选择工具），单击选择图像。

2. 调出“立体派”对话框

❶ 在菜单栏中单击“位图”|“艺术笔触”|“立体派”命令，❷ 弹出“立体派”对话框，单击“双预览窗口”按钮，显示对比预览窗口。

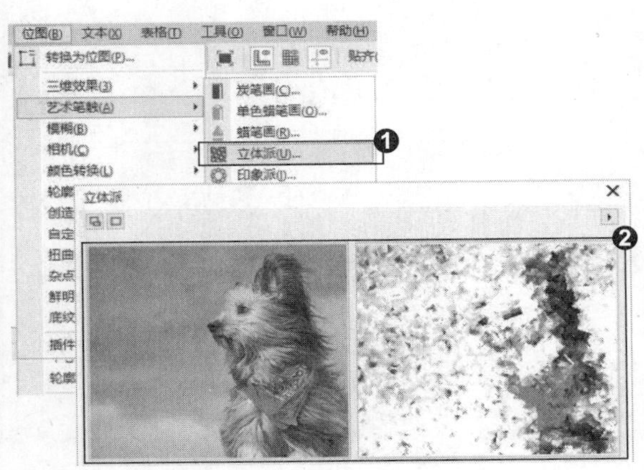

3. 设置参数完成效果

❶ 拖动“大小”和“亮度”滑块，调节参数，或直接在后面的文本框内输入数值，❷ 更改“纸张色”的颜色，❸ 完成后单击“确定”按钮，则可完成利用艺术笔触绘制“立体派”的效果。

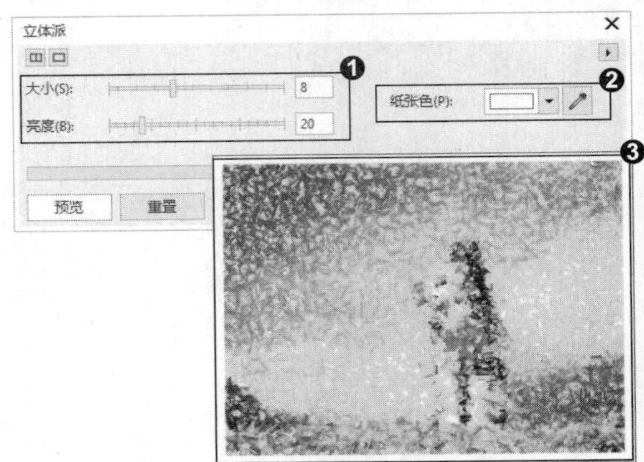

知识拓展

“艺术笔触”可以将位图以手绘的方法进行转换，创造不同的绘画风格。在 CorelDRAW X8 中，“艺术笔触”的操作命令包括“炭笔画”“单色蜡笔画”“蜡笔画”“立体派”“印象派”“调色刀”“彩色蜡笔画”“钢笔画”“点彩派”“木版画”“素描”“水彩画”“水印画”和“波纹纸画”。

招式 227 巧用模糊命令为对象添加模糊效果

Q 如果想要用模糊命令为对象添加模糊效果，在 CorelDRAW 中该如何操作?

A 在 CorelDRAW 中可以选择对象，在菜单栏中单击“位图”|“模糊”命令，再单击选择任意一种模糊效果命令，在弹出的对话框设置参数，就可以为对象添加模糊效果了。

1. 打开图像素材

❶ 启动 CorelDRAW X8 后，单击左上角的“打开”按钮或按 Ctrl+O 快捷键，❷ 打开本书配备的“第 9 章 \ 素材 \ 招式 227\ 图像 .cdr”文件，❸ 选择工具箱中的（选择工具），单击选择图像。

2. 调出“高斯式模糊”对话框

❶ 在菜单栏中单击“位图”|“模糊”|“高斯式模糊”命令，❷ 弹出“高斯式模糊”对话框，单击“双预览窗口”按钮，显示对比预览窗口。

3. 设置参数完成效果

❶ 拖动“半径”滑块，调节参数，或直接在后面的文本框内输入数值，❷ 完成后单击“确定”按钮，完成模糊效果的设置。

专家提示

模糊滤镜中最为常用的是“高斯式模糊”和“动态模糊”这两种，可以制作光晕效果和速度效果。

知识拓展

“模糊”是图像处理中最常见的效果。在 CorelDRAW X8 中，“模糊”的操作命令包括“定向平滑”“高斯式模糊”“锯齿状模糊”“低通滤波器”“动态模糊”“放射式模糊”“平滑”“柔和”“缩放”和“智能模糊”。

招式 228 添加相机产生光感效果

Q 如果想要为位图添加相机产生光感效果，在 CorelDRAW 中该如何操作?

A 在 CorelDRAW 中可以选择对象，在菜单栏中单击“位图”|“相机”命令，再单击选择任意一种相机效果命令，在弹出的对话框设置参数，就可以为位图添加相机产生光感效果了。

1. 打开图像素材

❶启动 CorelDRAW X8 后，单击左上角的“打开”按钮或按 Ctrl+O 快捷键，❷打开本书配备的“第 9 章\素材\招式 228\图像 .cdr”文件，❸选择工具箱中的（选择工具），单击选择图像。

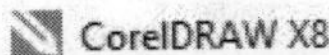

2. 调出“扩散”对话框

❶在菜单栏中单击“位图”|“相机”|“扩散”命令，❷弹出“扩散”对话框，单击“双预览窗口”按钮，显示对比预览窗口。

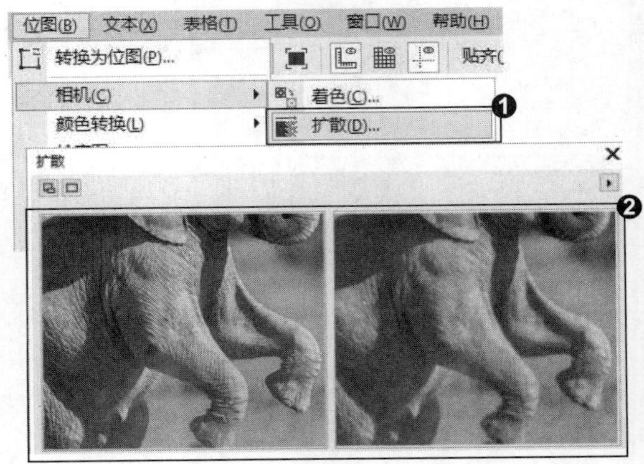

3. 设置参数完成效果

❶拖动“层次”滑块，调节参数，或直接在后面的文本框内输入数值，❷完成后单击“确定”按钮，则位图添加相机产生光感效果。

知识拓展

“相机”可以为图像添加相机产生的光感效果，为图像去除存在的杂点。在 CorelDRAW X8 中，“相机”的操作命令包括“着色”“扩散”“照片过滤器”“棕褐色色调”和“延时”。

招式 229 转换位图颜色

Q 如果想要转换位图的颜色，在 CorelDRAW 中该如何操作?

A 在 CorelDRAW 中可以选择对象，在菜单栏中单击“位图”|“颜色转换”|“梦幻色调”命令，弹出“梦幻色调”对话框，设置参数，就可以转换位图颜色了。

1. 打开图像素材

❶ 启动 CorelDRAW X8 后，单击左上角的“打开”按钮或按 Ctrl+O 快捷键，❷ 打开本书配备的“第 9 章 \ 素材 \ 招式 229\ 图像 .cdr”文件，❸ 选择工具箱中的（“选择”工具），单击选择图像。

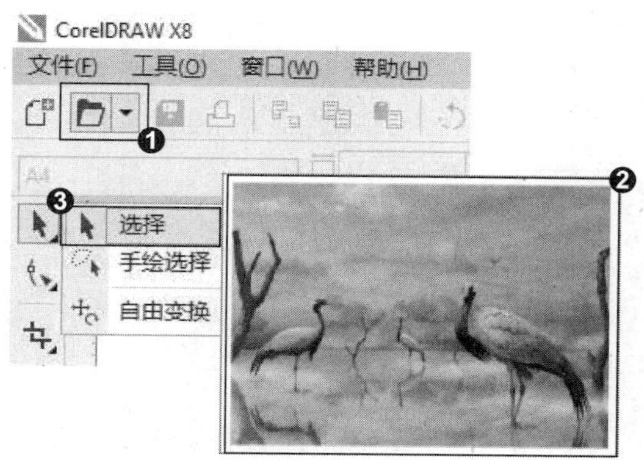

2. 调出“梦幻色调”对话框

❶ 在菜单栏中单击“位图”|“颜色转换”|“梦幻色调”命令，❷ 弹出“梦幻色调”对话框，单击（双预览窗口）按钮，显示对比预览窗口。

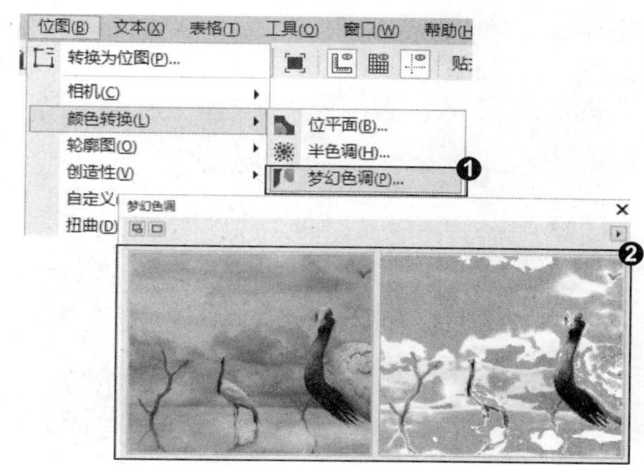

3. 设置参数完成效果

❶ 拖动“层次”滑块，调节参数，❷ 完成后单击“确定”按钮，则实现了位图颜色转换。

知识拓展

“颜色转换”可以将位图分为三个颜色平面进行显示，也可以为图像添加彩色网版效果，还可以转换色彩效果。在 CorelDRAW X8 中，“颜色转换”的操作命令包括“位平面”“半色调”“梦幻色调”和“曝光”。

招式 230 处理位图边缘和轮廓

Q 如果想要处理位图边缘和轮廓，在 CorelDRAW 中该如何操作?

A 在 CorelDRAW 中可以选择对象，在菜单栏中单击“位图”|“轮廓图”命令，再单击任意一种轮廓图效果命令，在弹出的对话框中设置参数，就可以处理位图边缘和轮廓了。

1. 打开图像素材

❶ 启动 CorelDRAW X8 后，单击左上角的“打开”按钮或按 Ctrl+O 快捷键，❷ 打开本书配备的“第 9 章 \ 素材 \ 招式 230\ 图像 .cdr”文件，❸ 选择工具箱中的（选择工具），单击选择图像。

2. 调出“查找边缘”对话框

❶ 在菜单栏中单击“位图”|“轮廓图”|“查找边缘”命令，❷ 弹出“查找边缘”对话框，单击“双预览窗口”按钮，显示对比预览窗口。

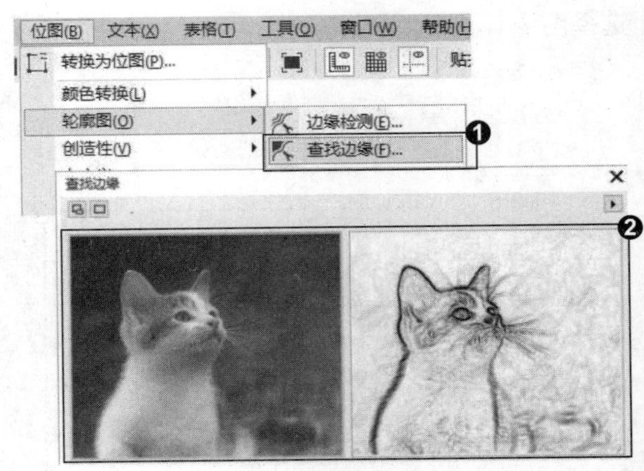

3. 查找边缘

❶ 选择“边缘类型”为“软”，❷ 拖动“层次”滑块，调节参数，❸ 完成后单击“确定”按钮，完成位图边缘和轮廓的处理。

知识拓展

“轮廓图”用于处理位图的边缘和轮廓，可以突出显示图像边缘。在 CorelDRAW X8 中，“轮廓图”的操作命令包括“边缘检测”“查找边缘”和“描摹轮廓”。

招式 231 利用创造性为位图添加底纹和形状

Q 如果想要利用创造性为位图添加底纹和形状，在 CorelDRAW 中该如何操作?

A 在 CorelDRAW 中可以单击选择对象，在菜单栏中单击“位图”|“创造性”命令，再单击选择任意一种创造性效果命令，在弹出的对话框中设置参数，就可以为位图添加底纹和形状了。

1. 打开图像素材

❶启动 CorelDRAW X8 后，单击左上角的“打开”按钮或按 Ctrl+O 快捷键，❷打开本书配备的“第 9 章\素材\招式 231\图像 .cdr”文件，❸选择工具箱中的（选择工具），单击选择图像。

2. 调出“晶体化”对话框

❶在菜单栏中单击“位图”|“创造性”|“晶体化”命令，❷弹出“晶体化”对话框，单击“双预览窗口”按钮，显示对比预览窗口。

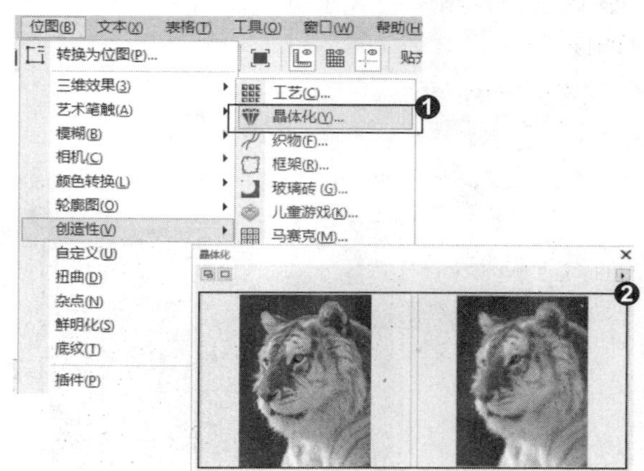

3. 设置参数完成效果

❶拖动“大小”滑块，调节参数，❷完成后单击“确定”按钮，实现利用创造性为位图添加底纹和形状。

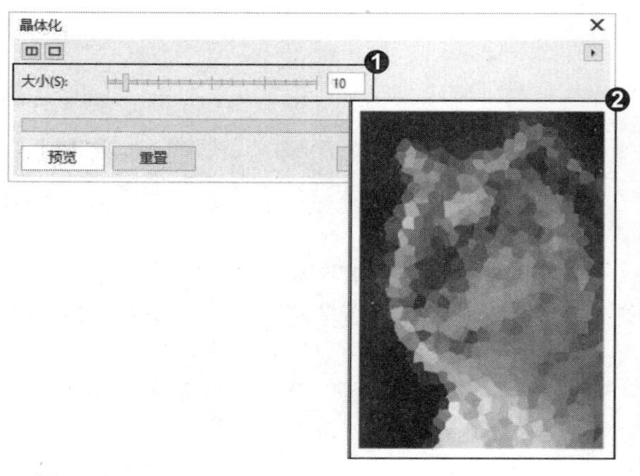

知识拓展

“创造性”可以为位图添加丰富的底纹和形状。在 CorelDRAW X8 中，“创造性”的操作命令包括“工艺”“晶体化”“织物”“框架”“玻璃砖”“儿童游戏”“马赛克”“粒子”“散开”“茶色玻璃”“彩色玻璃”“虚光”“旋涡”和“天气”。

招式 232 使位图产生变形扭曲

Q 如果想要使位图产生变形扭曲，在 CorelDRAW 中该如何操作?

A 在 CorelDRAW 中可以选择对象，在菜单栏中单击“位图”|“扭曲”命令，再单击任意一种扭曲效果命令，在弹出的对话框中设置参数，就可以使位图添产生变形扭曲的效果了。

1. 打开图像素材

❶启动CorelDRAW X8后，单击左上角的"打开"按钮或按Ctrl+O快捷键，❷打开本书配备的"第9章\素材\招式232\图像.cdr"文件，❸选择工具箱中的（选择工具），单击选择图像。

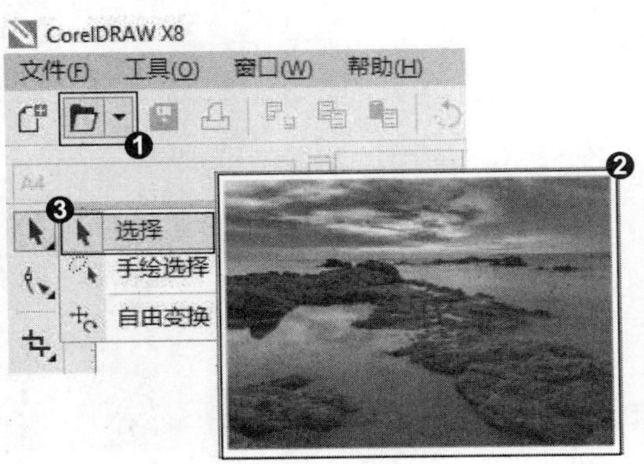

2. 调出"置换"对话框

❶在菜单栏中单击"位图"|"扭曲"|"置换"命令，❷弹出"置换"对话框，单击（双预览窗口）按钮，显示对比预览窗口。

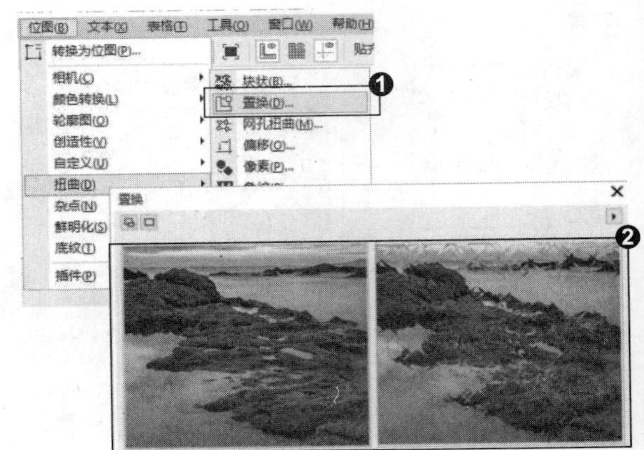

3. 设置参数完成效果

❶将"缩放模式"设置为"平铺"，❷拖动"水平"和"垂直"滑块，调节参数，❸完成后单击"确定"按钮，则使位图产生变形扭曲的效果。

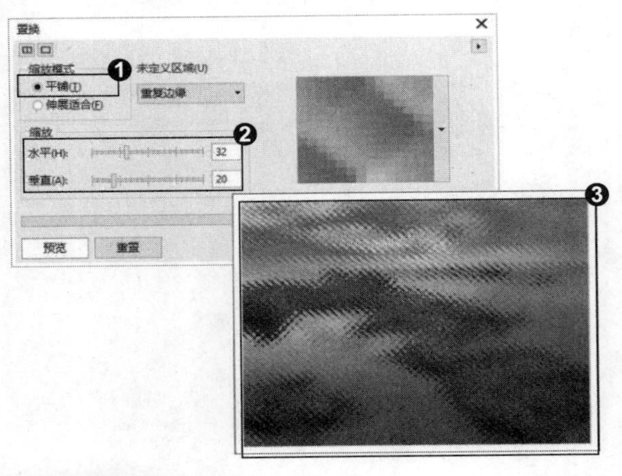

知识拓展

"扭曲"可以使位图产生扭曲变形的效果。在CorelDRAW X8中，"创造性"的操作命令包括"块状""置换""网孔扭曲""偏移""像素""龟纹""旋涡""平铺""湿笔画""涡流"和"风吹效果"。

招式233 使用杂点命令为图像添加颗粒

Q 如果想要为图像添加颗粒，在CorelDRAW中该如何操作？

A 在CorelDRAW中可以选择对象，在菜单栏中单击"位图"|"杂点"命令，再单击任意一种杂点效果命令，在弹出的对话框中设置参数，就可以为图像添加颗粒效果了。

1. 打开图像素材

❶ 启动 CorelDRAW X8 后，单击左上角的“打开”按钮或按 Ctrl+O 快捷键，❷ 打开本书配备的“第 9 章 \ 素材 \ 招式 233\ 图像 .cdr”文件，❸ 选择工具箱中的（选择工具），单击选择图像。

2. 调出“添加杂点”对话框

❶ 在菜单栏中单击“位图”|“杂点”|“添加杂点”命令，❷ 弹出“添加杂点”对话框，单击“双预览窗口”按钮，显示对比预览窗口。

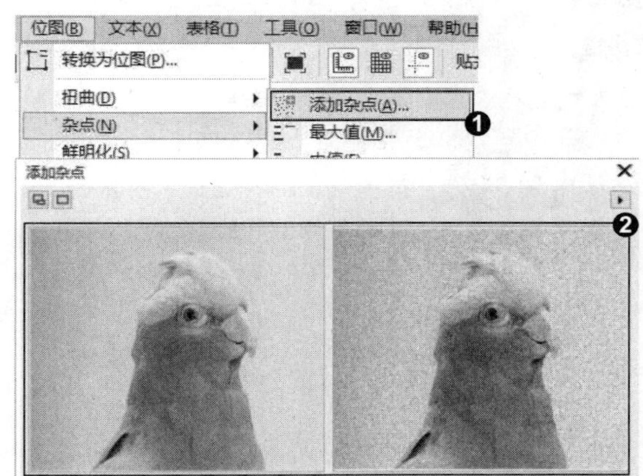

3. 设置参数完成效果

❶ 将“杂点类型”选择为“均匀”，❷ 拖动“层次”和“密度”滑块，调节参数，完成后单击“确定”按钮，❸ 则实现使用杂点命令为图像添加颗粒。

知识拓展

“杂点”可以为位图添加颗粒，并调整添加颗粒的程度。在 CorelDRAW X8 中，“杂点”的操作命令包括“添加杂点”“最大值”“中值”“最小”“去除龟纹”和“去除杂点”。

招式 234 鲜明化修复图像细节

Q 如果想要修复图像细节，在 CorelDRAW 中该如何操作？

A 在 CorelDRAW 中可以选择对象，在菜单栏中单击“位图”|“鲜明化”命令，再单击任意一种鲜明化效果命令，在弹出的对话框中设置参数，就可以修复图像细节了。

1. 打开图像素材

❶ 启动 CorelDRAW X8 后，单击左上角的“打开”按钮或按 Ctrl+O 快捷键，❷ 打开本书配备的“第 9 章 \ 素材 \ 招式 234\ 图像 .cdr”文件，❸ 选择工具箱中的（选择工具），单击选择图像。

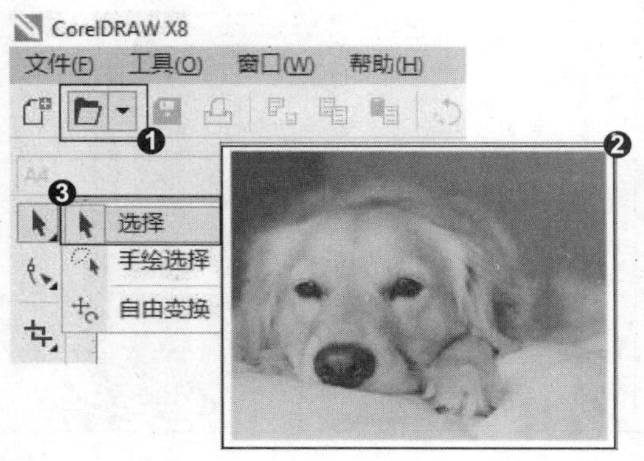

2. 调出“适应非鲜明化”对话框

❶ 在菜单栏中单击“位图”|“鲜明化”|“适应非鲜明化”命令，❷ 弹出“适应非鲜明化”对话框，单击“双预览窗口”按钮，显示对比预览窗口。

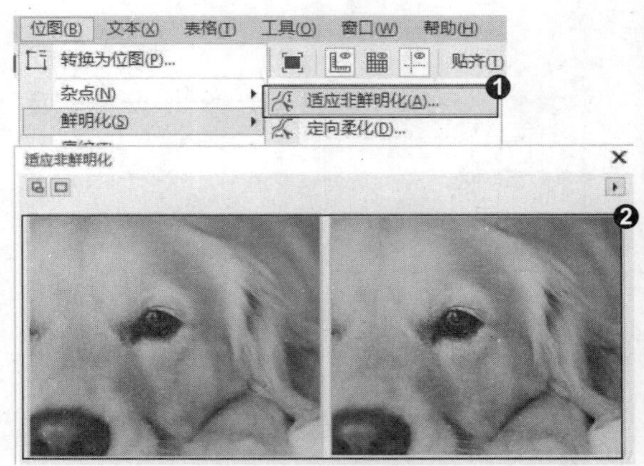

3. 适应非鲜明化

❶ 拖动“百分比”滑块，调节参数，❷ 完成后单击“确定”按钮，实现鲜明化修复图像细节。

知识拓展

“鲜明化”可以突出强化图像边缘，修复图像中缺损的细节，使模糊的图像变得更清晰。在 CorelDRAW X8 中，“鲜明化”的操作命令包括“适应非鲜明化”“定向柔化”“高通滤波器”“鲜明化”和“非鲜明化遮罩”。

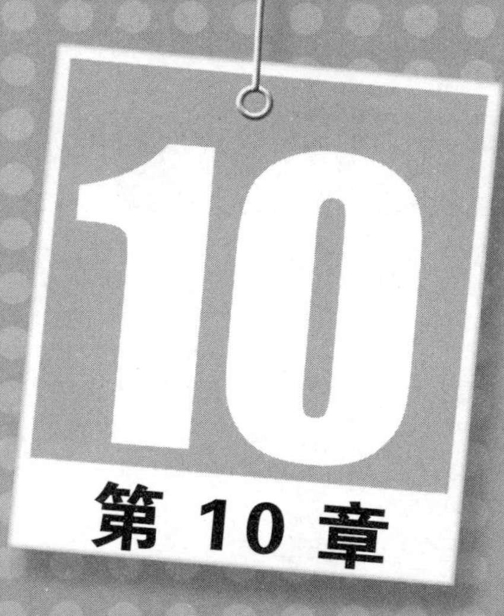

第 10 章 表格的操作技巧

在 CorelDRAW 软件中既可以使用“表格工具”创建表格，又可以直接在菜单栏执行“创建表格”命令创建表格。表格的操作十分快捷方便，使用指针或设置属性栏就可以对表格或单元格进行相关操作。本章将详解介绍表格的操作技巧，通过本章的学习可以快速掌握表格的使用方法。

招式 235 拖动指针创建表格

Q 如果想要拖动指针创建表格，在 CorelDRAW 中该如何操作？

A 在 CorelDRAW 中可以选择工具箱中的表格工具，在页面空白处按住鼠标左键拖曳指针即可创建表格。

1. 新建文档

❶ 启动 CorelDRAW X8 后，单击左上角的"新建"按钮或按 Ctrl+N 快捷键，新建一个文档，❷ 选择工具箱中的（表格工具）。

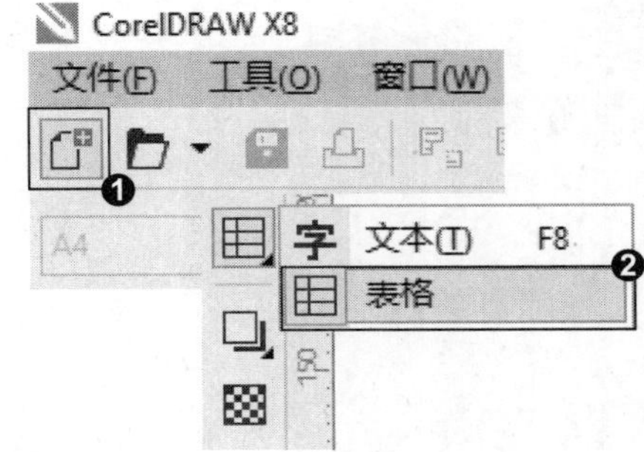

2. 创建表格

❶ 在属性栏的"行数和列数"后面的文本框内输入数值，❷ 在页面空白处按住鼠标左键拖曳，即可创建表格。

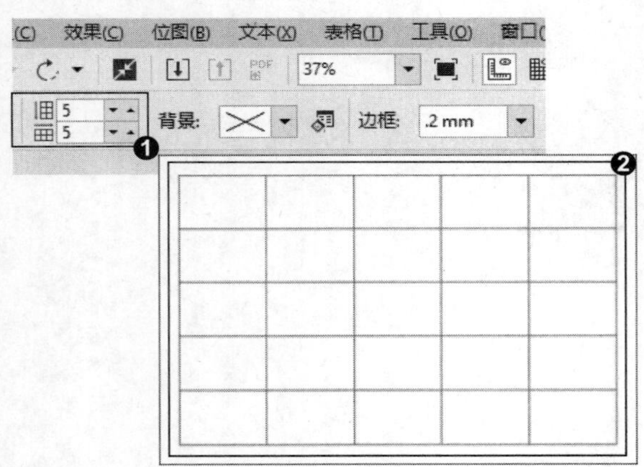

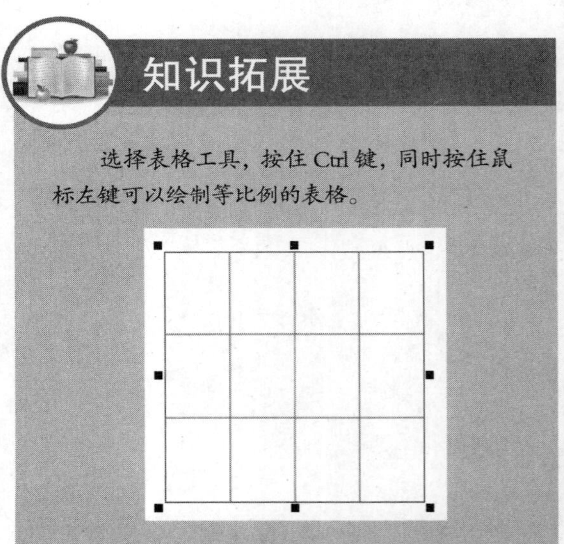

知识拓展

选择表格工具，按住 Ctrl 键，同时按住鼠标左键可以绘制等比例的表格。

招式 236 菜单命令创建表格

Q 在 CorelDRAW 中除了可以拖动指针创建表格，还可以用什么方法可以创建表格？

A 在 CorelDRAW 的菜单栏中单击"表格" | "创建新表格"命令，在弹出对话框中输入参数创建表格。

1. 新建文档

❶ 启动 CorelDRAW X8 后，单击左上角的“新建”按钮或按 Ctrl+N 快捷键，新建一个文档，❷ 在菜单栏中单击“表格”|“创建新表格”命令。

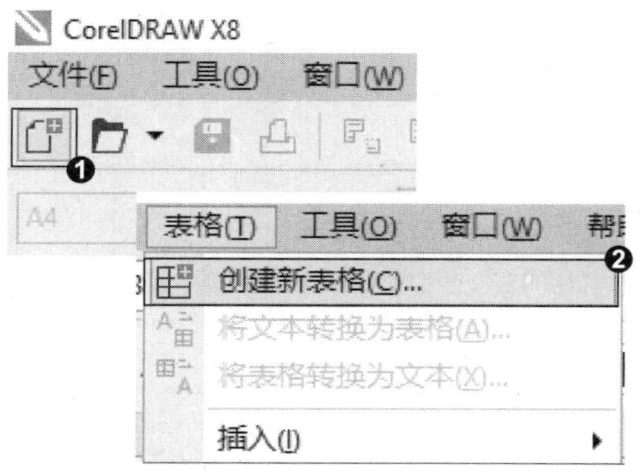

2. 创建新表格

❶ 弹出“创建新表格”对话框，在“行数”和“栏数”后面的文本框输入数值，并设置“高度”和“宽度”，❷ 单击“确定”按钮，即可创建表格。

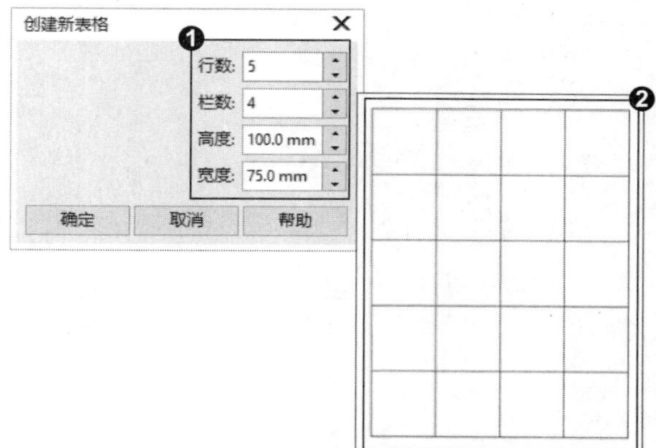

知识拓展

除了使用表格工具和菜单栏“创建新表格”命令这两种方法创建表格，还可以由文本创建表格。❶ 首先选择工具箱中的“文本工具”，输入段落文本，❷ 然后单击菜单栏“表格”|“将文本转换为表格”命令，弹出“将文本转换为表格”对话框，选择分隔符号，再单击“确定”按钮，❸ 即可创建表格。

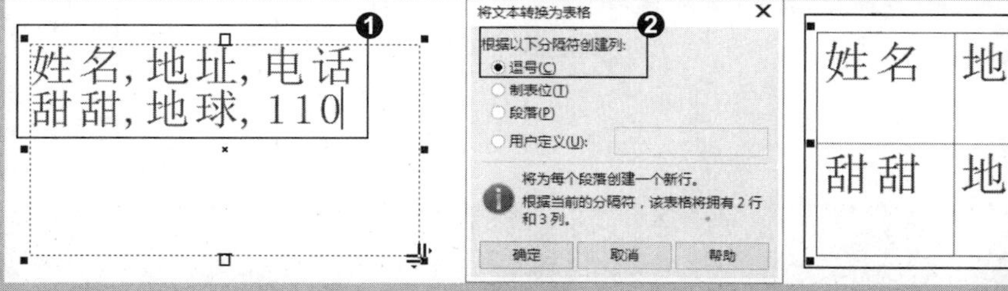

招式 237 将表格转换为文本

Q 如果想要将表格转换为文本，在 CorelDRAW 中该如何操作?

A 在 CorelDRAW 中可以选中表格，在菜单栏中单击“表格”|“将表格转换为文本”命令，弹出“将表格转换为文本”对话框，设置属性，即可将表格转换为文本。

1. 新建文档

❶ 启动 CorelDRAW X8 后，单击左上角的“新建”按钮或按 Ctrl+N 快捷键，新建一个文档，❷ 在菜单栏中单击“表格”|“创建新表格”命令。

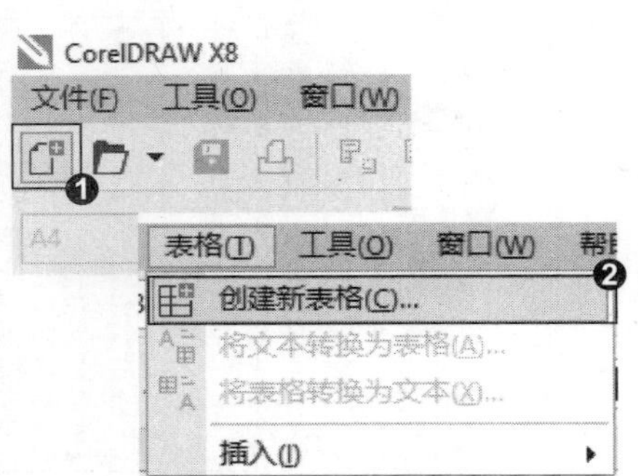

2. 创建新表格

❶ 弹出“创建新表格”对话框，在“行数”和“列数”后面的文本框输入数值，并设置“高度”和“宽度”，❷ 单击“确定”按钮，创建表格。

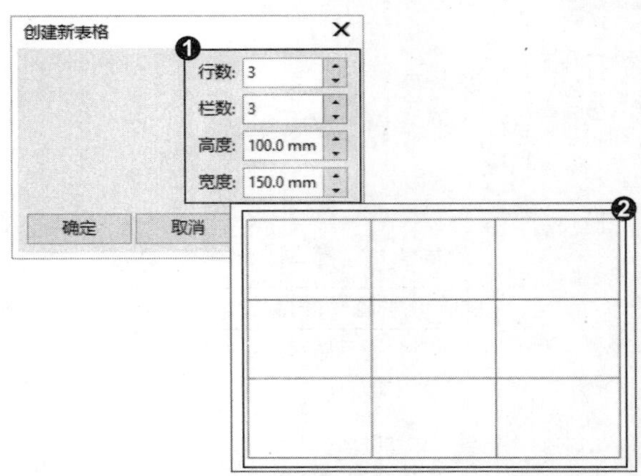

3. 输入文本

❶ 在表格的单元格中双击，出现文本插入点，❷ 在单元格中输入文本（可在属性栏设置文本属性）。

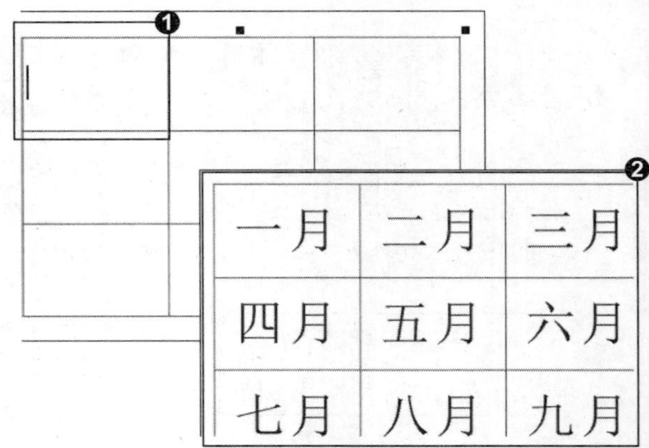

知识拓展

在表格的单元格输入文本的方法：❶ 选择工具箱中的文本工具，单击单元格，当单元格中显示一个文本插入点和文本框时，即可输入文本。❷ 选择工具箱中的表格工具，单击单元格，当单元格中显示一个文本插入点时，即可输入文本。

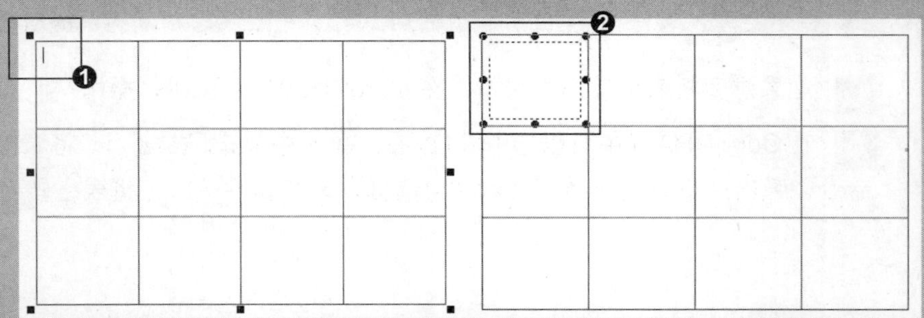

4. 将表格转换为文本

❶ 单击选中表格，在菜单栏中单击“表格”｜“将表格转换为文本”命令，❷ 弹出“将表格转换为文本”对话框，在“单元格文本分隔依据”下面选择“用户定义”，在后面的文本框内输入分隔符号，❸ 单击“确定”按钮，即可将表格转换为文本。

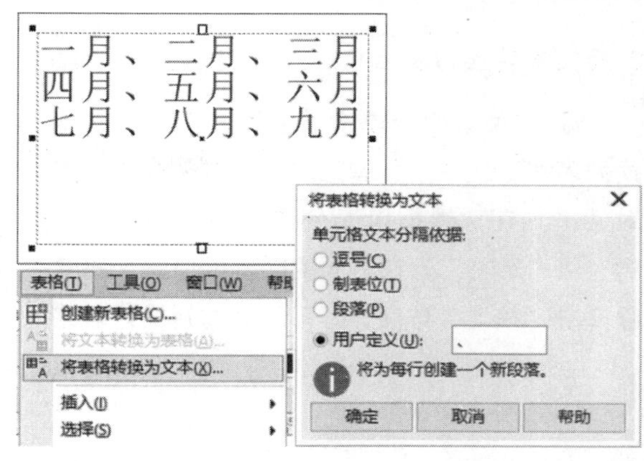

招式 238 将文本转换为表格

Q 如果想要将文本转换为表格，在 CorelDRAW 中该如何操作?

A 在 CorelDRAW 的菜单栏中单击“表格”｜“将文本转换为表格”命令，在弹出的对话框中进行设置即可。

1. 新建文档

❶ 启动 CorelDRAW X8 后，单击左上角的“新建”按钮或按 Ctrl+N 快捷键，新建一个文档，❷ 选择工具箱中的字（文本工具）。

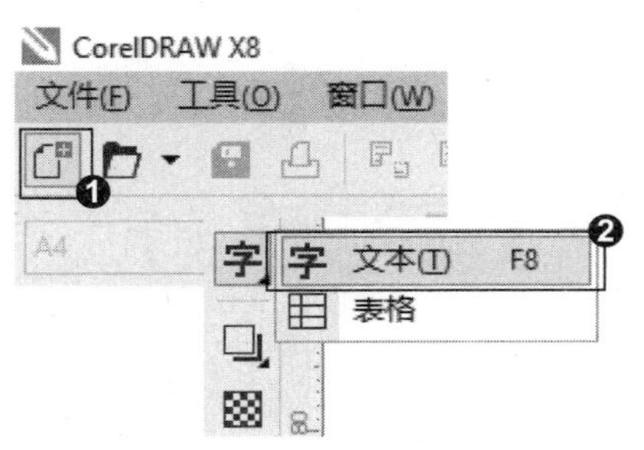

2. 输入文本

❶ 按住鼠标左键拖曳，出现一个文本插入点和文本框，❷ 在文本框内输入文本。

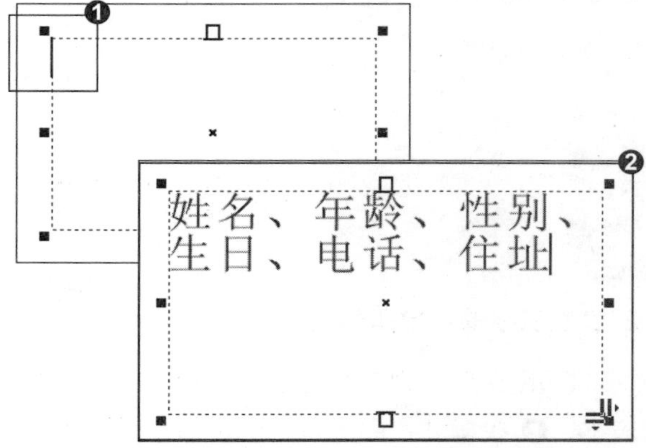

知识拓展

在“将文本转换为表格”对话框中，可以根据“逗号”“制表位”“段落”或是“自定义”方式将文本转换为表格。在“用户自定义”后边的文本框中输入相关的“分隔符”，就能将文本转换为表格。

3. 将文本转换为表格

❶ 在菜单栏中单击“表格”|“将文本转换为表格”命令，❷ 弹出“将文本转换为表格”对话框，在“根据以下分隔符创建列”下面选择“用户定义”，在后面的文本框内输入符号，❸ 单击“确定”按钮，即可将文本转换为表格。

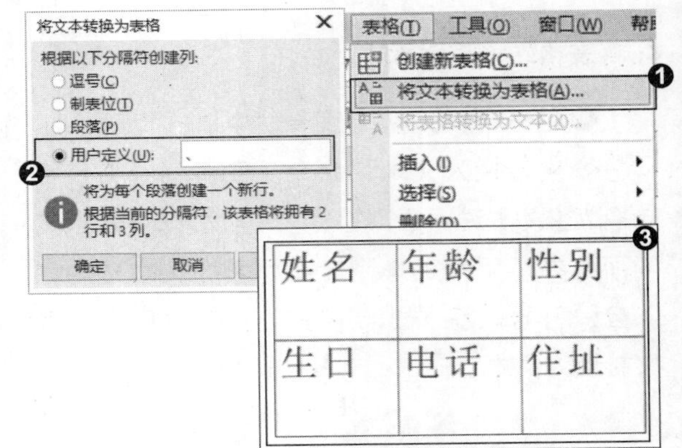

招式 239 编辑表格属性设置表格

Q 如果想要编辑表格属性设置表格，在 CorelDRAW 中该如何操作?

A 在 CorelDRAW 中的属性栏对表格的“行数和列数”“背景色”“边框选择”“轮廓宽度”“轮廓颜色”和“表格选项”等属性进行编辑，就可以设置表格了。

1. 新建文档

❶ 启动 CorelDRAW X8 后，单击左上角的“新建”按钮或按 Ctrl+N 快捷键，新建一个文档，❷ 选择工具箱中的（表格工具）。

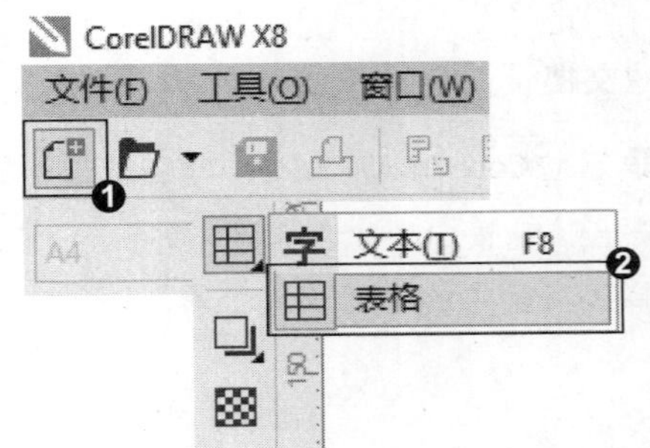

2. 设置表格的行数和列数

❶ 在页面空白处按住鼠标左键拖曳，创建表格，❷ 在属性栏的“行数和列数”后面的文本框内输入数值，❸ 设置表格的行数和列数。

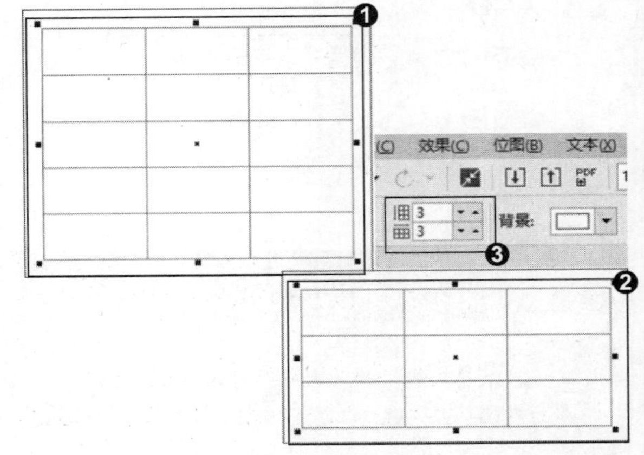

3. 设置表格背景的填充颜色

❶ 在属性栏单击“背景色”后面的▾按钮，在下拉颜色查看器单击选择颜色，❷ 设置表格背景的填充颜色。

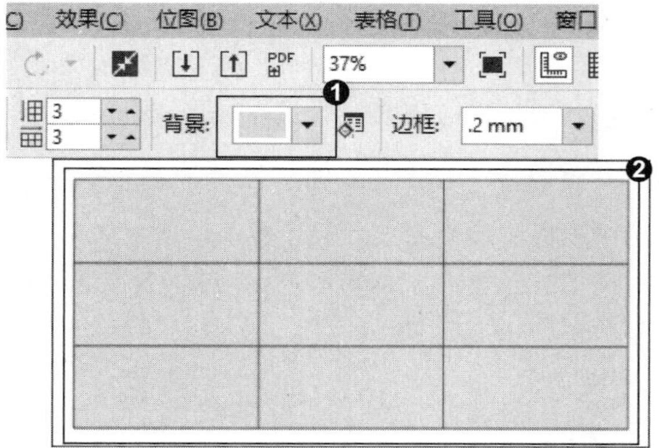

4. 设置表格边框

❶ 在属性栏单击“边框选择”按钮⊞，在下拉选项单击选择“全部”，❷ 单击“轮廓宽度”后面▾按钮，设置边框宽度，❸ 单击“轮廓颜色”选项，设置轮廓颜色。

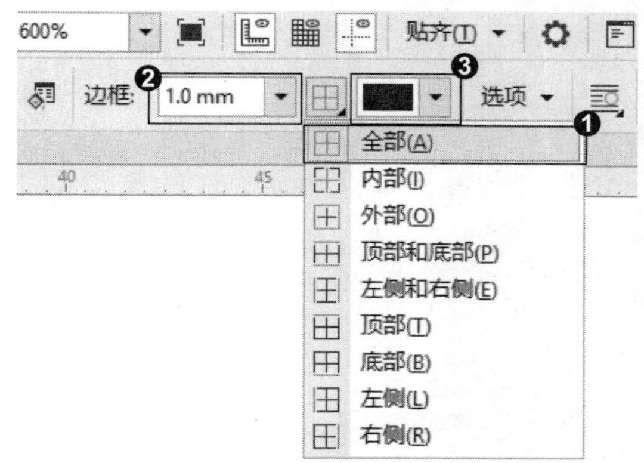

5. 设置单元格间距

❶ 在属性栏单击“选项”按钮，在下拉列表中选中“单独的单元格边框”复选框，设置“水平单元格间距”和“垂直单元格间距”，❷ 最终完成对表格的编辑。

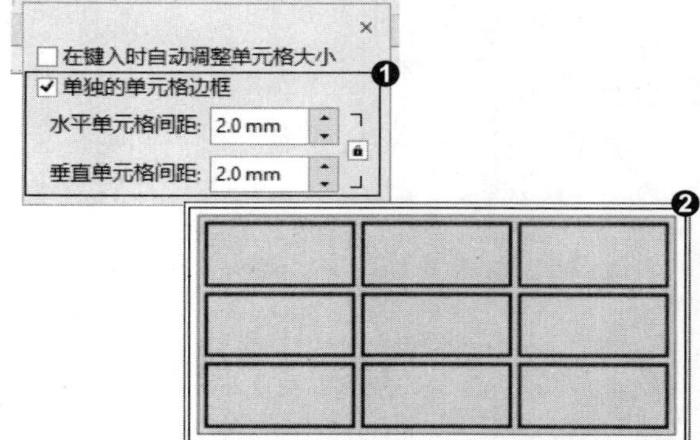

知识拓展

❶ 按 F12 键，打开“轮廓笔”对话框，可以设置表格轮廓的各种属性。❷ 在属性栏单击“表格选项”按钮，在下拉列表选中“在键入时自动调整单元格大小”复选框，在单元格内输入文本时，单元格的大小会随着输入文字的多少而变化。若不选中该复选框，当文字输入满单元格时继续输入的文字会被隐藏。

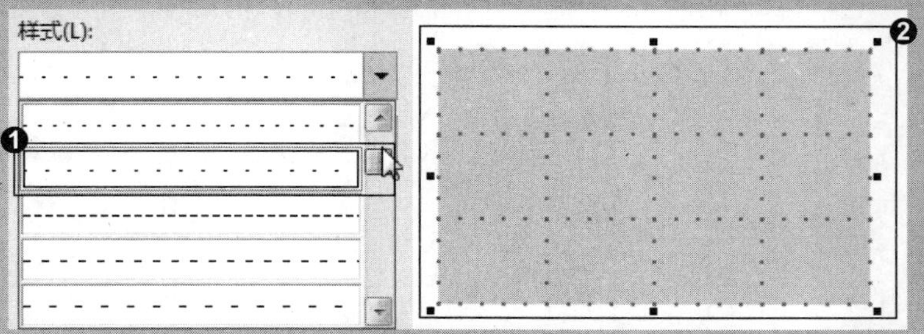

招式 240 利用指针选择单元格

Q 如果想要利用指针选择单元格，在 CorelDRAW 中该如何操作?

A 在 CorelDRAW 中可以选择工具箱中的表格工具，移动指针到要选择的单元格上，待指针变为“加号箭头”形状时，单击，即可选中该单元格。

1. 打开表格素材

❶ 启动 CorelDRAW X8 后，单击左上角的“打开”按钮或按 Ctrl+O 快捷键，❷ 打开本书配备的“第 10 章\素材\招式 240\表格 .cdr”文件。

2. 形状工具选择表格

❶ 选择工具箱中的（表格工具），单击选中表格，❷ 选择工具箱中的（形状工具），移动指针到要选择的单元格上，待指针变为“加号”形状时，❸ 单击鼠标左键即可选中该单元格。

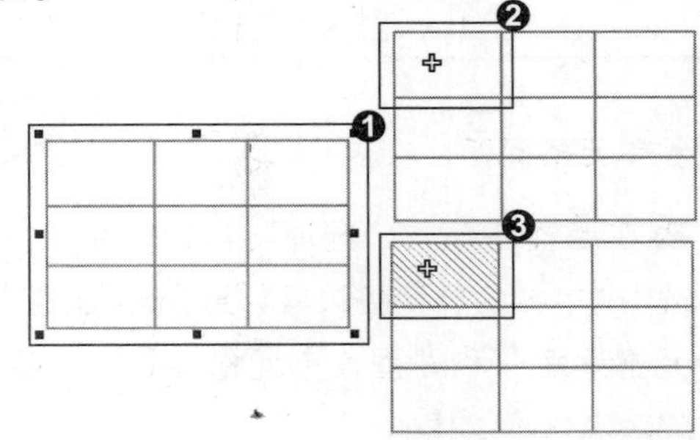

3. 表格工具选择表格

❶ 选择工具箱中的（表格工具），单击要选择的表格，当光标变为形状时，❷ 单击并拖动光标至其他单元格，即可将光标经过的单元格按行或列选择。

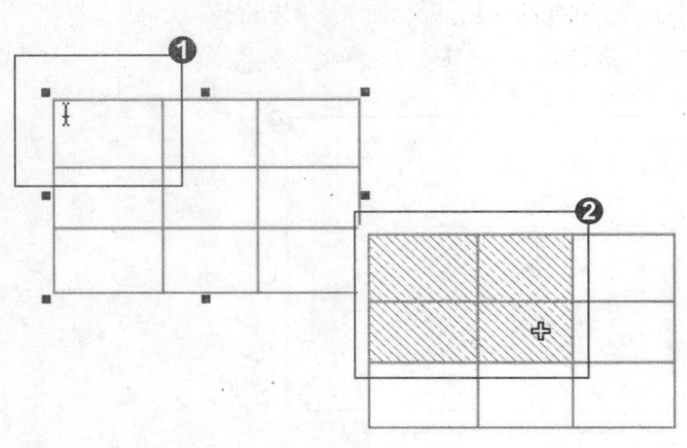

4. 选择整行、整列单元格

❶ 移动指针到表格左侧，待光标变为“向右的箭头”形状时，单击，即可选中该行单元格，❷ 移动指针到表格上方，待指针变为“向下的箭头”形状时，单击，即可选中该列单元格。

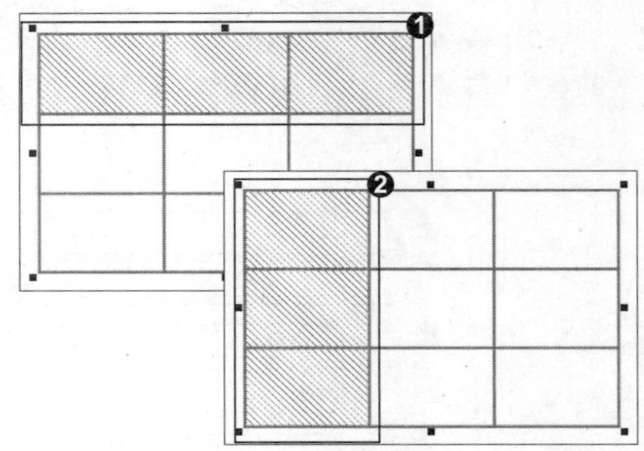

5. 选择全部单元格或选择不连续单元格区域

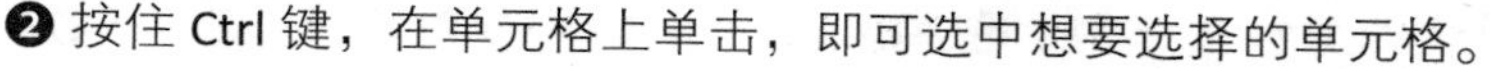

❶ 移动指针到表格左上角处，待指针变为“向右下的箭头”形状时，单击，即可选中所有单元格，❷ 按住 Ctrl 键，在单元格上单击，即可选中想要选择的单元格。

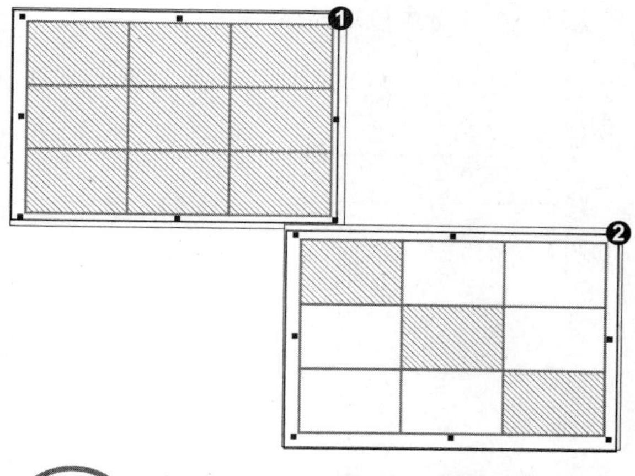

知识拓展

单击“表格”|“选择”菜单命令，可以观察到该菜单列表中各种选择命令，分别执行该列表中的各项命令可以进行不同的选择（要注意的是，在单击“选择”菜单命令之前，必须要选中表格或单元格，该命令才可用）。

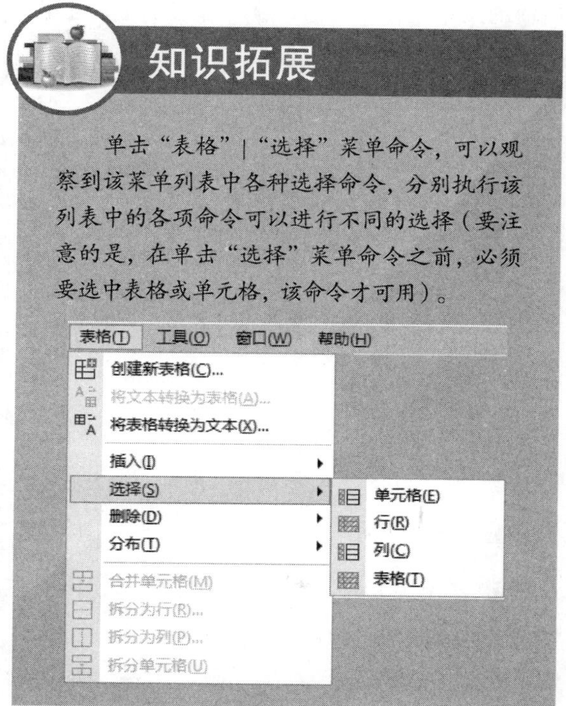

专家提示

按住 Ctrl 键，同时在单元格上单击，即可选中想要选择的单元格，不松开 Ctrl 键在其他单元格上单击，即可加选单元格。如果在选中的单元格上单击，则取消选中该单元格。

招式 241 根据单元格属性设置单元格样式

Q 如果想要设置单元格样式，在 CorelDRAW 中该如何操作?

A 在 CorelDRAW 中可以使用表格工具选中单元格，在属性栏上设置单元格属性，即可设置单元格样式。

1. 打开表格素材

❶ 启动 CorelDRAW X8 后，单击左上角的“打开”按钮或按 Ctrl+O 快捷键，❷ 打开本书配备的“第 10 章 \ 素材 \ 招式 241\ 表格 .cdr”文件。

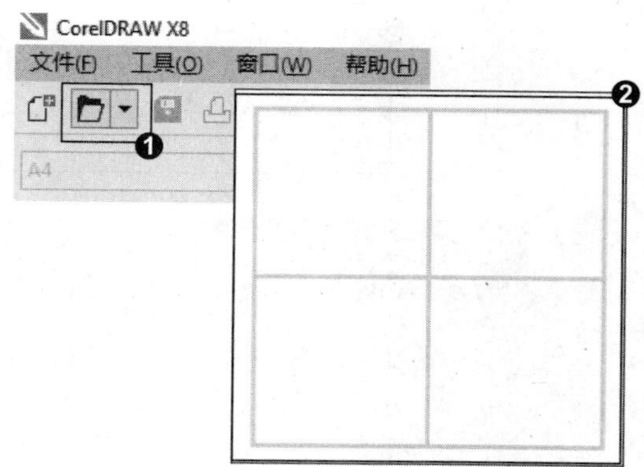

2. 选中单元格

❶ 选择工具箱中的田（表格工具），❷ 移动指针到要选择的单元格上，待指针变为加号形状时，单击选中该单元格。

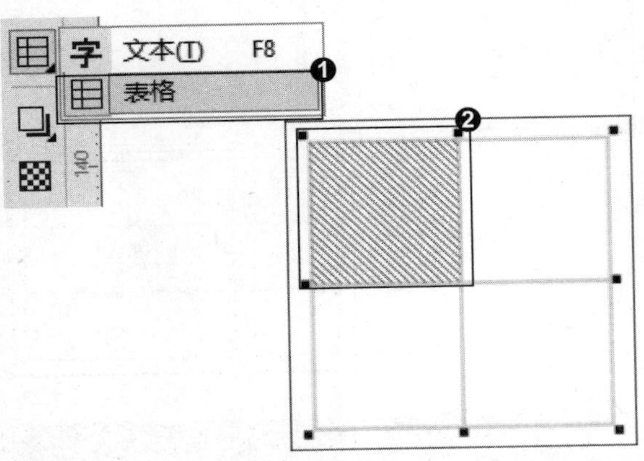

3. 设置页边距

❶ 在属性栏单击“页边距”按钮，在弹出的面板设置“顶部的页边距”的参数，即可设置所选单元格内的文字到四个边的距离，❷ 单击面板中间的“锁定边距”按钮🔒，❸ 即可对其他三个选项进行不同的数值设置。

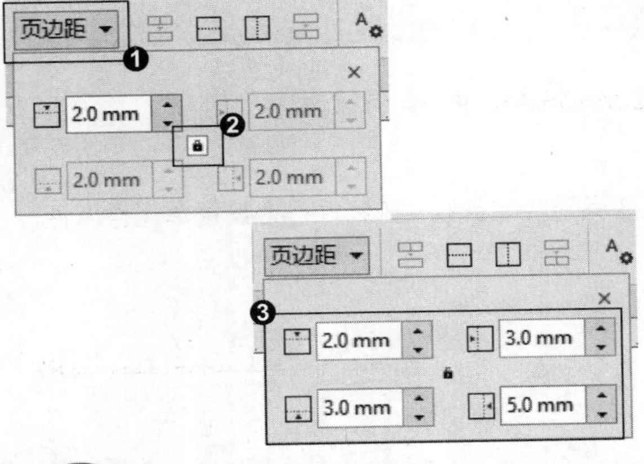

4. 水平拆分单元格

❶ 在属性栏单击“水平拆分单元格”按钮⊟，❷ 弹出“拆分单元格”对话框，在“行数”后面的文本框输入数值，❸ 单击“确定”按钮，则选择的单元格按照设置的“行数”进行拆分。

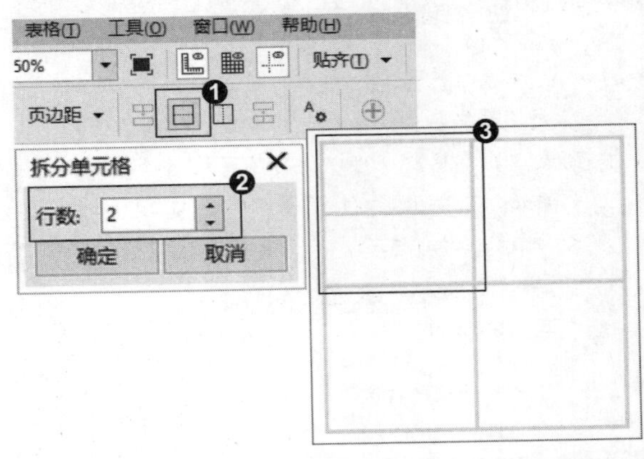

5. 垂直拆分单元格

❶ 使用“表格”工具选中任意单元格，在属性栏单击“垂直拆分单元格”按钮◫，❷ 弹出“拆分单元格”对话框，在“行数”后面的文本框输入数值，❸ 单击“确定”按钮，则选择的单元格按照设置的“行数”进行拆分。

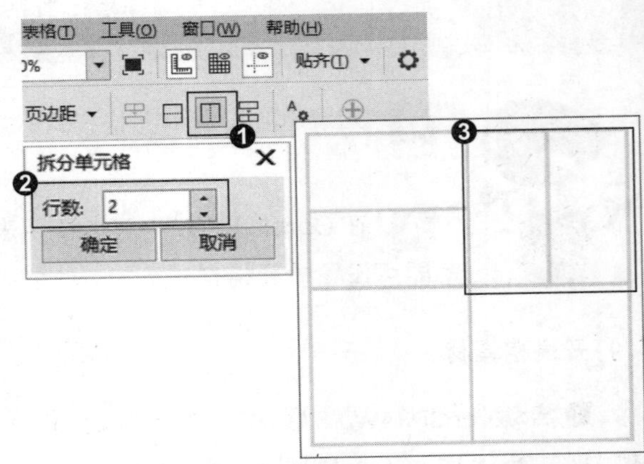

专家提示

只有选中相邻的两个或多个单元格，“合并单元格”按钮才可用。只有选中合并过的单元格，“撤销合并”按钮才可用。

6. 合并单元格

❶ 使用“表格”工具，按住 Ctrl 键选中两个相邻单元格，❷ 在属性栏单击“合并单元格”按钮，❸ 则选择的单元格合并为一个单元格。

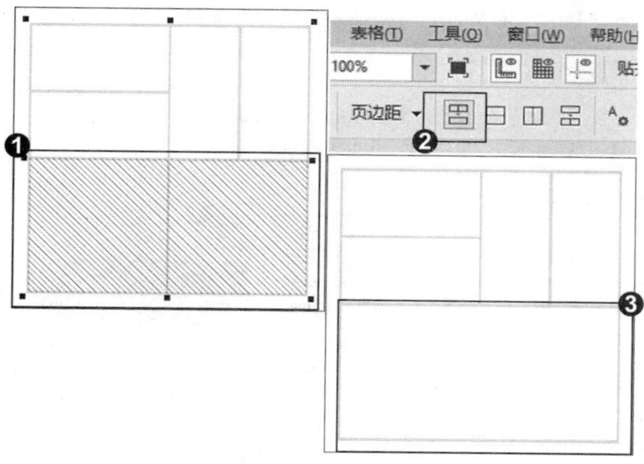

7. 撤销合并

❶ 使用“表格工具”选中合并的单元格，❷ 在属性栏单击“撤销合并”按钮，❸ 则选中的单元格还原为未合并之前的状态。

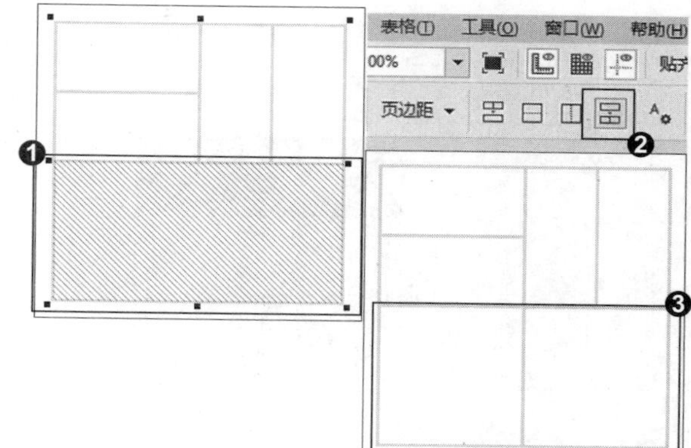

知识拓展

在单元格中输入文本后，为了使文本在单元格中水平居中，可以在输入时按空格键，也可以使用“形状”工具选中文本的字元控制点进行调节。在表格中输入文本时，可以使用“文本”工具直接在单元格中输入文本，然后通过属性栏对文本进行设置，也可以打开“编辑文本”对话框，在该对话框中输入文本并进行设置。

招式 242 利用插入命令插入表格

Q 如果想要利用插入命令插入表格，在 CorelDRAW 中该如何操作?

A 在 CorelDRAW 中可以使用表格工具选中单元格，在菜单栏中单击“表格”|“插入”命令，可在弹出命令面板单击选择任意选项，即可插入相应的内容。

1. 打开表格素材

❶ 启动 CorelDRAW X8 后，单击左上角的“打开”按钮或按 Ctrl+O 快捷键，❷ 打开本书配备的“第 10 章\素材\招式 242\表格 .cdr”文件。

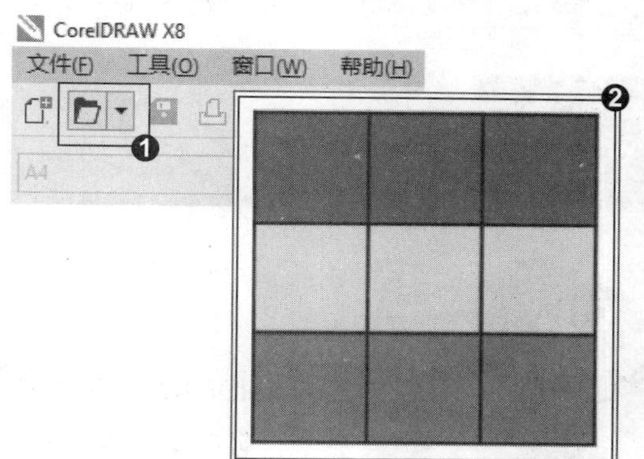

2. 选中单元格

❶ 选择工具箱中的田（表格工具），❷ 移动指针到要选择的单元格上，待光标变为“加号”✚形状时，单击选中该单元格。

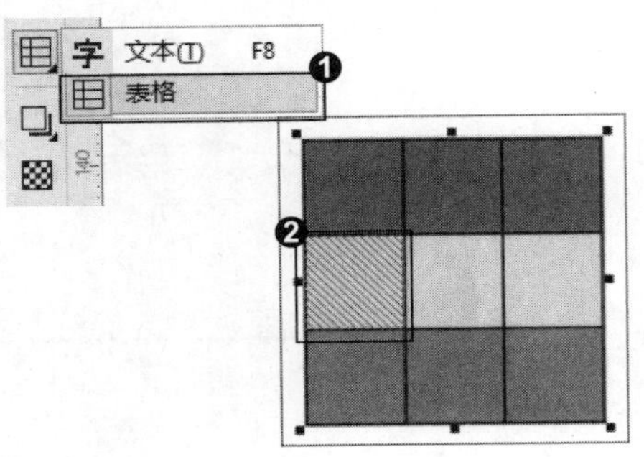

3. 插入行

❶ 在菜单栏中单击“表格”|“插入”|“行上方”命令，❷ 则在所选单元格的上方插入行，并且插入的行与所选择的单元格所在行的“填充颜色”“轮廓宽度”“高度”和“宽度”等属性相同。

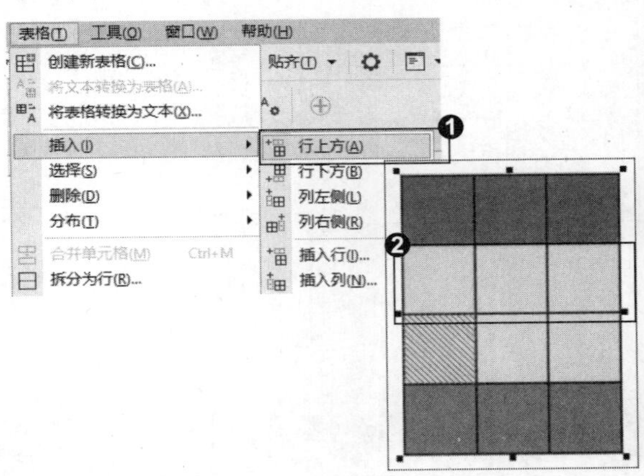

4. 插入列

❶ 在菜单栏中单击“表格”|“插入”|“插入列”命令，❷ 弹出“插入列”对话框，设置“栏数”和选择“位置”属性，❸ 单击“确定”按钮，则在所选单元格的右侧插入列。

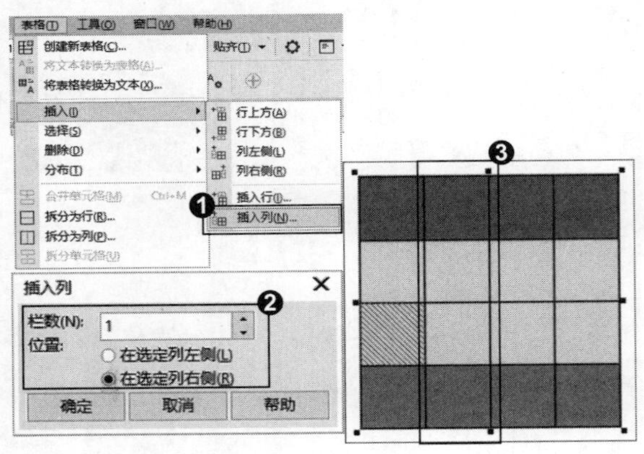

知识拓展

选择任意一个单元格，单击“表格”|“插入”菜单下的子命令，可以在该单元格的上、下、左、右插入行或列。

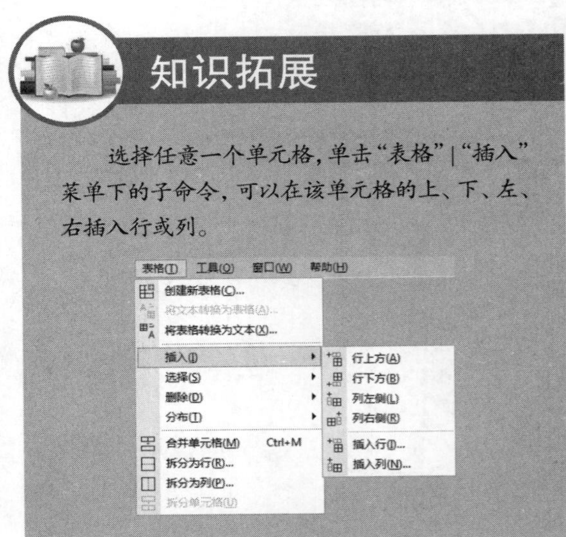

招式 243 选择多个单元格插入表格

Q 我知道可以选择单个单元格插入表格，如果想要选择多个单元插入表格，该如何操作?

A 在 CorelDRAW 中可以使用表格工具选中多个单元格，在菜单栏中单击“表格”|“插入”命令，可在弹出命令面板单击选择任意选项，即可插入相应的内容。

1. 打开表格素材

❶ 启动 CorelDRAW X8 后，单击左上角的“打开”按钮或按 Ctrl+O 快捷键，❷ 打开本书配备的“第 10 章\素材\招式 243\表格 .cdr”文件。

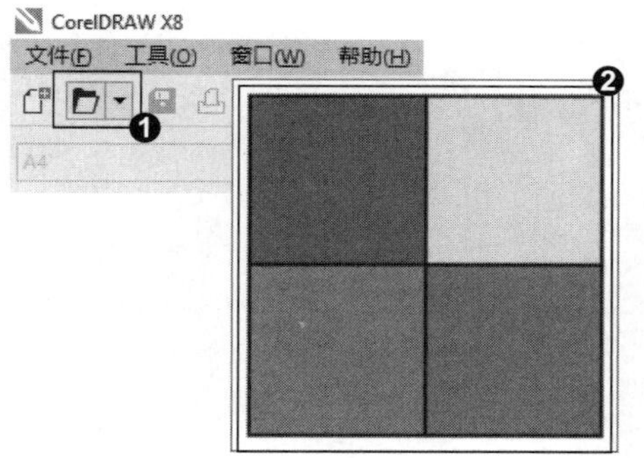

2. 选择多个单元格

❶ 选择工具箱中的（表格工具），❷ 移动指针到要选择的单元格上，待指针变为“加号”✚形状时，单击选中该单元格，按 Ctrl 键单击加选相邻的单元格。

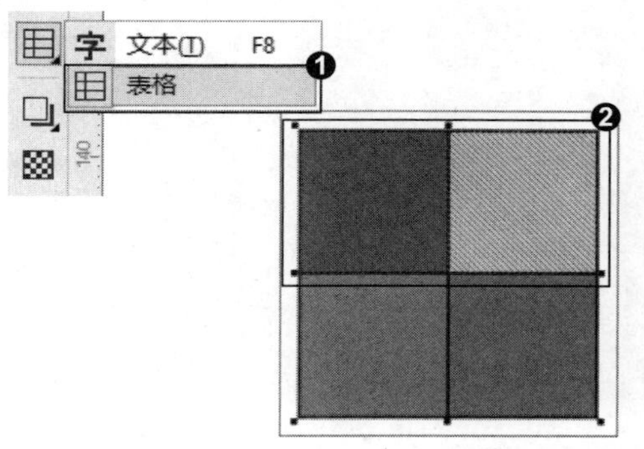

3. 插入行

❶ 在菜单栏中单击“表格”|“插入”|“插入行”命令，❷ 弹出“插入行”对话框，设置“栏数”和选择“位置”属性，❸ 则在所选中的单元格的下方插入与所选单元格相同行数的行，并且插入行的属性与邻近的行的属性相同。

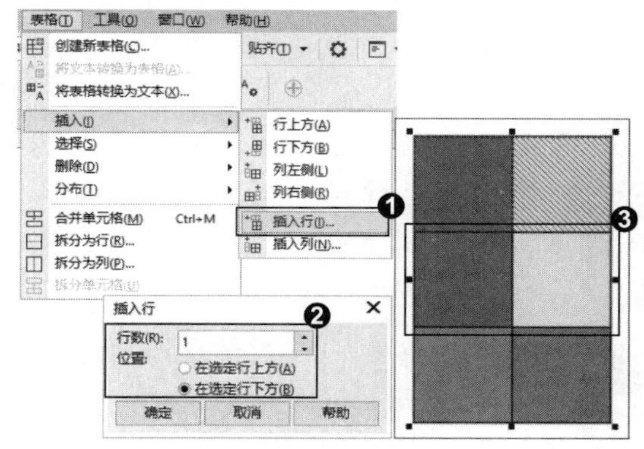

4. 选择不相邻单元格

❶ 按住 Ctrl 键，单击选中任意多个不相邻的单元格，❷ 在菜单栏中单击“表格”|“插入”|“插入列”命令。

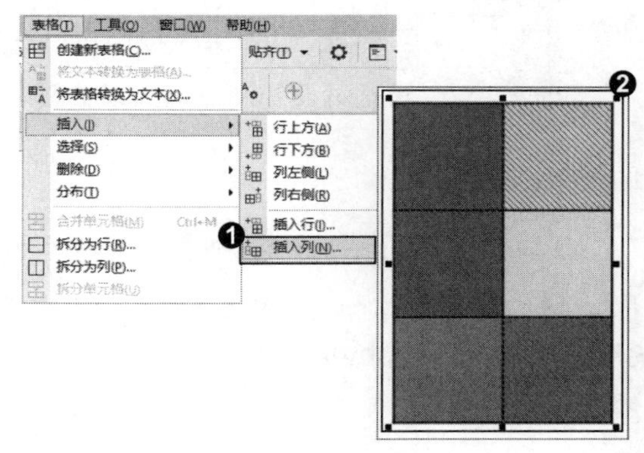

5. 插入列

❶ 弹出“插入列”对话框，设置“栏数”和选择“位置”属性，❷ 则在所选中的单元格的右侧插入与所选单元格相同列数的列，并且插入列的属性与邻近的列的属性相同。

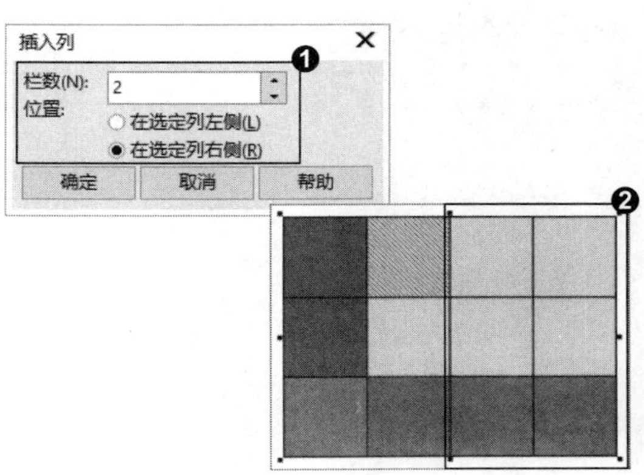

知识拓展

要删除表格中的单元格，可以使用“表格”工具将要删除的单元格选中，按Delete键即可删除。也可以选中任意一个单元格或多个单元格，单击“表格”|“删除”命令，在该命令的列表中单击“行”“列”或“表格”菜单命令，即可对选中单元格所在的行、列或表格进行删除。

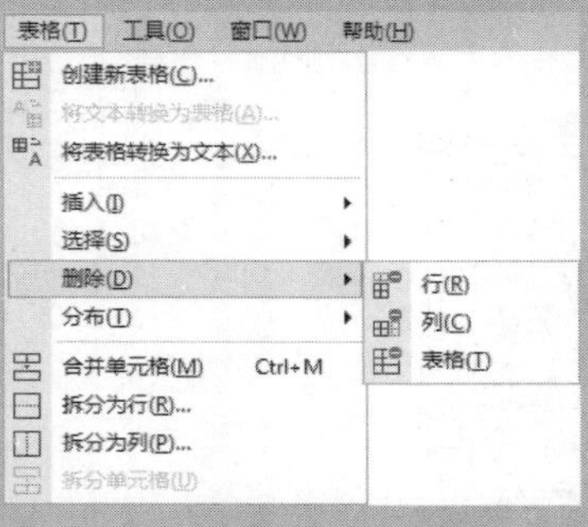

招式244 移动表格边框位置

Q 如果想要移动表格的边框位置，在CorelDRAW中该如何操作？

A 在CorelDRAW中可以选择工具箱的表格工具，移动指针到想要移动的边框上，待指针变为水平箭头或垂直箭头形状时，按住鼠标左键拖曳，即可移动边框位置。

1. 打开表格素材

❶启动CorelDRAW X8后，单击左上角的“打开”按钮或按Ctrl+O快捷键，❷打开本书配备的“第10章\素材\招式244\表格.cdr”文件。

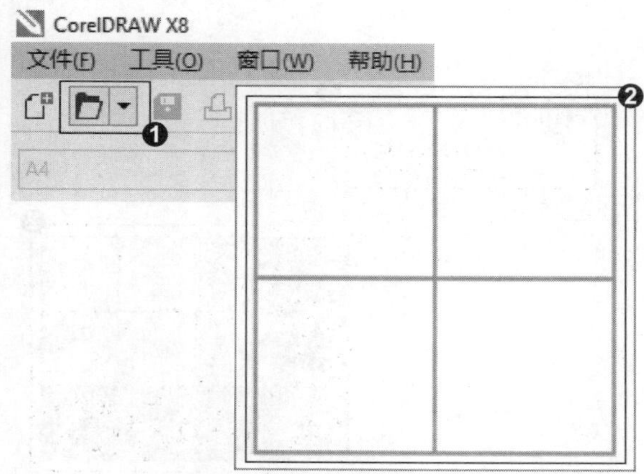

2. 应用表格工具

❶选择工具箱中的（表格工具），❷移动指针到垂直的边框上。

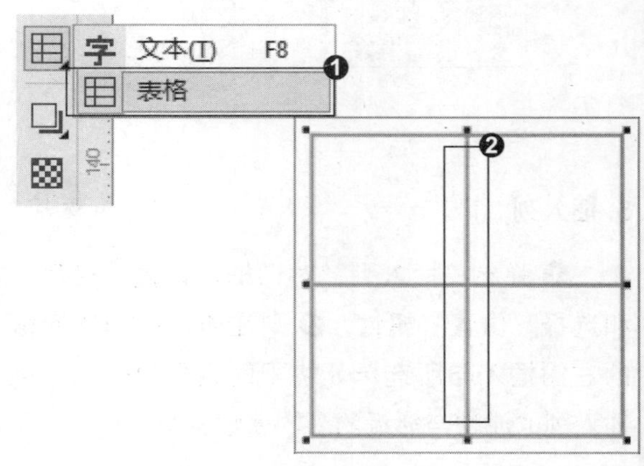

3. 水平移动边框

❶ 待指针变为“水平箭头”⟷形状时，按住鼠标左键拖曳，❷ 松开鼠标后，则可移动边框的位置。

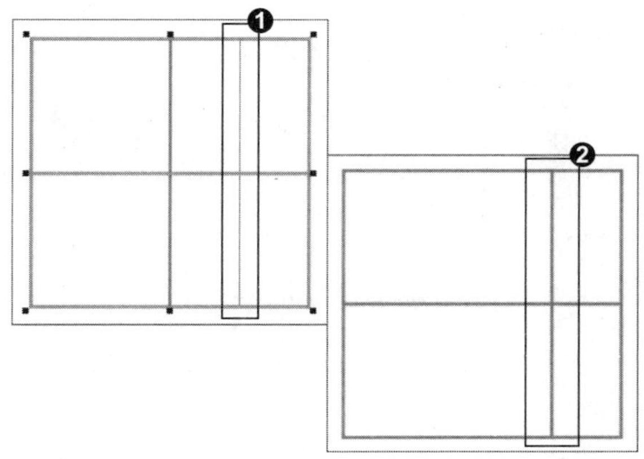

4. 垂直移动边框

❶ 移动指针到水平的边框上，待指针变为“垂直箭头”↕形状时，按住鼠标左键拖曳，❷ 松开鼠标后，则可移动边框的位置。

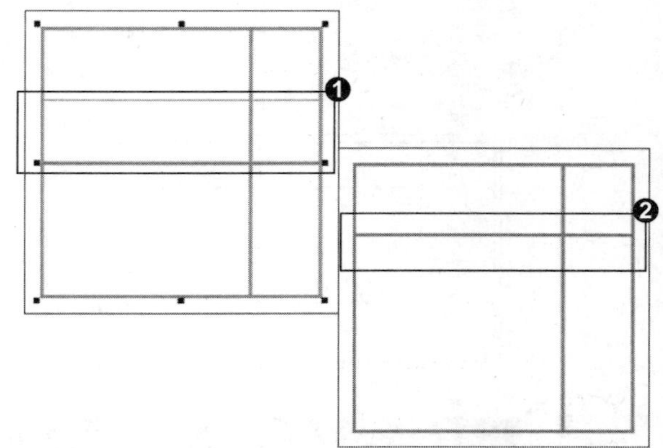

5. 倾斜移动边框

❶ 移动指针到表格边框的交叉点上，❷ 待指针变为“倾斜箭头”↘形状时，按住鼠标左键拖曳，松开鼠标后，则可移动交叉点上的两条边框的位置。

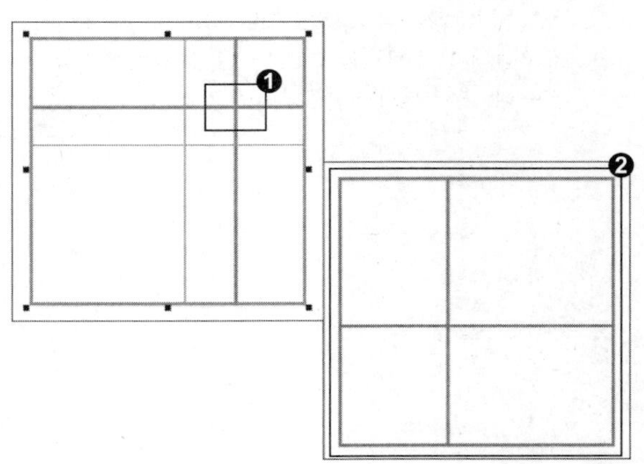

知识拓展

将指针放在表格的四角控制点上，当指针变为↘形状时，按住 Shift+Ctrl 快捷键的同时拖曳鼠标，可以等比例放大缩小表格；将指针放在表格水平或垂直的中间控制点上，当指针变为⟷或↕形状时，按住 Shift+Ctrl 快捷键的同时拖曳鼠标，可沿水平或垂直方向放大缩小表格。

招式 245 利用分布命令调整表格

Q 当表格的单元格大小不一时，如果想要调整表格，在 CorelDRAW 中该如何操作?

A 在 CorelDRAW 中可以使用表格工具选中表格的所有单元格，在菜单栏中单击“表格”｜“分布”｜“行均分”（或“列均分”）命令，即可将表格中的所有分布不均的行（或列）调整为均匀分布。

1. 打开表格素材

❶ 启动 CorelDRAW X8 后，单击左上角的“打开”按钮或按 Ctrl+O 快捷键，❷ 打开本书配备的“第 10 章\素材\招式 245\表格 .cdr”文件。

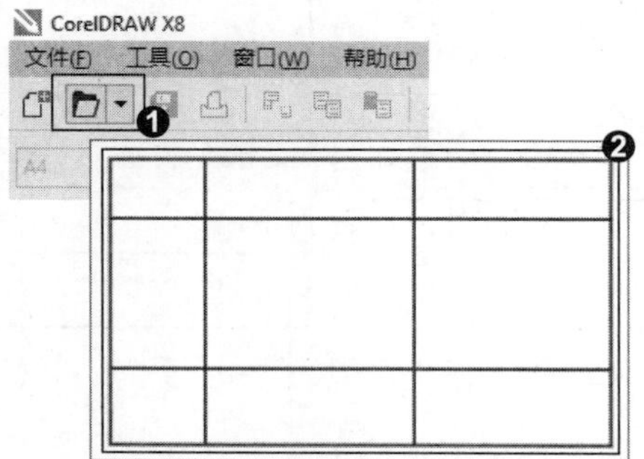

2. 选中所有单元格

❶ 选择工具箱中的(表格工具)，❷ 移动指针到表格左上角处，待指针变为“向右下的箭头”形状时，单击，选中所有单元格。

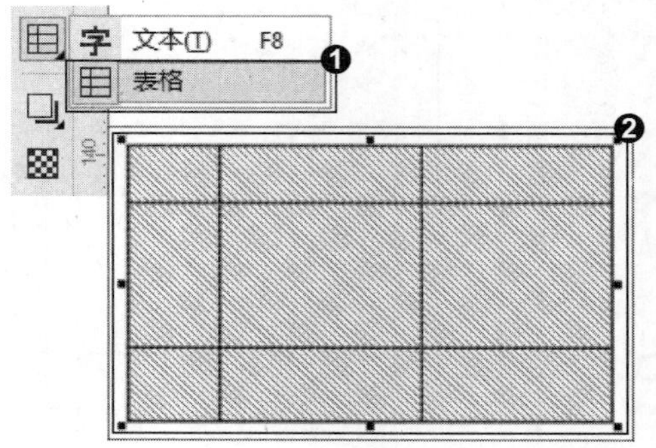

知识拓展

在单击表格的“分布”菜单命令时，选中的单元格行数和列数必须要在两个或两个以上，“行均分”和“列均分”菜单命令才同时使用，如果选中的多个单元格中只有一行，则“行均分”菜单命令不可用；如果选中的多个单元格中只有一列，则“列均分”菜单命令不可用。

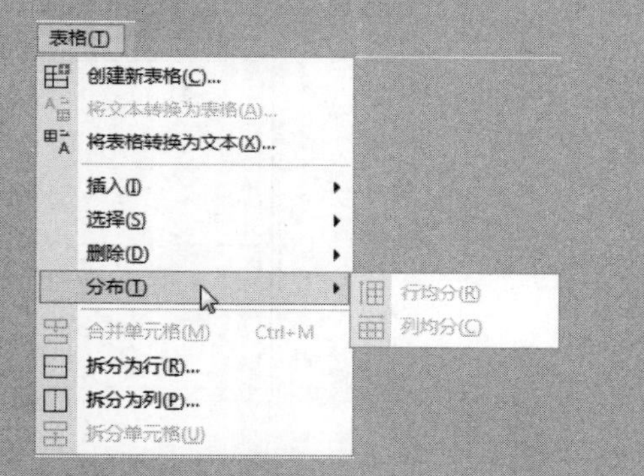

3. 行均分

❶ 在菜单栏中单击“表格”|“分布”|“行均分”命令，❷ 即可将表格中的所有分布不均的行调整为均匀分布。

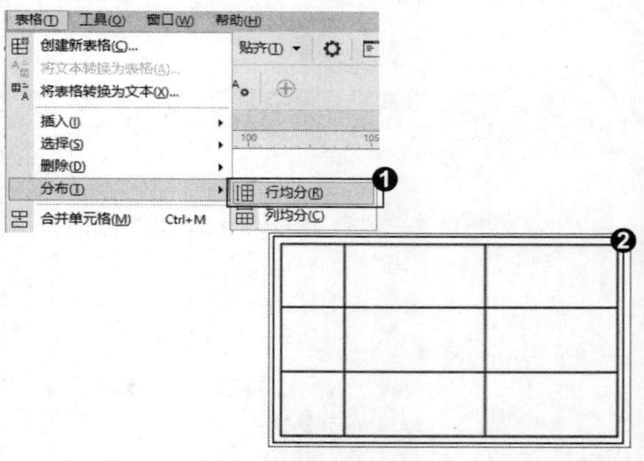

4. 列均分

❶ 继续选中所有单元格，在菜单栏中单击“表格”|“分布”|“列均分”命令，❷ 即可将表格中的所有分布不均的列调整为均匀分布。

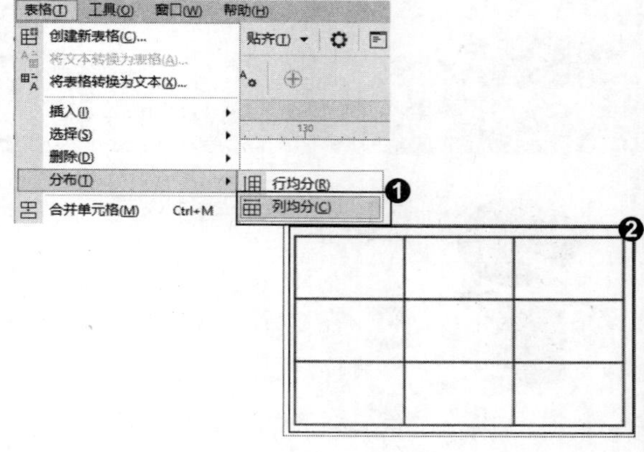

招式 246 填充单元格

Q 如果想要填充单元格，在 CorelDRAW 中该如何操作?

A 在 CorelDRAW 中可以使用表格工具选中单元格，在属性栏单击“编辑填充”按钮，弹出“编辑填充”对话框，然后单击选择想要填充类型的图标，进行填充设置，即可填充单元格。

1. 打开表格素材

❶ 启动 CorelDRAW X8 后，单击左上角的“打开”按钮或按 Ctrl+O 快捷键，❷ 打开本书配备的“第 10 章\素材\招式 246\表格 .cdr”文件。

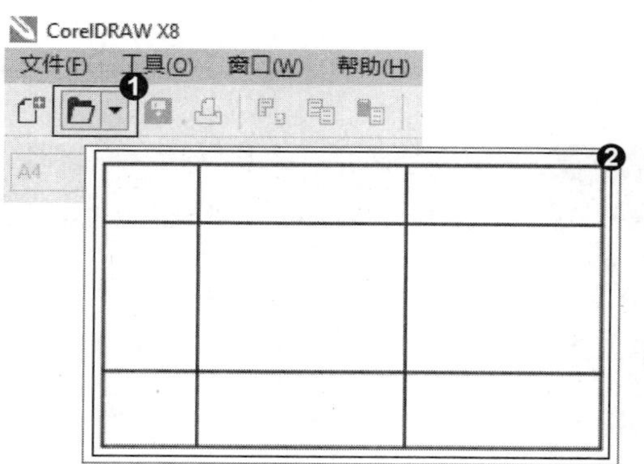

2. 选中单元格

❶ 选择工具箱中的（表格工具），❷ 移动指针到要选择的单元格上，待指针变为加号形状 ✚ 时，单击选中该单元格。

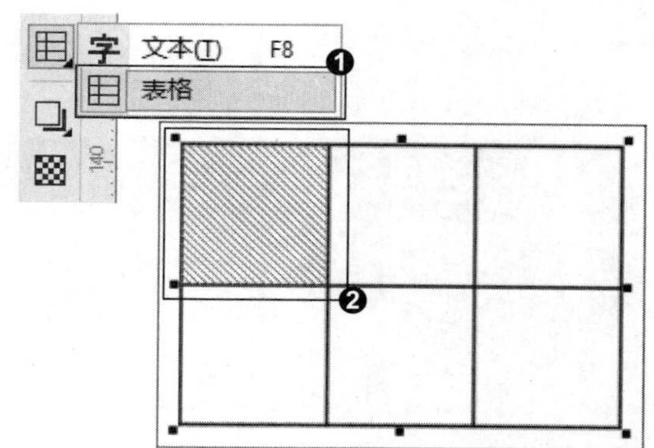

3. 填充颜色

❶ 在属性栏单击“背景”后面的按钮，在下拉颜色查看器上单击想要填充的颜色，❷ 或在颜色调色板上单击选择颜色，❸ 即可为所选单元格填充颜色。

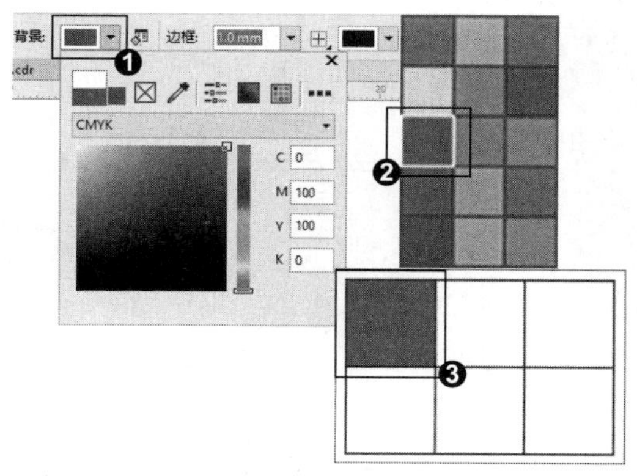

4. 编辑填充

❶ 选中单元格后在属性栏单击“编辑填充”按钮，❷ 弹出“编辑填充”对话框，单击“均匀填充”按钮。

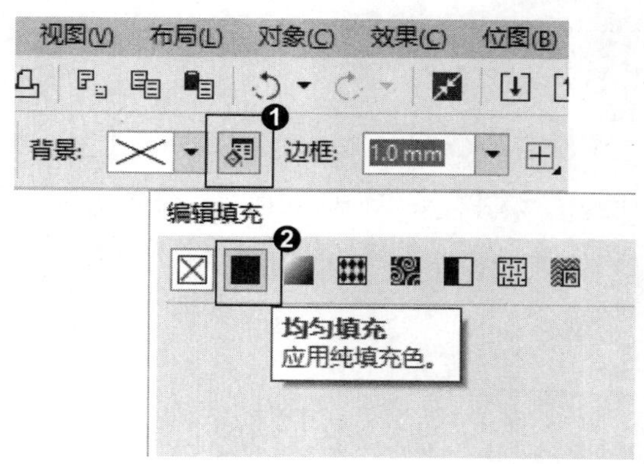

5. 均匀填充

❶ 显示“均匀填充”属性面板，在颜色查看器上单击想要填充的颜色，❷ 单击“确定”按钮，即可为所选的单元格填充颜色。

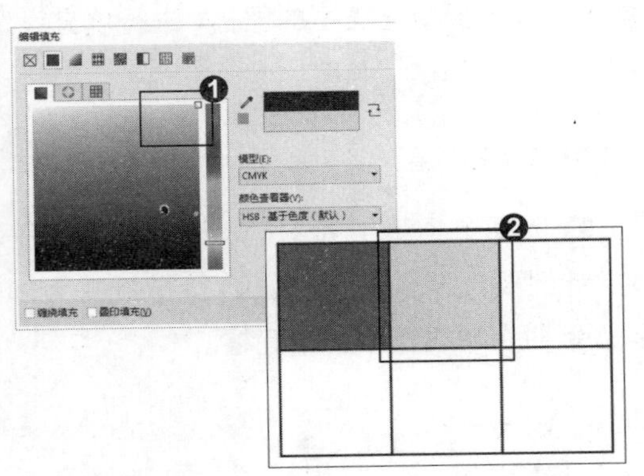

6. 渐变填充

❶ 在“编辑填充”对话框上方单击“渐变填充”按钮，显示“渐变填充”属性面板，❷ 单击颜色滑块，设置渐变颜色，❸ 单击“确定”按钮，即可为所选的单元格填充渐变颜色。

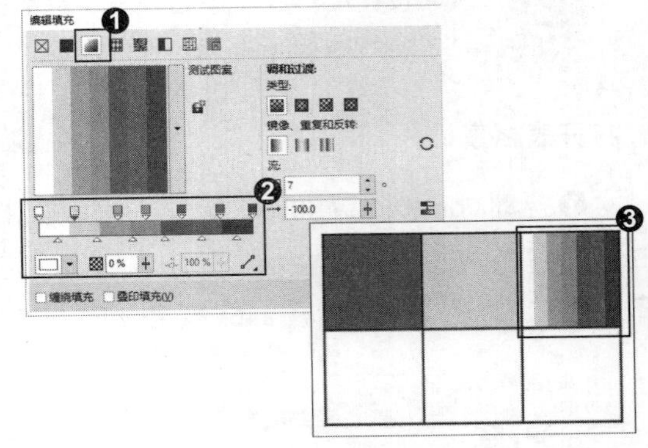

知识拓展

为单元格或整个表格填色时，可以在调色板上单击，填充统一的颜色；也可以单击“填充”工具，打开不同的填充对话框，设置相应的颜色，为单个单元格或整个单元格填充单一颜色、渐变颜色、位图或是底纹图样。

招式 247 调整单元格轮廓

Q 如果想要调整单元格轮廓，在 CorelDRAW 中该如何操作?

A 在 CorelDRAW 中可以使用表格工具选中单元格，在属性栏单击“轮廓宽度”和“轮廓颜色”，在下拉面板进行设置，即可调整单元格轮廓。

1. 打开表格素材

❶ 启动 CorelDRAW X8 后，单击左上角的“打开”按钮或按 Ctrl+O 快捷键，❷ 打开本书配备的“第 10 章\素材\招式 247\表格 .cdr”文件。

2. 选择“外部”边框

❶ 选择工具箱中的田（表格工具），单击选中表格，❷ 在属性栏单击“边框选择”按钮田，❸ 在下拉选项单击选择“外部”。

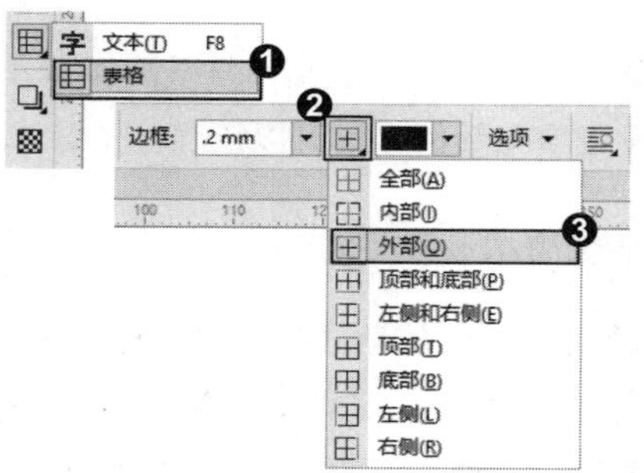

4. 调整表格轮廓颜色

❶ 在属性栏单击“轮廓颜色”后面▾按钮，❷ 在下拉颜色查看器上单击选择颜色，❸ 即可调整轮廓颜色。

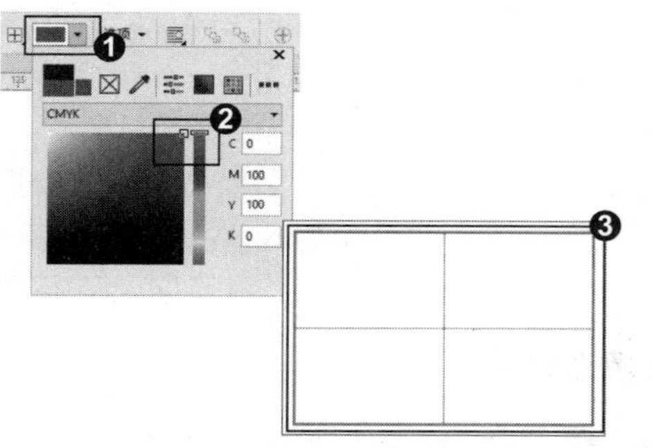

6. 调整单元格轮廓颜色

❶ 在属性栏单击“轮廓颜色”后面▾按钮，❷ 在下拉颜色查看器上单击选择颜色，❸ 即可调整单元格的轮廓颜色。

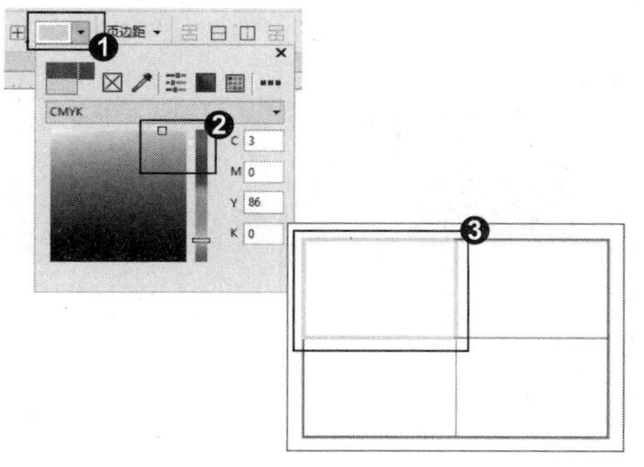

3. 调整表格轮廓宽度

❶ 在属性栏单击“轮廓宽度”后面▾按钮，❷ 单击选择轮廓宽度，❸ 即可调整轮廓宽度。

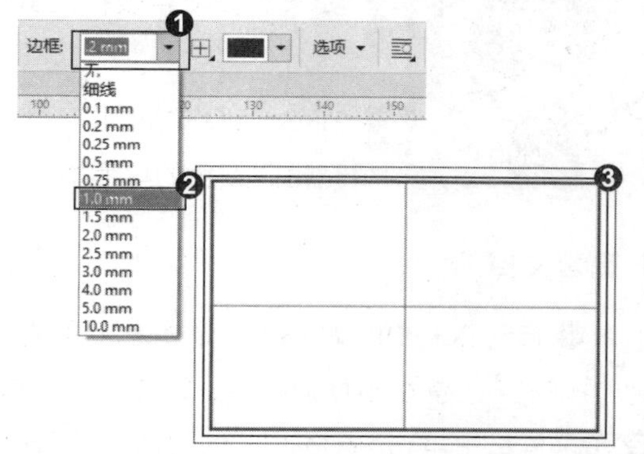

5. 调整单元格轮廓宽度

❶ 使用表格工具选中任意单元格，❷ 在属性栏单击“轮廓宽度”后面▾按钮，单击选择轮廓宽度，❸ 即可调整单元格的轮廓宽度。

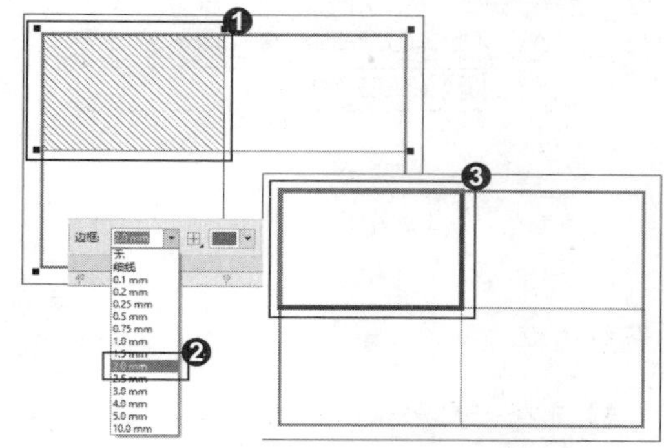

知识拓展

除了在属性栏调整轮廓颜色，还可以在颜色调色板上右击调整轮廓颜色。使用“表格”工具田选中任意表格（或整个表格），在调色板中右击，即可为选中单元格（或整个表格）的轮廓填充单一颜色。

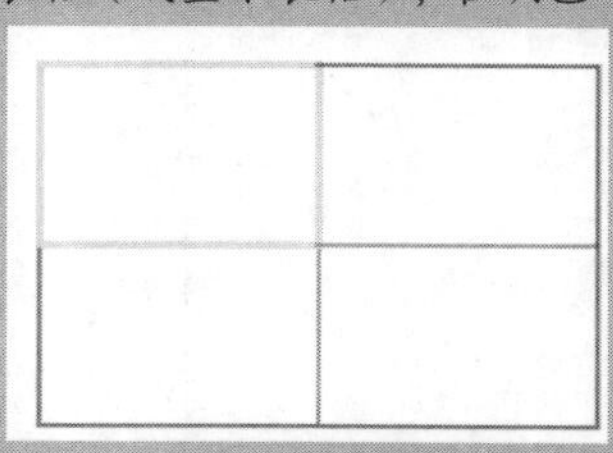

招式248 巧用表格工具绘制格子背景

Q 如果想要使用表格工具绘制格子背景，在CorelDRAW中该如何操作?

A 在CorelDRAW中可以选择工具箱中的表格工具选中表格，按住Ctrl键单击选择要填充相同颜色的单元格，然后在属性栏设置填充颜色，就可以绘制格子背景了。

1. 新建文档

❶启动CorelDRAW X8后，单击左上角的“新建”按钮或按Ctrl+N快捷键，新建一个文档，❷在菜单栏中单击“表格”|“创建新表格”命令。

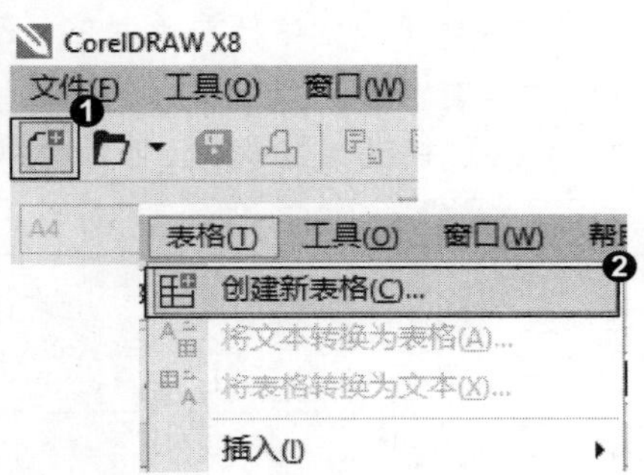

2. 创建新表格

❶弹出“创建新表格”对话框，在“行数”和“列数”后面的文本框输入数值，并设置“高度”和“宽度”，❷单击“确定”按钮，创建表格。

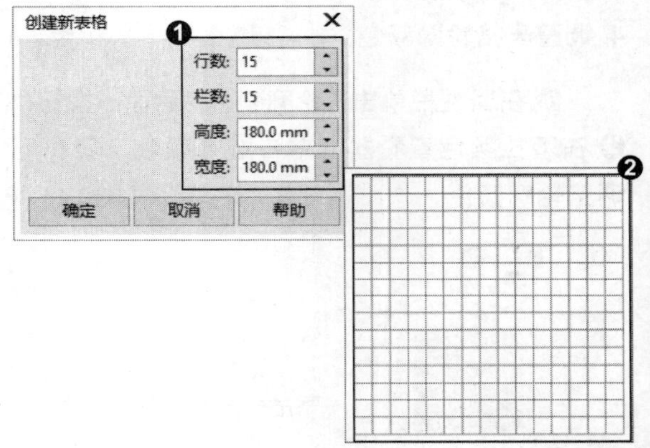

3. 调整边框

❶选择工具箱中的（表格工具），单击选中表格，❷移动指针到水平的边框上，待指针变为“垂直箭头”或“水平箭头”形状时，按住鼠标左键拖曳，调整边框的位置。

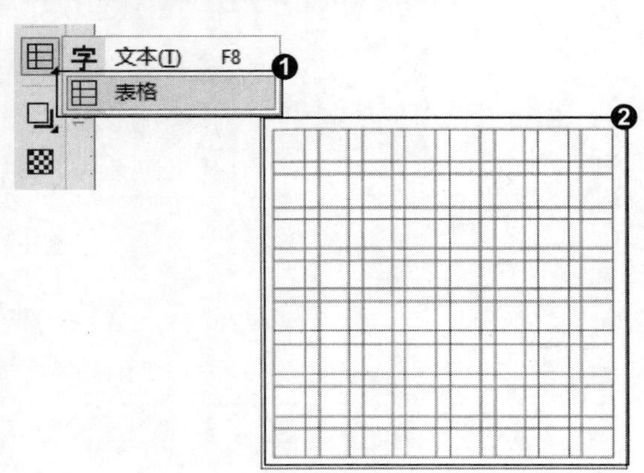

4. 填充颜色

❶按住Ctrl键，单击选中多个填充同一种颜色的单元格，❷在属性栏单击“背景”后面按钮，❸在下拉颜色查看器上单击选择填充颜色。

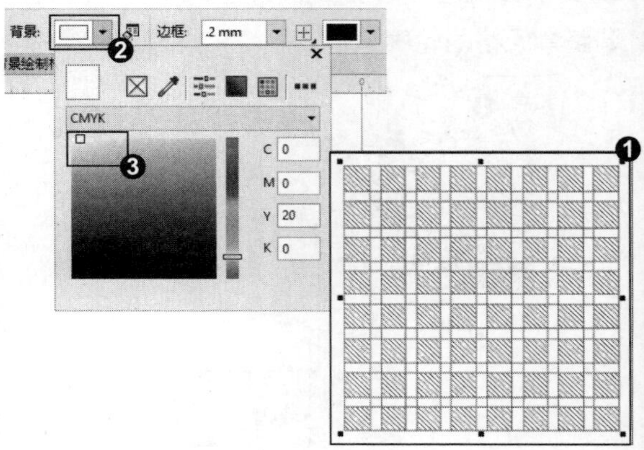

5. 完成填充

❶ 即可为选中的单元格填充颜色，❷ 使用同样的方法继续选中单元格，在属性栏设置填充颜色，绘制格子背景完成效果。

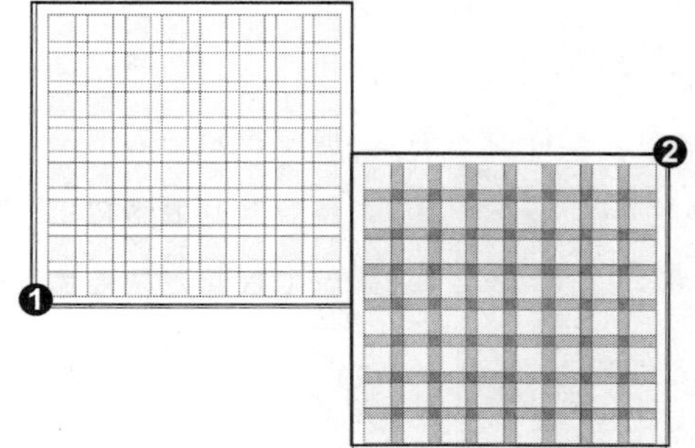

知识拓展

在表格工具属性栏中，❶ “行数和列表”选项可以设置表格的行数和列表；❷ “背景”选项可以设置表格背景的填充颜色；❸ 单击“编辑颜色”按钮可以打开“均匀填充”对话框，在该对话框中可对已填充的颜色进行设置，也可以重新选择颜色为表格背景填色；❹ “边框选择”选项用于调整显示在表格内部和外部的边框，单击该按钮，可以在下拉列表中选择所要调整的表格边框（默认为外部）。

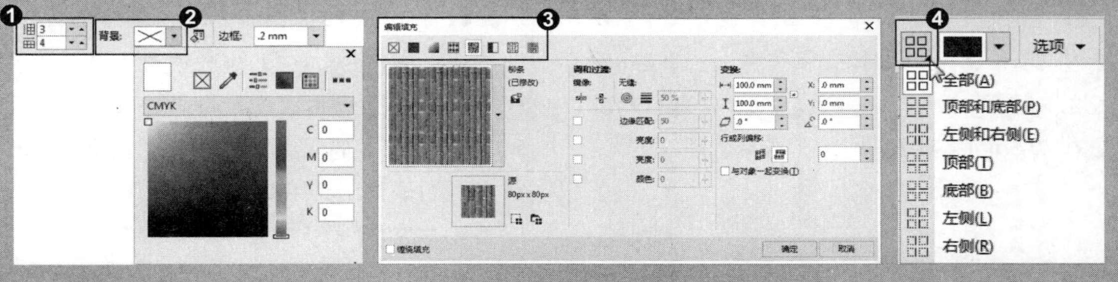

招式 249 利用表格工具绘制明信片

Q 如果想要使用表格工具绘制明信片，在 CorelDRAW 中该如何操作？

A 在 CorelDRAW 中可以选择工具箱中的表格工具选中表格，在属性栏设置“轮廓宽度”和“轮廓颜色”，就可以绘制明信片了。

1. 打开图像素材

❶ 启动 CorelDRAW X8 后，单击左上角的“打开”按钮或按 Ctrl+O 快捷键，❷ 打开本书配备的“第 10 章 \ 素材 \ 招式 249\ 明信片 .cdr”文件。

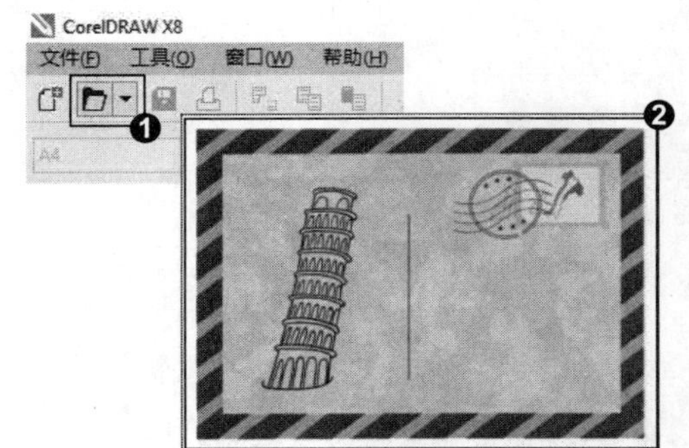

2. 创建表格

❶ 选择工具箱中的田（表格工具），❷ 在属性栏的“行数”和“列数”后面的文本框内输入数值，❸ 按住鼠标左键拖曳，创建表格。

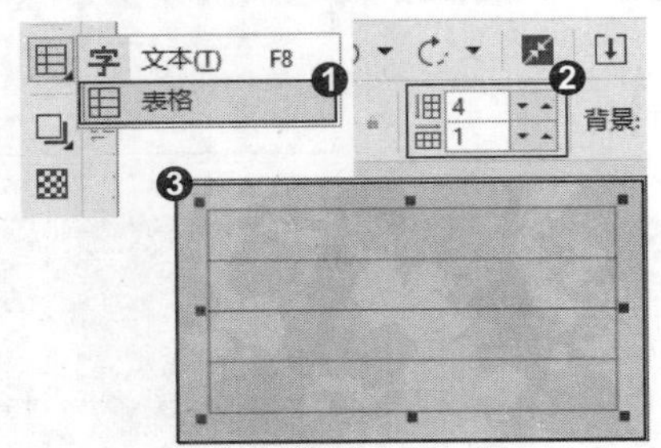

3. 设置轮廓宽度

❶ 在属性栏单击“边框选择”按钮田，在下拉选项单击选择“全部”，❷ 在属性栏单击“轮廓宽度”后面▾按钮，在下拉选项单击选择轮廓宽度为“0.5mm”，❸ 即可设置表格的轮廓宽度。

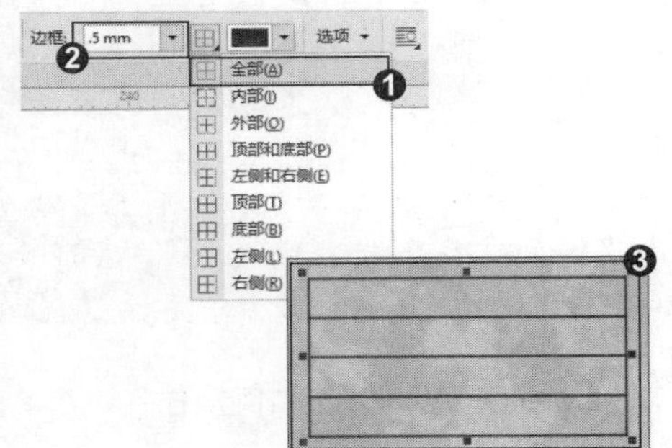

4. 设置轮廓颜色

❶ 在属性栏单击“轮廓颜色”后面▾按钮，❷ 在下拉颜色查看器上单击选择颜色，❸ 即可设置表格的轮廓颜色。

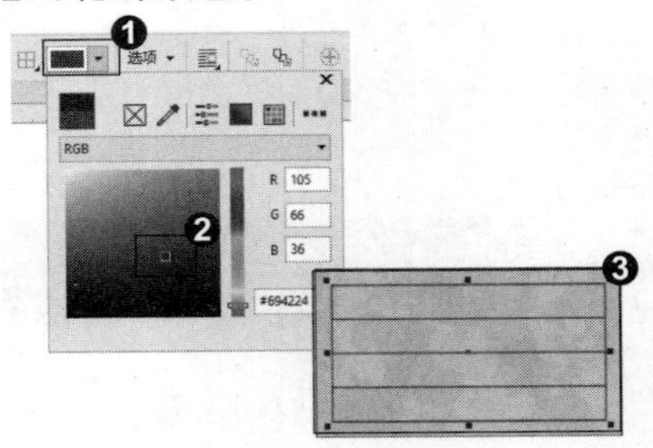

5. 取消左侧和右侧的轮廓宽度

❶ 保持表格的选中状态，在属性栏单击“边框选择”按钮田，在下拉选项单击选择“左侧和右侧”，❷ 在属性栏单击“轮廓宽度”后面▾按钮，在下拉选项单击选择轮廓宽度为“无”，❸ 则利用表格工具绘制明信片的完成。

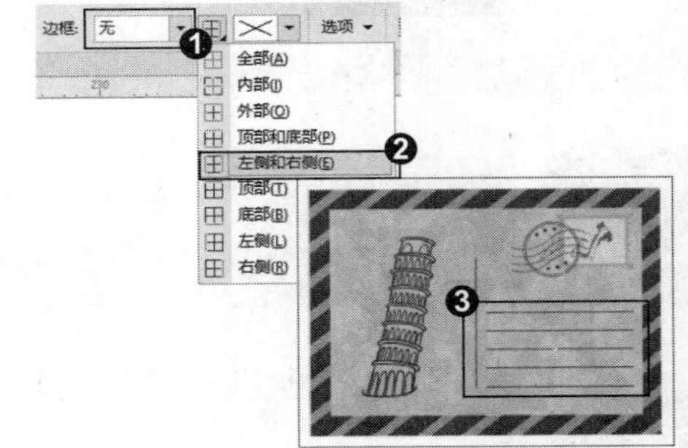

知识拓展

田（表格工具）属性栏中，❶ 单击“轮廓宽度”选项按钮，可以在打开的列表中选择表格的轮廓宽度，也可以在该选项的数值框中输入数值；❷ 单击“轮廓颜色”按钮，可以在打开的颜色挑选器中选择一种颜色作为表格的轮廓颜色。❸ 单击“选项”按钮可以在下拉列表中设置“在键入时同时自动调整单元格大小”或“单独的单元格边框”选项。

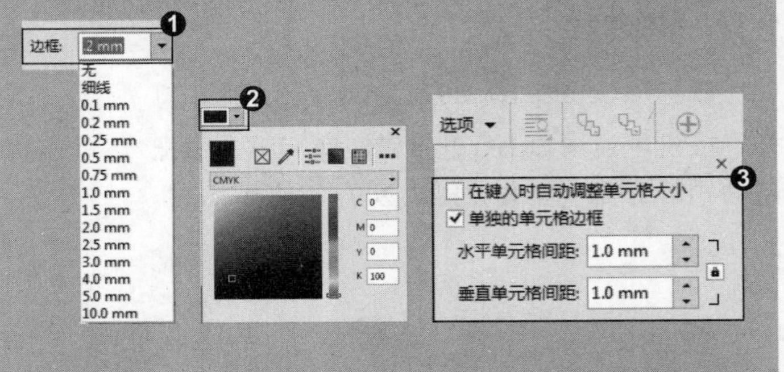

招式 250 使用表格工具绘制复古信纸

Q 如果想要使用表格工具绘制信纸，在 CorelDRAW 中该如何操作?

A 在 CorelDRAW 中可以选择工具箱中的表格工具选中表格，在属性栏设置“轮廓宽度”，按 F12 键打开“轮廓笔”对话框，设置轮廓样式，就可以绘制信纸了。

1. 打开图像素材

❶ 启动 CorelDRAW X8 后，单击左上角的“打开”按钮或按 Ctrl+O 快捷键，❷ 打开本书配备的“第 10 章\素材\招式 250\信纸 .cdr”文件，❸ 选择工具箱中的（表格工具）。

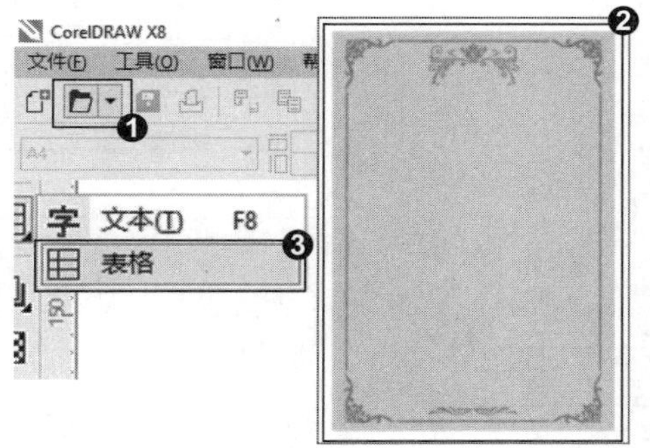

2. 创建表格

❶ 在属性栏的“行数和列数”后面的文本框内输入数值，❷ 按住鼠标左键拖曳，创建表格。

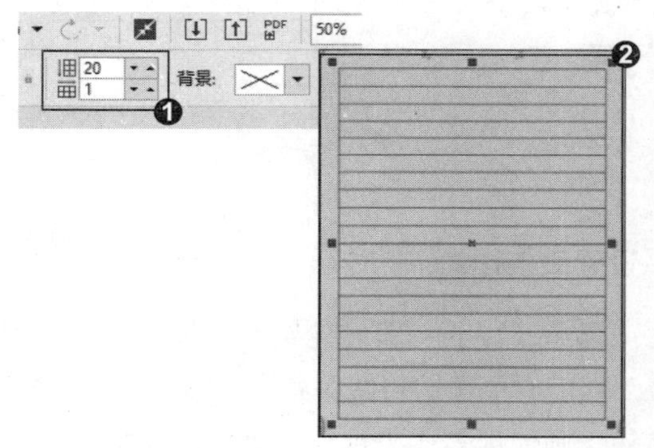

3. 设置左右两侧的轮廓宽度

❶ 在属性栏单击“边框选择”按钮，在下拉选项单击选择“左侧和右侧”，❷ 在属性栏单击“轮廓宽度”后面按钮，在下拉选项单击选择轮廓宽度为“无”，❸ 即设置表格的左右两侧的轮廓为无。

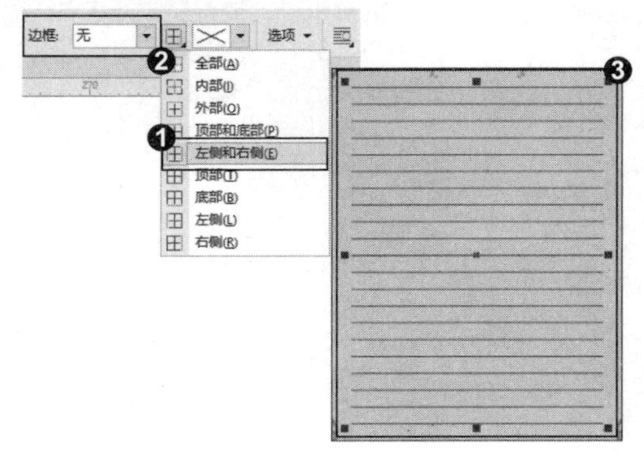

4. 设置内部的轮廓宽度

❶ 在属性栏单击“边框选择”按钮，在下拉选项单击选择“内部”，❷ 在属性栏单击“轮廓宽度”后面按钮，在下拉选项单击选择轮廓宽度为 0.5mm，❸ 即设置表格的内部轮廓宽度为 0.5mm。

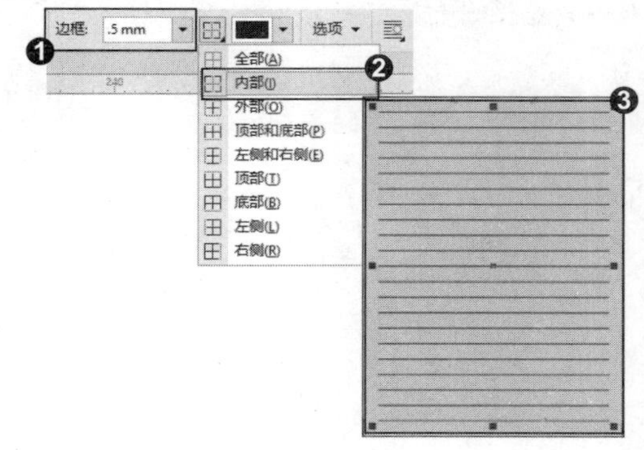

5. 应用轮廓笔工具

❶ 保持表格的选中状态，选择工具箱中的 (轮廓笔工具)，❷ 或按F12键打开“轮廓笔”对话框，在“样式”列表中单击选择线条样式。

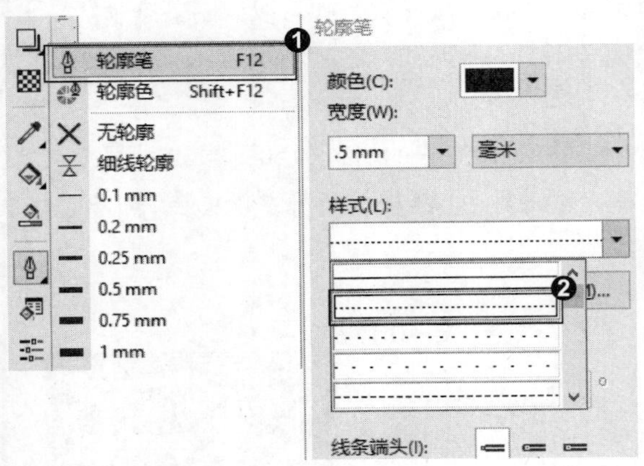

6. 设置顶部和底部轮廓宽度

❶ 单击“确定”按钮，则选择的内部轮廓应用设置的样式，❷ 在属性栏单击“边框选择”按钮，在下拉选项单击选择“顶部和底部”，❸ 即设置表格的顶部和底部轮廓宽度为“0.5mm”。

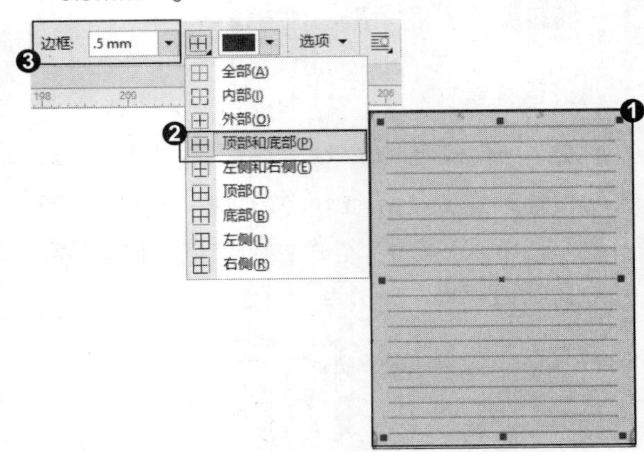

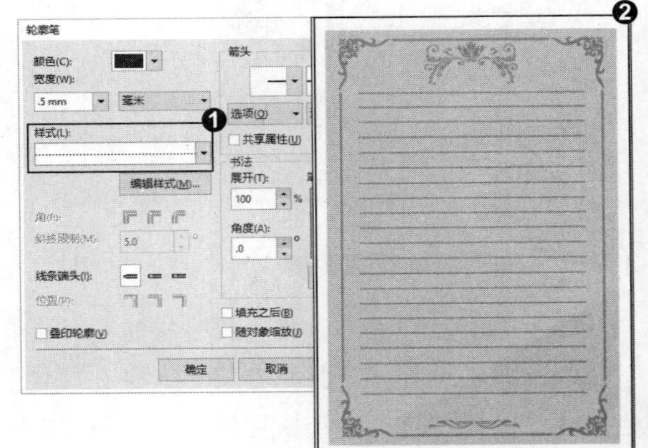

7. 设置线条样式

❶ 按F12键打开“轮廓笔”对话框，在“样式”列表中单击选择线条样式，❷ 单击“确定”按钮，则使用表格工具绘制复古信纸完成。

知识拓展

表格添加轮廓线的操作方法与其他添加轮廓线的操作方法相同，可以利用多种方法来添加轮廓线。